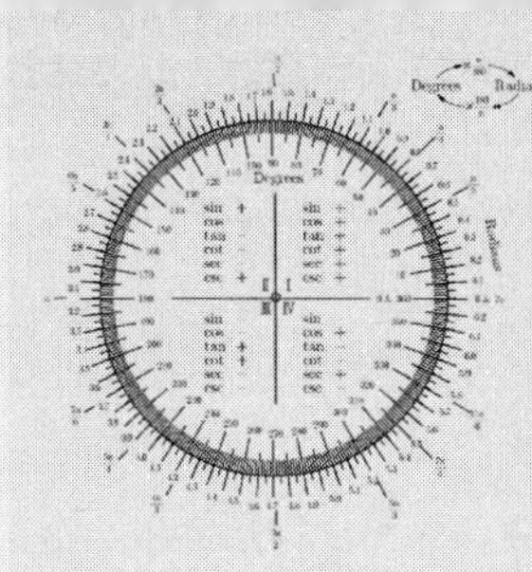

2500년 동안의

측정의 교수학

Didactics of Measurement

김용태 지음

KYOWOOSA 교우사

과학의 첫 명제는 토지측량에서 얻어졌다고 한다. 인류의 측정의 역사는 최소한 B.C. 2000년경에서부터, 파피루스 종이에 기록된 고대 이집트의 나일강에서 발생한 홍수피해를 복구하거나 세금을 걷기위하여 필요했던 땅의 넓이 재기, 피라밋 건축에 쓰일 돌의 개수를 알기 위한 피라밋의 겉넓이 계산법 등의 기하 계산에 사용된 생활수학과 점토판에 새겨진 쐐기문자가 전해주는 메소포타미아 지방의 바빌론 삼중수, 간단한 이, 삼차방정식의 해법, 관개사업과 치수에 사용된 생활수학으로부터 시작되었다. 그 후 이러한 생활수학이 그리스의 수학자들에 의하여 과학적이고 엄밀한 방법으로 체계적으로 조직되었다. 특히 피타고라스학파는 '만물은 수이다'라는 이념으로 다각형과 수열을 일대일 대응시켜, 결국 측량의 결과는 수가 되었으며, 측정의 역사는 실수의 역사가 된다. 정확한 측정의 관념 즉, 실수의 관념에 관한 문제제기는 B.C. 5세기 파르메니데스의 제자이자 엘레아학파의 일원이었던 그리스의 철학자 제논이 파르메니데스의 일원론에 반대하는 어떠한 주장도 모순과 불합리에 이를 수밖에 없음을 보여주려고 내놓은 진술 40여개 즉, 제논의 역설이다. 그중에서 현재까지 알려진 4개의 역설은 아리스토텔레스의 설명에서 따온 이름으로 불리는 아킬레스의 역설(또는 아킬레스와 거북의 역설), 이분법의 역설, 화살의 역설, 경기장의 역설에 의해서이다. 그 후, B.C. 300년경에 유클리드(Euclid)가 당시까지의 수학의 내용에 자신의 관념을 첨부하여 무정의 용어와 공리, 공준만을 활용하여 인류 최초의 수학책인 유클리드 원론이 발간되었는데, 그 책에는 기하학에 관한한 도형의 성질, 작도문제, 비례 등의 문제만을 다루었기 때문에 생활에서 사용되는 실용수학과는 거리가 먼 내용이었다. 유클리드 원론은 그 후 2000여 년 동안 수학의 성서로 받아들여져서 학교에서 가르치는 유일한 교과서로 사용되다가, 18세기에 수학이 공업, 상업, 생활 등에 깊이 자리를 잡게 되자 세계의 수학교육계에서는 생활과 동떨어져있는 유클리드 원론 위주의 수학교육에 반대하는 사조가 일어나기 시작하였으며, 과학적 탐구 방법과 유사하면서 자연스런 방법으로 기하의 원리를 개발하려했다. 과학적 탐구 방법과 자연스런 교수 방법을 결합시킨 것으로 이해되는 발생적 방법을 크게 진작시킨 사람은 16세기 영국의 철학자 베이컨(Bacon)이며, 수학 특히 기하학의 발생적인 교재 구성에서 개척자적인 역할을 한 사람은 17~18세기 불란서의 수학교사 아놀드(Arnauld)와 끌레로(Clairaut)이었다.

아놀드의 ≪새 기하학 원론≫은 시각적인 사물을 참조하는 접근방법을 통하여 개념과 정리의 재배열을 시도한 발생적 방법에 의해, 끌레로가 1841년에 출간한 ≪기하학의 원론≫은 수학의 역사적 발달을 내용과 학습 활동의 조직에 이용한 역사 발생적 방법에 의해 구성이 시도된 첫 번째의 수학 교과서이다. 그는 토지측량은 기하의 첫 명제들을 탄생시키는데 매우 적절한 소재이었고 사실상 기하학의 기원이며, 직접적으로나 간접적으로 수는 측정의 산물이라고 하였다. 또한 수학의 첫 저자들이 그들의 발견을 정리로 제시한 것은 그들의 산물에 훌륭한 외양을 만들기 위해서가 아니라, 발견된 사실에서 정리에 이르는 연구과정에 필요한 일련의 아이디어를 타인이 또 다시 고민하는 수고를 피하기 위해서였다고 하였다. Toeplitz는 1926년 뒤셀도르프에서 열린 전국수학연맹에서 발표한 논문을 통해 무한소 미적분학 과목에서 일반적으로 부딪치는 어려움을 극복하기 위해 고안된 새로운 방법에 대한 그의 아이디어를 '발생적' 방법이라고 불렀으며, 그것은 미적분학의 개념이 창조되던 시점에서는 긴급한 추구의 목표이고, 맹렬한 질문들에 대한 답변이었음에 틀림없으며, 우리가 만일 이 아이디어들의 근원으로 돌아간다면 그들은 무미건조한 사실의 죽은 모습을 벗어버리고, 그 대신 싱싱하게 약동하는 생명을 다시 입을 것이라고 하였다. 더 나아가 현대적 역사발생적 원리는 학습자의 활동과 참여를 중시하고 교사는 그러한 환경을 만들고 학생들이 수학적 개념을 스스로의 힘으로 지식을 구성할 수 있도록 도와준다는 측면을 강조하고 있다. 즉, 수학적 개념의 역사적 분석을 근거로 학습자가 그 개념을 재발명, 재구성할 수 있는 상황을 구성하여 제시하는 것을 현대적 역사발생적 원리의 중요한 특징이라고 할 수 있다(우정호, 2002). 끌레로에 의하면 역사 발생적 원리는 수학은 완성된 생산품으로서가 아니라 역사적 발생과정 곧, '수학화' 과정을 되밟게 함으로써 바르게 이해되고 적용될 수 있다는 생각을 바탕으로 한 것이다. 또한 생물학자 해켈(Haeckel)이 주장하는 역사 발생적 원리의 인식론적 바탕은 개체발생이 계통발생을 단축된 형태로 반복한다는 생물학적 원리 곧, 다윈주의자 식의 '재현의 원리'이다. 곧, 개인의 수학적 사고의 발달은 수학이 역사 자체를 따른다는 것으로 오늘날 역사 발생적 원리는 여러 학자들에 의하여 여러 가지로 형식화되어 옹호되고 있다.

그런데 수학의 발달과정은 불연속적이고, 수학을 지도하는 방법에서는 실패한 아이디어까지를 지도하려는 시도에는 무리가 따른다. 따라서 보이지도 않으며 구체화될 수도 없는 수학의 모든 개념 자체가 안고 있는 인식론적 장애를 인류가 극복해온 과정과 방법, 철학적 사고를 바탕으로 수 백 년 동안 축적된 발생적 방법, 삶의 경험을 통하여 지식이 형성된다는 경험주의 등을 바탕으로 형성된 역사발생적 원리를 수학의 교수-학습 방법에 적용하여 학생들로 하여금 수학 개념의 본질을 제대로 이해하도록 하는 일이 그나마 바람직할 것이다. 이러한 역사발생적 방법을 통하여 학교수학에서의 측정의 지도를 제대로 하기 위해서 먼저, 학교에서 교사가 꼭 가르쳐야 하며 학생이 꼭 배워야 하는 것 즉, 교과란 무엇인가에 관한 논의가 필요하다. 또한 수학이란 어떠한 학문인지를 이해하기 위해서 수리철학 또는 수학의 기초론에서 반세기 이상을 토론한 내용을 비교 검토하여 학문으로서의 수학의 정체성을 정립하는 것이 필요하다. 이러한 두 가지의 사실을 전제로 하여, 제논의 역설에서 시작한 2500년 동안 수학자들의 정확한 측정을 하기 위한 고뇌와 그 것을 해결하기 위한 노력의 과정과 결과를 이해하여 현대의 초, 중, 고, 대학에서의 측정의 교수-학습 방법의 초석으로 삼으려는 데에 이 책의 목적이 있다. 그에 따라, I 장에서는 교육학적인 측면에서 학교수학에서 측정영역의 본질을 찾아내어 지도해야만 하는 당위성을 논의하고, II 장에서는 현재까지의 수리철학을 이해하고 비판하면서 측정의 본질을 도출하려고 노력하였으며, 또한 인류가 무언가 필요에 의해서 형성해 놓은 발자취에서 측정의 본질을 찾아보기 위해서 III장과 IV장에서는 고대 그리스에서 발현했던 측정관념을 시작으로 측정의 결과인 미적분학의 역사까지를 살펴보았다. 학교수학에서 측정의 본질을 정직하게 지도하기 위해서 필요한 측정에 관한 교수학적 이론을 V장에서 논의하고 VI장에서는 그에 따른 초, 중학교에서의 측정 지도법을 알아보았으며, VII장에서는 측정의 결정체인 미적분학을 고등학생과 대학의 초급학년 학생들에게 지도하는 방법을 알아보았다. 다양한 문헌과 논문을 참조하였으나 저자의 지식이 미천하여 독자 제현들께 누가되지 않을까 두렵다. 아낌없는 채찍과 또한 격려를 기다린다. 끝으로 오랜 세월 동안 저자와 함께 수학교육을 연구하고 이 책의 구성, 오타 검증, 삽화와 색인 작업을 도와준 광주교육대학교 초등수학교육연구소 회원들인 김동규, 김정은, 김성완, 문정진, 신윤철, 이형석, 지홍대, 정현도, 최대욱 님들께 감사를 드린다.

2014년 풍향골에서 저자가

차례

제5장 측정의 교수학

제6장 측정 지도법

제7장 미적분학을 이용한 측정 지도법

제 1 장

학교수학의 교과

제1장 학교수학의 교과

학교에서 교사가 가르치고 학생이 배워야하는 것에 대하여 이홍우(2002)는 브루너(Bruner, 1960)를 인용하여 다음과 같이 설명하고 있다. 교육과정(교육내용의 조직)은 학생이 공부하여야 할 과제, 배워야 할 기능, 그리고 외워야 할 내용으로 구성된다. 또는 교육과정은 학교가 학생에게 제공하는 경험으로 구성된다. 앞의 견해는 교과에서 시작하여 경험으로 끝나며 뒤의 견해는 경험으로 시작하여 교과로 끝난다. 앞의 견해에 의한 교육과정을 교과중심 교육과정 또는 교과교육과정, 뒤의 견해에 의한 교육과정을 경험중심 교육과정 또는 경험교육과정이라고 부른다. 교육내용을 경험으로 파악한다는 것이 구체적으로 무엇인가? 교과와 경험은 두 가지 상이한 실체를 가리키는 용어라기보다는 동일한 실체를 가리키되 그것을 상이한 관점에서 가리키는 용어로 보아야 할 것이다. 교과는 경험의 내용을 가리키며, 학생들은 교육을 받는 동안에 교과 이외의 것을 경험하는 것이 아니라 바로 교과를 경험한다. 즉, 학생들은 교과를 경험하는데, 이 때 관점을 학생들이 경험하기 전 상태(교수요목이나 교과서에 적혀 있는 상태)에 두면, 교육의 내용은 교과이며, 학생이 경험하는 상태에 두면 교육의 내용은 경험이라고 볼 수 있는 것이다. 교육의 내용을 교과라고 보는 것은 교과 쪽에서 학생들이 경험할 내용을 보는 것이며, 교육의 내용을 경험이라고 보는 것은 경험 쪽에서 학생들이 경험하는 내용을 보는 것이다. 그러므로 교과와 경험은 동일한 내용을 각각 반대쪽에서 보는 관점을 나타낸 것이다. 경험중심 교육과정은 아동중심 또는 학습자중심 사상과 밀접한 관계가 있다. 아동중심이란 아동의 흥미나 필요를 그 자체로 존중하여야 되는 것이 아니라, 교과를 가르치는데 도움이 되는 범위 내에서 아동의 필요나 흥미를 존중해야 한다. 종래에는 교과는 교실에서 가르치는 것, 책에 쓰여 있는 것을 가리키는데 비하여 경험은 일상생활에서 경험하는 내용을 가리키는 것으로 해석되어왔다. 이는 교과와 경험이 마치 책에 쓰여 있는 것과 일상생활의 경험이 다른 것처럼 다른 것이라고 생각한 것으로, 교육을 위해서는 불행한 발상이었다. 교과와 경험 사이의 관련(즉, 교과는 경험의 내용이라는 것)을 명백히 인식하여야 한다. 또한 학생의 경함과는 무관한 교과의 맹목적인 주입과 경험의 내용을 엄밀하게 따져 보지 않은 채 일상생활의 경험을 주게 되어서는 안 된다. 브루너는 교육의 과정(1960)에서 교육 내용은 지식의 구조라고 정의하였다. 이 용어는 1959년에 미국의 우즈 호울이라는 곳에서 실제로 있었던 회합(우즈 호울 회의)의 성격을 잘 나타내어 준다고 볼 수 있다. 회의에서의 토의 결과, 교과를 잘 가르치는 것이 무엇인가에 관한 공통된 가정을 확인하였다. 그 공통된 가정을 지식의 구조라고 하였고 브루너가 쓴 교육의 과정은 그 회의 보고서이다. 또한 지식의 구조와 관련된 수업의 원리를 탐구학습 또는 발견학습이라고 하였다. 교육의 과정 전체를 통하여 교과를 잘 가르치는 것은 무엇인가? 에 대한 한 가지 확신은 다음과 같은 것이다.

지식의 최전선에서 새로운 지식을 만들어 내는 학자들이 하는 것이거나 초등학교 3학년 학생이 하는 것이거나를 막론하고 모든 지적인 활동은 근본적으로 동일하다는 것이다. 과학자가 그의 책상이나 실험실에서 하는 일, 문학평론가가 시를 읽으면서 하는 일은 누구든지 이와 비슷한 활동, 다시 말하면 모종의 이해를 도달하려는 활동을 할 때, 그 사람이 하는 일과 본질상 다름이 없다. 이런 활동들의 차이는 하는 일의 종류에 있는 것이 아니라, 지적 활동의 수준에 있는 것이다. 물리학을 배우는 학생은 다름 아니라 바로 물리학자이며, 물리학을 배우는 데는 다른 무엇보다도 물리학자들이 하는 일과 똑같은 일을 하는 것이 훨씬 쉬운 방법일 것이다. 물리학자들이 하는 일을 똑같이 한다는 것은 물리학자들이 하듯이 물리현상을 탐구하는 것이다.

1. 교과

종래 교육에서는 교과를 가르칠 때, 학생들로 하여금 학자와 같은 일을 하지 않고 학자들이 학문적 활동에서 얻은 결론을 학생들에게 제시하고 그것을 받아들이도록 하는 것이었다. 우즈 호울 회의에서는 그것은 교과가 아니라 교과의 중간언어(middle language)라고 규정하였다. 교과의 중간언어라는 것은 물리학자들의 탐구결과를 학생들에게 전달해 주는 언어이고, 그것은 교과를 교과답게 또는 교과를 그 교과의 성격에 충실한 형태로 가르치지 않는다는 것이었다. 다시 말하면 교사는 표면상 물리학적인 용어를 써서 물리학에 속하는 개념, 법칙, 원리 등을 가르치고 있고, 교실에서 교사와 학생들은 물리학자들이 하는 일과는 성격이 다른 일을 하고 있는 것이었다. 따라서 교사는 교과와 학문을 별개의 것으로 간주하여 물리학이라는 학문을 전혀 그릇되게 나타내고 있었다. 교육의 과정에서는 교과답게 가르친다는 말의 의미를 학생들로 하여금 해당분야의 학자와, 비록 수준은 다르다 하더라도, 종류에 있어서는 동일한 일을 하도록 규정하고 있다. 즉, 학자들이 하듯이 물리현상과 역사적 사실 등과 같은 각각 관련된 현상을 탐구한다는 뜻이다. 그러면 학자들과 동일한 일을 하는 것이 과연 가능하고 또 필요한 일인가? 주입식 교육이 나쁜 점은 그것이 주입에 실패한다는 데에 있다고 말할 수 있다. 주입식 방법으로 가르쳐진 지식은 학습자의 바깥에 머물러 있을 뿐 학습자의 안에 들어가지 않는다. 학습자의 안에 들어간다는 것은 학습자의 마음의 한 부분이 된다는 뜻이며 학습자의 보는 눈 또는 안목이 된다는 뜻이다. 물리학적인 현상을 보는 방법을 배우려고 하는 사람이 이미 물리학적 안목으로 현상을 볼 수 있는 사람과 동일한 일을 할 수는 없다. 그러나 물리학을 배운다는 것은 물리학적 현상을 볼 수 없는 상태에서 조금씩 그것을 볼 수 있는 상태로 나아간다는 뜻이다. 교육의 가장 어려운 문제, 그리고 탐구학습의 가장 어려운 문제는 볼 수 없는 상태에 있는 사람을 어떻게 하면 볼 수 있는 상태로 나아가게 하는가 하는데 있다. 학생들에게 탐구문제를 내어주고 그 해답을 스스로 발견하도록 하는 것도 좋은 해결책은 아니다. 그것은 지식을 배운 상태와 배우지 않은 상태, 지식에 담겨있는 안목으로 현상을 볼 수 있는 상태와 볼 수 없는 상태를 혼동하는 것이다. 각 교과의 경우에는 그 교과에 담긴 안목으로 현상을 볼 수 있도록 하려면 그것을 어떻게 가르쳐야 하는가를 연구하여야 한다. 가르치는 내용을 요약하는 질문을 하고 학생들로 하여금 그 문제에 관하여 생각해 보게 하는 일은 중요하다. 학생들이 자신의 마음으로 생각해 보지 않으면 그 배운 내용이 그의 마음속에 들어오기가 매우 힘들기 때문이다. 그러나 그러한 질문은 반드시 그 교과를 아는 사람, 지식의 눈으로 현상을 볼 줄 아는 사람의 입장에서 제기되고 그 해답의 방향 또한 그런 사람에 의해서 이끌어져야만 한다.

2. 지식의 구조

그러면 지식의 구조를 가르친다고 할 때 그 가르쳐지는 내용 즉, 지식의 구조는 정확하게 무엇인가? 교육의 과정에서는 지식의 구조를 기본개념과 원리, 핵심적 아이디어 등과 동의어로 쓰고 있다. 따라서 지식의 구조는 학자들이 해당분야를 연구할 때 쓰는 기본개념과 원리, 핵심적 아이디어 등을 가리키게 된다. 이 때 기본개념과 원리는 교사가 학생을 가르칠 때 중간언어로 제시되어서는 안되고, 학생들이 관련된 현상을 이해하는 데에 활용되어야 한다. 따라서 지식의 구조는 학생의 경험과 의미 있게 관련될 수 있는 교과를 가르키는 것이며, 교사는 교과를 가르치되 학생의 일상생활의 경험이 아니라, 교과를 이해하는 경험, 교과로서 현상을 이해하는 경험과 의미있게 관련되도록 가르쳐야한다. 또한 교과는 해당학문분야에서 학자들이 발견하고 축적한 지식의 덩어리(교과의 중간 언어)가 아니라, 그 지식을 발견하는 동안에 학자들이 하는 일, 또는 각 학문의 기본개념과 원리를 써서 해당분야의 현상을 탐구하고 이해하는 일을 가리킨다. 그러나 지식의 덩어리를 결과로서의 지식으로, 지식을 탐구하는 과정을 과정으로서의 지식으로 대비할 때, 과정 없는 결과나 결과와 관련 없는 과정은 있을 수 없는 것이므로 이 두 가지는 서로 분리할 수 없는 것이다. 따라서 교과를 가르칠 때 지식의 덩어리뿐만 아니라 그것을 낳게 한 탐구과정도 동시에 가르쳐야 한다. 이것은 프로이덴탈(H. Freudenthal)이 정의한 심상(mental object)과 거의 유사하다. 이러한 의미에서 교육내용이 각 학문의 특이한 탐구과정이라면, 교육 내용은 유치원에서 대학에 이르기까지 동일한 것이어야 한다.

그러면 한 교과에서 각 학교(또는 학년) 수준을 통틀어 가르쳐지는 교육내용 즉, 지식의 구조는 무엇인가? 지식의 구조의 동일어인 학자들이 하는 일, 학문을 탐구하는 과정, 학문에 숨어있는 기본적인 아이디어 등의 일관적인 의미를 생각해 보기 위하여, 학자들이 학문을 할 때 그들이 하는 일을 알아보기로 한다. 학문이란 각각 해당분야에 관련된 현상들을 이해하려는 노력이며, 학문을 할 때 학자들이 하는 일이 바로 이것이다. 학자들이 어떤 현상을 이해하려고 하면 반드시 그 현상을 보는 눈(안목)을 가져야 하고, 모든 학문에는 각각 이러한 눈이 있다. 학문을 한다는 것은 곧 이 눈을 가지고 현상을 본다는 뜻이다. 이 안목은 곧 학문의 이면에 숨어있는 기본 아이디어와 동의어이고, 학문을 탐구하는 과정은 관련된 현상을 이해하는 데에 이 기본적 아이디어를 활용하는 과정을 의미한다. 따라서 유치원에서 대학에 이르기까지 가르쳐지는 동일한 교육내용은 각 학문이 나타내는 현상을 보는 눈 또는 기본 아이디어이다. 그리고 각각의 학문에서 그러한 기본적 아이디어를 찾는 작업은 학문이 가장 분화된 대학에서 시작해서, 그 아래의 수준인 고등학교교과조직에 따라 서로 묶이고, 다음으로 중학교, 초등학교, 유치원에 이르기까지 점점 쉬운 형태로 묶여야 한다. 이 작업의 결과로 각 학문에서 모종의 눈들이 확인 되고 그것들이 각 학교(또는 학년) 수준에 맞춰서 제시되어야 하겠다.

대수학에서 방정식의 풀이란 미지수와 기지수를 포함하는 등식을 만족하는 미지수를 기지수로 바꾸는 것이다. 이 방정식을 푸는 데는 세 가지 기본 법칙, 즉 교환, 분배, 결합의 법칙이 있다[1]. 일단 학생들이 이 세 가지 기본법칙에 스며있는 아이디어를 파악하면 현재 풀려고 하고 있는 새로운 방정식은 전혀 새로운 방식이 아니라 자기가 늘 알고 있던 방정식의 한 가지 변용에 불과하다는 것을 쉽게 알 수 있을 것이다. 이 변용에 자기가 알고 있던 것을 적용하는데 중요한 것은 이 법칙의 이름을 아는 것이 아니라 그 법칙을 사용할 줄 아는 것이다.

4학년 어린이들은 재미있는 놀이를 하는 동안에 저절로 위상기하학이나 집합론의 원리를

---

1) 방정식의 풀이는 이 세 가지 법칙과 등식의 성질(이항)을 이용한다.

터득할 수 있으며, 심지어 놀이를 마음대로 바꾸어 가며 새로운 위상기하나 집합론의 공리를 이끌어 낼 수도 있을 것이다. 구체적 조작단계에 있을 때, 아동은 수학의 여러 가지 기본 아이디어를 직관적으로 또 구체적으로 파악할 수 있다. 그러나 아동이 그런 아이디어를 파악하는 것은 오직 구체적 조작에 의해서이다. 예를 들면 구체적 조작 단계에 있는 5학년 아동은 고등수학의 원리가 담겨 있는 장난감을 가지고 놀이를 함으로써 이 원리를 귀납적으로 깨달을 수 있고, 또 이 원리를 응용하여 놀이를 해 나갈 수 있다. 기본개념을 가르치는 데에 있어서 가장 중요한 것은 아동의 구체적 조작의 사고방식으로부터 지적으로 보다 적절한 사고방식으로 점진적으로 이행할 수 있도록 도와주는 일이다. 우즈 호울 회의에 참가한 당시의 가장 노련한 초등학교 수학교사인 페이지(D. Page)는 '유치원에서 대학원에 이르는 학생을 가르치는 동안, 나는 연령층의 고하를 막론하고 인간의 지적활동이 비슷하다는 점에 놀랐다. 다만 어린이들은 어른들보다 더 자발적이고 창의적이고 정력적이어서, 만일 어린이들에게 알아듣는 말로 주어지면, 어른들보다 훨씬 빨리 할 수 있을 것 같다. 수학의 자료를 어린이가 알아듣는 말로, 또 재미있게 제시하는 데는 궁극적으로 수학자체를 잘 알아야 한다' 고 하였다(Bruner, 1973). 유클리드 기하나 측정기하를, 특히 사영기하를 초등학교 마지막 시기에 가서 비로소 가르쳐야 할 아무런 근거가 없다.

수학에서의 직관은 서로 다른 두 가지 의미로 쓰인다. 직관적으로 사고한다는 것은, 한 문제를 오랫동안 씨름한 뒤에 갑자기 해결점에 도달하며, 하지만 아직 형식적인 말로 그것을 증명할 수 없는 경우를 말한다. 수학자로서 우수한 직관을 가지고 있다는 말은, 어떤 해답이 과연 옳은 해답인가, 또는 몇 가지 해법중에서 어느 것이 가장 효과적인가를 재빨리 잘 추측해 낼 수 있다는 뜻이다. 교사는 지식의 전달자일 뿐만 아니라 학생들의 모범이기도 하다. 수학의 힘과 아름다움에 관하여 아무런 느낌을 가지지 못하는 사람은 다른 사람에게 수학에 관한 내재적 희열에 불을 붙일 수 없을 것이다.(Bruner, 1973)

3. 교과를 배우는 이유

그 10년 후에 브루너는 '교육과정의 재음미'(Bruner, 1973)에서, 우리는 미국 인구의 $\frac{1}{4}$에 해당하는 집단의 아동이 사회에 참여할 능력을 최대한으로 짓밟았고, 더구나 조기에 아주 효과적으로 싯밟아 버렸다. 오히려 우리가 당면하고 있는 사회적 문제와의 관련에서 교육과정을 다루게 될 것을 강조하면서, 수학교육은 수학자가 제공하는 수학의 구조이외에, 철학, 심리학, 사회학 등 인간을 다루는 여타 학문분야와 협조하여야 한다고 하였다. 그렇지만 브루너는 지식의 구조를 정의만 하였고, 지식을 배워야하는 이유를 분명하게 말하지는 않았다. 브루너의 교육의 과정이 출판된 몇 년 후에, 고전적인 인문교육의 전통을 따랐던 영국에서는 피터즈(Peters, 1966)가 교과를 규정하는 용어로 그의 저서인 윤리학과 교육에서 지식의 형식을 사용하였다. 구조(structure)와 형식(form)은 무도 보는 것을 뜻하고, 둘 다 플라톤의 idea와 동의어인 Eidein에서 파생된 단어로서 '본다'는 뜻을 가진다. 또한 지식의 형식은 지식의 구조와 완전히 일치한다고 본다(이홍우, 2003). 지식의 형식은 인간경험의 상이한 측면을 다루는 개념의 체계이고, 각각은 상이한 탐구방법과 진위판별 기준을 가지고 있다. 피터즈는 교과를 지식의 형식으로 규정하면서, 교과로서의 지식의 형식이 어떤 점에서 가치가 있는지, 그것을 배워서 좋은 점은 무엇인지를 '정당화'하고 있다. 우리가 사용하는 개념은 경험의 상이한 측면을 표현하도록 분화되어있다. 이 분화된 개념들은 인간의 언어에 포함되어있다. 이러한 분화된 개념은 인류전체가 공동으로 장구한 세월동안 누적되고 발전된 공적 전통이다. 이 공적 전통과 분리된 인간의 삶은 있을 수 없다. 인간의 삶이란 이러한 공적 전통 안에서 태어나서 그것을 배우며 산다는 뜻이다. 피터즈는 이 공적 전통은 인간의 문명적 삶의 '전제조건'이라고 하였다. 따라서 문명된 삶을 영위하면서 그 논리적 가정인 분화된 개념의 가치를 부정하면 모순이 된다. 그런데 지식의 형식은 분화된 개념의 체계화된 형태이므로, 문명된 삶을 영위하는 인간 모두는 논리적으로는 지식의 형성이 가치 있음을 인정해야 할 것이다. 이것을 피터즈는 내재적 정당화라고 하였고, 교과가 실용적인 목적을 위한 수단이 된다는 사실을 반대하고 있다. 이 뜻을 이홍우(2003)는 구조 또는 형식과 플라톤의 이데아를 관련지어서 다음과 같이 정리하고 있다. 지식의 구조나 지식의 형식은 지식의 이데아에 해당한다고 볼 수 있다. 플라톤의 이데아는 현상의 세계를 능가하는 형이상학적인 개념, 즉 실재이다. 이데아는 현상의 세계가 의미를 가지기 위한 전제조건으로서의 논리적 가정이다. 따라서 이데아의 존재는 인간이 파악하거나 도달할 수 있는 상태가 아니라, 파악하거나 도달하려고 노력해야 하는 표준이다. 따라서 이데아의 존재는 인간이 도달하려는 노력 그 자체에 의해서 확인 되는 것이다. 또한 이데아에 접근했다고 느끼는 순간, 이데아는 더욱 그로부터 멀리 떨어져 있다고 느끼게 될 것이다. 지식이라는 것도 이데아나 도와 마찬가지로 끝이 없어서 그것에 완전하게 도달할 수 없고, 지식을 어느 정도 가졌다고 생각하는 순간에 완전한 지식으로부터 전보다 더 멀리 떨어져 있다고 느끼게 된다. 이와 같이 자신이 무지하고 부족한 존재라는 느낌을 안고 사는 것이 교과의 의미이고 교과를 배우는 이유이다.

제2장

수리철학과 수학교과

제2장 수리철학과 수학교과

그러면 수학에서 지식의 구조는 무엇인가? 지식의 구조는 학자들이 해당분야를 연구할 때 쓰는 기본개념과 원리, 핵심적 아이디어 등이란 정의를 수용한다면, 수학에서의 지식의 구조는 수학의 지식의 구조는 수학자들이 해당분야를 연구할 때 쓰는 기본개념과 원리, 핵심적 아이디어 등이 될 것이다. 그러면 그것들은 어디에서 찾는가. 지금까지 진행된 수학 철학 또는 수학 기초론을 비교, 분석한 후에 수학자들이 주장한 수학의 본질을 규명하고, 그에 따른 심리학적인 고찰을 살펴보기로 한다.

1. 수리철학의 형성

수학의 태동인 수론이나 기하학에서 용어의 의미, 진리는 수학에서 얻어지는지 즉, 수학적 진리를 획득할 가능성의 문제와 수학은 어떤 지식인가, 기하학과 수론은 실체에 적용될 수 있는가 등의 질문이 동서고금을 통하여 이어지고 있다. 이것은 의미, 진리, 실체, 지식에 관한 매우 일반적이고 기본적인 질문으로서 철학의 문제이다. 수리 철학은 고대 이집트와 바빌론의 생활을 위한 계산법을 공리계와 엄밀한 연역체계로 고대 그리스 수학자들이 정리하는 과정에서 피타고라스학파가 발견한 무리수, 제논의 무한에 관한 역설, 유클리드 기하학의 공리, 삼단논법 등에서 싹이 트고, 플라톤이 자연수를 이데아와 변화하는 것의 중간자로 이해하면서 시작되었다고 보아야 한다. 플라톤은 국가론에서 수론은 지성으로 하여금 탐구를 하도록 전면적으로 권유하는 학문이라고 말하면서 수 1을 주제로 다음과 같은 예를 든다. 1은 시각이나 다른 감각으로 파악되지 않기 때문에 1자체가 무엇인지를 사고 작용을 가동하여 탐구하는 과정에서 생성으로부터 실재의 고찰로 인도되는 것이므로, 수와 관련된 산술과 수론은 눈에 보이지 않는 대상이고 사고할 수 있을 뿐이다. 또한 기하학은 생성되어 소멸되는 것이 아닌, 항상 존재하는 것을 알기 위함이다. 이와 같이 고대의 수리철학은 자연수나 기본적인 도형과 같은 극히 초보적인 수학적 대상의 본질을 규명하는 수준에서 그쳤다. 칸트(I. Kant)에 이르러서는, 수학은 경험에 의하지 않고 순수이성만의 연속적인 확장으로 이루어지는 가장 좋은 예로 간주하여서, '수학적' 이라 부르는 명백한 확실성을 얻는 방법과 철학자들이 철학에서 동종의 확실성을 얻으려는 노력에 의한 방법이 같은지를 아는 것을 매우 중요하게 생각하였다. 또한 철학과 수학의 지식은 형식만 다를 뿐, 대상이나 내용에 무관하고 이성을 통하여 얻는 동일한 지식이라고 생각하였고, 범주(category) 중에서 분량을 시간의 직관으로 적용하기 위한 매개자 즉 도식을 자연수로 보게 된다. 또한 칸트는 가장 큰 자연수는 없고 무한수 또는 초한수도 없으며 기하에서도 가장 큰 길이를 갖는 선과 무한히 긴 선은 없다고 보았다. 그는 실무한은 없고 잠재적 무한만을 인정하여, 아리스토텔레스가 인용한 제논의 잠재무한과 같은 개념만을 인정하였다. 이러한 공간에 관한 철학은 비유클리드 기하학이 도입되면서 완전히 무너지고 말았다. 그 후 갈리레오와 데카르트, 뉴턴과 라이프니츠의 무한소의 개념, 해석기하학, 미적분학, 수리물리 등이 연구되었으나 그 양이 방대하고 복잡하여 아직까지 그들에 관한 완전한 연구가 진행 중이다. 근세에 와서는 미분적분학의 발견과 함께 '자연수'로부터 '연속된 양'의 본질을 규명하려는 노력으로 수리철학의 과제가 확대된다. 그러나 당시까지도 수리철학이 수학의 발전과 그다지 밀접한 관계에 있다고는 볼 수 없었다. 그러나 20세기에 접어들면서부터는 상황이 전혀 달라진다. 19세기 말에 칸토어(G. Cantor)는 수학의 흐름을 바꾸어 놓게 하는 새로운 방법인 집합론을 창안한다. 집합론의 중심과제가 무한집합을 통해 '무한'의 본질을 규명하고 추구하는 것에 있었다. 그리하여 이 이론이 수학의 각 분야에서 비약적인 발전을 하게 하고 20세기의 수학에 새로운 장을 열게 하였다. 집합론의 발전에 따라 '집합'이 '수'보다 한층 더 근본적인 개념으로 인식하게 된다. 즉 집합론을 이끄는 수학자들이 자연수를 비롯한 여러 가지 수학적인 기본개념을 '집합'에 의해 정의할 수 있다는 의미로 받아들이게 되었다. 그러나 1895년에서 1910년 사이에 집합론에 관한 몇 가지의 역설이 등장하였다. 처음 발표된 것은 칸토어 자신이 발견한 내용이기도 한 약간의 기술적인 문제인, 정렬된 서수(ordinal number)의 수열에는 반드시 제일 큰 서수가 존재해야한다는 부랄리-포르티C. (Burali-Forti)의 역리가 발견되고(Kline, 1980), 1902년에 러셀(B. D. Russell)은 칸토어의 집합론에 역설(paradox)이 발견되었고, 러셀의 역리는 내용이 간명하면서도 수학의 가장 기초적인 면에 관련되고 있었기 때문에 이 역설은 수학을 뿌리부터 흔들리게 하였다(Pinter, 1971).

이 역설은 다음과 같다.

만일 임의의 x에 관한 어떤 명제를 $P(x)$로 적을 때 명제 $P(x)$를 충족시키는 x들의 전체를 기호로 $\{x|P(x)\}$라 하고 이를 R이라고 하자. 즉 $R=\{x|P(x)\}$이다. 이 때 R을 특별히

집합이라 하고 명제 $P(x)$를 특별히 $x \notin x$(즉 어떤 x가 그 자신을 원소로 갖지 않는 x를 뜻함)라고 하면 다음을 얻는다.

$$A \in R \Rightarrow A \notin R$$
$$A \notin R \Rightarrow A \in R$$

이는 명확히 모순이다(Pinter, 1971). 이 모순은 무엇에 기인하여 생기는 것일까?

이 역설을 분석해 보면 그 내용이 $x \notin x$와 무제한적인 '전체의 집합'과 같은 개념만으로 구성되어 있다. 이들 개념이 통상적으로는 잘 쓰이지 않으나 이 개념에 의해 역리가 야기되었기 때문에 '집합'과 '모임전체'에 의해 정의되는 개념이 수학의 기초가 된다는 점에 문제의 심각성이 있었다. 그 후 이를 극복하기 위한 쩨르멜로(Zermelo)와 폰 노이만(von Neumann) 등의 몇 가지의 대안이 제시되었지만, 집합을 무엇으로 정의하여야 하는가 등의 매우 심각한 질문이 쇄도되었다(Pinter, 1971). 러셀(Russel), 브로우베르(L. E. J. Brouwer), 힐베르트(D. Hillbert) 들은 집합을 무엇이라고 정의하느냐에 대해서뿐만 아니라 문제의 엄밀성을 위해 개념수정의 방법과 추론형식을 정밀화하여야 함이 무엇보다 긴요하다는 인식을 하게 된다. 이러한 일련의 문제가 종국에는 "수학이란 무엇인가?"라는 문제로 귀착된다. 수학의 연구 분야를 크게 둘로 구분한다면 하나는 현재까지의 축적된 수학적 지식을 기초로 하여 이를 한층 더 발전시켜 새로운 지식과 이론을 개발하거나 넓혀 나가는 것이고, 다른 하나는 현재의 수학이 무엇을 근거로 하고 그것의 진리성이 보장되는가를 명확히 밝히려는 분야이다. 이 중에서 후자, 즉 수학의 기초를 이루는 근거를 밝히려는 연구는 고대 그리스 시대부터 오늘에 이르기까지 형태나 규모는 다소 다르지만 꾸준히 노력해 왔었다. 그러나 집합론에서 비롯된 역리가 발견되면서부터 이 연구가 수학에서 심각하고 절실한 당면문제로 요청되며 이 분야가 하나의 고유한 분야로 발전되어 오면서 오늘날에는 주목받는 학문적 영역으로 그 위치가 확립되었다. 과거 얼마 동안은 이 분야를 수리철학이라든가 수리논리학 또는 수학사상사 등 여러 가지로 호칭되었으나 1950년경부터는 고유한 연구방법과 고유한 연구 성과를 거둠에 따라 깊은 연관성이 있는 이들 분야를 하나의 통일된 연구영역으로 삼게 되어 이를 수학기초론(Foundation of Mathematics)으로 부르게 되었다. 수학기초론의 과제로는 앞에서 언급한 물음 외에도 논리적으로 옳음(참)이란 무엇인가? 어떤 근거에서 무한의 개념을 인식할 수 있는가? 논리의 법칙은 현재까지 알려진 것이라고 할 수 있는가? 현재의 집합론의 공리는 완성되었는가? 즉 집합론의 공리가 현재 사용되는 것 외에 더 필요하지 않은가?) 수학에는 모순이 없는가? 등등이 있다. 이러한 물음에 대한 근본적인 고찰이 방법에 따라 세 가지의 서로 대립된 철학적 입장을 낳게 하였다. 러셀의 논리주의, 브로우베르의 직관주의, 힐베르트의 형식주의가 그것이다. 이는 당시의 수리철학의 큰 흐름을 이루는 가닥을 이루었다(임정대, 2005).

2. 수리철학의 발전과 비판

우선, 데카르트의 수학의 논리화, 푸앵카레의 직관, 힐베르트의 기호논리의 수치화에서 비롯된 논리주의, 직관주의, 형식주의를 소개하고 그들에 대한 비판을 요약한 다음, 세 학파를 부정하는 어네스트(Ernest)로 대표되는 무소속학파의 이론과 그에 따른 비판을 정리한다. 마지막으로 부르바키학파의 수학의 통합에 관하여 논의하기로 한다.

2.1 논리주의

집합론의 공리화에 대한 논쟁과 불만족이 야기되면서 수학에서 논리의 역할에 대한 관심이 부활되었다. 논리주의란 한마디로 수학을 논리학으로 환원할 수 있다고 주장하는 입장이다. 현대적인 논리주의의 원류는 17세기의 데카르트(R. Descartes)에서 비롯되었다. 그는 수학과 자연과학의 연구에 흥미를 갖고 그동안 터득한 모든 학문적인 방법 특히 수학의 방법에 입각해서 확실하고도 명증적인 인식으로서의 학문을 확립하려고 하였다. 즉 종합과 분석의 수학적인 방법에 의해서 물질을 모습이나 크기와 같은 순수하게 기하학적인 성질에 의해서 파악하려고 시도하였다. 그는 알콰리즈미(al-Khowarizmi) 의 대수연산의 기하학적인 배경을 확장하여 대수문제를 기하학적으로 해석하였고 또한 기호적 대수학에 심취하였다(Boyer, 1968). 이러한 실존철학을 바탕으로 하여 실존적인 수학을 순수하게 수학으로 보지 않고 논리적인 성격을 갖춘 훨씬 더 일반적인 원리방법에서 수학의 기초를 세울 것을 시도하였다(강영선 외, 1980). 그 후 이러한 사조에 깊은 관심을 품었던 라이프니츠(G. W. Leibniz)는 과학자이며 신학자인 룰(Raymond Lull, 1235~1315)이 모든 추론에 적용할 수 있는 일반적인 논리과학의 개념을 소개한 저서 'Ars Magna et Ultim'에서 밝힌 관념에 일찍이 심취하여, 수학뿐만 아니라 추론일반에서 계산이 적용될 수 있을 것으로 확신하였다. 1666년에는 그의 저서 'De Arte Combinatoria'에서 일반적인 추론체계를 계획한 이후로, 논리합, 논리곱, 논리적 항등, 논리적 부정, 공집합의 개념과 포함관계, 1대1대응, 다대일 대응은 대칭성, 추이성을 갖는 등의 논리대수를 정립하였다. 즉, 모든 추론을 계산으로 환원할 수 있는 보편적인 방법이 될 수 있다고 확신하였다(Kline, 1980). 당시에는 라이프니츠의 업적이 완성되지도, 책으로 발간되지도 않았지만 수리논리학의 개척자인 것은 분명하다. 그 후 드모르간(Augustus De Morgan)은 그의 저서인' Formal Logic(1847)'에서 아리스토텔레스의 논리를 개선하였고, 기호논리에서 드모르간 법칙을 소개하였다. 또한 언어의 기호화가 논리를 엄밀화 한다고 확신한 부울(George Boole, 1815~1864), 명제와 명제함수를 구분하여 명제연산을 발전시킨 퍼스(Charles S. Peirce) 등이 논리대수의 창설을 위한 기초를 구축하였으며 관계의 논리를 규명하는 다음 단계로 발전하게 한다(Kline, 1990). 논리주의의 구상을 실현하기 위해서는 먼저 수학 자체를 공리계로 건설하여야 한다. 이 역할은 제나(Jena) 대학의 교수였던 프레게(Gottlob Frege, 1848~1925)가 주도하였다. 퍼스와는 독립적으로 변수, 한정사, 명제함수를 확장하여 사용한 프레게는 그의 저서 'Begriffsschrift (Calculus of Concepts, 1879)'에서 논리의 공리론적 기초를 확립하였다. 또한 그는 명제의 함의(implication)를 소개하여 수학 논리를 좀 더 쉽게 만들었으며 순서관계와 같은 관계의 논리를 도입하였다. 다양한 수학의 각 분야의 모든 개념을 산술(자연수론)의 용어로 정의하는 과제는, 오직 산술만이 무리수 이론을 엄밀하게 할 수 있다고 믿은 데데킨트(R. Dedekind), 기하학적인 직관을 수량화하여 $\epsilon-\delta$방법을 도입한 바이어슈트라스(Karl Weierstrass), 자연수를 공리화한 페아노(Giuseppe Peano, 1858~1932) 등에 의해 연구가 크게 전진되었다. 이 과정에서 데데킨트, 바이어슈트라스, 칸토어에 의해 연구된 실수론은 논리주의 사상의 중심적인 역할을 하게 되며 이 실수론에서 실수는 유리수의 어떤 집합인 절단(Dedekind cut)에 의해 정의된다. 자연수론의 공리화는 데데킨트의 저서 'Was sind und was sollen die Zahlen' 에서 비롯되었으나 너무 복잡하여 관심을 받지 못하다가 페아노가 이를 완성한다. 그러나 페아노가 공리화한 자연수 체계에서 공리계는 자연수뿐만 아니라 정수, 유리수, 실수 등의 임의의 자연수의 무한수열이 이를 만족하게 된다. 이러한 구체적인 공리 위에 논리학을 세운 후에 프레게는 그의 진정한 목적인 논리의 확장으로써 수학을 구축하려하였고 산술론의 원시개념을 논리학의 개념으로 환원하려는 구상을 하게 되었다. 그러나 논리대수에서 도입한 독특한 기호가 난해했기 때문에 그의 연구는 당시의 학자들로부터 주목을 받지 못하였으나 그 후에 러셀(Bertrand Russell)에 의해서 프레게의 구상이 재조명되었다(Kline, 1972). 러셀은 1903년에 수학이 논리학으로 귀착시킬 수 있다는 가능성을 철학적이고도 논리적인 기초에서 보여주는 저서인 수학원리(The Principles of Mathematics)를 발표하고, 그 후 화이트헤드(Alfred North Whitehead)와의 공저인 수학원리(Principia Mathematics, 3 vols., 1910~1913)를 통해 그의 논리주의 사상을 완성하였다. 논리주의학파는 수학을 어떠한 공리도 따르지 않고 다만 순수한 논리만으로 전개한다. 그들은 수학의 표현을 완벽하게 하기 위해 이들의 기호를 먼저 재건설하고 수학의 기본개념의 논리적 분석을 완벽하게 하여 수학을 체계화된 논리학에서 도출하는 방법을 실현한 것이다. 논리의 전개는 연속되는 추론에 사용될 정리에서 유도되는 몇 가지의 논리의 공리로 구성된다. 따라서 논리의 법칙은 주어진 공리에서 파생되는 내용도 수용하고, 기본 명제, 명제함수, 명제의 부정, 두 명제의 합의 개념과 같은 무정의 개념을 포함한다. 그리고 논리주의 학파에게는 논리의 가정과 결과는 임의적이고 또한 형식적이다. 즉 그 안에는 아무런 내용은 없고 다만 형식만이 존재한다. 따라서 수나 기하학적 개념에 붙여진 물리학적인 의미는 수학의 대상이 아니라는 것이다. 논리주의에 대한 비판은 주로 Principia Mathematics에 포함되어 있는 형의 이론[2], 회원의 공리, 무한공리[3], 선택공리에 집중되었다. 그것은 이들 대부분의 공리가 논리주의에서 내세운 논리적인 원리로 간주할 수 없다는 비판으로 요약된다.

집합론에 나타난 역리가 "모든…" 또는 "…인 전체"의 개념과 연관된다. 원소와 집합 사이에는 그의 계층이 다른데도 불구하고 혼돈 하는데서 역리가 비롯된다고 보고 형의 이론(theory of types)을 창안하게 된다. 이 이론에 의해 역리는 극복된다. 이 형의 이론은 일반적으로 해석학에서 기초가 되는 극한의 존재정리와 같은 증명법이나 추론법을 수용할 수 없기 때문에 형의 이론에 맞춰서 수학을 건설한다면 수학의 전개는 상상을 초월하는 복잡함을 피할 수 없다. 이를 피하기 위해서는 환원공리(axiom of reducibility)가 요청된다. 이 공리는 "어떠한 형의 명제라 하여도 그것과 동치인 제1형인 명제가 존재한다. 즉, 어떤 형의 명제라 하여도 가장 낮은 형의 명제로 환원할 수 있다."를 요구한다. 이 공리가 논리학의 공리라고 단정할 수 없다는 비판 외에도 여러 면에서 비판을 받았다. 심지어는 이 공리가 논리적 필연성이 없는 행운의 우연이라고 평가하기도 하였다. 또한 환원공리를 사용하지 않고는 증명할 수 없는 것은 증명할 가치가 없는 것일 뿐이다. 더구나 러셀과 화이트헤드의 체계는 완전하지 못하였고 많은 내용이 애매모호하다. 전반적인 논리주의 입장에 대한 철학적 비판은 다음과 같다. 만약에 논리주의의 관점이 옳다면 모든 수학은 사고의 법칙에 따르는 정리로 구성된 철저하게 형식적이고 논리-연역적인 과학이어야 한다. 그런데 그러한 사고의 법칙의 연역적인 노력만으로 음향학, 전자기학 등의 광범하고 다양한 자연현상을 어떻게 표현할 수 있을 것인가? 그리고 역학을 설명할 수 있는가? 더구나 수학적의 창조할 때에는, 개념이나 상상력을 수반하는 직관은 경험과 무관하게 새로운 개념을 공급해야만 한다. 그렇지 않으면 새로운 지식이 어떻게 생성되겠는가? 논리주의의 프로그램의 형식화로는 수학에 어떠한 실재론적인 의미를 가져다주지 못하게 되어 핵심이 없는 껍질만을 표현하게 될 뿐이다. 푸앵카레(Henri Poincare`, 1854~1912)가 그의 저서 'Foundations of Science(p.483)'에서 지적한 바와 같이 논리주의 이론은 매우 빈약하고 모순을 범할 위험을 포함하고 있다. 이러한 비판에도 불구하고 논리주의철학은 많은 수학자들에게 받아들여졌으며 러셀과 화이트헤드의 논리는 완전한 기호형식 체계안에서 논리의 철저한 공리화를 이루어 냈으며 수학적 논리라는 분야

---

2) 형의 이론은 먼저 개체 하나하나를 제0형으로 또 개체의 집합은 제1형으로, 개체의 집합의 집합을 제2형으로 하는 방법으로 구성한다. 이 때 "X가 A에 속한다"라 할 때 A는 X보다 고차인 형임을 요구한다. 그렇기 하면 "어떤 자신에 속하는 집합"은 자연히 구성할 수 없게 되고 역리가 극복된다.

3) 무한공리란 집합론에서 무한집합의 존재성을 보장하기 위해 요구되는 공리다. 내용은 "X가 어떤 원소를 가지면 그 원소의 후자도 갖는다"이며 선택의 공리내용은 "공집합이 아닌 집합을 원소로 하는 어떤 집합에서 각 원소집합으로부터 다시 원소를 하나씩만 선택하여 이루어지는 새로운 집합이 존재한다"이다.

에 기여한 바가 매우 큰 것은 사실이다(Poincare , 1946).

또한 Principia Mathematics에서 도입한 무한공리와 선택공리가 수학의 공리는 될 수 있을 수도 있으나 이를 논리학의 공리로는 볼 수 없다는 맹렬한 비판을 받았다. 무한공리가 자연수론에 대해 타당성을 주장한 근거가 전혀 없을 뿐만 아니라 이 공리가 진실하다고 단정할 근거가 없으면서도 산술의 모든 구조가 본질적으로 이 공리의 진실성에 근거하고 있음을 비판하고 있다. 그리고 선택공리는 수학사에서 보기 드물게 오랫동안 그의 신비성이 벗겨지지 않은 공리이다.

2.2 직관주의

논리주의와 마찬가지로 19세기 말에 직관주의가 발전하여 오다가 1920년대에 와서 집합론에서 야기된 역리를 극복하기 위한 노력에서 이 사조가 비롯되었으며 주로 네델란드의 브로우베르(Luitzen Egbertus Jean Brouwer, 1881~1966)와 그의 후계자들에 의해 발전되었다. 그러나 그보다 약 반세기 앞서 1870년대와 1880년대에 크로네커(L. Kronecker)에게는 바이어스트라스의 엄밀성이나 칸토르의 초한수와 집합론이란 수학이 아니라 수비주의(mysticism)와 같은 것으로 간주하였고 0과 자연수는 직관적으로 분명하기 때문에 수용하면서 자연수는 신이 인간에게 준 선물이고 나머지 수는 인간이 필요에 의해서 만든 것이므로 의심의 여지가 있다고 하였다. 또한 1887년에 발간한 논문 'Uber den Zahlbegriff (On the number concept)'에서는 분수와 같이 0과 자연수만으로 구성되는 수의 형태를 정의하는 방법을 제시하면서 분수와 같은 수는 기호의 편리함 때문에 수용하였지만 무리수와 연속함수의 이론을 배척하였다. 즉 정수만으로 이루어지는 해석학을 원하였던 것이다. 또한 크로네커는 대다수의 수학내용이 유한번의 단계로 결정되는 구성적인 방법과 규준으로 만들어지는 수학만을 찬성하였다. 그 한 예로 π가 초한무리수임을 증명한 Lindermann에게 크로네커는 π에 관한 당신의 아름다운 통찰은 과연 어디에 사용되는가? 무리수란 존재하지도 않는 수인데 왜 그러한 문제를 연구하는가? 라고 할 정도였다. 그러나 당시에는 학계의 주목을 끌지 못하였다. 그 다음으로 직관주의를 열렬하게 지지한 사람은 당시 프랑스가 낳은 세기의 수학자 푸앵카레이다. 푸앵카레가 집합론의 역리를 본 다음 칸토어의 집합론을 수학으로부터 추방해야 한다고 주장하면서 그 역시 유한번의 문자로 정의될 수 없는 개념을 반대하였다. 따라서 초한수만큼의 집합에서 선택한 원소로 이루어지는 얻는 집합은 실제로 정의될 수 없기 때문에 선택공리를 부정하였고, 크로네커와 마찬가지로 수학의 모든 정의와 증명은 구성적이어야 한다고 주장하였다. 그러나 준직관주의자로 불리는 베르(R. Baire), 르베그(H. Lebesgue), 보렐(É. Borel)과 같은 파리의 젊은 수학자들에 의한 일련의 학술적 활동과 논리주의를 비판하면서 주고받은 그들의 편지 내용이 크로네커보다 영향력이 더 컸다. 보렐은 정수가 공리에 의해서 정의할 수 없다는 푸앵카레의 주장에 찬성하면서 선택공리를 비판하였다. 그러나 위의 모든 직관주의적인 반대는 산발적이고 단편적인 것이었다. 1907년에 출판된 브로우베르의 박사학위논문인 수학기초론에 관하여(On the Foundations of Mathematics)에서 직관주의적인 사상이 담긴 이론이 크게 주목을 끌게 된다. 그 후 브로우베르의 직관주의적 입장이 학계에 넓게 유포되었으면 그들이 크게 활동한 시기는 1918년으로부터 약 10년 사이이다. 브로우베르의 직관주의는 폭넓은 철학에서 유래되었다. 브로우베르에 의하면 수학은 이론적인 논리로 표현되는 수학적 언어와는 완전히 다른 것으로써, 시간 이동의 지각에서 유래되는 언어가 없는 정신적 행동으로 규정하였다. 여기에서 시간이동이란 특정한 상황마다 연속되는 지각(perception)을 둘(two-ities)로 나누어 전자가 후자의 길을 열고 그 후 전자는 기억 속에 보전되는 것을 말하고, 모든 둘의 공통 성질 즉, n과 $n+1$과의 관계를 빈 형태(empty form) 라고 정의하고 빈형태를 수학의 기본적인 직관이라고 하였다. 그리고 이러한 기본적인 직관이 수학의 원천적인 직관이고 이 원천적인 직관이 수없이 반복되면서 새로운 수학을 만들어 간다고 보았다. 이러한 아이디어는 칸트가 말했던 시간직관에서 도출되는 0과 자연수의 개념과 같다(Brouwer, 1952). 브로우베르가 지칭하는 수학적 존재란 결코 선험적(priori)으로 얻어지는 것이 아니며 우리의 수학적 사고라는 지적인 구성에 의해 생성되는 것이다. 우리는 어떤 물건의 개수를 세거나 차례를 매기는데 1, 2, 3, …과 같은 자연수를 이용하지만 이 때 물건의 개수를 세거나 순서를 매기는 것과는 독립해서 따로 자연수라는 것이 존재한다고 보지 않고 반대로 물건을 세거나 순서를 매기는데서 자연수라는 수학적 존재가 순차적으로 만들어지는 것으로 직관주의자는 본다. 또한 자연수는 빈 형태인 n에서 $n+1$로 가는 단계를 수없이 반복하면서 무한집합을 형성해가는 것으로 보았으나 칸토르식의 실무한을 부정하고 아리스토텔레스의 잠재무한만을 인정하였다. 또한 자연수의 기수보다 실수의 기수가 더 크다는 유명한 칸토르의 대각선논법을 통한 증명을 직관주의자들은 거부한다. 브로우베르에 의하면 사고란 완벽하게 기호화할 수 없는 것이고 수학적 아이디어란 언어로 만든 의상과는 아무런 관련이 없으며 논리는 언어의 일부분이기 때문에 수학을 어떤 논리체계 안에서 구성할 수는 없는 것이다. 수학에서의 가장 중요한 진보는 논리적 형태를 완벽하게 만드는 것이 아니라 기초적인 이론 그 자체를 수정 보완하는 것이다. 논리는 수학을 따르지만 수학은 논리를 따르지 않는다. 수학은 어디까지나 수학적 직관에 의해 도출되며 수학적 직관에 의해 추론할 수 있다하고 추론을 따라가면 일정한 법칙을 발견할 수 있게 된다고 주장한다. 이러한 관점에서 볼 때 논리보다 수학적 사고가 한층 더 기초적이라고 할 수 있다고 한다. 이러한 주장에서 직관주의가 논리주의와 대립됨을 쉽게 알 수 있다. 직관주의자들은 수학적 귀납법은 받아들이고 있다. 왜냐하면 수학적 귀납법으로 어떤 성질이 모든 자연수에 대해 성립함을 보이기 위해서는 무한히 많은 자연수 모두에 대해 일일이 확인할 필요가 없으며 임의로 잡은 어떤 자연수 n에 대하여 그 성질이 성립함을 보이면 충분하다는 뜻이다. 이러한 논법은 분명히 구성적이다. 왜냐하면 자연수 하나하나에 이르기 위해서는 유한과정에서 가능하기 때문이다. 직관주의의 입장에서는 수에 관한한 어떠한 수학적 명제라 하여도 구성적인 증명이 아니면 그것을 참이라고 주장할 수 없다고 본다. 또한 직관주의자는 모든 단계에서 존재하거나, 존재하지 않거나 또는 긍정적이거나, 부정적이거나 만이 존재하는 배중률(The law of excluded middle)을 거부한다. 직관주의자는 참 · 거짓의 중간인 가능성을 용납하고 어떤 명제가 참도 거짓도 아니라 하여도 충분히 의미만 있으면 명제로 받아들이는 입장이다(Kline, 1990). 수학사에서 유명한 골드바흐(C. Goldbach)의 예상문제 "모든 짝수는 두 소수의 합으로 표시 된다"는 오랫동안 많은 수학자가 증명하려고 시도하였으나 아직 그 명제의 증명도 반증도 발견하지 못한 채 숙제로 남아 있다. 따라서 이 골드바흐의 예상은 참도 아니며 거짓도 아니다. 직관주의에서는 초월적인 정의나 증명을 피하고 구성적인 정의나 증명만을 허용하기 때문에 대부분의 수학자가 직관주의를 외면한다. 직관주의의 이 같은 요구 때문에 구성주의와 혼돈되는 경우가 많다. 구성적인 방법이 직관주의의 수단으로는 될 수 있으나 직관주의의 본질적인 것은 아니다. 당 시대의 사상가 바일(H. Weyl)은 비구성적인 증명은 마치 보물이 있다고 하면서 그의 위치는 밝힐 수 없는 것과 같다고 하면서 유클리드의 소수의 무한성의 증명을 부정한다(Philosophy of Mathematics and Natural science, p.51, 재인용). 바일은 "브로우베르의 철학은 최고의 인식론적인 의미를 갖게 하는 일이다"라고 격찬하였다. 그러나 무한론을 절대적으로 요구하여야 하는 대부분의 수학자들로부터 브로우베르 사상이 냉대를 받아왔다. 1950년대 말에 와서 브로우베르의 제자 헤이팅(A. Heyting, 1898~1980)이 직관주의사상을 명확히 하였으며, 직관수의 입장에서 수리철학과 수학의 여러분야를 재조명하여서 직관주의적 수학을 구성한 결과 그것이 현대수학과 별 차이 없이 성립하는 것이 실증되었다. 직관주의적 논리에서 가장 뚜렷한 특성은 무한에 연관된 배중률의 거부와 실무한의 거부라 하겠다. 이러한 요구 때문에 수학에서 고전해석학과 집합론의 대부분을 포기하여야 한다. 이를 두고 힐베르트(David Hilbert, 1862~1943)는 "수학자에게 배중률을 포기하라는 것은 천문학자에게 망원경을, 권투선수에게 주먹을 쓰지 못하게 하는 것과 같다"고 신랄하게 직관주의를 비판하였다(Kline, 1972). 그래서 대부분의 수학자들이 직관주의의 사상을 받아들일 수 없다고 보고 있다.

2.3 형식주의

직관주의자들의 고전적인 해석학에 대한 비판에 맞대응하고 집합론의 역설을 피하면서 수학의 본질을 내용이나 의미가 없는 하나의 형식의 조작으로 귀착시키려는 움직임은 힐베르트가 1904년에 열린 제 3회 수학자 국제회의에 제출된 보고서 "논리학과 수학과의 기초론에 관하여(Über die Grundlagen der Logik und der Arithmetik, 1904)"에서 처음 제시되었다. 그는 무리수의 존재를 부정하는 크로네커의 주장에 반대하고 칸토르의 업적을 존중하면서 실무한을 받아들였다. 당시에 그의 의도는 집합론의 이론을 사용하지 않는 수체계의 기초를 마련하고 산술의 무모순성[4])을 정립하는 데에 있었다. 그 이유는 힐베르트는 기하학의 무모순성을 산술의 무모순성으로 환원하려고 하였기 때문에 산술의 무모순성의 증명에 크게 관심을 두었다. 그 후 1920에서 1930년 사이에는 그와 그의 제자인 베르나이스(Bernays), 에커만(A. Ackerman, 1896~1962), 폰 노이만(J. von Neumann) 등에 의한 일련의 보고서와 논문을 통해 이 구상을 보다 더 상세히 검토 받게 하였다. 그러나 그의 구상을 좀 더 완전하게 기술한 것은 베르나이스와 공저인 수학의 기초(Hilbert D., Bernays Paul, 1939)를 통해 학계에 넓게 유포되었다. 수학의 기초론에 대한 힐베르트의 기본적인 구상에 따르면 고전수학을 먼저 형식적인 공리체계로 한 다음 그 체계의 무모순성을 증명하려는 것이다. 그러기 위해 첫째로는 산술(자연수론)을, 둘째로는 해석학을, 셋째로는 집합론을 각각 공리적인 체계로 형식화하려고 하였다. 여기서 산술은 페아노의 공리를 택하고 집합론은 체르멜로(E. Zermelo)의 공리를 기초로 삼았다. 수학의 무모순성을 증명하기 위해서는 먼저 수학의 증명 자체를 연구대상으로 하여야 한다. 이러한 방법을 증명론(Beweistheories(proof theory)) 또는 초수학(metamathematics)이라 한다. 또한 무한 개념의 도입을 피하기 위하여 증명론에서는 유한방법론만을 사용하였다. 프레게와 러셀의 연구에 의해 당시 이미 기호논리학이 상당한 수준에 도달하였으나 힐베르트는 그의 구상을 실현하기 위해 새로이 개발한 다음과 같은 체계를 채택하였다. 즉, 수학의 증명 자체를 연구 대상으로 하는 데에는 정밀하고 엄격한 논의를 위해 수학의 증명을 표현하는 문장(명제)의 다의성과 모호성이 개입되지 않아야 함이 절대로 요구된다. 그러기 위해서는 몇 개의 기호에 의한 인위적인 언어를 논리학적인 방법으로 도입하고 이로부터 수학적인 명제를 기호와 기호의 열로 나타내야 한다. 이 때 이 기호는 그 명제의 내용 또는 의미를 완전히 제거하고 수학적이거나 논리적인 추론을 기호 또는 기호의 열의 변형규칙으로 삼는다. 이와 같이 수학을 내용 또는 뜻이 없는 완전한 형식으로 보고 기호와 기호의 열을 변형규

4) 한 체계의 무모순성이란 그 체계에 속하는 어떤 명제 P에 대하여 P와 P의 부정인 ~P 모두가 증명되지 않는다는 뜻이다. 또한 체계의 완전성이란 임의의 명제 P에 대하여 P 또는 그것의 부정인 ~P가 항상 증명이 될 때를 의미한다.

칙에 따라 직관적 고찰에 의해 수학의 논리적 구조를 규명하려는 것이 형식주의의 방법이다. 따라서 형식주의자들에게는 수의 법칙의 의미, 명제의 참 거짓, 수의 존재성 등 물음 자체가 무의미하다. 힐베르트는 1925년의 논문 '무한에 관하여(Über das Unendliche)'에서 내용이나 의미가 명확한 수학문제는 언젠가는 반드시 풀릴 것이라고 다음과 같이 진술하고 있다.

기하학과 물리학에서 무모순성의 증명은 산술의 무모순성으로 환원함으로써 완성된다. 그리고 우리학파의 초수학의 방법으로 산술의 무모순성을 증명할 수가 있다. 따라서 초수학은 모든 수학의 구조의 초석이 되는 것이다.

그러나 러셀은 힐베르트의 형식주의를 두 가지 면에서 이를 비판하고 있다. 첫째는 산술체계에 대해 형식주의자는 통상적인 산술의 여러 명제를 공리계로부터 어떤 방법으로 도출할 것인가에 대해서만 노력하고 있다. 그렇기 때문에 수 그 자체가 무엇인가에 대해서는 아무런 뜻이 없다. 가령 기호 0이 임의의 한 유한수를 나타낼 수 있다. 이 때 1이 0 다음의 수를 나타낸다. 자연수열은 일종의 임의의 열이라고 할 수 있다. 이러한 사실이 공리로부터 정리를 증명하는 데 본질적인 것은 아니다. 그러나 산술을 현실세계에서 실용적 면으로 적용하기 위해서는 그런 수의 개념이 본질적인 의미에서 문제가 된다. 그래서 러셀은 형식주의자가 마치 시계의 형식적인 겉모양만을 좋게 하는 데만 열중한 결과 시계가 시작의 정확성을 요구한다는 사실을 잊어버린 시계공과 같다고 하였다.

둘째는 그들이 수학의 본질을 무모순성을 환원시키는 데 있다고 보기 때문에 실용적인 면을 잊어버렸다고 형식주의자인 힐베르트는 직관주의를 비판하고 있다. 무모순적인 공리체계만을 세우기 위해서는 다른 제한이 있을 수 없다. 그렇게 되면 그 체계의 근거가 산술 밖에 있게 된다. 러셀의 견해에 의하면 수학의 경험적인 여러 사실에 적용하는 것이 선험적으로는 불가능하게 하는 이 방법이 수학의 기초론으로서도 합당하지 못하다고 지적한다.

한편 1931년에 괴델(Goedel)은 "형식적으로 미결정인 Principia Mathematica의 명제와 연관된 체계에 대하여"라는 논문(1965)에서 유명한 두 불완전성정리를 발표한다. 내용은 "자연수론을 일부로 포함하는 어떠한 공리론적 이론체계가 무모순하면 그 체계 자체가 제시하는 논리적 방법만으로는 긍정의 증명도 부정의 증명도 불가능한 명제(이를 결정불가능한 명제라 함)가 존재한다"이다. 따라서 산술론을 포함하는 체계가 불완전하다는 것이다. 그런데 이 정리에서 결정할 수 없다는 명제란 "그 공리체계가 무모순하다"는 명제다. 즉 "정수론을 포함하는 공리론적 체계가 무모순하면 그 체계가 무모순하다는 명제를 증명할 수도 부정할 수도 없다"가 된다. 이 정리는 물론 럿셀-화리트헤드의 논리주의 체계와 체르멜로-프랭켈(Zermelo-Fraenkel system)의 집합론 체계, 힐베르트의 정수론의 공리화에도 그대로 적용되기 때문에 무모순성의 증명이 불가능하다는 이 결과는 논리주의와 형식주의의 철학에 치명적인 타격이 되고 말았다(Kline, 1972, pp.1182-1210, Tall, 1977). 그러나 직관주의적 입장으로서는 괴델의 이 정리가 그들 철학을 뒷받침해 주는 근거가 된다는 점에서 크게 만족하게 된다. 왜냐하면 괴델의 결과는 어느 정도 배중률의 부정을 받아들이기 때문이다. 결국, 논리주의, 형식주의 직관주의가 현대수학의 방법과 내용에 시대를 초월한 최종적이고 완벽한 해답을 줄 수는 없다. 즉 수학의 내용의 발전과 연구의 새로운 방법의 개발, 수학의 새 개념의 도입과 같은 여러 가지 상황에 따라 시대에 맞추어 수리철학의 필요성이 항상 변하고 있다. 또한 괴델의 업적 또한 그 상황을 바꿀 수 없다. 따라서 수리철학에 대한 근본적인 재검토가 요구되게 되었고 일단의 수학자들이 형식주의와 직관주의를 화합하여 수학을 접근하려는 노력을 하는 한 편, 1936년에 힐베르트 학파인 겐첸(Gerhart Gentzen, 1909~1945)은 힐베르트의 초수학의 증명방법을 완화하여 초한순서수에 대해 적용되는 귀납법적인 형식을 써서 산술체계와 해석학의 일부분의 무모순성을 증명하였다(Kline, 1972, Rucker, 1982).

또한 멜버그(H. Mehlberg)는 논리주의의 구상을 크게 제한할 것을 주장하고 그러기 위해서는 다원적 논리학을 통해 수학의 각 이론이 직관에 의존하지 않고 정리를 도출할 수 있는 논리학 체계가 반드시 존재한다고 단정하고 있다. 또 형식주의자는 무모순성의 증명에서 힐베르트의 유한성이 지나치게 강하기 때문에 그것을 약화하는 방법에서 연구가 지속되고 있다. 힐베르트의 구상에 대한 재검토는 힐베르트의 형식주의적인 일반적 입장의 수정을 요구하게 하였다. 이와 연관하여 커리(Curry)의 경험적 형식주의와 굿스타인(N.D. Goodstein)의 구성적 형식주의가 등장하고 있다. 직관주의의 구상은 최근 알고리즘의 개념이 명확해지고 귀납적 함수이론의 발전과 연관하여 수학을 새로운 구성적 방법에서 구상을 발전시키고 있다.

2.4 무소속학파

지금까지 열거한 논리주의, 직관주의, 형식주의 등의 수학철학에 반기를 들어 1970년 대 이후에 등장한, 사회적 구성주의자들 중에서, 수학에서 대화를 가장 중시하는 소위 '무소속(maverick)' 학파들이 있다. 그들은 다음에 열거하는 수학의 대다수의 핵심적인 정의 방법을 대화로 간주하고 있다.

1. 수학의 지식과 증명
2. 대다수의 핵심적인 수학 개념의 특징
3. 증명의 근원과 특징
4. 수학지식을 만들고, 보장하고, 배우는 사회적 과정

또한 수학철학의 논리주의자, 형식주의자와 직관주의자들이 논리적 체제를 갖춘 유클리드 기하를 기반으로 수학을 더 이상 논쟁이 없고, 합리적으로 재구성하려는 시도는 실패로 끝났다(Kline(1980), Lakatos(1976), Ernest(1991) 등)고 주장하였다. 특히 1958년 필즈(Fields) 상을 받은 톰(Rene Thom, 1973)은 '수학교육은 수학의 철학에 근간을 두어야한다'(Ernest, 1994)고 하는 한편, 수학자들이 행하는 증명의 엄밀성에 대한 엄밀한 정의는 없으며, 수학적 지식은 수학자 사회 공동체의 승인에 의해서 유지되는 것이며, 어떤 정리의 최후의 판단은 직관에 의하며, 증명의 타당성을 평가하려면 증명에 포함된 기호의 의미와 그들을 결합하는 방법을 정확히 이해하면 충분하다는 입장이다(Thom, 1971, 우정호, 1998, 재인용). 톰(Thom)의 사회주의적 관점과 수학적 지식과 논리의 기초를 사회적 구성물인 자연 언어적 규칙으로 보는 비트겐슈타인(Wittgenstein Ludwig Josef Johann 1889~1951)의 규약주의를 기본 가정으로 받아들이고, 유클리드 형식을 거부하는 수학철학의 새로운 이론이 라카토스, 어네스트, 클라인이 주도하는 오류필연주의(fallibilist), 경험주의 또는 준-경험주의자들이 등장하였다. 그들은 수학은 문화, 사회체제, 언어, 진화하는 인식론과 대화로서 설명되어야 한다고 제안하였다(1994). 또 마닌(Manin, 1977)은 증명은 그것을 증명으로 받아들이는 사회적 행동을 수반하는 증명이어야 하고, 이것이야말로 물리학, 언어학, 생물학에서의 진리와 같은 수학의 진리라고 하였다. 사회적 구성주의에 따르면 수학은 대담과 대화에 근간을 두고 있고, 대화적 또는 변증술적 논리에 근간을 두고 있다. 그리고 여기에서의 논리는 수학이나 수학적 증명의 보장성에서 절대로 필요한 연역적 논리의 역할에 저항하거나 바꿀 의도가 없는 것이다.

어네스트(1994)는 수학에서 사용하는 언어는 다음과 같은 특성을 가진다고 한다. 수학에서의 증명은 고대 그리스이래로 특수한 형태의 독백(monological) 형태로 표현되고 있다. 이것은 전체적으로 정교하고 엄밀하고 또한 완벽한 절대주의자의 이상을 반영한 것으로, 증명 자체를 언급하는 속내말로 독백하는 것이기 때문에 조용히 경청하는 청중의 존재를 거부하는 것이다. 증명의 독백성은 청중의 반대의견을 원천적으로 차단하려는 의도이다. 따라서 변증술적 반응은 독백적 논의의 이상적인 완전함에 묻혀서 이상화되고 완벽화된 증명 그 자체의 설명이외에는 발표자나 청중은 존재하지 않게 되었다. 수학에서 사용되는 증명이나 알고리즘 같은 문맥을 면밀히 조사해 보면, 사용되고 있는 동사형태는 지시적이고 또한 강압적이다. 따라서 수학 교재는 저자가 독자에게 주는 특수한 주장이나 강압적인 내용으로 구성되어 있다. 따라서 수학 교재의 독자는 저자인 수학자의 대리인이 되거나 변증술적인 반응을 모색하는 비평가가 되는 것이다. 어떤 경우든지 수학 지식과 교재는 변증술적이거나 대화적인 것이 된다. 싸보(Szabo, 1978)는 변증술적 추론은 제논 등의 엘리아 학파의 간접추론을 따르는 공리론적인 방법의 원천이라고 하였다. 또한 수학의 원천은 경험적인 근거가 아니고, 추상적인 논리적 추론이어야 하고, 공리란 원래 두 사람간의 변증술적 토론에서 출발한다고 하였다. 또한 그들은 현대의 증명 이론에서는, 수학의 증명은 대화 중에 이루어져야 한다고 하였다. 또 그들은 증명의 대화적 해석의 결정판으로 다음의 로렌젠(1970, 1992)의 주장을 인용하였다. 즉, '수학자가 자신의 논문을 다른 수학자에게 인정을 받기위해서는 상대방의 협조를 받아 논리적인 합일점을 찾는다'는 수학 이론 발달에의 대화적 해석을 주장하였다는 것이다. 그들은 결론적으로 논리와 수학의 증명의 출발과 현재까지의 발달과정에서 살펴보면, 수학에서의 증명은 근본적으로 인간의 대화를 기반으로 하는 변증술에 뿌리를 둔다는 것이다. 이러한 논리를 주장하면서 수학 교재에 나타나는 몇 가지의 주제를 대화체로 개념화하여 소개하고 있다. 예를 들면, 한정사의 용법 중에서, $\forall x \exists y \cdots$ 를 '당신이 x를 선택하면 내가 y를 구성하는 방법을 보여 주겠다'라는 뜻으로 해석하고 있다. 또한 $\forall x \exists y Pxy$를 '당신이 x에 어떤 값을 택하든지, 나는 Pxy가 성립하는 y값을 찾을 수 있다'라고 설명하고 있다. 이러한 무소속 학파의 주장에 대한 비판으로 다음의 비고츠키의 논리(Vygotsky, 1985)를 소개하기로 한다.

피아제는 안에서 밖으로; 언어가 사고에 영향을 주지 않는다는 반면에, 비고츠키는 밖에서 안으로; 언어가 사고에 영향을 준다고 하였다. 심리학은 단순히 모든 기능의 일반적인 상호관계를 가정하기보다는 오히려 기능간의 상호관계와 그 관계의 발달적 변화를 근본문제 즉, 연구의 초점으로 삼아야 한다. 언어의 단위는 무엇인가. 우리는 언어(개념)의 내적 측면인 단어의 의미에서 그 단위를 찾을 수 있다. 감각과 사고간의 질적 차이는 사고 속에 현실의 일반화된 반영이 존재한다는데 있고, 이 반영이 곧 단어의 의미의 핵심이기 때문에 단어의 의미는 그 자체가 사고 작용이다. 그러나 이와 동시에 단어의 의미는 단어의 뗄 수 없는 한 부분이므로 사고영역뿐만 아니라 언어영역에도 속한다. 아동의 발달에서도 사고와 단어(일반적으로 언어)의 발생적 뿌리간의 상호의존성을 발견할 수 없지만, 언어 이전에 존재하는 사고의 단계와 사고 이전에 존재하는 사고의 단계가 존재하고, 사고와 언어의 발생적 뿌리간의 특정한 상호의존성을 찾지 못하였다. 그러나 사고와 언어가 평행선을 달린다거나, 특정 시기에 교차하여 상호간에 기계적으로만 영향을 주는 무관한 대상이라고 간주하는 것은 잘못이다. 언어와 사고의 관계를 철저하게 이해하기 위해서는 의미 차원을 너머에 존재하는 속내말(inner speech)의 심리적 본질을 명확하게 이해하여야 한다. 성인의 속내말은 사회적 적응이라기보다는 스스로 하는 사고(thinking for himself)를 뜻한다. 즉 아동의 자기중심적 사고와 동일한 기능을 갖고 구조적 특성에서도 동일하다. 속내말은 마음속으로 시를 암송하는 것과 같이 언어적 기억으로 이해된다. 속내말과 바깥말(outer speech)의 차이점은 사물의 관념이나 심상과 사물 그 자체와의 차이점과 같다. 바깥말은 사고가 단어로 전환되는 것으로써 사고의 구체화 또는 객관화이고, 속내말은 단어가 사고로 전환되는 것으로써 사고의 주관화이고, 언어가 사고로 내면화된 것이다. 아동의 자기중심적 말은 구체적 조작기에 사라지는데, 이 때 속내말이 발달하기 시작한다. 따라서 자기중심적 말은 속내말 연구의 열쇠가 된다. 자기중심적 말은 심리간 기능(interpsychic function)에서 심리내 기능(intrapsychic function)으로의 전이, 즉 아동의 사회적, 집단적 행위로부터 보다 개별화된 행위로의 전이의 한 가지 현상이다. 따라서 바깥말은 대화를 뜻하며, 속내말은 독백을 뜻한다. 속내말은 순수한 의미에서 다분히 사고에 가깝다. 따라서 수학자들이 행하는 사고는 속내말, 즉 독백이다. 수학자는 독백에서 얻는 주관적인 사실을 다른 수학자의 주관적인 사실과 비교하는 행위 - 대화를 통하여 자신의 주관적인 사실의 오류를 발견하거나, 참임을 확인한 후, 다시 주관적인 사고과정 또는 통찰- 독백-을 통하여 불변의 성질을 발견해가는 것이며, 대화는 수학적 대상에 도달하는 과정이고 수학적 대상을 정당화하고 전파하는 수단인 것이다. 즉, 비고츠키에 의하면 "수학이 대화이다." 라는 어네스트의 주장은 심리적으로 옳지 않은 것이다.

2.5 부르바키(Nicolas Bourbaki)의 수학의 통합

부르바키(Nicolas Bourbaki, 1816~1897)는 19세기의 그리스 장군이었다. 프랑스 낭시에는 그의 동상이 있다. 그러나 부르바키장군은 수학의 문외한이었다. 헤밍웨이, 피카소, 마티스는 어떤 까페에서 자주 만나 담소를 나누곤 하였다. 파리대학 근처의 좌측 강 언덕에 있는 그 까페에는 활기 넘치는 수학공동체가 번창하고 있었다. 수학자로 가득한 까페에는 숫자와 기호와 공간과 함수라는 똑같은 언어로 이야기하고 있어서 도취된 분위기였다. 그 시절 파리대학의 수학과에는 직업적인 배우를 초청하여 대학원생들 앞에서 니콜라스 부르바키의 연기를 하게하는 연례행사가 있었다. 그 때 수학적인 허튼소리로 긴 독백을 하는 원맨쇼를 하곤 했다. 현대수학이론이 풍부해지면서 수학용어 가운데에는 일상에서와 다른 의미로 쓰이는 방대한 어휘들이 생겨났기 때문에 공연은 아주 재미있었다. 그 일과 연관이 되어 그 공동체는 부르바키장군의 이름을 빌리기로 했다. 공동체의 구성원들은 익명을 고수했고, 수학적인 연구결과는 부르바키 이름으로 공동체의 성과로 인정되었다. 부르바키의 초기 구성원 중에 앙드레 베유(Andre Weil, 1906~1998)와 부르바키라는 공동 이름으로 출판된 많은 책의 주요 저자인 장 듀돈네(Jean Dieudonne)가 있다. 구성원들이 모두 프랑스이면서 대부분이 미국에 살고 있었고, 부르바키의 출판물에는 소속이 낭카고(Nankago) 등으로 나와 있는데, 낭시와 시카고의 합성어이다. 1934년에 10여명의 프랑스 수학자들이 대학의 수학과 학생들을 위한 미적분학 교재를 저술할 계획에 대하여 논의하던 중에 브루바키 원론의 제작을 결정한 것이다. 그들은 데데킨트와 힐베르트의 연구방법을 좇아서 부르바키는 현대의 수학을 최소한의 기본적이고 공리화된 수학의 구조로 서술하는 방법을 모색하였다. 또한 가급적이면 많은 분야의 수학내용을 포함하는 최소한의 구조 안에 두려는 노력 때문에 해석적 정수론, 일반위상수학 등의 영역을 포함하지 않았다. 부르바키는 힐베르트의 공리론적 방법을 서로 무관한 수학 내용 간에 숨어있는 깊은 관계를 발견해내고 다수의 수학영역을 통합하는 강력한 추상적 도구로 받아들였다. 수학자들은 자신이 관심 없는 분야는 철저히 무시하고 관심밖에 있는 분야를 연구하는 동료들의 언어와 용어조차 이해하지 못한다. 더구나 자치적 집단 간에 목표, 방법 심지어는 언어까지도 점점 더 격리되어 수학이 하나인지, 여러 종류인지를 알 수 없게 되었다. 물론 이 문제는 수학을 체계화하기 시작할 때부터 발생한 것이지만 시간이 흐를수록 문제가 더욱 심각해지고 있다. 이 문제를 해결하기 위하여 부르바키는 위에서 논의한 수학기초론을 회고하면서 수학이 통합되어야하는 이유와 방법을 다음과 같이 주장하였다.

오늘날 수학이라는 과학의 내적진화는 타 분야와의 좀 더 근접한 통합을 가져왔고 이전보다 더 견고한 중심핵과 같은 무엇인가를 창출하였다. 이러한 진화의 필수요소는 수학 이론간에 존재하는 관계의 체계적인 연구이고 그것은 '공리적 방법'으로 일반적으로 알려진 것으로 안내되었다. 형식주의와 형식적 방법이라는 용어로 사용되지만 공리적 방법의 반대의 의미로 오용되고 있다. 아리스토텔레스 이래로 형식논리의 이름하에 수학의 특수한 목적이 놓이게 되었다. 이러한 연역적 추론이 수학 원리를 통합한다는 것은 무의미한 진리주의이다. 마치 실험방법이 동일하기 때문에 물리학과 생물학을 단일과학으로 통합하려는 바와 같다. 일련의 삼단논법에 의한 추론 방법은 한 집단의 가정을 다른 집단의 가정으로 변환하는 메카니즘일 뿐이고 그러한 가정의 특징을 규명하는 것은 아니다. 즉, 그것은 수학자가 자신의 사고에 부여하는 외적인 형태이고 다른 수학자에게 접근을 가능하게 하는 바퀴이고 적절한 언어이다. 이러한 언어규칙을 정착시키고 어휘를 정립하고 문맥을 명료하게 하는 일이 필요하며 이것이 논리형식주의라고 일컫는 공리적 방법의 한 측면이다. 실험적 방법이 자연법칙의 불변성에 대한 선험적 신념에서 출발한 바와 같이 공리적 방법 역시 수학은 제멋대로 발전해온 일련의 삼단논법이 아닐뿐더러 교활한 잔꾀의 집합체이나 운 좋은 조합은 아니어야 된다. 몇 몇의 천재적인 수학자의 훌륭한 이론보다는 공리론적 방법으로 그러한 발견에 깊게 박힌 이유를 찾고 그러한 이론의 수학자들의 작은 아이디어의 결집에 묻혀버린 공통아이디어를 발견하여야한다(Bourbaki, 1950).

2.5.1 모구조

부르바키(1950)는 수학의 각 분야의 공통점을 발견하여 수학을 몇 가지로 통합하는 방법으로 제시한 공리론적 방법을 다음과 같이 설명하고 있다.

공리적 방법은 실험적 방법과 아주 유사하다. 실험적 방법은 데카르트주의의 근원에서 힘을 얻은바와 같이 좀 더 나아지게 극복하기위해서는 난점을 분할하여야한다. 이론을 설명할 때는 논거의 주요부분을 분리하고 추상적인 형태로 형식화하여서 그것 만에서 나오는 결과를 개발한다. 그리고 분리된 각 부분을 재조합하고 서로 다른 부분이 서로에게 어떠한 영향을 미치는가를 탐색한다. 전통적인 분석법과 종합법 간의 차이는 없다. 이 방법의 독창성은 그것이 적용되는 방법에 있다(Bourbaki, 1950).

또한 수학을 세 가지의 모구조(mother structure)로 분할하는 과정을 다음과 같이 설명하였다.

- 대수 구조
  구조를 정의하는 출발점을 형성하는 관계는 매우 다양한 특징을 가질 수 있다. 군의 구조를 발생하는 관계는 합성법칙 즉, 두 원소의 함수로서 유일하게 결정되는 세 번째 원소간의 관계로서 구조를 정의하는 관계가 합성법칙일 때는 대응구조는 군, 환, 체 등의 대수구조라고 한다.
- 순서 구조
  이것은 'x는 y이하이다 형태로 표현되는 두 수 x, y 사이의 관계이다. 이 관계를 xRy로 표현하면 순서구조의 공리는 다음과 같다.
  (a) 모든 x에 대하여 xRx이고,
  (b) xRy이고 yRx이면 $x=y$이고,
  (c) xRy이고 yRz이면 xRz이다.
  순서구조의 가장 간단한 예는 자연수이다.
- 위상 구조
  위상구조는 인간의 공간에 관한 아이디어에서 얻은 근방, 극한, 연속의 직관적 개념을 추상수학으로 형식화한 것이다.

이와 같이 수학을 세 가지 모구조로 통합하고 모구조의 유용성을 다음과 같이 주장하고 있다.

모구조의 장점은 상당한 정도의 경제적 사고를 가능하게 한다는 것이다. 구조는 수학자의 도구이다. 수학자는 자신의 연구 분야 중에서 어떤 형태의 공리를 만족하는 관계를 인식하게 되면 그 형태의 구조에 속하는 일반적인 구조의 총체를 마음대로 다룰 수 있게 된다. 수학자가 문제를 해결하는 것은 각자의 재능에 달려있고 연구 중인 문제의 특수성에 기인하는 제한적인 가설에 묶이게 된다. 공리론적 방법은 수학에 대한 '테일러체계'라고 일컫는 사람도 있다. 그러나 이것은 매우 부적절한 비유이다. 수학자는 기계적인 작업을 하지 않고, 이동벨트에서 일하는 노동자처럼 일하지도 않는다. 우리는 흔히 말하는 감각직관이 아닌 특수한 직관이 수학자의 연구에서 기본적인 역할을 한다는 사실을 지나치게 강조하면 안 된다. 오히려 모든 추론에 앞서 수학적인 실체를 믿을 권리를 갖는 것처럼 보이는 정상적인 행동의 직접적인 예지와 같은 것이다. 그 수학적 존재는 실세계의 존재와 마찬가지로 수학자에게 친숙한 것으로써, 자신이 연구하는 현상에 있는 이러한 구조를 연구자가 갑작스레 발견하게 되면 사고의 직관적 과정이 순식간에 예기치 않았던 방향으로 조정되고, 그가 움직이고 있는 방향에 있는 새로운 수학분야에 눈을 뜨게 된다. 수학이란 고립된 공식의 기계적인 게임으로 전락하는 것이 아니고 직관이 지배하는 창조적 발견 그 이상의 것이다(Bourbaki, 1950).

2.5.2 수학의 다중구조와 부르바키 원론

부르바키는 공리론적 개념에 따라 수학세계의 전반을 다음과 같이 조망하였다. 수학은 위에서 동물을 분류하는 방법과 같이 최대의 외관적 상사점에 따라 분류하지 않는다는 것을 알았다. 대수학, 해석학, 정수론, 기하학 등을 명확하게 구분하지 않고, 소수(prime number)와 대수곡선과의 관계와 적분방정식과 유클리드 기하와의 관계처럼 외관상으로는 타 분야로 여겨지지만 밀접한 관계를 가지는 영역을 통합하는 것이다. 이러한 조직의 원리는 단순한 것에서 복잡한 것으로, 일반적인 내용에서 특수한 내용으로 가는 구조의 위계의 개념이다. 수학의 세계의 중심에는 위에서 언급한 세 가지 유형의 구조가 있는데 그것을 모구조라고 한다. 그러나 현대의 수학은 그러한 모구조를 넘어선 다중구조를 가진다. 다중구조는 아무런 새로운 내용을 생성하지 못하는 단순한 병치가 아니라, 그들을 연결하는 하나 이상의 공리에 의하여 조직적으로 통합하는 둘 이상의 모구조를 통합하는 구조이다. 예를 들면, 위상적 대수학은 하나 이상의 합성법칙과 대수적 연산의 연속성을 동시에 갖는 위상수학이다. 순서구조와 대수구조가 조합된 이데알의 가분성이론과, 순서구조, 대수구조, 위상수학이 조합된 적분론, 스펙트럴 이론 또는 연산자이론 등이 있다. 또한 고전적인 수학과 실변수, 복소변수 함수론, 미분기하학, 대수기하학, 정수론 등의 분야가 합병되어 현대수학을 만들고 있지만 각 분야의 자치성은 이미 사라졌고 여러 가지 좀 더 일반적인 수학적 구조가 일치하고 상호작용하는 내용에서 교차하여 발전하고 있는 것이다. 그러나 지금까지 현대수학을 개관한 내용은 현재의 수학의 상태를 너무나 개념적으로, 이상적으로, 정적으로 개관하였다. 그 이유는, 수학은 위에서 언급한 것처럼 단순하고 방법면에서 체계적인 과정을 통하여 만들어진 것이 아니다. 또한 수학의 모든 분야에서 세 가지 모구조의 역할이 분명하게 인식되거나 구별되지는 않기 때문이다. 예를 들면 정수론에는 수많은 고립된 문제가 산재해 있어서 어떻게 분류하여 어느 구조에 포함시켜야 되는지를 알 수 없기 때문이다. 또한 수학의 공리적 방법이 자연과학의 정적인 개념보다 우월한 것이 별로 없다. 왜냐하면 수학의 구조는 구성하는 필수내용과

가짓수가 불변인 것이 아니다. 수학이 점차로 발달할수록 기본구조의 수가 증가할 것이고 새로운 공리와 그 공리들의 조합이 만들어질 것이다. 따라서 기존의 수학적 구조를 근간으로 하여 새로운 구조를 계속적으로 발전시켜 나갈 것으로 기대한다. 수학은 언제나 결코 완성품이 될 수 없는 것이다. 따라서 우리는 통합과 다양성을 가지는 수학의 내면세계를 좀 더 직시하여야 한다. 수학은 거대한 도시와 같다. 대도시는 영역이 끊임없이 분할되고, 외곽으로 뻗어나가고, 중심가에는 재건축이 되어가면서 뒷골목에 있는 낡은 구역은 재개발되면서 좀 더 다양하게, 폭 넓게 안락하게 만들 계획을 항상 준비하는 것이다. 수학은 지난 한 세기 내내 진전하였고 많은 철학자와 심지어 수학자들의 혹독한 반대에서 도망치지도 않았고, 현재 모습과 완전히 다른 방향은 아니지만 진화생태에 있고, 오랫동안 모종의 성과를 얻지 못하고 진부한 논리적 잡담만을 늘어놓았다. 이러한 비판은 순전히 역사적 사건에 의해서 설명된다. 최초의 공리적 처방과 데데킨트와 페아노의 의한 산술의 비판과 힐베르트에 의한 유클리드 기하의 비판은 완전한 공리체계에 의해서 결정된 이론만을 다루었다. 따라서 그들은 그것에서 파생되는 군 이론과 같은 다른 이론에는 비판을 가하지 못하였다. 만일 다른 구조에 대해서도 그러한 일이 전개되었다면 공리론적 방법에 반하여 얻은 무용론의 비판은 완전히 정당화되었을 것이다. 그러나 공리론적 방법이 발달하면서 힘을 발휘하기 시작하였고 아직도 여기저기에 산재한 반감은 구체적인 문제를 다룰 때 주어진 요소에 의하여 직접적으로 제시되지 않고 수준 높고 난해한 추상단계에 의해서만 도달할 수 있는 어떤 형태의 직관은 동등하게 유의미할 수 있다는 것을 자연스럽게 수용할 의사가 있을 때만 수용이 가능하다. 철학자의 반대 이유는 수학자가 이해하기 힘든 실세계와 수학간에 관계하는 커다란 문제의 부적절한 결합에 있다. 현대물리학이 최근에 발견한 이론에 의해서 경험적 현상과 수학적 구조사이에 밀접한 연결고리가 있다는 사실이 아주 뜻밖의 방법으로 완전하게 확인된 듯하다. 그렇지만 이러한 사실에 대한 근본적인 이유에 관해서는 아무것도 밝혀진 바가 없고 앞으로도 알 수 없을지도 모른다. 미래에는 이 점에 관해서 철학자가 아주 신중하게 연구할 것이라는 단초가 있다. 현대물리학의 혁명적인 발달이전에 경험적 진리로부터 수학내용을 유도하려는 많은 노력이 있었다. 특히 즉각적인 공간직관으로부터, 그러나 한편으로는 양자물리학은 현세계의 거시적 직관을 통하여 그와는 전혀 다른 세계인 미시적 세계를 파악하게 되고 실험과학에 응용할 목적이 아니었던 대칭성과 군의 구조를 갖는 함수로 수학의 분야와 연관되어졌다. 다른 한편으로는 공리적 방법은 수학을 발전시키기 위한 진리가 일반적인 개념의 특수한 측면일 뿐이었다는 사실을 보여주었다. 그러므로 조화로운 내적 필요성을 존중하도록 요구받는 이러한 긴밀한 연관성이 선험적으로 예상할 수 있는 것 이상으로 깊게 감춰진 두 분야의 예기치 않은 접촉점일 뿐이었다.(공리론과 직관론의 조화로운 내적 필요성은 선험적 가

정보다 더 깊게 숨겨진 연결의 우연적인 접촉이다.) 공리론적 관점에서 보면 수학은 추상적인 형식인 수학적 구조의 보고이다. 그리고 그 이유는 모르겠지만 경험적인 실세계의 어떤 양상이 마치 일종의 사전 수용처럼 이러한 수학적 구조와 일치한다. 물론 대부분의 이러한 형식은 원천적으로 매우 고정적인 직관적 내용이라는 것을 부정할 수 없다. 그러나 이러한 직관적인 내용을 상당부분 제거하면 이러한 형식은 그들의 완전한 힘을 발전시키고 새로운 해석을 덧붙이고 표현할 수 있는 막강한 능력을 가진다. 이 때의 형식의 의미는 공리론적 방법을 형식주의라고 칭하게 한다. 형식이 수학을 통합하게 만드는 것은 형식논리로의 무장이나 생명력이 없는 뼈대의 통합을 의미하는 것이 아니고, 수학발전의 최고봉에 있는 유기체의 자양분이고 가우스 이래의 훌륭한 수학자에게 기름진 연구의 도구이었다. Lejeune-Dirichlet에 의하면 그들은 계산을 아이디어로 바꾸려고 노력한 사람들이다.(형식은 형식논리가 아니고 가우스 이후의 수학자에게 살아있는 유연하고 비옥한 탐구 도구로써 계산을 아이디어로 바꾸도록 한 것이었다.) 부르바키학파의 회원은 젊은 패기를 유지하기 위하여 50세가 되면 은퇴를 해야 했고, 신입회원을 받아들이는 방법은 마치 '실험용 쥐'를 시험하는 것과 같이 혹독하였다. 부르바키는 수학원론(Elements de Mathematique, The elements of mathematics series)을 연속간행물 형식으로 집필하였다. 수학원론은 I. 집합론(The theory of sets, Theorie des Ensembles), II. 대수학(Algebra I, II), III. 일반위상수학(General topology), IV. 일변수 실함수론(Functions of a real variable), V. 위상 선형 공간(Topological vector spaces), VI. 적분론(Integration), VII. 호몰로지대수(Homological algebra), VIII. 기초위상수학(Elementary topology), IX. 다양체(Manifolds)로 원래는 불어로 발행하였고, 그 후에 영어 번역판을 간행하였다. 또한 리 군과 리 대수(Lie group and Lie algebra), 가환 대수(Commutative algebra), 스펙트럴 이론(Spectral theory) 등을 집필하였고, 세대교체 후 1998년에 25권을 끝으로 수학원론의 출간은 멈췄다. 각 권의 구성은 I 권의 집합론을 기초로 하여 공리론적이고 추상적으로 일반적인 내용에서 특수화해 가면서 현대수학의 전영역의 확고한 기반을 포함시키고자 하였기 때문에 수학의 많은 일반적인 아이디어와 원리를 기술하였다. 각 장의 논리적 틀은 정의, 공리, 정리로 구성되었다. 정리보다 다소 덜 중요한 결과들은 명제(propositions), 보조정리(lemmas), 따름정리(corollaries), 주의(remarks) 등으로 명명하였고, 원칙상 각 이론을 독자적인 설명으로 구성하였기 때문에 일반적으로 참고문헌을 수록하지 않았다. 또한 각 장의 말미에는 내용의 역사를 소개하면서 관련 이론에 관한 미해결 문제를 수록하였다.

2.5.3 부르바키와 수학교육

화이트헤드(Whitehead, 1948)는 과학이란 우주의 모든 사건의 상호관련성을 관찰하고, 항상 변화하는 사건들은 그들의 일반적인 연관성 또는 관계인 소수의 법칙을 끈질긴 창의력으로 규명하는 것이고, 과학적 사고란 보편적인 것을 변화하는 것에서 불변하는 성질을 간파해내는 것이라고 한다. 주위세계의 개개의 사실에 관한 지식은 감각으로부터 얻어진다. 그런데 특정 사물에 대한 인간의 감각이나, 특정인이 느끼는 감각에 의존하지 않는 방법으로 우주의 사물간의 관계를 기술하기 위해서는, 모든 인간에게 중립적이고 보편적인 방식으로 기술하여야 한다. 그 중 가장 중요한 것은 명료성, 확정성, 보편성이고, 그것은 사물의 추상적, 형식적 성질에 관한 일반적인 관념, 즉 수학적 관념으로 이루어진다. 따라서 수학적 관념은 사건의 경과를 과학적으로 기술하기에 가장 적절하다. 위에서 언급한 과학적 탐구 대상인 성질 세 가지를 요약하면 상호관련성, 변화와 불변성이다. 이를 수학에서는 함수, 도함수 그리고 어떤 사상(morphism)에 의해서 불변인 성질로서 표현하고 있다. 이러한 의미에서 집합의 구조의 개념과 그들 사이의 변환이 확립된 19세기 말을 수학의 완성기로 간주하는 것이다. 그 후, 기존의 다양한 수학영역이 공리적 방법에 의하여 완전히 새로운 양상인 구조라는 개념으로 대체되었는데, 구조 개념이 도입됨으로 인하여 동형사상(isomorphism)의 개념을 정의할 수 있게 되었고, 동형사상을 이용하여 수학의 기본이 되는 분야를 분류할 수 있게 되었다. 부르바키의 공리론은 군, 체, 위상공간, 순서군 등의 개념을 세 가지 모구조로 분류하는 추상적인 공리론이므로, 그들에게는 수학적 구조를 찾는 것이 수학의 유일한 목표였다. 또한 부르바키는 Elements 전체의 논리적 기초가 되는 I권인 집합론의 1장 Description of formal mathematics에 제시한 집합과 구조에 대한 논리적 완전성과 일관성에 관하여 다음과 같이 기술하고 있다.

이러한 기초위에서 현재의 수학 전체를 구축할 수 있다고 생각한다. 또한 수록된 원론에 증명은 원론이 완성되어감에 따라 점점 더 완전해질 것이다. (Bourbaki, 1949)

그러나 부르바키의 업적을 포함한 현대수학의 엄밀성, 공리화, 해설성에 대한 Thom의 강한 비판에 대하여 듀돈네는 다음과 같이 응답하였다.

Thom 자신이 인정한 바와 같이, 언어를 통한 수학자들간의 의사소통은 계속해야 하며, 그러한 지식의 전달을 천재들에게만 맡길 수는 없다. 따라서 천재들의 직관력을 갖지 못한 수학교수도 수학 내용을 정확하게 이해하고 학생들에게 오류 없이 전달할 수 있도록 내용을 합리적으로 구성하여 제시해야 한다고 하였다. 나는 Thom이 형식주의자라고 부르는 수학자들(Dedekind, Hilbert, Bourbaki 와 그 후계자)의 목적이 바로 이러한 일을 한 사람이라고 생각한다. (Dieudonne, 1973, Hanna, 1983, 재인용)

또한 Malaine과 Eilenberg가 발견한 권(category)[5]의 개념(V. Snakrithi Krishnan, An in-

5) 권(Category) C란 C-objects의 류(class) O와 C-morphims 류 M과 O안에서의 M의 사상(mapping)의 쌍인 "dom"과 "cod"("dom"과 "cod" 아래에서의 M의 원소 f의 상을 각각 f의 정의역(domain)과 f의 공변역(codomain)이라고 한다), 그리고 M의 부분집합인 $D=\{(f, g) : f, g \in M, dom(f) = cod(g)\}$에

troduction to category theory , Elsevier North-Holland Press, Amsterdam Netherland, 1981, p.35)과 열역학문제를 해결하기 위해 만든 프리에(Fourier)급수에서 시작된, 실험과 자료에서 출발하는 수학(Cucker et.al, 2001) 등이 현재까지는 부르바키의 모구조에 포함될 수 없는 내용으로 간주되고 있다. 따라서 부르바키의 주장대로 수학은 진화상태에 있는 학문이기 때문에, 어느 학파의 사상 하나만으로는 고전수학의 풍부한 내용과 방법을 완전히 포용하지는 못한다는 것은 명백하다. 그것이 어쩌면 수학의 속성이고 인간의 한계점을 드러내는 것일지도 모른다. 그러나 수학자들 간의 의사소통은 계속하기 위해서 내용을 합리적으로 구성하여 제시해야 한다면, 미래의 수학의 연구를 용이하게 하고 더 많은 업적을 이루게 한 부르바키 원론과 모구조를 이해하는 것이 필요하게 된다. 또한 세 가지 모구조가 수학과 수학교육에서 매우 중요한 위치에 있는 심리학적인 예가 있다. 피아제(1971)는 부르바키의 세 가지 모구조와 대응하는 심리적인 대상을 다음과 같이 밝히고 있다. 즉, 발달심리학 측면에서 이 세 가지 모 구조가 자연적인 것인지 또는 단순히 이론화하고 공리화한 결과로서 인위적인 것인지를 살펴보는 것이다. 이를 위하여 모구조와 6~7세의 아동의 조작적인 구조사이에 유사한 구조가 존재하는지에 관하여 논하고 있다. 형식적 조작기의 인간의 사고양식이 군(group)과 속(lattice)의 구조를 이루며, 구체적 조작기의 인간의 사고양식은 군과 속의 발생중인 구조인 합성가능성, 결합성, 가역성으로 이루어지는 군성체(groupement)을 이루고 있고, 전조작기의 직관적 사고는 카테고리를 이룬다고 하였다. 부르바키의 모구조의 첫 번째 구조인 대수적 구조의 특징은 가역성을 가지는 것이다. 아동의 사고에서 대수적 구조는 많이 나타나는데, 특히 류(class)의 논리 즉, 도형을 분류하는 등의 분류의 논리에서 대수적 구조를 발견하게 된다. 대수적 구조는 류 또는 수에 관한 구조라고 한다면, 두 번째 구조인 순서구조는 관계에 관한 구조이다. 또한 군이란 행동과 조작의 양식이 반영적 추상화에 의해서 형식화 된 것이다. 순서구조의 원형은 속(lattice)이고, 순서구조의 가역성은 상호성이다. 아동의 사고에는 매우 원시적인 순서화 구조가 나타난다. 예를 들면 막대의 길이를 배열하는 등의 열거(serialation)의 구조이다. 세 번째 구조인 위상적 구조는 기하학뿐만 아니라 수학의 많은 영역에 응용되는 구조이다. 아동의 사고에서 위상적 구조는 매우 흥미 있는 문제이다. 기하학의 역사발생 순서는 유클리드 기하학 → 사영기하학 → 위상기하학인 반면, 아동이 행하는 첫 번째 조작

서의 사상(또는 합성) "・"으로 이루어지고(이 때 D의 원소인 순서쌍 (f, g)의 상을 $f \cdot g$로 표기한다), 이 모든 것들이 다음의 공리를 만족하는 것이다.

(i) 만일 $(f, g) \in D$이면, 즉 $f \cdot g$가 정의되면, $dom(f \cdot g) = dom(g)$이고 $cod(f \cdot g) = cod(f)$이다.

(ii) 만일 $(f, g), (g, h) \in D$이면 $(f \cdot g) \cdot h = f \cdot (g \cdot h)$이다

(iii) $\forall A \in D$, M의 항등사상 e가 존재하여 $dom(e) = A$. 이 때 e가 M의 항등사상이라 함은 $(e, e) \in D$이고, $(e, f) \in D$이면 $e \cdot f = f$이고, $(g, e) \in D$이면 $g \cdot e = g$이다

(iv) 임의의 O의 쌍 A, B에 대하여, $\hom_C(A, B) = \{f : f \in M, dom(f) = A, cod(f) = B\}$가 집합이다.

은 공간에서의 분류와 순서화이다. 그런데 그것은 유클리드 기하학보다는 위상기하학에 더 가깝다. 즉, 아동의 사고과정은 역사발생의 역방향인 위상기하학→사영기하학→유클리드 기하학 순으로 발생한다는 것이다. 이 점에 대하여 프로이덴탈(Freudenthal, 1983)은 아동이 위상기하학을 맨 먼저 인식한다는 것은, 단지 사각형을 그릴 수 없는 근육조절의 문제라고 본다. 피아제는 근육조절을 요하는 몬트리올의 심리학자 M. Leurendau와 A. Pinard의 실험결과를 제시하면서 자신의 정당성을 주장하고 있다. 그러나 아동이 눈에 보이는 것을 보고 그리는 능력과 직선, 평면, 평행성, 합동 등의 심상을 구성하는 것은 전혀 다르다. 왜냐하면 인식하는 능력은 강체(rigid body)를 둘러싸고 있는 유클리드적 환경보다 훨씬 더 난해한 것이고 훨씬 후에 나타난다는 것은 널리 알려진 사실이기 때문이다. 또한 직선과 사영직선을 혼동하는 피아제는 아동이 공과 감자를 동일한 것으로 간주하는 반응을 위상수학을 이해했다고 간주하지만, 아동에게 종수 0인 폐곡면인 위상적 구(topological sphere)라는 심상이 형성된 것은 아니다(Freudenthal, pp.232-238, 1983). 이것은 아마도 피아제가 위상수학의 깊은 내면세계를 살피지 않았기 때문에 발생한 오류일 것이다. 부르바키의 모구조 이론을 찬성하는 피아제는 아동의 사고에서 모 구조 이외의 구조는 세 가지의 모구조 중에서 두 개 또는 그 이상의 합성으로 생성된다고 하면서, 그에 대한 심리학적인 예로서 수 개념을 들고 있다. 즉, 수는 서로 다른 두 종류의 연산 기수법(cardination)과 서수법(ordination)에 기초를 둔다. 따라서 수 개념은 류간의 포함과 순서관계의 통합이므로, 수 개념은 대수적 구조와 순서적 구조의 통합된 구조라는 것으로 부르바키의 모구조의 다중구조성을 심리적으로 뒷받침하고 있다.

2.6 수학 교과와 탐구방법

위에서 본 바와 같이 수학철학에 대한 논리주의, 형식주의, 직관주의, 준-경험주의, 무소속학파의 사조는 각기 모두 수학적 인식에 관해 어떤 일정한 특성에만 집중되고 있다. 즉, 논리주의자는 수학적 논리에서 수학의 원리보다 논리가 가장 기초가 된다는 점을 , 직관주의자는 수학에서 직관을, 형식주의자는 수학을 공리론적 형식체계로 하는 방법을, 준-경험주의자들은 경험을, 무소속학파는 대화와 변증술을 각각 강조하면서, 수학기초론에 대한 여러 가지 연구방법의 의의가 고전수학을 논리주의적으로, 혹은 직관주의적으로, 혹은 형식주의적으로 경험이나 변증술을 통하여 그 방법을 적용할 가능성을 충분하게 시사하고 있다. 그러나 학문 자체에 교육방법을 포함되어 있다는 과학의 내적인 교수학은 기존지식의 경제적이고 명쾌한 배열, 개념과 언어의 개발 및 선택의 표준화, 지식의 풀이 방법 및 도구의 전달과 배포의 어려운 문제가 있다. 따라서 모든 수학을 정교화하며, 미래의 수학자의 연구를 용이하게 하고 더 많은 업적을 이루게 한 브루바키 원론은 수학교육심리학에서도 매우 중요하다. 한편,

전달하고 전달 받는 지식으로서의 수학은 어떠해야 되는지를 이홍우(2003, pp.493-539)는 다음과 같이 말하고 있다.

교육의 내용을 두 가지로 구분한 보는 지식과 하는 지식사이의 차이 및 관련을 규정하여 본다. 그것은 논리적 구분도 아니고 사실적 분리 어느 한 쪽만으로 설명할 수 있는 것은 아니다. 이들이 시공간적으로 분리되어있다고 할 수 없고 논리적 구분도 없다. 다만 이론적인 것(현상을 보는 것)과 실제적인 것(사태에 변경을 가하는 것)의 성격 그 자체에서 빚어지는 불가피한 결과이다. 그러나 실제적 활동은 대부분의 경우에 그것이 자아내는 긴박감이나 조바심 때문에 이론적 관조를 용납하지 않는다. 그렇다고 해서 그들 사이에 아무런 관계가 없는 것은 아니다. 삶은 실제적인 활동을 떠나서는 상상할 수 없기 때문이다. 지식은 그 자체로서 가치가 중요하지만, 그 자체로서 가치를 가지는 것도 삶과 떨어져서는 의미가 없다. 지식이 삶에 대하여 가지는 유용성은 단순한 수단-목적 관계에서 파악될 수 없다. 지식이 삶에 대하여 가지는 유용성은 단순한 수단-목적 관계에 의하여 파악할 수 없는 훨씬 복잡하고 미묘한 의미를 가진다. 이 점은 논리적인 것과 사실적인 것의 구분을 다른 각도에서 조명할 필요가 있다. 그에 앞서 지식과 지혜에 관하여 논한다. 지혜는 삶의 실제적 문제사태를 현명하게 처리하는 능력이지만 가장 높은 수준의 지혜는 이론적 지식을 통하지 않고는 획득될 수 없다. 성현의 말씀이 인격형성으로 연결되는 것은, 지식이 지혜로 연결되는 것과 마찬가지로 쉬운 일이 아니지만 교육의 기본적인 믿음은 지식을 통하여 삶의 지혜를 얻을 수 있다는 것이다. 논리의 세계는 사실의 세계로 표현되기 이전의 세계이며 그만큼 사실의 세계보다 순수하다. 더구나 사실의 세계와 다른 논리적 세계가 존재한다. 우리가 살고 있는 사실의 세계 위에 그 사실 세계의 원형 또는 기준으로서의 논리의 세계가 있는 것이다. 우리의 삶이 올바르기 위해서는 세계의 중층구조를 받아들여야한다. 예를 들면 주역의 중층구조와 칸트가 본 체계와 현상계의 중층구조로 보았던 이성의 한계가 그것이다. 이론적인 것과 실제적인 것은 삶의 사태에 동시적으로 공존하는 두 가지 상반된 방향의 활동이다. 그러나 진선미성은 실제적 활동과 불가분으로 결부되어있지만 그 마음가짐은 긴박한 수단-목적 관계에서 나타나기보다는 그것으로부터 먼 쪽으로 눈을 돌려서 사물과 현상을 관조함으로서만 가질 수 있다. 이론(지식)은 실제적 문제 해결의 수단이 된다는 것이 아니다. 이론은 실제적 행동이 벌어지고 있는 사실의 세계로부터 그 위층에 있는 논리의 세계로 눈을 돌리게 함으로써 그 결과로 형성된 마음이 다시 실제적 활동의 양태로 나타나도록 하는 역할을 하는 것이다. 이것이 지식이 지혜로 연결되는 과정을 설명하는 유일한 방법이 아닌가한다. 그리고 이것이 교육의 목적이 되어야 한다. 또한 교육은 제도이므로 제도 안에서 교육을 생각한다.

또한 1980년대에 논란을 빚었던 브라질의 거리수학은 사회학자, 인류학자, 교육학자와 심리학자의 상호 보완으로 연구되고 분석되었다. 그들의 연구에서는 각국의 많은 사람이 생활을 영위하기 위해서는 학교에서 배우지 않은 수학적 개념이나 기술을 필요로 하기 때문에 거리수학에 접근하는 일반적인 방법을 모색하면서 학교수학과의 관계를 설명하려하였다. 현실상황과 맞지 않는 학교수학을 비판하면서 현실감각 있는 학교수학을 요구한다. 세계적으로 권위있는 수학논문지에서도 암호학 등의 응용분야에 적용되는 논문에 관심을 두고있다. 철저하게 기호화되어 추상화된 수학은 구체적인 사실(계산) 위에서 군림하려는 것이 아니고 오히려 그 계산의 정당성과 일반성을 보장하고 복잡한 계산을 쉽게 하려는 노력의 산물이다. 효율적인 물물교환 때문에 도입한 분수, 홍수에 쓸려간 농토를 복원하는 과정에서 태동한 기하학, 우주현상의 인과관계를 의사소통하기 위한 함수, 우주의 변화를 관측하고 예측하기 위한 미적분학의 발견 등은 구체적이고 실용적인 내용이다. 그 후 분수(유리수)의 연산과정에서 현대적 의미의 군 개념, 더욱이 (유리)수 체의 개념이 나타났고, 함수(치환 함수)를 조작하여 치환군(현대 추상군의 성립)을 완성하였고, 미적분학은 Lebesgue 적분을 거치면서 추상대수화 되어갔다. 수학의 내용은 구체적인 계산 → 추상화(개념형성) → 개념의 구조(공리, 공준) → 논리-수학적 사실(정리) → (정리의 존재성을 위한)구체적인 계산 순으로 전개된다. 프로이덴탈(Freudenthal)은 이러한 전 과정을 수학화라 하였고 수학화를 위한 심상형성을 중요시하였다. 수학교육은 산술과 대수를 엄격하게 양분하고, 내용과 지도법을 분리하고 또한 생활수학, 응용수학과 수학을 서로 다른 지식 또는 학문으로 분류하는 이원론에서 탈피하여 수학이론과 지도실제를 통합하는 지식으로 정립되어야할 것이다. 따라서 여기에서는 부르바키학파의 세 가지 모구조와 그들의 합성인 다중구조를 발생시킨 아이디어를 수학의 지식의 구조로 간주하고, 그것들을 가르치는 방법을 강구하는 작업으로 정의할 것이다. 그러면 수학교과의 아이디어인 세 가지 모구조와 그들의 합성인 다중구조를 학생들은 어떻게 탐구해야 하는지를 알아보자. 브루너(이홍우, 2002)는 수학자들이 하는 아이디어의 탐구란 이 때까지 밝혀지지 않은 새로운 원리를 탐구하고 발견함으로써 현상을 보다 잘 이해하는 일이라고 정의하면서 학생들의 탐구방법을 다음과 같이 제시하고 있다.

학생들은 자신이 당면한 문제를 자기 자신의 지력으로 탐구하여 해결하도록 해야 할 것이다. 탐구학습에서는 교사가 해답을 가르쳐주어서는 안되며 그 해답은 학생 스스로의 탐구에 의해서 발견하도록 해야 한다. 물론 대부분의 학자들은 학생들과 마찬가지로 새로운 이론을 발견하기 보다는 다른 사람이 발견한 이론을 이해하는데 시간을 보낸다. 그러나 학자들이 다른 학자들의 이론을 이해하고자 할 때, 그 이론을 맹목적으로 받아들이는 것이 아니라, 그 이론이 요구하는 것과 동일한 방식으로 현상을 보고자 한다. 따라서 학자들이 하는 탐구는 새로운 이론을 만들어 가는 과정과 종래의 이론을 이해하는 과정을 연속적으로 반복하는 것이다. 학생들도 수준을 다르지만 학자들이 행하는 본질상 동일한 종류의 비판적 검토를 하지 않으면 안된다. 교과를 맹목적으로 받아들인다는 것은 그러한 비판적 검토 없이 자기 자신의 것으로 소화되지 않은 상태에서 교과를 배우는 것을 의미한다.

또한 학생으로 하여금 아이디어를 탐구하게 하는 교육방법을 이홍우(2002)는 다음과 같이 제시하였다.

교사는 학생들이 상식적으로 옳다고 믿고 있는 내용에 대하여 적극적으로 문제를 일으켜야 한다. 학생들이 가지고 있는 대부분의 견해는 학문에 의해 도야되지 않은 상식적인 견해일 것이며, 따라서 교사가 할 일은 학생들의 견해에 대하여 비판적인 질문을 하여서 그러한 상식적인 견해를 부정하는 학문적인 견해가 있다는 것을 학생들에게 보여주어야 한다. 즉, 헤겔이 말한 바와 같이 학생들로 하여금 상식과의 투쟁을 하도록 해야 한다. 또한 교과의 생활에의 유용성을 지나치게 강조해서는 안된다. 교과의 유용성은 올바른 지식을 가지고 있다는 것이며, 교과를 배우지 않은데서 초래되는 불편은 그릇된 신념을 가지고 있다는 바로 그 불편이다. (이홍우, 2002.)

제3장

측정의 역사

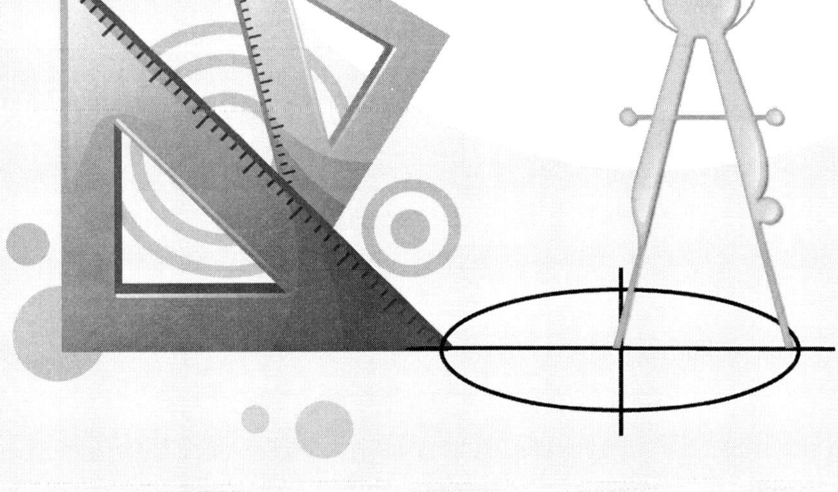

제3장 측정의 역사

이 장에서는 도형의 양을 측정하려는 인류의 노력과 시대의 사조, 철학에서 비롯된 인식론적 장애와 그 장애를 극복해 가는 변천사를 조명해 보기로 한다. 도형의 양을 측정하는 첫 번째 방법은 단위로 완전하게 덮는 것이었지만, 그 도형을 정사각형, 원판, 기둥면 등의 여러 가지 합동인 도형으로 등분하여 측정하면서 다양한 방법이 나타나게 되었다. 측정이란, 처음에는 일상생활에서 필요한 만큼의 정확도면 충분했으나 점점 논리적이며 엄밀한 양의 계산을 하게 되면서 생활수학에서는 간과되었던 무한소, 무한, 연속, 극한 개념 등의 정체성에 관한 의구심이 대두되었다. 이러한 의구심이 곧 인식론적 장애를 유발하였으며, 이 의구심을 해소하려는 과정이 측정의 역사인 동시에 미적분학의 역사인 것이다. 따라서 우선 측정에 관한 인류의 인식론적 장애의 기원을 분석한 다음, 최초로 무한소, 무한, 연속성, 극한 등에 관하여 고민하였던 고대 그리스 수학자들의 관념을 알아보기로 한다.

1. 측정의 인식론적 장애

위에서 언급한 무한소, 무한, 연속, 극한 등에 관한 고대 그리스 수학자들의 관념은 앞으로 설명하게 되는 여러 가지 이유 때문에 현대의 관념과는 거리가 먼 것이었다. 이에 대한 최초의 논쟁은 잘 알려진, 아리스토텔레스에 의해서 전해진 제논(Zeno of Elea, B.C. 490~430년경)의 역설에서부터 시작되었다.

1.1 인식론

인식론(Epistemology)은 인식 일반의 근본 문제를 다루는 철학의 한 부문이다. 지식론이라고도 불린다. 인식론은 고대 그리스어의 episteme(지식 또는 인식)와 logos(이론)을 합친 데에서 비롯된 철학의 한 분야이며 진리나 지식의 성질과 기원 그리고 범위(사람이 이해할 수 있는 한계 등)에 대하여 고찰한다. 인식적인 연구는 그리스·중세에도 있었으나, 철학의 중심적인 과제가 된 것은 근세, 특히 로크부터이다. 인식의 기원에 관한 주장으로는 이성론과 경험론이 있다. 근세에 와서 이성론은 주로 유럽에서 그리고 경험론은 영국에서 발달했다. 영국에서는 중세기 이후 경험론의 전통이 있었으며 로크 이후에는 더욱더 치밀해졌다. 칸트는 이 양자를 종합하려고 선험적 관념론을 주장했다. 다음으로 인식의 본질에 관해서는 '인식의 대상'이 관념적이라는 관념론과 실재적이라는 실재론이 대립한다. 칸트의 비판주의는 인식이 경험적 실재론인 동시에 선험적 관념론이라 하여, 이 양자를 종합하려 했으나 충분히 종합되었다고는 할 수 없다. 그 후 철학도 복잡해짐에 따라 인식론도 복잡해졌다. 신칸트주의, 그리고 현상학에서는 인식론이 철학의 방법으로 간주하고 있다(Encyclopedia of Philosophy, Volume 3, 1967, Macmillan, Inc.). 데카르트적 인식을 가진 합리주의자로서 바슐라르(Gaston Bachelard, 1884~1962)는 인식론에서 논하고 있는 일반적 지식을 "과학적 지식"으로 대치하여, 오류는 단지 부정 또는 착각이며, 과학적으로는 진실이란 긴 오류의 역사적 교정이고, 경험은 공통적이고 근원적인 착각의 교정이라고 생각하였다. 인식론의 역할은 개념의 과학적 제시의 역사를 보여주는 것이지만, 이 개념들은 단지 이론적 제안만이 하는 것이 아니라 추상적이면서 구체적인 양면을 가지고 있으며, 기술적이며 교육학적인 활동을 포함한다. 따라서 인식론이 작동하는 원리를 알기 위해서는 과학적 지식을 거쳐 지나가야 한다. 인식론은 과학적 추리를 정당화하는 것을 목표로 하는 일반적인 철학이 아니다. 대신에 인식론은 과학사의 한 부분을 제시해 준다.

1.2 인식론적 장애

"인식론적 장애"라는 용어는 1938년에 바슐라르의 저서인 "과학정신의 형성(Bachelard, 2002)"에 처음으로 소개되었으며, 인식론적 장애를 과학사 특히 전-과학시대(pre-scientific era)의 연구에 매우 유용한 도구로 보고 있다. "과학정신의 형성"에서 그는 과학의 진보를 방해할 뿐만 아니라 과학의 퇴보와 일탈을 초래하는 주요 요인을 바슐라르는 과학이 다루는 대상의 복잡성, 난해성이나 인간 정신의 취약성에 있는 것이 아니라 인식 행위 자체 안에 숨어 있는 어떤 무의식적 요소라고 하였다(Bachelard, 2002). 즉, 그 자체로는 의식되거나 개념화되지 않으면서 개념적 사유를 일정한 테두리 안에 제한하는 심리적인 요인과 과학적 사유 속의 반-사유를 인식론적 장애의 본질로 보았다. 바슐라르는 인식론적 장애의 주요 원천을 상식의 인식론에서 찾는다(Biographical Dictionary of Twentieth-Century Philosophers. London: Routledge. 1996. pp.41-42). 상식적 심성은 이미지에 의존하여 사고하는 주체이다. 헤겔의 용어로 옮기면 상식은 표상의 수준에 머물러 있다. 이미지에 의존하는 한에서 상식적 심성은 현대 과학의 순수 추상의 세계로 나아갈 수 없다. 비유클리드 기하학이나 하이젠베르크의 물리학은 이미지 없는 사유를 요구한다. 바슐라르의 과학철학은 새로운 과학정신의 인식론적 함축과 과학문화의 형성 조건을 묻는다. 그리고 그런 물음 속에서 헤겔의 정신철학이 싸우던 동일한 적과 싸운다. 동일한 적과 싸운다는 것은 동일한 사유를 추구한다는 것과 같다. 이 두 철학자에게 학문적 사유는 언제나 교정된 오류이며 극복된 장애이다. 진리는 언제나 사유를 지배하던 무의식적 가상이나 착오를 깨뜨리면서 현상한다. 그러므로 학문의 역사가 진리 발견의 역사라면, 그것은 또한 오류 발견의 역사이다. 역사 속에서 진리가 진화해왔다면, 그 만큼 오류 또한 진화해왔다. 진리는 변신하는 오류의 궤적을 따라, 그 오류의 속도를 앞지를 때야 비로소 다시 태어난다. 바슐라르의 "과학정신의 형성"은 이런 변증법적인 관점에서 과학의 역사를 바라보고 있으며 과학의 역사는 진리 발견의 역사가 아닌 오류 극복의 역사라고 주장하고 있다. 또한 구팅(Gutting, 2002)은 과학에서는 같은 학문내에서도 어떤 내용이 형성된 이론적인 맥락과 그의 개념적 내용의 일부분의 맥락에서의 창조적 돌파구가 장애가 될 수도 있다고 한다.

1.3 수학의 인식론적 장애의 기원

BC 5세기 파르메니데스(Parmenides)의 제자이자 엘레아(Elea)학파의 일원이었던 그리스의 철학자 제논(Zeno of Elea, B.C. 490~430년 경)이 파르메니데스의 신념인 '모든 것은 하나이다.' 따라서 복수(plurality)나 변화란 있을 수 없다는 일원론적 철학에 반대하는 어떠한 주장도 모순과 불합리에 이를 수밖에 없음을 보여주려고 내놓은 최초로 귀류법(reduction ad absurdum)을 사용한 40여개의 제논의 역설이다. 그 중에서 현재까지 알려진 4개의 역설은 아리스토텔레스의 설명에서 따온 이름으로, 소크라테스의 변증술의 모태가 된 이분법(Dichotomy), 아킬레스(Achiles), 화살(Arrow), 주로(Stadium)만이 남아있으며, 이 역설이 고대 그리스 수학자들의 전형적인 인식론적 장애의 시작일 것이다.

① 아킬레스의 역설은 달리기 경주에서 보다 빨리 달리는 사람이 보다 느리게 달리는 사람을 결코 앞지를 수 없다는 것을 증명하기 위해 고안된 것이고,

② 이분법의 역설은 어떤 물체가 결코 종착점에 도달하지 못한다는 것을 증명하기 위해 고안된 것이다. 이분법의 역설에 따르면 어떤 움직이는 물체는 종착점에 도달하기 전에 반드시 경주로의 중간 지점을 통과해야 한다. 그런데 무한한 수의 중간지점이 있기 때문에 움직이는 물체는 유한한 시간 안에는 종착점에 결코 도달하지 못한다.

③ 화살의 역설은 어떤 움직이는 물체가 실제로는 정지하고 있다는 점을 증명하려는 시도이다.

④ 경기장의 역설은 똑같은 속도로 달리는 물체들의 집합 2개 가운데 하나가 다른 하나보다 똑같은 시간에 2배 멀리 간다는 것을 증명하려 한다. 즉, 사람들이 두 줄로 서 있다. 각 줄은 같은 크기의 사람들이 같은 수로 구성되어 있다. 그들은 경기장 주로에서 서로 반대방향으로 같은 속도로 지나갈 때, 서로 한 사람씩 지나간다. 한 줄은 주로의 종점에서 중점까지 나열해 있고, 다른 줄은 주로의 중점에서 출발점까지 나열해 있다. 그러면 주어진 시간의 반절은 그 반절의 두 배와 같다(주어진 시간과 같다).

이 문제를 아리스토텔레스는 다음과 같은 바퀴의 역설로 대체하였다. 즉, 반지름이 다른 두 동심원은 한 바퀴 돌리면 같은 거리를 간다.

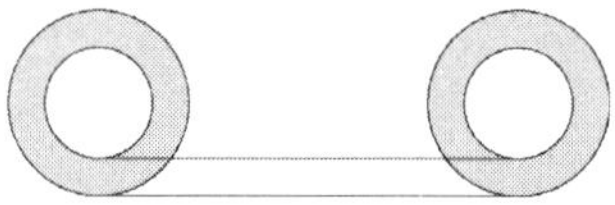

〈그림 1〉

만일 각각의 경우에서 결론이 필연적이지만 거짓으로 보인다면, 운동이 존재하거나 실재한다는 전제는 반박되고 운동이 존재하지 않는다는 정반대의 전제가 참인 것으로 보일 것이다. 물론 운동이 실재한다는 주장은 바로 파르메니데스가 부인했던 주장이다.

1.4 인식론적 장애와 수학교육

'인식'이란 알고자 하는 과정 혹은 아는 상태를 뜻하며 인식론은 지식에 관한 탐구활동과 이론체계를 말한다. 따라서 인식론은 진리라고 주장할 수 있는 지식의 본질적 특성과 방법적 조건을 밝혀주는 철학적 탐구의 한 영역이며, 교육은 지식을 획득하고 진리를 추구하는 활동을 가장 중요하고 기본적인 내용으로 삼고 있으므로 인식론과 교육은 불과분의 관계에 있다고 할 수 있다. 인식론은 교육을 통하여 지식을 획득하는 심리적 과정, 사회적 배경, 방법적 가능성 등을 포괄적으로 고려한 지식의 선택 조직, 활동, 생산 등을 관심의 대상으로 삼는다(하우동설, 1998).

수학교육에서는 인식론의 문제로 야기되는 수학학습에서의 장애와 관련한 다음과 같은 의문점이 제기되고 있다.

- 수학에서 인식론적 장애는 존재하는가?
- 이후의 학습에 장애가 되는 지식들이 있는가?
- 이러한 장애는 어떻게 해서 생겨난 것인가?

- 수학 교수학은 왜 인식론적 장애에 관심을 갖는가?
- 인식론적 장애를 다룰 수 있는 바람직한 교수학적 기술은 존재하는가?

위와 같은 의문을 해소하기 위해 먼저 인식론적 장애와 수학에의 문제와 관련성을 알아보고 인식론적 장애와 수학교육에 대한 관계를 알아보자.

1.4.1 수학교육에서의 인식론적 장애

수학에서의 인식론에 관한 연구는 바슐라르와 유사한 조건 속에서 Althusser, Badiou, Houzel 등에 의해서 시작되었으며, 장애관념은 인식론의 영역 밖으로 교수학이나, 심리학, 심리생리학 등으로 확장되어 갔다. 수학에서 장애는 오류에 의해 드러나는데, 앎의 방식, 특징적인 개념, 정확하지 않는 일관성 있는 개념, 어느 한 행동 영역에서 내내 성공적이었던 오래된 지식에 의해 서로 관련지어져 한 주체 내에 존재하고 있다. 이러한 오류들은 우연에 의해 생겨난 것이 아니며, 빨리 지나가고, 불규칙적이며 재생가능하고 계속 지속되기도 한다. 즉, 장애는 여러 가지 면에서 지식과 똑같은 성질을 가지므로, 장애의 극복은 지식을 적용하는 것과 똑같은 일을 요구한다. 부르소(Brousseau, 1997)는 교수 체계에서 나타나는 장애는 학습 개념에서 나오는 결과이며 인식론적 장애의 관념은 교수의 오류, 주체의 불충분함, 지식의 내재적인 어려움 등에서 기인하기 때문에 다음과 같은 교수학적 장애를 갖는다고 하였다.

첫째, 개체 발생적 기원을 가진 장애

이는 주체가 성장해 가는 동안에 주체의 신경생리학인 한계 때문에 생기는 것들로 특정 나이에 적합한 능력과 목적에 부합된 지식을 발달시키는 것과 관련된다.

둘째, 교수학적 기원을 가진 장애

이는 교육체계 내에서 어떤 선택이나 계획에 의해서, 즉 교수과정에서 생기는 장애들이다. 예를 들어, 현재와 같은 소수는 1960년대 유용성에 의해 가능한 한 빨리 모든 사람에게 가르쳐지게 되었다. 처음에 측정체계와 결합되고, 단위가 바뀐 자연 정수로 지도되어 소수 개념은 '자연수' 이며 '측정수'의 성질을 갖게 되어 실수의 이해에 장애로 작용하게 되는데, 이는 교수학적 장애이며 또한 사회문화적 장애이기도 하다.

셋째, 인식론적 기원을 가진 장애

이는 지식의 탐구과정에서 형성되는 피할 수 없는 장애이며, 개념의 역사에서 발견된다.

위와 같이 다양한 기원을 가진 교수학적 장애의 극복을 위해서 교사는 제기하는 문제에 학생들의 질문이 일어나고, 새로운 지식의 획득이나 구성을 뒷받침을 이끌어낼 상황으로 이끌어 가는 것이다. 상황의 전개는 원시수학적 개념, 범수학적 개념, 수학적 개념들로 발전해 나가도록 상황이 전개되어야 하며, 장애의 극복과정은 학생과 환경 사이의 일련의 상호작용에 따라서 행동의 문제, 형식화의 문제, 타당화의 문제들이 작용하는 교육적 상황 속에서 자발적이고 내적으로 내적인 동기유발이 되어야 한다.

1.4.2 인식론적 장애의 발생

학생들은 비약에 의한 진전으로 특정한 지식을 창조하는 것이지만, 부적합한 일시적인 개념이 발생하여 지속되기 때문에 종종 인지적 단절을 일으킬 수밖에 없다. 따라서 교사는 학생들이 가지게 되는 인식론적 장애를 발견해야 하며, 발견된 장애를 수학교수에 긍정적인 방향으로 활용하거나 제거해야 한다.

- 인식론적 장애의 요인

  지식의 역사가 입시에만 전념하여 학생들은 합격하기 위하여 그 지식을 뜻도 모르는 채 암기만 할 때, 인식론적 장애가 되는 개념이 발생하여 지속된다. 학생들이 획득하는 지식은 그 지식이 정당화할 수 있는 상황에서 행하는 학습의 결과이며, 서로 다른 지식 및 서로 다른 복잡성을 가진 과제 수행의 결과이어야 한다. 이러한 관점에서 Gonseth는 입기 등과 유사한 부적절한 환경에 의해서 학습이 인지적 단절을 일으키게 된다고 보았으며, Salin은 학생들의 범하는 오류에 대한 해석과 그 오류들의 생성 방식을 재검토해야 한다고 주장하였다(Brousseau, 1997). 즉, 인식론적 장애는 개체 발생의 기원, 교수-학습 방법뿐 아니라 지식의 역사적 발생 자체에서도 발생하고 있다.

- 수학의 인식론적 장애의 종류

  부르소(Brousseau, 1997)는 수학에 인식론적 장애가 다음과 같은 측면에서 확인된다고 하였다.

  - 첫째, 반복되는 오류

    예를 들어 $(a+b)^2=a^2+b^2$, $0\times a=0$, $\sqrt{a^2}=a$ ⋯ 등이다.

    이 경우에는 Ratsimba-Rajhn(1981)는 장애가 되는 지식과 '참'인 지식이 어떻게 서로 한 학생에게 공존하고, 충분한 정보의 비약이 있었음에도 불구하고 장애가 되는 개념이 오히려 보강될 수 있는지를 관찰해야 한다고 하였다.

  - 둘째, 수학의 역사에 기인한 장애

    Glaeser는 수학사에서도 인지적 단절 현상이 관찰된다고 하였다.

  - 셋째, 학습내용과 역사적 사실과의 간극

    따라서 교사는 두 사실을 비교해 보고, 인식론적인 특징을 정립해야 할 것이다.

• 수학의 인식론적 장애의 특징

Duroux는 수학의 인식론적 장애는 다음과 같은 특징을 갖는다고 하였다.

- 장애는 지식이나 개념이지, 어려움이나 지식의 결여가 아니다.
- 이 지식은 빈번하게 경험되는 특정한 상황 안에서는 적합한 반응을 생산해 내지만 그 상황 밖에서는 틀린 응답을 생성해낸다.
- 장애가 되는 지식은 때때로 더 나은 지식의 확립에 저항한다.
- 장애가 되는 지식의 부정확성이 인식된 후에도, 그것은 미숙하고 완고한 형태로 계속해서 나타난다.

따라서 수학의 역사에서 발생하는 장애와 학습과정에서 발생하는 장애를 비교하여 목록화하고, 그것들의 관계를 조사하여, 그 원인을 밝혀야 할 것이다. 결과적으로 인지적 장애는 그들의 기원과 진화 방식에 따르면, 존재론적, 인식론적, 교수학적, 문화적이라고 할 수 있다.

1.4.3 인식론적 장애에 대한 역사적 접근

교수학이 역사적 문제를 이해하려는 것은 지식 창조에 대한 역사에서 알려진 모든 관련된 조건을 고려한 상황 모델을 만들기 위함이다. 또한, 수학, 심리학, 사회학, 인간 환경공학의 요구 조건 및 이들 사이에서 지식을 재생산하는 경험과 비교될 수 있는 논리에 따라 상황을 조직하기 위해서이다.

예를 들면 고대 이집트에서 분수는 오로지 단위 분수만을 사용했는데 오늘날에는 연습 문제로 가끔 등장한다. 이는 고대 이집트라는 생태학적 조건이 사라졌기 때문이다. 즉 그들은 화폐가 없었으며, 중앙 집중화를 위한 정치적인 특권계급을 위해 마련된 것으로 단위분수만의 사용을 지탱해주는 사회적, 경제적, 기술적 맥락의 이해로부터 시작되어야 한다. 그들은 물물교환이나 저장된 수확량을 측정하기 위해 필경사들의 노력으로 분수를 비의 개념으로 서로의 물건의 가치를 알고 바꿀 수 있었을 것이다.

이는 고대 이집트인들이 양의 표현을 위해 '실제적인' 십진법인 자연수와 이진분수의 두 진법체계를 알고 있었으며, 모든 양을 가장 작은 단위를 선택해서라도 자연수로 나타내도록 하는 분할과 수세기 방법을 사용한 것이다.

그들은 모든 양의 계산을 그의 거듭제곱한 수와 단위 분수간의 조작으로 오늘날보다는 더 어려워 보이는 복잡한 과정을 거쳐 계산을 하므로 처음에 문제로 등장한 단위 분수보다 더 큰 단위분수가 되는 답을 허락하지 않았다.

이러한 고대 이집트인들의 절차는 기원전 2세기까지 그리스 천문학자들이 사용하였고, 아랍 문명에서 관리, 측량기사, 상인들에게서 12세기까지 흔적이 발견되었다.

단위 분수 체계의 예는 인식의 과정에서 잘못된 설명에 의해 만들어진 것이 아니며, 정확한 조건을 정당화시키고, 그들 문화에 적합한 것이었다. 그렇지만 단위 분수 체계는 오랫동안 일반화된 소수 체계의 도입과 보편적인 도량형 체계의 채택을 방해한 인식론적 장애가 되고, 이를 통해 수학의 역사에서 장애의 흔적을 찾아볼 수 있다.

1.4.4 학교 상황으로부터 장애의 탐색

자연수가 유리수와 소수 개념에 대한 장애가 학교 상황에서 살펴볼 수 있다.

3과 0을 곱하는 수를 예를 들면, 0×3은 0을 3번 택하는 것으로 $0+0+0=0$으로 잘 이해되나, 3×0은 어떻게 이해할 수 있을까? '3×0'과 같은 오류는 지금까지 곱을 획득하는 과정에서 실재 양을 가진 상황 하에서 학습되었기 때문에 '3이라는 양을 0번 택하는 것'이라고 사고하게 되고 이를 해결할 수 없게 된다. 이는 문화나 교수 공학이 자연수 집합을 더 큰 집합으로 확대시켜 모든 수에 대해 참인 성질에 이르게 하도록 가르칠 수 없는 점이다. 또한, 학생들은 개인적으로 이해하는 수단을 발명해서 이후의 학습에도 적용하려는 것이다. 이를 해결하기 위해 '0을 3배하는 것은 1을 3배하는 것보다 작다, 0은 1빼기 1이다, $3\times0=0\times3=0$'와 같은 수단을 제공할 수도 있겠지만 어느 것도 직접적인 오류개념을 변형시켜 주지 못한다.

자연수의 성질이 소수로 확장될 때, 학생들은 소수를 자연수 영역으로 거꾸로 끌어들이려는 시도로, 수를 분할함으로써 그 문제를 이해하려고 애쓴다. 예를 들어 35.75리터에 135.40프랑을 지불한다는 문제를 학생들은 35리터에 135프랑을 지불한다면 1리터의 가격은 얼마인지 구하는 계산만 하고 0.4프랑으로 0.75리터를 사는 상황을 생각하지 않는다. 또한 어떤 수를 0을 나누는 상황이 되면, 동수누감이나 곱의 역연산과 측정, 스칼라 곱과 마찬가지로 그 값을 수로 표현하려 하기 때문에 모순을 일으켜 당황하게 된다. 이는 교수학적 관점에서 인식론적 장애이다(Brousseau, 1997).

따라서, 학생들에게서 관찰되는 오류는 수학의 역사적인 실제 속에서처럼 특수한 것 주변이나 매우 일반적인 개념 주변에 모여 있다. 교수학은 이러한 장애로 작용하는 학생들이 갖는 개념을 확인해야 하며, 심리학적이고 인지적인 측면 이상으로 장애의 사회적, 문화적 특성도 함께 연구되어야 한다. 그리고 교수학적 변환의 기울기가 커질수록 환경과 지식 사이의 차이도 커질 것이며 인식론적 장애로써 작용할 위험도 더 커질 것이라 예측할 수 있다.

1.4.5 장애와 교수 공학

1994년 미국 교육공학회(AECT)에서는 교수공학이란 "학습을 위한 과정과 자원의 설계, 개발, 활용, 관리 및 평가에 관한 이론과 실제"로써 설계, 개발, 관리, 평가의 다섯 가지 영역으로 구성된다고 하였다(하우동설, 1998). 교수공학과 관련하여 장애에 대한 몇 가지 의문점을 생각할 수 있다.

- 수업에서 확인된 인식론적 장애를 어떻게 다루어져야 하는가? 그들을 어떻게 극복할 수 있을까?
  학자들의 주장에 의하면 인식론적 장애는 피할 수도 없고 사라지게 할 수도 없으며 어떻게 극복할 수 있는지 표준적인 해법이 없다는 것을 알 수 있었다. 그러나 부르소(Brousseau, 1997)는 장애를 피하기 위해서는 교수학적 상황과 비교수학적 상황을 동시에 확립하는 것이 필요하다고 하였다. 먼저, 타당화의 상황은 개인적인 통합을 할 수 있게 해주며 형식화의 상황에서는 장애를 유도할 수 있다고 하였다. 그러나 장애는 암묵적인 모델의 수준에서도 나타나므로 의식적인 수준에서 적합한 지식 항목임에도 불구하고 행동의 비교수학적 상황도 마찬가지로 중요하다. 또한 수업에서 행하는 여러 절차동안 교사라는 매개체를 통해 수학적 문화의 개입이 되므로 교수학적 상황도 필요하다. 마지막으로 인식론적 장애의 협상의 변증법도 중요하다고 하였다.
- 교육과정에서 어떤 장애가 피해질 수 있고 어떤 것이 받아들여질 수 있는가?
  장애를 무시하여 가르치는 것은 어떤 지식을 정의할 때 학생들이 쉽게 받아들일 것 같고 불완전한 지식의 작용으로 더 많은 어려움을 일으키는 장애와 일시적인 문화를 만들뿐이다. 또, 지식을 정의할 때 언어가 학생들의 발달 수준에 적합하지 않을 경우에 그 의미를 빼앗은 채 형식적인 용법을 가진 언어의 조직화와 한정적인 형태로 지식을 정의하도록 선택할 수는 없다. 따라서 장애를 고려한다는 것은 학생들 스스로 만들어 낼 수 있는 발생을 선택하는 것을 의미한다. 이 발생은 어떤 장애는 관심을 가지고, 어떤 장애는 무시하므로 그것들 사이에 적절히 선택하여 장애를 다룰 수 있어야 한다. 예를 들면, 자연수는 소수 개념에 장애를 형성하는데 문자와 구조의 유사성 때문에 유리수 개념에 제기되었던 장애보다도 극복하기가 더 어려운 이유는 다음과 같다(Brousseau, 1997).
  - 나눗셈에 의해서 증가가 얻어질 수 있고, 곱셈에 의해 감소가 얻어질 수 있음을 받아들이기 어렵다.
  - 두 스칼라 소수의 곱을 생각하기 어려움
  - 소수의 '이중표기' 예를 들어 1.5와 1.49999999……를 받아들이기 어려움
  - 새로운 유형의 나눗셈을 생각하기 어려움

1.4.6 장애와 기본적인 교수학

장애는 또한 교수학적인 문제를 제기한다. 학생의 수학적 지식의 습득이 고전적 모델에 의해 정당화된 교수학적 실제가 복습되거나 기각되어야 한다. 그러나 고전적 모델은 교육과정

을 가르치는데 있어서 교육체계와의 내적인(학급 내에서와 학급 사이에서) 협상에 영향을 준다. 수업의 기능은 새로운 지식을 도입하여 이전에 배워서 사용되고 있지만 새 지식과 양립할 수 없는 오래된 개념은 잊어버리거나 기각하도록 격려하는 것이다. 이를 위해서는 오류의 진단, 설명, 기술의 수정, 교사와 학생 사이의 의무와 책임을 다시 재고해야 한다. 인식론적 장애는 제도화된 지식의 형식화 안에 들어 있는 것이 아니라, 교사가 지식의 이해와 기능을 확실히 하기 위해 구성된 표현 안에 들어 있으므로, 교수는 지식을 상황과 연계시키고, 제도화시키는 과정이 필요하다. 그러므로 학생은 그가 배우는 지식과 학습 상황을 기억해야 하고, 그 자신의 방법으로 기억을 조직해야 한다. 학생들의 내적인 관계와 과거의 지식을 무시한 채 지식을 가르칠 수는 없다. 인식론적 장애에 대한 인식과 교수학적인 관계 속에서 공식적으로 다루어야 할 것은 학생의 발달의 역사, 학생의 지식의 역사성과 입장을 인식해야 한다. 이러한 관점은 교사 자신의 인식론을 수정할 필요성과 대중 전체와의 noosphere(지적 사고의 총체)를 형성하는 것과 교사와 학생 사이의 협상을 위한 토대로 유용하다.

1.5 측정의 인식론적 장애의 본질

측정영역의 핵심은 무한, 연속, 무한소, 극한 등의 개념이다. 이러한 관념에 대하여 인식론적 장애가 잘 나타난 것이 제논이 역설이다. 이 절에서는 이러한 핵심적인 개념에 대한 인식론적 장애의 내용을 고대와 중세 또는 근세로 정리하기로 한다.

1.5.1 무한 관념

- 고대 그리스

ⓐ 시간과 공간은 연속적이지만 수는 이산적이다.

ⓑ 수는 이산적이고 기하학적 크기는 연속이란 관념이다.

ⓒ 이분법과 아킬레스는 공간과 시간이 무한히 나누어질 수 있다는 관념에 반대하기위한 것이다. 실무한의 존재를 모두 무시하고 잠재적(역동적)무한만을 인정하였다. 따라서 아리스토텔레스에게는 $\frac{1}{2}+\frac{1}{4}+\frac{1}{8}+\cdots$는 1에 가까이 접근하는 수이였고 결코 1이 아니었다.

ⓓ 무한의 관념은 아리스토텔레스의 생각과 마찬가지로 결코 논증의 대상이 아니었으며, 대신 에우독소스의 실진법이 무한을 대신하였다.

ⓔ 아르키메데스(Archimedes, B.C. 287~212)는 그의 논문 '포물선의 구적법'에서는 포물선의 면적을 내접 다각형의 넓이를 구하는 과정에서 얻은 '유한수열의 합'을 유추하여 포물선의 면적을 추측하였다. 그런 다음 항의 수가 점점 많아질 때 오차를 원하는 만큼

작게 만들 수 있다는 실진법의 이중배리법에 의하여 포물선의 면적이 어떤 수보다 클 수도, 작을 수도 없다는 것을 증명하였을 뿐, 그 역시 포물선의 면적을 '무한급수의 합'으로 나타내지는 못하였다. 무한급수의 극한 개념은 제논의 역설을 해결해주는 데에 필수적인 것이었지만 아르키메데스를 포함한 그리스의 수학자들은 직관적으로 무한을 볼 수 없었고 또한 논리적 근거가 없었기 때문에 그들의 논증에서 무한관념을 배제시켰던 것이다. 아르키메데스의 논법에서는 무한급수의 극한에 대하여 수 개념에 근거한 논리적 타당성이 받아들여지지 않았고, 엄밀한 기하학적 착출법에 근거한 논리만이 존재하였을 뿐이다.

- 중세와 근세(500~1800년 경)

루이에르(Simon L'Huilier)에게 무한은 달랑베르(J. L. d'Alembert, 1717~1783)와 마찬가지로 집합이 아닌 크기이었기 때문에, $\infty + n = \infty - n$을 인정하지 못하였다. 따라서 그는 무한은 미적분학과 상관이 없는 개념으로 인식하였고 극한에 관한 이론이 무한집합의 이론에 토대를 둔다는 사실을 알지 못하였다.

1.5.2 연속 관념

- 고대 그리스

ⓐ 사물이 움직이고 있다고 느끼는 것은 모두가 환상이다.

ⓑ 연속체를 불가분량의 집합으로 인식한 것이 아니라 아낙시만다(Anaximander)의 철학에서 말하는 '만물이 생성되는 무한 불확정한 것'인 아페이론(apeiron)의 흐름에 의해서 생성되는 것으로 보았다.

ⓒ 자연수보다 더 일반적인 수 개념과 이를 뒷받침할만한 연속변수의 개념이 없었다. 따라서 이산량을 이용하여 연속량을 설명하려고 하였다.

ⓓ 연속체란 그 자신을 무한하게 나눈 것을 또 다시 무한하게 나눌 수 있는 것이라고 보았다. 이 견해는 아주 작은 것들이 양쪽 끝을 서로 맞대어 계속 이어지는 직관적인 느낌에 의존한 결과이다. 그런데 그에게는, 모든 수의 바로 옆에 붙어 있는 수(그 다음 으로 크거나 작은 수)가 존재할 수 없었기 때문에, 수의 연속체를 인정할 수 없었다. 따라서 모든 그리스인과 마찬가지로 아리스토텔레스는 운동은 연속인 것으로, 수는 불연속인 것으로 간주하였고 동시에 순간변화율이란 개념도 인정하지 않았다. 이와 같이 아리스토텔레스는 물리적 세계에서의 경험과 수학적 사고를 명쾌하게 구별 짓지 못하였기 때문에 제논의 역설을 명확하게 반박하지 못하고 단지 순간속도의 부정과 감각적인 인지만으로 '주로'와 '화살'의 논법을 부정하였고, 유한한 시간에 무한한 공간을 지나갈 수 없지만 유한한 시간에 무한히 분할된 공간을 지나가는 것은 가능하다는 경험에 의존한 짧

막한 주장으로 '이분법'과 '아킬레스'의 역설을 해결하였다.

- 19세기

코시(Augustin-Louis Cauchy, 1784~1846)는 연속의 개념을 직관적이거나 아리스토텔레스가 생각했던 부분을 혼합하여 결합시키는 것이 아니라 순수한 수학적 개념으로 만들었으며, 후에 점집합론에서 구축한 연속체의 정의를 이끌어내게 하였으나 극한관념을 수로 해석하지는 못하였다.

1.5.3 무한소 관념

- 고대 그리스

ⓐ 피타고라스(Pythagoras, B.C. 582~497?)학파는 '무한히 작은 모나드(monad)'가 만약, 길이를 갖는다면 길이를 가지는 직선의 길이는 무한수가 될 것이며, 길이를 갖지 않는다면 무한수도 길이를 갖지 않을 것이라고 생각하였다. 또한 임의의 물체에 어떤 양을 더해도 그 물체는 커지지 않으며, 어떤 양을 빼내어도 그 물체가 작아지지 않는다면, 그 물체의 양은 없는 것이라고 했다.

ⓑ 화살과 경주장은 공간과 시간이 무한히 나누어질 수 있다는 관념에 반대하기 위한 것이다.

ⓒ 아무리 작게 만들어도 항상 남겨진 양이 있었다.(수학의 원자론)

ⓓ 내접된 다각형은 원하는 만큼 원에 가까이 근접시킬 수는 있었지만 결코 원이 될 수는 없었다.

- 인도

바스카라(Bhaskara, 1114~1185 경)는 한 수와 0의 곱은 0이지만 더 이상의 연산이 관련되면 그 수는 0의 배수로 인정해야 한다고 말하였다. 이러한 어려움 때문에 후에 미분적분학의 초기 연구자들을 혼란스럽게 만들었던 부정형과 관련된 문제들의 해결책을 더 이상 연구하지 않게 되었다.

- 중세와 근세(500~1800년 경)

ⓐ 갈리레오(Galileo Galilei, 1564~1642)는 그리스의 수학적 원자론을 받아들였고 불가분의 것을 사용하는데 있어 물리적 불가분의 량과 수학적 무한소량을 구별하지 못하였고, 무한과 불가분성을 본질적으로 이해할 수 없다고 하였다.

ⓑ 카발리에리(Bonaventura Cavalieri, 1598~1647)에게 무한은 불가지론이었다. 따라서 그의 논리에 무한은 보조 개념으로만 사용하였는데, 그 이유는 평명도형이나 입체도형의 불가분량 전체를 생각하기보다는 두 도형의 불가분량 사이의 대응에 관심이 있었기 때문이었다. 그는 곡면의 불가분량은 천을 이루고 있는 실로, 입체의 불가분량은 책을 이루고 있는 종이로 비유하였으나, 두께를 갖지 않는 양들의 집합이 면적이나 체적을 갖

는 평면이나 입체를 형성할 수 있는지에 관해서는 설명하지 않았다. 그는 면적과 체적을 명백한 기하학적 개념으로 간주하여 면적과 체적의 수치보다는 이들의 비에 관심이 있었다.

1.5.4 극한 관념

- 고대 그리스

ⓐ 히포크라테스(Hippocrates of Chios, B.C 430년 경)와 동시대의 수학자 안티폰(Antiphon)은 그가 원의 내부에 정사각형을 내접시키고, 각 변에서 이등변삼각형을 그림으로써 원에 내접하는 정팔각형을 작도한 후에 마찬가지로 정십육각형을 작도하는 식으로 계속하였다고 말한다. 그러한 직선으로 이루어진 다각형은 정사각형으로 변형될 수 있기에 안티폰은 원의 면적과 동일한 면적을 갖는, 충분히 많은 변으로 이루러진 다각형이 존재하며 그 다각형을 변형한 정사각형이 문제의 해라고 믿었다. 이러한 논증은 가는 펜으로 그린 구체적인 원에 대해서는 분명히 타당하지만 기하학의 이상적인 원에 대해서는 타당하지 않기 때문에 아리스토텔레스에 의하여 기각되었다. 따라서 고대 그리스 수학에서는 무한과정을 초월한 존재로서의 극한이 공식적으로 인정받지 못하였다.

ⓑ 에우독수스(Eudoxus of Cnidus,[6] B.C. 408~B.C. 355)의 착출법 (exhaustion)은 무한개념에 의지하지 않고 유한번의 착출만을 시행한 후에 증명해야 할 사실을 부정하면 모순이 된다는 결과를 이끌어 내어, 처음의 사실이 옳다고 결론짓는 귀류법을 이용하였다. 착출법에 의해서 최초로 극한의 관념이 시작되기는 하였으나, 귀류법을 사용하기 위해서는 사전에 결과를 알고 있어야 하기 때문에 이 방법은 발견적인 방법이 아니었다.

- 근세

ⓐ 페르마(Pierre de Fermat, 1601~1665)에 의해 고안된 포물선의 접선을 구하는 극한과정은 현대적인 도함수의 개념과 거의 일치한다.[7] 그러나 페르마 시대에는 함수의 관념이 모호했으며 함수기호가 나타나지 않았기 때문에 일반적인 도함수가 아닌 포물선의 접선을 구하는 데에 그치고 말았다.

ⓑ 뉴턴(Isaac Newton, 1642~1727)의 스승인 배로우(Isaac Barrow, 1630~1677)에 의해 발견된 명제들에는 미분적분학의 기본 정리와 대등한 기하학적 정리가 포함된다. 특히 배로우는 접선과 구적법 문제가 하나의 수학적 문제의 서로 역인 성질을 통합하는 아주 중요한 성질임을 분명히 인식한 첫 번째 사람으로서 고대인들의 기하학을 마무리한 것으로 간주하여도 좋을 것이다. 배로우는 곡선의 접선을 곡선을 이루는 무한히 많은 작은

---

6) 현재의 터키의 Knidos 지방.

7) Laplace는 페르마가 미분법의 진정한 선구자라고 하였다.

선분 중의 하나를 연장한 것인 동시에 움직이면서 곡선을 생성시키는 한 점의 운동 방향으로 간주하였다.

ⓒ 뉴턴은 무한히 작은 양이란 카발리에리가 주장하는 불가분양(indivisible)의 정적인 형태라는 모순은 제거하였지만 갈리레오 수준의 모멘트의 역동적인 형태는 그대로 유지되었고 E, e, o, $\dot{x}$ 등으로 표기된 무한히 작은 양을 0으로 받아들이는 것을 정당화하기 위하여 유율이 비로 다루어져야 했기 때문에 극한개념을 도입하였다. 또한 오일러가 고안한 함수기호를 사용하여 도함수를 뉴턴몫의 극한으로 정의하는 데는 성공하였지만, 유한도 아니고 정확하게 0도 아닌 무한히 작은 "죽은 양의 영혼(Ghosts of departed quantities)"을 마음속에 갖고 있었기 때문에 1704년에 발표된 논문에서도 오차는 아무리 작아도 수학에서는 무시되지 못한다고 생각하였다. 즉 뉴턴은 기하학적 양의 길이의 비를 산술적으로 생각하지 못했던 것이다.

ⓓ 라이프니츠(Gottfried Wilhelm Leibniz, 1646~1716)는 항상 강한 산술적 경향을 간직하고 있었기 때문에, 적분을 한 크기의 모든 값들의 합으로, 또는 무한히 많은 수의 무한히 좁은 직사각형들의 합으로 또는 어떤 특성의 합의 극한(라이프니츠의 적분)으로 정의하였는데, 이 두 관점 은 기초 미분적분학에서 계속 이어져 오고 있다. 그러나 일반적으로 n이 자연수가 아닐 때는 $(x+o)^n$을 이항전개하면 무한급수가 되기 때문에 무한급수의 수렴 여부가 중요한 문제이지만 뉴턴과 라이프니츠는 물론이고 그 후 백 년 동안 그들의 후계자들조차 무한급수의 수렴문제의 중요성을 인식하지 못하였다. 또한 라이프니츠는 미분적분학은 운용법(modus operandi)이기 때문에 그 자체가 증명이라고 생각했기 때문에 논리적이고 철학적인 정당화에는 관심이 없었고 파스칼과는 다르게 무한히 작은 것을 신비로운 것으로 만들기를 원하지 않았다.

ⓔ 그 후 집합론이 완성될 때까지는 극한개념을 무한소에 의거한 설명으로 대치할 수가 없었다. 예를 들면, 그는 두 점이 하나가 될 때 할선은 접선이 되고 그것이 할선의 극한이 된다고 하였는데, 두 점이 하나가 되는 과정을 구체화하지 못하고 제논의 역설에 빠지게 되었다.

2. 고대 그리스인들의 측정 관념

이 절에서는 학문으로서의 수학이 시작되었던 고대 그리스의 수학자들의 측정에 핵심이 되는 관념들을 요약하기로 한다.

2.1 무한소 관념

피타고라스학파는 '무한히 작은 모나드(monad)'가 만약, 길이를 갖는다면 길이를 가지는 직선의 길이는 무한수가 될 것이며, 길이를 갖지 않는다면 무한수도 길이를 갖지 않을 것이라고 생각하였다. 또한 임의의 물체에 어떤 양을 더해도 그 물체는 커지지 않으며, 어떤 양을 빼내어도 그 물체가 작아지지 않는다면, 그 물체의 양은 없는 것이라고 했다. 제논의 역설은 무한과정의 아이디어가 나타나는 것을 처음으로 보여준 것이다. 제논의 역설은 우리에게 말장난처럼 인상을 주는 논증을 통해 알려져 있지만, 제논에게 있어서 그 역설은 말장난이 아니었다. 우리가 그 역설에 관하여 주로 알게 되는 아리스토텔레스의 글에서 그는 "나는 여기서부터 벽까지 걸어갈 수 없다! 그렇게 한다면 나는 먼저 거리의 반을 가야하고 그리고 또 남은 거리의 반을 가야한다; 이 과정은 계속 이루어지고 끝나지 않는다."라고 말함으로써 그 역설의 가치를 감소시켰다. 이렇게 계속 반으로 줄어드는 거리를 갈 때 걸리는 시간이 점점 짧아진다는 것을 제논이 몰랐다고 생각한다는 것은 이치에 맞지 않는다. 그는 연속체를 따라갈 때 만나게 되는 무한과정의 이율배반에 이의를 제기하고 있을 뿐이다. 그의 의사와는 거의 반대로 기록된 이 주장은 수학자들이 $1+\frac{1}{2}+\frac{1}{4}+\frac{1}{8}+\cdots$ 과 같이 무한히 많은, 그러나 계속 줄어드는 시간의 합을 당시에 처음으로 구하려했던 것이다. 아리스토텔레스의 이 기록은 아낙사고라스(Anaxagoras of Clazomenae, B.C. 428년 경)로부터 전해 내려오는 기원전 5세기의 다른 기록과 비교하면 흥미롭다; "작은 것 중에 가장 작은 것은 없고 큰 것 중에 가장 큰 것도 없다. 더 작은 것, 더 큰 것이 항상 존재한다." 이 주장은 오늘날 우리에게는 당연한 것처럼 보이지만, 원자론의 시대였던 그 당시에는 결코 그렇지 않았다. 이 당시의 원자론은 우주에 있는 불연속적인 물질의 원자를 떠올리며 생각하는 오늘날의 원자론이 아니라, 공간 자체가 불연속적이고 선분이 무한히 나누어질 수 없는 가능성을 암시하는 원자론을 말한다. 제논의 역설은 아낙사고라스의 말에서 표현된 이러한 원자론에 대한 거부 그 이상이다. 비록 우리는 엘레아학파와 피타고라스학파와 다른 철학의 학파들 사이의 상호관계는 많이 알지 못하지만, 제논의 비판은 직관에 의존하는 소박한 원자론을 체계적인 추론으로 법칙으로 만들려는 전혀 새로운 수학의 내용을 최초로 시도하려는 애매한 주장들에 반대하는 것이었다고 믿는다. 제논의 역설이 표방하고자 하는 내용은 피타고라스학파가 무리수를 발견했을 때 그들에게 잘 알려져 있었으며, 그것은 무한과정의 아이디어의 탄생을 촉진시켜 현재의 무한관념의 기초를 만들어 놓았다. 무리수란 무엇인가? 그것은 정사각형의 변과 대각선은 서로 통약불가능하다는(incommensurable), 즉, 공통된 측도가 없다는 사실을 알게 되면서 발견하게 되었다. 직각을 만들기 위한 "목수"의 법칙은 훨씬 이전에 알려진 사실이었다. 삼각형의 세 변의 길이가 각각 3엘(ell, 또는 cubit), 4엘, 5엘이 되도록 만들면 직각삼각형이 된다(그림 2). 수학자들은 이등변삼각형에서도 그와 비슷하게 정수비가 성립하는지 알아내고자(그림 3), 이등변을 5등분하고, 이등변의 $\frac{1}{5}$을 단위로 빗변의 길이를 측정하였더니 7배보다 좀 더 길었다. 이번에는 이등변을 12개로 분할하였더니 빗변은 이등변의 $\frac{1}{12}$의 17배 정도가 되었고 이전보다는 훨씬 정확해졌지만 여전히 일치하지 않았다. 다른 변과 빗변의 공통된 측도를 찾으려는 이러한 모든 노력은 성과가 없었으며 결국, 이러한 질문에 답은 없었으며, 변들 간에 공통된 측도는 없다는 사실을 알게 되었다.

피타고라스학파는 이것이 불가능하다는 사실을 다음과 같이 두 가지로 증명하였다.

2.1.1 통약불가능성의 증명 I(피타고라스학파)

첫 번째 증명은 다음과 같은 짝수와 홀수의 성질에서 간단하게 유도된다.

1. 짝수의 제곱은 항상 4의 배수이다 : $(2n)^2 = 4n^2$
2. 홀수의 제곱은 항상 홀수이다: $(2n+1)^2 = 4n^2 + 4n + 1 = 2(2n^2 + 2n) + 1$

따라서 다음과 같은 결과를 얻게 된다.

3. 어떤 수의 제곱이 짝수라면, 제곱한 수는 4로 나누어진다.
4. 어떤 수의 제곱이 짝수(홀수)라면, 그 수 자체는 짝수(홀수)이다.

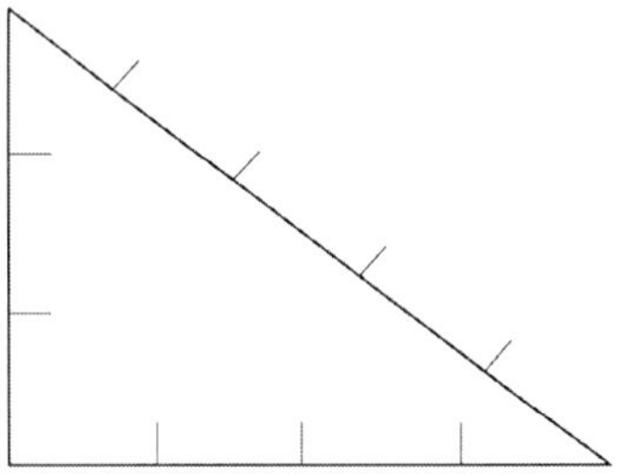

〈그림 2〉

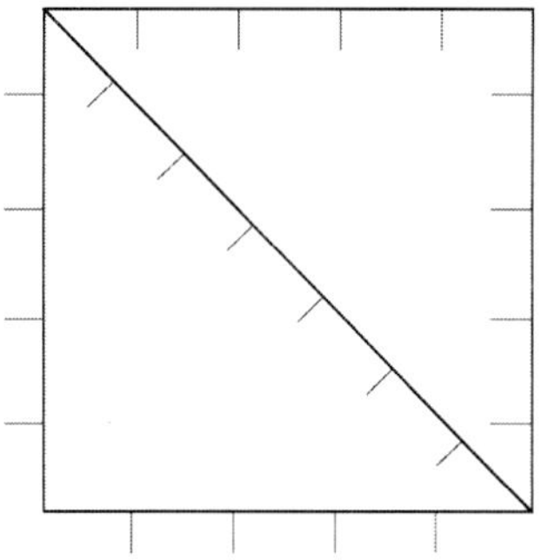

〈그림 3〉

정사각형의 한 변의 길이 a와 대각선의 길이 d의 공통 측도를 e라 하고, $d = pe$, $a = qe$라 하자. 피타고라스의 정리에 의하여 $d^2 = a^2 + a^2 = 2a^2$이므로 $(pe)^2 = 2(qe)^2$이 되어

$$p^2 = 2q^2 \tag{1.1}$$

이 된다. 여기에서 p와 q가 1 이외의 공통 측도를 갖지 않는다(최대공약수가 1)고 가정할 수 있다. 등식 (1.1)의 우변은 짝수이므로, 좌변도 짝수이어야 한다. 따라서 위의 성질 4에 의하여 p는 반드시 짝수이고, 따라서 p^2이 짝수이므로 성질 3에 의하여 p^2은 4의 배수가 된다. 그

러면 등식 (1.1)의 우변은 4로 나누어지므로 q^2은 짝수이다. 성질 4를 다시 적용하면 q도 짝수이다. 따라서 p와 q가 모두 짝수이므로 p와 q가 1이외의 공통 측도를 갖지 않는다는 가정에 모순이 된다. 증명에서의 처음 가정 즉, 정사각형의 한 변과 대각선이 공통 측도를 갖는다는 가정은 모순에 이르게 되어 틀렸다는 것을 증명하였다.

2.1.2 통약불가능성의 증명 II(히포크라테스, 안티폰)

두 번째 증명은 짝수와 홀수의 성질 대신에, 초보적인 기하학적 사실을 이용하였다. 문제의 정사각형에서(그림 4) 대각선 BC위에 변 AB와 선분 BD의 길이가 같아지도록 D를 택한다. D에서 BC와의 수선을 그어 변 AC와 만나는 점을 B'이라고 하자. B'과 B를 연결한다. 삼각형 ABB'과 DBB'은 합동임을 쉽게 알 수 있다. 따라서 $AB' = DB'$이고, $\angle ACB$는 직각의 반이다. 따라서 $DB' = DC$이므로

$$AB' = DB' = DC \tag{1.2}$$

이제 C에서 CD에 수직이 되도록 수선과 B'에서 CD와 평행인 직선과의 교점을 A'이라 하자. 그러면 대각선 $B'C$가 원래의 정사각형의 한 변위에 있기 때문에 정사각형 $A'B'CD$는 원래의 정사각형 $ABCD$보다 더 작다. 정사각형$A'B'CD$에 원래의 정사각형에 하였던 과정을 똑같이 반복한다. 즉, 대각선 $B'C$위에 변 $A'B'$과 선 분 $B'D'$의 길이가 같아지도록 D'을 택하고 D'에서 수선을 그어, 변$A'C$와 만나는 점을 B''이라고 하자. 그러면 위에서와 같이

$$A'B'' = B''D' = D'C \tag{1.3}$$

가 된다.

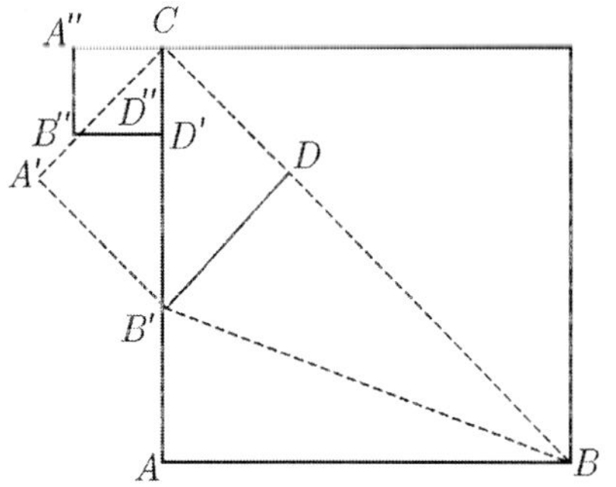

〈그림 4〉

이러한 과정을 무한히 계속하면, 생성되는 대각선은 그 이전 것보다 점점 작아지게 되므로 계속하여 정사각형을 만들어 가는 대각선의 일부분의 선분도 점점 작아지게 된다. 즉

$$CD > CD' > CD'' > CD''' > \cdots \qquad (1.4)$$

또한 그 대각선의 일부분은 정사각형의 한 변과 대각선의 차이이다. 즉,

$$CD = CB - AB,\ CD' = CB' - A'B',\ CD'' = CB'' - A''B'',\ \cdots \qquad (1.5)$$

이러한 기하학적 성질을 이용하여 귀류법으로 증명한다.

만일 정사각형의 변과 대각선이 통약가능하다면, 즉, 공통 측도가 있다면, 즉 구간 E가 존재하여 그것을 몇 배하면 정사각형의 변의 길이와 같고, 또 다른 몇 배를 하면 대각선의 길이와 같아진다고 하자.

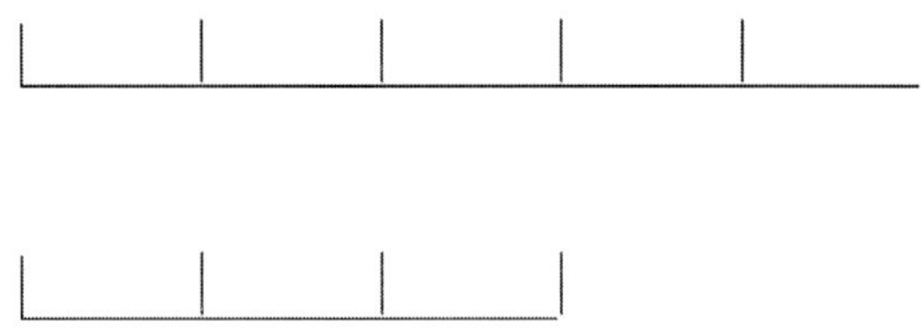

〈그림 5〉

(그림 5)를 보면 그 길이가 둘 다 E의 배수가 되는 임의의 두 구간의 차이는 항상 E의 배수가 됨을 알 수 있다. 따라서 CB와 AB가 E의 배수가 된다면 등식 (1.5)로부터 CD도 E의 배수가 된다. $A'B' = CD$이므로, $A'B'$은 E의 배수가 된다. (1.2)에 의하여 정사각형 $A'B'CD$의 대각선 CB'은 $CB' = CA - AB' = AB - CD$ 즉, E의 배수들의 차이므로 역시 E의 배수가 된다. 이러한 성질이 정사각형 $A'B'CD$의 변과 대각선에 대하여 증명되면 이후의 모든 정사각형에 대해서도 같은 방법으로 증명할 수 있다.

그런데 처음의 정사각형 $ABCD$의 변과 대각선의 공통 측도가 존재한다는 가정에 의하여 (1.4)에 나타나는 구간들은 모두 E의 배수가 되어야 한다. 반면에 (1.4)에 의하면 E의 배수가 끝이 없이 계속 감소하면서 언젠가는 $0 <$ 길이 $< E$인 길이가 나타나게 된다. 왜냐하면 처음 항이 E의 1000배였다면 CD'은 그보다 더 작은 E의 배수이므로 기껏해야 E의 999배가 된다. 이런 식으로 계속했을 때 마지막 1000번째는 E보다 작아져야 하지만 여전히 E의 배수여야 하므로 0이 되어야 하며 이것은 이미 증명한 것과 모순이 된다. 이 모순은 정사각형의 변과 대각선의 공통 측도가 있다고 가정에 의하여 초래된 것이다. 따라서 가정은 기각된다.

이러한 불가능성은 최초로 언제 증명되었는지는 알 수 없지만, 이 위대한 발견은 현대수학의 신호탄이 되었다. 전해내려 오는 가장 오래되고 의미 있는 증거는 플라톤(Plato, B.C. 427~347)과 아리스토텔레스에게서 볼 수 있다. 아리스토텔레스는 그 주제를 계속 언급하며 처음에 논의한 증명 방법을 암시하였고, 이것은 이후에 유클리드(Euclid, B.C. 330~257?)[8]

의 원론에서도 찾아볼 수 있다. 플라톤은 그의 저서 '법(Laws)'에서 통약불가능한 수를 고등 교육에서 지도하도록 하였으며, 그는 그것을 처음 알게 되었을 때 "인간의 수준이라기보다는 돼지의 수준에 어울리는" 자기 자신과 모든 그리스인의 무지에 대해 부끄러움을 느꼈다고 말하였다. 플라톤이 당시 가장 위대한 그리스 수학자 중 한 명으로써 전쟁 중에 사망한 테애테투스(Theaetetus, B.C. 378년 경)를 추모하여 헌정한 대화 부분에서 이러한 사실을 다음과 같은 예를 들어 설명하였다. 즉, 기원전 430년경 태어난 유명한 시실리아의 수학자이며 테애테투스의 스승인 테오도루스(Theodorus of Cyrene, B.C. 390년 경)가 그의 학생들에게, 면적이 3평방피트인 정사각형의 변은 길이가 1피트인 구간과 통약불가능하며 마찬가지로 면적이 9평방피트를 제외하고는 5평방피트에서 17평방피트의 모든 정사각형도 역시 그러하다는 것을 증명하였다. 이러한 내용을 인용하면서 플라톤은 테오도루스와 그의 학생으로서 보다 추상적이고 일반적인 접근을 도입한 테애테투스를 비교하고 있지만, 스승 테오도루스가 2평방피트의 경우는 언급조차 하지 않은 것으로 보아 그러한 사실에 관하여 상당히 발달된 이론을 이미 소유하고 있었음이 분명하다. 그리스 수학의 핵심적인 내용은 기원전 300년경의 유클리드의 원론과 유클리드의 뒤를 이은 수학자들과 주석가들의 글에서 볼 수 있으나, 그것이 발달한 역사는 찾을 수 없다. 다만 위에서 언급한 그러한 기록들을 통하여 수학의 초기 모습을 어렴풋이 감지할 수 있으며 이것은 유클리드 원론 이전부터 나타나고 있었다. 이러한 기록들 중에서 가장 중요하고 광범위한 것 중의 하나는 적어도 기원전 450년경에 살았던 히포크라테스에게서 전해져 내려오는 그리스 수학에서 가장 오래된 몇 쪽짜리 교재이며, 인류역사상 무한과정의 이론의 두 번째 발달 단계이다. 히포크라테스는 원을 지름 AB로 이등분한다(그림 6). 그 다음, 밑의 반원의 이등분점을 중심으로 하여 두 점 A와 B를 지나는 원을 그린다. 그는 그 초승달 부분(그림 7)에서 빗금 친 부분이 처음 원의 반지름 BM을 한 변으로 하는 정사각형과 면적이 같다고 주장하였다. 그의 증명은 '두 원의 면적의 비는 각각의 반지

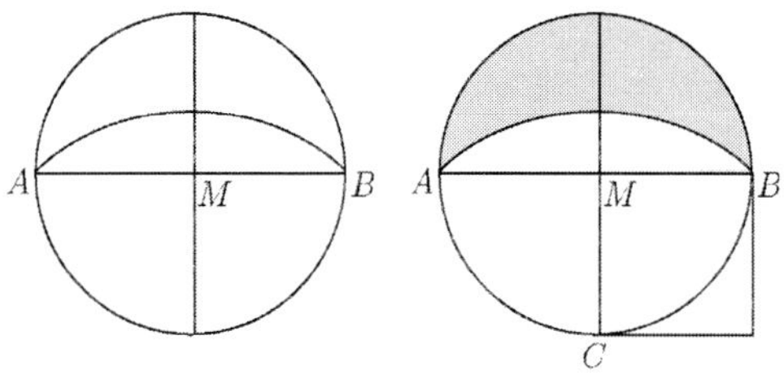

〈그림 6〉

8) 유클리드 원론은 작자미상이다. 유클리드는 ucli dis(기하의 열쇠)의 합성어이다.

름의 제곱의 비와 같다(그림 7)'는 보조정리(lemma)를 사용하였다 하였는데, 불행히도 그 논거는 현존하는 기록에는 남아있지 않다. 이 증명을 이용하여 서로 다른 두 원에서 같은 각에 대응하는 두 활꼴의 비는 반지름의 제곱의 비와 같다는 결론이 나온다(그림 8). 이것은 먼저 360°의 약수가 되는 각에 대하여 증명한 다음에 임의의 각에 대하여 증명한다.

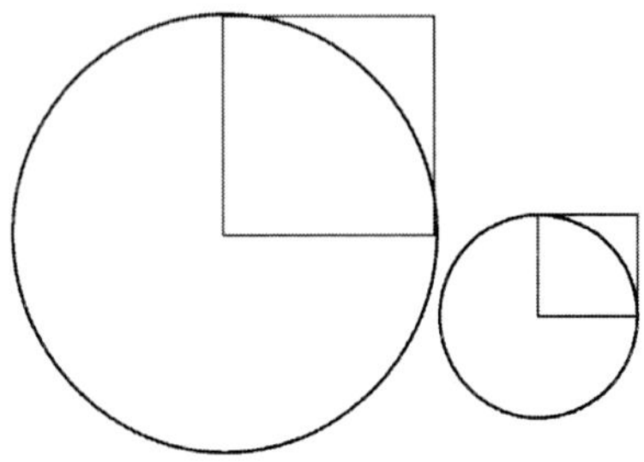

〈그림 7〉

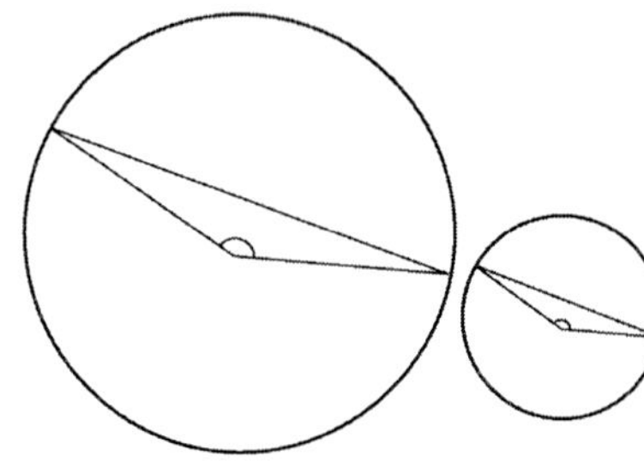

〈그림 8〉

그 다음에 히포크라테스는 위의 반원의 중점 D와 A, B를 각각 연결하여(그림 9) 얻은 두 직선이 A, B에서 큰 원에 접한다는 것을 발견하였다. 따라서 초승달 부분은 그림에서 α, β, γ로 표시된 세 부분으로 이루어져 있다. α는 처음 원에서 직각에 대응하는 활꼴이다. δ는 큰 원에서 직각에 대응하는 활꼴이다. 이상의 보조정리에 의하여 α와 δ의 비는 두 원의 반지름의 제곱의 비, 즉 $AB^2 : AD^2$과 같으며 이것은 1:2가 된다. 따라서 α, β는 각각 δ의 반이며 $\alpha+\beta=\delta$이고, $\alpha+\beta+\gamma=\delta+\gamma$이므로, 초승달의 면적은 삼각형$ABD$의 면적인 BM^2이 된다.

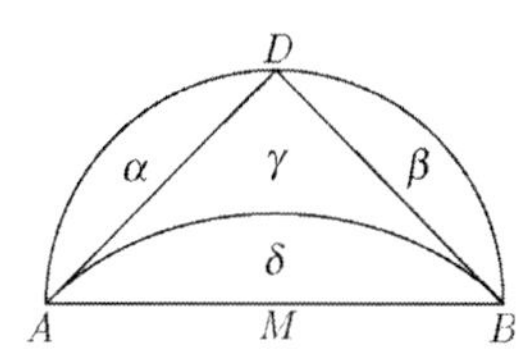

〈그림 9〉

이 발견의 근본적인 중요성은 곡선으로 둘러싸인 면적이 직선으로 둘러싸인 면적과 통약가능한지의 가능성을 증명하는 데에 있다. 즉, 원의 면적과 같은 면적을 갖는 정사각형 작도문제(squaring the circle)에 대한 매력은 이 발견에서 비롯된다. 다른 곡선도형에 대하여 이미 얻은 결론을 가장 간단한 곡선 도형에 대해 얻고자 하는 것은 분명히 이천년 동안 수학자들을 사로잡았던 강력한 도전적인 문제이었으며, 그 불가능성이 증명된 오늘날에도 불가능성의 증명을 이해하지 못하는 비수학자들은 여전히 이 문제에 매달려 있다. 히포크라테스는 그 문제를 분명히 이해하였으며 조직적으로 증명과정을 추구하였다. 그는 초승달 모양들로부터 원을 만들기 위하여 처음의 것과 같은 성질을 갖는 다른 초승달 모양들을 찾고자 시도하였다. 그는 매우 뛰어나게 고안한 두 가지 경우를 더 찾았는데, 그것은 현의 제곱과 통약가능하지는 않지만 어떤 다른 다각형의 면적과 같다는 사실이었다. 컴퍼스와 자만을 이용하여, 그러한 도형과 같은 면적을 갖는 정사각형으로 변형시키는 것은 그 당시의 수학자들에게는 이미 잘 알려진 문제였다. 그러한 방법을 원용하여 원의 면적을 구하려는 시도는 좋았으나 결국 실패로 끝났다. 왜냐하면 히포크라테스가 작도한 초승달 모양으로는 원을 만들 수 없었기 때문이었다.

그 당시에서 문제의 초점을 놓친 사람들이 있었다. 히포크라테스와 거의 동시대에 아테네에서 살았던 소피스트 안티폰은 원의 내부에 정사각형을 내접시키고(그림 10), 각 변에서 이등변삼각형을 그려, 원에 내접하는 정팔각형을 작도하고, 마찬가지로 정십육각형을 작도하는 식으로 계속하여 원에 아주 근접한 내접 정다각형을 만들었다. 당시의 정사각형 작도 문제에 의하면 내접 정다각형은 정사각형으로 변형될 수 있으므로 안티폰은 원의 면적과 동일한 면적을 갖는, 충분히 많은 변으로 이루러진 다각형이 존재하며 그 다각형을 변형한 정사각형을 작도하게 되면 그 정사각형의 면적은 원의 넓이와 같게 된다고 믿었다. 이러한 논증은 가는 펜으로 그린 구체적인 원에 대해서는 분명히 타당하지만 기하학의 이상적인 원에 대해서는 타당하지 않기 때문에 아리스토텔레스에 의하여 기각되었다. 그러나 아낙사고라스의 인용문에서 볼 수 있듯이 히포크라테스 역시 이상적인 도형을 다루는 엄밀한 기하학의 명확한 개념을 갖고 있었으며, 그들 소피스트들은 철저한 논쟁으로 일관되는 연구보다는, 특수한 주제에 관련되어 있는 논증으로 일관했으며, 소피스트들의 사고가 그 당시에 태어난 진정한 과학적 사고와 어떻게 달랐는지를 알 수 있다. 과학의 역사가 이천년이나 지난 오늘날에도 수학의 대상의 이상적인 본질을 이해하지 못하는 사람들 즉 그러한 본질을 덜 중요한 것으로 혹은 다소 불필요한 '세밀하고 엄밀한 점'으로 여기는 사람들이 여전히 많다. 따라서 소피스트들은 여기에서 우스운 사람들이 아니라 지금까지도 계속하여 순수수학과 싸우는 정신적 태도를 견지한 사람들이다. 응용수학과 순수수학의 오늘날의 논쟁은 그러한 오래된 싸움의 연장일 뿐이다.

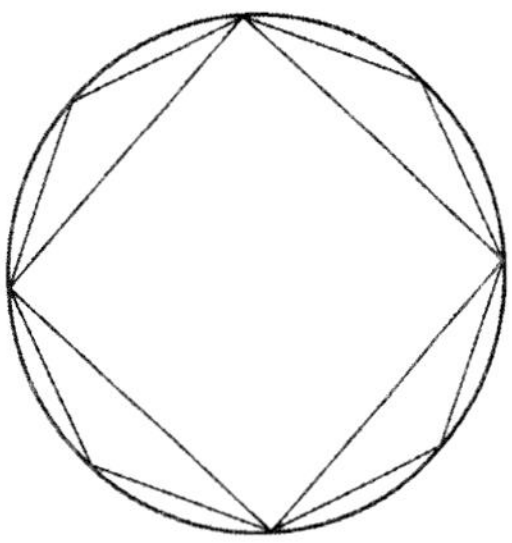

〈그림 10〉

2.2 무한 관념

2.2.1 비례이론

양의 정확한 측정과정에서, 무리수(incommensurable segments. 같은 단위로 잴 수 없는 선분들)의 발견은 당시의 기하학에서의 혁명적인 사건이었으며, 무리수의 존재를 알게 된 플라톤은 '지금껏 무리수를 알지 못했던 나와 그리스 철학자들은 돼지만도 못하다'고 자탄하였다. 무리수에 관한 그리스인들의 인식과정을 퇴프리츠(Toeplitz, 1963)가 제시한 예를 들어 명확하게 설명해 보기로 한다.

정리

높이가 같은 두 삼각형의 넓이의 비는 밑변의 비와 같다. 즉, $A : B = a : b$

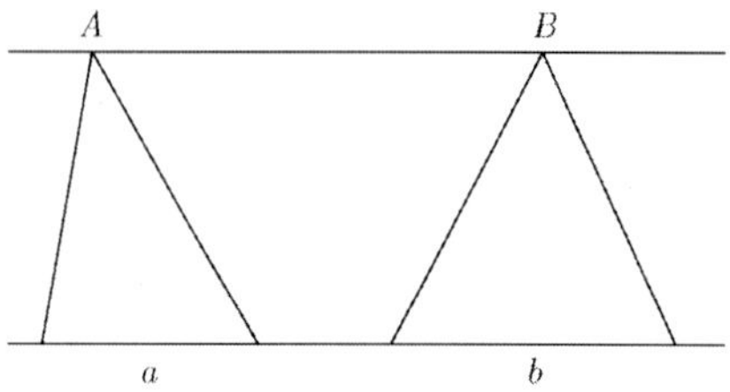

〈그림 11〉

증명 $a = b$인 경우, 위의 정리는 같은 길이의 밑변과 높이를 갖는 삼각형들은 넓이가 같다는 것으로, 이미 오래 전부터 증명되었다. 이 사실에서, 정리는 $a : b = 3 : 2$ 와 같이 a와 b가 같은 단위로 잴 수 있는 경우에는 다음과 같이 증명할 수 있다. 즉, 그림 12와 같이 삼각형 A옆에 밑변이 a인 다른 삼각형을 놓고, 삼각형 B옆에 밑변이 b인 다른 두 개의 삼각형을 나란히 붙여서 만든 두 개의 큰 삼각형은 밑변의 길이가 같고($a : b = 3 : 2$이므로 $2a = 3b$) 따라서 넓이도 같다. 즉, 비례식 $2A = 3B$ 또는 $A : B = 3 : 2$ 가 성립한다.

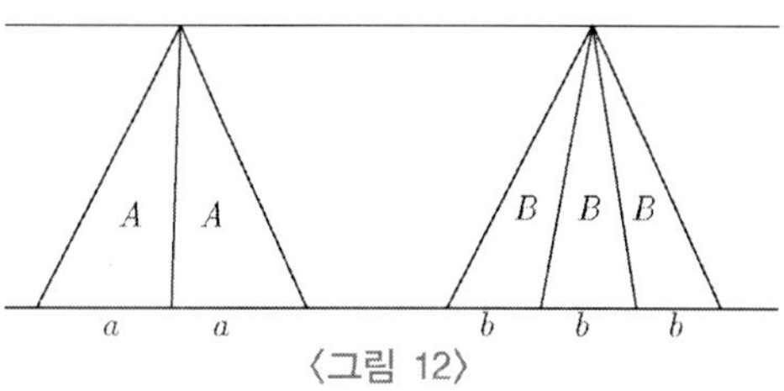

〈그림 12〉

그러나 같은 단위로 잴 수 없는 선분의 발견으로 이 증명은 닮은 도형에 관한 모든 이론과 같은 비례와 관련된 기하정리의 모든 증명과 함께 의문시되기 시작했으며, 비례의 정의조차 동요되어, 수학자들은 두 삼각형의 "각각의 넓이의 비"가 밑변의 길이의 비와 같다는 것은 과연 무엇을 의미하는지조차 재고해야만 했다. 이러한 위기가 언제 생겨났고, 또 누가 이를 극복했는지는 정확히 알 수가 없으나, 그리스 수학의 기초를 형성한 비례이론을 체계적으로 완성한 유클리드원론의 제5권에서 찾아 볼 수 있으며, 그 내용과 표현 방법이 변형되기는 했지만 오늘날에도 여전히 수 개념과 무한과정이론에 결정적인 역할을 하고 있다. 원론의 제5권에서 유클리드는 '같은 단위로 잴 수 없는 것' 때문에 발생하는 난관을 피하기 위하여 다음과 같은 기발한 두 가지 정의를 도입하였다.

정의 1

임의의 두 자연수 p, q에 대하여 $qa < pb$, $qa = pb$, $qa > pb$일 때 각각 $qA < pB$, $qA = pB$, $qA > pB$이 성립한다면, $a : b = A : B$이다.

정의 2

$q_0 a < p_0 b$, $q_0 A > p_0 B$를 만족하는 어떤 한 쌍의 자연수 p_0, q_0가 존재한다면, $a : b < A : B$ 또는 $A : B > a : b$이다.

같은 단위로 잴 수 있는 양의 경우에는, 정의1의 세 가지 가능성중 두 번째가 성립하므로 정의1에는 위의 정리가 포함된다. 위의 삼각형의 예에 적용된 정의1은 비례개념을 보존할 뿐 아니라 증명의 재구성을 허용한다. 왜냐하면, p와 q가 임의의 두 자연수이고, 밑변이 a인 삼각형 q개를 나란히 놓고 같은 방법으로 밑변이 b인 삼각형 q개를 나란히 놓는다면, 다음 중의 하나가 반드시 성립할 것이다.

$$qa < pb, \quad qa = pb, \quad qa > pb$$

따라서 다음의 사실을 쉽게 얻을 수 있다.

그림에서 U, V 두 개의 삼각형이 높이는 같고 밑변의 길이가 다르다면, 즉, $u < v$이라면, $U < V$이다.

증명 삼각형 V의 밑변 v위에 삼각형 U를 올려놓고, 밑변이 u이면서 U와 넓이가 같은 삼각형을 그릴 수가 있다. 그 삼각형은 V의 일부분이 되므로 V보다 넓이가 작다.
그런데 만일 $qa < pb$이면 $qA < pB$이므로, $u < v$이라면, $U < V$이다.

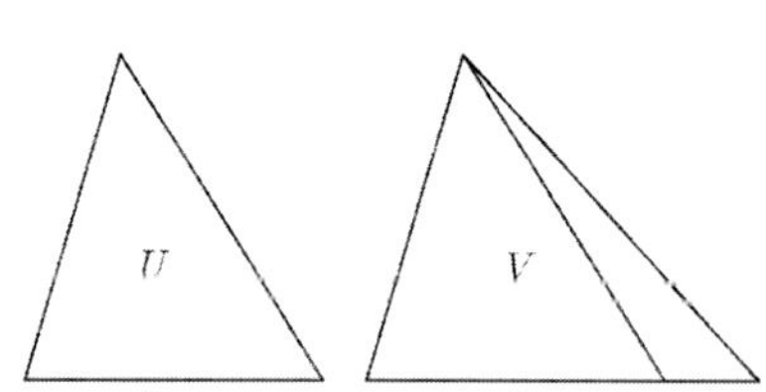

〈그림 13〉

그러나 위에서 언급한 두 정의를 이용하여 비례에 관한 모든 이론을 증명하지는 않았다. 즉, 현재의 학교에서도 여전히 가르치고 있는 유클리드 원론 I~IV권의 면적측정법은 증명이 없는, 직관에 기초한 정의, 공준, 공리 등의 명제 위에서 시작하였다. 또한 원론의 제 5권에 실린, 선분, 넓이, 부피 또는 시간간격 또는 자연수 또는 그 밖의 것 등에 관한 양과 비례에 관한 일반이론에 대한 시각적인 도형이나 직관에 기초한 모든 증명을 생략하였으며, 이를 기반으로 하여 보다 심도 있는 이론을 완벽하게 구축하려고 애를 썼으며 결국 완성하였다. 그런데 그는 위의 증명에서 암묵적으로 받아들여졌던 "전체는 그것의 어떠한 부분보다도 크다." "똑같은 것에 같은 것을 더하면 같다." 등과 같은 몇 개의 공리이외에, 명백해 보이지만 생각하기 쉽지 않은 한 가지 주장을 기록했는데, 이를 연속성의 공리라 부른다.

■ 연속성의 공리

A와 B가 두 선분 또는 두 개의 시간간격 등과 같이 같은 종류의 양이고, A가 B보다 작은 양이라면, 항상 B보다 큰 A의 배수, nA를 찾을 수 있을 것이다.

이 공리와 위의 두 정의를 기초로 하여, 유클리드는 전체적인 비례 이론을 건설하였다.

2.2.2 착출법

그리스 시대의 무한소 수학은 에우독수스의 관념을 재현한 유클리드 원론 XII권의 Proposition 2에서 히포크라테스로부터 전해 내려온 "두 원의 넓이의 비는 각각 반지름의 제곱의 비와 같다."라는 주장이 아르키메데스의 연구의 모델이자 현대해석학의 원천이 된 소출법이 되었다. 비례이론의 경우와 같이, 소출법이라 부르는 방법이 그 당시의 수학자들에게 이미 친숙했던 것인지 아니면 에우독수스나 Platonic Academy의 다른 수학자들에 의해 처음으로 발명된 것인지는 모른다. 유클리드는 연속성의 공리에 기초하여 Proposition 2를 증명하였는데, 이는 안티폰이 원과 넓이가 같은 정사각형을 작도하는 방법과 똑같은 아이디어이다. 히포크라테스와 동시대 사람들이 자와 컴퍼스만으로 임의의 다각형과 똑같은 넓이를 가진 정사각형을 작도할 수 있었다면, 그들은 두 원에 내접한 두 개의 닮은 다각형의 넓이의 비는 원의 반지름의 제곱의 비와 같다는 것을 틀림없이 알았을 것이고, 따라서 두 원에 내접하는 정n각형의 넓이의 비는 이들 원의 반지름의 제곱에 각각 비례한다는 것을 알 수 있었을 것이다. 또한 만일 안티폰의 생각-충분히 많은 변을 가진 정다각형은 원과 같다-이 수학적으로 옳은 것이라면 바로 위에서 한 추론에 의하여 보조정리를 증명할 수 있었을 것이다. 그러나 기하는 물리적인 그림이 아니라 이상적인 직선을 다루는 것이므로 이러한 추론에 만족할 수 없으며 보다 완전한 증명이 필요하다. 즉, n이 아무리 크다고 해도 내접한 정n각형과 원 사이에 넓이의 차이가 있는 경우에도 그 주장이 성립한다는 것을 보여야만 한다. 이러한 어려움을 극복하기 위해서 그리스 수학자들은 연속성의 공리를 적용하였으며, 명확하지 않은 근사적이고 애매모호한 직관적인 증거를 배제하고, 최초로 명확한 논리적 증명을 내놓았는데, 그의 증명은 연속성의 공리에 의거한 것이다. 아래의 연속성의 공리는 위에서 기술한 연속성의 공리를 현대적인 의미에 가깝도록 재구성한 것이다.

■ 연속성의 공리

$\alpha > \epsilon$일 때, α에서 최소한 그것의 반을 빼고, 그 나머지에서 또 그 나머지의 반을 빼고, 이와 같은 일을 계속해서 한다면, 남아 있는 것이 결국 ϵ보다 작게 되는 순간이 올 것이다.

연속성의 공리에 따르면 α보다 커지게 되는 ϵ의 n배 즉 $n\epsilon$이 존재한다. 2ϵ은 ϵ의 두 배이고, 3ϵ은 2ϵ의 두 배보다 작다($3\epsilon < 2^2\epsilon$). 같은 방법으로, $4\epsilon < 2^3\epsilon$, $5\epsilon < 2^4\epsilon$, $6\epsilon < 2^5\epsilon$, …이므로 다음의 부등식을 얻는다.

$$\alpha < n\epsilon \leq 2^{n-1}\epsilon$$

따라서 α보다 커실 때까지 ϵ을 누 배씩 늘릴 수 있으므로, 거꾸로 α는 ϵ보다 작아질 때까지 계속 반으로 줄일 수 있으며, 각 단계에서 반 이상을 뺀다면, 원하는 결과를 더 빨리 얻을 수 있으므로 안티폰의 사고 과정에서 발생하는 매 단계에 포함된 오차를 다음과 같이 계산할 수 있다.

주어진 원의 내접정사각형과 원과의 넓이의 차이는 그림 14에서 색칠된 부분만큼의 영역이다. 그림에서 원에 내접하는 정사각형의 각 변에 그림과 같이 직각이등변삼각형을 올려놓으면 외접하는 정사각형을 만들 수 있으며, 내접 정사각형의 4개의 삼각형은 모두 합동이고 외접하는 덧붙여 외접 정사각형을 만든 네 개의 삼각형과도 합동이다. 색칠된 부분은 네 개의 덧붙여진 삼각형 전체 합의 일부분이고, 덧붙여진 4개의 삼각형의 합은 내접사각형과 넓이가 같으므로, 색칠된 부분은 내접사각형 보다 넓이가 작다. 따라서 내접정사각형과 원과의 넓이의 차이는 원의 넓이의 반보다 작다.

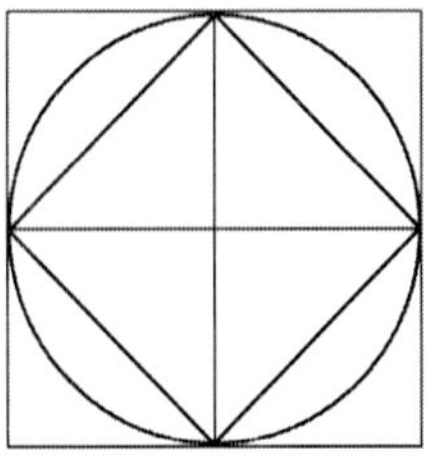

〈그림 14〉

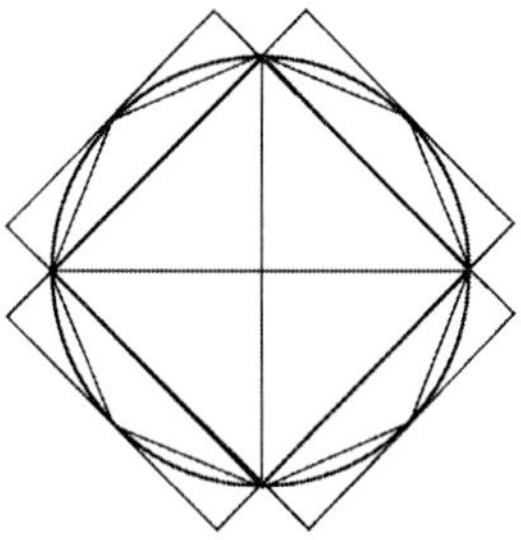

〈그림 15〉

원에 내접하는 정8각형은, 그림 15와 같이, 내접 정사각형의 각 변에 이등변 삼각형을 올려놓은 것과 같고, 각각의 삼각형은 내접 정사각형에 올려놓은 직사각형 넓이의 반이 된다. 그림 15에서, 색칠된 부분은 내접한 정팔각형과 원과의 넓이의 차이를 나타내며, 그 차이는 직사각형들의 넓이의 반보다 작고 따라서 더해진 삼각형들의 합의 넓이 보다 작다. 다시 말해서, 원에서 정사각형을 들어내면 반 이상의 넓이를 잃는 것이고, 네 개의 이등변삼각형이 또 제거된다면(전체로는 정팔각형이 제거된 상태), 그림 14의 빗금 친 부분의 반 이상의 넓이를 잃는 것이다(그림 15). 이 과정을 계속해서, 잘라낸 상태가 정16각형인 경우를 생각해 보면 이 역시 남아 있던 부분의 반 이상의 넓이를 잘라내는 것이며, 이 과정은 무한히 계속할 수 있다. 연속성의 공리에 의하면, ϵ이 고정된 작은 정사각형의 넓이(어떤 작은 양수)이고 위에서 설명한 방법으로 자르는(착출하는) 과정을 계속한다면, 남은 도형의 넓이가 언젠가는 ϵ보다 작게 된다.

이제, 반지름이 각각 r, s인 두 원의 넓이를 K와 L이라면, 비례식

$$K : L = r^2 : s^2 \tag{*}$$

이 성립함을 귀류법으로 증명하기로 한다.

만일 $K : L > r^2 : s^2$이라면, 원 K는 식 (*)를 만족하는 값보다 더 크거나 또는 작아야만 할 것이다. 만일 K가 더 크다면, 어떤 수(초과 면적) $\delta > 0$가 존재하여 비례식을 만족하게 되는 넓이 $K-\delta$가 있을 것이다. 즉,

$$(K-\delta) : L = r^2 : s^2$$

이 때, 연속성의 공리를 적용하여 원 K에 내접하는 넓이 f인 정n각형을 만들어서 $K-f < \epsilon$이 되도록 하고, 원 K의 초과면적 δ가 ϵ이상이 될 경우에는,

$$K-f < \epsilon \le \delta \text{ 또는 } K-\delta < f$$

이 성립하게 된다.

또, g를 원 L에 내접한 정n각형의 넓이라고 하자. 그러면 g는 L의 일부분이므로 $g < L$ 이

고, $K-\delta<f$ 와 $g<L$ 로부터

$$f: g>(K-\delta): L=r^2: s^2$$

이 성립함을 알 수 있다.

그러나 반지름이 각각 r, s이고 넓이가 K와 L인 두 원에 각각 내접하는 두 정n각형은 닮은꼴이므로, 두 개의 정n각형의 넓이 f와 g의 비는 닮음비 r, s의 제곱과 같다. 즉,

$$f: g=r^2: s^2$$

이다. 따라서 $K: L>r^2: s^2$이라고 가정하면 모순이 생긴다. 마찬가지로 $K: L<r^2: s^2$인 경우도 역시 모순이 발생함을 같은 방법으로 보일 수 있다.

> 고대 그리스 수학에서는 무한과정에 따라 다니는 신비는 연속성의 공리에 흡수되었으며, 연속성의 공리를 일단 받아들인다면, 모든 증명과정에서 낯설고 애매한 직관에 의지할 필요가 없게 된다. 이것이 그리스의 착출법의 의미이다.

2.3 연속 관념

피타고라스학파는 공간과 시간은 각각 점과 순간으로 구성된 것으로 간주하였으나 시간과 공간에는 그 이상의 성질인 연속성이 있다(Boyer, 1968). 데모크리투스(Democritus of Abdera, B.C. 460경~?)는 이산적인 대상을 이용하여 연속적인 대상을 설명하려고 하였다. 제논의 네 가지 역설에 대한 답은 연속, 극한, 무한집합의 개념과 관련이 있다. 이러한 문제를 심각하게 고민한 그리스 인은 오직 플라톤과 아르키메데스뿐이었다. 플라톤은 연속체를 불가분양의 집합체로 인식한 것이 아니라 아페이론(apeiron)[9] 의 흐름에 의해서 생성되는 것으로 간주하였다. 플라톤은 어렴풋하게나마 연속과 무한소의 개념은 물리적이거나 감각의 대상이 아니라, 유연성과 논리적 사고가 필요한 추상적인 대상으로 보았다. 그런데 당시의 그리스 수학에는 자연수보다 더 일반적은 수 개념과 이를 뒷받침할 연속변수의 관념이 없었고, 더구나 아리스토텔레스와 소요학파[10]의 귀납적인 과학적 견해가 플라톤의 추상적 이상화를 저지하고 말았다. 에우독수스는 '자연학(Physica)'의 6권에서 연속인 크기의 본질을 다음

9) Anaximander의 철학에서 말하는 '만물이 생성되는 무한 불확정한 것'

10) 아리스토텔레스는 스승인 플라톤이 죽자, 아카데미아를 떠나서 B.C.335년에 아테네의 교외인 뤼케이온(Lykeion)에 도서관과 박물관 등의 연구시설을 갖춘 아키데미아의 분교 비슷한 학원을 건립하였다. 그가 뤼케이온의 소요로(peripatos)를 걸으면서 강의하였다고 하여서 그 학파를 소요학파라고 부르게 되었다.

과 같이 직관적으로 정의하였다. 즉, 연속체란 '그 자신을 무한하게 나눈 것을 또 다시 무한하게 나눌 수 있는 것[11]'이라고 보았다. 이 견해는 아주 작은 것들이 양쪽 끝을 서로 맞대어 계속 이어지는 직관적인 느낌에 의존한 결과이다. 그런데 그에게는, 모든 수의 바로 옆에 붙어 있는 수(그 다음으로 크거나 또는 작은 수)가 존재할 수 없었기 때문에, 수의 연속체를 인정할 수 없었다. 따라서 모든 그리스인과 마찬가지로 아리스토텔레스는 운동은 연속인 것으로, 수는 불연속인 곳으로 간주하였고 동시에 순간변화율이란 개념도 인정하지 않았다. 이와 같이 아리스토텔레스는 물리적 세계에서의 경험과 수학적 사고를 명쾌하게 구별 짓지 못하였기 때문에 제논의 역설을 명확하게 반박하지 못하고 단지 순간속도의 부정과 감각적인 인지만으로 '주로' 와 '화살'의 논법을 부정하였으며, 유한한 시간에 무한한 공간을 지나갈 수 없지만 유한한 시간에 무한히 분할된 공간을 지나가는 것은 가능하다는 경험에 의존한 짤막한 주장으로 '이분법'과 '아킬레스'의 역설을 해결하고 말았다.

2.4 극한 관념

극한의 관념은 무한소, 연속, 무한, 무한급수와 밀접한 관련이 있다. 위에서는 무한소, 무한과 연속에 관한 그리스수학의 내용을 살펴보았고, 이 절에서는 아르케메데스의 구적법을 중심으로 당시의 극한관념을 살펴보기로 한다.

2.4.1 아르키메데스

아르키메데스(B.C. 287~212 경)는 시칠리섬의 시라쿠스 지방에서 태어났다. 그는 시라쿠스의 왕인 Hiero와 그의 아들 Gero와 친분이 두터웠다. 그는 젊은 시절에는 가끔 이집트에서 시간을 보냈는데 그 곳에서 수차를 발명하여 나일강물을 끌어 올려 경작을 가능하게 하였으며, 알렉산드리아에 있는 유클리드의 제자들과 함께 연구를 하였다. 또한 코논(Conon of Alexandria)과 에라토스테네스(Eratosthenes of Cyrene, B.C. 276~194 경)와도 친분이 있었다. 아르키메데스는 자신이 발견한 내용을 발표하기 전에 코논과 교신을 하였으며, 유명한 가축문제(Cattle Problem)[12]는 에라토스테네스를 통하여 알렉산드리아의 수학자들에게 전하였

---

11) Physica VI. 232b.

12) 가축문제

1) 첫 번째 문제

W = 흰 숫소 의 마리 수
B = 검정 숫소의 마리 수
Y = 노랑 숫소의 마리 수
D = 얼룩 숫소의 마리 수
w = 흰 암소 의 마리 수
b= 검정 암소 의 마리 수

다. 코논이 죽은 후에는 코논의 친구이자 제자인 도시테우스 (Dositheus of Pelusium)에게 남아있는 논문 중 네 편을 보내어 코논을 추모하였다. 주어진 물체(무게)를 주어진 힘으로 옮기는 방법의 해법(지렛대 원리)을 발견한 후에 Hiero 왕에게 '나에게 서있을 수 있는 장소만 마련해 주면 지구를 움직여 보겠다'라고 자랑하였다. 그러나 그는 산술, 기하, 천문학, 역학, 유체정역학 등을 연구하였지만, 유클리드나 아폴로니우스(Apolonius of Perga)처럼 책을 발간하지는 않았다. 그는 수학문제를 연구할 때에는 식사시간이나 인기척을 잊곤 해서 히에로 왕이 왕관의 합금 유무를 알아보라는 명령을 받고 목욕 중에 그 원리를 알아내고는 발가벗고 뛰어가면서 Eureka(I have found it.)을 외치기도 하였고, B.C.212년에 Marcellus 장군이 Syracus를 점령하여 대학살을 하던 중에 그의 명령을 무시한 병사가 왔을 때 그는 마당에 쭈그리고 앉아 어떤 수학 도식을 풀고 있었다. '그 그림에 손대지 말라'가 그의 마지막 말이었고 로마 병사의 칼에 그는 죽었다. Marcellus 장군은 그의 죽음에 경의를 표하고 유족을 위로하였다. 그의 가족은 무덤 앞에 '원통의 내면적과 구의 면적 비율은 3:2 이다.'라는 문장과 원통에 내접하는 구를 넣은 석조 건물을 세웠다. 그 후 B.C.75년에 시실리 섬에서 로마의 재무

---

y = 노랑 암소 의 마리 수
d = 얼룩 암소 의 마리 수
이라 할 때

$W = (\frac{1}{2}+\frac{1}{3})B+Y$

$B = (\frac{1}{4}+\frac{1}{5})D+Y$

$D = (\frac{1}{6}+\frac{1}{7})W+Y$

$w = (\frac{1}{3}+\frac{1}{4})(B+b)$

$b = (\frac{1}{4}+\frac{1}{5})(D+d)$

$d = (\frac{1}{5}+\frac{1}{6})(Y+y)$

$y = (\frac{1}{6}+\frac{1}{7})(W+w)$ 의 해를 구하는 문제이다. 이 문제는 계수(rank)가 7인 8원 일차 연립방정식이다.

2) 둘째문제

첫째문제에 다음과 같은 조건을 덧 붙였다.
흰 숫소와 검정 숫소를 모아 놓으면 정사각형이 되고
얼룩 숫소와 노랑 숫소를 모아 놓으면 정삼각형이 된다.

즉, W + B = 완전 제곱수이고 $Y+D= \frac{n(n+1)}{2}$ 이다.

전체 소는 몇 마리인가?

문제를 만족하는 최소의 수를 정확하게 구하는 방법은 컴퓨터가 등장해서 가능해졌다. 1981년에 미국에서 넬슨(Harry L. Nelson)이 CRAY-1 슈퍼컴퓨터를 이용하여 47페이지짜리 출력 본에 찍힌 206,545 자리수를 계산하였다.

관인 Ciciro에 의해서 잊혀져 폐허가 된 아리키메데스의 무덤을 발견하여 복원하였다.

2.4.2 아르키메데스의 구적법

이 절에서는 아르키메데스가 Dositheus에게 보낸 편지에 담긴 내용 중에서, 대의 면적의 합의 극한과정으로서의 정적분의 단초를 발견할 수 있는 원주율, 원의 면적, 원추곡선 아래의 면적, 기둥과 뿔, 구의 부피 등을 계산했던 과정을 중심으로 고대 그리스 수학에 나타난 극한 관념을 알아보기로 한다.

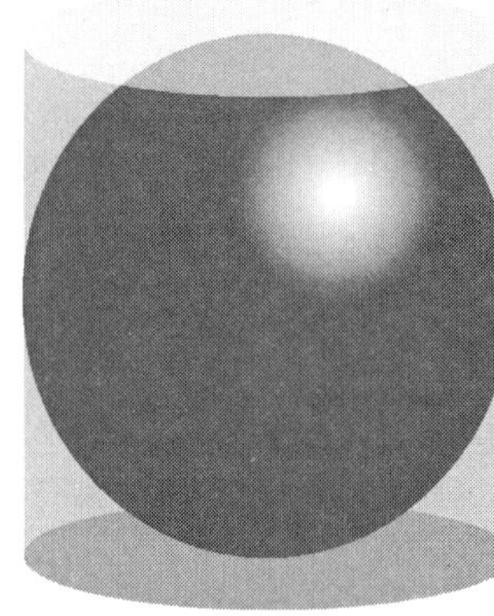

〈그림 16〉

■ 원의 면적

아르키메데스의 "Measurement of Circle"에서는 아래와 원 O의 넓이는 반지름을 높이, 원주를 밑변으로 하는 직각삼각형의 면적과 같다고 하였다. 이에 대한 증명은 귀류법을 이용하여, 원의 면적이 그 직각삼각형의 면적보다 큰 경우와 작은 경우로 나누어서 각각 의 경우에 모순을 이끌어내는 방식을 취하였다. 이 과정에서 곡선아래의 면적을 상부합과 하부합의 극한으로 정의하는 현대적인 Riemann-Stieltjes 적분의 시초를 발견할 수 있다.

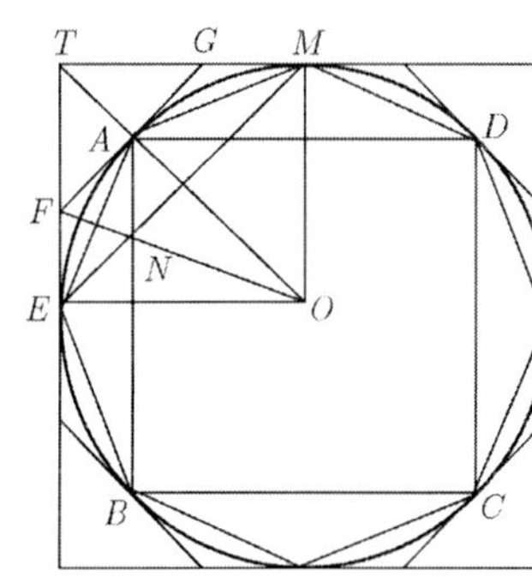

〈그림 17〉

이렇게 계산하여 다음과 같은 결과를 얻었다.

원의 면적은 원의 면적은 지름의 제곱의 $\frac{11}{14}$ 이다.

즉, 아르키메데스는 반지름이 r인 원의 면적을 $(2r)^2 \times \frac{11}{14}$ 로 계산하였으나, 이 결과에 포함된 원주율 값이 마음에 들지 않았다.

이 내용을 끌레로는 다음과 같이 직관적으로 서술하였다.

그림 18의 원의 면적을 구해보자. 원에 내접하는 정다각형은 변의 수가 많아질수록 점점 원에 가까워짐을 알 수 있다. 그런데 내접 정다각형의 면적은 변 BC와 변심거리 AH의 반을 곱한 것을 다각형의 변의 개수와 곱한 것과 같다. 이 때 다각형의 변의 개수를 무한까지 확장하면 그 넓이, 둘레, 변심거리는 각각 원의 면적, 원주, 반지름과 같아지므로 원의 면적은 원주×반지름의 반 이다. 이 사실을 다음과 같이 요약할 수 있다.

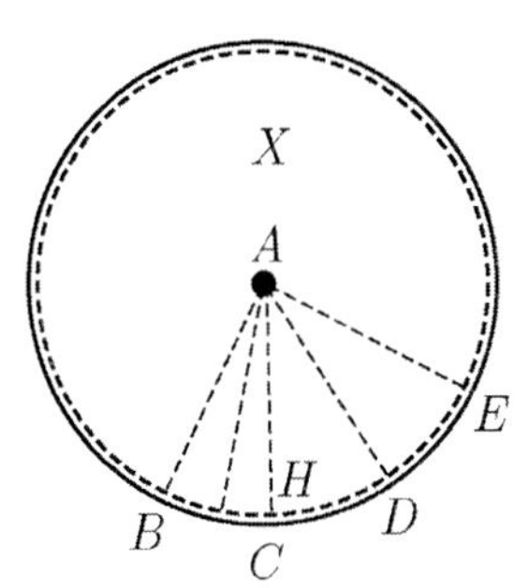

〈그림 18〉

원의 면적은 반지름을 높이로 하고 원주의 길이를 밑변으로 하는 삼각형의 면적(그림 19)과 같다.

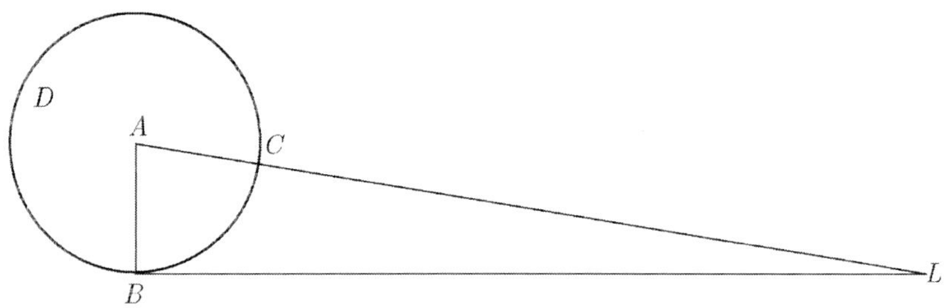

〈그림 19〉

■ π의 계산

아르키메데스의 원의 측정은 무한 과정의 특징을 가장 잘 나타내는 사례의 하나이고 아르키메데스의 업적 중에서도 독특한 위치를 점하고 있다. 구적법, 입체구적법(cubature), 중심의 결정 등에서의 아르키메데스의 사고방식은 히포크라테스의 원의 사각형화(squaring)와 비슷한 것으로 오해를 받기도 하지만 실제로는 아무런 관련이 없다. 그 이유는 원과 동일한 면적의 사각형을 자와 컴퍼스를 이용하여 작도하는 방법의 문제가 아니라, 사각형으로 최대한 원의 모양에 가깝게 원 전체를 덮었을 때 원과 사각형의 면적의 비를 나타내는 분수값을 찾아내는 것이 문제이기 때문이다. 우리는 아르키메데스가 직접 얻은 계산 결과 ($3\frac{10}{71} < \pi < 3\frac{1}{7}$)(Proposition 3, Gwinn, 1990) 보다는 그가 발견한, 원하는 만큼 정확하게 π의 값을 계산할 수 있는 무한 과정에 관심을 가지고 있다. 아르키메데스는 안티폰의 착출법으로 시작하였다. 즉, 단위원에 내접 또는 외접하는 정6각형, 정12각형, 정24각형, …, 정96각형(Proposition 1, Gwinn, 1990), 단위원에 내접한 다각형들은 둘레의 길이가 2π보다 작고 원을 둘러싼 다각형들은 둘레의 길이가 2π보다 크다는 사실에서 출발하였다. 그는 사칙연산과 피타고라스정리를 이용한 제곱근풀이와 자와 컴퍼스를 이용해서 원에 내접 또는 외접하는 n각형의 둘레에서 $2n$각형의 둘레를 계산하는 규칙을 발견하였다. 아르키메데스의 추론을 현대적 용어를 사용하여 설명하기가 어렵기 때문에 아르키메데스가 실제로 계산한 과정을 간단하게 설명하기로 한다. 그림 20의 AB를 원의 지름이라고 하고, $BC(=s_n)$를 내접한 n각형의 한 변의 길이, $BD(=s_{2n})$를 내접한 $2n$각형의 한 변의 길이라고 하자. 이 때 선분 AD는 각 BAC를 이등분한다. 초등기하로부터 삼각형 ABD, BPA, APC가 닮은꼴이라는 점이 유도된다. 처음 두 사각형의 닮음에서 $\frac{AB}{AD} = \frac{BP}{BD}$가, 첫 번째, 세 번째 삼각형의 닮음에서

$\dfrac{AC}{AD} = \dfrac{PC}{BD}$가 나온다. 이 두 식을 더하면 $\dfrac{AB+AC}{AD} = \dfrac{BP+PC}{BD}$가 되고, $BP+PC = BC$이기 때문에, $AD : BD = (AB+AC) : BC$, 양변을 제곱해서 $AD^2 : BD^2 = (AB+AC)^2 : BC^2$, 여기에서 $(AD^2+BD^2) : BD^2 = (AB^2+2AB \cdot AC+AC^2+BC^2) : BC^2$를 얻게 되고, 피타고라스 정리에 의해, $AB^2 : BD^2 = (2AB^2+2AB \cdot AC) : BC^2$가 나온다. 원의 반지름을 1이라고 하면, AB는 2가 되고 따라서 위 식은 $4 : S_{2n}^2 = (8+4AC) : S_n^2$이 되고, $AC^2 = AB^2 - BC^2 = 4 - s_n^2$이기 때문에, $s_{2n}^2 = \dfrac{s_n^2}{2+\sqrt{4-s_n^2}}$ 이 된다.

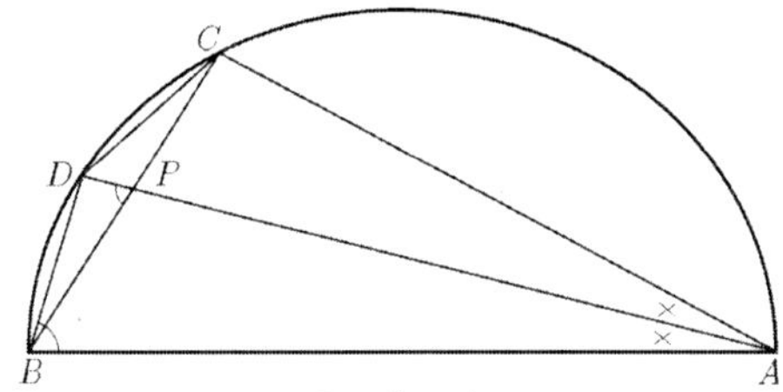

〈그림 20〉

위의 식이 아르키메데스가 n각형의 한 변의 길이에서 $2n$각형의 한 변의 길이를 알아내는 데 사용한 공식이다. 그는 $s_6 = 1$로 놓고, 그것으로부터 $s_{12} = \sqrt{2-\sqrt{3}}$를 얻었다. 그리고 나서 그는 $\sqrt{3} < \dfrac{1351}{780}$를 이용해서(이 근사치를 어떻게 얻었는지 설명하지는 않았다) s_{12}의 하계를 얻었는데 이것은 12각형의 둘레의 길이 $u_{12} = 12s_{12}$, 이보다 더 큰 원 둘레에 대한 하계가 되기도 한다. 여기서 중요한 것은 아르키메데스의 방법이 무제한적으로 계속될 수 있다는 점이다. s_{12}로부터 같은 과정을 거쳐 s_{24}를 얻고, 또 같은 방식으로 s_{24}로부터 s_{48}을 얻는 식으로 해서 우리는 필요한 정도만큼의 근사치를 계산할 수 있다.

아르키메데스는 비슷한 방식으로 초등기하로부터 원을 둘러싼 n각형의 한 변의 길이 t_n에서 $2n$각형의 한 변의 길이 t_{2n}을 얻을 수 있는 공식 $\dfrac{2}{t_{2n}} = \dfrac{2}{t_n} + \sqrt{1+\left(\dfrac{2}{t_n}\right)^2}$ 를 유도하였고, 이것으로부터 2π에 대한 상계를 알아내는 방식을 얻고는 96각형까지 계산하여 앞서 언급된 결과를 얻었다. 여기에서 정확하게 계산될 수 없는 어떤 양의 값을 임의의 정확성을 만족시키는 근사 값을, 즉 "소수의 어떤 자리까지도" 혹은 "임의적으로 주어지는 ϵ에 대해 ϵ보다 작은 오차를 가지는" 근사 값을 계산할 수 있는 원리가 처음으로 주어진 것이다. 즉, 근사 값으로서의 수라는 관념의 발현으로 현대의 수치해석과 같은 응용수학에 영향을 미치게 되었다.

■ 원뿔곡선

포물선의 구적법에 관하여 도시테우스에게 보낸 편지 'Quadrature of the Parabola'의 서문에서 아르키메데스는 다음과 같이 적고 있다.

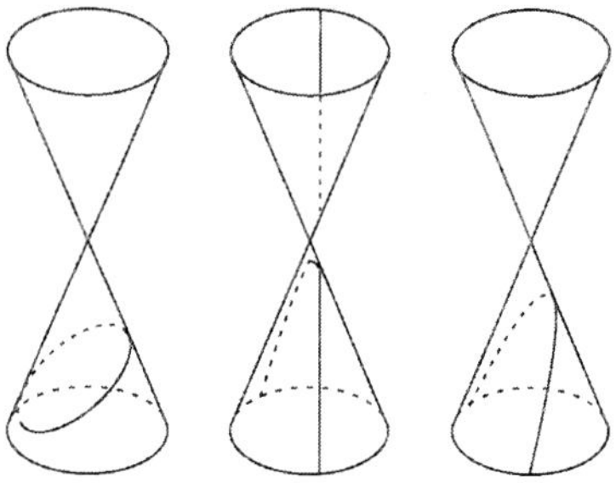

〈그림 21〉

"많은 수학자들은 원이나 타원, 또는 쌍곡선 또는 타원으로 둘러싸인 부분과 같은 넓이의 정방형을 만들려고 노력해 왔는데, 그들이 이러한 목적을 위해 구성한 보조정리들은 많은 반대에 부딪혀 왔으며, 지금까지 포물선의 구적법을 시도한 사람은 없었으나 그것은 엄밀한 방법으로 완성될 수 있는 것이다."

그리스인들은 본래 타원, 쌍곡선, 그리고 포물선을 "원뿔곡선"(conic sections)이라고 정의하였는데, 그것은 그림 21에서와 같이 직원뿔(right circular cone)을 한 평면으로 교차하는 것이다.

"직원뿔"은 다음과 같은 방법으로 생성된다. 즉, 원 M의 중심에서 원이 속해 있는 평면에 수직선을 세운다. 이 수직선 위에 있는 점 O로부터 원주상의 점 P_1, P_2, … 에 이르는 광선의 다발은 하나의 면을 형성하는데, 이것이 직원뿔(그림 22)이다.

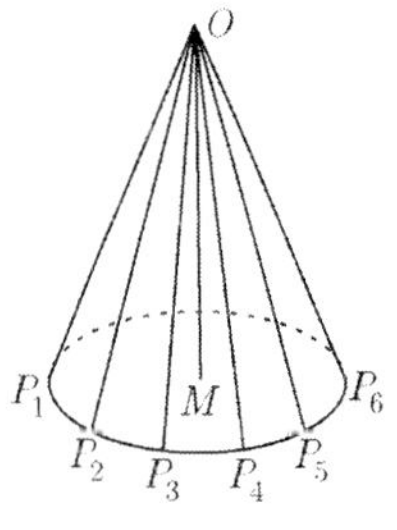

〈그림 22〉

만일 광선 OP_1, OP_2, … 를 연장한다면, 원뿔은 무한히 아래 방향으로 뻗어가게 될 것이며 또한 점 O를 넘어 위 방향으로도 광선을 연장할 수 있기 때문에 광선은 직선이 되면, 그림 19와 같이 점 O에서 뻗어가는 두 개의 무한히 연장된 원뿔이 된다. 이 연장된 원뿔을 한 평면으로 자르는 방법은 다음과 같이 네 가지이다.

① 원 M에 평행하게 자르는 경우
원뿔과 평면의 교선은 원이 되고,

② 그 평면을 약간 기울여 자르는 경우
원뿔과 평면의 교선은 타원이 되고,

③ 그 평면이 모선과 평행하게 원뿔을 자르는 경우
원뿔과 평면의 교선은 포물선이 되고,

④ 그 평면을 원 M에 수직으로 자르는 경우
원뿔과 평면의 교선은 두 개의 부분으로 나누어지는 쌍곡선이 된다(그림 23).

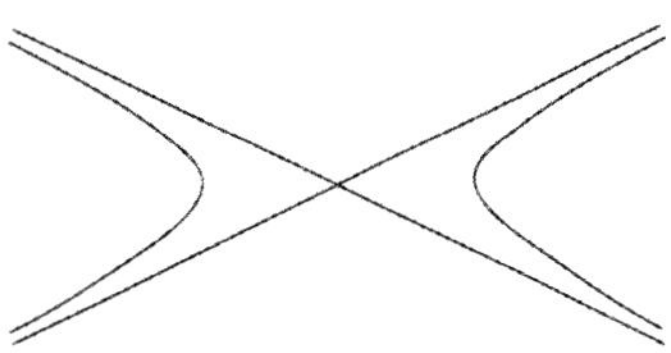

〈그림 23〉

■ 포물선의 구적법

원뿔곡선의 이론 중에서 많은 것이 아르키메데스 시대에 알려졌으나, 여기에서는 포물선과 관련된 면적만을 다루기로 한다. 아르키메데스는 포물선을 다음과 같이 정의하였다.

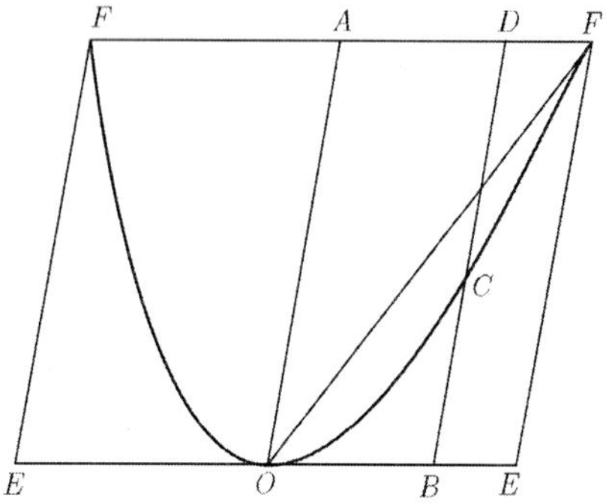

〈그림 24〉

평행사변형 $EE'F'F$(그림 24)을 취하여 O를 EE'의 중점이라고 하고, A를 FF'의 중점이라고 하자.

B를 EE' 위의 임의의 점이라고 하고, BD는 B를 지나 EF에 평행인 선분이라고 하자. 이제 다음 식이 성립하도록 선분 BD 위의 점 C를 잡는다.

$$BC : EF = BO^2 : EO^2 \tag{1}$$

잠시 점 C의 위치에 대해서 생각해 보면, 만일 C가 다음의 비를 만족시킨다면

$$BC : EF = BO : EO$$

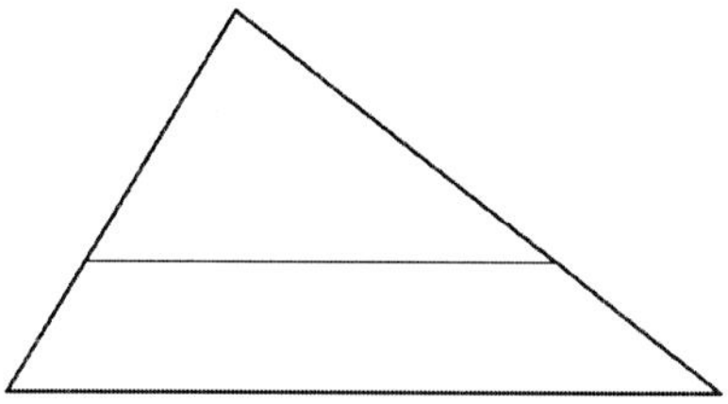
〈그림 25〉

그림 24와 같이 점 C는 선분 BD와 OF의 교점일 것이다. 그러나 $(BO/EO)^2 \neq BO/EO$이므로 C는 선분 OF와의 교점이 아닌 선분 BD상의 점이다.

이 때, 점 B가 E에서 E'쪽으로 움직인다면, 점 C도 따라서 움직이게 되며, 이러한 점 C의 궤적이 포물선이다(그림 26에서 점으로 이루어진 곡선). 이러한 궤적이 또한 직원뿔의 일부분이라는 것의 증명은 우리의 문제와 관련이 없다. 따라서 포물선은 식 (1)을 만족하는 C의 궤적이다.

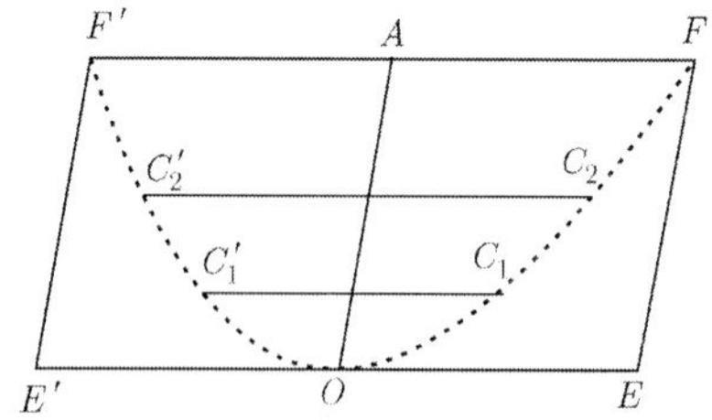

〈그림 26〉

아르키메데스는 포물선의 정적분에 대한 두 가지 증명을 제시하였다. 두 번째 증명은 방금 진술된 정의만을 사용하였으나, 첫 번째 증명에서 아르키메데스는 아래와 같은 세 가지의 정리들을 증명 없이 사용하였다.

정리

1. 그림 25의 현 C_1C_1', C_2C_2', … 들이 EE'과 평행하면, 그들의 중점들은 선분 OA 상

에 있다.

2. ff'이 포물선의 임의의 현이라면, ff'에 평행인 모든 현의 중점들은 OA 에 평행인 선분 oa 상에 있는데, 여기에서 점 o 는 ff' 에 평행인 포물선 위의 접선의 접점이다(그림 27).
3. 이 경우에 식 (1)에 대응하는 비는 다음과 같다.

$$bc : ef = bo^2 : eo^2$$

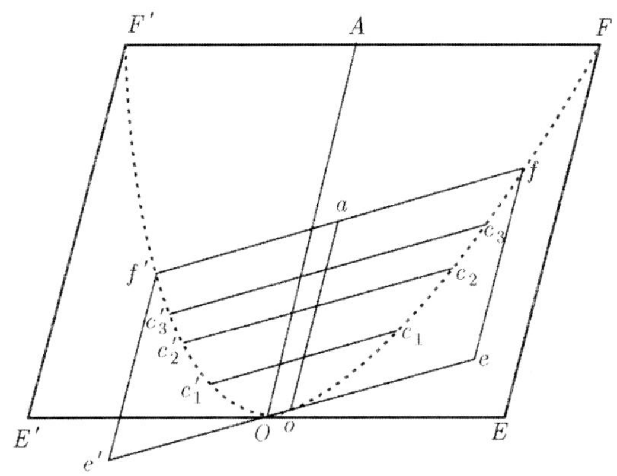

〈그림 27〉

증명 1. 선분 OE 의 중점을 B(그림 28)라 하고, OE' 의 중점을 B' 라 하면 $BO : EO = 1 : 2$ 가 되고, 포물선의 정의에 의해서 $BO^2 : EO^2 = 1 : 4$ 이므로, 식(1)에 의하여 $BC : EF = 1 : 4$ 이다.

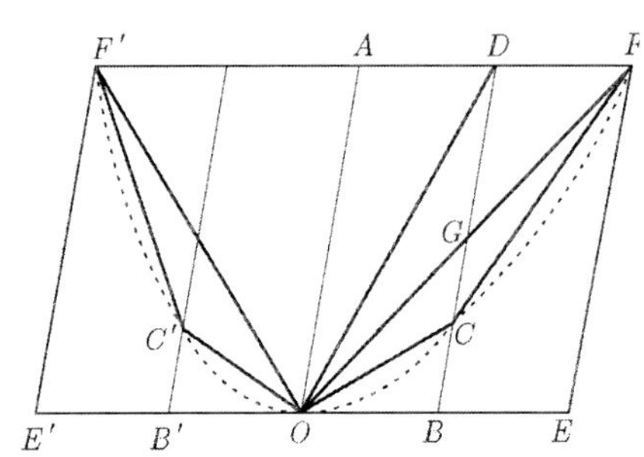

〈그림 28〉

그런데 BD가 EF에 평행하므로 $BD = EF$이고 점 G는 BD의 중점임을 알 수 있다. 그런데 $BC = \frac{1}{4}BD$이고 C가 BG의 중점이므로 $DG = 2GC$ 이다.

같은 방법으로 밑변과 높이가 같은 삼각형의 면적은 같다는 사실을 포물선(그림 28)에 적용하면, 다음과 같은 식을 얻으며

$$DGF = 2GCF, \quad DGO = 2GCO,$$

이들 넓이를 더하면

$$FOD = 2FOC, \quad FOA = 2FOD,$$

따라서

$$FOA = 4FOC$$

이므로 다음 식이 성립한다.

$$FOF' = 2FOA = 8FOC \tag{2}$$

같은 방법을 포물선의 왼쪽 절반에 적용하여(그림 29) 다음을 얻는다.

$$FOF' = 8F'OC' \ (3)$$

그러면 식(3)과 (4)로부터

$$FOC = F'OC'$$

이므로 다음의 등식을 얻게 된다.

$$FOF' = 4(FOC + F'OC'$$

또는

$$FOC + F'OC' = \frac{1}{4}FOF' \tag{4}$$

그 다음으로, 아르키메데스는 그림 28의 오른쪽 절반인 그림 29에 정리 3을 적용하여 다음의 결과를 얻었다.

그림 27에서의 현 ff' 대신에 그림 29의 현 OF로, a 대신 G로, o 대신 C로 놓으면, 그림 29의 UV가 그림 26의 $e'e$ 의 역할을 하게 된다. 이제 $CV = oe$ 의 이등분점을 B_1, $CU = oe'$ 의 이등분점을 B_2 라고 하면, 정리 3에 의해서 $B_1C_1 : VF = B_1C^2 : VC^2$ 을 얻는다. 그런데 $B_1C = \frac{1}{2}VC$이고 $B_1D_1 = VF$이므로, 포물선에 의하여 선분 B_1D_1 은 점 C_1 에서 $1 : 4$ 로 나누어진다. 따라서 식 (4)와 마찬가지로

$$fof' = 4(foc + f'oc')$$

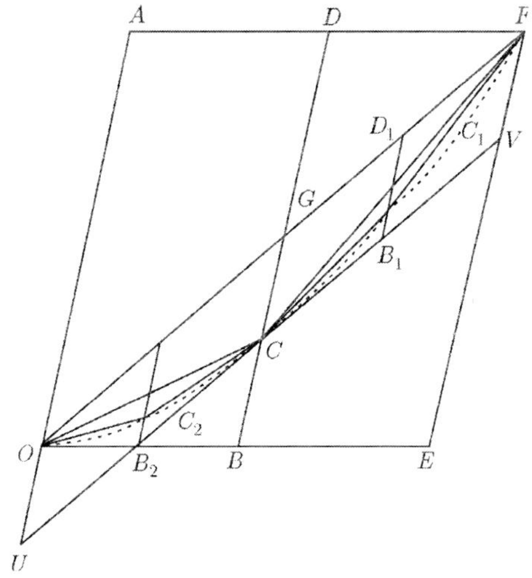

〈그림 29〉

이 성립하고, 또한 $fof' = FOC$, $foc = FCC_1$ 이고 $f'oc' = OCC_2$ 이 성립하므로

$$FOC = 4(FCC_1 + OCC_2),$$

즉,

$$FCC_1 + OCC_2 = \frac{1}{4}FOC$$

여기까지의 사실을 종합하여 이르키메데스는 그림 28의 포물선과 현 FF' 으로 둘러싸인 포물선 안쪽의 면적을 다음과 같이 구하였다.

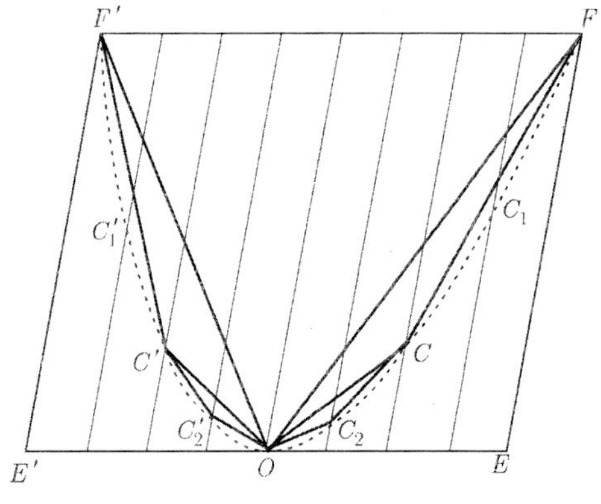

〈그림 30〉

그림 30에서, 삼각형 FOF' 에 삼각형 FOC와 $F'OC'$ 을 더하면 다각형 $FCOC'F'$

이 되고, 이 다각형은 삼각형 FOF' 보다 상당히 크면서 포물선의 일부분이다. 즉, 다각형 $FCOC'F'$ 의 면적은 포물선의 면적보다는 작지만 삼각형 FOF' 보다 상당히 크다. 한편, 식 (4)에서 다음의 식을 얻는다.

$$FCOC'F' = FOF' + (FOC + F'OC') = FOF' + \frac{1}{4}FOF'$$

계속해서 그림 30의 다각형 $FC_1CC_2OC_2'C'C_1'F'$ 에 같은 방법을 적용하여 다음과 같은 식을 얻는다.

$$\begin{aligned} FC_1CC_2OC_2'C'C_1'F' &= FOF' + (FOC + F'OC') \\ &\quad + [(FC_1C + CC_2O) + (OC_2'C' + C'C_1'F')] \\ &= FOF' + \frac{1}{4}FOF' + (\frac{1}{4}FOC + \frac{1}{4}F'OC') \\ &= FOF'(1 + \frac{1}{4} + \frac{1}{16}) \end{aligned}$$

만일, 포물선 위의 더 많은 점에 이러한 과정들을 계속한다면, 포물선에 내접하는 다각형의 면적은 점점 더 포물선 안쪽의 면적에 접근하여 가게 되고, 포물선 안쪽의 오른쪽 부분의 면적은 다음과 같이 된다.

$$FOF'(1 + \frac{1}{4} + \frac{1}{4^2} + \frac{1}{4^3} + \cdots)..$$

그런데 $\dfrac{1}{1-\dfrac{1}{4}} = \dfrac{1}{\dfrac{3}{4}} = \dfrac{4}{3}$ 이므로, 포물선 안쪽의 오른쪽 부분의 면적은

$$\frac{4}{3}FOF' \tag{5}$$

이제 식 (5)의 결과만을 이용하여, <그림 23>에서 포물선 오른쪽 아래 부분의 면적을 계산해보기로 한다.

그림 24의 테두리인 평행사변형 $EFF'E'$ 의 면적은 삼각형 FOF' 면적의 2배이다. 포물선 아래의 면적은 $2FOF' - \frac{4}{3}FOF' = \frac{2}{3}FOF'$ 이다. 따라서 포물선의 오른쪽 아래 부분의 면적은 $\frac{1}{3}FOF'$ 이다. 이 때 그림 24에서 평행사변형 $OEFA$ 의 밑변 OE의 길이와 높이가 1이면,

평행사변형 $OEFA$ 의 면적 = 1 = 삼각형 FOF' 의 면적

이므로, 포물선 오른쪽 아래 부분의 면적은 $\frac{1}{3}$ 이 된다.

증명 2. 아르키메데스가 'On Spirals'에서 계산한 급수의 합의 공식을 이용하여 퇴플리츠 (Toeplitz, 1963)는 포물선 오른쪽 아래 부분의 면적을 다음과 같이 구하였다.

이번에는 평행사변형이 아니라 정사각형 안에서 포물선을 관찰해보기로 하자. 포물선의 오른쪽 부분을 포함하는 가로, 세로가 각각 1인 정사각형<그림 31>에서, 포물선 아래 부분인 R이 전체 정사각형의 $\frac{1}{3}$ 임을 보이기로 한다.

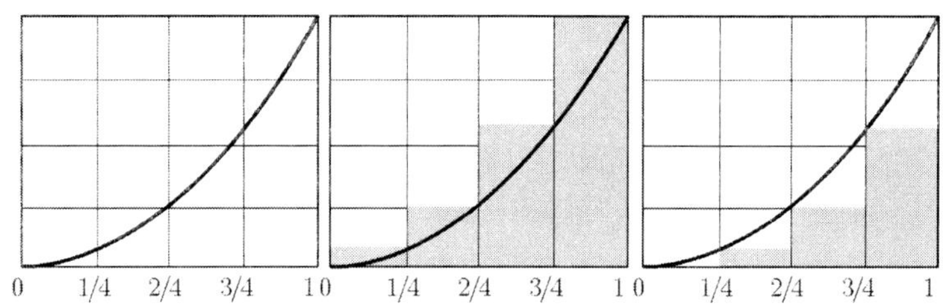

〈그림 31〉

그림 31에서와 같이 정사각형을 가로, 세로로 각각 4 등분하고, 파란 부분 또는 빨강 부분으로 만든 두 종류의 도형들을 관찰해 보면, 파란부분은 R을 포함하고, 빨강부분은 R에 포함된다. 즉, 파란부분은 R보다 크고, 빨강부분은 R보다 작다. 그리고 작은 정 사각형의 한 변의 길이는 모두 $\frac{1}{4}$이므로, 파란부분의 면적을 T, 빨강부분의 면적을 S라고 하면 그들의 면적은 각각 다음과 같다.

$$T_4 = \text{파란부분} = \frac{1}{4}(\frac{1}{4})^2 + \frac{1}{4}(\frac{2}{4})^2 + \frac{1}{4}(\frac{3}{4})^2 + \frac{1}{4}(\frac{4}{4})^2,$$

$$S_4 = \text{빨간부분} = \frac{1}{4}\cdot 0^2 + \frac{1}{4}(\frac{1}{4})^2 + \frac{1}{4}(\frac{2}{4})^2 + \frac{1}{4}(\frac{3}{4})^2$$

같은 방법으로, 정사각형의 가로와 세로를 각각 n 등분한다면, T와 S의 면적은 다음과 같다.

$$T_n = \frac{1}{n}(\frac{1}{n})^2 + \frac{1}{n}(\frac{2}{n})^2 + \cdots + \frac{1}{n}(\frac{n}{n})^2,$$

$$S_n = \frac{1}{n}\cdot 0^2 + \frac{1}{n}(\frac{1}{n})^2 + \frac{1}{n}(\frac{2}{n})^2 + \cdots + \frac{1}{n}(\frac{n-1}{n})^2$$

또한 모든 n 에 대하여 부등식 $S_n < R < T_n$ 이 성립하며, 그들의 차

$$T_n - S_n = \frac{1}{n}(\frac{n}{n})^2 = \frac{1}{n}$$

따라서 n의 값이 증가할 때 파란부분과 빨강부분의 면적의 차이는 0으로 줄어든다. 이것은 파란부분은 위로부터 R에, 빨강부분은 아래로부터 R에 접근하는 모습을 직관적으로 보여주고 있다. 그렇다면 R의 크기가 얼마인가? T_n과 S_n을 공통분모 위에 쓰면, 다음을 얻을 수 있다.

$$T_n = \frac{1}{n}\left(\frac{1}{n}\right)^2(1^2+2^2+3^2+\cdots+n^2) = \frac{1^2+2^2+3^2+\cdots n^2}{n^3},$$

$$S_n = \frac{1}{n}\left(\frac{1}{n}\right)^2[0^2+1^2+2^2+\cdots+(n-1)^2] = \frac{0^2+1^2+2^2+\cdots(n-1)^2}{n^3}$$

그런데 아르키메데스는 $1^2+2^2+3^2+\cdots+n^2 = \frac{1}{6}n(n+1)(2n+1)$ 임을 우리에게 알려주고 있다(Heath, On Spirals, Proposition 10 참조). 따라서

$$T_n = \frac{1}{6}\frac{n(n+1)(2n+1)}{n^3} = \frac{1}{6}\left(1+\frac{1}{n}\right)\left(2+\frac{1}{n}\right) \approx S_n$$

이므로 $\lim_{n\to\infty} T_n = \frac{1}{3}$, 따라서

$$R = \frac{1}{3}$$

■ 아르키메데스의 업적

① 아르키메데스는 위와 같이 무한급수의 합을 계산한 것이 아니라 '이 과정을 계속해 가면 ...'이라는 생각이었다. 즉, 그는 유한 항의 합을 유추하여 위의 계산을 추측한 것이다.

② 아르키메데스의 구적법에서 얻은 포물선 오른쪽 아래 부분의 면적이 $\frac{1}{3}$이라는 사실은 현대적 의미에서의 $\int_0^1 x^2\,dx = [\frac{1}{3}x^3]_0^1 = \frac{1}{3}$과 같은 결과로서, 정적분을 부정적으로 계산하는 미적분학의 기본정리의 단초가 되고 있다.

③ 포물선 안쪽의 면적과 삼각형 FOF'의 면적은 서로 비례하므로, 자와 컴퍼스를 이용하여 $\frac{4}{3}FOF'$와 같은 정사각형을 작도할 수 있기 때문에, 포물선 안쪽의 면적과 '같은 면적을 갖는 정사각형을 작도'할 수 있게 되었다. 이것은 히포크라테스부터 이어 왔던 문제, 특히 '곡선으로 둘러싸인 도형의 정사각형 화'에 대한 아르키메데스의 업적이기도하다.

■ 구의 체적

아르키메데스는 'The Method Treating of Mechanical Problems'에서 지렛대의 원리를 도입하여 구의 체적을 구한 방법을 현대적으로 표현하면 다음과 같다(Heath, Proposition 2. 참조).

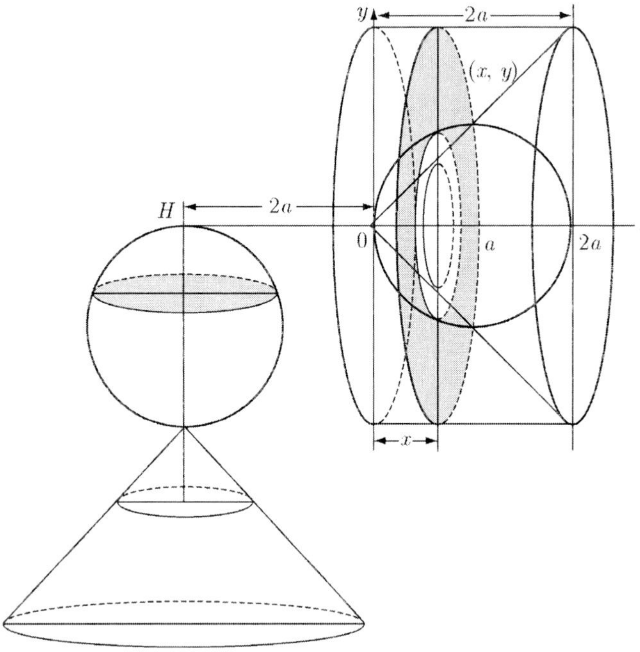

〈그림 32〉

중심이 $(a, 0)$이고 반지름이 a인 원을 그린다. 그러면 원의 방정식은 $(x-a)^2+y^2=a^2$이고, 따라서 $x^2+y^2=2ax$, 즉 원 위의 점 (x, y)에 대하여 x, y를 각각 한 변으로 하는 정사각형의 면적의 합과, 가로와 세로가 각각 x, 원의 지름인 직사각형의 면적과 같다. 양 변에 $2a\pi$를 곱하면 $2a(\pi x^2+\pi y^2)=\pi(2a)^2 x$(*)이다. 지렛대의 원리에 의하면 이 식은 반지름이 각각 x, y인 두 원을 지렛대의 중심에서 $2a$만큼 떨어진 지점에 매달아놓고, 반지름이 $2a$인 원을 지렛대의 중심에서 반대편으로 x만큼 떨어진 지점에 매달아 놓으면 지렛대가 수평을 이루게 된다. 이제 x를 0에서 $2a$까지 증가시키면 원위의 점(x, y)에 의해서 생성되는 두 원들은(식(*)의 좌변) 각각 구와 원뿔을 완성하게 되고(그림 왼쪽), 반지름이 $2a$인 원들(식(*)의 우변)은 원기둥을(그림 의 오른쪽)을 완성하여 균형을 이루게 된다. 다시 말하면 구와 원뿔이 부피의 합과 원기둥의 부피가 같게 된다. 따라서 $2a(\text{구의 부피}+\frac{1}{3}\pi(2a)^3)=\pi a(2a)^3$ 이므로 구의 부피는 $\frac{4}{3}\pi a^3$이었다.

[참고] 이 방법은 정적분을 단면적의 합의 극한으로 간주하는 현대적인 방법의 시초이다.

■ 구의 표면적

아르키메데스가 도시테우스(Dositheus)에게 보낸 편지 중에 구의 표면적을 구하는 내용이 있으며, 이 내용을 끌레로(Alexis Claude Clairaut, 1713~1765)가 다음과 같이 알기 쉽게 직관적으로 설명하였다.

구는 반원을 지름을 회전축으로 회전시켜 만든 입체로도 간주한다(그림 33). 이제 반원주 대신에 무한개의 작은 변으로 이루어진 다각형 또는 정다각형을 회전시켜 만든 표면을 측정(그림 34)한 다음에, 다각형의 둘레의 측정에서 원주의 측정을 이끌어 낸바와 같이 구의 표면적을 구할 것이다. 우선 다각형의 한 변만을, 지름을 회전축으로 회전시켜 보자(그림 35).

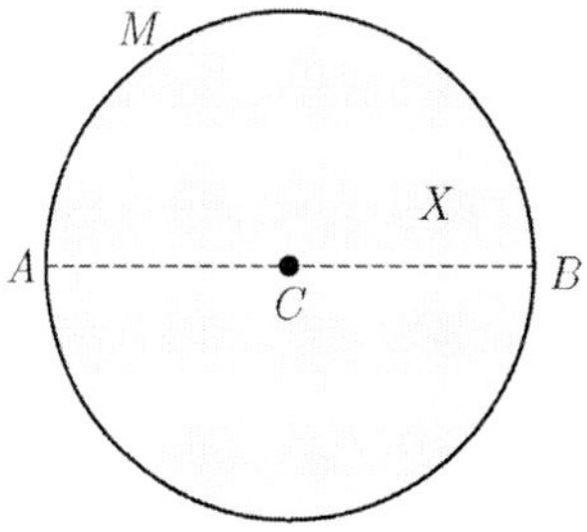

〈그림 33〉

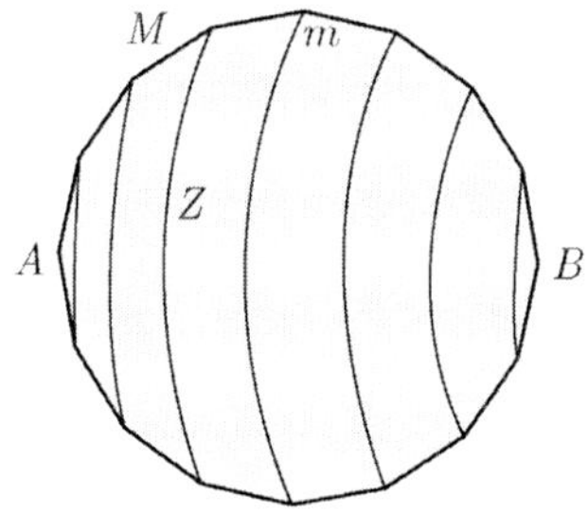

〈그림 34〉

그러면 선분 Mm을 모선으로 하는 원뿔대가 만들어진다. 그림을 간단히 하기 위해서 그림 35를 보자. 점 K는 선분 Mm의 중점, 점 C는 원의 중심, 선분 MR은 선분 mp에 수직이다. 그러면 원뿔대의 측면적은 선분 Mm과 선분 KI를 반지름으로 하는 원주의 곱(선분 $Mm \times 2\pi \times$ 선분 KI) 이 된다. 이 직원뿔대의 측면적을 좀 더 쉽게 구하는 공식을 유도하기 위해서, 닮은 삼각형의 대응변끼리의 닮음비를 이용하여, 원의 반지름만을 포함하는 면적 공식을 구하는 방법을 모색하여 보자. 그림 36에서 $\triangle MRm$과 $\triangle KIC$는 닮은꼴임을 쉽게 알 수 있다. 따라서 선분 Mm : 선분 MR = 선분 KC : 선분 KI이다. 즉, 선분 $Mm \times$ 선분 KI = 선분 $MR \times$ 선분 KC 이므로, 측면적 공식 (선분 $Mm \times 2\pi \times$ 선분 KI)을 (선분 $MR \times 2\pi \times$ 선분 KC)=(선분 $Pp \times 2\pi \times$ 선분 KC)로 바꿔도 된다. 이 때, 다각형의 변이 많아질수록 다각형이 회전하여 생긴 입체는 구에 점점 접근하고, 변심거리 KC 역시 반지름에 점점 근접하고 반원에 내접하는 다각형의 모든 변에 대응하는 선분 Pp의 합은 지름이 되는 것이 분명하다. 따라서 다각형이 원이 되는 것을 상상할 수 있다면 변심거리 KC는 반지름 그 자체이고, 구의 표면적은 원의지름과 원주길이의 곱이 된다.

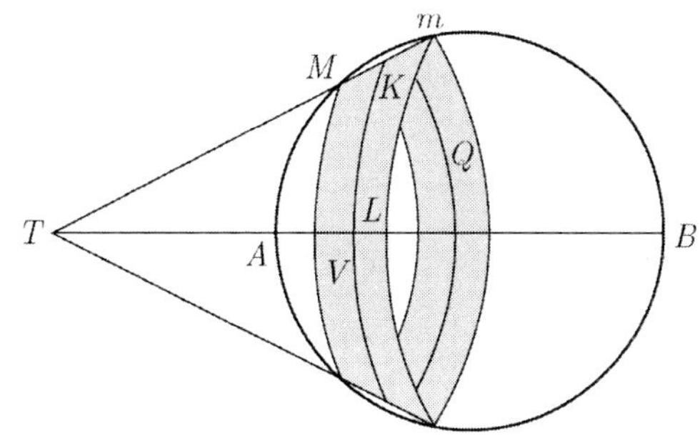

〈그림 35〉

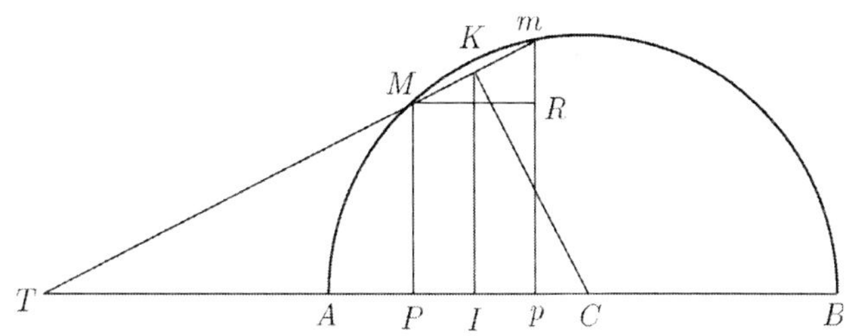

〈그림 36〉

■ 구의 표면적은 지름과 원주의 곱이다.

따라서 원의 반지름을 r이라하면 구의 표면적 $4\pi r^2$은 원의 면적의 4배이고, $4\pi r^2 = 2r \times 2\pi r$로 생각하게 되면, 원에 외섭하는 원기둥의 측면적이 되기도 한다. 또한 구의 표면적 공식을 이용하여 다음과 같이 구의 체적을 구할 수도 있다.

즉, 구는 꼭지 점이 구의 중심이고 밑면이 구의 표면에 있으면서, 구를 완전히 덮는 무한개의 작은 각뿔의 모임으로 간주할 수 있다. 이 각뿔 각각의 체적은 높이인 반지름과 밑면적의 곱의 $\frac{1}{3}$이고 각뿔의 밑면적 전체의 합은 구의 표면적이 되므로, 구의 체적은 각뿔 전체의 합, 즉 반지름과 표면적의 곱의 $\frac{1}{3}$이 된다.

■ 구의 체적은 원의 반지름과 표면적의 곱의 $\frac{1}{3}$이다.

■ 구의 체적 $\frac{4}{3}\pi r^3$을 $\frac{2}{3} \times 2r \times r^2\pi$로 생각하면, 외접하는 원기둥의 체적의 $\frac{2}{3}$임을 알 수 있다.

[참고] 이 방법은 구의 표면적을 회전체의 겉넓이의 극한으로 간주하는 것으로, 현대적인 표면적을 구하는 방법의 시초이다.

2.5 고대의 수 관념

서두에서도 설명한바와 같이 측정의 결과는 수다. 피타고라스학파는 '만물은 수'라고 하였다. 물론 그들에게 수는 자연수를 말한다. 그러나 2500년 동안의 측정에 관한 노력의 결실인 미적분학은 실수의 성질을 완전하게 밝힌 후에야 완성되었다. 따라서 인간의 수에 대한 인식을 고찰하기 위하여, 고대 그리스인의 수에 대한 관념부터 살펴볼 필요가 있다.

2.5.1 비(ratio)

그리스인의 무한과정에 대한 관념은 비례이론에 바탕을 둔 것이며, 비례이론은 무한과정에 포함된 방법의 핵심인 연속성의 공리로 발전해 갔다. 이와 마찬가지로 현대의 무한과정에 관한 논의는 수 개념의 완전한 이해에서 출발하였으며, 이 수 개념은 직간접적으로 무한소수학의 기초를 형성해왔다. 그리스인이 사용한 수(arithmos)는 정수(whole number)를 의미하고, 분수의 계산은 비례라는 언어의 옷을 입고 나타나고 있다. 또한 그리스 사람들의 포괄적 용어인 '양'안에 포함시킨 선분, 면적, 시간 등이 현재의 수 개념과 밀접한관계가 있으며, 현재의 무한 소수와 관련된 관념은 그리스인들이 사용한 logoi(비)이다. 비는 위에서 설명한 비례이론과 모든 무한과정의 대상이다. 현재의 면적의 수치측정 방법은 주어진 단위 정사각형과 그 영역 사이의 비 즉, 두 면적 사이의 비를 나타내는 수를 의미한다. 그런데 그리스의 비에 관한 정의에서는, 같은 높이를 갖는 삼각형의 경우 면적의 비는 밑변의 비와 같다는 것에서 알 수 있듯이 두 선분사이의 비가 다른 한편으로는 면적의 비로 비교될 수도 있다. 즉, 그리스인들의 비 관념은 모든 범위에 걸쳐 사용되고 있었기 때문에 선분 또는 평면도형의 면적에 관한 별도의 이론이 필요치 않았으며, 양에 관한 일반이론이 추상적인 체계로서의 수학으로 체계화되었다. 그리스인들이 중요한 수학적 관계를 발견하고 표현하였던 추상수학의 대상인 비 관념이 현대의 수 개념의 역할을 하고 있었다. 그러나 현대와의 중요한 차이점은, 그들은 이러한 비를 더하거나 곱하지 않았다는 것이다. 그 후, 그리스인들은 새로운 수 개념을 통해 이러한 추상수학 즉, 수학의 산술화로의 접근을 꾀했던 것처럼 보인다. 플라톤은 인간의 지적 세계에서 추상수학의 중요성을 충분히 인식하여, 수학을 인간이 살아서 도달할 수 있는 최고의 지성의 단계로 인식하여 그의 저서 '국가'에서 묘사한 군주 교육과정에 수학교육을 가장 중요한 위치에 두었으나, 우주론 연구에서처럼 아리스토텔레스의 일원론적 철학사상에 의해 수학의 발달은 정지되었으며 과학의 발달에 새로운 접근이 필요하게 되는 먼 후세에까지 부정적인 영향을 끼쳤다.

2.5.2 60진 수

A.D. 150년경에 천문학자 프톨레미(Ptolemy of Alexandria, A.D. 110~180년 경)가 저술한

천문학서적인 'Almagest'에는 그리스 문화권의 수학자들은 현대 수 개념과 똑같은 60진법의 소수를 사용했다는 것을 알 수 있다. 프톨레미는 sine표(또는 현(chord)표를 만들어 사용하였는데, 그 표에서는 0°에서 180°까지의 각을 $\frac{1}{2}$° 간격으로 반지름에 대한 현의 길이의 비를 sin 1°=1'2"50'''와 같이 60진법으로 표현하고 있었으며, 세 번째 행에는 보간법을 사용하여 더 자세한 계산을 하였다. 프톨레미가 사용한 60진법의 체계는 바빌로니아인들이 만든 함무라비의 진흙서판에 기록된 60진법에서 도입된 것으로 보인다. 따라서 Almagest에서 현 표의 계산에서 60진법의 두 자리 소수(10진법의 세 자리 소수)까지 가능케 한 것은 그리스의 강력한 도구인 추상수학과 60진법의 합작품이었다. 60진법을 사용해왔던 아랍사람인들은 몇 세기 동안 그리스 문화의 유일한 보존자였으며 그들은 바빌로니아, 인도와 헬레니즘 문화를 결합시켜서 서구에 그리스문화를 전해주었다.

제4장

미적분학사의 개관

제4장 미적분학사의 개관

미적분학의 역사는 고대 그리스인들이 겪는 인식론적 장애를 극복하는 과정에서 시작되어, 도형의 면적과 체적을 정확하게 구하는 방법을 알게 되기까지 2,500년의 긴 여정이다. 이 장에서는 그 기간 동안에 인류가 겪었던 인식론적 장애와 그 장애를 극복해가는 과정인 미적분학의 역사를 개관하기로 한다.

1. 관념의 발생

수학은 세계 4대강 유역에서 발전했을 것이다. 그러나 고대 중국과 고대 인도인들은 나뭇잎이나 나무판에 그들의 역사를 기록했기 때문에 현존하는 수학에 관한 기록이 거의 없다. 이 장에서는 수학 내용의 기록이 현존하는 고대 이집트와 고대 그리스를 중심으로 미적분학에 관한 관념의 발생과정과 그에 필연적으로 따르는 인식론적 장애를 알아보기로 한다.

1.1 고대 수학의 발현

고대이집트에서는 기하학이, 바빌로니아에서는 대수학이 태동되었다고 알려져 있다. 그러나 그 곳에서는 수학의 논리적 본질과 연역적 증명의 필요성이 인식되지 못하였다. 그러나 이들의 문명이 고대 그리스인들에게 전파되면서 과학과 수학에 대한 정신적 변화를 일으키게 된다. 즉, 그리스인에게는 인간의 정신이란 외부의 자연과는 달라서 다양한 사건에서 유사점을 분류하여 추상화, 일반화한 다음 그로부터 경험과 일치하는 다른 관계를 유도해낼 수 있는 것으로 인식되었다. 이러한 정신적 변화로 인하여 그리스에서는 기초수학이 정립되고, 오늘날 미적분학이라는 부르는 주제의 난해성이 제기되어 완성하기까지 2,500년을 기다려야했다. 신 플라톤주의자인 프로클로스(Proclus 410~485)에 의하면 이를 시작한 최초의 그리스인은 수학이 연역적인 학문으로 확립하게 한 탈레스(Thales of Miletus, B.C. 624~548 경)이다. 그러나 탈레스는 수학지식의 체계를 구축하지 못하였고 또한 연속체문제에 대해서 연역적인 방법을 구사하지 못하였으며, 그리스의 두 번째 수학자인 피타고라스학파가 이 두 가지 업적과 수학의 추상화 과정을 이룩하였다. 피타고라스학파의 좌우명은 '모든 것은 수이다'인데 그것은 바빌로니아인의 강한 영향을 받은 것으로 보인다. 바빌로니아인의 삼중수[1]를 일반화하여 피타고라스 정리를 만들고 증명한 것이 좋은 예이다. 피타고라스학파에게는 수학의 개념이란 자연에서 얻는 감각적인 느낌을 추상화한 것이며, 거꾸로 수학의 개념은 자연에 투사되어 우주를 구성하는 요소로 인식되었고, 기하학은 원래 자연 속에 내재되어 있어서 기하학의 이상적인 개념이 물질세계에서 실현되어지는 것으로 인식되었다. 이와 같이 이성적인 개념과 경험적인 묘사, 즉 추상적인 것과 구체적인 것을 구별하지 않았던 피타고라스학파와 그 후의 수학자들의 사고방식에서 미적분학의 개념이 싹트기 시작하였다. 자연과 기하학의 통합에 대하여 피타고라스학파가 추구한 것 중 매우 중요한 것은 면적의 응용(application of areas)에 관한 이론이었다. 면적의 응용법이란 (Freudenthal, 1983) 어떤 직사각형 F의 넓이와 같은($ax = F$), 작은($(a-x)x = F$), 큰($(a+x)x = F$) 직사각형(그림 37)[2]을 겹쳐가면서 크기를 비교하는 것이다. 이 사실을 적용하면 도형의 면적이란 단위면적을 포함한 횟수(배)이다. 그리스 수학자들은 한 도형의 면적을 구하는 문제에는 관심을 두지 않았고, 대신 그 당시에는 정확히 할 수 없었던 통약 불가능한(incommensurable) 수와 밀접한 관련이 있는 두 곡면의 비를 연구하였다. 그러한 개념을 피타고라스학파는 갖고 있지 않았다. 그러한 개념은 19세기 후반부가 되어서 정립이 되었지만 미분적분학 전체의 토대를 제공하게 되었다. 그러나 아마도 미분적분학 의 발달에서 첫 단계, 즉 출발점으로 간주될 수 있는 발견인 그러한 개념의 필요성을 인식한 것은 피타고라스의 학파이다.

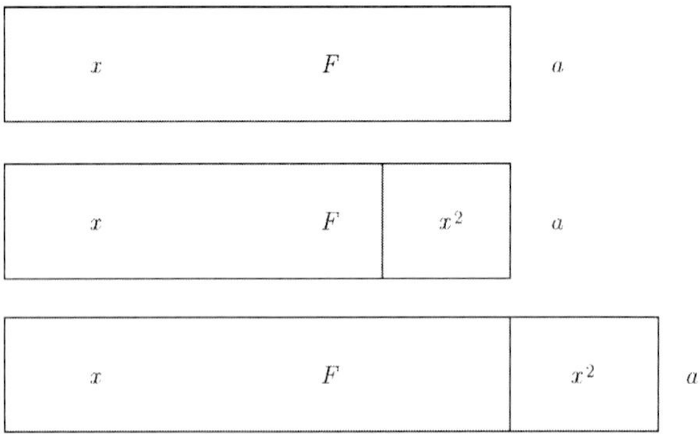

〈그림 37〉

1) 메소포타미아에서 발견된 점토판인 Plimpton 322에 삼중수가 적혀있다. 피타고라스가 메소포타미아를 여행하면서 삼중수를 알게 되었다.

2) 현재의 의미에서 차례로 포물선, 타원, 쌍곡선에 해당한다.

1.2 수학과 물리학의 혼동

그 후 면적의 응용에 관한 이론은 그리스 기하학의 기초가 되었고 또한 현재의 적분 개념과 대등한 착출법(the method exhaustion)을 유도하였다. 자연과 지식의 조화와 통합을 추구한 피타고라스학파는 사물의 크기와 수를 동일시하는 시도를 하였다. 그러나 그들의 수는 단위의 배인 자연수에 한정되었다. 또한 피타고라스학파에게는 기하학에서와 마찬가지로 자연수도 자연에 내재되어 있어서 각 자연수는 공간속에서 한 장소를 택하여 자리 잡고 있는 것으로 인식하였고, 따라서 선분은 어떤 자연수 개의 단위로 이루어진 것으로 보았다. 그런데 이러한 방법이 정사각형의 대각선에 적용되지 않는다는 사실을 알게 되었다. 정사각형의 한 변의 단위를 아무리 작게 잡아도 대각선이 단위의 자연수배가 될 수 없었기 때문이다. 그것은 바로 아리스토텔레스(혹은 피타고라스학파)가 증명한 '$\sqrt{2}$는 유리수가 아니다'라는 사실에 대한 증명 과정에서 그리스인에게 무한소(infinitesimal) 관념이 생기게 되었다. 피타고라스학파의 업적은 유클리드 원론의 I, II권의 대부분을 차지하고 있다. 이어서 B.C. 430년경에 압데라(Abdera)학파는 모든 것 특히 마음과 영혼조차도 빈 공간에서 움직이고 있는 원자들로 이루어진다고 주장하였는데, 그 원자는 단단하고 불가분한(indivisible) 입자로서 아주 작고 무한히 많은 형태와 크기를 가지고 있는 것이라고 생각하였다. 한발 더 나아가 그리스의 원자론자이며 원뿔의 부피를 처음으로 알아낸 수학자인 데모크리투스(Democritus of Abdera, B.C. 460경~?) 는 원자론을 기하학에 적용시키기에 이른다. 그는 이집트인들이 발견한 피라밋의 부피를 유추하여, 원뿔을 무한개의 변을 가진 정나각형이 밑면인 피라밋으로 간주하여 부피를 구한 것으로 보인다. 이것은 무한소 개념과 유사하며 그 후 플라톤에게 영향을 미치게 된다. 그런데 그리스의 역사가인 플루타르크(Plutarch, 46~120 경)[3]의하면 원뿔을 원반을 쌓아 올린 입체로 간주할 때, 데모크리투스가 원반들의 크기가 같은지 또는 다른지에 대해서 아주 곤혹스러워 했을 것이라고 한다. 만일 모든 원반이 크기가 같다면 그 입체는 원기둥이 될 것이고, 만일 원반의 크기가 모두 다르다면 계단처럼 보였을 것이기 때문이다. 그가 이 난제를 어떻게 해결했는지는 모르겠지만 카발리에리의 원리를 예견하고 사용하면서 무한히 얇은 원반 또는 불가분의 것과 같은 개념을 이용했던 것 같다. 그런데 데모크리투스는 '모든 직선은 무한히 나누어진다' 라고 한 점에서 물리적 원자와 수학적 원자를 다른 것으로 인식한 것으로 보이지만 그의 저서가 남아있질 않아 정확하게 그의 생각을 알 수는 없다. 그러나 무한소의 본질에 관한 그의 관념이 어떠했던 간에 그의 영향을 지속되어 무한히 작은 크기에 관한 사고가 끈질기게 수학학자들에게 붙어 다니게 된다. 그리스 수학은 광학, 역학, 천문학의 정적인 면만을 다루고 양적인 동역학을 생각하지 못하였다. 또한 피타고라스학파

3) Miscellanies and Essays, IV, 414-416

는 수의 영역과 기하학의 영역을 동일시하였고 데모크리토스는 이산적인 대상을 이용하여 연속적인 대상을 설명하려고 하였다. 피타고라스학파와 데모크리토스 이후로 그리스 기하학에서 무한소 개념이 더 이상 발전하지 못한 이유는 엘레아(Elea)학파의 반대 때문이라고 전해진다. 파르메니데스(Parmenides of Elea, B.C. 450년경)가 이끄는 엘레아학파는 피타고라스학파의 영향을 받은 것으로 알려지고 있다[4]. 그러나 엘레아학파는 피타고라스학파의 아주 중요한 학설에 반기를 들었다. 즉 피타고라스학파는 우주에 관한 다원론과 변화의 관념을 가지고 있었기 때문에 물체는 단위의 집합체라고 주장하였다. 즉 공간은 점으로 이루어졌고, 시간은 순간들로 이루어졌다는 것이다. 또한 다원체를 구성하는 궁극적인 요소는 기하학적인 단위인 '점'과 수의 단위인 '수'의 양면성을 가진다고 보았다. 즉 피타고라스학파는 기하학적인 점과 물리적인 점을 분명하게 구별하지 않은 채 '점'을 '위치를 가지는 단일 체' 로 설명하였다. 그와 반대로 엘레아학파는 세계는 근본적으로 단일체이고 변화하지 않는 것이라고 주장하였다.

1.3 제논의 역설

파르메니데스의 제자인 제논은 이러한 주장을 옹호하기 위해서 존재론적 다원론과 불가분성에 반대하는 '역설(paradox)집'을 발간했는데 불행하게도 그 책은 사라지고 아리스토텔레스 또는 심프리시우스(Simplicius, 520년경)[5]에 의해서 그 중 몇 가지가 전해지고 있다. 제논은 피타고라스학파의 '무한히 작은 모나드(monad)'에 대하여 다음과 같이 모순을 지적하였다. 만일 그 모나드가 길이를 갖는다면 무한 수는 무한한 길이를 가지는 직선을 이룰 것이다. 그리고 그것이 길이를 가지지 않는다면 마찬가지로 무한수도 길이를 갖지 않을 것이다. 또한 무한소에 관해서도 다음과 같이 비판을 하였다. 즉 임의의 물체에 어떤 양을 더해도 커지지 않고, 어떤 양을 빼도 작아지지 않는 다면 그 양은 없는 것이다. 제논의 역설은 '사물이 움직이고 있다고 우리가 느끼는 것은 모두 환상'이라는 파르메니데스의 사상을 지지하기 위해서 결론을 부정하여 모순으로 이끄는 귀류법(reductio ad absurdum)을 사용하여 만든 문제이다. 그 역설 중에서 가장 난해한 것은 운동에 관한 유명한 역설인 이분법(the Dichotomy), 아킬레스(the Achilles), 화살(the Arrow), 경주장(the Stadium) 또는 주로이다. 이분법과 아킬레스는 공간과 시간이 무한히 나누어질 수 있다는 관념에 반대하기 위한 것이고, 화살과 경주장은 공간과 시간이 불가분량으로 이루어 졌다는 관념에 반대하기 위한 것이다. 제논의 네

---

4) 플라톤의 'Parmenides' 참고.

5) 지금은 사라져 버린 에우데무스(Eudemus of Rhodes, B.C. 320년 경)의 수학의 역사(History of Mathematics)에서 심프리우스는 40가지의 다원론의 역설에 관한 책을 저술하였다.

가지 역설에 대한 답은 연속, 극한, 무한집합의 개념과 관련이 있다. 이러한 문제를 심각하게 고민한 그리스인은 오직 플라톤과 아르키메데스뿐이었다. 플라톤은 산술과 기하학 간에 간극이 있음을 인식했던 것 같고, 그의 수 개념과 공리적 토대위에 세워진 산술을 이용하여 산술과 기하학을 연결하려고 노력한 마지막 그리스인이다. 플라톤은 연속체를 불가분양의 집합체로 인식한 것이 아니라 아페이론(apeiron)[6] 의 흐름에 의해서 생성되는 것으로 간주하였다. 이 견해는 연속량과 이산량을 합병시킨 관념으로서 현대의 직관주의자인 브로우베르의 사상과 유사한 관념이다. 플라톤의 실재에 대한 기준은 경험의 일관성이 아니라 사고의 합리성이었고 피타고라스학파와 마찬가지로 수학과 과학은 명쾌하게 인지된 첫 번째의 원리로부터의 추론의 결과로 보았기 때문에 수학과 과학을 구별할 필요를 느끼지 못하였다. 따라서 플라톤은 어렴풋하게나마 연속과 무한소의 개념은 물리적이거나 감각의 대상이 아니라, 유연성과 논리적 사고가 필요한 추상적인 대상으로 보았다. 그런데 당시의 그리스 수학에는 자연수보다 더 일반적은 수 개념과 이를 뒷받침할 연속변수의 관념이 없었고, 더구나 아리스토텔레스와 소요학파[7]의 귀납적인 과학적 견해가 플라톤의 추상적 이상화를 저지하고 말았다. 결국 플라톤은 통약불가능한 수, 제논의 역설과 관련된 문제들에 명쾌한 답을 주지는 못하였으나 그의 동료들에게 그것들을 연구하도록 촉구하였고, 특히 에우독수스(Eudoxus of Cnidus,[8] B.C. 408~355)에게 체적측정법(stereometry)[9]에 관한 여러 가지 문제를 풀도록 제안하였다.

1.4 착출법과 수학의 원자론

에우독수스는 소아시아 남서안의 크니도스에서 출생하여, 후에 아카데미에서 수련한 플라톤의 친구이자 제자였다 그는 비례론을 확장하여 통약불가능한 수에까지 적용할 수 있도록 재조직하였는데 그 내용은 유클리드 원론의 5장에 정리되어있다. 또한 그는 현대의 구분구적법에 해당하는 착출법을 발견하였다. 이 방법을 이용하여 각뿔이나 원뿔의 부피는 그것과 밑면과 높이가 같은 각기둥이나 원뿔 부피의 $\frac{1}{3}$ 임을 최초로 증명했으며, 원의 넓이는 지름의 제곱에 비례하며 구의 부피는 지름의 세제곱에 비례한다는 사실을 증명하였다. 그 후에는 작도불능문제인 정육면체의 배적문제를 풀었다고 한다. 그의 업적은 유한하면서 직관

6) Anaximander의 철학에서 말하는 '만물이 생성되는 무한 불확정한 것'

7) 아리스토텔레스는 스승인 플라톤이 죽자, 아카데미아를 떠나서 B.C.335년에 아테네의 교외인 뤼케이온(Lykeion)에 도서관과 박물관 등의 연구시설을 갖춘 아키데미아의 분교 비슷한 학원을 건립하였다. 그가 뤼케이온의 소요로(peripatos)를 걸으면서 강의하였다고 하여서 그 학파를 소요학파라고 부르게 되었다.

8) 현재의 터키의 Knidos 지방.

9) 체적측정법(구적법)은 미적분학의 완성에 주목할 만한 암시를 제공하는 것이었다.

적으로 명쾌하고 논리적으로 정교한 사고에 바탕을 두었고, 유클리드의 후기 연구는 방법과 정신적인 면에서 플라톤보다는 에우독수스를 따르게 되었다. 에우독수스는 당시의 비율의 이론과 무한소 관념의 모순을 해결하기 위하여 비례론과 착출법을 이용하여 대안을 제시하였는데, 그가 보여준 과정은 수와 극한에 관한 현대의 개념과는 거리가 멀었고 오히려 극한을 회피하여 우회하는 방법이었다. 또한 피타고라스학파는 두 직선은 각각에 주어진 단위의 자연수배의 비로 간주한 사실에서 알 수 있는바와 같이, 그들의 비율의 관념은 기하학적인 크기와 자연수를 동일시하였다. 에우독수스는 그것을 비율의 두 항이 자연수가 아닌 경우도 인정하여 피타고라스학파의 관념을 일반화하였으나 그 역시 기하학적인 크기와 자연수를 동일시한 것은 마찬가지였다. 에우독수스의 착출법은 그의 비례이론과 마찬가지로 수 개념을 포기하였음을 알 수 있다. 현대수학에서는 길이, 면적, 체적이란 수로 정의된 실재물이다. 그런데 피타고라스학파 이후의 고전적인 그리스 수학에서는 기하학적인 양을 자연수와 동일시하지 않았다. 그 결과로 인하여 길이, 면적, 체적에 대한 일반적이고 엄밀한 정의를 하지 않고 직관적이고 암묵적인 방법으로 그 뜻을 이해하고 만 것이다. 그들에게는 주어진 원의 넓이는 중요한 것이 아니었고 다만 두 원끼리의 넓이의 비나 원의 넓이와 같은 정사각형을 기하학적으로 표현하는 것에만 관심이 있었다. 유클리드 원론 X권 의 정리 1은 아르키메데스의 도움정리 또는 공준으로서 '0과 같지 않은 서로 다른 두 개의 크기가 주어졌을 때에 큰 것으로부터 그것의 반보다 큰 것을 빼고, 남은 것으로부터 그것의 반보다 큰 것을 빼는 과정을 반복해서 남은 것은 처음의 작은 크기보다 작게 만들 수 있다' 는 것이다. 아르키메데스의 공준에 나타난 과정을 반복하면 남는 크기를 우리가 원하는 만큼 작게 할 수 있다는 사실로부터 에우독수스가 도입한 과정을 후에 착출법이라고 부르게 되었다. 그러나 고대 그리스인들은 '소모한(exhausted)'이란 의미를 모호하고 무비판적으로 사용하여 그 과정이 무한히 많은 단계까지 수행된다는 사실을 알아채지 못하였다. 왜냐하면 그리스인들의 마음속에는 아무리 작게 만들어도 항상 남겨진 양이 있었기 때문에 직관적인 이해의 한계를 극복하지 못하였기 때문이었다. 그 결과로 내접된 다각형은 원하는 만큼 원에 가까이 근접시킬 수는 있었지만 결코 원이 될 수 없었다. 착출법은 감각적 지각 세계가 정신적 그림으로 묘사된 직관적 개념을 따른다. 그러나 현대의 극한 개념은 정신적 그림이 아니라 처음에 주어지는 임의의 수, 무한수열, 미만, 초과 등의 설명적인 기호와 단어로 이우어지는 언어개념이다. 극한 값은 궤변적이거나 상상할 수 없는 양이나 무한 수열의 마지막 항으로 상상되어서도 안된다. 그것은 단지 정의에 서술된 성질을 갖는 수로 생각되어야 한다. 그리스의 착출법을 포함하는 고대 수학사에는 극한 개념의 어렴풋한 윤곽만이 나타난 것이었다. 에우독수스가 이룬 수학의 업적에 관하여, 플라톤의 형이상학적 관점과 다른 관념이 20년 동안 플라톤의 제자이었고

'플라톤 학파의 정신'이라고 불리는 아리스토텔레스(Aristotle, B.C. 384~322)에 의해서 시작되었다. 아리스토텔레스의 철학은 전체(우주)를 대상으로 하여, 전체의 궁극적인 원리 또는 원인을 형상, 질료, 운동, 목적으로 보았다. 그는 각각의 개체가 바로 실체 또는 실재이고, 형상 즉 이데아는 플라톤과는 다르게 개체의 다(many)를 초월하는 1이 아니고 개체 속에 내재하는 1로 보았다. 플라톤의 사유방법은 선험적 원리에서 연역한 것에 반하여 아리스토텔레스의 방법은 특정한 현상에서 출발하여 본질의 지식에 이르는 귀납적이고 연역적인 것이었다(세계철학대사전, 1980). 아리스토텔레스는 원래 수학자는 아니었으나 착출법, 제논의 역설, 에우독수스의 업적 등을 포함한 그리스 수학의 내용과 난제들을 잘 알고 있었다. 그는 실재가 인간의 의식 속에 반영되는 형식의 하나인 인식을 체계화시키는데 필요한 논리적 추리 형식으로서 3단 논법을 확립하여 그 자신이 명명한 분석법(analytics)인 형식논리학의 기초를 쌓았다. 그런 이유로 그는 수학적 능력이 탁월하고 기하학에도 정통하였지만 수학문제를 해결할 때에 과학적 방법인 귀납적 논증을 사용하였다. 또한 그의 방법은 논리와 감각적 증거에 의존하고 감각적 지각을 초월하는 추상과 외삽(extrapolation)을 싫어하였고 , 기하학의 개념이란 공간에 대한 물리적 경험을 이상화한 것으로 간주하여 기하학적 직선이란 경험과 무관한 선험적이고 추상적인 것이 아니라 자연세계에 존재하는 직선에 해당하는 구체적인 자연물의 특성으로 보았다. 그는 불가분량, 무한, 연속에 관한 관념은 상식에 의해서 구술하였다. 그의 저서 '불가분한 직선에 관하여(On Indivisible lines)'에서 불가분의 직선을 가정하면 발생되는 모순을 논증하면서, 불가분량은 수학의 모든 내용과 모순이 된다고 결론을 내리게 되는데 위의 세 가지에 대한 주장중에서 유일하게 현대수학과 일맥상통하는 것이다. 그러나 실무한(real infinite)의 존재를 전부 무시하고 잠재적(또는 역동적)무한만을 인징하였다. 제논의 역설 중에서 '이분법'을 현대적으로 표현하면 $\frac{1}{2}+\frac{1}{4}+\frac{1}{8}+\cdots+\frac{1}{2^n}+\cdots$ 이다. 따라서 아리스토텔레스에게는 이 결과는 1에 가까이 접근하는 것이었고 결코 1이 아니었다. 또한 그의 '자연학(Physica)'의 6권에서는 연속인 크기의 본질을 다음과 같이 직관적으로 정의하였다. 즉, 연속체란 '그 자신을 무한하게 나눈 것을 또 다시 무한하게 나눌 수 있는 것[10]' 이라고 보았다. 이 견해는 아주 작은 것들이 양쪽 끝을 서로 맞대어 계속 이어지는 직관적인 느낌에 의존한 결과이다. 그런데 그에게는, 모든 수의 바로 옆에 붙어 있는 수(그 다음 으로 크거나 작은 수)가 존재할 수 없었기 때문에, 수의 연속체를 인정할 수 없었다. 따라서 모든 그리스인과 마찬가지로 아리스토텔레스는 운동은 연속인 것으로, 수는 불연속인 곳으로 간주하였고 동시에 순간변화율이란 개념도 인정하지 않았나. 이와 같이 아리스토텔레스는 물리적 세계에서의 경험과 수학적 사고를 명쾌하게 구별 짓지 못하였기 때문에 제논의 역설을 명

10) Physica VI. 232b.

확하게 반박하지 못하고 단지 순간속도의 부정과 감각적인 인지만으로 '주로'와 '화살'의 논법을 부정하였고, 유한한 시간에 무한한 공간을 지나갈 수 없지만 유한한 시간에 무한히 분할된 공간을 지나가는 것은 가능하다는 경험에 의존한 짤막한 주장으로 '이분법'과 '아킬레스'의 역설을 해결하고 말았다.

1.5 유클리드 원론

거의 같은 시대인 B.C. 350년과 B.C. 320년 사이에 유클리드의 원론이 저술되었다고 한다. 그런데 유클리드 원론에는 공리체계, 엄밀한 논리, 수, 비례이론, 도형만이 기술되어 있을 뿐, 플라톤의 사고에 그렇게 탁월한 역할을 한 메타수학이 전혀 없었으며, 수학적 원자론에 대한 형이상학적 사색도 들어오지 않았고, 특히 현대수학의 연구의 본질인 구조와 구조의 불변성에 관한 이론이 전무하였다. 유클리드는 수학을 우주론적 이해의 필수적 형태로 보지 않았을 뿐만 아니라, 실용적 공리주의의 단순한 도구만으로 보지도 않았다. 그에게 수학은 논리의 영역 안에 있었으며, 아리스토텔레스의 논리에 따른 현실주의를 계속 사용하였다. 아리스토텔레스는 플라톤의 이데아론을 거부하면서, 과학이 자연스러운 순서와 원리들의 필수적 특성에 대한 믿음을 계속 가졌는데 유클리드도 마찬가지로 후자에 대한 신념을 채택하였다. 그 결과로 인하여 고대 그리스 수학은 오늘날의 수학처럼 가설적 명제로 이루어진 형식적 논리가 아니라, 실제 세계를 이상화한 그림이었다. 또한 비는 추상적인 수가 아니라 기하학의 대상이었으며, 무리수는 완전한 기하학의 대상이었으며 유클리드의 공리, 공준, 정의는 상식으로부터 얻은 것이었고 기하학은 항상 공간에 대한 직관에 의존하였다. 따라서 유클리드 원론은 정제된 직관에 기초를 두었기 때문에 미적분학의 완성에 필요한 유연하고 소박한 직관을 담지 못하였다. 또한 무한의 관념은 아리스토텔레스의 생각과 마찬가지로 결코 논증의 대상의 아니었으며, 대신 에우독소스에 의해 개발된 착출법이 무한을 대신하였다.

1.6 아르키메데스

고대의 가장 위대한 수학자인 시라쿠스의 아르키메데스의 일생은 2.4.1절에서 이미 소개하였다. 아르키메데스는 플라톤의 초월적 상상력과 유클리드의 엄밀하고 연역적인 방법을 융화하여 사용하였고, 케플러, 카발리에리, 페르마, 라이프니츠, 뉴턴이 완성한 무한계산법의 초석을 다졌다. 또한 그는 착출법을 수정하여 플라톤학파가 모색했던 무한소 관념과 결합시켰다. 알렉산드리아의 지리학자, 천문학자, 수학자인 에라토스테네스(Eratosthenes, B.C. 276~194 경)가 정리하여 발표한 아르키메데스의 논문인 '방법론(The Method)' (Heath, 1990)[11]

11) The Method treating of mechanical problems.

의 정리 1의 증명에서 그의 '지레 원리'와 관련하여 곡면은 선들로 이루어졌다는 견해를 사용하였다. 아르키메데스는 그만의 (지레 원리와 같은)독특한 경험적 방법으로 확신을 얻은 후에, 비로소 착출법에 의한 엄밀한 증명을 하였기 때문에, 얇은 판자들이나 금속조각을 쌓아놓고 무게를 역학적으로 재는 과정을 유추하여 곡면은 선으로 이루어졌다는 불가분량 또는 무한소의 관념을 사용하였지만, 그의 방법이 근거가 불충분하다는 것을 아마도 잘 알고 있었을 것이다. 또한 그의 논문 '포물선의 구적법'(Heath, 1990)에서는 포물선의 면적을 내접 다각형의 넓이를 구하는 과정에서 얻은 '유한수열의 합'을 유추하여 포물선의 면적을 추측하였다. 그런 다음 항의 수가 점점 많아질 때 오차를 원하는 만큼 작게 만들 수 있다는 실진법의 이중배리법에 의하여 포물선의 면적이 어떤 수보다 클 수도, 작을 수도 없다는 것을 증명하였을 뿐, 그 역시 포물선의 면적을 '무한급수의 합'으로 나타내지는 못하였다. 무한급수의 극한 개념은 제논의 역설을 해결해주는 데에 필수적인 것이었지만 아르키메데스를 포함한 그리스의 수학자들은 직관적으로 무한을 볼 수 없었고 또한 논리적 근거가 없었기 때문에 그들의 논증에서 무한관념을 배제시켰던 것이다. 아르키메데스의 논법에서는 무한급수의 극한에 대하여 수 개념에 근거한 논리적 타당성이 받아들여지지 않았고, 엄밀한 기하학적 실진법에 근거한 논리만이 존재하였을 뿐이다. 정적분의 정확한 체계화를 위해서는 변동성과 함수성의 개념, 특성합 $\sum_{i=1}^{n} f(x_i)\Delta x_i$의 형성, 그리고 이 합으로부터 Δx_i가 무한히 작아질 때 n이 무한히 증가하도록 함으로써 얻어지는 무한 수열의 극한 개념을 응용을 이해하여야 한다. 아르키메데스는 극축과 나선형곡선 $\rho = \frac{a\theta}{2\pi}$가 한 바퀴 회전하여 만들어진 부분의 면적이 반지름이 a인 원 넓이의 $\frac{1}{3}$이라는 것을 증명할 때에, 그의 포물선의 구적법에서와 마찬가지로 간접적이고 기하학적으로 두 개의 부등식 $\frac{h^2+(2h)^2+\cdots+(nh)^2}{n(nh)^2} > \frac{1}{3}$과 $\frac{h^2+(2h)^2+\cdots+[(n-1)h]^2}{n(nh)^2} < \frac{1}{3}$의 실진법의 이중배리법으로 논증하였다. 만일 그리스인들이 무한을 금하지 않았더라면, $\lim_{n\to\infty} \frac{h^2+(2h)^2+\cdots+(nh)^2}{n(nh)^2} = \frac{1}{3}$임을 쉽게 계산했을 것이다. 그리스 기하학이 대부분 변분보다는 형태에 관심이 있었기 때문에, 함수 개념이 개발되지 않았다는 것을 보아왔다. 또한 원의 접선은 유클리드에 의해서 원과 단 한 개의 점에서 만나는 직선으로 정의되어서, 다른 모든 곡선에도 똑 같이 정의되었었고, 그리스 기하학에는 곡선이 함수에 대응하는 것이라는 개념이 없었으며, 접선을 극한 개념으로 만족할 만하게 정의하지도 않았다.

2. 관념의 발전

미적분학의 관념은 피타고라스학파가 물체의 형상과 수를 연결하기 위하여 길이, 면적, 체적 등의 기하학적 양을 각각의 단위로 완전하게 덮는 횟수를 수로 표현하려는 노력, 즉 착출법으로부터 시작되었다. 그러나 통약불가능한 수의 등장으로 인하여 그 후의 그리스 수학자들은 단위로 덮는 직접 비교 방법을 피하고, 에우독수스의 착출법을 이용하여 기하학적인 양의 측정에 더 이상 무한과 무한소의 관념이 필요 없게 되었다. 그렇지만 원의 넓이는 직선으로 된 도형을 사용해서는 사실상 다 소모할 수 없었다. 면적은 수 개념이 아니었고 상동은 일반적으로- 동치와 다른- 합동을 뜻하였기 때문에 원의 넓이는 정사각형의 넓이와 비교될 수가 없었다. 수 π는 그리스 수학에서는 아무런 의미가 없었다. 그러나 인도 사람들의 관점은 달랐다.

2.1 인도와 아랍의 수학

인도인들은 형이상학적인 사고보다는 수를 계산하는 기교를 더 좋아하였기 때문에 유클리드 기하학이나 아리스토텔레스의 논리가 그들에게는 강한 인상을 주지 못하였다. 즉, 그들은 수학의 이성적인 면이나 기하학적인 면보다는 산술적이고 계산적인 면을 선호하였다.[12) 이러한 태도가 부수적으로 대수학의 발전을 이끌었으며, 또한 이차방정식의 무리근을 인정하였고, 절대음수의 개념을 도입함으로 인하여 수 체계를 일반화하였기 때문에, 미적분학에 중요한 내용인 계산과 기하학적 표현의 연결고리를 없앴지만, 그 사실의 중요성을 인식하지 못하였다. 또한 그들은 직선으로 된 도형과 곡선으로 된 도형 모두 수로 측정할 수가 없었기 때문에 그들 둘 사이의 본질적인 상이점을 인식하지 못하였고, 기하학과 합동에 관한 연구보다는 산술과 측정에만 관심이 있었고, 수 0을 포함하는 연산의 어려움 때문에 브라마굽타(Brahmagupta)는 0을 궁극적으로 무(無)가 되는 무한소적 양으로 생각하였고, 바스카라(Bhaskara)는 한 수와 0의 곱은 0이지만 더 이상의 연산이 관련되면 그 수는 0의 배수로 인정해야 한다고 말하였다. 이러한 어려움 때문에 후에 미분적분학의 초기 연구자들을 혼란스럽게 만들었던 부정형과 관련된 문제들의 해결책을 더 이상 연구하지 않게 되었다. 그러나 인도 수학자들은 극한에 관련된 주제에 수적인 면을 강조하였고, 인도숫자와 자리값 표기의 원리의 사용이 대수학의 발전에 기여하였으며, 따라서 미적분학에서의 연산과정의 발전에 기여하였다. 인도숫자는 아랍 문명을 통하여 유럽에 전파되었다. 아랍의 수학은 그리스적 요소와 인도적 요소를 절충한 것이었다. 아랍 셈법은 인도셈법에 기초를 두었으며, 아랍의 삼각

12) 인도에서는 수학을 ganita 즉 '계산학문'이라고 하였다.

함수 역시 인도의 수학과 마찬가지로 현과 기하학적인 표현을 사용하는 대신 정현(sine)과 산술형태를 사용하였으나 아랍의 기하학은 유클리드와 아르키메데스의 영향을 받았으며 대수학에서는 수의 추상적 성질보다는 주로 실생활과 관련된 문제를 다루었다. 따라서 아랍의 수학은 그리스 기하학의 통약불가능한 수, 연속, 불가분의 것, 무한 등과 같은 미적분학과 관련된 개념들은 도외시하였지만 어쨌든 그리스의 수학을 잘 보존하여 유럽에 전파한 중요한 일을 수행하였다.

2.2 중세 유럽의 관념

유럽의 중세시대란 서로마제국이 멸망한 5세기에서부터 16세기 초의 초기 근대유럽까지의 약 천년동안을 말한다. 이 시대의 유럽은 이슬람 문화의 영향을 받았던 시대이고, 로마숫자 대신에 십진법으로 만들어진 인도-아라비아숫자를 사용하기 시작하였다. 또한 대수학의 발명으로 인하여 수학에의 큰 발전을 가져온 시대이다. 유클리드의 업적이 유럽에 알려지게 된 것은 6세기 초에 보에티우스(Boetius, 480~524 경)가 저술한 기하학(Geometry)에서 유클리드 기하학의 정리의 일부를 증명 없이 기술한 내용을 통하여서이다. 그러나 그리스의 마지막으로 위대한 수학자인 파푸스(Pappus, 290~350 경) 시대 이래로 기독교 사상이 지배했던 유럽에서는 수학에 별다른 진전이 없다가 12세기에 이르러 아랍어, 히브리어, 그리스어로 기술된 서적을 라틴어로 번역하면서 고대의 수학논문들이 서양에 알려지게 되었다. 그러나 유럽학자들의 관심은 신학과 형이상학에 있었기 때문에 수학에 대한 관심은 미미하였고, 1202년에 레오나르도(Leonardo of Pisa, 1180~1250 경)의 계산론(Liber abaci)과 미적분학에서 중요한 개념인 유리멱과 무리멱의 개념을 아랍수학에 덧붙인 주교인 오레스미(Nicole Orcsme, 1323?~1382)의 업적, 1494년에 파촐리(Luca Pacioli, 1445~1514)의 산술론(Summa de arithmetica) 등이 등장한 정도였다. 1202년부터 1494년까지는 아르키메데스나 레오나르도를 이어 나갈만한 후계자가 등장하지는 못하였지만 미적분학의 발전에 필요한 몇 가지 중요한 관점들이 도출되었다. 1255년부터 중세의 대학에 아리스토텔레스의 과학 논문이 전파되어 대학원 과정에서 읽히게 되었다. 특히 자연학(Physica)에 수록된 무한, 무한소, 연속의 관념과 해석학에 관련된 많은 내용들이 부활하게 되었다. 특히 영국에서는 캘큐레이터(Calculator)로 더 유명한 수이세스(Richard Suiseth, 1350년 경)의 '계산론'(Liber calculationum)에는 다음과 같은 내용이 수록되어 있다.

만일 일정한 시구간의 반 동안 변분이 어떤 강도를 일정하게 유지하고, 다음 $\frac{1}{4}$ 시구간 동안은 이 강도의 2배로, 그 다음 $\frac{1}{8}$ 시구간 동안은 3배로, … , 무한히 계속되면 전체 구간에서의 평균강도는 두 번째 구간에서의 변분강도, 즉 처음의 강도의 2배가 될 것이다.

이 관념은 무한급수 $\frac{1}{2}+\frac{2}{4}+\frac{3}{8}+\cdots+\frac{n}{2^n}+\cdots=2$ 와 동일한 관념인 것이다.

아르키메데스의 연구가 유한 합과 참값과의 차를 좁히는 것에 머무른 반면, 수이세스는 시간을 무한히 나누어서 무한급수와 동일한 것을 얻은 것이다. 다시 말하면 무한히 많은 변화율의 평균값이 유한 값이 된 것이다. 수이세스는 수리물리적인 개념을 양적으로 이해하여, 변하는 양 또는 도함수의 개념을 어렴풋하게 수학에 도입하였다. 수이세스의 지루하고 긴 추론을 간결한 대수학의 부호로 표현한 것은 14세기의 수학자들이었고 대표적인 사람이 오레스미(Nicole Oresme, 1323~1382)이다. 오레스미는 기하학적 그림과 직관을 효율적으로 이용하였으며 증명을 단순화하기 위하여 좌표계를 사용하여 그래프로 나타낸 것은 미적분학의 발달에 있어 한 걸음 전진한 것이었다. 또한 그는 그리스의 전통인 수는 이산적이고 기하학적 크기는 연속이란 관념을 따르면서 자연스럽게 연속적인 변화를 기하학적인 그림과 연관지었고, 순간변화율을 직선으로 나타낸 최초의 사람이었다. 균일하지 않게 변화하는 폭에 대한 오레스미의 연구는 결국 수이세스처럼 무한급수의 연구로 귀착되었으며 오레스미의 방법은 기하학적으로서, 운동을 그래프로 나타냈고 운동거리를 면적으로 나타내었다. 15세기에 쿠사의 니콜라스(Nicholas of Cusa, 1401~1464)는 만일 원이 동일한 변심거리를 가지는 무한개의 변으로 이루어진 다각형으로 간주한다면 다각형에 적용한 방법으로 원의 넓이를 구할 수 있다고 생각하였다. 조금 후에는 비에트(Fransocis Viete, 1540~1603) 역시 원을 무한히 많은 수의 변을 가진 다각형으로 언급하였으며, 이러한 관념은 16세기 내내 지속되었다. 케플러(Johann Kepler, 1571~1630) 는 무한히 많은 무한소의 관념을 천문학에 적용하였다. 또한 포물선은 무한원점을 포함하여 두 개의 초점을 갖는 것이라고 주장하면서 천문학에서의 케플러의 두 가지 법칙을 무한히 작은 것을 이용하여 설명하였다. 또한 이탈리아 수학자인 타르탈랴(Nicholo Tartaglia, 1500~1557)는 베니스에서 중심(重心)에 관한 연구, 포물선의 구적법, 원의 측량 등을 포함한 아르키메데스의 논문을 출간하면서 아르키메데스의 엄밀한 증명방법을 따르면서 실진법을 대체하여 간단명료한 새로운 방법을 모색하려는 시도가 있었다. 미적분학에 대한 중세의 기여는 대부분 철학적 관점에서, 운동과 변동성에 관련된 새로운 관점과 무한, 무한소, 연속에 대한 사유의 형식이었다. 또한 함수 개념을 그리스의 정역학적 기하학과 연결시켰기 때문에 미분적분학의 방법과 개념의 발달에서 중요한 역할을 했다.

3. 개념의 출현

중세에 이르러 변수관념과 함수관념이 정립되면서 움직이는 물체의 속도를 구하거나 아르키메데스 방식의 구체적인 도형의 구적법을 간결한 대수학적 표현으로 바꾸려는 시도와 수 체계의 일반화, 최대 최소문제의 등장 등을 통하여 미분과 적분의 개념이 태동되기 시작하였다.

3.1 수 개념의 확장

후기 중세에 접어들면서 무한과 무한소, 변분과 연속체에 관련된 개념들이 좀 더 자유롭게 토의되었으나 스콜라철학의 방법론과 아르키메데스의 방법론이 마찰과 화해를 거듭되는 사이에, 이태리에서는 타르탈랴와 카르단(Jerome Cardan, 1501~1576)의 3차방정식의 근의 공식과 페라리(Ludovico Ferrari, 1522~1565)의 4차방식의 근의 공식이 완성되면서 무리수, 음수, 복소수가 좀 더 자유스럽게 사용되었다. 그러나 그리스 수학자와 마찬가지로 중세에서도 무리수와 허수는 수로 간주하지 않았고, 특히 허수는 가우스시대까지도 수학에서는 변칙적인 위치를 차지해 왔지만 16세기 후에는 정식으로 수로 채택되었다. 이러한 수 개념의 일반화는 후에 극한개념과 수학의 산술화에 기여하게 된다. 미적분학사에서 더 중요한 일은 16세기 말에 대수적 관계에 포함된 수를 체계적으로 기호화한 것이다. 대표적인 사람으로는 알고 있는 양은 자음으로, 모르는 양은 모음으로 표기한 비에트이다. 이러한 문자를 사용한 기호화는 변동성과 함수성의 개념을 대수적 사고로 전환하였기 때문에 아르키메데스의 난해한 기하학적 과정을 간단하게 수정할 수 있게 되었다. 한편, 본래는 기술자이며 실용적인 사고를 가진 플랑드르(Flanders)의 과학자인 스테빈(Simon Stevin of Bruges, 1548~1620)은 1586년에 발간한 정역학에서 삼각형의 중심(重心)은 중선위에 있다는 사실을 다음과 같이 증명하였다.

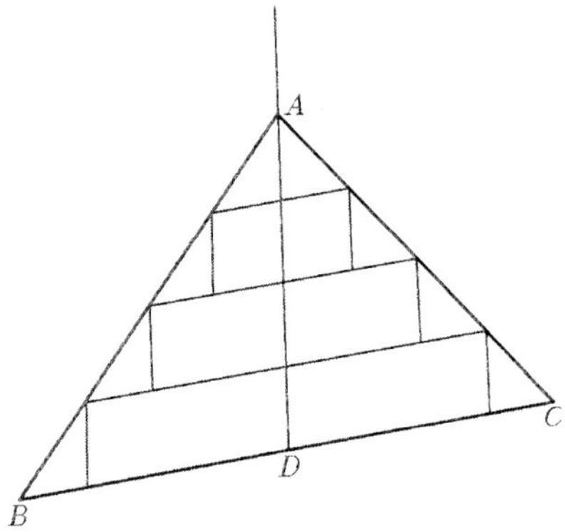

〈그림 38〉

그림 38과 같이 삼각형 ABC 안에 높이가 같은 평행사변형들을 내접시킨다. 좌우대칭인

도형은 평형상태가 된다는 원리에 의해서 내접 평행사변형들의 중심은 중선에 있게 된다. 만일 내접 평행사변형의 수가 증가하게 되면 내접 평행사변형의 면적의 합과 삼각형 ABC의 면적의 차는 점점 적게 된다. 만일 삼각형 ABD와 삼각형 ACD의 '무게'가 같지 않다면, 그 차는 일정할 것이고 실제로 그 차는 0이다. 왜냐하면 삼각형 ABD에 내접하는 평행사변형의 면적의 합과 삼각형 ACD에 내접하는 평행사변형의 면적의 합은 서로 같고, 각각의 삼각형의 면적과 내접하는 평행사변형의 면적의 합과의 차를 주어진 면적보다 작게 만들 수 있기 때문이다. 따라서 삼각형 ABD와 삼각형 ACD의 무게는 같고, 삼각형 ABC의 중심은 중선 AD 위에 있다.

이와 같은 방법으로 스테빈은 포물선의 중심에 대한 문제를 증명하였다. 스테빈의 이러한 증명은 극한법이 개념으로 구체화되는 방향을 제시해주고 있다. 물론 스테빈은 삼각형이 내접 평행사변형의 극한이라고는 말하지 않았다. 16세기 네델란드에서는 기하학을 경시하고 산술을 선호하여서 수학의 명제의 산술적인 증명을 선호하였다. 스테빈은 물이 가득한 정방형 용기의 수직 벽에 가해지는 평균압력은 그것의 중점에서의 압력과 같다는 사실을 산술을 이용하여 증명하였다. 그러나 스테빈은 이 수에 의한 증명이 무한수열을 형성한다는 사실을 인식하지 못하였다. 즉 그는 산술적 증명을 일반적인 수학적 증명이 아닌 역학적인 설명으로 생각하였다. 즉, 그의 방법에 더 많은 산술화 과정과 더 정확한 용어를 덧붙이면 극한 개념이 성립된다. 발레리오(Luca Valerio)는 1604년에 발행한 입체의 중심에 관하여(De centro gravitatis solidorum)에서 '주어진 도형의 내접 평행사변형의 넓이와 외접 평행사변형의 넓이의 차를 어떤 주어진 넓이보다 작게 되도록 내접, 외접 평행사변형을 만들 수 있다'는 명제를 제안하였다. 그리고 발레리오는 '내접한 도형과 외접한 도형사이의 차가 어떤 주어진 면적보다 작다면 곡선과 내접 또는 외접 평행사변형의 넓이의 합과의 차이도 어떤 주어진 면적보다 작게 할 수 있다'라고 증명없이 가정하였다. 이것은 현대의 미적분학 교과서의 내용과 유사하다. 그러나 그 역시 평행사변형의 수가 무한이 되었기 때문에 도형의 면적이 극한에 의해서 정의된다고는 생각하지 못하였다. 고대 그리스인들은 다음의 두 가지 이유로 곡선과 직선사이의 틈을 메우는데 실패하였다.

첫째는 그들은 기하학에서 무한을 배제하였고,

둘째는 수와 기하학적 도형의 연계에서 무리수의 존재를 외면한 것이다.

성자 쿠사누스는 곡선을 신으로, 직선을 창피조물로 비유하면서 곡선과 직선의 형태는 상호보완적이고, 창조주를 그의 피조물과 관련짓고, 신을 인간과 관련짓고자 하였다는 영감을 바탕으로 케플러는 '자연은 기하학을 추론없이 단지 본능적으로 가르친다'라고 생각하여 아르키메데스의 기하학을 수정하기 시작하게 된다. 체적측정에 대한 완전한 논문을 쓰는 일은 포도주 통을 제작할 때 가장 좋은 비율을 결정하는 평범한 문제로부터 케플러에게 제시되었던 것 같으며, 이를 통하여 그는 최대, 최소치에 관한 여러 가지 문제를 생각하게 되었다. 그 예로, 그의 저서 Doliometria에서 '구에 내접하고 정사각형을 밑면으로 갖는 모든 직육면체 중에서 정육면체가 가장 크며, 반지름이 같은 모든 직원기둥 중에서는 지름과 높이의 비가 $\sqrt{2}:1$인 것이 가장 크다는 것을 증명하였는데, 그 방법은 주어진 치수에 대한 부피를 나열한 표를 만들어서 그 중 최적의 비율을 찾은 것이다. 최대 부피에 가까이 감에 따라 주어진 치수의 변화에 대한 부피의 변화가 작아진다는 사실을 발견하였다. 즉 케플러의 연구는 수적인 고찰에 근거하였으며 최대점 근처에서의 증분과 감분을 표현하는 정적인 고찰에 관심이 있었다.

3.2 불가분량

케플러의 통에 관한 입체 기하학(Stereometria dolitorium)이 출판된지 20년 후에 이탈리아에서 카발리에리(Bonaventura Cavalieri, 1598~1647)의 불가분량의 기하학(Geometria indivisibilibus)이 출간되었다. 카발리에리가 받은 수학적 영감을 알아보기 위해서, 그의 친구이며 스승인 갈릴레오(Galileo Galilei, 1564~1642)의 연구를 먼저 알아보기로 한다. 갈리레오의 초기 저서에는 물질의 형태, 원인과 성질에 대한 소요학파의 학설과 증가와 감소, 작용 반작용에 관한 스콜라 철학들의 문제를 다룬 점으로 보아 스콜라철학의 영향을 받은 것이 분명하다. 갈리레오는 그리스의 수학적 인지론을 받아들였고 불가분의 것을 사용하는데 있어 물리적 불가분의 량과 수학적 무한소량을 구별하지 못하였고, 무한과 불가분성을 본질적으로 이해할 수 없다고 하였다. 또한 그는 무한한 양을 서로 비교하거나 무한량과 유한량을 비교할 때 더 큰, 더 작은 또는 동일한 속성은 있을 수가 없다고 주장하였다. 이것은 무한을 플라톤과 마찬가지로 다수성 또는 집합으로 간주하여 정수의 무한집합은 자기 자신의 일부(현대적인 의미로 진부분집합)와 일대일 대응관계를 맺을 수 있는 것으로 간주한 것은 미적분학의 확립에 중요한 일이다. 불가분의 개념을 갈릴레오는 물리적 설명에 사용한 반면, 카발리에리는 기하학적 증명방법의 기초로 삼았다. 1626년에 카발리에리는 '연속체를 불가분의 것을 사용한 새로운 방법으로 설명한 기하학'과 '여섯 개의 기하학 연습'에서 불가분량을 발전시켰으나 무한소적 요소를 특징짓기 위해 사용한 불가분량(indivisible)을 명확하게 설명하지는 않았다. 카발리에리에게 무한은 불가지론이었다. 따라서 그의 논리에 무한은 보조 개념으로만 사용하였으며, 그 이유는 평면도형이나 입체도형의 불가분량 전체를 생각하기보다는 두 도형의 불가분량 사이의 대응에 관심이 있었기 때문이었고, 그의 접근방법의 특징을 보여주는 카발리에리 정리는 다음과 같다.

두 입체도형의 높이가 같고, 밑면에 평행하면서 밑면으로부터 같은 거리에 있는 평면으로 단면이 항상 일정한 비가 된다면, 두 입체도형의 체적은 같은 비를 갖는다.

이러한 관념으로 그는 현대의 $\int_0^a x^n dx = \dfrac{a^{n+1}}{n+1}$ 과 대등한 결과를 얻었다. 또한 그는 곡면의 불가분량은 천을 이루고 있는 실로, 입체의 불가분량은 책을 이루고 있는 종이로 비유하였으나, 두께를 갖지 않는 양들의 집합이 면적이나 체적을 갖는 평면이나 입체를 형성할 수 있는에 관해서는 설명하지 않았다. 그는 면적과 체적을 명백한 기하학적 개념으로 간주하여 면적과 체적의 수치보다는 이들의 비에 관심이 있었다. 카발리에리의 친구이고 갈릴레이의 제자인 토리첼리(Evangelista Torricelli, 1608~1647)는 불가분량의 장점과 단점을 잘 알고 있었다. 1647[13]년에는 그레고리(Gregory of St. Vincent, 1584~1667)의 기하학서(Opus geometricum)가 발행되었다. 아르키메데스, 스테빈, 발레리오는 참값과 근사값의 오차가 주어진 양보다 작아질 때까지만 분할하였으나 그레고리는 그것이 실제로 무한히 분할하는 것으로 해석하였다. 실제로 그의 기하학 서에서 무한히 많고 무한히 가는 평행사변형을 사용하였고 또한 아르키메데스가 사용한 곡선에 내접하는 n각형 대신에 니콜라스와 같이 무한히 많은 수의 변으로 이루어진 내접다각형을 사용하였다. 또한 3차원 입체도형에 매우 가는 평행육면체를 내접시킨 뒤, 이 평행육면체들을 그들이 내접해 있는 입체를 모두 소모하도록(exhaust) 증대시킬 수 있다고 하였다.[14] 이러한 무한분할의 관념은 그에게 무한등비수열의 극한에 대한 개념을 가져다주었다. 또한 그는 제논의 아킬레스의 역설이 무한급수의 극한으로 설명된다는 사실을 인식하였고, 또한 '수열의 종착지는 그 수열이 무한히 계속된다하여도 다다를 수는 없지만 어떠한 주어진 구간보다 더 가깝게 접근할 수 있는 급수의 끝이다' 라고 하면서 무한급수는 그 자체로 그 급수의 극한이라고 불리우는 크기를 정의한다고 하여, 무한급수가 합을 가질 수 있다는 사실을 명백히 하였다.

그레고리의 예수회 학교 제자인 타케트(Andreas Tacqet)는 도형의 크기는 같은 차원의 작은 부분(동종류)으로만 구성되고[15] 카발리에리가 주장하는 바와 같이 낮은 차원의 부분으로 구성되는 것이 아니라고 주장하였다.

로베르발(Giles Persone de Roberval, 1602~1675)은 그의 저서 불가분량에 대한 논고(Traité

13) 1647년은 미적분학사에서 중요한 해이다. 카발리에리와 토리첼리가 이 해에 죽었으며, 주어진 원의 넓이를 가지는 정사각형을 만든 해이다.

14) 이것이 exhaust 란 단어의 본질적인 의미를 처음으로 사용한 것으로 추정되며, 이 방식으로 도형이 실질적으로 다 소모된 최초의 예이다. 착출법에 의한 그리스인의 증명에서는 도형이 주어진 정도의 정확성 내에서 내접 또는 외접도형에 의하여 단순히 근접하는 것으로 생각하였다. 그러므로 그리스인의 방법은 진정한 착출법은 아니었다.

15) 입체는 작은 입체들로, 평면도형은 작은 평면도형들로, 직선은 작은 직선들로 구성된다.

des indivisibles)에서 곡면이 선으로 구성된다거나 입체가 곡면으로 구성되는 것이 아니라, 각각 곡면과 입체의 무한히 많은 작은 조각으로 구성되는 것이라고 하면서, 이러한 무한한 것들이 바로 불가분량이라고 하였다. 즉, 그는 극한개념을 체계화하지는 못하였고 대신 무한 개념을 사용하였으며, 도형을 작은 부분들로 나눈 다음, 다시 세분하는 과정을 채택하였는데, 그의 중요한 업적은 이 과정을 산술화하여 무한급수의 합으로 구했다는 점에서 현대의 정적분 개념의 본질적 요소를 나타낸 것이다. 그러나 그 역시 무한급수의 합을 등차수열의 극한으로 간주하지 못하고 기하학적 직관에 의지하였다. 결국 해석학의 기초는 스테빈, 타케트, 로베르발 등에 의하여 기하학적인 실진법을 산술화한 극한법에서 찾아졌다. 로베르발의 친구의 아들인 파스칼(Blaise Pascal, 1623~1662)은 1654년에 발표한 논문 'Potestatum numericarum summa'에서 x^n의 적분에 관한 정리를 발표하였는데, 그는 고전적인 기하학적인 명제에서 출발한 것이 아니라 파스칼 삼각형(산술삼각형)에 나타난 수들을 조사하여 다음과 같이 증명하였다.

$C_1^{n+1}d\overset{(n)}{\sum}+C_2^{n+1}d^2\overset{(n-1)}{\sum}+\cdots+C_n^{n+1}d^n\overset{(1)}{\sum}=(a+Nd)^{n+1}-a^{n+1}-Nd^{n+1}$으로 나타낼 수 있다. 여기에서 a는 수열의 첫째항, d는 수열의 공차, N은 항의 수, n은 지수, C_i^{n+1}는 파스칼 삼각형에서 $i+1$번째 열과 $n-i+2$번째 행의 수, $\overset{j}{\sum}$는 수열의 j번째 멱의 합이다. 예를 들어 $y=x^n$ 아래의 면적을 구해보기로 한다. 그 면적을, 첫째항은 0이고 단위길이와 같은 공차를 갖는 등차수열에서 선택한 가로좌표의 n제곱이 되는 세로좌표의 합으로 간주한다. 점은 선의 길이에 영향을 주지 않고, 선은 곡면의 면적에 영향을 주지 않는다. 산술적으로 표현하면 제곱근들은 제곱의 비에 나타나지 않고, 제곱도 세제곱의 비에 나타나지 않는다. 따라서 위의 규칙은, 가장 큰 가로좌표 b라 하고 낮은 계수의 항들을 0으로 무시하면 $(n+1)\overset{n}{\sum}=b^{n+1}$이 된다. 즉, $\int_0^b x^n dx=\frac{b^{n+1}}{n+1}$과 같은 의미가 된다.

그러나 파스칼은 합의 극한개념을 정의할 수 없었고 구적법과 접선에 관한 문제가 서로 역이 되는 본질을 인식하지는 못하였다.

3.3 페르마의 업적

파스칼의 친구인 페르마(Pierre de Fermat, 1601~1665)는 그리스어와 라틴어에 해박하여서 아르키메데스, 아폴로니우스, 디오판토스의 저서를 포함한 고전적인 수학 저서를 연구하게 되었다. 그는 비에트의 기하학적인 방법을 잘 알고 있었으며 1637년쯤에는 기하학을 데카르트와 함께 각 곡선에 곡선의 모든 성질이 포함되는 방정식[16)]을 연관시켜서 해석기하학으로

16) 페르마는 방정식을 곡선의 '특정 성질'이라고 불렀다.

발전시켰다. 그는 모든 선분에 어떤 수가 대응된다고 암묵적으로 가정하였기 때문에 선분에 대응되는 미지의 상수를 기호로 표현하였고, 무한소적 상수 또는 수는 기하학적 무한소와 대응시켰다. 이러한 수적 무한소는 파푸스의 '최소치와 특이한 비율(minima et singularis proportio)'의 내용에서 힌트를 얻어 '일반적으로 두 개의 해를 갖는 문제(이차방정식)에서 최대치 또는 최소치는 오직 한 개씩 존재한다.'는 사실을 1643년의 어떤 편지에 다음과 같이 자세하게 적어 보냈다.

길이 a 인 선분이 점 P에 의해서 x와 $x-a$ 두 부분으로 나뉘면, 두 변이 x와 $x-a$인 직사각형의 면적이 주어진 양 A가 되는 P의 위치는 일반적으로 두 개이다. 그러나 면적이 최대가 되는 위치는 선분의 중점 하나뿐이다.

이 방법으로부터 페르마는 다음과 같이 최대치와 최소치를 구하는 효과적인 방법을 체계화하였다.

a를 임의의 미지수라고 하자 (문제의 식에 따라 1차, 2차 또는 3차식의 문제일 수 있다.). a를 임의의 차원에서 최대값 또는 최소값을 가리키는 것이라고 하자. 원래 미지수 a를 $a+e$로 바꾸고 임의의 차수를 포함하는 a와 e라는 항으로 최대값 또는 최소값을 표현한다. Diophantus의 용어를 사용하여 최대값 또는 최소값을 나타내는 두 개의 식을 쓸 수 있으며 이 두 개의 식에서 공통항을 뽑아낸다. 두 개의 식이 모두 e 또는 e의 거듭제곱으로 된 항을 포함한다고 하자. e 또는 e의 가장 높은 차수로 나누면 적어도 하나의 식에서는 e가 완전히 사라지게 된다. 모든 식에서 e를 삭제하고 두 식을 등호를 이용하여 나타낸 다음 어느 한 쪽 변에 있는 모든 항을 이항하여 한 쪽 변이 0이 되도록 한다. 마지막 방정식에서 a의 값을 알 수 있고 처음 식을 다시 이용하면 최대값 또는 최소값을 찾을 수 있게 된다.

다음과 같은 예제를 살펴보자.

선분 AC에 점 E를 잡아 $AE \times EC$의 값이 최대가 되도록 하여라.

〈그림 39〉

$AC=b$라 하자. a를 선분 중의 하나라고 하면 다른 하나는 $b-a$가 되고 곱의 최대값을 찾으면 $ba-a^2$이 된다. $a+e$를 b의 첫 번째 선분이라고 하고 다른 하나를 $b-a-e$라고 하면 곱은 $ba-a^2+be-2ae-e^2$이 값은 앞에서 제시한 $ba-a^2$과 값이 같아야 한다. 공통 항을 없애면 $be-2ae+e^2$ [모든 항을 e로 나누면 $b \sim 2a+e$] e를 없애면 $b=2e$ 따라서 문제의 답은 b의 중간값을 잡으면 된다.

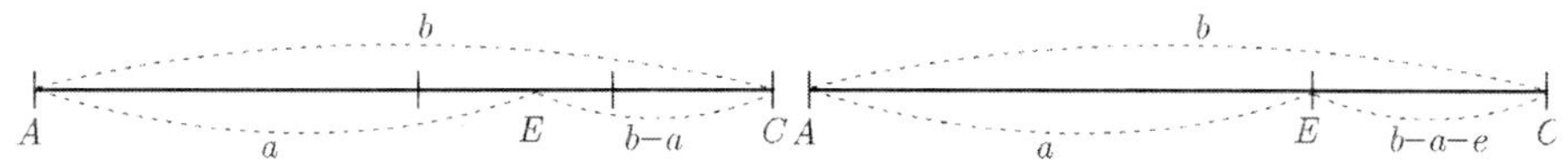

〈그림 40〉

$AE \times EC = a(b-a) = ba - a^2$ $\qquad AE \times EC = (a+e)(b-a-e)$

$\qquad\qquad\qquad\qquad\qquad\qquad\qquad\qquad = ba - a^2 - 2ae + be - e^2$

두 개의 식을 같게 놓으면 $2ae - be + e^2 = 0$

양변을 e로 나누면 $2a - b + e = 0$ 따라서 $b = 2a + e$이고 e를 없애면 $b = 2a$가 된다.

그러나 페르마는 E를 0으로 치환하여 만들어 지는 근사등식 즉 방정식을 생각하였을 뿐, E가 0으로 접근하는 변화하는 양으로 간주되는 극한개념으로 생각하지는 못하였다. 결과적으로 무한소가 해석학에 비판없이 도입되어 무한소 계산법(infinitesimal calculus)이 등장하게 되었다. 이러한 방법을 성공적으로 적용하여 1636년경에 페르마는 다음과 같이 곡선의 접선을 구하게 되었다.

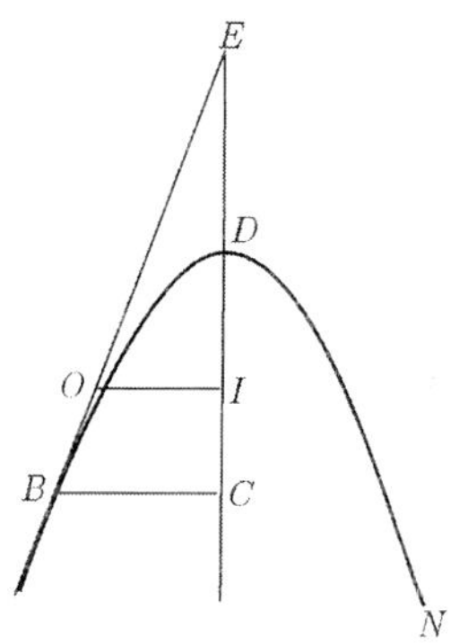

〈그림 41〉

다음에 나오는 방법은 De tangentibus linearum curvarum에 실린 글로 곡선에 대한 접선을 어떻게 구하는지에 대한 과정을 나다넨 것이다.

곡선의 주어신 섬에서 접선을 구하기 위해 앞의 방법을 이용한다. 예를 들어 꼭지점 D 그리고 지름 DC인 포물선 BDN을 생각해보자. B는 포물선에 접하는 직선 BE 위의 한 점이고 포물선과 접선과 지름의 교점을 점 E라 한다. 선분 BE에서 한 점 O를 잡고 평행한 직선 OI를 긋는다. 또한 점 B에서 평행선을 그어 선분 BC를 만든다. 그러면 점 O가 포물선 외부에 있기 때문에 $\frac{CD}{DI} > \frac{BC^2}{OI^2}$ 그러나 삼각형의 닮음에서 볼 때, $\frac{BC^2}{OI^2} = \frac{CE^2}{IE^2}$ 따라서 $\frac{CD}{DI} > \frac{CE^2}{IE^2}$

이제 점 B가 주어지면 결과적으로 BC도 결정되고, 결과적으로 점C도 결정되고 CD도 결정된다. $CD = d$로 놓자. $CE = a$와 $CI = e$로 놓자.

$$\frac{d}{d-e} > \frac{a^2}{(a^2 + e^2 - 2ae)}$$

분수를 없애면

$$
\begin{aligned}
&da^2 + de^2 - 2dae > da^2 - a^2e \\
&de^2 - 2dae \sim - a^2e \\
&de^2 + a^2e \sim 2dae
\end{aligned}
$$

양변의 e를 나눈다.

$$de + a^2 \sim 2da$$

위의 식에서 de를 없애면 $a^2 = 2da$가 되고 결과적으로 $a = 2d$가 된다. 따라서 결과적으로 CE는 CD의 2배가 된다.

그런데 이 접선법이 최대값을 구하는 방법의 응용이라고는 믿었으나 어떤 양을 최대화하였는지를 설명하지 못하였다. 한편, 적분법에 관하여 페르마는 이전의 방법과는 현저하게 다른 방법으로 설명하였다. 그는 1644년 이전에 구적법, 입체구적법, 분수차수의 포물선 $a^m y^n = b^n x^m$의 무게중심을 구하였고, 그레고리의 '기하학서'의 내용을 일반화하여 일반적인 분수쌍곡선과 포물선 아래의 면적을 구하는 방법을 다음과 같이 도입하였다.

$y = x^{\frac{p}{q}}$ 아래의 면적을 0에서 x까지 구하기 위해서, 가로축의 좌표가 $x,\ ex,\ e^2x,\ \cdots$ 인 점을 잡는다. 단, $e < 1$ (그림 41). 그 다음에는 각 점에서 수선을 세워서 곡선과 만나는 점을 잇어 만들어지는 직사각형의 면적은 무한등비수열이 된다. 페르마는 이 직사각형들의 면적의 합이 $x^{\frac{p+q}{q}}\left(\dfrac{1-e}{1-e^{\frac{p+q}{q}}}\right)$이 된다고 하였다. 그러나 곡선 아래의 면적을 구하기 위해서는 직사각형의 개수는 무한개가 되어야하며 각각의 면적은 무한히 작아야 되는데, 이것은 $e = 1$일 때 얻어진다. 이 계산을 하기전에 페르마는 부정형의 값을 구하기 위하여 $e = E^q$로 치환하여

$$x^{\frac{p+q}{q}}\left(\frac{1-E^q}{1-E^{p+q}}\right) = x^{\frac{p+q}{q}} \times \frac{(1-E)(1+E+E^2+\cdots+E^{q-1})}{(1-E)(1+E+E^2+\cdots+E^{p+q-1})}$$

을 얻는다. e가 1에 접근하면 E도 1에 접근하게 되므로 합은 $\dfrac{qx^{\frac{p+q}{q}}}{p+q}$이고 이것이 곡선 아래의 면적이다. 또한 $e > 1$로 놓으면 같은 방법으로 분수쌍곡선에 대한 임의 가로좌표에서 무한대까지의 곡선 아래의 면적을 구하였다

페르마는 무게 중심을 구하는 문제에 최대, 최소값을 구하는 방법을 사용하였고, 접선이 곡선의 길이를 계산하는 문제를 구적법 문제로 만들었지만 두 문제가 서로 역관계가 있음을 알아내지는 못하였다. 또한 그는 곡선이 어떤 직선과 정확하게 길이가 같을 수 있다는 것은

불가능하다고 생각하였으며, 위의 과정은 당시까지의 수학자들과 마찬가지로 기하적인 문제로써 면적을 구하는 과정으로 이해하였고 산술적인 연산 자체의 주요성을 알아차리지는 못하였다.

같은 시대에 페르마를 가장 혹독하게 비판했던 데카르트(Rene Descartes, 1596~1650)는 곡선의 접선을 구하는 문제에 누구보다 관심이 있었다. 그의 접선을 구하는 방법의 예를 들어 설명하기로 한다.

포물선 $y^2 = ax$ 위의 점 (a, a)에서의 접선을 구하는 방법은 다음과 같다. 점 (a, a)를 지나고 중심이 x축에 있는 원의 방정식은 $x^2 + y^2 - 2hx + 2ah - 2a^2 = 0$ 이다. 단 h는 미지수이다. 이 때 $y^2 = ax$를 대입하고 방정식이 중근을 갖게하면 $h = \frac{3a}{2}$이 되고, 이것은 포물선의 법선이 지나는 x축 상의 점의 가로좌표이다. 구하는 접선은 (a, a)를 지나면서 이 법선과 직교하는 직선이다.(Boyer, 1959)

데카르트의 방법은 극한이나 무한소 개념과 관계없는 순전한 대수적 방법이다. 그런데 그는 기하학에서 중근의 중요성과 일치하는 점의 의미를 설명하지 않았고 곡선의 접선을 정의하려고 하지 않았다. 데카르트가 기하학에서 연속변수를 생각했더라면 그의 접선법을 극한으로 설명하는 시발점이 되었을 것이다.

3.4. 기하학의 산술화의 시도

월리스(John Wallis, 1616-1703)는 뉴튼 이전의 시대에 극한 개념에 가장 가까이 접근했던 사람이다. 그는 원추곡선과 입체구적법의 연구에서 주로 산술적으로 접근하였고, 산술기호를 사용하여 증명을 간결하고 명쾌하게 하려고 노력하였다. 그는 ∞ 기호를 처음 도입하여 페르마가 그가 사용했던 기호 E를 무한소라고 정확하게 설명하지 않은 반면에 $\frac{1}{\infty}$이 무한히 작은 양 또는 무량(non-quanta)을 나타낸다고 말하였다. 월리스가 이를 사용하여 삼각형의 넓이를 다음과 같이 설명하였다.

월리스는 삼각형은 무한히 많은 직선 또는 밑면과 평행한 무한소 평행사변형으로 나뉘어진다고 가정하고 이것들이 0부터 시작하는 등차수열을 이룬다고 하였다. 그는 유한과 무한수를 구별하지 않았기 때문에 그 등차수열을 삼각형의 면적을 구하는 데에 적용시킬 수 있었다. 즉, 삼각형의 높이와 밑변의 길이를 각각 A, B라 하면, 수열에 나타나는 마지막 평행선의 넓이는 $\frac{1}{\infty} A \times B$이다. 따라서 전체 삼각형의 넓이는 $\frac{1}{\infty} A \times B \times \frac{\infty}{2} = \frac{1}{2} A \times B$가 된다고 하였다. 계속해서 그는 이 방법을 주면, 원추, 원추곡선을 포함하는 다양한 구적법과 입체구적법에 적용하였다.

그러나 페르마가 기호E를 명확하게 설명하지 못한 것처럼 월리스는 무한히 작은 직사각형을 선분과 동일시하였고, $\frac{1}{\infty}=0$으로 이해하여 무한소와 혼동하여 사용하였다. 또한 그들은 기하학적 도형과 산술적 측정값을 명쾌하게 구별하지는 못하였다.

이러한 기하학의 산술화를 영국의 철학자 홉스(Thomas Hobbes, 1588~1679) 와 신학자 배로우(Isaac Barrow, 1630~1677)가 강력하게 반대하고 나섰다. 홉스는 월리스가 사용한 산술화를 기호의 딱지라고 비판하였다. 그는 갈릴레오가 관성과 변화하는 속도를 이용하여 운동법칙을 성공적으로 완성한 것에 감명을 받고, 점을 기하학의 확장의 시작으로 간주하는 개념과 비슷하게 운동의 시작은 코나투스(conatus) 의 개념을 소개하였으며, 코나투스 개념을 수학적으로 체계화하려고 노력하였다. 그러나 수와 공간적 양 사이의 관계와 순간속도가 순전히 수 개념이라는 사실을 알지는 못하였다. 배로우는 유클리드의 견해로 회귀하고자 하면서 산술에서 무리수는 납득이 않되며 대수학의 대상으로 여겼다. 그는 산술은 기하학에 포함되지만 대수학은 수학보다는 논리학에 포함된다고 주장하였다. 배로는 연속체의 본질과 순간속도에 대한 문제를 다루었으나 극한개념이 아닌 원자론적 견해를 유지하였다.

3.5 미적분학의 기본정리의 태동

미적분학의 역사에서 가장 중요한 도함수와 부정적분의 역관계가 도입되는 초기의 과정을 요약해 보도록 하자. 페르마(Fermat)는 역연산 문제(inverse problem)뿐만이 아니라 x^n과 $\int_a^b x^n\,dx$과의 관계를 잘 알고 있었으며, 또한 빈센쇼(Gregorius a Santo Vincentio)는 $f(t)=\int_1^t (dx/x)$는 $f(uv)=f(u)+f(v)$이 되는 사실을 발견하였으나 이 연구가 발표되기 전까지 주목받지 못하였기 때문에 로그에 관한 성질이 알려지지 않았다. 지금부터 로그의 성질을 알아보기로 한다. 그림 42에서, $f(t)$는 빗금 친 부분의 면적이다. 정적분의 성질에 의하여 $\frac{1}{t}(t-1)<\int_1^t \frac{dx}{x}<1(t-1)$이다.

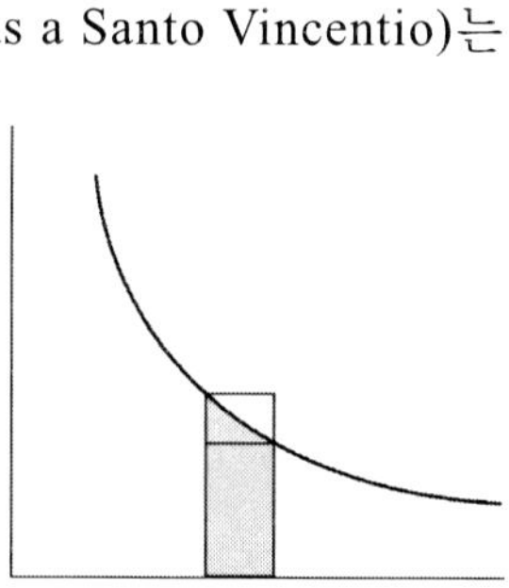

〈그림 42〉

$t=1$ 에서의 도함수는 정의에 따라 $f'(1)=\lim_{t\to 1}\frac{f(t)-f(1)}{t-1}$ 이고, $f(1)=\int_1^1 \frac{dx}{x}=0$ 이므로 결국 $\frac{f(t)-f(1)}{t-1}=\frac{f(t)}{t-1}$이 되는데, $\frac{1}{t}<\frac{f(t)}{t-1}<1$이므로 $\lim_{t\to 1}\frac{f(t)}{t-1}=f'(1)=1$ 이 된다. 따라서 이 함수는 자연로그 또는 Napier의 로그인 $f(t)=\log t$이므로 $f'(t)=\frac{1}{t}$이다. 따라서

① $F(t)=\int_a^t x^n\,dx=\frac{t^{n+1}}{n+1}-\frac{a^{n+1}}{n+1}$, $F'(t)=t^n$,

② $F(t) = \int_1^t \frac{dx}{x} = \log t,\ \ F'(t) = \frac{1}{t}$

이제, 갈리레오(Galilei Galileo, 1564~1642)의 다음과 같은 대담한 추론을 상기해 보자.

즉, g가 중력 상수일 때, 자유 낙하하는 물체의 속도는 $v = gt$이고 낙하한 거리는 $s = g\frac{t^2}{2}$이다. 따라서 $F(t) = s(t) = \int_0^t gx dx = g\frac{t^2}{2}$이 된다는 추론이다.

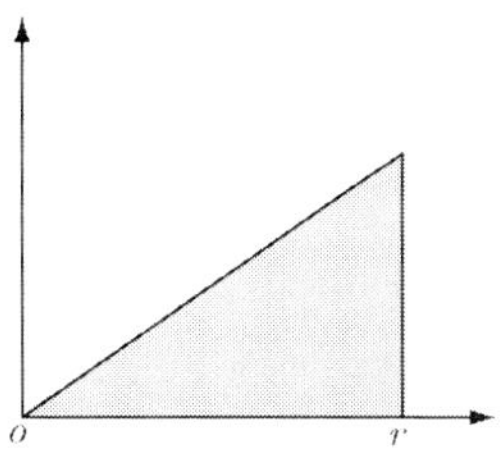

〈그림 43〉

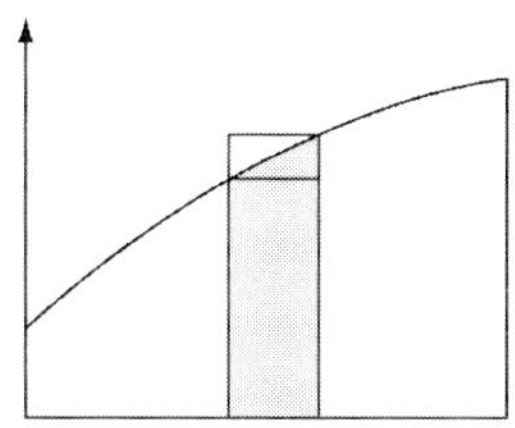

〈그림 44〉

$n = 1$일 때는 위의 식 ①의 특별한 경우이다. 이러한 관계에서 다음과 같은 사실을 알 수 있다. 자유낙하 거리$s(t)$는 각 운동의 순간 t에서의 속도를 나타내는 수선의 합, 즉, 직선 $v = gt$ 아래의 면적과 같다(그림 76). 1650년경에 이러한 사실들이 논의되었으나 1667년에 배로우(Isaac Barrow, 1630~1677)에 의해서 피적분함수와 부정적분 사이의 관계인 다음과 같은 미적분학의 기본정리(The fundamental theorem)가 증명되었다.

■ 미적분힉의 기본징리

함수 $f(x)$가 폐구간 $[a, \mathrm{b}]$에서 연속이고 단조함수일 때, $F(t) = \int_a^t f(x)dx$ 라고 하면 $F'(t) = f(t)$이다.

즉, $F(t)$의 도함수는 피적분함수(integrand)가 되는 것이다. 또는 상극한의 함수로서 간주되는 정적분이란 그것의 도함수가 주어진 함수 $f(x)$가 되는 한 함수를 찾는 역연산 문제(inverse problem)를 해결하는 것이 된다.

Barrow의 증명은 단순하지만 엄밀한 것이었다(그림 77). 함수 $f(x)$의 정적분 $F(t)$의 도함수는 정의에 의해서 다음과 같다.

$$F'(t) = \lim_{t_1 \to t} \frac{F(t_1) - F(t)}{t_1 - t}$$

그런데 $F(t_1) - F(t) = \int_a^{t_1} f(x)dx - \int_a^t f(x)dx = \int_t^{t_1} f(x)dx$는 빗금 친 부분의 넓이다. $f(x)$가 단조함수이므로, $t < x < t_1$이면

$$f(t) < f(x) < f(t_1)$$

$$(t_1 - t)f(t) < \int_t^{t_1} f(x)dx < (t_1 - t)f(t_1)$$

따라서

$$f(t) < \frac{F(t_1) - F(t)}{t_1 - t} < f(t_1)$$

이 때 $t_1 \to t$이므로, $f(t_1)$은 t_1에서 t까지 모든 함수값을 지난다. 그런데 $f(x)$는 $x = t$에서가 연속이므로 다음의 등식이 성립하게 된다.

$$\lim_{t_1 \to t} \frac{F(t_1) - F(t)}{t_1 - t} = f(t)$$

이러한 관계가 갈릴레오(Galileo)에 의해 직관적으로 예상되었다는 것을 알 수 있다. $f(x) = c$와 $f(x) = gx$에 적용했던 그의 추론이 일반적으로 응용 가능하기 때문에, $F(t)$는 면적을 나누는 길고 가는 직사각형 조각들의 합이 아니라 모든 수직선의 합이었으며, 한편으로는 그 넓이가 단지 높이로 주어지는 무한히 좁은 띠인 넓이의 불가분량인 요소들이고, 다른 한편으로는 그것의 높이는 속도이다. 이러한 발상은 배로우(Barrow)의 발견과 증명의 핵심을 모두 포함하고 있는 것이었다. 만일 아르키메데스(Archimedes)가 모든 것을 발견하였다면 Galileo가 한 것처럼 발견하였을 것이고 Barrow가 한 것처럼 증명하였을 것이다. 따라서 이러한 관련성이 정적분과 미분법 사이에서 확립되어 졌다. 그의 저서에서 Barrow는 Galileo, 토리첼리(Evangelista Torricelli, 1608~1647), Cavalieri, 로버발(Gilles Persone Roberval, 1602~16750), 파스칼(Blaise Pascal, 1623~1662)과 같은 수학자들이 마련한 바탕과 Fermat가 20년 전에 알았던 미분법에 관한 수많은 이론들을 발전시켰다. Barrow에게 미적분법의 발명자라는 명예가 돌아가지 않고 뉴턴(Newton)과 라이프니츠(Leibniz)에게 돌아간 이유는, 그는 상당한 정도로 미적분법의 실질적인 발견자였으나 그의 연구에는 빠진 것이 있었다. 즉, 부정적분을 통한 정적분의 계산이다. 그의 결점을 보완하기 위한 미적분학의 기본정리를 미분법과 적분법 사이의 새로운 관계는 다음과 같다.

만일 정적분 $\int_a^t f(x)dx = F(t)$을 찾을 수 있다면 도함수가 $f(t)$인 부정적분(Leibniz의 용어)인 함수 $\int f(x)dx$를 찾을 수 있다. 만일 함수 $f(x)$의 부정적분 $\varphi(x)$이 존재한다면 $\varphi'(x) = f(x)$인 함수 $\varphi(x)$를 구하는 방법을 알아보기로 하자.

만일 $\varphi(x)$이 부정적분이라면, $\varphi'(x) = f(x)$일 것이고, 임의의 상수 c에 대하여 $[\varphi(x) + c]'$

$=\varphi'(x)+0=\varphi'(x)=f(x)$이므로, $\varphi(x)+c$는 또한 부정적분이다. 따라서 도함수를 $f(x)$로 갖는 함수가 존재한다면, 사실은 수많은 그러한 함수가 존재한다는 것을 의미한다. 그러나 미적분학의 기본정리에 의하면 $f(x)$가 연속이고 단조함수이면 그러한 함수 $F(t)$는 단 한 개 존재한다. 그리고 $F(t)+c$가 문제의 해답인 함수 전체를 대표한다. 따라서 구간 $a \le x \le b$에서 $f(x)$의 $\varphi(x)$이외의 다른 부정적분을 $\psi(x)$, $g(x)=\psi(x)-\varphi(x)$라고 하자. 그러면 $g'(x)=\psi'(x)-\varphi'(x)=f(x)-f(x)=0$이다. 즉, 구간 $a \le x \le b$에서 $g(x)$의 도함수는 0 이므로, 그 함수는 구간$a \le x \le b$에서 상수함수이다.

기하학적으로는 곡선이 모든 점에서 x축에 수평인 함수이며, 운동의 관점에서는 도함수가 0이라는 것은 속도가 0이라는 것을 의미한다. 즉, $g(x)=c$, $\psi(x)-\varphi(x)=c$, $\psi(x)=\varphi(x)+c$ 이다. 따라서 $\varphi'(x)=f(x)$ 일 때 $f(x)$의 다른 부정적분을 $F(x)$이라 할 때 $f(x)$의 모든 부정적분은 $\varphi(x)=F(x)+c$ 이며, $f(x)$의 한 부정적분을 $\varphi(x)$이라하면, $\int_a^b f(x)dx=\varphi(b)-\varphi(a)$이다. 그 이유는 $F(t)=\int_a^t f(x)dx$, $\varphi(x)=F(x)+c$라고 하면

$$\varphi(b)=F(b)+c=\int_a^b f(x)dx+c$$

$$\varphi(a)=F(a)+c=\int_a^a f(x)dx+c=c$$

즉, $\varphi(b)-\varphi(a)=F(b)-F(a)=\int_a^b f(x)dx$이기 때문이다.

배로우는 많은 강의내용을 뉴턴과 콜린스에게 마지막 교정을 맡기고 신학 공부를 하기위하여 수하을 포기하였고, 후데(Johann Hudde, 1629~1704)는 페르마의 방법을 적용하지 않고 일변수 유리함수의 최대, 최소치를 구하는 법칙을 만들었다.

4. 뉴턴과 라이프니츠 시대

미적분학의 창시자는 뉴턴과 라이프니츠로 알려져 있지만, 그들 역시 도함수나 적분의 관념을 완전하게 이해했던 것은 아니었다. 이 장에서는 미적분하에 관한 그들의 아이디어와 인식론적인 장애를 살펴보기로 한다.

4.1 뉴턴(Isaac Newton, 1642~1727)

위에서 살펴본 페르마에 의해 고안된 과정들은 현대적인 도함수의 개념과 거의 일치하

며[17] 또한 배로우에 의해 발견된 명제들에는 미분적분학의 기본 정리와 대등한 기하학적 정리가 포함된다. 특히 배로우는 접선과 구적법 문제가 하나의 수학적 문제의 서로 역인 성질을 통합하는 아주 중요한 성질임을 분명히 인식한 첫 번째 사람으로서 고대인들의 기하학을 마무리한 것으로 간주하여도 좋을 것이다. 뉴턴과 라이프니츠가 결과적으로 체계화한 것들은 서로간의 동시적인 영향이라기보다는 공통적인 이전 영향의 결과들일 가능성이 크다. 미적분학의 역사는 플라톤, 아르키메데스, 갈릴레오, 카발리에리, 그리고 배로를 통하여 뉴턴에 이르는 운동학적인 것과 데모크리토스, 케플러, 페르마, 파스칼, 그리고 호이겐스를 통하여 라이프니츠로 행하는 원자론적인 것으로 나뉘게 되었다. 당시의 기하학의 발달로 인하여 발견된 뉴턴의 유율 계산법과 라이프니츠의 미분학은 근본적으로 다른 것이 아니다. 그런데 유율계산법과 미분학이 확립되고, 이들에 대한 논리적이고 형이상학적인 기초에 의문이 야기되자, 두 사람의 맹목적인 추종자들이 미적분학의 우선권 논쟁에 몰두하여 그들의 후계자들로 하여금 두 체계의 이익과 불이익을 식별하지 못하도록 만들고 말았다. 배로우는 곡선의 접선을 곡선을 이루는 무한히 많은 작은 선분 중의 하나를 연장한 것인 동시에 움직이면서 곡선을 생성시키는 한 점의 운동 방향으로 간주하였다. 그러나 데카르트(Rene Descartes, 1596~1650)와 페르마의 해석적인 안목이 부족하여 월리스(John Wallis, 1616~1703)는 산술화의 중요성을 인식하지 못하였지만, 그의 제자인 뉴턴은 일찍이 수학적 훈련을 받는 기간 동안에 이것을 알게 되었다. 또한 월리스가 무한산술(Arithmetica infinitorum)에서 사용한 귀납법과 보간법을 이용하여 뉴턴은 이항정리를 발견하였고 또한 이항급수와 관련되는 무한급수를 사용하게 됨으로서 기하학적인 편견을 버리게 되었다. 1669년에 작성하여 1711년에 출판된 "무한급수의 방정식에 의한 해석에 관하여(De anslysi per aequationes numero terminorum infinitas)"에서 처음으로 미적분학을 발표하였는데, 이 논문에서 뉴턴은 무한히 작은 사각형 또는 모멘트(moment) 개념을 채택하여 곡선의 구적법을 다음과 같이 실행하였다. 가로좌표 x와 세로좌표 y에 대해 면적이 $z=(\frac{n}{m+n})ax^{\frac{m+n}{n}}$ 이 되게 곡선이 그려졌다고하자. 그레고리(James Gregory, 1638~1675)의 표기법을 따라 모멘트 또는 가로좌표의 무한소적 증가를 o라 하자. 그러면 가로좌표는 $x+o$가 될 것이고, 증가된 면적은 $z+oy=(\frac{n}{m+n})a(x+o)^{\frac{m+n}{n}}$ 가 될 것이다. 이 식에 이항 정리를 적용하여, 전체를 o로 나눈 다음, o을 포함하는 항을 무시하면, 그 결과는 $y=ax^{\frac{m}{n}}$ 이 될 것이다. 즉, 만일 면적이 $z=\frac{n}{m+n}ax^{\frac{m+n}{n}}$ 인 곡선은 $y=ax^{\frac{m}{n}}$ 이고, 역으로 곡선이 $y=ax^{\frac{m}{n}}$ 이면, 면적은

---

17) Laplace는 페르마가 미분법의 진정한 선구자라고 하였다.

$z=\frac{n}{m+n}ax^{\frac{m+n}{n}}$ 이 될 것이다. 이 식은 면적의 순간 증가를 생각하여 얻어지게 되었다. 이 과정에서 페르마가 E 를 생략한 것이나 배로우가 e와 a의 멱승을 생략한 것과 마찬 가지로 뉴턴도 o의 멱승을 포함한 항들을 계산과정에서 없애버린 이유를 밝히지 않고 있고, 이 과정에 나타난 뉴턴의 아이디어는 y는 증가중인 면적의 속도이고 x는 시간을 나타낸 것으로 오레스미(N. Oresme, 1323~1382) 등의 무한소 개념과 똑같은 것이지만 여기에서 뉴턴이 기여한 것은 개념을 명확하게 한 것이 아니라 연산과정을 간소화한 것이다. 즉, 이전의 구적법은 합의 극한으로 정의된 정적분과 동치인 방법을 기반으로 하였지만 뉴턴이 처음으로 현재와 같은 방법인 면적의 순간변화율의 부정적분으로 면적을 정의한 것이다. 다시 말하면 현재의 의미의 도함수를 구한 다음, 도함수를 이용하여 정적분을 구한 것이다. 즉 뉴턴의 방법은 직접적으로 그리고 거꾸로 적용한 것이기 때문에 미분적분학은 이 단계에 의해 도입되었다고 생각해도 좋다. 그 후 1671년에 작성하여 1736년에 출간한 유율법과 무한급수(Methodus fluxionum et serieum infinitarum)에서는 De anslysi 와는 다르게 변화량을 무한소의 총체가 아니라 점, 선, 면의 연속적인 운동으로 간주하였고 이 과정을 표현하기위해서 유량 x, y의 유율을 $\dot{x}$와 $\dot{y}$로 표기하였다. 뉴턴은 $y=x^n$ 에서 x 대신 $x=\dot{x}o$, y 대신 $\dot{y}+yo$를 대입하여 이항정리에 의해 식을 전개하고, o를 포함하지 않는 항들을 없앤 다음, 전체를 o로 나누었다. o는 무한히 작은 것으로 가정하기 때문에, 이것을 포함하는 항들 -즉 양들의 모멘트-은 다른 것들과 비교할 때 0으로 간주될 수 있고 무시하게 된다. 그 결과인 $\dot{y}=nx^{n-1}\dot{x}$ 는 유율을 사용하지 않았던 De anslysi 에서의 결과와 같다. 이 과정에서 무한히 작은 양은 카발리에리의 불가분양(indivisible)의 정적인 형태는 제거하였지만 갈리레오 수준의 모멘트의 역동적인 형태는 그대로 유지되었고 E, e, o, $\dot{x}$ 등으로 표기된 무한히 작은 양을 0으로 받아들이는 것을 정당화하기 위하여 유율이 비로 다루어져야 했기 때문에 극한개념을 도입하였다. 1676년에는 라이프니츠가 그와 비슷한 문제에 대해 연구하고 있다는 사실을 알게 되어, '임의의 수의 양의 유량이 방정식으로 주어지면 유율을 구할 수 있고, 반대로 유율이 주어지면 유량을 구하기'라는 문장이 담긴 편지를 라이프니치에 전하였지만, 실제로 미적분학에 대한 설명은 1687년에 발표한 "자연철학의 수학적 원리(Principia mathematica philosophiae naturalis)"에서 우연히 발견되었다. 그러나 그 내용과 방법은 해석학적 계산이 거의 없는 종합기하학의 형태로 구성되었다. 그 책에서 뉴턴은 처음에는 유한도 아니고 정확하게 0도 아닌 무한히 작은 '죽은 양의 영혼(Ghosts of departed quantities)'을 마음 속에 깆고 있었기 때문에 1704년에 발표된 논문에서도 오차는 아무리 작아도 수학에서는 무시되지 못한다고 생각하였다. 즉 뉴턴은 기하학적 양의 길이의 비를 산술적으로 생각하지 못했던 것이다. 프린키피아 초판에는

'라이프니츠도 나와 비슷한 방법을 알고 있었다'고 하였으나 3판에서는 그 문구를 지워버렸다. 미적분학에 관한한 뉴턴이 10년 앞 선 것은 사실이지만 라이프니츠의 발견은 뉴턴과는 무관한 것이었다. 뉴턴은 1676년에 작성하여 1704년에 발표한 '곡선의 구적법에 대하여(De quadratura curvarum)'에서는 x^n의 유율을 구하기 위하여 다음과 같이 설명하였다. x를 $(x+o)$로, x의 성분을 o 대신 $o\dot{x}$로 대치한 다음, $(x+o)^n$을 전개하고 x^n을 빼면 x가 o만큼 변할 때, x^n의 변화량이 된다는 불확실한 정당화 대신, x의 변화율은 1, x^n의 변화율은 $nx^{n-1}+n(\frac{n-1}{2})ox^{n-2}+\cdots$로 정한 다음, o가 0으로 접근하도록(사라지도록) 하였다. 결과적으로 나오는 비인 1과 nx^{n-1}을 지금은 변화율의 극한이라고 하지만 뉴턴은 그것을 변화량의 궁극적 비, 즉 사라지는 증분이라고 한 것이 그 후 혼란을 일으키게 된다. 위의 증명에서 도함수의 본질적인 요소가 좀 더 명확해졌다. 즉, 다변수함수보다는 일변수함수를 강조하였고, 독립변수와 함수의 변화율을 구성하였고 또한 변화량이 0으로 접근할 때 변화율의 극한을 결정한 것이 그것이다. 이 때 뉴턴이 궁극적인 비를 두 변화율의 몫이 아니라 한 개의 수로 생각했다면 미적분학의 완성은 백년을 앞당겼을 것이다.

4.2 라이프니츠(Gottfried Wilhelm Leibniz, 1646~1716)

라이프니츠는 라이프치히 대학에서 신학, 법학, 철학, 수학을 공부하였고 알트도르프 대학에서 법학박사학위를 받았다. 그 후 1672년 파리를 방문했을 때 호이겐스를 만났고 그로부터 수학에 대해 좀 더 깊은 연구를 하도록 권유를 받았다. 1673년에 런던을 방문했을 때는 라이프니츠는 여러 수학자를 만나서 무한급수에 대해 배우고 배로우의 'Lectures'사본을 구입하여 읽고, 콜린스를 통하여 뉴턴의 'De analys'에 대해서도 알았다고 한다. 같은 해에 파리에 돌아와서 카발리에리, 파스칼, 데카르트 등의 논문을 공부하였다. 라이프니츠의 무한소 해석학 배경은 그래서 뉴턴의 배경과 크게 다르지 않았다. 라이프니츠의 첫 번째 수학 논문은 조합 해석학(combinatorial analysis)에 관한 것이었으며, 그는 항상 강한 산술적 경향을 간직하고 있었다. 구적법 문제에 관한 첫 번째 연구결과인 산술적 사각주의(Arithmetical Tetrafonism)에서 그는 단위 원(unit circle)의 면적이 무한급수 $1-\frac{1}{3}+\frac{1}{5}-\frac{1}{7}+\cdots$의 4배라는 것을 밝혔다. 즉 $\frac{\pi}{4}=1-\frac{1}{3}+\frac{1}{5}-\frac{1}{7}+\cdots$ 을 계산하였다. 이러한 형식주의적이고 산술적인 생각은 이제 라이프니츠가 터득하기 시작했던 기하학과 흥미로운 방식으로 결합하게 되었다. 라이프니츠는 1676년에 그가 고안한 계산기를 가지고 다시 런던을 방문하게 되는데, 1673년에서 1676년 동안에 미분법이 제대로 형태를 갖추었다고 보아야할 것이다. 뉴턴과 마찬가지로 라이프니츠의 초기의 업적에는 무한급수가 큰 역할을 하였다. 그 즈음에 호이겐스가 라이프니츠에게 삼각수의 역수 $\frac{2}{n(n+1)}$ 의 합을 계산하는 문제를 제시하였다. 라이프니츠는 $\frac{2}{n(n+1)}=2(\frac{1}{n}-\frac{1}{n+1})$ 임을 이용하여 n항까지의 합이 $2(\frac{1}{1}-\frac{1}{n+1})$ 이므로 무한급수의 합은 2라고 결론지었다. 이 무한급수의 계산을 성공함으로서 라이프니츠는 모든 무한급수의 합을 계산할 수 있다는 자신감을 갖게 되었다. 이즈음에 파스칼의 조화삼각형과 산술감각형에는 숨어있는 놀랄만한 관계가 라이프니츠를 매혹시켰다.

파스칼의 산술 삼각형	조화삼각형
1 1 1 1 1 1 1 ⋯	$\frac{1}{1}$ $\frac{1}{2}$ $\frac{1}{3}$ $\frac{1}{4}$ $\frac{1}{5}$ $\frac{1}{6}$ ⋯
1 2 3 4 5 6 ⋯	$\frac{1}{2}$ $\frac{1}{6}$ $\frac{1}{12}$ $\frac{1}{20}$ $\frac{1}{30}$ ⋯
1 3 6 10 15 ⋯	$\frac{1}{3}$ $\frac{1}{12}$ $\frac{1}{30}$ $\frac{1}{60}$ ⋯
1 4 10 20 ⋯	$\frac{1}{4}$ $\frac{1}{20}$ $\frac{1}{60}$ ⋯
1 5 15 ⋯	$\frac{1}{5}$ $\frac{1}{30}$ ⋯
1 6 ⋯	$\frac{1}{6}$ ⋯
1 ⋯	

예를 들면, 산술삼각형에 있는 모든 원소는 그것의 바로 위 줄의 요소와 바로 왼쪽에 있는 모든 항들의 합이고, 그것은 또한 그것의 바로 아래에 있는 두 항의 차이이다. 비슷하게, 조화삼각형에서 모든 원소는 그것의 아래 줄의 오른쪽에 있는 항들의 합이고, 또한 그것은 바로 위에 있는 두 항의 차이이다. 카발리에리 원리의 의미에서, 세로좌표의 차에 의존하는 접선에 대한 문제가 모든 세로좌표의 합에 의존하는 구적법에 관한 문제의 역인 것처럼, 이 삼각형들에서 합과 차는 서로의 역이 되는 것을 보게 된다. 또한 조화삼각형의 항이 무한하므로 라이프니츠는 이 무한급수의 합을 구하고자 하였다. 조화삼각형의 첫 번째 행에 있는 급수는 발산하고, 나머지 행의 급수는 모두 수렴한다는 사실을 알게 되었다. 즉, 그는 둘째 행의 수들은 삼각수인 1, 3, 6, 10, 15, ⋯ 의 역수의 $\frac{1}{2}$ 이고 그 합은 1이고, 셋째행의 수들은 피라밋 수

$\frac{n(n+1)(n+2)}{1\times2\times3}$의 역수의 $\frac{1}{3}$이고 급수의 합은 $\frac{1}{2}$이고, 넷째행의 수들의 합은 $\frac{1}{3}$이 됨을 알았다. 그러나 산술삼각형과 조화삼각형에 있는 수들의 차가 유한인 반면, 곡선의 세로좌표의 차는 무한소이므로 앞의 삼각형의 경우에 적용되는 법칙이 곡선의 경우에는 성립하지 않는다는 사실을 알고 나서 라이프니츠에게는 무한소들이 합과 차를 구하는 방법을 개발할 필요가 절실하게 되었다. 라이프니츠는 무한급수와 조화삼각형을 연구한 후에, 파스칼의 무한소해석학에 관한 업적을 탐구하였다. 그는 1673년경에 출간된 파스칼의 '사분원으로 둘러싸인 면적에 관한 논고'에서는 아래의 그림 45에서 영감을 얻어 곡선의 접선이 가로좌표와 세로좌표이 차들이 무한히 작아질 때 그 차(difference)들의 비에 의존한다는 것과 구적법은 가로좌표에 있는 무한소 구간에 대한 세로좌표 또는 무한히는 가는 직사각형의 합에 의존한다는 것을 인식하였다.

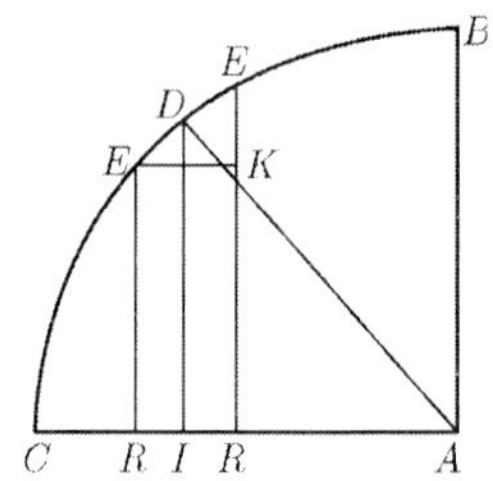

〈그림 45〉

더욱이 합하는 연산과 차를 찾는 연산은 서로 역이라는 사실을 알게 되었다. 배로우 역시 이러한 사실을 알아차렸지만 두 사실을 통합하지는 못하고 뉴턴에게 모든 것을 넘겨주고 말았다. 1675년경에 라이프니츠는 모든 x의 '합'(그 후 베르누이(Bernoulli)형제의 제안을 받아들여 x의 '적분') 을 $\int x$로, 나중에는 $\int xdx$로 표기하였다. 또한 x의 값들의 "차"에 대해서는 dx로 표기하였다. 프린키피아에서 뉴턴은 곱 AB의 모멘트를 찾는 것에서 미적분을 시작하였고, 라이프니츠는 곱 xy의 "차"를 구하는 것에서부터 미적분을 시작하였다. 시행착오 과정을 지난 후에 xy의 "차"를 $d(xy)=xdy+ydx$로 계산하게 되었다. 그러면 x^2의 차는 $d(x^2)=d(xx)=xdx+xdx=2xdx$이므로, 귀납적으로 모든 정수거듭제곱으로 확장하여 x^n의 차가 $nx^{n-1}dx$라는 사실과, 합하는 것은 차를 구하는 것의 역이므로 x^n의 적분이 $\frac{x^{n+1}}{n+1}$이라는 결과를 얻었다. 이와 같은 미분과 적분을 서로 역연산으로 얻게 된 사람은 오직 뉴턴과 라이프니츠뿐이었다. 따라서 미분하는 것이 일반적으로 기본적인 연산이고, 적분하는 것은 단순히 이것의 역으로 간주하였다.

뉴턴의 유량을 주어진 유율에 의해 생성된 양, 즉 주어진 크기를 그것의 유율로 갖는 양, 또는 유율의 역(뉴턴의 적분)이라고 정의하였고, 라이프니츠는 적분을 한 크기의 모든 값들의 합으로, 또는 무한히 많은 수의 무한히 좁은 직사각형들의 합으로 또는 어떤 특성의 합의 극한(라이프니츠의 적분)으로 정의하였는데 이 두 관점 은 기초 미분적분학에서 계속 이어져 오고 있다. 이러한 이유로 뉴턴과 라이프니츠는 미분적분학사의 창시자로 알려지고 있다.

뉴턴과 라이프니츠는 당대의 다른 수학자들이 생각하지 못했던 무리함수의 도함수도 같은 방법으로 구할 수 있다고 주장하였다. 그러나 일반적으로 n이 자연수가 아닐 때는 $(x+o)^n$을 이항전개하면 무한급수가 되기 때문에 무한급수의 수렴 여부가 중요한 문제이지만 뉴턴과 라이프니츠는 물론이고 그 후 백년 동안 그들의 후계자들조차 무한급수의 수렴문제의 중요성을 인식하지 못하였다. 또한 라이프니츠는 미분적분학은 운용법(modus operandi)이기 때문에 그 자체가 증명이라고 생각했기 때문에 논리적이고 철학적인 정당화에는 관심이 없었고 파스칼과는 다르게 무한히 작은 것을 신비로운 것으로 만들기를 원하지 않았다. 또한 그는 기하학적 직관을 배제하고 단지 지성에만 호소하면서 알고리즘적 특성을 강조하였다. 이러한 의미에서 그는 수학에서 직관주의에 대비되는 형식주의의 창시자 중의 한 사람으로 간주될 수 있다. 라이프니츠는 그의 일계 미분에 대하여 가로좌표 x의 미분 dx는 임의의 양이고, 세로좌표 y의 미분 dy는 접선의 x축 사영(subtangent)[18](Peterson, 1968) 과 세로좌표의 비와 같아지는 dx와 대응하는 양으로 정의하였다. 즉, subtangent : 세로좌표$=dx:dy$가 되도록 정의하였다. 이 정의는 코시(Augustin Louis Cauchy, 1789~1857)의 정의와 유사하지만 라이프니츠는 접선을 곡선상의 무한히 가까운 두 점을 연결하는 선으로 정의하고 있었다. 라이프니츠는 1계 미분은 접선 또는 직선의 방향을 말하고, 고계 미분은 접촉 또는 곡률을 말한다고 가는 말하였다. 이러한 의미에서 미분은 임의의 수보다는 작지만 0은 아닌 유클리드의 접촉각에 비유된다. 계속해서 그는 엄밀한 정의를 하지 않은 채 고계미분의 정의 등에 다양한 기호를 양산하였지만 표기법은 뉴턴의 표기법보다는 미적분학의 논리적 기초로서 더 효과적이었고 현재까지 사용되고 있다. 그러나 그의 표기법 체계로 인하여 하나의 수인 미분비를 두 수의 몫으로 인식하였고, 적분을 어떤 함수의 극한값이 아닌, 자신도 알지 못하는 어떤 것늘의 합으로 인식하고 말았다. 결론적으로 뉴턴이 관심을 가졌던 것은 비이고 사라지는 양 자체가 아니었지만 그 비를 정당화하는 데는 실패하였다. 라이프니츠도 유한한 크기에서 무한소로 옮겨 가는 과정을 설명하지 못하였다. 그 이유 중 하나는 등식을 부등식의 특별한 경우로, 그리고 무한히 작은 부등식은 등식이 되는 것으로 간주한 것이었다. 또한 그들의 연구과정에서 동시대의 수학자와 마찬가지로 비를 하나의 수로 인식하지 못하고 두수의 몫으로 인식했던 것이 극한개념을 명확하게 사용하지 못하게 한 이유이다. 영국에서 뉴턴과 라이프니츠의 우선권에 대한 주장을 조사하는 왕립학회(Royal Socity)의 위원회는 1712년의 보고서에서 '미분법은 유율법과 이름과 표기방식만 제외하고는 같은 것이다. 라이프니츠씨는 뉴턴씨가 모멘트 또는 유율이라고 부른 이 양들을 차라고 부르고 뉴턴씨가 사용하지 않은

18) subtangent 는 곡선 $y=f(x)$의 한 점 (a, b)에서의 접선의 x절편에서 a까지의 거리를 뜻한다. (Peterson, p.71)

기호 'd'로 그것들을 표기하였다'고 보고하였다. 그 후 1816년 전까지는 유율과 무한히 작은 것을 혼동하는 기간이고, 1세기 동안 이 주제에 대한 비판과 논쟁을 야기하였다.

5. 혼돈의 시대

18세기동안 영국에서는 유율을 모멘트와 혼동하였고, 유럽대륙에서는 미분을 실제의 무한소 또는 0으로 해석하려하는 등 미적분학에 관한 마지막 혼돈의 시대가 있었다.

5.1 사라진 양의 영혼

뉴턴이 'De Quadratura'에서 x^n의 유율을 구하는 과정에서 x에 증분o를 더하여 뉴턴 몫[19]을 구하는 과정에서 o으로 나눈 다음 o을 사라지게 하여 유율의 궁극적인 비를 구하였다. 철학자이며 신학자인 버클리(George Berkeley, 1685~1753)는 이 과정에서 뉴턴이 x가 증분 o을 갖는다고 가정한 다음에 결론에 도달하기 위하여 o을 0이 되게 한 것은 결국 아무런 증분이 없다는 것과 같다는 모순을 무시하였다. 즉 버클리는 증분이 사라진다는 가정은 그들이 증분이었다는 원래의 가정을 파괴한 것이라고 비판하였다. 그러나 극단적 이상주의자인 버클리는 순간속도를 수학에서는 제외시키고, 증분과 속도를 혼동하지 말고, 미적분학에서는 속도보다는 증분을 다루는 것을 주장하였다. 또한 그는 카발리에리의 불가분량을 인정하였지만 무한히 분할가능하다는 것은 허구이며 무한히 작은 크기는 상상할 수가 없기 때문에 불가분량들은 유한개라고 주장한 점으로 보아, 그는 수학이 실제의 감각적 인상의 세계와는 무관하다는 사실을 이해하지 못한 것 같다. 로빈스(Benjamin Robins)는 '유율의 최초와 궁극적인 비에 대한 뉴턴의 방법의 본질과 확실성에 관한 논문(A discourse concerning the nature and certainty of Sir Isaac Newton's methods of fluxions and of prime ultimate ratios)'와 '프린키피아'의 제2권의 보조정리에서 뉴턴은 무한소와 비슷한 것을 해석하기 위하여 모멘트를 사용한 것은 인정하였지만, 제1권의 보조정리에서 사용한 것처럼, 최초와 궁극적인 비를 한 번만 언급하면 된다고 하였다. 그는 모든 종류의 무한소를 강하게 부정하면서 뉴턴의 모멘트를 포함하는 문장은 최초와 궁극적인 비로 해석되어야 한다고 하였다. 예를 들면, a와 b가 사라질 때 $Ab+Ba$는 궁극적인 비를 표현하는데 필요한 만큼의 AB의 증분이라고 하였다. 로빈스가 AB가 이변수함수이기 때문에 문제의 전반을 이해하지는 못하였지만 극한법에서 논리적

19) $\dfrac{f(x+\Delta x)-f(x)}{\Delta x}$

근거를 찾아야한다는 것을 깨닫고 있었다. 그는 '사라지는 양들의 궁극적인 비'란 마지막 비를 나타내는 것이 아니라는 사실을 깨달았던 것이다. 맥로린(Colin Maclaurin, 1698~1746)은 1742년 '유율에 관한 논문(Treatise of Fluxions)'에서 무한히 작은 것은 상상할 수도 없는 것이며 기하학에서는 그것을 제외시켜야한다고 주장하였지만, 운동에서 속도를 생각하는 것은 타당하다고 생각하여 순간속도를 기하학에 도입하는 일은 찬성하였다. 테일러(Brook Taylor, 1685~1731)는 유율들의 관계는 유한 차를 포함하는 것에서 얻어지는 것으로 인식하였고 유율은 속도가 아닌, 균일하게 계속된다면 그것이 생성하는 양에 의해서 측정된다고 하였다.

5.2 함수개념의 도입

유럽의 대륙에서는 미적분학을 기하학의 직관적 개념대신에 체계적인 함수개념과 연결시키려는 움직임이 일어나고 있었다. 1758년에 란덴(John Landen)은 '잉여분석(The Residual Analysis)'에서 한 잉여를 다른 잉여로 나눈 몫을 계산하였다. 그는 $x-x$ 또는 $x^n - x^n$ 형태를 잉여로 이해하였고, 함수 $F(x)$가 주어졌을 때, 부정형인 $\frac{F-F}{x-x}$ 형태의 몫의 계산의 필요성을 인식하였다. 제임스 베르누이(James Bernoulli, 1654~1705)는 미분을 변수로 인식하였으나 라이프니츠와 마찬가지로 독립변수와 종속변수를 구별하지 못하였고, 월리스, 존 베르누이와 퐁트넷은 산술적인 방법으로 무한히 작은 것을 무한히 큰 것의 역(예를 들면, $\frac{1}{\infty}$)으로 이끌어내려는 노력이 있었지만 이들 모두 함수개념의 중요성을 인식하지는 못하였다. 한편, 오일러(Leonard Euler, 1707~1783)는 미적분학을 그림이나 기하학적 개념이 아닌 체계적인 함수론으로 만들었다. 그러나 오일러는 함수를 변수에 종속되는 어떤 양이 아니라, 단지 간단한 부호인 상수와 변수로 나타내는 해석적 표현으로 인식하였고, 어떠한 주어진 양보다 작은 수는 당연히 0이라고 주장하였기 때문에 미분 dx와 dy는 당연히 0으로 간주하였다. 따라서 오일러에게 미적분학은 단순히 사라지는 증분들의 비($\frac{0}{0}$)를 결정하는 것이었다. 무한대에 관한 오일러의 견해는 월리스와 퐁네트의 것과 같았으며, 오일러는 특정한 형태의 함수만을 다뤘기 때문에 무한대와 연속에 관한 미묘한 문제를 고민하지는 못하였다. 달랑베르(Jean Le Rond D'Alembert, 1717~1783)는 두 번째 양이 첫 번째 양에 주어진 양보다 더 가깝게 접근할 수 있거나 그들의 차가 절대적으로 할당될 수 없으면 첫 번째 양을 두 번째 양의 극한이라고 생각하였으며, 뉴턴의 '최초와 궁극적인 비'를 극한으로 해석하였다. 또한 라이프니츠의 미분에 의하여 결정되는 궁극적인 관계의 타당성도 거부하면서 무한소의 존재성을 부정하였고, 무한개념을 명백하게 하고자 하였으나 19세기말의 집합론에서의 무한집합과는 거리가 먼 것이었다. 그러나 그의 극한개념은 무한소에 의거한 설명을 대치하기에는 부족하였다. 예를 들면, 그는 두 점이 하나가 될 때 할선은 접선이 되고 그것이 할선의 극한이 된다고 하였는데, 두 점이 하나가 되는 과정을 구체화하지 못하고 제논의 역설에 빠지게 되었다. 그럼에도 불구하고 극한개념은 미적분학을 설명하는 논리적인 방법으로 계속 나타나게 되었다. 예를 들면, 캐스트너(A. G. Kästner)는 1761년에 발간한 '무한 해석학 개론(Anfangsgrunde der Analysis des Unendlichen)'에서 무한대와 무한소를 부정하였고, 궁극적인 비가 궁극적인 양들의 비가 아니라는 사실을 인식하지 못하였다. 이와 같이 당시의 수학자들은 무한히 작은 것에 대한 개념을 인식하지 못하였다. 라그랑쥬(Joseph Louis Lagrange, 1736~1813)는 물리적 현상이나 기하학에서 느끼는 거부감이 없는 간단한 대수적 방법을 추구하였다. 라그랑쥬는 테일러급수 $f(x+h)=f(x)+f'(x)h+f''(x)\frac{h^2}{2!}+\cdots$에서 h의 거듭제곱의 계수에 포함된 미분 또는 유율을 나타내는 f' 등을 f의 도함수라고 정의하였고, 그의 미분학은 함수 f의 도함수를 직접적으로 또는 어떤 간단한 방법으로 구하는 것이고, 적분학은 그의 역으로 도함수를 이용하여 함수 f를 결정하는 것이었다. 그의 방법은 극한개념이나 무한에 무관한 것으로서 무한급수의 수렴을 생각하지 않은 것이지만, 함수론의 형식주의를 배경으로 삼은 점에 이점이 있다. 이러한 방향으로 연구를 장려하기 위하여 라그랑쥬가 원장으로 재임하였던 베를린학술원에서는 1787년에 출판된 '고급계산 원리 개론(Exposition élémentaire des principes des calculs supéricurs)'에서 수학적 무한에 관한 정확한 이론에 공헌이 컸던 루이에르(Simon L'Huilier)에게 상을 수여하였다. 그는 미분비 또는 미분몫을 함수의 증분의 독립변수의 증분에 대한 비의 극한으로 정의하고 이것을 미적분학의 기본으로 사용하였다. 그는 두 개의 사라지는 양 또는 두 개의 유율 등과 같이 같은 비를 갖는 두 양의 궁극적인 비는 버리고, 한 개의 수(즉 도함수)에 관심을 집중하였다. 또한 그는 '미분몫'이란 이름과 이 양을 나타내는 기호 $\frac{dy}{dx}$를 사용하였으며, $\frac{dy}{dx}$는 한 개의 수로 해석되는 기호이라고 주장하였다. 그러나 루이에르는 매우 단순한 함수만을 다루었기 때문에 극한개념과 관련된 정의의 미묘함을 깨닫지 못하였다. 예를 들면, 그는 변하는 양이 모든 단계에서 그 성질을 가지면, 그의 극한도 같은 성질을 가질 것이라고 믿었다. 그러나 '무리수가 유리수의 수열의 극한으로 정의되는 것'이 그것에 대한 반례가 된다. 또한 무한에 관한 그의 관점은 달랑베르와 마찬가지로 집합이 아닌 크기이었기 때문에, $\infty+n=\infty-n$을 인정하지 못하였다. 따라서 그는 무한은 미적분학과 상관이 없는 개념으로 인식하였고 극한에 관한 이론이 무한집합의 이론에 토대를 둔다는 사실을 알지 못하였다. 이러한 사실을 더 깊게 연구한 카르노(L. N. M. Carnot, 1753~1823)는 당시에 부족했던 명료성과 평등성에 관하여 정확한 이론을 만들고자 하였으나, 아주 작은 양이란 허수와 같이 오직 계산을 용이하게 하기 위해서 도입되었다가 마지막 결과를 얻으면 제거되는 보조적인 것으로 인식하였다. 그는 미분이 변수로 정의된다는 것을 깨달았지만 도함수를 함수개념으로 인식하지 못하고 방정식으로 간주하였다. 그 즈음에 라그랑쥬는 해석학을 테일러급수에 기초한 도함수의 맥락에서 특성의 정의와 방법을 조심스럽고 완전하게 개발하여서 기본적인 함수의 도함수를 구하였고 몇 가지의 기하학과 역학에 관한 응용문제를 증명하였다. 그러나 모든 연속함수를 테일러급수로 전개할 수 있다는 원리에 대한 의문이 일어나면서 라그랑쥬의 방법에 반대가 일기 시작하였다. 이와 같이 극한 개념을 피해가면서 도함수를 구하려는 시도가 당분간 계속되다가, 1802년 라크르와(S. F. Lacroix, 1765~1843)는 논문 '기초논고(Traité élémentaire)'에서 라그랑쥬의 방법대신에 엄밀성은 부족하였지만 극한개념을 이용하여 내용을 전개하였다. 1816년에 기초논고가 영어로 번역되어 대륙과 영국에서 널리 알려지면서 중요한 전환기가 도래하게 된다. 1817년에 볼차노(Bernhard Bolzano, 1781~1848)가 발표한 논문 '함수값이 반대 부호인 임의의 두 값 사이에, 방정식의 적어도 하나의 실근이 놓인다는 정리에 대한 분명한 해석적 증명(Rein analytischer Beweis des Lehrsataes dass zwischen je zwei Werthen, die ein entgegengesetztes Resultat gewähren, wenihstens eine reelle Wurzel der Gleichung liege)'에서 수학적 엄밀성의 시대가 시작되면서 미적분학은 극한개념과 고등해석학의 논리적 확립을 가져오면서 혼돈의 시대가 끝나게 된다.

6. 수 관념의 발전

이러한 수 개념은 데카르트와 케플러를 비롯하여 수학자들이 수의 본질에 관해서 진지하게 생각하기 시작한 19세기의 현대 수학에도 여전히 적용된다. 다양한 무한과정의 발달을 케플러의 시대까지 역사 발생적으로 추적하기를 시도하는 현재의 탐구를 위해 무한소수로 수를 정의하는 것은 문제와 방법에 관한 우리의 연구가 19세기 초까지 도달하고, 기본개념의 수정을 요구하는 어려움이 드러날 때까지는 받아들여 질 것이다. 이러한 발달이 그리스 사람들이 비례에 관한 자신의 이론을 세울 때 느꼈던 것과 같은 주저함에서 나온다는 것을 발견할 것이고, 비례이론에 관하여 존경하는 스승 Plato에 대한 Aristotle의 반론(비록 설명하기는 어려웠지만)에서 비슷한 아이디어를 알 수 있다.

그러나 지금까지는 무한소로서의 수의 개념의 근원을 향해서 반대방향으로 알아보았다. 우리에게 익숙한 형태와 용법의 개념은 1600년경에 이루어 진 것이나. sine표는 그때 1579년의 비에트(Viete)와 1585년 스테빈(Stevin)에 의해서 체계적으로 소수점의 발견과 함께 소수의 형태로 바뀐다. 로그를 발명한 사람도 바로 로그표를 소수의 형태로 만든다. 무한소 미적분학을 발견한 사람들도 무의식적으로 17세기 내내 수 개념에 집착하였다.

이런 수 개념이 정말 1600년경에 생겼는지, 비에트(Viete)와 스테빈(Stevin)에 의해서 발명되었는지에 대한 답을 얻기 위해서 우리는 어느 정도까지 수 개념이 (십진법의) 소수(decimal fraction)를 파악하였는지를 명확하게 알아야 한다. 그 당시 수학자들이 수 개념을 적용해야 했던 대상은 사인표이다. 그 당시 천문학의 필요성이 수학의 진보를 이끌었다. Tycho Brahe가 이룩한 천문학 기구의 커다란 개선과 망원경의 발명에 의한 천문학 측정의 세밀함은 보다 정확한 수학적인 표와 적절한 계산 방법을 정성들여 만들 것을 요구했다.

17세기 초의 decimal tables과 16세기 말의 table(즉, 1550년에 Rhaticus에 의해 이 목적에 사용된 상당한 공적자금으로 시작되고 Pitiscus가 계속한 Opus palatinum)을 비교해 보자. 이 표들은 아직 소수를 사용하지 않았다. 그러나 이는 사실상 매우 작은 차이-그저 형식의 차이-였다. 사실 1660년 소수와 소수점이 채택되었을 때, 이는 단지 형식의 작은 변화일 뿐이였다. 광범위한 수학 실제의 본질은 전혀 변하지 않았다. 왜냐하면 Rhaticus는 기본적인 원의 반지름을 단위원이 아닌, 우리의 사인표에 사용된 것보다 10^{10}배 큰 것을 채택하였기 때문이다. 따라서 이러한 수 개념은 그의 후계자들의 것과 본질적으로 다르다고 말할 수 없다. 그가 실행한 실제적인 계산은 정확히 똑같은 것이었고, 모든 차이는 매우 작은 것이었다.

몇 세기를 더 거슬러 올라가 서구세계가 기나긴 침체로부터 깨어나기 시작하는 1250년에 가보자. 여기서 우리는 피사노(Leonardo Pisano)가 다음의 3차 방정식을 풀었음을 발견한다.

$$x^3 + 2x^2 + 10x = 20$$
$$x = 1^p 22'7''42'''33\ 4\ 40$$

이는 60을 기준으로 한(60진법의)소수로 다음을 의미한다.

$$x = 1 + \frac{22}{60} + \frac{7}{60^2} + \frac{42}{60^3} + \frac{33}{60^4} + \frac{4}{60^5} + \frac{40}{60^6}$$

이는 $x = 1.47$이 $x = 1 + \frac{4}{10} + \frac{7}{100}$을 의미하는 것과 같은 방식이다.

Pisano가 이 해를 어떻게 구했는지를 우리는 들은 바가 없다. x는 현대적 방법으로 계산되었고 그리고 60을 기준으로 한 형태로 두었다.

$$x = 1^p 22'7''42'''33\ 4\ 38.5$$

이는 Pisano의 놀라운 수학적 기술인 60진법의 소수계산의 완벽한 숙달, 덧셈, 곱셈, 제곱근의 계산 등을 드러낸다. 그리고 계산은 결국 현대 수 개념의 핵심을 구성한다. 기준으로 채택된 것이 10인지 60인지는 크게 문제가 되지 않는다. 각이 처음으로 60을 기준으로 나뉘어졌으나 위에서 언급한 산술연산은 아직 알려지지 않았을 때 이미 이러한 수 개념이 나타났다고 하는 오해가 있는 반면에, 연산이 수행된 외형에 중요성을 부여하는 것 또한 마찬가지로 오해하는 것이다.

7. 미적분학의 완성

미적분학은 2000년 이상의 시행착오를 거쳐 결국 물리학적인 경험과 기하학적인 직관을 배제하고 난 후에, 실수의 성질을 바탕으로 순수한 함수관념과 산술화에 의하여 완성되었다.

7.1 미분 불가능한 연속함수

1799년에 가우스는 대수학의 기본정리[20]를 기하학적인 방법을 이용하여 증명하였다. 그러나 볼차노는 산술, 대수학, 해석학만을 이용하여 증명하기를 원하였고 공간적 직관에 의한 증명을 피하기를 원하였다. 따라서 볼차노는 연속에 대한 엄밀한 정의의 필요성을 통감하여 다음과 같이 연속함수를 정의하였다.

함수 $f(x)$가 어떤 구간의 임의의 값 x에 대하여 차 $f(x+\Delta x)-f(x)$가 양수이든지 음수이든지, Δx가 충분히 작을 때 주어진 양보다 작게 되면 그 구간에서 연속이다.

또한 그는 미적분학은 유한 차들의 비의 극한으로 설명된다는 것을 다음과 같이 분명하게 인식하였다.

임의의 값 x에 대한 함수 $F(x)$의 도함수는 Δx가 양수이든지 음수이든지 0으로 접근할 때 비 $\dfrac{F(x+\Delta x)-F(x)}{\Delta x}$가 한없이 가깝게 가는 양 또는 우리가 원하는 만큼 가깝게 접근하는 양을 도함수 $F'(x)$로 정의하였다.

나아가서 그는 다음과 같이 극한개념을 설명하였다.

함수는 한 점에서 $\dfrac{0}{0}$이 되면 아무런 값을 결정할 수 없지만 이 점으로 접근할 때에는 극한값을 가질 수 있고 이러한 의미의 $\dfrac{0}{0}$를 극한값으로 채택하면, 함수가 그 점에서 연속이 되게 할 수 있다.

이 때까지도 미적분학은 운동과 양의 증가와 밀접한 관계가 있다고 믿었기 때문에 함수의 연속성이 도함수의 존재성을 보장한다고 믿었었다. 그러나 1834년에 볼차노가 다음과 같이

20) 1799년 가우스의 박사학위논문 '복소계수를 가지는 n차 방정식은 n개의 근을 갖는다'를 대수학의 기본정리라고 부른다.

미분 불가능한 연속함수의 세 가지 예를 제시하였다.

1) 다음과 같은 과정을 '기본조작'이라고 정의한다 : 수평선에 기울어진 선분 PQ 긋고, 그 선분의 중점을 M이라 하자. 선분 PM과 MQ를 각각 사등분하고, 분할점을 각각 P_1, P_2, P_3와 Q_1, Q_2, Q_3라고 한 다음 꺾은선 $PP_3'MQ_3'Q$를 긋는다.
2) 꺾은선을 구성하는 4개의 선분 각각에 다시 기본조작을 행하여 4^2개의 선분으로 이루어진 꺾은선을 얻는다.
3) 이 과정을 무한히 반복하면 꺾은선 도형은 모든 곳에서 미분 불가능한 연속인 함수에 수렴할 것이다.

실제로 30년 후에 모든 점에서 미분 불가능한 연속함수가 등장하게 된다. 또한 볼차노는 연속체는 궁극적으로 점으로 이루어졌다고 생각하였으며, 무한히 큰 크기와 무한히 작은 크기를 부정하였지만, 집합과 관련한 실 무한의 존재성을 주장하였으며 이 경우에는 갈릴레오의 역설이었던 '부분이 전체와 일대일 대응이 될 수 있다'고 생각하였다. 이러한 사실들은 반세기 후에 한켈(Herman Hankel, 1839~1873)에 의해서 다시 부활하게 된다.

7.2 함수 관념에 기초한 극한

코시(A. L. Cauchy, 1784~1846)는 볼차노와 마찬가지로 극한은 기하학적인 대상이 아니라 산술적인 대상으로 인식하였다. 즉, 원을 다각형의 극한으로 정의하는 것은 원과 다각형의 서로 다른 차이점을 무시하는 것이기 때문에, 이와 같이 극한개념을 기하학에 의존하는 것은 부적절한 것이다. 코시는 '어떤 변수에 부여된 연속적인 값들과 특정한 값이 원하는 만큼 작아질 수 있을 때, 그 특정한 값을 연속적인 값들의 극한이다'라고 정의하면서 기하학적인 도형이나 크기와 연계된 모든 개념을 무시하였다. 그의 극한에 대한 정의는 기하학이나 역학에 관한 직관이 아닌 수, 변수, 함수에 기초를 두었다. 그 예로는 코시는 무리수를 유리수의 극한으로 정의하였다. 그는 무한소란 단지 극한으로서 0을 향해 수렴하는 값을 가지는 변수와 같다고 생각하였다. 또한 그는 아리스토텔레스의 잠재무한만을 인정하였으나 극한, 무한소, 무한에 개념을 확립하였기 때문에 미적분학의 중심개념인 도함수의 개념에 대하여 다음과 같이 볼차노의 생각을 정확하게 체계화하였다. 함수 $y=f(x)$의 변수 x와 그의 증분 $\Delta x=i$에 대해서, 비 $\dfrac{\Delta y}{\Delta x}=\dfrac{f(x+i)-f(x)}{i}$에서 i가 0에 접근할 때 이 비의 극한이 존재한다면 이것을 $f'(x)$로 표기하고 'x에 관한 y의 도함수'라고 불렀다. 라이프니츠는 미분몫을 도함수의 기본개념으로 삼았으나 코시는 이 관념을 뒤집고 도함수를 극한으로 정의한 후에, 미분을 도함수를 이용하여 정의하였다. 또한 그는 고계미분을 다음과 같이 정의하였다. 미분

$dy = f'(x)dx$는 물론 x와 dx의 함수이다. dx를 고정시키면 함수 $f'(x)dx$는 도함수로 $f''(x)dx$을, 미분으로 $d^2y = f''(x)dx^2$를 가질 것이다. 일반적으로 $d^n y = f^{(n)}(x)dx^n$이다. 코시는 n계도함수 $d^n y$는 dx^n을 곱해서 얻는 계수이므로 이 도함수를 미분계수라고 부른다고 하였으며 미분을 도함수보다 연산을 용이하게 하는 보조 개념으로 생각하였다. 푸리에(J.B.J. Fourier, 1768~1830)는 다루기 힘든 불연속 곡선이 삼각함수로 이루어진 무한급수에 의해 해석적으로 표현이 가능하게 되어 함수개념에 대한 사고 폭이 넓어지게 되었으며 함수가 변수간의 관계라고 이해하게 되었다. 그런 이유로 곡선의 연속성은 곡선이 하나의 연속함수의 방정식이 아니라는 사실을 깨닫게 되어 연속에 대한 새로운 정의가 필요하게 되었다. 코시는 주어진 구간에서 변수 x의 무한히 작은 증분 i가 항상 $f(x+i)-f(x)$의 무한히 작은 증분을 만들어 낼 때 함수 $f(x)$는 그 구간에서 연속이라고 정의하였다. 여기에서 무한히 작다는 표현은 극한으로 이해되어야 한다. 즉, 주어진 구간의 임의의 값 a에 대하여 x가 a에 접근할 때 함수 $f(x)$의 극한이 $f(a)$이면 $f(x)$는 이 구간에서 연속이 되는 것이다. 이와 같이 코시는 연속의 개념을 직관적이거나 아리스토텔레스가 생각했던 부분을 혼합하여 결합시키는 것이 아니라 순수한 수학적 개념으로 만들었으며, 후에 점집합론에서 구축한 연속체의 정의를 이끌어내게 하였다. 특히 불연속 곡선에서도 면적을 가질 수 있기 때문에 코시에 의하여 정적분의 개념은 합의극한으로 정립되었고 도함수와 적분개념에 대한 두 개의 독립적인 정의가 필요하게 되었다. 즉, x_0에서 X까지의 구간에서 연속인 함수 $y = f(x)$에 대하여 곱의 합 $S_n = (x_1 - x_0)f(x_0) + (x_2 - x_1)f(x_1) + \cdots + (X - x_{n-1})f(x_{n-1})$을 정의하고, 차 $x_{i+1} - x_i$의 절대값이 한 없이 감소하면 S_n의 값은 함수 $f(x)$와 구간 $[x_0, X]$에만 종속적인 어떤 극한값 S에 마침내 이를 것이고 이 극한을 정적분이라고 불렀다. 또한 그는 미분법과 적분법은 서로 독립적이지만 이와 같은 의미에서의 적분은 미분하는 과정의 역이라는 사실을 밝혔으며, 특히 함수 $f(x)$가 연속인 경우에는 정적분 $F(x) = \int_{x_0}^{x} f(x)dx$의 도함수가 $f(x)$임을 증명함으로서 미분적분학의 기본정리를 처음으로 엄밀하게 증명하게 되었다. 코시의 정적분의 정의를 약간 수정하면 주어진 구간내에서 불연속점을 갖는 함수로의 확장이 가능해진다. 즉, x_0에서 X까지의 구간에서 $y = f(x)$가 점 X_0에서 불연속이라 하자.

그러면 x_0에서 X까지의 정적분은 $\int_{x_0}^{x_0-\epsilon} f(x)dx + \int_{x_0+\epsilon}^{X} f(x)dx$ 의 극한으로, 만일 그것이 존재하면, 정의된다. 불연속함수는 수학과 과학에서 중요한 역할을 하게 되었으며, 불연속함수의 일반적인 정적분을 정의하기 위하여 르베그(Lebesgue, 1875~1941) 적분이 개발되었다. 그러나 무한급수의 수렴에 대한 정의와 판정법이 필요하게 되어서 코시는 n이 증가할 때, S_n이 어떤 극한값 S에 한없이 접근하면 급수가 수렴한다고 정의하여 무한급수의 수렴, 발산에 관한 기초를 세우게 되었다. 아킬레스에 대한 제논의 역설은 극한개념을 적용하여 해결된다. 코시는 후에 코시의 정리하고 불리게 되는 '수열이 어떤 극한값으로 수렴하기 위한 필요충분조건은 n보다 큰 임의의 자연수 p, q에 대하여 S_p와 S_q의 차의 절대값이 n을 충분히 크게 함으로서 임의로 주어질 수 있는 양보다 작게 만들 수 있다'의 증명을 시도해 갔다. 이 조건을 만족시키는 수열은 그 자신에서 수렴한다고 하는데, 필요조건은 수렴의 정의로부터 자명하지만 충분조건에 대한 증명은 무리수의 정의 없이는 논리적으로 불가능하였다. 그는 무리수는 유리수로 이루어진 수열의 극한이라고 생각하였고, 극한은 어떤 수와 수열의 항 사이의 차가 궁극적으로 임의로 주어진 수보다 작게 만들 수 있는 수열의 항들이 접근하는 수로 정의하였기 때문에, 무리수의 존재는 이러한 극한의 정의에서는 이전에 정의된 양에 의하여 정의된다. 예를 들면 수 $\sqrt{2}$는 수열 1, 1.4, 1.41, 1.414, ...의 극한으로 정의될 수 없는 이유는, 이 수열이 극한을 갖는다는 사실을 증명하기 위해서는 극한과 수열의 정의에 의하여 이 수열의 존재가 이전에 증명되었거나 정의된 것으로 가정해야하기 때문이다. 코시는 이와 관련된 추론의 악 순환성을 알지 못하였고, 무리수에 대한 직관이 함수의 연속성은 함수의 기하학적 표현과 도함수의 존재성을 보장한다고 믿었었다. 코시는 극한개념에 기초하여 현재의 형태로 미적분학의 개념을 정의였지만 '한없이 접근한다', '원하는 만큼 작게', '무한히 작은 증분들의 마지막 비'를 완전하게 설명하지 못하였다. 즉, 무한수열, 도함수, 적분을 정의하는데 기초가 되는 무한집합의 개념을 분명하게 설명하지 못하였으며 극한과 미적분학의 개념을 정의하는데 절대적으로 중요한 '수'에 관한 설명을 생략하고 있었다. 해석학을 기하학적 직관과 무관하게 체계적으로 산술을 기초로 만든 사람은 바이어슈트라스(Karl Weierstrass, 1815~1897)이다.

7.3 극한 개념의 산술화(Weierstrass의 $\epsilon-\delta$ 방법)

"한없이 접근한다.", "원하는 만큼 작게", "무한히 작은 증분들의 마지막 비들"과 같은 표현들에 관한 코시의 설명에는 어떤 미묘한 논리적 틈들이 있었다. 이들 중 하나는 무한수열에 대한 그의 연구에 기반한 도함수와 적분이 세워진 무한 집합의 개념을 분명히 하지 못한 것이었다. 또 다른 빈틈은 극한의 정의에 절대적으로 중요하고, 따라서 미분적분학 개념들의 정의에 절대적으로 중요하고 무엇보다 기본적인 '수'에 대한 명확한 정의를 그가 생략한 데에 기인한다. 이 둘 중 첫 번째 것에 대한 수정은 볼차노가 시도하였지만, 훨씬 후에 주로 그레고리 칸토르(Gregory Cantor, 1845-1918)가 노력하기 전까지, 그 이론은 더 이상 개발되지 않았다. 두 번째 것에서의 어려움은 근본적으로 무리수의 정의에 있는 고약한 순환성이었으며, 또한 코시는' 연속함수열의 극한은 연속함수임'이라고 주장하였다. 그러나 이것에 대한 반례가 등장하였다. 예를 들면(Rudin, 1976), $\left\{f_n(x) = \dfrac{x^2}{(1+x^2)^n}\right\}$은 연속함수열이다. 그러나 이 수열의 극한은 $\begin{cases} 0, & x=0, \\ 1+x^2, & x \neq 0 \end{cases}$ 이 되므로 연속함수가 아니다. 이 점을 수정보완하기 위해서 바이어슈트라스는 평등수렴의 개념을 도입하였고 평등수렴을 이용한 증명과정에서 $\epsilon-\delta$ 방법을 도입하게 된다. 또한 그는 연속 실변수함수이면서 모든 점에서 미분 불가능한 함수 $f(x) = \sum_{n=0}^{\infty} b^n \cos(a^n \pi x)$, a는 홀수, $b<1$, $ab > 1 + \dfrac{3\pi}{2}$를 발표하면서 직관이란 믿을 만하지 못하다는 것을 분명하게 하였으며 해석학의 기초를 가능한 한 엄밀하고 정확하게 정리하려고 노력하였고, 미적분학과 함수에 관한 이론을 기하학과 완전히 분리하여 오로지 수 개념위에서 정립하기를 원하였다.

극한개념은 무리수의 존재를 가정하기 때문에 무리수 개념을 극한과 무관하게 정의하는 것이 중요한 문제가 되었다. 그래서 그는 수 $3\frac{2}{3}$는 3α와 2β로 구성되는데 여기에서 α는 단위 1, β는 단위 $\frac{1}{3}$이다. 그러면 수는 그 수를 구성하는 요소들과 요소가 나타나는 횟수를 알면 결정되는 것이다. 따라서 $\sqrt{2}$는 순서와 무관하게 단순히 1α, 4β, 1γ, $\cdots$로 이루어지는 집합이고, $\sqrt{2}$는 수열 1α; $1\alpha, 4\beta$;$1\alpha, 4\beta, 1\gamma$; $\cdots$의 극한인 사실을 증명할 수 있었다. 또한 그는 코시의 '변수가 극한에 접근한다'는 표현을 연속운동에 대한 직관에 의존한 점에서 비판하면서 변수 x를 단지 수 값들의 모임에서 어느 한 개를 나타내는 문자로 해석하면서, 연속변수는 집합의 임의의 값 x_0와 임의로 작은 양수들의 수열 δ_1, δ_2, $\cdots$, δ_n에 대하여 구간 $(x_0-\delta_i,\ x_0+\delta_i)$안에 x의 다른 값이 존재하면 연속이라고 정의하였다. 또한 그는 연속함수에 대한 현재의 $\epsilon-\delta$법을 고안하였다. 즉, x의 어떤 구간 안에서 그 구간의 임의의 값 x_0와 임의의 작은 양수 ϵ에 대하여, x_0 근방의 어떤 구간의 모든 값에 대해서 차 $f(x)-f(x_0)$의 절대값이 ϵ보다 작은 x_0 근방의 어떤 구간을 찾을 수 있을 때 함수 $f(x)$는 그 구간에서 연속이라고 정의하였다. 또한 그는 임의의 작은 양의 수 ϵ이 주어졌을 때 x_0와의 차이가 δ보다 작은 모든 수 x에 대하여 $f(x)$의 값과 L과의 차가 ϵ보다 작아진다면 수 L을 $x=x_0$에서의 함수 $f(x)$의 극한이라고 정의하였다.

7.4 연속체로서의 실수

데데킨트(Richard Dedekind, 1831~1916)는 코시의 정의에서 나타나는 고약한 순환성을 피하기 위해서는, 변하는 크기가 어떤 극한값에 접근한다는 개념을 논의할 때 무리수에 관한 엄밀한 이론이 체계화되어야 하며 이는 산술에 의해서 정립될 수 있다고 생각하였다. 따라서 그는 연속성의 본질을 재정리해야 될 필요성을 느꼈다. 그는 직선의 연속성의 본질이 모호하게 같이 붙어있는 것이 아니고, 직선을 어느 한 점에서 분할한 것의 성질에서 밝혀짐을 알았다. 즉, 한 모임의 모든 점이 다른 모임의 모든 점의 왼쪽에 있는 두 모임으로 직선의 점을 분할했을 때 이 분할을 만드는 유일한 점이 존재한다는 사실을 알았다. 산술적인 예를 들면, A는 제곱이 2보다 작은 모든 수의 집합이고 B는 제곱이 2보다 큰 모든 수의 집합이라고 할 때 두 집합 A와 B는 유리수의 집합을 둘로 나누게 되고, 이 분할을 만드는 하나의 실수 즉 $\sqrt{2}$ 가 존재하게 된다. 데데킨트는 이것을 절단이라 부르고 이 절단은 수 $\sqrt{2}$ 를 정의한다고 하였다. 마찬가지로 모든 실수는 유리수체계안에서 이와 같은 절단으로 정의된다. 이 공준은 직선이 이와 똑같은 성질을 갖는다는 의미에서, 실수의 영역이 연속이 되도록 하는 것이다. 이 절단을 이용하여 극한에 관한 기본정리들이 엄밀하게 그리고 기하학에 의지하지 않고 증명될 수 있었다. 미적분학의 개념들은 기하학적 양에서 분리되어 수 개념의 응용에서 구해졌으며, 이 모든 것은 순서라는 것에 기초하게 되었다. 예를 들면 수 2의 본질적인 특성은 크기가 아니라 실수들의 순서집합에서 그것의 위치이다. 즉 미적분학은 양적개념이 아닌 순서 개념이 되었다. 1872년에 일어난 미적분학의 산술화는 기하학적인 그림이나 직관이 아니라 다음의 세 가지를 만족하는 순서집합으로 연속변수를 체계적으로 정의하였다.

1) 값 또는 원소는 순서집합을 이루어야한다.
2) 임의의 두 값 또는 원소 사이에는 항상 다른 원소가 존재한다(조밀성).
3) 원소들의 두 부분으로 나누면 이 절단을 만드는 수 또는 원소가 항상 있어야 한다(완비성).

제논의 네 가지 역설인 이분법과 아킬레스 문제는 실수의 완전성에 의해서, 주로 단계 문제는 실수의 조밀성으로 의해서, 화살문제는 순간속도와 도함수의 정의에 의해서 해명되게 되었다. 산술의 기초론에 관한 바이어슈트라스의 연구의 영향으로 데데킨트와 칸토르는 무한집합 이론의 근거를 완성하려고 노력하였다.

7.5 집합론과 무한 개념

고대 그리스의 변증술의 발견자인 제논(Zenon ho Elea, B.C. 490~430)의 무한과정의 역설(paradox)을 아리스토텔레스는 “나는 여기서부터 걸어서 벽에 도달할 수 없다. 그러려면 나는 먼저 벽까지 거리의 반을 가야하고 또 그 남은 거리의 반을 가야하고 또 남은 거리의 반을 가야한다. 그런데 이 과정은 계속 이루어지고 끝나지 않는다.”라고 해석하였다. 그러나 제논은 연속체를 따라갈 때 만나게 되는 무한과정의 이율배반에 이의를 제기한 것이다. 현대의 의미로는, $1+\frac{1}{2}+\frac{1}{4}+\frac{1}{8}+\cdots$ 와 같고, 최초의 무한과정의 아이디어이다. 또한 아낙사고라스(Anaxagoras)는 “작은 것 중에서 가장 작은 것은 없고, 큰 것 중에서 가장 큰 것은 없다”라고 하였는데, 이는 그 후의 유클리드(Euclid) 원론의 비례이론으로 이어진다. 제논의 역설이 표현하는 모순은 무리수를 발견한 피타고라스(Pythagoras)학파에게 이미 알려져 있었으며, 무한과정의 아이디어의 탄생을 촉진시키고 타당한 기초를 놓게 되었다. 무리수는 정사각형의 변과 대각선은 서로 공통된 척도가 없다(통약불가능)는 사실의 발견에서 출발하였다. 이러한 통약불가능성을 증명하는 과정에 무한개념이 존재하는데, 플라톤은 이 발견의 근본을 강조하면서 인간의 수준이 아닌 돼지의 수준에 어울리는 “자기 자신과 모든 그리스인들의 무지에 부끄러움을 느꼈다”고 하였다. 그 후, 기원전 450년경에 히포크라테스(Hippocrates)는 원의 초승달 모양의 활꼴의 면적이 반지름의 제곱과 같음을 증명하여서 원의 면적과 같은 정사각형을 찾는 문제를 제기하였다. 히포크라테스 자신은 이 문제를 해결하지 못하였지만, 같은 시대의 많은 수학자, 철학자와 특히 궤변론자(sophist)들은 원에 내접하는 정다각형의 면적을 이용하여 원의 구적을 시도하면서 무한의 역사는 시작되었다. 무한의 기호 ∞는 이 곡선을 따라서 끊임없이 여행하는 것을 의미한다. 칸토르는 1872년(여러 가지 이유로 수학사에서 아주 중요한 해이다)에 발표한 무한집합의 기본성질에 관한 논문(Crelle's Journal)에서 “유한집합인 경우에는 두 집합 사이에 일대일 대응이 주어지면 원소의 개수(기수 : cardinal)가 같지만, 무한집합에서는 자기 자신의 진부분 집합과도 일대일 대응을 항상 만들 수 있다.”라고 하였고 멱집합으로 무한집합의 위계를 정의하였다. 무한집합에서 유리수의 집합은 자연수의 집합과 일대일 대응을 정의할 수 있지만 실수의 집합은 자연수의 집합과 일대일 대응을 만들 수 없음을 귀류법으로 증명하였다. 칸토르의 아이디어를 다음과 같이 해석할 수 있다.

자연수의 집합은 무한집합이다. 왜냐하면

자연수의 집합을 $\mathbb{N}=\{1, 2, 3, \cdots\}$, 짝수의 집합을 $\mathbb{P}=\{2, 4, 6, \cdots\}$, 1을 빼낸 자연수 집합을 $\mathscr{M}=\{2, 3, 4, \ldots\}$이라고 하자. 그러면 두 집합 $\mathbb{P}$와 $\mathscr{M}$은 $\mathbb{N}$의 진부분 집합이다. 그런데 $\mathbb{P}=\{1\times2, 2\times2, 3\times2, \cdots\}$, $\mathscr{M}=\{1+1, 2+1, 3+1, \cdots\}$이므로 $\mathbb{N}$과 일대일 대응이 된다. 따라서 $\mathbb{N}$은 무한집합이다.

이 성질을 이용하여 무한소수 $0.999\cdots=1$임을 증명한다. $x=0.999\cdots$ 라고 하자. 그러면 $10x=9.999\cdots$ 이다. 그런데 x와 $10x$의 소수점 아래의 9들은 일대일 대응되기 때문에 $9x=9$, 즉 $x=1$이 된다. 이 때 $0.999\cdots$는 수열 0.9, 0.99, 0.999, $\cdots$의 극한으로서 역동무한이라 하고, 1을 실무한이라고 한다(김용태외, 2007).

데데킨트는 ‘수 체계 S가 그 자신의 진부분집합과 일대일 대응이 될 때 S를 무한집합, 반대인 경우를 유한집합’으로 정의하였고, 이러한 정의로부터 무한집합은 논리적으로 자기모순이 없는 실재물로 존재하며 실수의 정의가 완성되었다. 칸토르는 무한집합의 정의자체에 만족하지 않고 데모크리토스 시대부터 데데킨트 시대까지의 무한에 대한 역사를 연구하여 집합론을 구축하였다. 칸토르는 실무한을 인정하였으며, 양의 정수들의 실무한 집합을 나타내기 위하여 새로운 기호 ω를 사용하여, ∞는 일반적으로 크기를 나타내고 ω는 집합을 나타내는 것으로 사용되기 시작하였다. 또한 그는 ω보다 상위의 무한의 개념인 초한수 C가 존재함을 보였으며 실수의 집합과 자연수의 집합이 일대일 대응이 되지 않는다는 사실을 증명하였다. C보다 상위의 다른 수가 있는 사실이 발견되었지만 ω와 C사이의 초한수의 존재성은 아직도 밝혀지지 않고 있다. 이제 연속변수와 미적분학의 정의는 오로지 무한집합 C만을 필요로 한다. 극한개념에서 무한에 대한 비판은 칸토르의 연구결과로 답해지며, 미적분학의 출발점은 피타고라스 이래의 통약불가능한 수의 발견과 수와 무한에 대한 명확한 정의가 필요한 것을 인정하면서 부터이고, 목표점은 3인조 바이어슈트라스, 데데킨트, 칸토르의 업적이라고 인정된다. 해석학에는 정수 또는 이들의 유한 과 무한체계만이 필요하다는 사실이 증명된 셈이다. 모든 것이 수이다 하는 피타고라스의 격언이 의미심장하다.

8. 측정영역의 교수-학습에의 시사점

미적분학의 역사가들은 뉴턴과 라이프니츠에서 완성된 것으로 인식하고 코시와 바이어슈트라스가 보여준 미적분학의 진정한 기본개념을 이해하지 못하여 왔다. 수학과 과학의 개념들은 발달과정에서 누적되어 완성되어왔고, 어떤 연구자도 자신의 견해가 어떤 방향으로 완성될지 예견할 수 없으며 선배들의 업적을 돌이켜 봄으로서 개념이 개발되어 온 진행경로를 추적할 수 있을 뿐이다. 이제 미분적분학의 개념이 형성되어온 2500년의 발달경로에서 발달에 방해가 된 수학자들의 인식론적 장애를 살펴보고, 그 장애를 극복하는 과정을 현재의 수학교육에 투영하여 효율적인 교수-학습방안을 모색하기로 한다.

8.1 인식론적 장애 요인

1) 그리스 수학자들은 변분과 연속, 무한과 무한소에 대한 개념을 금기시하였는데, 수를 막대의 길이로 간주한 유클리드 원론이 대표적인 예이다. 또한 고대 이집트인들은 두 수의 곱은 직사각형의 넓이로, 같은 수의 곱은 정사각형의 넓이로 간주하여 후에 음수의 존재와 허수의 존재를 발견하고 수로 받아들이는데 심각한 장애를 가져왔다. 다만 아르키메데스만이 그러한 논리적 이상을 무시하였고 그 개념들을 연구, 적용하였을 뿐

이었다.

2) 17세기에 파스칼과 배로를 위시한 많은 수학자들은 그리스 수학의 엄밀성을 고수하여 대수학과 해석기하학을 미적분학에 도입하지 못하였다. 또한 18세기의 영국 수학자들은 미적분학의 이론이 논리적인 기반이 약하였기 때문에 라이프니츠 등의 계산가들이 미분법을 거부하여 해석학의 발전을 저해하였다.

3) 더욱 심각한 방해는 사용된 개념에 대한 최선의 체계적인 정의를 내리지 못한 것이었다. 스콜라철학자들은 체계화하는 방법은 잘 알고 있었으나 그리스 기하학과 아랍의 대수학을 심도있게 이해하지 못하여 체계적인 정의를 만들지 못하였다. 쿠사의 니콜라스와 케플러는 무한, 무한소, 운동, 연속의 개념을 사용하여 미적분학의 연구에 기여하였으나, 개념의 정확한 정의를 하지 않았으며 건전하게 비판하는 방법을 알지 못하였다.

4) 뉴턴이 그의 극한법을 정밀하게 기술했거나, 라이프니츠가 그가 개발한 미분은 단지 창안의 도구이며, 정확한 논리적 근거는 없었다고 솔직하게 고백하였다면 미적분학의 완성은 훨씬 빨라졌을 것이다. 뉴턴은 미적분학을 크기를 생성하는 과학적 묘사로 생각하였고, 라이프니츠는 그러한 생성에 대한 형이상학적 설명이라고 생각하였다. 19세기의 형식주의는 미적분학에서 그러한 선입관을 제거하고, 추상적인 수학적 실재물들의 사이에 있는 상징적 관계만으로 정립하도록 하였다.

5) 미적분학의 발전에 가장 큰 장애요소는 수학의 본질을 제대로 인식하지 못한 점이다. 그리스 이전 시대에 경험적 수학이 개발된 이래로, 수학은 경험과학 또는 선험철학의 한 분야로 인식하여 수학의 자유로운 발전에 걸림돌이 되었다. 피타고라스의 동양적 신비주의는 수학을 초감각적 실체로 인식하였고, 플라톤은 수학의 명제들을 이상주의 철학으로 간주하여 논리적이고 가정적인 성질을 부인하였다. 아리스토텔레스는 수학은 자연과학으로부터 이상화된 추상개념으로 간주하여 어떤 전제나 정의는 임의적인 것이 아니라 감각적 인식세계에 대한 인간의 해석에 의하여 결정된다고 믿었다. 따라서 무한소와 실무한은 논리적 불일치 때문이 아니라 자연세계와 모순된다는 이유로 논외의 대상이 되고 말았다.

6) 연속성은 감각적 느낌으로 극단들의 일치함으로, 수는 경험과 상식에 의하여 단위의 모임으로 간주하여서 무리수의 존재를 거부하였다.

7) 수학은 관계의 논리로 인식하기는 하였으나, 이 관계가 물리적 경험에 기반한 공준으로 결정되었다. 플라톤의 이상주의 철학을 따라서 이성은 감각세계의 지배를 받지 않기 때문에 무한과 무한소의 개념이 연구의 대상이 되었고, 수학의 실재는 상식과 무관한 본체론적인 실재를 지니고 있었으나 공준은 이성에 의해서만 만들어지게 되어서 수학을

자연과학과 독립시켰으나 공준적인 자유로움을 수학에 주지는 못하였다. 18세기 동안에도 논리적으로 자기모순이 없는 곳보다는 직관적으로 인정되는 설명을 추구하였다.

8) 헤르미트(C. Hermite, 1822~1901)는 인간의 경험을 초월하는 칸토르의 집합론에 공포감을 느꼈다. 직관론자 브라우어는 연속인 것과 이산적인 것을 융합하려 하였다. 크로네커(Leopold Kronecker, 1823~1891)는 자신이 존재할 수 없다고 믿었던 수를 만든 데데킨트와 칸토르의 무한과 집합론을 형식의 문제가 아닌, 정수만을 토대로 하는 방정식처럼 자연스럽지 않다는 이유로 강하게 부정하였다.

9) 관념론자들은 직관적으로 인지도는 형이상학적 실체의 형태를 가진 분석 불가능한 개념으로 간주하고 칸토르와 데데킨트가 주장한 이산성으로 인지하지 못하였다.

8.2 장애의 극복

1) 직관력이 중요한 시기인 초등학교 수학과 교육과정에는 조작교구를 활용하여 개념을 정리하는 과정이 꼭 필요하고(J. Piaget, 1896~1980) 또한 초등학교 교육과정에는 무리수와 무한이 없기 때문에, 고대 수학자들의 관념과 아이디어를 따라서 수 또는 미지수를 막대로 표현하고 두 수의 곱을 직사각형의 면적으로 지도하는 것이 기호논리인 분배법칙을 이해하는 데에 매우 중요한 것이다. 그 후 중·고등학교에서는 음수와 허수의 역사발생인 모든 등식이 참이 되고 모든 방정식이 해를 갖도록 논리적인 필요성에 의해서 음수와 허수를 도입하게 된 과정을 적절한 방법으로 스키마를 재구성하여 두 상황을 통합하여 지도하면 될 것이다.

2) 19세기에 비유클리드 기하학이 성립되면서 감각적 경험의 세계와 무관하고 내성으로부터의 명령과도 무관한 가정적 체계가 수학에 도입되니 사실과 미분적분학은 내적 모순이 없는 자유로운 그 자신만의 가정에 따라서 정의되었으며, 경험과 무관한 수와 무한집합만으로 정의 되었다는 사실을 지도한다.

3) 콤테(Auguste Comte, 1798~1857)가 밝힌 수학은 크기의 과학이 아니라는 사실과 미분을 고정된 양이 아니라 변수로 정의한 코시의 방법과 연속변수가 원소들의 집합에 대한 정적인 개념에만 의존한다는 사실을 증명한 바이어슈트라스의 관념을 지도한다.

4) 또한 위의 6절에서 미적분학이 완성하게 된 과정에서 다음과 같은 장애 극복과정을 지도한다.

   가) 수학은 자연을 묘사하거나 자연의 작용을 설명하는 것이 아니며 물리적 운동 또는 양들의 형이상학적인 생성과 무관하며, 다만 가능한 관계들의 기호논리학이며 가설적 진리에만 관련이 있으며 주어진 전제로부터 어떤 결론이 논리적으로 성립할

것인가를 결정하는 학문이다. 또한 수학적 개념의 엄밀하고 정련된 공식화 단계에서는 그 개념이 발생했을 때의 부적절한 요소에 영향을 받아서는 안 된다. 미적분학은 물리적인 사실을 이해하는 과정에서 도움을 받았음은 틀림이 없지만, 미적분학은 경험에서 도래하는 질적 선입관에서 벗어나서야 비로소 완성된 것이었다.

나) 미적분학의 역사에서 질적인 대상은 양적인 것에 의해서 설명되었으며 양적인 대상은 수학의 기본 개념 중의 하나인 순서에 의해서 설명된다는 사실을 알게 된 것이다.

다) 결론적으로 수학이란 자연현상에서 발견되는 관계들에 대한 서술적인 설명의 언어이고, 임의의 전제들을 삼단논법으로 마무리 짓는 이중적인 면이 있다는 사실을 지도한다.

9. 미적분학의 발전

2500년을 지나면서 정립된 곡선의 길이, 평면도형의 면적, 공간도형의 체적을 구하는 현재의 정적분은 다음과 같이 정의하고 있다.

9.1 리만-스틸쩨(Riemann-Stieltjes) 적분

주어신 구간 $[a, b]$에서 함수 f가 유계인 실변수함수, α를 단조증가함수라고 하자. 구간 $[a, b]$의 한 분할 P란 $a = x_0 \le x_1 \le \cdots \le x_{n-1} \le x_n = b$가 되는 유한 점집합 $x_0, x_1, \cdots, x_n$으로 정의한다. 각 소간의 차이를 $\Delta\alpha_i = \alpha(x_i) - \alpha(x_{i-1}), (i = 1, \cdots, n)$라고 하고, 구간 $[a, b]$의 각 분할 P에 내응하는 각 소구긴에시,

$$M_i = \sup f(x),\ (x_{i-1} \le x \le x_i),\ m_i = \inf f(x),\ (x_{i-1} \le x \le x_i)$$

이고, $U(P, f, \alpha) = \Sigma_{i=1}^{n} M_i \Delta\alpha_i$, $L(P, f, \alpha) = \Sigma_{i=1}^{n} m_i \Delta\alpha_i$ 일 때, 모든 분할에서

$$\overline{\int_a^b} f d\alpha = \inf U(P, f, \alpha),\ \underline{\int_a^b} f d\alpha = \sup L(P, f, \alpha)$$

로 정의할 때, 상한, 하한 두 값이 같은 경우에 $\int_a^b f(x) d\alpha(x)$라고 표기하고, 이것을 구간 $[a, b]$에서 함수 f의 리만-스틸쩨 적분이라고 한다(Rudin, 1976).

9.2 르베끄 적분

리만-스틸쩨 적분을 불연속함수인 경우로 일반화한 르베끄(Henri Lebesgue, 1875~1941) 측도는 다음과 같이 정의한다(Cohn, 1980).

X가 공집합이 아닌 집합, $\mathscr{J}$(X) 는 X의 모든 부분집합족이고 다음을 만족할 때 $\mathscr{J}$(X)를 위에서 σ-대수라고 한다.

(1) X · $\mathscr{J}$(X)$\mathscr{B}$,

(2) A · $\mathscr{J}$(X)$\mathscr{B}$→A^c · $\mathscr{J}$(X)$\mathscr{B}$,

(3) $\{A_i\}$가 $\mathscr{J}$(X)$\mathscr{B}$의 무한수열일 때, $\cup A_i$ · $\mathscr{J}$(X),

(4) $\{A_i\}$가 $\mathscr{J}$(X)의 무한수열일 때, $\cap A_i$ · $\mathscr{J}$(X) 일 때,

X가 공집합이 아닌 집합, S는 X위 σ-대수, μ는 $\mathscr{B}\,S$에서 실수의 집합 $\mathbb{R}$에로의 함수이고 다음의 조건을 만족할 때, 체계(X, $\mathscr{J}$(X), μ)를 측도공간이라 하고, μ를 (X, $\mathscr{J}$(X)) 위에서의 측도라고 하며, 다음의 성질을 만족한다.

(1) A · $\mathscr{J}$(X)$\mathscr{B}$→ $\mu(A) \geq 0$

(2) $\{A_i\}$가 서로 소인 $\mathscr{J}$(X)의 무한수열일 때, $\mu(\cup A_i) = \sum \mu(A_i)$

그런데 선의 길이와 평면도형의 면적을 포함하는 양의 측도는 경계선에서의 집적점 또는 수열의 극한에 관한 것으로 위상구조에 관한 문제이다. 집적점 또는 극한점을 포함하는 양의 측정과 불연속양의 측정을 정의하기 위해서 다음과 같은 르베끄 측도를 도입하게 된다. 집합 X와 그의 부분집합족 $\mathscr{J}$(X)가 주어졌을 때, 다음을 만족하는 함수 μ^* : $\mathscr{J}$(X) → [0, +∞]를 외부측도(outer measure)라고 한다.

(1) $\mu^*(\phi)=0$

(2) $A \subset B \subset X \rightarrow \mu^*(A) \leq \mu^*(B)$

(3) $\mathscr{J}$(X)의 무한수열 $\{A_n\}$에 대해서는 $\mu^*(\cup A_n)=\Sigma_n \mu^*(A_n)$

외부측도는 일반적으로는 가산 가법적(countably additive)이 아니므로 측도는 아니다. 또한 측도는 정의구역이 X의 모든 부분집합족일 때에만 외부측도가 된다.

$\mathbb{R}$ 위에서의 르베끄 외부측도 λ^*는 다음과 같이 정의한다. $\mathbb{R}$의 부분집합 A에 대해서, 합집합이 A를 포함하는 모든 유계인 개구간의 무한수열 $\{(a_i, b_i)\}$, 즉 $A \subset \cup(a_i, b_i)$, 의 집합족을 $\mathfrak{C}$(A)라고 할 때, $\lambda^*(A) = \inf\{\sum_i (b_i - a_i) \mid \{(a_i, b_i)\} \in \mathfrak{C}(A)\}$로 정의되는 함수 $\lambda^* : \mathfrak{C}(\mathbb{R})$

$\rightarrow[0, +\infty]$를 $\mathbb{R}$ 위에서의 르베끄의 외부측도라고 한다. $I_1, I_2, \cdots, I_d$ 이 $\mathbb{R}$의 부분구간이라고 할 때, $\mathbb{R}^d$의 부분집합 $I_1\times I_2\times\cdots\times I_d=\{(x_1, x_2, \cdots, x_d)\,|\,x_i\in I_i,\ i=1, \cdots, d\}$를 d차원 구간이라 한다. 구간 $I_1\times I_2\times\cdots\times I_d$은 개집합 또는 폐집합 또는 개집합도 폐집합도 아닐 수 있다.

구간 $I_1\times I_2\times\cdots\times I_d$의 부피를 각 구간 I_i의 길이의 곱으로 정의하고 $\mathrm{vol}(I_1\times I_2\times\cdots\times I_d)$으로 표기한다. 이 때, $\mathbb{R}^d$의 부분집합 A에 대하여, 합집합이 A를 포함하는 모든 유계인 d차원 개구간의 무한수열 $\{R_i\}$, 즉 $A\subset\cup R_i$, 의 집합족을 $\mathfrak{C}(A)$라고 할 때, $\lambda^*(A)=\inf\{\sum_i \mathrm{vol}(R_i)\,|\,\{R_i\}\in\mathfrak{C}(A)\}$로 정의되는 함수 $\lambda^*:\mathfrak{C}(\mathbb{R})\rightarrow[0, +\infty]$를 $\mathbb{R}^d$ 위에서의 르베끄의 외부측도라고 한다. 그러면 $\mathbb{R}$ 위에서의 르베끄 외부측도는 외부측도이고, $\mathbb{R}$의 각 부분구간의 르베끄 외부측도는 그 부분 구간의 길이이다. 측정영역에서 길이, 면적, 부피의 측도는 르베끄의 외부측도로 정의한다. 따라서 구간 $[a, b]$, $(a, b]$, (a, b)의 길이는 모두 $b-a$로 정의하고, 경계선의 유무와 무관하게 직사각형의 면적은 가로×세로로 정의하고, 직육면체의 체적도 경계선의 유무에 무관하게 밑면적×높이로 정의한다. 한편 기하학에서는 직사각형의 면적을 공리화하여 다음과 같이 정의하기도 한다.

■ 직사각형의 면적공리

다각형 P의 면적을 $A(P)$이라 할 때, 다음의 공리를 만족한다.

1) T 가 등거리 함수(isometry)이면 $A(P)=T(A(P))$

2) $P_1\cap P_2=\varnothing$이면 $A(P_1\cup P_2)=A(P_1)+A(P_2)$

특히, P가 직사각형이면,

3) $A(P)=$ 가로×세로 (직사각형의 면적 규준(normalization)공리)

10. 근사치

일상생활에서 도구를 사용하여 얻는 측정값은 참값일 수가 없다. 따라서 필요한 만큼의 정확도 범위 안에서 얻은 측정값은 참값처럼 사용하게 된다.

10.1 실세계의 기하학과 이상적인 기하학

모든 물체의 형상에 대한 인식은 인간의 인지체계의 구성물이다. 고대 그리스 시대부터 유클리드 기하학 이라고 알려진 기하학의 세계는 인간의 상상력을 동원하여 만들어진 세계이다. 그것은 이상적인 형태로 채워진 개념적인 세계이다. 마름모의 네 변의 길이가 같다는 것은 그들이 틀림없이 같다는 의미이다. 그러나 종이에 마름모를 그리게 되면 작도의 도구에 따라 적당한 정확도 범위 내에서 네 변의 길이가 같음을 보장할 수 있을 뿐이다. 영어에서 '당신이 뜻한 바를 본다(I see what you mean)'는 것은 은유적으로 '이해한다(I understand)'는 뜻이고, 동양에서 '백문이 불여일견이다'는 보아야 비로소 믿는다 또는 이해한다는 것이다. 그것은 동서양을 막론하고 시각적 인식이 학습과 이해의 총체로 간주되는 예증이다. 시각적 인식에 관한 심리학적 예를 다음의 카니짜(Gaetano Kanitsa)도형에서 찾을 수 있다. 우리가 보고 있는 카니짜 도형에 나타난 삼각형은 종이에 그려진 것이 아니라 우리의 인지체계의 구성물이다. 이러한 환영적인 도형을 통하여 '본다'는 것은 수동적인 행동이 아니라 보는 사람의 능동적인 구성체이다. 기하학의 핵심적인 특징은 기하학적 대상과 관계를 '보는 법' 즉, '식별하는 법'과 그 대상이 만족하거나 만족하지 않는 성질로서의 관계를 배우는 것이다. 기하학적 대상의 길이, 면적, 체적의 측정은 특정한 단위에 대한 비 또는 수를 대응 시키는 것이다. 그러나 그 대상의 '보이는 것' 만을 측정하기 때문에 필연적으로 측정 오차를 수반하게 되어서 필연적으로 측정값은 참값이 아닌 근사치로 얻게 된다.(Mason, 2005)

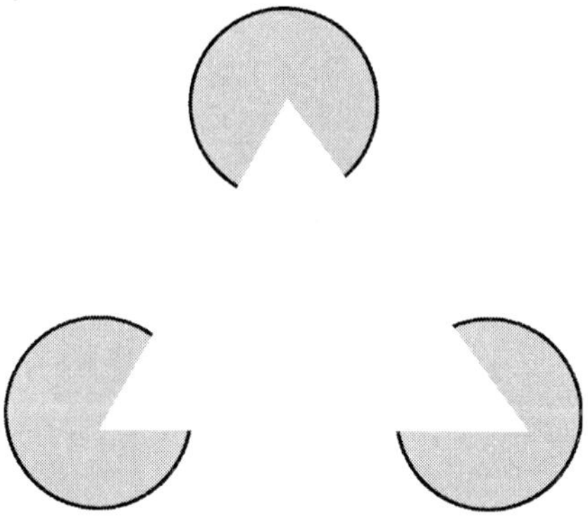

〈그림 46〉 카니짜 도형

10.2 근사치의 계산

참값과 측정값의 차이를 오차라고 한다. 오차가 생기는 원인은 위에서 언급한 본질적인 이유 이외에도 이론오차, 기계오차, 개인오차 등으로 구별한다. 그러나 실제측정에서는 참값을 알지 못하므로 오차의 크기도 정확히는 알 수가 없다. 다만 어느 정도의 애매한 값의 한계만을 알 수 있을 뿐이다. 그 한계를 오차의 한계라고 한다.

10.2.1 오차

오차는 측정값과 참값의 차이이다.

10.2.2 오차의 종류

- 정오차: 이론오차, 개인오차, 기계오차
- 우연오차
- 오류

10.2.3 절대오차

측정값이 참값보다 클 때도 있고 작을 때도 있다. 따라서 오차는 다음과 같이 절대값으로 나타낸다.

- 절대오차 = | 측정값 − 참값 |
- 오차의 한계

실제측정에서는 참값을 알 수가 없으므로, 정확한 오차 역시 알 수가 없다. 따라서 측정값의 용도와 측정기계의 정확도에 따라서 필요한 만큼의 참값의 한계를 정할 수밖에 없는 것이다. 그러한 한계를 오차의 한계라고 한다. 만일 측정값을 a, 참값을 A, 오차의 한계를 k라고 한다면 $|a-A| \leq k$이므로 참값의 범위는 다음과 같다.

$$a-k \leq A \leq a+k$$

또한 오차의 한계를 정하는 방법 중에서 가장 많이 쓰이는 것은 반올림이다.

10.2.4 상대오차

상대오차는 (절대오차) ÷ (참값)이다.

그러나 참값을 알 수가 없으므로, 대신 상대오차의 한계를 구한다.

- 상대오차의 한계 = (오차의 한계) ÷ (측정값)

10.2.5 예

다음의 근사값에서 오차의 한계와 상대오차의 한계를 구하시오.

(예 1) 어떤 도시의 인구를 100자리에서 반올림하여 조사하였더니 247,000 명이었다.

(답) 오차의 한계 : 500명,

상대오차의 한계 = 500 ÷ 247,000 = 0.002.

(예 2) $\pi \fallingdotseq 3.14$.

(답) 오차의 한계 : 0.002,

상대오차의 한계 = 0.002 ÷ 3.14 = 0.00063.

10.2.6 함수의 근사값

수학이 우주의 현상을 함수로 표현하는 것이라고 한다면, 모든 측정값은 함수값이 된다. 따라서 원하는 만큼의 오차 범위에서 함수값을 구하면 된다. 이를 해결하기 위한 방법으로 다음의 예를 들 수 있다.

■ 테일러(Taylor)의 정리

a를 포함하는 구간에서 $f(x)$가 n회 미분 가능할 때 이 구간에서 다음이 성립한다.

$$f(x)=f(a)+\frac{f'(x)}{1!}(x-a)+\frac{f''(x)}{2!}(x-a)^2+\cdots$$
$$+\frac{f^{(n-1)}(x)}{(n-1)!}(x-a)^{n-1}+\frac{f^{(n)}(a+\theta(x-a))}{n!}(x-a)^n,\ (0<\theta<1)$$

이 때 위의 식의 우변을 $f(x)$의 $x=a$에서의 테일러 전개식이라고 하고, 끝항을 잉여(remainder)라고 하고, 위의 잉여의 꼴을 Lagrange 의 잉여형식이라고 한다.

특히$a=0$을 포함하는 구간에서 $f(x)$가 n회 미분 가능할 때 이 구간에서 다음이 성립한다.

■ 맥로린(Maclaurin)의 정리

$a=0$을 포함하는 구간에서 $f(x)$가 n회 미분 가능하면

$$f(x)=f(0)+\frac{f'(x)}{1!}x+\frac{f''(x)}{2!}x^2+\cdots+\frac{f^{(n-1)}(x)}{(n-1)!}x^{n-1}+\frac{f^{(n)}(\theta x)}{n!}x^n,\ (0<\theta<1)$$

이 때 위의 식의 우변을 $f(x)$의 $x=0$ 에서의 맥로린 전개식이라고 한다. 맥로린의 정리를 이용하면 필요한 만큼 복잡한 형태의 함수의 함수값의 근사값을 구할 수 있다. 예를 들면 자연로그의 밑인 e의 제곱근의 근사값을 구할 때, 먼저 지수함수 $f(x)=e^x$를 맥로린 전개하여 다음의 전개식을 얻는다.

$$e^x=1+\frac{x}{1!}+\frac{x^2}{2!}+\cdots+\frac{x^5}{5!}+\frac{x^6}{6!}e^{\theta x}$$

이 때 $x=\frac{1}{2}$로 놓으면, $0<\theta<1$이므로 $0<\theta x<\frac{1}{2}$이다. 따라서

$$e^{\frac{1}{2}}=1+\frac{\frac{1}{2}}{1!}+\frac{(\frac{1}{2})^2}{2!}+\cdots+\frac{(\frac{1}{2})^5}{5!}+\frac{(\frac{1}{2})^6}{6!}e^c,\quad (0<c<\frac{1}{2})$$
$$=1.648698+\frac{\frac{1}{2}}{6!}e^c$$

그런데 $1 < e^c < e^{\frac{1}{2}} < 4^{\frac{1}{2}} = 2$이므로

$$0.00002 < \frac{(\frac{1}{2})^6}{6!} < \frac{(\frac{1}{2})^6}{6!}e^c < \frac{(\frac{1}{2})^6}{6!} \times 2 < 0.00005$$

이다. 따라서 $\sqrt{e}$ 의 소수 4자리까지 정확한 값은 1.6487이다.

제5장

측정의 교수학

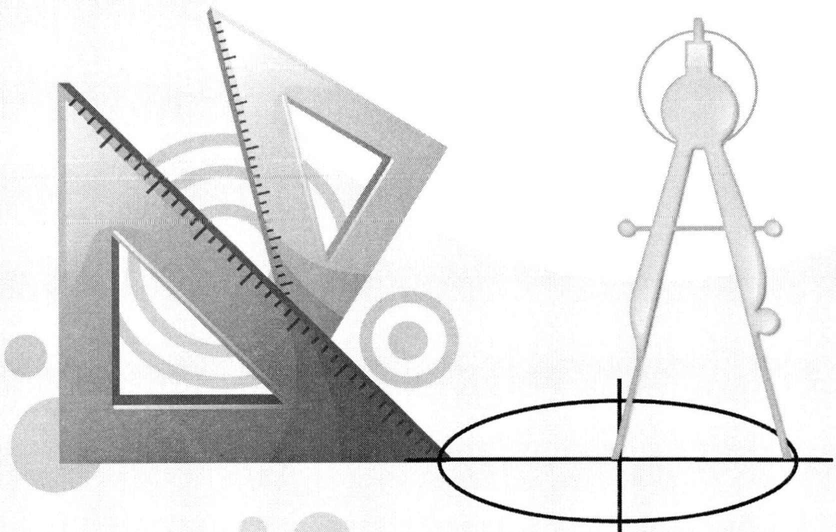

제5장 측정의 교수학

위에서 우리는 논리주의, 형식주의, 직관주의와 무소속학파의 주장을 비판하였고 수학의 비젼을 제시한 부르바키의 세 가지 모구조와 다중구조의 아이디어를 수학의 지식의 구조로 정하기로 하였다. 그리고 이론은 실제적 행동이 벌어지고 있는 사실의 세계로부터 그 위층에 있는 논리의 세계로 눈을 돌리게 함으로서 그 결과로 형성된 마음이 다시 실제적 활동의 형태로 나타나도록 하는 역할을 하는 것으로 보는 일원론적인 것으로 정하였다. 따라서 본 장에서는 먼저 기하학에서의 측정의 대상인 양의 모구조를 밝히고, 그에 따른 일원론적 교수학을 논하기로 한다.

1. 양

이 절에서는 측정의 대상인 양의 모구조에 대하여 논하기로 한다. 양의 모구조(mother structure)를 설명하는데 꼭 필요한, 집합론, 함수, morphism, 측도이론에 관한 몇 가지 용어를 정의 없이 먼저 사용하고, 후에 자세하게 설명하기로 한다.

1.1 양의 모구조

프로이덴탈(Freudenthal, 1973)에 의하면 양 M이란 이항연산으로 덧셈(+)과 순서(<)가 주어지고, 다음과 같은 성질을 만족하는 대수 구조와 순서구조가 합성된 다중구조를 가지는 공집합이 아닌 집합이다. 즉, 임의의 a, b, c · M에 대하여

(1) $a < b$ 또는 $a = b$ 또는 $a > b$이다.

(2) $a < b$이고 $b < c$이면 $a < c$이다.

(3) $(a+b)+c = a+(b+c)$이다.

(4) $a+b=b+a$이다.

(5) $a+c=b+c \rightarrow a=b$이다.

(6) $a<b \leftrightarrow a+c=b$인 유일한 $c \cdot M$이 존재한다.

위의 사실에서 양수의 곱이 다음과 같이 유도된다. $1 \cdot a=a$이고 모든 자연수 n에 대하여 $(1+n) \cdot a=a+n \cdot a$이다. 즉 $n \cdot a=a+\cdots+a$(n번의 덧셈)이 된다. 또한 $a \cdot M$과 자연수 n에 대하여 $b \cdot M$가 존재하여

(7) $a=n \cdot b$이다.

즉 b는 a을 n개로 나눈 중의 하나이다. 따라서 M에서는 양수에 의한 곱셈과 나눗셈이 가능하다. 따라서 양의 유리수 양과의 곱셈, 나눗셈이 가능해진다. 이제, 양 M이 무게인 경우를 예로 들기로 한다. 이 경우에 '$=$'는 '무게가 같다'이고, 덧셈($+$)은 합병이고, 순서($<$)는 '가볍다'이다. 무게단위를 e라고하자. e와 유리수의 곱을 $\mathbb{Q} \cdot e=\{q \cdot e \mid q \in \mathbb{Q},\ q>0\}$로 정의하자. 만일 M의 모든 원소가 $\mathbb{Q}^+ \cdot e$보다 작거나 또는 M의 모든 원소가 $\mathbb{Q}^+ \cdot e$보다 클 경우에는 M을 비-아르키메데스적(non-archimedian)이라 하고, $c \cdot M$에 대해서, M의 원소 중에는 $\mathbb{Q}^+ \cdot c$보다 작은 원소도 없고 동시에 $\mathbb{Q}^+ \cdot c$보다 큰 원소도 없는 경우에는 M을 아르키메데스적이라고 한다. 다시 말하면 $c,\ d \cdot M$에 대하여 $r,\ s \cdot Q^+$가 존재하여 $d<r \cdot c$이고 $d>s \cdot c$가 성립한다. 이 때, r을 자연수로 택하고 s를 자연수의 역수로 택하면 $c,\ d \cdot M$에 대하여 $m,\ n \cdot \mathbb{N}$이 존재하여 $d<m \cdot c$이고 $d>\frac{1}{n} \cdot c$가 성립한다. 또한 c와 d의 역할을 바꿔 놓으면 $c,\ d \cdot M$에 대하여 $n \cdot \mathbb{N}$이 존재하여 $d<n \cdot c$가 된다. 이것을 아르키메스 공리라고 한다. 이제 M을 아르키메데스적이라고 하자. 모든 $a \cdot M$에 의해서 집합 $\mathbb{Q}^+ \cdot e$가 다음과 같이 좌우 또는 앞뒤에 놓이고 서로 소인 두 부분으로 분할된다. $\{\eta \cdot \mathbb{Q}^+ \mid \eta \cdot e \leq a\}$, $\{\eta \cdot \mathbb{Q}^+ \mid \eta \cdot e>a\}$. 이것을 $\mathbb{Q}^+$의 '절단'이라고 한다. 이 때 $\alpha=\sup\{\eta \cdot \mathbb{Q}^+ \mid \eta \cdot e \leq a\}$로 놓으면 α는 $\mathbb{Q}^+$의 원소일 수도 있고 원소가 아닐 수도 있다. 후자의 경우, α를 무리수라고 한다. 어느 경우든지 이와 같이 얻은 수 α를 양의 실수라고 한다. 정의에 따르면 α는 e를 단위로 하여 a를 측정한 것이다. 지금부터 $a=\alpha \cdot e$라고 하자. 그러면 양 M의 원소는 단위의 실수 배가 되므로 $M \supset \mathbb{R}^+ \cdot e$이고, 양의 측정에서 실수 이외의 수는 없으므로 $M=\mathbb{R}^+ \cdot e$이다. $\alpha,\ \beta \in \mathbb{R}^+$에 대해서 다음이 성립한다.

$$\alpha<\beta \rightarrow \alpha \cdot e<\beta \cdot e,$$
$$(\alpha+\beta) \cdot e=\alpha \cdot e+\beta \cdot e$$

1.2 양의 측정

e를 단위로 측정한 a의 측도를 $m(a)$라고 정의하자. 위의 예를 들면 $m(a)=\alpha$이다. 그러면 다음 식들이 성립하게 된다.

(1) m은 M에서 $\mathbb{R}^+$에로의 사상이다.

(2) $a<b \rightarrow m(a)<m(b)$

(3) $m(a+b)=m(a)+m(b)$

(4) $m(e)=1$

(5) 또한 (3)에 의해서, 모든 $t \cdot \mathbb{Q}^+$에 대하여, $m(t \cdot a)=tm(a)$

따라서 m은 유한가법성(finite additivity) 공준만을 만족하는 측도이다. 이제 단위 e를 다른 단위 $e'=\beta \cdot e$로 바꾸면 e'에 관한 새로운 측도 m'가 만들어지고, 두 측도는 관계 $m'(a)=\beta^{-1}m(a)$를 갖게 된다. 측도이론과 양의 이론은 동일하지 않다. 양의 이론에서는 (6) 등에 의해서 가법성이 주어지지만 측도이론에서는 서로소인 집합에 한하여 가법성이 주어진다는 점에서 다르다. 따라서 측도이론에서의 임의의 부분집합들은 M의 의미에서의 덧셈이 불가능하다. 또한 합집합과 교집합과 같은 집합의 연산은 양에서는 의미가 없다. 그리고 측정이란 어떤 양이 주어진 단위의 몇 배인지를 재는 것이다. 측정 방법이 측도이론에서는 중요하지 않지만 양의 측정에서는 가장 중요하다. 이 두 가지 측도의 간극을 메꾸고 통합하는 이론의 예는, n 차원 구간 또는 반 개(half-open) 입방체에 대한 체적을 정의하는 측도인 르베끄(Lebesque) 측도를 들 수 있다(Cohn, 1980). 르베끄 측도의 내용은 4절에서 설명하기로 한다. 또한 단위가 다른 두 양의 연산에는 단위를 통일하는 공통척도가 필요하게 된다. 통약가능(commensurable)한 두 양 a_0와 a_1의 공통척도를 구하는 유클리드 알고리즘은 다음과 같다.

$$a_0 = q_1a_1 + a_2,\ 0 \le a_2 < a_1,$$
$$a_1 = q_2a_2 + a_3,\ 0 \le a_3 < a_2$$
$$\vdots$$
$$a_{n-1} = q_na_n$$

그러면 a_0와 a_1은 a_n의 정수배가 되므로 a_n은 a_0와 a_1의 공통척도이고, 사실은 가장 큰 공통척도이다. 실용적인 측정방법으로 고대 바빌로니아 인들은 60진법을 개발하여 사용하였다. 현재는 단위의 연속적인 세분을 1585년에 스테빈(Stevin)이 60진법을 10진법으로 바꿔 표현한 방법을 사용하고 있다. 10진법은 다른 진법에 비하여 계산속도가 현저하게 빠르다.

그 이유는 스테빈이 활동하던 당시에 사용된 유럽의 모든 숫자보다 인도 아라비아 숫자(Hindu-Arabic numeral) 의 간결성에 기인한 것이다. 10진법을 사용하여 양을 정의할 때는 공리 (7)은 $a \cdot M$에 대하여$b \cdot M$ 가 존재하여

(7) $a = 10 \cdot b$이 된다.

따라서 측정과정에서 분수를 사용하지 않아도 된다. 일반적으로 분수를 소수로 표현하면 무한소수가 되는 경우가 더 많기 때문에 10진법체계에서는 측정과정을 분수로 표현하는 일은 적절하지 않다. 분수의 출현은 측정이 아니라 분할이기 때문이기도 하다.

1.3 새로운 양의 생성

양들 사이에는 상호작용이 있기 때문에 이미 존재하는 양에서 새로운 양을 구축하기도 한다. 두 양 사이에서 가장 자연스러운 관계는 준동형사상이다.

다음의 두 조건을 만족하는, 양 M에서 양 M'으로의 사상 f를 준동형사상(homomorphism)이라고 한다.

$a, b \cdot M$에 대하여

$$a < b \rightarrow f(a) < f(b),$$
$$f(a+b) = f(a) + f(b)$$

그러면 귀납적으로 $n \cdot \mathbb{Q}^{+}$에 대하여 $f(na) = nf(a)$가 성립한다. 아르키메스 양에서는 준동형사상은 일대일대응(isomorphism)이 된다. 양 M, M'에 정의된 측도를 각각 , m, m'이고 다음 도식이 가환적이라 하면, $g = m' f m^{-1}$이다.

$$\begin{array}{ccc} & f & \\ M & \rightarrow & M' \\ m \downarrow & \curvearrowright & \downarrow m' \\ \mathbb{R}+ & \rightarrow & \mathbb{R}+ \\ & g & \end{array}$$

〈그림 47〉

따라서 $a \cdot M$에 대하여 $g(m(a)) = m'(f(a))$, 즉 g는 a의 측도를 $f(a)$의 측도와 대응시킨다.

또한 g는 $\mathbb{R}$에서 $\mathbb{R}$에로의 선형사상을 $\mathbb{R}^{+}$에 제한시킨 것이므로 고정된 상수 $\lambda \in \mathbb{R}^{+}$가

존재하여 임의의 $\eta \cdot \mathbb{R}^{+}$에 대하여 $g(\eta)=\lambda\eta$가 된다. 즉 m, m', f가 결정되면 g가 결정된다. 이를 삼수법이라고 한다.

2. 측정 도구로서의 함수

독일의 수학자 클라인(Felix Klein, 1849~1925)은 '함수는 수학의 영혼이며 심장'이라고 하였다. 실제로 수학의 거의 모든 개념이 함수이다. V장 1.2절에서 설명했듯이, 양의 측정 즉, 측도 역시, 모든 양의 집합에서 실수의 집합으로의 함수이다. 따라서 길이, 넓이, 부피, 무게 등의 양을 측정하는 모든 수단은 함수이다. 함수는 변수(variable)와 불가분의 관계가 있으며, 함수 또한 변수가 되기도 한다. 이 절에서는 프로이덴탈(Freudenthal, 1973, 1979, 1983, 1991)을 참고하여 변수와 함수의 본질과 그에 따른 교수학을 알아보기로 한다.

2.1 변수

우리가 보통 변수(variable)라고 부르는 대상은 상수(constant)와 대비시킨 이름으로, 학생들에게 지도할 때에 교사와 학생 모두에게 다분히 오해의 소지가 많이 발생하기도 한다. 따라서 이 절에서는 동양권에서 variable을 한자로 번역한 변수의 본질과 특성을 알아보기로 한다.

2.1.1 변수의 본질

변수의 본래의 의미는, '흘러가는 시간, 변하는 목적, 바뀌는 풍향, 곡면 S 위를 움직이는 점 P' 등과 같이 실제로 변하는(vary) 물리적, 사회적, 정신적, 수학적 대상이었다. 현재의 변수의 의미는 어떤 집합의 원소를 임의적으로 동시에 표현하는 다가명사(polyvalent name)로서, 자리지기(place holder)로서 사용되는 기호이면서 다음과 같은 다양한 의미를 가진다.

- 상수도 변수처럼 사용할 때가 있다.
- 방정식이나 부등식을 명제함수로 간주한다면 미지수도 변수로 볼 수 있다.
- 방정식의 해에 대한 자리지기 역할을 한다.
- 점 P, 삼각형 ABC, 원 O, 함수 f 등은 특정한 대상을 지적하지 않는 것이므로 변수로 볼 수 있다.
- 집합표현에서 $\{x \mid p(x)\}$에서 x 대신 다른 문자를 사용할 수 있으므로 이 때의 x를 꼭두각시 변수라고 한다.

- 특정한 수나 연산 대신 사용된다. 예를 들면 원주율 π, 허수 i, 수열의 합 Σ 등이 있다.
- 변수는 $x \to 2$와같이 동적인 면과 $A \cap B = B \cap A$와 같이 정적인 면이 있다.
- 빈자리의 역할을 한다.
- 패턴을 일반화하는 도구로 사용된다.
- 계속 증가하거나 감소하는 것으로 가정되는 것이다.

그러나 모든 수학적 개념은 눈에 보이는 구체적인 것들을 제거하고 추상화한 공통속성이듯이, 위에서 열거한 변수의 다양한 의미와 변수를 감고 있는 장식인 '흘러가는, 변하는, 바뀌는, 움직이는'을 제거하면 다음과 같은 두 가지의 본질이 드러나게 된다.

■ 언어적 측면

변수란 특정한 자리에 끼워 넣을 수 있는 어떤 대상으로서의 '자리지기(placeholder)'이다.

■ 본질론적 측면

변수란 어떤 대상을 지칭하는 것이 아니라, 어떤 종류의 대상들을 불러내는 가상의 변화가능성이다.

2.1.2 변수의 표층과 심층

스켐프(Skemp, 1987)는 수학에서 개념의 의미를 주고받는 의사소통 과정은 기호에 의한 표현 즉, 개념의 표층구조에서 이루어지지만, 궁극적으로 전달되는 것은 개념의 심층구조여야 한다고 말한다. 변수 개념의 의미가 다양하다는 것은 변수는 하나의 표층구조에 상응하는 하나의 심층구조를 갖는 단일 차원의 개념이 아니고, 자리지기라는 하나의 동일한 표층구조 하에 상이한 심층구조를 갖는 다차원적 개념이다.

■ 변수의 표층

자리지기 ⇒ 의미와 무관한 문자 ⇒ 임의의 대상

■ 변수의 심층

- 정적 변화 : 다가 이름(polyvalent name) ⇐ 불연속적인 변화
- 동적 변화 : 변하는 대상 ⇐ 연속적인 변화

2.1.3 변수 개념의 심리적 구성 단계

변화를 내포하고 있는 문제 상황에서 학생들이 직접 변수를 구성해 나가는 과정을 다음과 같이 단계적으로 경험하도록 하여 변수의 사용, 표현, 의미에 대한 어려움을 완화시키도록 한다.

■ 1 단계 : 변하는 대상 사이의 불변의 관계 포착

변수가 갖는 값에 관계없이 보존되는 관계를 알 수 있는 단계이다. 예를 들면, 덧셈 또는 곱셈의 교환법칙의 성립함 또는 임의의 수에 0을 곱하면 항상 0이 됨 등의 불변하는 관계를 이해하는 단계이다.

■ 2 단계 : 변하는 대상을 불변하는 문자로 고정

변하는 대상들 사이의 불변의 관계를 수학적으로 표현하기 위하여, 변하는 대상을 문자로 대체하여 심리적으로, 변하는 대상을 변하지 않는 것으로 고정될 때, 그 상황을 임의의 문자로 표현하여도 변하는 대상간의 불변의 관계가 보존된다는 것을 이해하는 단계로서 변수 개념의 핵심을 이루는 단계이다.

■ 3 단계 : 변수 기호의 임의성 이해

변하는 대상이 심리적으로 고정될 때, 그 대상이 임의의 문자로 표현되어도 변하는 대상간의 불변의 관계가 보존된다는 것을 이해하는 단계로서, 변수를 나타내고 있는 문자가 다른 문자로 치환되어도 불변의 관계는 변하지 않는다는 것을 이해하는 단계이다.

2.2 함수

날씨가 덥다. 날씨가 춥다. 배가 고프다. 엄마가 싱글벙글하신다. 왜 그럴까? 모든 현상에는 반드시 이유가 있다. 다시 말하면, 모든 결과에는 원인이 있는 것이다. 수영장에 물을 채운다. 수도꼭지에서 매시간 500L의 물이 쏟아진다면 6시간 후에는 몇L의 물이 채워지겠는가? 시간에 따라서 물의 양이 많아지고, 더구나 일정한 시간에 일정한 물의 양이 쏟아진다면 과거와 미래의 물의 양을 계산 할 수 있을 것이다. 이와 같이 어떤 원인으로 인하여 어떤 결과가 일어난 경우에 원인과 결과사이에는 종속관계가 있다고 말하고, 이러한 두 상황간의 관계를 함수관계라고 한다. 함수는 이와 같이 우주의 현상과 그 현상을 만들게 한 원인과의 관계를 알고 싶어서 만들어진 개념이다.

2.2.1 함수 개념의 발생과 발전

원시수학적인 함수의 관념은 B.C. 2000경에 바빌로니아인들이 $n = 1, 2, 3, \cdots, 30$에 대한 $n^3 + n^2$의 값을 나타내는 대응표를, 현대적인 관점에서, 함수 관념의 발생으로 보고 있다 (E.T. Bell). 그러한 관념이 점차로 오랜 시간을 거쳐 발달하고 정교화의 과정을 거쳐 개념화되는 과정은 다음과 같다.

■ 기하학적 함수 개념

- 함수는 B.C. 500년경의 바빌로니아인들이 천문학을 연구하면서 최초로 개념화되었

다. 그들은 천체의 위치가 주기적으로 변화하는 속도를 관찰하여 천체가 진행하는 경로를 선형적(linear) 또는 부분적인 선형적으로 내삽하여 천체운동의 표를 계산하는데 사용했던 방법이 오늘날의 주기함수 또는 파동방정식의 시초가 되었으며(Freudenthal, 1983), 자연스럽게 함수와 연속개념을 심리적으로 구성하게 되었다.

- 고대 그리스시대에는 모든 계산이 선분끼리의 비례 관계, 선분이나 호로 이루어진 평면도형과 입체도형의 비례관계에 한정되었다. 따라서 두 수의 곱으로서의 면적이나 세 수의 곱으로서의 체적 등과 같은 종속관계가 나타나지 않았다. 하지만 그 옛날부터, 심리적으로는 “나의 어머니”와 같은 소유관계와 비례관계를 인간이 의식한 것이 함수개념의 출발이 된다.
- 함수는 변화 가능성과 임의성을 가지고, 비례관계에 존재하는 원인(독립변수)과 결과(종속변수) 사이의 종속관계가 함수의 본질이다.
- 함수개념이 수학사에 명료하게 등장한 것은 미분적분학의 완성단계에 기여하면서부터이다. 아리스토텔레스(Aristoteles, B.C.384~322)가 변화의 변화는 존재하지 않는다고 하였듯이, 변화율로서의 속도라는 생각에는 미치지 못하였고, 고대 그리스인들은 속도의 변화율로서의 가속도를 생각한다는 것은 불합리한 것으로 여겨왔다. 이것은 변화의 상태를 나타내는 것으로서의 속도의 개념이 확립되지 못하였고 정지된 상태에서 법칙을 구하고자 한 것과도 관련이 있다.
- 함수관계에 관한 주된 연구는 16세기경으로, 이 시기에 운동에 관한 연구가 자연과학의 중심적인 과제가 되어 여러 가지 변화의 과정과 변량 사이의 함수관계에 관한 연구가 활발하였다. 수학에 있어서 변화하는 양과 이들 양 사이의 종속 관계에 관한 일반적인 여러 가지 성질을 반영한 것으로서 변수나 함수라는 개념이 생겨났다.
- 17세기에는 함수 자체의 성질을 연구하려는 해석학이 태동하여 발전하였으며, 함수(function)라는 용어는 라이프니츠(G. W. Leibniz, 1646~1716)가 처음으로 사용하기 시작하였으나, 함수의 용어를 명확하게 정의하지는 않고, 상수에 대해서 변량(또는 변수) x를 생각하여 x가 변함에 따라서 변화하는 변량인 x로 이루어진 식을 x의 함수라고 하였다.

■ 대수학적 함수 개념

- 17세기 말에 Briggs, Newton, Taylor, Maclaurin 등의 멱급수에 대한 연구가 함수개념의 발달에 커다란 영향을 미치게 된다. 특히 오일러(Euler)는 ‘변하는 양의 함수란 변하는 양과 수 또는 변하는 양과 양으로 구성된 식’이라고 생각하여, 모든 함수는 멱급수로 전개할 수 있다고 주장하였다. 또한 오일러는 ‘어떤 양에 다른 양이 종속된다면 후자

는 전자의 함수'라고 정의하였으며, 함수를 현재와 같은 기호인 f로 표현하여 관계식의 개념을 부여하였다. 이로 인하여, 페르마는 이차식에 관한 도함수를 현재의 의미에 가장 가깝게 표현하고 계산하였으나, 뉴턴과 라이프니츠가 도함수를 함수로 표현하게 되었다.

- 코시(A. L. Cauchy)는 변수들 사이에 종속적인 관계가 주어질 때, 원인이 되는 변수를 독립변수, 종속적인 변수를 그의 함수라고 정의하였으나, Euler와 유사하게 함수를 이해하였다. 이 때부터 함수는 어떤 대상의 기하학적인 원래의 모습과는 관계없이 대수적으로 조작가능하다는 것을 의미하게 되었으며, 주된 조작성으로는 합성함수와 역함수가 등장하여 함수의 새로운 세계가 열리게 되었다.

■ 논리적 함수 개념

- 디리끌레(P. G. Dirichlet)는, 푸리에(Fourier)급수에 의한 함수의 표현에 관한 논문(1837)에서, 두 변수 x와 y가 적당한 구간에서 관계를 갖기만 한다면 y를 x의 함수로 간주하여, 함수는 대응이라고 정의하였다. Dirichlet의 정의를 더욱 일반화시켜서, 수학의 많은 분야에서 함수와 사상(mapping)을 완전히 같은 의미로 쓰는 경우도 있다.
- 칸토르의 집합론을 적용한 이후에, 함수는 본질인 종속관계를 숨긴 채, 두 집합 사이의 대응으로 정의되어 오늘날에 이른다.
- 함수란 원래는 두 변화 가능한 양 사이의 관계이었다. 그러나 종속변수와 독립변수를 바꾸거나, 독립변수 끼리를 바꾸게 되면서부터 함수의 합성(치환)과 (소거를 가능하게 하는) 역함수와 같은 함수의 조작이 새로이 나타났고, 함수의 조작성이 궁극적인 함수의 본질이 되어 함수가 완성되었다.

■ 함수적 사고

종속적인 관계 또는 종속적인 역동성 즉, 원인과 결과의 상호작용을 아는 능력을 뜻한다.

■ 함수개념의 발전

나의 ~ (소유관계) ⇒ 'the …, the …' 형태(… 할수록, 더욱 … 하다) ⇒ 비례관계 ⇒ 원인과 결과(종속성) ⇒ 두 집합간의 대응 ⇒ 함수의 조작(궁극적인 함수의 본질)

■ 함수개념의 발달 구조

기하학적 함수 개념 ⇒ 대수적 함수 개념 ⇒ 논리적 함수 개념

2.2.2 대응으로서의 함수

학교수학에서는 함수를 대응관계로 지도하고 있으므로, 부르바키학파가 대응관계로 분류한 함수의 종류를 간략하게 정리하기로 한다.

정의

원인이 되는 x의 집합을 X, 종속적인 결과인 y의 집합을 Y라고 하자.

- 어떤 규칙 f에 의해서, 만일 X의 모든 원소가 Y의 원소에 대응하고 X의 각 원소는 Y의 단 하나의 원소에 대응하는 경우에, 규칙 f를 X에서 Y에로의 함수라고 부르고, 기호로는 $f : X \to Y$ 로 표기한다.
- 이 때, 집합 X를 정의구역, 집합 Y를 공변역이라 부르고, x를 독립변수, y를 종속변수라고 부른다.
- 그리고 'y는 f에 따라 x에 대응한다.' 또는 'y는 x의 함수이다.' 라고 한다. 이 때, y를 x의 함수 값이라고 하고, $y = f(x)$로 표기하고, x에 대응하는 $y = f(x)$의 모든 원소의 집합을 치역이라고 한다.
- 예

  세계 각 나라를 수도에 대응시키는 규칙을 f라고 하자. 여기서 f의 정의구역은 세계 각 나라의 집합이고, f의 공변역은 세계 각 나라의 모든 도시의 집합이다. 프랑스의 상은 파리, 즉 f(프랑스)=(파리)이고 치역은 세계 모든 나라의 수도의 집합이다.

■ 함수기계(function machine)

원인이 되는 x를 기계에 넣으면 결과인 $y = f(x)$가 밖으로 나오는 기계이다.

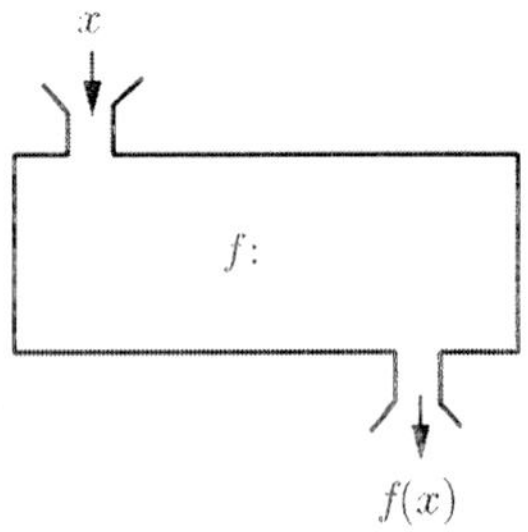

〈 그림 48〉

■ 사칙연산

사칙연산인 덧셈, 뺄셈, 곱셈, 나눗셈은 모두 이변수 함수이다. 즉, 입력은 두 곳이고 출력이 한 곳인 함수이다.

■ 일대일 함수

함수 $f: A \to B$의 대응 규칙이, A의 서로 다른 두 원소의 함수 값이 같지 않을 때, 함수 f를 일대일 함수(injective function, injection, one-to-one function)라고 한다. 다시 말하면 $a, a' \in A$에서 $f(a) = f(a')$이면 $a = a'$(즉, $a \neq a'$이면 $f(a) \neq f(a')$)인 경우 $f: A \to B$는 단사함수이다.

• 일대일 함수의 예

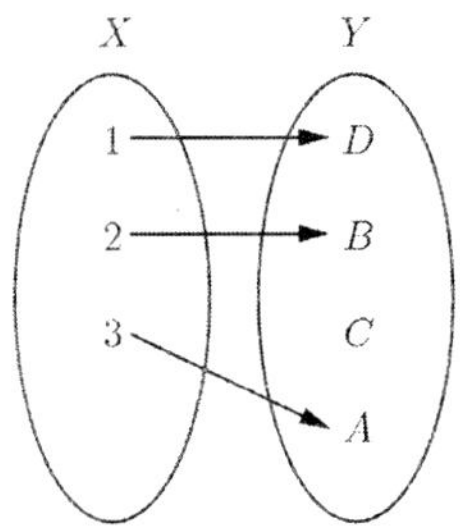

〈그림 49〉

■ 위로의 함수

집합 A에서 집합B로의 함수를 f라고 할 때, 함수 f의 공변역과 치역이 같은 경우, 즉 공변역의 모든 원소가 정의역의 원소와 대응할 때 함수 f를 위로의 함수(surjective function, surjection, onto function)라고 한다.

• 위로의 함수의 예

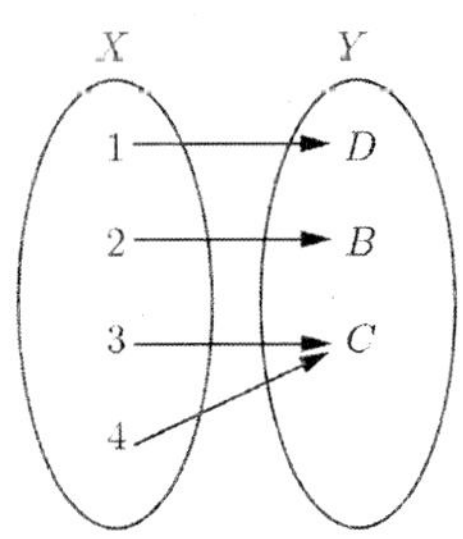

〈그림 50〉

■ 일대일 대응

함수 $f: X \to Y$의 대응규칙이 단사이고 전사일 때 전단사함수라고 한다. 다시 말해서, X와 Y의 모든 원소가 하나씩만 대응할 때 일내일 내응(bijective function, bijection, one to one correspondence)이라고 한다.

• 일대일 대응의 예

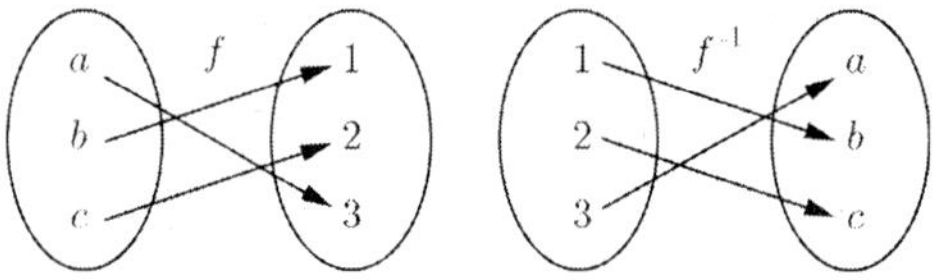

〈그림 51〉

2.2.3 함수의 조작

영이는 방학 중에 부모님과 제주도 여행을 계획했습니다. 광주에서 버스를 타고 목포에 가서, 목포에서 페리호를 타고 제주도에 가기로 하였습니다. 그런데 그날 아빠가 회사일로 조금 늦게 출발할 수밖에 없어서, 영이와 엄마는 예정대로 목포를 거쳐 제주도로 가고 아빠는 광주에서 비행기를 타고 곧바로 제주도로 가게 되었습니다.

■ 합성함수

영이의 가족여행에서 광주에서 제주도를 가는 방법은 두 가지입니다.

① 광주 ⇒ 목포 ⇒ 제주도

② 광주 ⇒ 제주도

이 때 방법①과 방법②의 결과는 어떠한가? 이 문제를 일반화하면, 세 집합 A, B, C 사이에 두 개의 함수 f, g가 있어서 다음과 같이 대응하는 문제가 된다.

즉, A에서 B에로의 함수를 f, f의 공역인 B에서 C에로의 함수를 g라고 하자. $a \in A$인 a의 함수값 $f(a)$는 g의 정의구역인 B에 속한다. 따라서 함수 g에 대한 $f(a)$의 함수값(즉, $g(f(a))$을 구할 수 있다. 이와 같이 하면 A의 각 원소 a에 대하여 원소 $g(f(a)) \in C$를 대응하는 A에서 C로의 함수를 얻는다.

• 이 새로운 함수를 f와 g의 합성함수(composite function) 라고 하고, $(g \circ f)$ 로 나타낸다. 즉, $f : A \rightarrow B$이고, $g : B \rightarrow C$일 때

$$(g \circ f)(a) = g(f(a))$$

에 의하여 합성함수 $(g \circ f) : A \rightarrow C$를 정의하고 오른쪽 그림과 나타낼 수 있다.

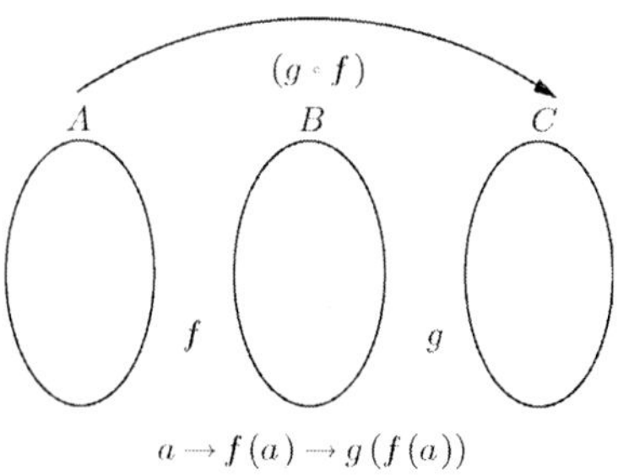

〈그림 52〉

- 합성함수의 예

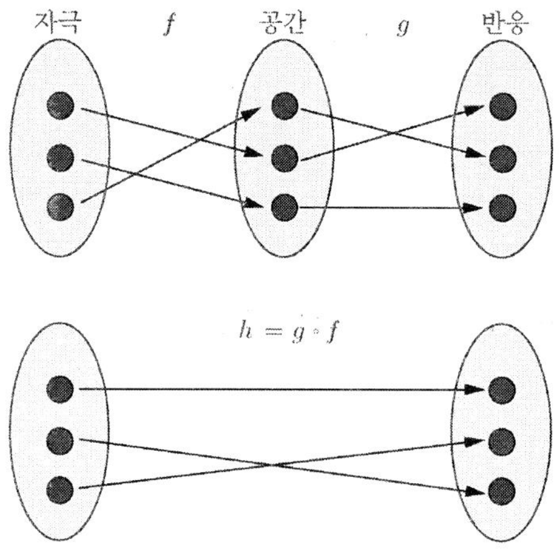

〈그림 53〉

- 합성함수 기계

$f: A \to B, f(x) = x^2, g: B \to C, g(x) = x + 1$일 때,

$$(g \circ f)(a) = g(f(a)) = a^2 + 1$$

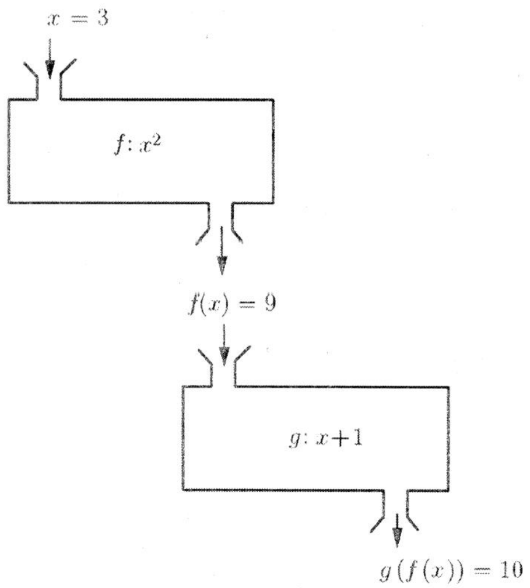

〈그림 54〉

- 합성함수는 결합법칙

함수의 합성은 결합법칙이 성립한다.

즉, $f: A \to B, g: B \to C, h: c \to D$이면 $(h \circ g) \circ f = h \circ (g \circ f)$이다.

힌트 $f: A \rightarrow B$ $g: B \rightarrow C$, $h: C \rightarrow D$라 하면, 합성함수 $(g \circ f): A \rightarrow C$에서 함수 $h \circ (g \circ f): A \rightarrow D$를 구할 수 있다. 같은 방법으로 함수 $(h \circ g) \circ f: A \rightarrow D$를 구할 수 있다. 그 다음, $h \circ (g \circ f)$와 $(h \circ g) \circ f$는 둘 다 A에서 D로의 함수이고 모든 함수값이 같으므로 합성함수의 결합법칙이 성립한다.

■ 항등함수

정의구역과 공변역이 똑같고, 자기 자신끼리(같은 원소끼리) 대응하는 함수를 항등함수라고 하고 기호는 i로 표기한다. 즉, $i(x) = x$.

• 항등함수의 예

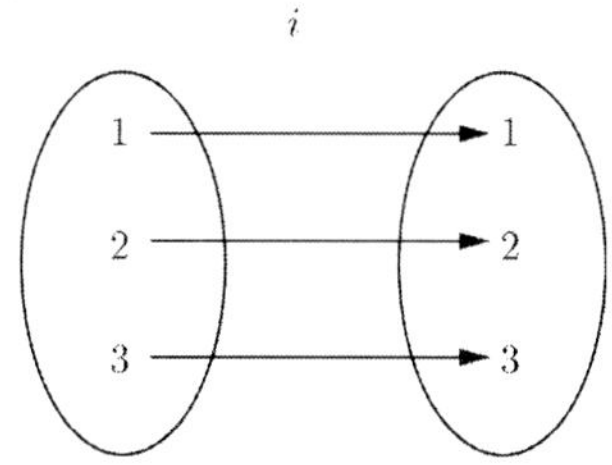

〈그림 55〉

■ 역함수

영이 가족이 제주도에서 여행을 마치고 제주도 갈 때의 코스를 바꾸지 않고 거꾸로 돌아오면, 영이 가족은 영이네 집으로 다시 돌아오게 된다. 이 내용을 일반화하면 다음과 같다.

• $f: A \rightarrow B$가 일대일 대응일 때 각각의 $b \in B$에 대하여 꼭 하나의 A의 원소 $f^{-1}(b)$가 반드시 대응한다. 그러므로 f^{-1}는 B에서 A로의 함수이고, 이것을

$$f^{-1}: B \rightarrow A$$

로 표기하고, 함수 f^{-1}를 f의 역함수라고 한다.

• 일대일 대응 f와 역함수 f^{-1}의 예

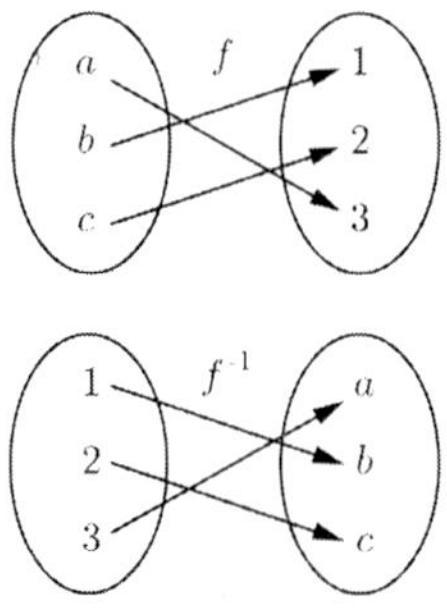

〈그림 56〉

■ 원상

위에서 영이의 여행과정과 같이 집에서 출발하여 제주도에 가서 여행을 마치고, 다시 제주도를 떠나 집으로 돌아오는 과정과 같은 함수를 생각해보자.

- 함수 f를 A에서 B로의 함수, $b \in B$라 하자. b로 사상되는 A의 원소를, 즉 b를 그의 상으로 갖는 A의 원소들을 b의 원상이라고 하고,

$$f^{-1}(b)$$

로 표시한다. 다시 말하면 $f : A \to B$일 때

$$f^{-1}(b) = \{x \mid x \in A,\ f(x) = b\}$$

이다. 주의해야 할 것은 $f^{-1}(b)$는 항상 A의 부분집합이다. 여기서 보통 f^{-1}을 'f 의 역함수'라고 읽는다. 예를 들면, 함수 $f : A \to B$를 아래 그림과 같이 정의하면 a와 c는 모두 y를 함수값으로 갖기 때문에 $f^{-1}(y) = \{a,\ c\}$이다. 또 x에 대응되는 것은 b뿐이므로 $f^{-1}(x) = \{b\}$이고, z의 원상 $f^{-1}(z)$는 z에 사상되는 A의 원소가 없으므로 공집합 ϕ이다.

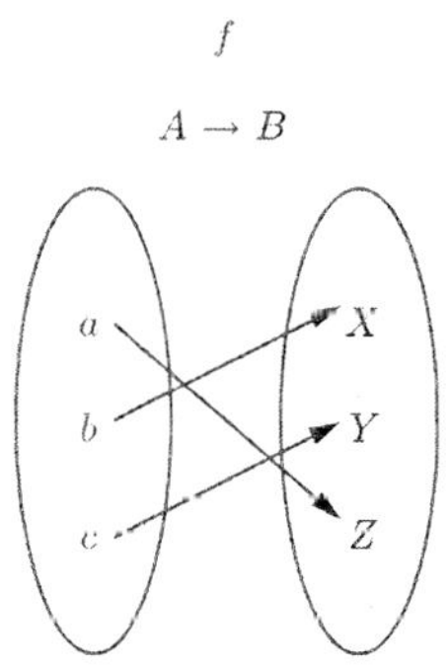

〈그림 57〉

- 집합의 원상

$f : A \to B$는 임의 함수라고 하자. A의 각 원소는 B안에 그 상이 존재하므로 $f^{-1}(B) = A$, 함수 f의 치역을 $f(A)$로 나타내면

$$f^{-1}(f(A)) = A$$

특히 $b \in B$이면

$$f^{-1}(b) = f^{-1}(\{b\})$$

여기서 f^{-1}는 두 가지 의미를 갖는다. 하나는 B의 원소의 원상이라는 것이고, 다른 하나는 B의 부분집합의 원상이라는 것이다.

원상의 정의를 확장하여 보자. $f: A \to B$이고, $D \subset B$라 하면 사상 f에 의한 D의 원상을 $f^{-1}(D) = \{x | x \in A,\ f(x) \in D\}$로 정의한다. 역시 $f^{-1}(D)$도 f의 정의구역 A의 부분집합이다.

3. 함수기호로서의 측정단위(눈금)

무게측정단위 $e = 1\text{kg}$이라고 하면, e에 관한 측도 m에 의한 $a$kg 의 함수값은 a이다. 즉, $m(a\ \text{kg}) = a$이다. 이 때 m의 역함수 m^{-1}은 양 수 a를 양 $a$kg으로 사상한다. 즉 $m^{-1}(a) = a$ kg 이다. 따라서 측정단위인 kg은 역함수를 의미한다. 따라서 일상생활의 기호 중에 \$6.80 = ₵680 와 같이 측정단위를 수 앞에 적는 경우가 있고 3.5kg= 3500g과 같이 측정단위를 뒤에 적는 경우가 있다. 측정단위를 배분법칙이 성립하기 때문에 화폐의 예와 같이 무게와 길이 등의 단위도 수 앞에 적는 것이 타당하다.

3.1 단위가 있는 두 양의 곱셈과 나눗셈

두 양 M, N은 모듈이고 선형공간이므로 그들 사이에 물리학에서 비롯된 텐서곱이 정의된다(Juan Ramon Ruiz-Tolosa, Enrique Castillo, 2005). 텐서 해석학은 리만 기하학에서 미분불변량의 연구의 변종으로, Pauda 대학의 리찌(Gregorio Ricci-Curbastro, 1853~1925)교수의 연구에서 시작되었다. 리찌는 좌표 변환 하에서 형식 불변인 기하학적 성질과 물리법칙의 표현법을 연구하여, 1892년에는 처음으로 그의 방법을 체계화하고 미분기하학과 물리학에서 발생하는 문제에 적용하게 되었다. 1911년에는 리찌와 그의 제자인 Tullio Levi-Civita(1873~1941)와 함께 미분불변량의 계산공식을 정교화한 논문 'Methods of the Absolute Differential Calculus and Their Applications'을 발표하였고, 그 후 1916년에 아인슈타인이 전기역학과 상대성이론에서 방향을 갖는 양의 계산에서 사용되는 이 주제를 텐서해석학이라고 명명하였다.(Kline, 1990) 현대에는 텐서의 용도가 달라져서 특수한 경우의 정규벡터의 일반적인 형태의 유향양을 의미하게 되었고, 아인슈타인 과 바일(H. Weyl) 등에 의해서 다양한 기호로 표기되었다. 아인슈타인은 지구상의 아주 가까운 두 점 사이의 거리를 첨자를 두 개 갖는 이차계수의 대칭 텐서 계수로 표기하였고, 그 후 다양한 텐서곱의 기호가 사용되어져, 현재의 기호인 $\otimes$를 사용하게 되었다(Cajori, 1952). 부르바키(Bourbaki, 1974)는, 실수체 $\mathbb{R}$ 위의 두 선형공간

L_1, L_2에 한정하여 그들의 텐서곱을 다음과 같이 정의하고 있다.

곱집합 $L_1 \times L_2$에서 실수체 $\mathbb{R}$위의 임의의 선형공간 M으로의 사상 u가 임의의 원소 $x_1, y_1 \in G_1, x_2, y_2 \in G_2, r \in \mathbb{R}$에 대하여,

$$u(x_1+y_1, x_2)=u(x_1, x_2)+u(y_1, x_2)$$
$$u(x_1, x_2+y_2)=u(x_1, x_2)+u(x_1, y_2)$$
$$u(rx_1, x_2)=u(x_1, rx_2)$$

가 성립할 때, 사상 u는 실수체 $\mathbb{R}$위에서 쌍일차라고 한다.

실수체 $\mathbb{R}$위의 두 선형공간 L_1, L_2의 텐서곱은 임의의 선형사상 v에 대하여 다음의 universal mapping problem 을 만족하는 선형공간 $L_1 \otimes L_2$으로 정의한다.

$$\begin{array}{ccc} & v & \\ L_1 \times L_2 & \rightarrow & L_1 \otimes L_2 \\ u \searrow & \curvearrowright & \swarrow u' \\ & M & \end{array}$$

〈그림 58〉

즉, 임의의 선형공간 M과 임의의 선형사상u가 주어지면, 그때마다 유일한 선형사상 u'이 존재하여서 위 도형이 순환(commute)하게 된다. 그러면 선형공간 L_1, L_2의 임의의 두 텐서곱은 동형(isomorphic)이 되므로(Bourbaki, 1974), 텐서곱은 쌍일차 형태로서 유일한 방법으로 정의된다. 두 선형공간의 텐서곱의 정의에 의해서 각 선형공간의 벡터는 그 선형공간의 기저(base)들의 일차결합으로 표현된다. 따라서 벡터끼리의 텐서곱은 선형성에 의하여 서로 다르거나 또는 동일한 기저끼리의 텐서곱을 상수배하는 결과가 된다. 그러므로 단위가 같거나 또는 다른 양끼리의 곱셈은 텐서곱을 적용하여서 정당화가 된다. 따라서 두 양 M, N의 텐서곱 $M \otimes N$은 모든 $a \cdot M$, $b \cdot N$에 대하여 다음 조건을 만족하는 형식적인 곱 $a \otimes b$ 전체의 집합이다. 임의의 $\eta \cdot \mathbb{R}^+$에 대하여 $(\eta a) \otimes b = a \otimes (\eta b)(\eta a)$이다. 또한 e, f를 각각 M, N의 측정단위라고 하면 $\alpha, \beta \cdot \mathbb{R}^+$가 존재하여 $a=\alpha e$, $b=\beta f$이고, $a \otimes b=(\alpha e) \otimes (\beta f)=(\alpha\beta)(e \otimes f)$이다. 따라서 $e \otimes f$를 측정단위로 한 $a \otimes b$의 측도는 $\alpha\beta$이다. 그리고 $M \otimes N$의 원소끼리의 덧셈과 크기비교는 물리적 경험에 의한 그들의 측도의 덧셈과 크기비교에 의하여 정의된다. 특히, 물리적 현상을 텐서곱으로 표현하는 예는 다음과 같다.

$$\text{일}=\text{힘}\times\text{거리} \leftrightarrow \alpha\text{kg} \otimes \beta\text{m}=(\alpha\beta)(\text{kg} \otimes \text{m}),$$

$$\text{면적} = \text{가로} \times \text{세로} \leftrightarrow \alpha\text{cm} \otimes \beta\text{cm} = (\alpha\beta)(\text{cm} \otimes \text{cm}) = \alpha\beta\text{cm}^2$$

또한 양끼리의 나눗셈은 양의 역으로부터 도출된다. 거리를 시간으로 나누면 속도이고, 면적을 가로로 나누면 세로가 된다. 경험적인 길이의 역은 굴절광학에서의 굴절(m^{-1})으로서 존재하고, 시간의 역은 음향학에서 주파수에 존재하고, 길이의 역 또는 시간의 역끼리의 의미 있는 덧셈 또는 산술평균이 존재한다. 또한 주파수와 시간의 곱은 진동수이므로, 이 경우에는 두 양의 곱을 텐서곱을 계산한 결과에서 측정단위를 제외한 '수'로 정의하는 것이 통상적이므로, 양 M과 양의 역 M'이 주어진 경우, 두 양의 곱을 이항연산 $M \cdot N = \mathbb{R}$으로 정의한다. 그러면 $a \cdot M$, $b \cdot M'$에 대하여, $a \cdot b \cdot \mathbb{R}_+$이고 쌍 일차적이다. 따라서 M과 M'은 쌍대적이다. 그리고 e, e'을 M, M'의 측정단위라 하면 $e \cdot e' = 1$이다. m, m'을 M, M'의 측도라 하면 $a \cdot b = m(a)m'(b)$이다. 특히 $a \cdot b = 1$이면 $m(a)m'(b) = 1$이므로 두 측도는 서로 역이 되므로 쌍대 양은 서로 역처럼 보이게 된다. 예를 들면, 밑면의 반지름이 Rcm, 윗면의 반지름이 $r$cm, 원뿔대의 높이가 $h$cm인 원뿔대의 측면적을 Scm^{2}라고하면 $S = \pi(R+r)\sqrt{(R-r)^2 + h^2}$이다. 이 때 π의 단위는 1, R, r, $R+r$의 단위는 cm이고 $(R-r)^2$, h^2의 단위는 cm^{2}이므로 각 양들을 그들의 차원으로 치환해 보면 cm^2 =1 · cm · $\sqrt{\text{cm}^2}$ 이므로 타당한 공식이 된다(Polya, 1994).

4. 측도

길이, 면적, 체적 등의 측정에서 측도 이론이 발생하였지만, 면적을 정의할 때 측도의 개념을 적용하기에는 많은 문제점이 있다.

4.1 르베끄 측도

측도를 정의하기 위해서는 집합 E, 집합 E의 부분집합족인 $\mathfrak{I}$와 $\mathfrak{I}$의 원소를 무한대를 포함하는 음이 아닌 수로 보내는 집합함수인 측도 μ가 주어지고 가법성(additivity) 공준이 주어진다. 집합 E의 예는 직선, 평면 또는 공간이 있다. $\mathfrak{I}$와 μ에 주어진 가법성 공준은 '서로 소인 집합들의 합집합의 측도는 각 집합의 측도의 합이다' 로 주어진다. 직관적으로는 가법성 공준이 당연해 보이지만, 선분은 한 점 집합들의 합집합이며 한 점의 측도는 0이므로 각 점의 측도의 합도 0이 되어 양립불가능하게 된다. 따라서 가법공준은 다음의 유한가법공준, 즉 '서로 소인 유한개의 집합들의 합집합의 측도는 각 집합의 측도의 합이다'로 정한다. '유한개

집합' 대신에 '두 개의 집합'으로 대치하고 유한 귀납법으로 더해가도 마찬가지이다. 또한 르베끄(Henri Lebesque, 1875~1941) 측도까지 성립하기 위해서는 다음의 σ-가법성 공준, 즉 '서로 소인 가산(denumerable)개의 집합들의 합집합의 측도는 각 집합의 측도의 합이다'를 택하는 것이 타당하다. 선, 평면, 공간에 대한 측도이론에서는 '합동변환 하에서의 측도의 불변성'이 요구되지만 이 것은 σ-가법성 공준이 일반적으로는 성립하지 않다. 집합 E가 반지름이 1인 원주, 즉 절대값이 1인 복소수의 집합이라고 하자. 그러면 복소수의 곱셈연산 하에서 군이 된다. 집합 E의 원소 α가 어떤 정수 n에 대해서도 $\alpha^n \neq 1$이고 $\frac{\alpha}{2\pi}$가 무리수이면 α는 무한 순환군 F를 생성한다. F가 순환하는 E의 부분군이므로 잉여류의 집합 E/F는 군을 이룬다. F의 각 잉여류에서 한 개의 원소를 택하여 만든 집합을 V라고 하자. 그러면 집합 V는 쌍마다 합동인 집합 $\cdots, \alpha^{-2}V, \alpha^{-1}V, V, \alpha V, \alpha^2 V, \cdots$ 으로 분할된다. 만일 각 집합 $\alpha^i V$의 측도를 양수로 정하면 모든$\alpha^i V$는 합동이므로 σ-가법성 공준에 의하여 $\cup\alpha^i V$의 측도는 무한대가 되고, 분명히 E의 측도는 2π이므로 모순이 된다.

4.2 평면 또는 공간 도형의 경계

평면 도형 또는 공간 도형의 면적을 측정할 때에 경계를 포함하는지, 부분만을 포함하는지 또는 무시하는지에 관하여 논하기로 한다. 면적을 비교하거나 측정할 때는 경계와는 상관이 없다. 이 때문에 도형의 면적에는 측도이론을 적용할 수 없다. 수학적 개념으로서의 차원과 측도는 현상학적인 예기치 않은 수학적 결과 때문에 서로 분리해서 고려해야 한다. 직선상에서 양의 길이를 갖는 0차원 집합을 예로 들어 보자.

예) 칸토르의 불연속체

폐구간 [0, 1]을 3등분하여 개구간 $(\frac{1}{3}, \frac{2}{3})$를 잘라낸다. 나머지 집합 $[0, \frac{1}{3}]$과 $[\frac{2}{3}, 1]$을 3등분하여 중간의 개구간을 잘라내고, 나머지 구간을 3등분하여 중간구간을 잘라내는 과정을 무한히 반복하면 선분이 없는 폐집합이 만들어진다. 이 0차원 집합을 칸토르의 불연속체 C라고 한다. 그리고 그 집합의 길이는 $\lim_{n\to\infty}(\frac{2}{3})^n=0$이다. 이 방법과 위상적으로는 동치이고 거리적으로는 다른 집합을 만들어 보자. 폐구간 [0, 1]을 3등분하여 개구간 $(\frac{1}{3}, \frac{2}{3})$를 잘라낸다. 나머지 집합 $[0, \frac{1}{3}]$과 $[\frac{2}{3}, 1]$을 7등분하여 중간의 개구간을 잘라내고, 나머지 구간을 15등분하여 중간구간을 잘라내고, 나머지 구간을 31등분하여 중간구간을 잘라내는 과정을 반복하면 선분이 없는 점집합이 만들어진다. 이 집합은 위상적으로는 카토르의 연속체 C와 동치이다. 그런데 폐구간[0, 1]에서 이 점들을 빼낸 후에 남는 집합의 길이는 $\frac{2}{3}\times\frac{6}{7}\times\frac{14}{15}\times\frac{30}{31}\times\cdots$이고 극한값은 $\frac{1}{2}$이 된다. 직선위에서 집합C 폐집합이다. 평면이나 공간의 경계는 낮은 차원이지만 양의 측도를 가질 수 있다. 내점이 없는 폐집합도 양의 측도를 가질 수 있다. 한편, 직관적으로는 면적이나 체적을 측정할 때 경계의 측도를 산입하지 않는다. 즉, 면적을 단위로 포개어 가면서 측정할 때는 경계를 겹쳐서 측정하고 몇 개의 점이 여러 번 세어져도 측정값에는 영향을 주지 않는다. 따라서 면적과 체적의 수학적인 정의와 직관적인 정의 사이의 역설적인 측면을 없애기 위해서 경계가 매끈한 곡선해서 측정값이 0인 것으로 면적과 체적을 정의하기로 한다.

5. 양의 곱셈, 나눗셈의 유의점

앞 장에서 길이는 단위길이에 의해, 면적은 단위면적에 의해, 체적은 단위체적에 의해 측정할 수 있음을 지적했다. 그들 중의 어느 하나로 측정할 수 있는 길이와 같은 것들의 집합이 있을 때 우리는 같은 종류의 양이라고 한다. 예를 들면 길이들은 같은 종류의 양이고, 면적들도 같은 종류의 양이며, 체적들 역시 같은 종류의 양이다. 그러나 면적은 길이와 같은 종류의 양도 아니고, 체적과 같은 종류의 양도 아니다. 길이를 예로 들어 측정 가능하다는 것이 의미하는 것을 좀 더 생각해보자. 길이들은 피트자로 측정한다. 피트자를 여기저기로 옮겨서 길이의 같음을 측정하는 것이다. 또한 각각 1피트인 근접한 세 길이는 3피트라는 하나의 길이가 된다. 따라서 길이를 측정하기 위해서는 길이의 같음과 길이의 덧셈을 정해야 한다. 피트자를 움직이는 것과 같은 어떤 측정이 적용되었을 때 길이가 같다고 하고, 길이가 계속 이어지면서 겹치지 않도록 하는 어떤 과정이 적용되었을 때는 길이들이 더해져 전체로서의 하나의 길이를 만든다고 한다. 하지만 어떤 검사를 멋대로 동일성에 대한 검사로 간주하거나, 어떤 과정을 멋대로 덧셈의 과정으로 간주할 수는 없다. 덧셈 연산과 동일성에 대한 판단의 결과는 예견된 특정한 조건에 적합한 것이어야 한다. 예를 들면 2개의 보다 큰 길이를 더한 결과가 2개의 보다 작은 길이를 더한 결과보다 커야 한다. 이런 예견된 조건이 정확히 공식화되어 있을 때, 그것들은 양의 공리(axiom)라고 불릴 수도 있다. 이 공리들의 진위(眞僞)에 관해 오직 문제가 될 수 있는 것은, 공리가 만족될 때에 보통 사람들이 양이라고 부르는 것을 반드시 얻을 수 있는가의 여부이다. 만약 얻을 수 없다면 '양의 공리'라는 명칭은 잘못된 것이다.

이와 같은 양의 공리는, 공간의 수학적 성질과 같이 완전히 추상적이다. 그것들의 공리는 모든 양에 대해 동일하며, 어떤 특수한 지각 양식도 전제하고 있지 않다. 양이라는 개념과 연결되는 관념은 선, 면적, 체적이란 연속체를 몇 개의 일정 부분으로 세분할 수 있는 수단이란 것이다. 그렇게 하면 이것들의 부분은 셀 수 있고 그 결과 연속적인 전체의 정확한 성질을 정하는 데에 수를 이용할 수 있다. 시간의 흐름과 사건이 연속적으로 일어나는 것에 관한 우리의 지각은 이런 개념의 예이다. (주기성을 고찰할 때 서술했듯이) 유사 사건의 되풀이에 의해 우리는 시간을 측정한다. 똑같은 양초가 점차 몇 인치 타는가, 항성에 대한 지구의 회전, 시계침의 회전이란 것은 모든 이와 같은 되풀이의 예이다. 이와 같은 유형의 사건은 길이에 관한 피트자의 역할을 한다. 이것들이 어떤 유형을 취해도 그 유형의 사건이 되풀이될 때마다 정확히 똑같이 지속한다고 가정할 필요는 없다. 필요한 것은, 예를 들어 어떤 타입의 2개의 예의 상대적 지속을 우리가 표현할 수 있는 어떤 규칙을 알아내는 것이다. 예를 들어 만약 희망한다면 지구의 자전 비율이 점차로 감소해서 매일 1초의 몇만분의 1씩 길어진다고 가정해도 좋다. 이와 같은 규정은 어떤 날의 길이도 임의의 다른 날과 길이를 비교하는 것을 가능하게 한다. 하지만 본질적인 것은 계속 이어지는 하루하루라는 일련의 되풀이가 표준적인 연속으로 받아들여져야 한다는 것이고, 또 만약 그 예의 여러 가지 사건이 같은 지속을 갖는다고 간주되지 않는다면 1일 1일로 분배해야 하는 지속을 임의의 다른 하루의 지속에 의해 규제하는 어떤 법칙이 서술되어야 한다는 것이다. 그러면, 이와 같은 법칙이 마땅히 갖는 요건은 무엇인가? 먼저 첫째로 그것은 상식적으로 같은 지속성을 갖는다고 판단되는 사건에는 거의 같은 지속을 주게 해야 한다. 매일 심하게 다른 길이를 주어, 얼핏 보면 같은 듯한 작용에 비해 또는 얼핏 보면 진짜 아주 조금의 차이밖에 없는데 완전히 엄청난 속도의 변화를 부여한 듯한 법칙은 결코 잘되지 않은 것이다. 그러므로 제1의 요건은 일반적으로 상식에 일치한다. 그러나 그것은 법칙을 결정함에 절대적으로 충분한 것은 아니다. 왜냐하면 상식은 정밀한 관측자가 아니어서 대단히 쉽게 만족해 버리기 때문이다. 다음의 요건은, 법칙은 그것을 미묘하게 조정하면 자연법칙을 가능한 보다 단순한 형태에서 서술할 수 있어야 한다는 것이다. 예를 들어, 천문학자가 주장하는 바는 지구의 자전은 늦어지고 있으므로, 매일 상상하기 힘들 정도로 아주 작은 부분만큼씩 길어지고 있다. 천문학자가 이런 주장을 하는(주기성에 관한 논의에서 보다 상세하게 말했지만) 단 하나의 이유는 이렇게 주장하지 않으면, 뉴턴의 운동법칙을 포기해야 하기 때문이다. 운동법칙을 단순한 형태로 보존하기 위해 그들은 시간의 척도를 변경하는 것이다. 이 변경의 취지가 충분히 이해되는 한 그것은 완전히 합법적인 방법이다. 공간이 갖는 수학적 성질의 추상적 성격에 대해 위에서 말한 것은, 적당히 돌려서 말하면, 시간의 수학적 성질에도 적용된다. 우리의 감각이나 지각 모두에는 시간의 흐름에 대한 어떤 느낌이 함께하며, 실제로 시간에 관해 우리의 관심을 끄는 모든 것은 시간에서 기인하는 추상적인 수학적 성질과 병행한다. 역으로 1일에 대한 길이를 정하는 법칙에 대한 2개의 요건에 대해 말한 것은 야드 자(yard measure)의 길이를 정하는 법칙에는 들어맞는다. 즉, 야드 자는 여기저기로 이동해도 같은 길이를 계속 가지는 것처럼 보인다. 따라서 어떤 규칙에서도 사소한 변화를 별도로 하면, 길이가 불변의 상태라는 결과를 가져오는 것이어야 한다. 또 제2의 요건은 사소한 변화에 대해, 자연법칙의 보다 단순한 표현을 허락하는 일정한 법칙이 서술되어야 한다는 것이다. 가령 제2의 요건에 따르면 야드 자는 그 재료에 따라서 온도의 변화에 늘어나거나, 줄어들거나 한다고 가정되기 때문이다. 우리의 감각에는 존재 장소와 지속의 감각이 함께하고 있다는 사실과 또 선, 면적, 체적, 지속은 그 감각이 각각의 방식(격식)에서 양이라는 사실을 별도로 한다면, 우주의 법칙을 탐구하기에는 수의 이론은 부차적으로밖에 쓸모없다고도 생각될 것이다. 실제로 물리과학은 수, 양, 공간 및 시간이라는 주요한 개념을 기초로 하고 있다. 이것들의 개념과 연결되어 있는 수리과학은 수학의 전체를 구성하는 것은 아니지만, 현재 존재하고 있는 수리물리학의 기초인 양의 덧셈과 뺄셈은 측정단위 같은 경우에 한하여 가능하다. 그런데 일상생활에서의 곱셈과 나눗셈은 단위가 다른 경우에도 사용된다. 180km ÷ 6h=30km/h 이다. 이 나눗셈은 나눗셈의 전형적인 유형인 등분제 또는 포함제를 적용할 수 없다. 이 때문에 두 양의 곱셈과 나눗셈을 일반적으로 정의할 필요가 있게 된다.

■ 측정수

일상생활에서 측정수 만큼 중요한 수 개념은 없다. 양의 측정과정의 결과는 수이다.

6. 길이의 교수학

길이는 기하학적으로 합동사상인 이동, 구부림, 절단-복원 변환에 의해서 불변인, 길이를 갖는 물체의 함수이다. 절단-복원 변환은 길이에 대한 가법의 특성을 가진다. 거리는 길이를 갖는 물체 또는 정신적인 대상의 길이로서 드러난다. 길이는 직선으로 측정되고, 곡선은 직선으로 귀착시켜서 측정한다. 거리는 조감도에 의해서 이해된다. 절단된 길의 거리는 부분의 합으로 결정하고, 곡선은 절단된 길 또는 곧게 펴서 측정한다. 직선의 측정도구는 자 또는 곧은 줄로 잰다. 아동의 무의식적인 측정활동은 도구를 사용하지 않고 손바닥, 뼘, 아름, 걸음 등으로 이루어진다. 그러나 걸음을 직선적으로 걷는다거나 뼘을 직선적으로 옮기는 행동이

의식적이든지 반 의식적이든지 어쨌든 직진성이 부분적인 역할을 하였다. 즉, 측정활동에서 직선은 도구적인 존재가 아니라 정신적인 존재이다. 측정을 신체의 부분 또는 도구를 이용하여 여러 번의 반복 측정하는 경우에는 측정심상의 직진성은 시각선상의 목표지점이나 중복이라는 직진의 확장에 의해서 보장된다. 거리는 가장 짧은 선으로 측정한다. 두 점 a, b사이의 거리는 dist(a, b) $\leq$ dist(a, b)+dist(a, b)이라는 사실을 알게 하려는 것이다. 두 점 사이에 장애물이 있는 경우에는 같은 거리를 갖는 평행선을 찾으면 된다. 그 과정에 숨어있는 기하학적인 통찰은 평행이동에 의해서 길이가 보존된다는 것이다. 이 상황에서의 기하학적인 통찰은 평행이동, 평행사변형, 직사각형과 같은 심적 조작 또는 심상에 관한 지식을 의미하며, 그 지식은 기하학적 연역이나 이러한 심상의 개념성을 뜻하는 것이 아니고 더욱이 관용적인 명칭을 아는 것을 뜻하는 것은 아니고, 평행성과 대변의 상등을 시각적 또는 지각적으로 암시하는 것이다. 방향이 같지 않은 두 선분의 길이의 상등을 확인하는 가장 원시적인 방법은 대칭이다. 여러 가지 대칭인 사물에 대해서 정신조작으로서의 대칭은 어린 나이에 의식된다. 그리고 대칭은 대칭도형의 가장 중요한 성질이다. 평행이동이나 대칭을 이용하여 길이를 비교하는 일은 선분뿐만 아니라 곡선에도 같은 방법으로 적용된다. 모든 방향에서 길이가 같은 선분을 만들어 내는 도형은 원이다. 탈레스가 해변에서 멀리 떨어져있는 배까지의 거리, 피라밋의 높이 등과 같이 통상적으로 접근 불가능한 거리를 기하논법으로 측정하는 방법을 언급하였다. 이 때문에 닮은 삼각형에 관련된 정리를 탈레스의 정리라고 부른다. 이 용어는 역사적으로는 적절하지 못하고 탈레스의 방법은 '한 변과 두 각'이라는 합동정리라고 해야 옳다. 문헌에 나타난 이 방법에 의하면 해안에서 배까지의 거리 AB를 도형의 합동을 이용하여 접근 가능한 육지의 거리 CE로 바꿔 놓은 것이고, 피라밋의 높이는 해뜬 날에 막대를 수직으로 세워서 막대의 길이와 그림자의 길이가 같아지는 순간에 피라밋의 그림자를 측정하는 것이어서 닮음과는 거리가 멀다. 합농의 성질은 거리 측정 실제에서는 닮음과 관련될 때만 의미가 있다. 삼각형의 세 가지 합동조건인 '대응변의 길이가 같다, 두 대응변의 길이와 그 끼인각의 크기가 같다, 한 변의 길이와 그 양 끝 각이 같다'를 이용하여 어려서부터 접근 불가능한 거리에 관한 문제에 답할 수 있다. 특히, 직사각형에 관련된 문제는 피타고라스 정리를 적용하여 해결할 수 있다.

7. 각의 교수학

이 절에서는 각의 발생(Whitehead, 1948)과정과 각에 대한 아동들의 심리를 알아보기로 한다.

7.1 각의 역사발생

각의 발생은 천문학자들에 의해서이다. 천문학자들이 만드는 크기는 시간과 각의 크기이다. 천문학자는 동서를 가르는 수평축을 중심으로 망원경을 회전하여 별자리를 관찰한다. 이 천체관측용 자오의를 사용하여 간접적으로 지구의 회전각을 측정하고, 두 하성간의 각을 직접적으로 측정한다. 또 토지측량의 문제에서도, 방해물이 많은 들판에서 주로 측정되는 것은 각이고, 측량의 기본적인 수법으로 삼각측량법을 이용하였다. 그런데 두 개의 삼각형은 세 각이 같으면 대응하는 세변의 길이의 비가 같은 반면, 사각형은 네 각이 직각으로 같을지라도 변의 길이의 비가 같을 필요가 없다. 이러한 삼각형의 특유의 성질 때문에 삼각형은 닮음의 정리에서 기본적인 수법이 되었고, 삼각법(trigonometry)의 어원이 그리스의 두 단어인 trigonon(삼각형)과 metria(크기)에서 유래되었다. 삼각법을 생기게 한 근원적인 문제는 '삼각형의 각의 크기가 주어졌을 때, 변의 상대적인 크기를 정의하는 방법'이었다. 이 문제를 해결하기 위해서 각의 크기를 독립변수로 하는 몇 가지의 함수를 도입하였다. 원래 이 함수는 직각삼각형을 고찰하여 얻어졌던 것이므로, 직각삼각형의 각의 크기는 원의 호의 길이에 의해서 정의되었다. 직선도형의 범주에서 삼각형이 기본도형이라면, 원은 곡선도형 범주에서의 기본도형이고, 임의의 두 원은 닮은 도형이다. 그림 59의 두 동심원에서 임의의 각 AOP와 대응하는 두 원의 호 AP 와 $A'P'$ 은 각 원의 반지름에 비례한다.

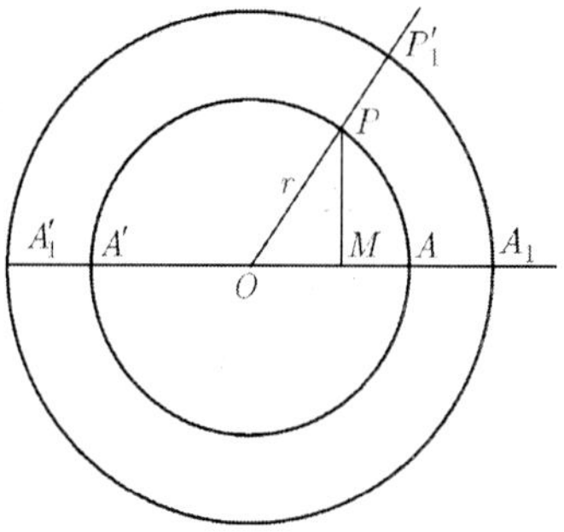

〈그림 59〉

그러므로 호 AP 와 반지름의 길이에 대한 비, 즉 $\dfrac{\text{호}AP}{\text{반지름}OP}$는 반지름 OP에 독립적이고 $\dfrac{\text{호}A_1P_1}{\text{반지름}OP_1}$과 같다. 이 두 분수는 임의로 선택한 길이의 단위나 임의로 정의한 직각을 분할하는 방법 등에 의존하지 않기 때문에, 각의 크기를 측정하기에 적절한 수단이다. 이 때 $\dfrac{\text{호}AP}{\text{반지름}OA}$ 는 각 AOP의 크기를 나타낸다. 그리고 점 P에서 반지름 OA에 수선 PM을 긋고, 그리스 수학자들은 선분PM을 호 AP에 대한 사인(sine), 선분 OM을 호 AP에 대한 코사인(cosine) 이라고 불렀다. 그 다음에는 선분 PM과 선분 OM을 고찰하는 대신에, $\dfrac{\text{선분}PM}{\text{반지름}OP}$과 $\dfrac{\text{선분}OM}{\text{반지름}OP}$을 고찰하였다. 이 두 수도 도형의 크기에 무관하기 때문에 반지름 OP에 독립적이다. 따라서 각의 정의는 회전한 양으로 표현되어야 한다. 회전각의 측정은 전체 각, 평각, 직각 등의 자연단위를 사용한다는 점에서 길이 측정과 근본적으로 다르다. 일상 언어로 표현하면 한 바퀴, 반 바퀴 반의 반(1/4) 바퀴 등이다. 이러한 자연 단위를 통해서 가에 대한 심상이 자연스럽게 형성된다. 각의 교수학은 아동에게는 이미 상당히 수학화된 상황에서 소개되고 또한 명백하기 때문에 길이와 대비하여 다르게 시작된다. 기하도형의 모델로 방의 각도가 즉시 이용된다. 각의 크기를 비교하기 위해서는 가위, 컴퍼스, 시계바늘 등을 이용한다. 또한 손가락으로 방향을 가리키게 하는 것은 지형학적인 상황이다. 지형학, 측량, 지도제작, 우주형상지 등에서는 각이 길이보다 더욱 중요한 측정이다.

7.2 각의 심리학

이 절에서는 아동들의 각에 대한 심리적인 발달단계를 알아보기로 한다.

7.2.1 각 개념의 발달 단계

■ 1 단계 : 상황적 각 개념

학령 전 아동들은 가위, 타일, 비탈길, 언덕, 지붕, 연필 끝, 구부러진 막대, 기중기 등과 같은 일상적 상황에는 각 개념을 경험한다. 자신이 경험한 이러한 물리적 상황을 정신적으로 분류함으로써 각 개념이 생기게 되는데, 이것을 상황적 각 개념이라고 한다. 상황적 각 개념은 상황에 한정되어 있으며, 비슷한 행동을 포함하고, 유사한 사회적 환경에서 경험하게 되며 시간이 흐름에 따라 일반화될 수 있다. 즉, 언덕은 초기에는 그들이 걸어 다니는 길에 한정되지만, 후에는 차를 타고 가는 길도 포함시킨다. 그러나 이 때는 이러한 상황에만 한정하여 생각한다. 일하는 사람이 지붕 위를 지나가는 것을 보았을 때도 아동은 결코 지붕을 언덕에 포함시키려 하지 않는다. 6세의 아동은 언덕의 모델을 인식한 다음, 언덕의 경사정도가 변할 때 어떤 결과가 일어날지를 예상할 수 있다.

■ 2 단계 : 문맥적 각 개념

초등학교 아동들은 '기울기'를 물리적 문맥으로 분류한다. 즉, 아동들은 언덕과 같이 '기울어진 것의 예'로서 지붕과 같이 좀 더 넓은 범위의 상황을 말할 수 있으며, 언덕과 지붕 등의 유사성을 인식하고 이것을 기울기라고 부르게 되며, 일반화할 수 있다. 따라서 아동들은 기울기에 대해 추론하여 심상을 형성하여 기울기라는 개념을 가지게 된다. 이 때의 개념을 문맥적 각 개념이라고 부른다.

문맥적 각 개념은 경험적 추상화에 의해서 형성되고, 이것은 이차 경험적 추상화가 된다. 예를 들면 첫 번째 단계에서는 할 수 없었던, 길과 지붕 모두 기울어져 있는 것을 알고 유사성을 발견한다. 그리고 기울어진 대상의 다른 예를 포함하여 확장시킨다. 이 단계에서 기울기 문맥, 교차 문맥, 모서리 문맥, 구부러짐 문맥, 회전 문맥이 나타난다. 예를 들면 교차로, 가위 등의 상황은 교차로 문맥, 탁자의 윗면, 패턴 블럭, 연필의 끝, 탁자의 모서리 등의 상황은 모서리 문맥, 구부러진 길, 부메랑, 구부러진 팔 등의 상황은 구부러짐 문맥, 경사진 막대, 기차 이정표, 지붕, 언덕 등의 상황은 기울기 문맥, 문, 자동차 와이퍼 등의 상황은 유한 회전 문맥, 천장에 달린 선풍기, 회전문 등대이 불 등의 상황은 무한 회전 문맥에 포함된다.

그러나 이 단계에서는 아동은 수학적인 각 개념을 알지 못한다. 그리고 모서리, 기울기, 회전과 같은 용어를 정의할 필요를 느끼지도 않는다. 기울기 문맥에 포함되는 예들을 서로 비교할 수는 있지만, 기울기 문맥과 회전 문맥의 예를 비교할 수는 없다.

■ 3 단계 : 추상적 각 개념

이 단계의 아동은 문맥들 사이에서 유사점을 발견한다. 4학년 아동들은 교차 문맥과 구부러짐 문맥 사이의 유사성을 인식할 수 있으며, 그들 중에서 기울기 문맥과 모서리 문맥 사이의 유사성을 인식할 수 있다. 또한 그들 중에는 기울기 문맥과 모서리 문맥 사이의 유사성과 회전 문맥과 교차 문맥 구부러짐 문맥 사이의 유사성을 인식하는 아동도 있다.

각 문맥들 사이의 유사성을 인식하는 것은 각에 대한 초등 수학적 개념의 시작이라고 할 수 있다. 유사성을 인식하기 위해서는 학습자의 물리적, 정신적 행동이 필요하다. 예를 들면, 학생은 타일과 지붕사이의 유사성을 지붕과 공간에 맞게 하기 위해서 타일의 모서리를 움직여 보는 물리적인 활동을 통하여 확인한 후, 기울기 문맥과 모서리 문맥사이의 유사성을 확인하게 되며, 반영적 추상화에 의하여 서로 다른 각 문맥에서의 유사성을 인식할 수 있게 된다.

각에 관하여 유사한 것으로 인식되는 물리적 각 문맥의 총체를 추상적 각 영역이라고 하고, 유사성을 추상화해서 얻게 된 개념을 추상적 각 개념이라고 한다. 아동들은 교차 문맥, 모서리 문맥, 구부러짐 문맥, 기울기 문맥에서 유사성을 인식하고, 또한 유한 회전 문맥과 무한 회전 문맥에서 유사성을 인식한다. 따라서 학생들은 두 가지 추상적 각 영역을 인식하고 그것이 추상적 각 개념이 된다.

■ 4 단계 : 형식적인 수학적 개념

이 단계에서는 각각의 형식적인 수학적 구조에 해당하는 각 개념이 있고, 그것들이 각 개념으로 통합될 수 있다는 것을 아는 단계이다. 이 단계에서는 각각의 수학적 구조에 따라 다양한 문제 상황이 제시되고, 그 문제 상황을 경험함으로서 점진적으로 각 개념이 형식화된다. 형식적인 수학적 구조로는 초등 기하, 삼각법, 해석기하, 공간 기하가 있으며, 이에 따른 각에 대한 설명은 각에 대한 개념에서 구체적으로 논의하기로 한다.

7.2.2 피아제의 각에 대한 발달현상

아동에게 보각인 ∠ADC와 ∠CDB를 제시하고 똑같이 옮겨 그리게 하였다. 제시된 그림을 아동의 등 뒤에 놓고 그림을 그리는 중에는 문제의 그림을 바라보지 못하게 하였고, 필요할 때마다 쳐다보도록 하였다. 그런 후에 자, 종이 띠, 끈, 컴퍼스 등의 측정도구를 주었다. 그 결과, 10 또는 11세의 아동조차 이 문제를 각의 크기를 측정하는 문제로 생각하지 않았다. 피아제는 각을 측정하는 문제로서 이 그림을 의도적으로 제시하였다. 그래서 두 보각을 그리게 하기 위하여 한각만으로 수정된 그림을 배제하였다. 그러나 옮겨 그리기는 상당한 정도의 기하 경험과 지도를 요구하는 기하구성이므로 아동의 연령에는 적합지 않다. 실제로 10또는 11세의 아동만이 선분AB에서 점C까지의 수직거리를 이용하여 그림을 완성하였다. 각을 재는 전통적인 도구는 각도기이다. 그러나 각을 측정하는 거의 유일한 방법은 분할하는 것이다. 각을 나누는 가장 자연스러운 기초 소재는 둥근 케익 또는 원이다. 각을 나누는 가장 간단한 조작은 반으로 나누어 보는 것이고, 가장 초보적이면서 구체적인 활동으로는 반으로 접기이다. 각의 합은 동일한 방향으로의 가법적인 행동이고 그 결과는 돌리기이다. 보통, 각을 옮길 때는 삼각형의 합동조건의 '세 변의 길이가 같다'는 성질을 이용하여 컴퍼스를 이용하여 합동인 도형을 그리게 한다. 각을 이등분할 때에도 삼각형의 합동조건으로 설명되는 대칭의 성질을 이용한다. 그러나 합동은 각을 옮기는 과정을 경험에 의해서 정당화하는 방편일 뿐이다. 그러난 변의 길이가 다른 경우, 즉 합동이 아닌 경우에도 각은 같아질 수 있다. 따라서 변의 길이와 무관한 각이 도입되어야 한다. 즉 동심원사이의 반지름과 호 또는 현의 길이의 비가 같다는 사실을 아동에게 지도할 방법을 찾아야한다.

8. 면적의 교수학

면적의 측정은 단위면적으로 완전히 포개어 보는 직접측정 단계를 지나면, 다양한 간접측정방법으로 면적을 측정하게 된다. 이 절에서는 여러 가지 간접측정 방법을 설명하기로 한다.

8.1 사상(mapping)의 맥락

면적을 불변하게 하는 사상-등적사상을 알아보기로 한다. 전 평면의 합동 사상 하에서는 면적은 불변이다. 평면의 아핀 사상은 직사각형 또는 평행사변형을 평행사변형으로 옮기고 그 면적의 비는 사상의 계수행렬식이다. 이 중 특수한 경우, 즉 계수행렬식이 1인 아핀사상은 평행사변형을 면적이 같은 평행사변형으로 옮기게 된다. 또 다른 등적 사상으로는 면을 가는 선의 집합으로 간주하는 전단변형(shearing)이 있다. 전단사상은 직관적으로 명백하게 면적을 보존함을 알 수 있다. 이것은 카발리에리(Bonabentura Cavalieri, 1598~1647)원리를 따르는 것으로서 지렛대의 원리를 이용하여 구의 체적을 구하는 아르키메데스의 유명한 증명 방법을 따른 것이다. 따라서 주어진 도형을 균등 분할한 다음, 포함 혹은 잘라 붙이기, 사상 등의 수단으로 다른 도형과 면적을 비교하거나 재생하여 단위로 덮기, 내부와 외부에서 근사시키기, 카발리에리 원리를 적용하기, 잘라 붙이기, 사상(합동변환, 아핀변환, 밀기) 등을 통하여 그의 면적을 측정한다.

8.2 일상생활에서의 면적

아동은 둘레가 길면 넓이가 크다는 인식론적인 장애를 갖지만 면적에 대한 심상을 구성하기 위해서는 도형을 이용하여야 한다. 마름모꼴의 한 각이 0^0로 수렴하면 면적은 0으로 수렴한다.

도형의 면적에 관한 심상과 개념 사이의 간극을 메우기 위해서는 명백하게 관찰되는 성질과 관계 등을 규명하는 논리적인 설명이 필요하다. 8세 아동은 면적에 관한 시각적인 아이디어를 가진다. 그 아동은 직사각형, 정사각형, 원, 부채꼴 등의 면적의 반이나 $\frac{1}{3}$을 색칠하여 표현할 수 있고 정다각형과 관련된 다양한 문제를 해결할 수 있다. 또한 일반 다각형에 관한 문제에도 합리적인 추정을 통하여 문제를 해결할 수 있다. 열 살 아동은 모눈종이 위에서 도형의 면적을 비교하거나 측정함으로서 면적을 좀 더 심오하게 통찰한다. 직사각형의 면적 공식인 가로×세로를 배우기 전에 일상생활이든지 수학이 응용되는 사실에서부터 면적을 이해하여야 한다. 수직선은 점진적으로 습득되는 심상이다. 수직선 위에 자연수를 찍고, 자연수에 대응하는 음의 정수를 찍고, 그 다음 유리수, 무리수를 차례로 찍어가면서 결국에는 실수를 수직선 위의 모든 점에 대응시키는 과정에서 얻어지는 심상이다. 즉 수직선은 실수의 정의에 의해서 만들어지는 것이 아니고 실수에 의해서 분석적으로 규명되는 대상인 것이다. 마찬가지로 면적도 경험과 분석을 통하여 점진적으로 개념을 획득하고 구성된다. 그러나 수직선과는 달리 면적의 심상은 다양한 양상을 띠고 있어서 다양한 접근 방법이 있기 때문에 개념을 형성하기 위해서는 좀 더 심오한 견문이 필요하다.

8.3 심상형성의 장애

면적과 체적에 대한 심상은 매우 다양하다. 필요할 때마다 그 방법들이 따로따로 혹은 모두가 사용되기는 하지만 무모순인 전체를 형성하는지는 선험적으로 명료하지 않다. 평면도형의 면적 측정의 일반적인 수단은 모눈종이로 덮고 칸의 수를 세는 방법 등과 같이 단위로 완전히 덮어 보는 것이다. 필요하면 모눈의 크기를 세분하여, 도형의 내부 면적과 외부면적을 근사시킨다. 계속 세분해나가면서 내부면적과 외부면적의 극한이 같아질 때, 그 값을 평면도형의 면적으로 정의한다. 면적의 가법성 또한 명백한 것은 아니고 또한 합동변환(평행이동, 회전, 반사) 하에서의 면적의 불변성도 자명한 것은 아니다. 모눈종이 위에서 합동인 두 도형의 면적이 같음을 직관적으로 이해하기는 어렵다.

8.4 합동변환에 의한 면적 구하기

평행이동과 반사에 의하여 변환된 도형의 면적을 구하기는 어렵지 않기 때문에 회전(Rot) 시킨 도형의 면적을 구하는 문제만을 설명하자. F를 모눈종이의 선에 평행하게 놓인, 한 변의 길이가 a인 정사각형이라고 하자. 그러면 Rot(F)는 F의 대각선을 한 변으로 하고, 따라서 면적은 $2a^2$이고, 모눈종이의 선에 평행한 정사각형 F'에 포함된다. 또한 한 변의 길이가 F'의 한 변의 길이의 반이고 모눈종이의 선에 평행한 정사각형, 면적이 $(\frac{1}{2}a,\ \sqrt{2})^2 = \frac{1}{2}a^2$을 포함한다. 즉 $\frac{1}{2}a^2 \leq$ Rot(F)의 면적 $\leq 2a^2$. 따라서 Rot(F)의 면적과 F의 면적의 비를 r이라 하면 $\frac{1}{2} \leq r \leq 2$, 마찬가지로, 모눈종이 선에 평행한 정사각형을 동일한 회전 Rot에 의해서 얻는 도형의 면적은 항상 정사각형 면적의 r배이다. 따라서 $\mathrm{Rot}^2(F)$의 면적$= r \times$Rot (F)의 면적$= r^2 \times F$ 의 면적이고, 회전 Rot를 n번 계속하면 $\mathrm{Rot}^n(F)$ 의 면적$= r^n \times F$ 의 면적이다. 그런데 n번의 회전의 결과도 결국 회전이므로 $\frac{1}{2} \leq r^n \leq 2$이다. 그런데 $r > 1$이면 $r^n \to \infty$이고 $r < 1$이면 $r^n \to 0$ 이 되므로 $r = 1$이어야 한다. 즉 Rot(F)의 면적$= F$의 면적이다. 그러므로 모눈종이의 선에 평행한 도형의 면적은 회전변환 하에서 불변이다. 따라서 도형의 면적은 합동변환 하에서 불변이다. 이제 '직사각형의 면적=가로×세로'가 되는 것을 격자점이나 근사값이 아닌 '잘라 붙이기 연산' 과 삼각형의 닮음을 이용하여 증명한다. 합동인 두 삼각형 △PQC 와 △PQC′에서, 합동인 작은 삼각형 △POA′, △POB, △QOB′, △QOA를 빼내고 나면 두 직사각형 □OACB와 □OA′C′B′이 남고 면적은 서로 같다. 한편, 닮음비를 이용하면 OA:OA′=OB′:OB이다. 따라서 OA×OB=OA′×OB′(*)이다. 반대로, 공식(*)를 적용하여 직사각형을 그리고 그림을 완성하면 두 직사각형의 면적이 같을 필요충분조건은 두 변의 길이의 곱이 같은 것임을 얻는다. 또한 절단한 직사각형을 붙여 놓으면 더 큰 직사각형이 되므로 면적은 가법적임을 알 수 있다. 같은 방법으로 끼인각과 이웃하는 두 변의 곱이 같은 평행사변형의 면적은 같다.

9. 부피의 교수학

기둥의 부피 공식은 부피=가로×세로×높이=밑면적×높이이다. 이 공식을 직관적인 이해하는 방법은 다음과 같다. 삼각형의 면적은 $\frac{1}{2}$×밑변×높이 이다. $\frac{1}{2}$은 무엇인가? 피라밋의 부피는 $\frac{1}{3}$×밑면적×높이 이다. $\frac{1}{3}$의 출처는 무엇인가? 한 변의 길이가 a인 정사각형을 두 대각선으로 네 부분(삼각형)으로 분리하면 그들은 모두 면적이 같으므로 한 부분(삼각형)의 면적은 $\frac{1}{4}a^2 = \frac{1}{2} \times a \times \frac{1}{2}a$이다. 그 삼각형의 밑변이 a이고 높이는 $\frac{1}{2}a$이므로 삼각형의 면적은 $\frac{1}{2}$×밑변×높이 임을 안다. 그런데 밑변과 높이가 같은 삼각형의 면적은 모두 같으므로 모든 삼각형의 면적은 '$\frac{1}{2}$×밑변×높이'가 된다. 한 변이 a인 정육면체의 부피는 a^3이고 꼭 6개의 피라밋으로 만들어진다. 따라서 피라밋의 부피는 $\frac{1}{6}a^3 = \frac{1}{3} \times a^2 \times \frac{1}{2}a$이다. 피라밋의 밑면적은 a^2이고 높이는 $\frac{1}{2}a$이므로 피라밋은 밑면적이 a^2이고 높이가 $\frac{1}{2}a$인 사각기둥의 $\frac{1}{3}$ 임을 알 수 있다. 이제 면적과 부피를 구하는 상위 학년의 방법을 알아보자. 밑변이 a이고 높이가 h인 삼각형을 밑변이 $\frac{a}{n}, 2\frac{a}{n}, 3\frac{a}{n}, \cdots, n\frac{a}{n}$, 높이가 $\frac{h}{n}$인 n개의 직사각형의 합으로 근사시키면 직사각형의 면적의 합은 $\frac{1}{n^2}(1+2+\cdots+n)ah = \frac{1}{n^2}\frac{n(n+1)}{2}ah$이고 $n \to \infty$ 일 때 $\frac{1}{2}ah$로 수렴한다. 밑면적이 A, 높이가 h인 정사각뿔은 밑면적이 $\frac{A}{n^2}, \frac{4A}{n^2}, \frac{9A}{n^2}, \cdots, \frac{n^2A}{n^2}$이고 높이가 $\frac{h}{n}$인 직육면체의 합으로 근사시키면, 직육면체의 부피의 합은 $\frac{1}{n^3}(1^2+2^2+\cdots+n^2)Ah = \frac{1}{n^3}\frac{(n+1)(2n+1)}{6}Ah$ 이고 $n \to \infty$ 일 때 $\frac{1}{3}Ah$로 수렴한다.

일반적으로, 닮은 직사각형에서는 밑변과 높이의 비가 같으므로 닮은 직사각형의 면적은 높이의 제곱에 비례한다. 따라서 닮은 삼각형의 면적도 높이의 제곱에 비례하므로 밑변이 a이고 높이가 h인 삼각형의 면적은 상수 α가 존재하여 $f(x) = \alpha h^2$ 이다. 차 $f(h+\delta) - f(h)$는 높이가 δ인 직사각형의 면적이다. 차 몫 $\frac{f(h+\delta)-f(h)}{\delta}$는 밑변에 수렴하고 미분몫 $\frac{df}{dh} = 2\alpha h$는 밑변 a와 같다. 따라서 $f(h) = \frac{1}{2}ah$이다. 같은 방법으로 높이가 h인 정사각뿔의 부피는 상수 α가 존재하여 $V(x) = \alpha h^3$이다. 차 $V(h+\delta) - V(h)$는 정사각뿔 의 밑면을 밑면으로 하고 높이가 δ인 직육면체의 부피이다. 차 몫 $\frac{V(h+\delta) - V(h)}{\delta}$는 밑면에 수렴하고 미분몫 $\frac{dV}{dh} = 3\alpha h^2$은 밑면적 A와 같다. 따라서 $V(h) = \frac{1}{3}Ah$이다.

10. 행렬과 복소수의 교수학

행렬과 행렬식은 연립방정식의 해를 구할 때, 입체의 부피를 구할 때, 면적이나 부피를 정적분을 이용하여 구하는 과정에서 변수변환을 할 때에 사용된다. 또한 복소수함수와 그의 적분은 유체역학의 여러 가지 측정과정에서 사용되고 있다. 따라서 이 장에서는 측정의 도구로서의 행렬과 행렬식, 복소수와 사원수의 교수학을 알아보기로 한다.

10.1 행렬을 중심으로 한 선형대수의 역사

선형대수는 가장 오래되고 가장 새로운 수학의 한 분야이다. 선형대수의 많은 내용이 수백년의 역사를 가지고 있지만 그들에 대한 본격적인 연구는 불과 몇 십 년 전의 일이다. 선형대수의 첫 번째 주제는 일차연립방정식의 해를 구하는 것으로서 그의 연구는 4000년전 바빌론 시대로 거슬러 올라간다. 그 다음은 300여년전에 행렬식, 19세기 초에는 2차원, 3차원 벡터 기하가 도입되었다.

함수 $f(x) = ax$의 값을 계산한다거나 일차 방정식 $ax = b$의 해를 구하는 것과 같은 한 번의 곱셈이나 나눗셈으로 해결되는 문제를 해결하는 노력을 수학의 기원으로 볼 수 있다. 그런데 일차방정식이나 일차함수는 전형적인 선형대수의 문제이고 따라서 선형적 사고 없이는 그러한 문제를 다룰 수 없고 올바르게 제시할 수 없다. 그러나 처음에는, 이러한 문제뿐 아니라 일차방정식과 관계있는 모든 사실이 수학의 초보적인 내용 또는 초등지도법 정도로 간주되었다. 그 후, 군, 환, 체, 위상적 선형공간 등의 현대적 개념이 독립되고 쌍대성과 같은 선형대수의 핵심적인 개념이 거의 모든 현대수학의 필수도구인 선형적 특징임을 인식하게 되어서 선형화 그 자체의 연구가 중요한 추세가 되면서 선형대수는 수학 뿐 아니라 관련되는 자연과학에서도 그의 중요성에 적합한 대우를 받게 되었다. 선형대수의 역사를 정리하는 것은 그의 중요성만큼 어려운 것이 사실이다. 위에서 보듯이 선형대수는 실생활의 계산의 필요에 의해서 탄생하였다. 따라서 삼수법과 가정법(rule of false positon) 등이 이집트의 Rhind Papyrus 에서부터 Aryabhata를 거쳐 Arabs, Leonard of Pisa의 초등학교에서 사용된 교본과 중세기의 르네쌍스 시대의 무수히 많은 계산 교과서에 이르기까지 중요한 역할을 해 온 것을 알 수 있다. 그러나 이는 최고의 고등과학 이론 중에서 생활수학(practical man)에서 사용되는 극히 지엽적인 내용이다. 이와는 다르게 수학자의 연구의 대상은 선형대수의 일반적인 (과학지) 구조이있다. 유클리드 원론에 시술된 고대 그리스 수학자는 선형적 특징의 두 가지 추상 이론을 개발하였다. 즉, 크기이론과 정수이론이다. 바빌로니아 수학에서 현재의 선형대수와 유사한 내용을 찾을 수 있다. 그들은 연립일차방정식을 우아하게 푸는 방법을 알고 있었음에도 불구하고 아주 오랜 동안, 선형대수는 대수적 계산에 한정되었기 때문에 그러한 관점에서 논의되어 왔었다. 즉, 일차연립방정식을 하나의 $ax=b$ 형태로 변환시키기 위해서는 이미 디오판투스(Diophantus)가 알고 있었던 규칙 즉, 동류항의 정돈과 이항을 알면 충분하였고, 다원일차연립방정식의 경우에는 미지수가 하나만 남을 때까지 소거해나가는 방법을 알면 충분하였다. 18세기까지의 대수학 논문에 의하면 이에 관한 규칙을 설명 할 때 일차식과 관련된 내용은 완성되었다고 생각하였다. 미지수의 개수와 방정식의 개수가 같은 연립방정식(이 외의 방정식은 고려하지 않았었다)에 관해서는 한 변이 일차독립의 형태가 아니면 잘못 제시된 문제로 간주하였다. 19세기와 현재의 다수의 연구에서는 이러한 관점이 n개의 변수가 있는 n개의 일차방정식으로 표현하는 정도의 변화만이 있었고 일반 형태의 방정식의 구체적인 해를 구하는 공식을 구하기 위해서 행렬식이 도입되었다. 라이프니츠가 발견하여 발전시킨 이러한 관념은 주로 18세기와 19세기 초에 발전하였다. 여기에서 일차방정식의 논의는 차후로 미루고 선형대수의 발전에 기여한 다양한 관념의 변천을 알아보기로 한다. 아폴로니우스(Apollonius of Perga, B.C. 262~190 경)의 연구의 영향으로, 관념적으로는 데카르트에 앞서 해석기하학의 원리를 이해하고 있었던 페르마는 평면곡선을 차수에 따라 분류하는 관념을 가지고 있었고 이러한 관념이 점차 당시 수학자간에 알려지다가 17세기 말이 되어 비로소 관념이 확실해졌다. 페르마에 의하면 평면위의 일차방정식은 직선을 나타내고 이차방정식은 원추곡선을 나타낸다는 기본원리의 공식화를 통하여 기하궤적과 관련된 많은 결과를 유도하였다. 또한 그는 3변수방정식을 2변수 또는 일변수로 축소하는 문제를 연구하였다. 이와 관련하여 점, 선, 평면의 자취 결정문제에 관한 논문을 발표하였다. 이 과정에서 그는 이미 n차원 기하의 싹을 틔웠고 현대적인 관념과 정확히 일치하는 대수와 기하의 만남을 시사하였으나 200년이 지나서야 이러한 사실을 인정받게 되었다. 이러한 관념으로 18세기에는 끌레로, 오일러, 크래머(Gabriel Cramer, 1704~1752), 라그랑쥬(J. Lagrange, 1736~1813) 등의 많은 수학자들이 해석기하를 확장하였다. 페르마는 인식하지 못하였던 평면, 공간 좌표의 변환 공식의 선형적 특징은 오일러가 규명하였는데 그는 선형성 때문에 불변인 곡선의 차수에 따른 평면곡선과 곡면곡선의 분류에 관한 기초를 다졌다. 또한 그는 친족성(affinity)이라는 개념을 도입하여 변환 $x'=ax$, $y'=by$에 의해서 얻어지는 곡선간의 관계를 설명하였다. 그러나 이 정의는 특정한 축의 선택에 따른 결과이었기 때문에 기하학적 불변이 되는 성질은 아니었다. 조금 후에 삼차원 해석기하의 선형문제와 다중선형 문제를 라그랑쥬가 발표하였다. 이즈음에 주어진 점을 지나는 평면곡선의 방정식을 구하는 문제와 관련하여 처음에는 실험(계산)적인 방법이었지만 크래머와 베쥬(E. Bezout, 1730~1783)에 의해서 행렬식의 관념이 일어났다. 이 관념은 코시, 야코비(Carl Gustav Jacobi, 1804~1851) 등이 발표한 몇 가지 중요한 성질에 의해서 발전하게 되었다. 한편, 수학자들 간에 일차방정식 경시풍조가 지속되는 동안에 미분방정식의 해를 구하는 문제가 등장하게 되었는데 특히 상수계수 또는 변수계수를 가지는 선형미분방정식을 연구가 선형성과 그와 관련된 성질을 연구하는 계기가 되었다. 그러나 그들은 비동차미분방정식의 일반해는 특수해와 대응하는 동차미분방정식의 일반해의 합이 되는 사실을 알지 못하였는데 달랑베르(J.L. D'Alembert, 1717~1783)가 이 사실을 증명하였다. 이 때에 그들은 n계 동차선형미분방정식의 일반해는 n개의 특수해의 일차결합이 됨을 증명하였으나 n개의 특수해가 일차독립이 된다는 사실을 알지 못하였다. 결정적인 진보는 1801년에 '정수론(Disquisitione Arithmeticae)'에서 가우스의 유한가환군 이론의 발견에서 비롯되었다. 또한 행렬의 중요성은 비가환군의 예를 구체적으로 제공한 점이다.

10.2 행렬의 역사발생

'홀수인 솟수 p에 대하여 $p=x^2+y^2$가 정수해를 가질 필요충분조건은 그 소수가 $4k+1$의 형태이다' 로 시작하는 피르마의 정리는 다음과 같은 문제를 제기하였다.

주어진 정수 n에 대하여, 정수 x, y가 존재하여 $p=x^2+ny^2$ 형태로 표현되는 솟수 p는 무엇일까?

이 문제를 해결하기 위하여 오일러의 강하법, 르장드르(A.M. Legendre, 1752~1833)의 평방잉여, 라그랑쥬와 르장드르의 아이디어를 정리하여 가우스는 이원 이차형식 $Ax^2+2Bxy+Cy^2$ (단 A, B, C는 정수)의 진동치(proper equivalence)의 개념을 사용하게 되었다. 행렬식이 1인 선형치환으로 변환되는 두 이차형식을 진동치라고 하였는데, 이 때 그들은 같은 수를 표현한다. 가우스의 정수론에서는 판별식 B^2-AC을 행렬식이라 불렀다. 이차형식은 $Ax^2+2Bxy+Cy^2$ $=(x\ y)\begin{pmatrix} A & B \\ B & C \end{pmatrix}\begin{pmatrix} x \\ y \end{pmatrix}$으로 표현되기 때문에 현재의 의미에서 가우스의 용어가 타당하며, 관념적으로 이 상황에서 행렬이 처음 출현하였다고 보고 있다. 또한, 임의의 이차형식 F를 연속 두 번의 선형치환

$$x=ax'+by', y=cx'+dy'$$
$$x'=ex''+fy'', y'=gx''+hy''$$

에 의해서 얻은 이차형식을 각각 F', F''이라고 하면, 두 치환을 합성하면

$$x=(ae+bg)x''+(af+bh)y'',\ y=(ce+dg)x''+(cg+dh)y''$$

이 되고 F에서 F''에로의 변환이다. 새로운 치환의 계수행렬은 두 치환에 대응하는 행렬의 곱과 같다. 따라서 행렬의 곱을 오늘날과 같이 정의하게 된다. 가우스의 3원 이차형식의 연구

에서 명확하지는 않지만 오늘날의 3차 행렬의 곱과 동일한 계산을 하였다. 이 계산과정에서는 직사각형으로 문자를 배열하였지만 문자를 묶는 괄호를 사용하지는 않았다. 그 후 아이젠슈타인(G. Eisenstein, 1823~1852)과 헤르밋(C. Hermite, 1822~1901) 등이 비슷한 연구를 하였다. 행렬이라는 용어의 사용은 1850년에 발표한 영국의 수학자인 실베스터(J.J. Sylvester, 1814~1897)의 논문에서 비롯되었고, 오늘날과 같은 행렬의 표기는 그의 친구인 케일리(A. Cayley, 1821~1895)의 논문에서 처음으로 사용하였다. 그는 연립일차방정식을 행렬로 표현하였고 행렬의 곱셈을 알고 있었으며 역행렬의 개념을 도입하였다. 또한 연립방정식을 크래머 규칙을 이용하여 해를 구하는 방법을 알고 있었다. 그리고 행렬을 한 문자로 표현하여 행렬의 제곱, 합, 제곱근 구하기 등의 연산을 하였고 단위행렬을 1로 표기하였다. 행렬의 특성방정식과 그의 근인 고유치와 고유벡터의 관념의 출현은 달랑베르, 라그랑쥬와 라플라스(P.S. Laplace, 1749~1827)등의 연립미분방정식의 해 구하기 문제와 오일러의 이차곡면의 해석기하에서 기인한다. 주된 관념은 정방행렬로 표현되는 양은 대각행렬과 동치가 된다는 것으로, 행렬대수의 spectral 이론은 수학교육과정에서 중요한 분야가 되었다. 이 분야의 선구자는 코시이다. 그는 그와 같이 행렬을 다룬 것이 아니라 이차형식 또는 실 이차동차함수에 관한 내용이었다. 그의 목적은 이차형식이 제곱의 합으로 표현되는 선형변환을 구하는 것이었다. 또한 그는 표준형 및 다양한 형태의 행렬의 고유치의 성질을 다루는 확장된 이론의 기초를 확립하였다. 그 후 이 이론은 19세기 후반에 프로베니우스(F.G. Frobenius, 1849~1917), 죠르단(C. Jordan, 1838~1922)과 바이어슈트라스 등에 의하여 확장되었지만 선형대수의 입문단계에서 지도하기에는 너무 복잡한 이론이다.

10.3 벡터, 복소수

벡터 개념은 속도와 같은 크기와 방향을 갖는 고대 그리스시대의 물리학의 내용에서 유래되었다. 예를 들면 기원전 4세기에 Aristotle의 'Mechanica'에 다음과 같은 내용이 있다.

한 물체가 일정한 비로 움직일 때, 그 물체는 직선운동을 하고 이 직선은 주어진 비를 갖는 직선으로 이루어진 평행사변형의 대각선이다.

헤론(Heron of Alexandria, 100년경)은 그의 'Mechanics'에서 이 관념을 증명하였다. 소위 속도의 평행선이라 불리는 두 운동의 벡터 합의 기본관념은 16, 17세기에 물리장으로 일반화되었다. 이것은 뉴턴의 'Principia'의 서반부에 운동의 법칙으로 나타나있으며, '운동의 변화는 초기에 가해진 힘에 비례하고 그 힘이 가해진 직선방향으로 형성된다'는 그의 운동 제2법칙에 의해서 증명되고, 임의의 힘은 그 힘이 대각선으로는 평행사변형의 두 변으로 분해된다는 이론을 정립하였지만 뉴턴은 벡터의 합을 생각하지는 못하였다. 그는 이러한 힘끼리의 대수적 연산을 고려하지는 못했지만, 대각선법에 의한 힘의 합성 개념은 학생이 벡터의 관념을 갖도록 하는 훌륭한 교수학적 도구이다. 표계의 수학적 관념을 가지는 이러한 물리적 관념의 출현은 베셀(Caspar Wessel, 1745~1818)의 1797년 논문에서 처음으로 논한 복소수의 기하학적 표현에 의해서 가장 적절하게 설명될 것이다. 베셀은 그의 논문 '방향의 분석적 표현에 관한 연구'에서 기지의 직선을 이용하여 미지의 직선(방향, 크기)을 구하는 방법을 논하였다. 이 과정에 나타나는 표현은 대수적으로 조작된다는 것이었고 특히, 주어진 벡터에 반대 방향을 나타낼 때 음의 부호를 사용하는 대신 방향 변환 방법을 대수적으로 표현하려 하였다. 그의 목표와 해를 분석해 보는 것이 학생에게 중요한 개념을 새로운 상황으로 확장해 나가는 유추를 사용하는 방법을 설명하는 데에 매우 적절할 것이다. 그의 방법은 선형공간의 학습 도입부분에 적용하기에 매우 좋다. 베셀은 뉴턴과 직선의 합성 방법은 비슷하지만, 큰 차이점은 벡터를 대수적으로 조작했다는 점이다. 그는 특히 벡터 덧셈의 교환법칙이 성립함을 보였다. 또한 베셀은 벡터의 곱셈을 다음과 같이 정의하였다. 양의 단위를 갖고 같은 평면 위에 있는 벡터의 곱은 다시 그 평면 위에 있고 길이는 두 성분 직선의 길이의 곱과 같다. 또한 만일 모든 방향을 양의 단위로 측정한다면 방향각은 두 성분 직선의 방향각의 합과 같다. 이를 이용하여 복소수의 일반 성질을 유도하였다. 그의 가장 큰 업적은 단위의 평면에 있는 임의의 벡터(무향 직선)는 $a+b\epsilon(\epsilon^2=-1)$의 형태로 표현 될 수 있다는 것이었다. 현대적인 용어로 하면 1과 ε은 이차원 복소 공간의 기저가 된다는 것이다. 벡터의 덧셈은 계수의 덧셈으로 정의하고, 곱셈은 $(a+b\epsilon)(c+d\epsilon)=ac-bd+(ad+bc)\epsilon$로 정의하여서 선형공간 뿐 아니라 대수로 규정하였다. 1837년에는 해밀턴(W.R. Hamilton, 1805~1865)이 복소수를 실수의 순서쌍 (a, b)로 정의하여 새로운 복소수이론을 개발하였다. 복소수를 원점에서 출발하는 선분의 끝 점의 좌표로 간수하는 것이었다. 따라서 $\sqrt{-1}$의 의미를 염려할 필요가 없어졌다. 즉 허수는 단순하게 순서쌍 $(0, 1)$로 표기하면 되고, 그의 제곱근은 $(-1, 0)$이 된다. 그리하면 $a+b\sqrt{-1}=(a, b)$이다. 더 중요한 사실은 그는 순서쌍의 기본 연산 규칙 즉, 결합법칙, 교환법칙, 배분법칙의 중요성을 깨달은 첫 번째 사람인 사실이다. 그리고 그는 이 사실을 3차원 공간으로 확장하고자 하였다. 그래서 기호방정식 $a=(a_1, \dots, a_n)$를 사용하였다. 또한 이들의 곱셈을 정의하는데 노력을 하였고 더욱이 곱셈의 결합, 교환, 분배법칙이 성립하는 방안을 생각하였다.

한편, 가우스는 복소수를 기하학적으로 표시하여 복소수를 직관적으로 파악할 수 있게 됨으로써 지금까지의 복소수는 실재하지 않는 수라는 뜻에서 허구의 수라고 불렀던 것은 이제 의미 없는 일이 되어버렸다. 지금까지 수를 실재적, 직관적 의미를 갖는 것으로 생각하지 않고 다만 무정의 원소로서 주어진 조건, 즉 수를 규정하는 공리계를 만족시키는 것으로만 생각하여 왔다. 수에 관한 이와 같은 견해를 갖고 새로운 수를 공리적으로 구성할 수 있는 가능성을 당연히 생각할 수 있다. 실제로 많은 수학자들은 그와 같은 생각에서 새로운 수를 구성하려고 온갖 노력을 기울여 왔다. 그러나 새로운 수를 구성할 때의 공리계는 임의로 만들어도 괜찮은 것일까? 이 점에 대해서 한켈(H. Hankel, 1839~1873)은 다음과 같은 제안을 하였다.

새로운 수를 만들 때에는 이미 알고 있는 수에서 성립한 계산의 법칙이 되도록 그대로 성립하도록 새로운 수의 계산 법칙을 정한다.

이 제안을 우리는 한켈의 형식불역의 원리(principle of the performance of equivalent forms)라고 불린다. 이 원리가 자연수에서 복소수까지의 수의 확장에서 존중되고 있었음은 지금까지의 전개 과정에서 느낄 수 있었을 것이다. 이제 소개하려는 수의 확장도 이 원리를 따른 것으로 보이기는 하지만, 이 원리는 수의 확장 과정에서 절대적으로 준수하지 않아도 되는 것이다.

복소수 $z=a+bi$에서는 $i^2=-1$이라는 조건과 $a,\ b,\ i$에 대해서 보통 사용되는 덧셈, 곱셈의 계산 법칙이 성립하고 있는 것이라고 생각하였다. 이와 똑같이 새로운 수 $z=a+bj$ ($a,\ b$는 실수)를 생각하고 $j^2=\alpha+\beta$($\alpha,\ \beta$는 실수)라는 조건과 $a,\ b,\ j$는 보통 사용되는 덧셈, 곱셈의 계산 법칙을 성립시킨다는 조건을 주면 $a+bj$꼴의 수의 합, 곱도 또한 $a+bj$꼴의 수가 되어 거의 복소수와 비슷한 성질을 갖는 수가 된다(이 경우 $\alpha=-1,\ \beta=0$일 때, 그것은 복소수가 된다). 그러나 $\alpha,\ \beta$의 어떤 값에 대해서는 나눈 몫이 일의적으로 확정되지 않을 때도 있고, 또 영인자가 생기기도 한다. 이와 같이 계속 새로운 수를 확장하여 갈 수 있다. 그러나 이들 수중에서 실제로 자연과학의 연구 등에 이용되는 것은 현재로서 그리 많지 않다. 다른 것에 비해 비교적 이용되고 있는 것은 다음에 소개하려는 해밀턴의 4원수(quaternion)이다.

$$z=a+bi+cj+dk\,(a,\ b,\ c,\ d\text{는 실수})$$

의 꼴을 한 수로서

$$i^2=-1,\ j^2=-1,\ k^2=-1$$
$$jk=-kj=i,\ ki=-ik=j,\ ij=-ji=k$$

를 만족시키고, $a,\ b,\ c,\ d,\ i,\ j,\ k$에 대해서는 보통 사용되는 덧셈, 곱셈의 계산 법칙을 가능한 한 성립시키도록 만들어진 것으로서, 곱셈의 교환법칙을 제외하고는 체의 공리(axiom of field) 모두 성립시키고 있다는 것이 증명되어 있다. 여기서 소개한

$$a=a+bi+cj+dk+\cdots\,(a,\ b,\ c,\ d\cdots\text{는 실수})$$

꼴의 수에 관해서 프로베니우스는 다음과 같은 중요한 사실을 밝힌 바 있다.

$a+bi+cj+dk+\cdots$ 꼴의 수(a, b, c, d는 실수) 중에서 곱셈의 교환법칙을 제외한 체의 공리를 만족시키는 것은 실수와 복소수 및 해밀턴의 4원수 3가지뿐이다. 이 중에서 곱셈의 교환법칙을 성립시키는 것은 실수와 복소수뿐이다.

사원수(quaternion)의 발견으로 사차원 벡터 공간의 예를 설명함과 동시에 사차원 대수, 더 나아가 n차원 대수의 길을 열었다. 사원수의 곱셈은 19세기 후반에 벡터의 내적과 외적을 정의를 가능하게 하였다. 3차원 공간에서의 벡터의 내적과 외적을 연구한 그라스만(H. Grassmann, 1809~1877)과 맥스웰(J. C. Maxwell, 1831~1879) 등의 업적은 선형대수의 도입 지도에 소중한 자료이다. 19세기 말에 선형공간의 추상개념이 도입되기 시작하였다. 1888년에 페아노(G. Peano, 1858~1932)가 벡터를 추상적으로 정의하여 기하계산이 도입되었는데 그것은 수 대신에 기하적 대상 즉 점, 선, 면 체적을 계산하는 것으로 대수계산과 유사한 조작 체계이다. 또 선형체계를 정의하여 양의 덧셈과 스칼라 곱을 정의하였다. 덧셈은 교환, 결합 법칙이 성립하며, 스칼라곱셈은 배분법칙과 결합법칙이 성립하는 오늘날의 선형공간의 공리가 만들어졌으며 선형계의 차원을 정의하였다. 그 내용을 이용하여 1918년에 바일(H. Weyl, 1885~1955)이 아핀기하를 탄생시켰다.

11. 역사 발생적 원리

모든 수학의 개념들은 인간의 필요에 의해서 고안되었다. 따라서 어떤 개념을 지도하기 위해서는 그 개념이 태어날 당시의 발명가들의 아이디어를 알아야 할 필요가 있다. 이 절에서는 위에서 알아본 측정영역의 발생적 아이디어를 측정의 교과로 삼아야 하는 당위성과 관련된 수학교육의 이론을 알아보기로 한다.

11.1 수학교육에서의 수학사 활용 의의

- 알고리즘적인 계산 수학을 반성하여 개념적 사고를 고취하는 데 이용할 수 있다.
- 교육과정 구성에서 자연스러운 내용 배열의 준거가 되면, 학습-지도에서 수학적 아이디어의 발달과정을 따름으로써 자연스럽게 그 이해를 도울 수 있다.
- 수학의 역사적 발달 과정에 소급해 봄으로써 수학적 사고의 인간적인 모습을 접해 보게 하여, 학습 동기를 유발하고 수학 학습에 생기를 불어 넣을 방안을 찾을 수 있다.
- 현대 기술 문명의 발달에서의 수학의 중심적인 역할과 수학의 문화적인 역할, 특히 인간관과 세계관 형성에 미친 수학의 역할을 이해함으로써 수학에 대한 학생들의 인식을 바

꿀 수 있다.

11.2 인간의 지능

기원전 2천년 경에 제작된 린드파피루스에 담겨있는 고대 이집트의 파라오시대의 곱셈법은 다음과 같다.

예 1) 자연수의 곱셈

$8 \times 7 = ?$

\1	\8
\2	\16
\4	\32
7	56

예 2) 분수의 곱셈

$(\frac{1}{2}+\frac{1}{14})\times(1+\frac{1}{2}+\frac{1}{4})=?$

\1	$\backslash\frac{1}{2}$	$\frac{1}{14}$
$\backslash\frac{1}{2}$	$\backslash\frac{1}{4}$	$\frac{1}{28}$
$\backslash\frac{1}{4}$	$\backslash\frac{1}{8}$	$\frac{1}{56}$
$1+\frac{1}{2}+\frac{1}{4}$,	$\frac{1}{2}+\frac{1}{4}+\frac{1}{8}+\frac{1}{14}+\frac{1}{28}+\frac{1}{56}$ $=1$	

그런데 수학자들이

- 1980년대의 브라질의 거리수학(Street Math)에서의 자연수의 곱셈방법이 위와 동일하다.
- 파푸아뉴기니아 섬의 옥삽민(Oksapmin)부족은 원시인들의 신체부분 셈법이 현재의 어린 아동의 방법과 유사한 점 등을 발견하였다.

- 심리학 측면의 의견 역시 적어도 4000 동안은 인류의 지능은 동일한 것으로 알려지고 있다.
- 학교수학에서 4000년 전의 발명가들의 아이디어를 현대의 아동이 재발견 또는 재발명하도록 도와주는 일이 대단히 중요하다.

11.3 수학의 역사발생적 원리

과학적 탐구 방법과 자연스런 교수 방법을 결합시킨 것으로 이해되는 발생적 방법을 크게 진작시킨 이는 16세기 영국의 철학자 베이컨(F. Bacon, 1561~1626)이며, 수학 특히 기하학의 발생적인 교재 구성에서 개척자적인 역할을 한 사람은 17~18세기 불란서의 수학교사 아놀드(A. Arnauld, 1612~1694)와 끌레로(A.C. Clairaut, 1713~1765)이었다. 아놀드의 '새 기하학 원론'은 시각적인 사물을 참조하는 접근방법을 통하여 개념과 정리의 재배열을 시도한 발생적 방법에 의해, 끌레로의 '기하학의 원론'은 수학의 역사적 발달을 내용과 학습 활동의 조직에 이용한 역사 발생적 방법에 의해 구성이 시도된 첫 번째의 수학 교과서이다.

11.3.1 끌레로

기하학의 학습에서 유클리드 원론의 무미건조함을 해결하기 위하여 끌레로는 기하학 원론의 서론에서 언급했듯이,

- 첫 발명가들의 불가피했던 시행착오적인 모든 오류를 피해가면서 발명가들(유클리드, 아르키메데스 등)의 방법과 동일한 정도의 자연스러운 방법으로 기하학의 원리를 개발하려고 노력하였다.

11.3.2 해켈(Haeckel, 1834~1919)

역사 발생적 원리의 인식론적 바탕은

- 개체발생이 계통발생을 단축된 형태로 반복한다는 생물학적 원리 곧, 다윈주의자인 해켈이 제기한 '재현의 원리'이다.
- 개인의 수학적 사고의 발달은 수학이 역사 자체를 따른다는 것으로 오늘날 역사 발생적 원리는 여러 학자들에 의하여 여러 가지로 형식화되어 옹호되고 있다.
- 학교수학에서는 재현의 원리에 따라서 개념의 발달과정을 단위수업시간에 재현시켜 보는 것이 역사발생에 따른 수업일 것이다.

11.3.3 프로이덴탈(Freudenthal, 1905~1990)

프로이덴탈(Freudenthal, 1983)은 심상의 구성과 사고 수준의 비약을 통한 수학적인 내적 안목의 변화, 현상의 정리 수단인 본질에 대한 인식, 의미의 이해를 위한 교육을 강조하고 있

다. 이러한 맥락에서 그가 제시하고 있는 수학-학습 지도 방법론이 재발명 방법이다. 재발명 방법은 수학교육에서 수학을 완성된 결과로 보고 그것을 단순히 전달 주입하는 과정에서 발생하는 문제점들을 해결하기 위해 제시된 것으로서, 완성된 결과로서의 수학을 존재하게 한 탐구 활동 즉, '과정으로서의 수학'이 재회복되어 학생들에게 학습되어져야 한다는 것이다. 재발명 방법은 수학을 활동으로 해석하는데 기초한 필연적인 귀결로서 수학적 사고는 수학화 곧, 수학적 활동이 일어나는 실제적인 과정을 재현하여 경험시킴으로써 배울 수 있다는 것이다. 이러한 재발명 방법은 학습자 개인의 발명과정의 재현 형식을 취하게 된다고 하더라도 결국, 학습자로 하여금 인류의 학습과정을 단축된 형태로 반복하게 함으로서 수학적인 사고 경험을 시키려는 역사 발생적 방법이 된다. 여기서 어떤 내용을 역사 발생적으로 지도한다는 것은 그 내용이 발생된 순서대로 교재가 구성되어야 한다는 뜻이 아니라 수학이 훌륭한 교사의 지도 아래 어떻게 발생되는가를 역사에서 미루어 찾고 그러한 방법에 따라서 지도하고자 하는 것이다. 발명가의 발자국을 따라가는 것이 아니라 실제의 발명 과정보다 개선되고 잘 인도된 과정을 따라야 한다는 것이다. 역사적으로 여러 세기 동안 물리적, 사회적, 정신적, 수학적 세계에서 변하는 것으로 지각되고 상상되고 가정된 변수, 다가이름(polyvalent name)으로 사용된 문자, 일반적인 법칙에서 나타나는 부정소나 방정식에서의 미지수 등이 한 가지 이름인 변수로 총괄되어 사용되면서 변수의 본질인 운동학적인 측면이 배제되어 왔고 변수는 학교수학에서 대입을 위한 자리지기(placeholder)로서 형식적으로 규정되고 있다. 이러한 현상에 대해 재발명 방법은 수학교육에서 변수 개념이 여러 가지로 생각되는 이유, 변수 개념이 변하여 온 이유를 의식해야 할 필요성을 제기한다. 고도로 형식화된 언어에서는 변화 가능한 수학적 대상에 대한 생각이 잊혀 질 수 있지만 보다 덜 형식화된 학교수학의 수준에서는 실세계에서 수학을 이해하고 실세계에 수학을 응용하기 위해 변하는 대상과 교수학적으로 불가결하게 연결될 수밖에 없다. 교사는 학생들이 형식적인 언어를 잘 이해할 수 없다는 것을 알고 있고, 변수는 변할 수 있는 대상으로부터 이해되어야 하고 또 그렇게 이해시킬 수 있다는 생각을 하면서도, 실제로 변수를 가르칠 때 그것을 단순한 자리지기로 지도하고 있는 것은 잘못이다. 프로이덴탈에 따르면 수학적 활동은 경험의 세계를 조직하는 활동이며, 실제 세계에서 상식 수준의 이해와 경험에 그 근원을 둔다. 그리고 이러한 상식적인 경험은 법칙(예를 들면 덧셈의 교환 법칙)으로 발견되고 이러한 여러 가지 법칙은 학습자의 통찰에 의해 다시 보다 높은 수준의 상식이 되며 그 다음 수준의 수학의 기초가 된다. 수학은 이러한 내용과 형식의 상호 교대작용을 통하여 발달해 간다. 그리고 상식으로부터 시작된 수학적 활동은 보다 상위 수준으로 진행됨에 따라 점진적으로 추상화되며 형식화되어 간다. 그는 수학적 개념, 아이디어의 형성 과정을 그러한 점진적인 스키마화(schematization)로 보고 있다.

■ 점진적인 수학화

- 수평적 수학화

  실생활에서의 활동 ⇒ 조직화, 구조화 ⇒ 개념의 본질을 통찰 ⇒ 재발명 ⇒ 개념 형성

- 수직적 수학화

  개념이 현상이 되어 ⇒ 더 높은 수준의 개념

■ 안내된 재발명

- '통찰에서 더 높은 통찰로의 계속적인 변형'의 메카니즘

  ⇔ '한 수준에서 다른 수준으로의 계속적인 비약'

- 풍부한 맥락 ⇒ 발생과정의 인지 ⇒ 생성과정의 발전적 가능성 ⇒ 재발명⇒ 개념형성

11.4 교과로서의 수학

위에서 논의한 바와 같이 교과란 학자들이 가지는 안목을 경험하게 하는 것이며, 수학의 '안목'은 수학의 발명가들이 발명 당시에 가졌던 발명의 배경이 되는 아이디어이다. 따라서 수학교육은 그 아이디어를 경험할 수 있도록 도와주는 과정으로 전개되어야 할 것이다. 따라서 바람직한 수학교육이 이루어지기 위해서 전제되어야 할 가장 중요한 사항은 다음과 같다.

■ 현행 교육과정에 포함되어 있는 수학사를 재조직하여 수업시간에 아동들의 발명 당시의 아이디어를 경험하도록 도와주도록 교과서와 지도서가 만들어져야 하겠다.

■ '수학 시간에 조작교구가 없는 것은 마치 소리 없는 음악시간과 같다'는 스켐프(Skemp, 1987)와, 학생이 해당하는 조작기에 따라 적절한 조작교구가 필요하다는 피아제(Piaget, 1971)의 주장에 의하여 교사와 아동 모두에게 교수-학습에 필요한 조작교구 사용방법을 제시하도록 해야 되겠다.

수학 교과 ⇒ 개념의 구조 ⇒ 개념의 본질, 원리 ⇒ 안목 ⇒ 수학적 개념의 발명가의 발명 당시의 아이디어

12. 수학적 개념의 학습 수준

수학적 개념의 학습과정에 대한 명확한 설명은 프로이덴탈의 교수현상학 이론을 승계한 반 힐레(van Hiele)[21)]의 학습수준 이론에서 찾아 볼 수 있다. 1959년에 반 힐레는 보통의 학생들이 처한 현실을 다음과 같이 설명하고 있다.

학생들은 자신들이 이해하지도 못하는 수학적 관계를 조작하는 방법만을 암기식으로 배우기 때문에, 관계의 체계는 자신의 경험과는 무관한 독립적인 구성이 되고 만다. 즉, 아동들은 자신들이 배운 것과 그것으로부터 연역되는 사실만을 알 수 있을 뿐, 자신이 경험한 감각적인 세계와 자신의 지식을 연결할 수 없으며 자신의 지식을 새로운 상황에 적용하는 방법을 알지 못하게 된다.

12.1 반 힐레의 기하학적 학습수준

반 힐레가 제시한 가장 유명한 모델은 아동들이 기하문제를 이해하고 추론하는 방법을 서술한 아래의 기하학적 학습수준 5단계이다. 그에 따르면, 학생들은 도형의 개념 사이의 관계 체계를 폭 넓게 이해하기 전까지는 도형에 관한 정리를 증명할 수 없으며, 그러한 체계는 암기를 통해서는 배울 수 없고 다만 적절한 예와 반례, 다양한 도형의 성질과 그 성질들을 위계를 정하는 방법을 경험하여 숙지함으로서 개발할 수 있다고 한다.

12.1.1 기하학적 학습수준 5단계

■ 0수준 - 도형 인식

아동들은 사물을 전체적으로 인식한다. 물체를 구성하는 부분에는 관심 없이, 물체의 전체적인 도형만을 관찰한다. 예를 들어 0수준의 아동에게는 세 개의 곡선으로 이뤄진 사물도 삼각형과 비슷하게 인식하며, 기울어진 한 정사각형은 정사각형으로 인식되지 않을 수도 있다.

■ 1수준 - 도형 분석

1수준의 아동들은 정확한 도형의 구성 부분을 인식한다. 예를 들어 직사각형은 정사각형과 같이 4개의 서로 수직인 변이 있는 도형임을 알 수 있으나, 도형들과 성질들 간의 상호간의 관계를 알지 못한다.

---

21) 이 이론은 1957년에 발표한 Dina van Hiele-Geldof와 Pierre van Hiele 부부의 박사학위논문에서 제안되어 현재에는 모든 국가의 기하교육과정에 강력한 영향을 미쳤으며, 특히 미국 NCTM에서 발행하는 기하학의 규준(Standards)에도 영향을 미쳤다.

■ 2수준 - 도형들 사이의 관계

2수준의 아동들은 도형들 사이에 주어진 공통적인 성질의 추상적인 관계를 안다. 예를 들어 정사각형은 마름모이자 정사각형이다. 또한 1수준에서 요구되는 분석적 능력을 이용하여 도형에 대한 간단한 연역적 추론이 가능하다.

■ 3수준 - 연역적 추론

3수준의 학생들은 기하학은 형식적인 수학 체계임을 인식하며, 연역적인 증명을 할 수 있다.

■ 4수준 - 공리적 체계로서의 기하학

이것은 최고 수준의 대학 과정에서 도달되는 추상적인 단계이다. 그림이나 구체적인 대상에는 의존하지 않고, 기하학의 공리적 토대위에서만 개념을 이해한다.

12.1.2 반 힐레의 기하학습 수준 이론의 특징

- 학생들은 $n-1$수준을 통과하지 않고는 n수준에 도달할 수 없다.
- 모든 학생들이 같은 속도로 각 수준을 통과하는 것은 아니다.
- 전 수준에서 사고의 수단이었던 것이 다음 수준에서는 사고의 대상이 된다.

	제1수준	제2수준	제3수준	제4수준	제5수준
사고의 대상	주변 사물	도형	성질	명제	논리
사고의 수단	도형	성질	명제	논리	

- 각 수준이 그 자체의 언어적 상징과 그 상징들을 연결하는 관계 체제를 가지고 있다.
- 서로 다른 수준에서 추론하는 두 사람은 서로를 이해할 수 없다. 따라서 기하 교수에서의 주된 문제는 교사가 학생에게 가르치는 수준과 학생들의 수준의 차이로부터 발생한다. 즉 교사는 자신의 수준에서 학생들에게 설명하는데, 학생들은 교사의 수준보다 낮은 수준에서 사고하기 때문에 교사의 설명을 이해할 수 없게 된다. 이러한 상황을 극복하기 위하여 반 힐레는 교사가 학생들의 수준을 파악하고 학생들의 수준에서 지도할 것을 권고하였다. 다시 말해서 교사는 학생의 수준에서 풍부한 사고를 유발시켜야 하며, 학생들이 다음 수준으로 진행해 나가도록 지도해야 한다는 것이다.

12.1.3 반 힐레의 교수·학습 단계와 지도방법

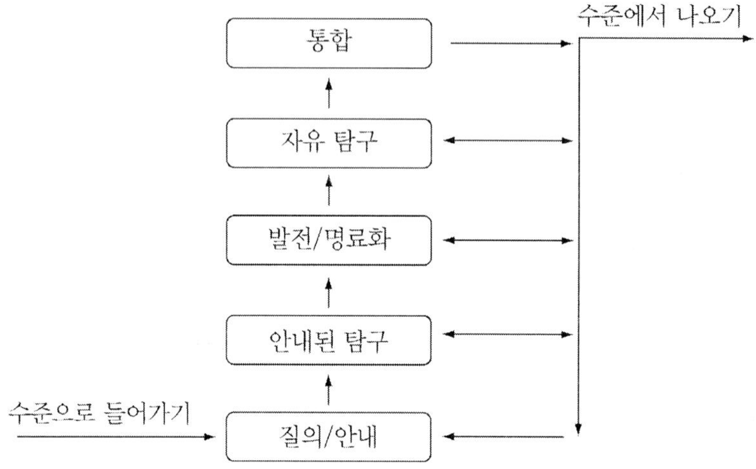

〈그림 60〉

① 질의 · 안내 단계

교사와 학생 사이의 대화를 통하여 새로운 학습 주제를 소개한다.

- 학생

  제시된 자료와 필요한 논의를 통해 탐구할 분야에 친숙해지기 위한 활동을 하면서 앞으로 공부할 과제의 방향이 무엇인지 배운다.

- 교사의 역할

  학습할 주제에 관한 학생의 선행지식이 무엇인지를 파악하여 학생이 새로운 주제를 이해하도록 도움을 주고 질문을 하며 관찰을 수행한다.

② 안내된 탐구 단계

학생은 신중하게 계열화된 활동을 통해 새로운 학습 주제의 특징에 익숙해진다.

- 학생

  교사가 제공하는 자료를 통해 학습 주제를 탐구하면서 그 진행 방향을 감지하고 탐구 분야의 구조를 점진적으로 파악한다. 교사는 학습 주제를 탐구하는 활동에 학생이 능동적으로 참여하도록 하기 위하여 조심스럽게 설명해 나간다.

- 교사의 역할

  학생의 행동을 적절한 탐구로 이끌면서 학생 활동을 지시하는 것이다. 이 때 학습 주제를 탐구하는 활동에 학생이 능동적으로 참여하도록 하기 위하여 조심스럽게 설명한다. 여기에서의 대부분의 활동은 특별한 반응을 유도하는 단일의 단계 과제를 제시해야 한다.

③ 발전·명료화 단계

교사의 개입이 최소인 상태에서 자신의 개념화와 어휘를 정련시킨다. 이 단계에서는 안내된 탐구 단계에서 익숙해진 새로운 과제를 표현하는 활동을 통하여 그것을 명확히 하며 전문적인 용어를 학습한다.

- 학생

  예전의 경험과 교사로부터 얻은 최소한의 힌트를 토대로 탐구 분야의 구조에 대한 자신의 견해를 표현하며, 관계 체계를 형성하기 시작한다.

- 교사의 역할

  개입을 최소화하며 최소한의 힌트만 제공한다.

④ 자유 탐구 단계

- 학생

  문제해결적 성격을 갖는 보다 복잡한 과제에 도전하게 된다. 학생은 여러 가지 해결 방법을 찾아봄으로써 탐구 분야의 구조에 정통하게 되며, 그 과제를 완성한 후에 공부한 그 영역 안에서 스스로 자신의 나아갈 바를 정해서 새로운 관련성을 찾는다. 학생은 다중 단계의 과제나 여러 가지 방식으로 완수될 수 있는 과제와 접하면서 자신만의 방식을 찾는 경험을 하게 되며, 그럼으로써 탐구 대상 사이의 많은 관계들이 학생들에게 더욱 명확해진다.

- 교사의 역할

  학생이 그 수준에 맞는 문제해결의 성격을 갖는, 보다 복잡한 문제를 도전할 수 있도록 제공하고, 자신만의 방식을 찾도록 북돋아 준다.

⑤ 통합 단계

- 학생

  자신의 관찰을 재검토하고 요약하며, 대상과 관계의 새로운 그물망을 형성하기 위해 그 도안 배운 새로운 개념과 관련성을 통합한다. 결국 학생은 탐구 활동을 개관하여 전체를 조망하게 되면서 사고 수준의 비약에 이르게 된다. 교사는 전혀 새롭거나 자연스럽지 못한 아이디어를 내놓지 않도록 주의해야 하며, 학생이 이전의 활동을 반성하고 관찰한 것을 명료하게 정리할 수 있도록 전체적인 개관을 제시하면서 돕는다.

- 교사의 역할

  전혀 새롭거나 자연스럽지 못한 아이디어를 내놓지 않게 주의시키며 전체적인 개관을 제시하며 돕는다. 교사의 일방적인 설명보다 학습자 스스로 탐구하도록 분위기를 조성한다. 교사는 필요에 따라 특별한 단계에 머물 수도 여러 번 되풀이할 수도 있다.

12.1.4 반 힐레와 피아제의 이론

반 힐레의 학습수준은 학생들이 도형의 모양을 분류하는 방법에 관한 것으로 오해받는 경우가 있지만, 그의 학습수준은 학생들이 도형의 모양과 기하학적인 관념을 추론하는 방법에 관한 것이며, 도형의 학습수준은 학생들의 연령에 따라 상승되는 것이 아니라 교사의 지도와 학생의 경험의 산물이라는 점에서 연령에 따라 수준이 결정된다는 피아제의 인지발달이론과 대조가 된다.

12.2 수학적 학습수준

반 힐레는 수학학습을 다음 수준으로의 비약을 통하여 학습수준이 향상되어가는 과정 즉, 수준간의 사고의 비약으로 설명하고 있다. 그가 주장하는 사고의 비약이란, 한 수준에서 경험을 정리하는 수단이 모종의 관점의 변화에 의하여 새로운 경험의 대상으로 의식화되면서 그 경험을 조직화하는 활동이 되는 것이다. 이러한 사고의 비약은 프로이덴탈의 본질과 현상의 교대작용에 의한 인식수준의 상승인 학습의 불연속적인 과정과 같은 것으로, 반 힐레 역시 사고수준의 가장 뚜렷한 성질은 불연속성이라고 설명하였다.

12.2.1 수학적 학습수준 5단계

반 힐레는 기하학습의 수준을 일반화하여 수학의 전 분야의 교수-학습 수준에 적용할 수 있는 확장된 수준이론을 다음의 5가지 수준으로 분류하였다.

- 1수준 : 시각적 수준
- 2수준 : 서술적 수준
- 3수준 : 국소적인 논리적 관계를 파악하는 수준
- 4수준 : 형식적 논리를 파악하는 수준
- 5수준 : 논리적 법칙의 본질을 파악하는 수준

여기에서 1수준은 학교수학 이전의 수준이며, 5수준은 학교수학 이후의 수준이다. 수학적 학습수준이란 수준이 상승되어 가는 과정을 말한다. 즉, 수학의 학습이 n수준에서 $n+1$수준으로 이행되어가는 과정이다.

12.2.2 수학적 이해의 과정

1, 2수준은, 앞에서 논의된 바와 같이, 프로이덴탈의 바닥수준으로서 수학교육에서 매우 중요한 단계이다. 수학적 개념 지도에서 바닥수준이란 구체적 조작단계의 아동들로 하여금 풍부한 현실세계를 경험하도록 하는 것이다. 따라서 만일 아동들에게 어떤 개념과 연결된 실

세계의 현상을 제공하지 않는다면 1, 2수준을 경험하지 못하게 되는 것이며, 상이한 심층구조를 가지는 그 개념의 표층구조만을 드러내어 도입하고 지도하게 되기 때문에 학생들은 그 개념을 형식적인 기호조작이 행해지는 단순한 알고리즘을 형성하는 과정의 한 요소로 인식하게 되어서, 학생들로 하여금 그 개념을 단순하게 지식의 기록으로만 받아들이고 진정한 개념의 이해 과정을 경험하지 못하게 되는 것이다. 따라서 수학적 이해의 과정은 구체적 경험에 의하여 초보적인 지식을 갖춘 다음, 이미지를 구성하고, 구성된 이미지를 바탕으로 내재된 다양한 성질과 관계를 이해한 후, 그것을 형식화하는 과정을 따라야 한다.

■ 수학적 이해 과정

구체적 경험 ⇒ 초보적 지식 ⇒ 이미지 구성 ⇒ 성질, 관계의 이해 ⇒ 형식화

12.2.3 수학적 개념의 교수학

수학적 지식이나 개념의 지도는 섬세하고 주의 깊은 지도계획을 수립하여 학습자의 사고수준에 맞춰서 장기간 동안에 한 수준에서 다음 수준으로의 질적 비약을 유도하는 과정으로 이루어 져야 한다. 아동이 수학적 개념을 형성하기 위해서는 다음의 과정을 경험하도록 해야 한다.

- 개념형성 이전에 준비학습 단계를 설정하여 개념을 받아들일 심적 상태를 형성하도록 한다.
- 개념을 도입할 때는 맨 먼저, 실세계의 문제 상황과 적절하게 연관시켜서 자신이 학습한 수학적 지식을 통하여 현실세계의 문제 상황을 통찰할 수 있는 안목을 형성하도록 한다.
- 다양하고 복합적인 경험을 통하여 개념에 대한 심상을 형성하여 다음 수준의 학습을 의미 있게 경험할 수 있는 기반을 만들도록 한다.
- 바닥수준에서 경험했던 자신의 활동을 반성하면서 탐구수준에서의 활동을 진행하도록 한다.
- 불연속적인 수학적 사고과정인 개념이 발생한 맥락을 의식적으로 경험하는 '재발명'과정을 스스로 만들어 나가도록 한다.

■ 수학적 개념의 형성 과정

준비학습 단계 ⇒ 실세계의 문제 상황 통찰 ⇒ 심상형성 ⇒ 탐구수준의 활동 ⇒ 개념의 재발명

제 6 장

측정 지도법

제6장 측정 지도법

1장에서는, 학교수학에서 교사가 꼭 가르쳐야 하며 학생들이 꼭 배워야 할 내용 즉, 수학교과란 어떠한 것이어야 하는가에 관한 내용이었으며, 2장에서는 수학교과란 결국 부르바키 학파가 설정한 수학의 모구조이며, 수학시간에는 수학의 모구조를 지도해야 하는 당위성을 설명하였다. 3장과 4장에서는 측정의 역사를 통하여 측정에 관한 인간이 겪은 인식론적 장애와 그의 극복 과정을 설명하였다. 또한 5장에서는 측정의 모구조를 밝혔으며 측정에 관련된 모든 내용에 관한 역사발생과 역사발생에 따른 교수법의 핵심 내용을 알아보았고 측정의 교수·학습 과정을 알아보았다. 이 장에서는 실제적이고 구체적인 측정영역에서 학생들이 겪는 인식론적 장애를 찾아내고, 그 장애를 극복하는 과정으로서의 측정의 교수-학습 방법을 알아보기로 한다. 모든 개념의 지도순서는 가능한 한 다음과 같은 단계로 전개하기로 한다.

- 1단계 : 개념의 역사발생
  발생상태의 개념, 아이디어
- 2단계 : 개념 발생의 배경이 되는 아이디어의 경험
  조작활동, 영상매체
- 3단계 : 개념의 본질 추구
  내면화, 심상형성
- 4단계 : 개념 형성
  초등학교 : 직관적 또는 준수학적 개념
  중·고등학교 : 수학적 개념

1. 길이의 지도법

측정의 시작은 길이를 재는 일이다. 고대 이집트의 나일강가에서는 밧줄에 매듭을 만들어 길이를 측정한 것은, 길이를 재는 방법일 뿐만 아니라 수를 세는 역할도 하였다.

1.1 길이의 역사발생

1.1.1 큐빗(cubit)

문헌에 나타나는 최초의 길이의 단위는 큐빗이다. 이집트에서는 기원전 약 3000년 전 '큐빗'단위를 사용하였는데, 성인 남자의 팔꿈치에서 가운데 손가락까지의 길이로서 약 45cm이다. 이집트 왕족들이 화강암으로 만든 '큐빗'길이의 막대기로 물건의 길이를 측정하면서 통일된 측정법이 자리 잡게 되었다. 이집트의 피라미드의 가로변은 500큐빗 정도라고 한다. 큐빗이라는 단위는 이집트부터 바빌로니아에 걸쳐 널리 쓰여졌으나 이것을 체계화한 것은 수메르 인이다.

〈그림 61〉

1.1.2 미터(meter)

프랑스 과학원에서 1미터를 북극점에서 적도까지의 거리의 1,000만분의 1로 정하였다가, 1793년에는 적도길이의 4,000만분의 1로써 정의되었다. 1889년 미터는 백금-이리듐 막대의 두 지점 사이의 거리로써 고정되었다. 그러나 과학자는 이와 같은 정의가 백만분의 1보다 더 정확할 수 없기 때문에 만족하지 못했다. 1983년 미터는 또 다시 시간과 길이와 연관시키는 방법으로 재정의 되었다. 즉, 공간에서 빛이 1초 동안 진행한 거리의 299,792,458분의 1로 미터를 정의하였다. 또한 미터보다 더 크고 작은 단위를 미터를 기준으로 하여 십진법으로 정하였다. 즉, 백분의 1 미터를 센티미터(centimeter), 1,000분의 1 미터를 밀리미터(millimeter), 100 미터를 헥토미터(hectometer, hm) 1,000 미터를 킬로미터(kilometer) 등으로 표기하도록 하였다.

■ 장애 1

미터법의 크고 작은 단위를 10진법으로 채택한 이유는?

■ 이해 1

미터법 제정 당시에는 분수와 60진법을 사용하고 있었다. 그러나 60진법의 계산이 쉽지 않았으며, 계산속도가 세계에서 가장 빠른 인도-아라비아 숫자(Hindu-Arabic numeral) 체계 0,1,2,3,4,5,6,7,8,9 가 10진법이었기 때문에 십진법을 택하게 된 것이다.

■ 미터법

단위	약어	1 미터와의 관계
1 킬로미터	1 km	1000 m
1 헥토미터	1 hm	100 m
1 데카미터	1dam	10 m
1 미터	1 m	1 m
1 데시미터	1dm	0.1 m
1센티미터	1 cm	0.01 m
1밀리미터	1 mm	0.001m
1 마이크로미터	1 μm	0.000001m

■ 기타

단위	cm	m	in	ft	yd	mile
1 cm	1	0.01	0.3937	0.0328	0.0109	-
1 m	100	1	39.37	3.2808	1.0936	0.0006
1 in	2.54	0.0254	1	0.0833	0.0278	-
1 ft	30.48	0.3048	12	1	0.3333	0.00019
1 yd	91.438	0.9144	36	3	1	0.0006
1 mile	160930	1609.3	63360	5280	1760	1

1.2 길이의 경험

길이는 손바닥, 뼘, 아름, 걸음 등으로 재어 보는 직접측정 또는 신체의 부분 또는 노구와 같은 대체물과 비교하거나 평행이동이나 대칭을 이용하여 길이를 비교하는 등의 간접측정으로 경험할 수 있다.

1.2.1 기하학적으로 합동사상인 이동, 구부림, 절단-복원 변환에 의해서 불변인, 길이를 갖는 물체의 함수이다.

절단-복원 변환은 길이에 대한 가법의 특성을 가진다. 거리는 길이를 갖는 물체 또는 정신적인 대상의 길이로서 드러난다. 길이는 직선으로 측정되고, 곡선은 직선으로 귀착시켜서 측정한다. 거리는 조감도에 의해서 이해된다. 절단된 길의 거리는 부분의 합으로 결정하고, 곡선은 절단된 길 또는 곧게 펴서 측정한다. 직선의 측정도구는 자 또는 곧은 줄로 잰다. 아동의 무의식적인 측정활동은 도구를 사용하지 않고 이루어진다. 그러나 걸음을 직선적으로 걷는

다거나 뼘을 직선적으로 옮기는 행동이 의식적이든지 반 의식적이든지 어쨌든 직진성이 부분적인 역할을 하였다. 즉, 측정활동에서 직선은 도구적인 존재가 아니라 정신적인 존재이다. 측정을 신체의 부분 또는 도구를 이용하여 여러 번의 반복 측정하는 경우에는 측정심상의 직진성은 시각선상의 목표지점이나 중복이라는 직진의 확장에 의해서 보장된다. 우회는 더 멀다. 거리는 가장 짧은 선으로 측정한다.

1.2.2 두 점 a, b 사이의 거리는 dist(a, b)$\leq$dist(a, b)+dist(a, b)이라는 사실을 알게 하려는 것이다.

두 점 사이에 장애물이 있는 경우에는 같은 거리를 갖는 평행선을 찾으면 된다. 그 과정에 숨어있는 기하학적인 통찰은 평행이동에 의해서 길이가 보존된다는 것이다. 이 상황에서의 기하학적인 통찰은 평행이동, 평행사변형, 직사각형과 같은 심적 조작 또는 심상에 관한 지식을 의미하며, 그 지식은 기하학적 연역이나 이러한 심상의 개념성을 뜻하는 것이 아니고 더욱이 관용적인 명칭을 아는 것을 뜻하는 것은 아니라, 평행성과 대변의 상등을 시각적 또는 지각적으로 암시하는 것이다. 방향이 같지 않은 두 선분의 길이의 상등을 확인하는 가장 원시적인 방법은 대칭이다. 여러 가지 대칭인 사물에 대해서 정신조작으로서의 대칭은 어린 나이에 의식된다. 그리고 대칭은 대칭도형의 가장 중요한 성질이다. 평행이동이나 대칭을 이용하여 길이를 비교하는 일은 선분뿐만 아니라 곡선에도 같은 방법으로 적용된다. 모든 방향에서 길이가 같은 선분을 만들어 내는 도형은 원이다. 탈레스가 해변에서 멀리 떨어져 있는 배까지의 거리, 피라밋의 높이 등과 같이 통상적으로 접근 불가능한 거리를 기하논법으로 측정하는 방법을 언급하였다. 이 때문에 닮은 삼각형에 관련된 정리를 탈레스의 정리라고 부른다. 이 용어는 역사적으로는 적절하지 못하고 탈레스의 방법은 '한 변과 두각' 이라는 합동정리라고 해야 옳다. 문헌에 나타난 이 방법에 의하면 해안에서 배까지의 거리 AB를 도형의 합동을 이용하여 접근 가능한 육지의 거리 CE로 바꿔 놓은 것이고, 피라밋의 높이는 해뜬 날에 막대를 수직으로 세워서 막대의 길이와 그림자의 길이가 같아지는 순간에 피라밋의 그림자를 측정하는 것이어서 닮음과는 거리가 멀다.

1.2.3 합동의 성질은 거리 측정 실제에서는 닮음과 관련될 때만 의미가 있다

삼각형의 세 가지 합동조건인 '대응변의 길이가 같다, 두 대응변의 길이와 그 끼인각의 크기가 같다, 한 변의 길이와 그 양 끝 각이 같다'를 이용하여 어려서부터 접근 불가능한 거리에 관한 문제에 답할 수 있다. 특히, 직사각형에 관련된 문제는 피다고라스 정리를 적용하여 해결할 수 있다.

1.3 구간의 길이

5장 3절에서 설명한 르베끄 측도에 의하면,

- 네 구간 [0, 1], (0, 1], [0, 1), (0, 1)의 길이는 모두 1이다.
- 구간 [0, 1]내에 유한개 또는 가부번개의 불연속점이 있는 경우에도 그 구간의 길이는 1이다.

1.4 길이 측정 단위의 지도법

학교수학에서 측정단위는 미터법으로 지도한다. 따라서 이 절에서는 미터법인 cm, m, km의 도입 지도에 관하여 설명하기로 한다.

1.4.1 미터(meter)의 역사발생

프랑스과학원에서 1미터(m)는 원래 북극점에서 적도까지의 거리의 1000만분의 1로 정하였다가, 1973년에는 적도길이의 4000만분의 1로써 정의되었다. 1889년 미터는 백금-이리듐 막대의 두 지점사이의 거리로써 고정되었으나 과학자는 이와 같은 정의가 백만분의 1보다 더 정확할 수 없기 때문에 만족하지 못했다. 1983년 미터는 또 다시 시간과 길이와 연관시키는 방법으로 재정의 되었다. 즉, 공간에서 빛이 1초 동안 진행한 거리의 299,792,458분의 1로 미터를 정의하였다.

1.4.2 미터법의 도입 지도

미터법은 위에서 설명한 바와 같이 m를 먼저 정하였으나 아동들의 연령을 고려하여 우리나라 수학과 교육과정에시는 cm, m, mm, km 순서로 길이의 측정 단위기 도입되고 있다.

(ⅰ) 1cm의 도입

초등학교의 측정영역에서 주로 다루는 양의 개념은 연속량이다. 이 양의 비교·측정에서는 직접비교, 간접비교, 임의단위로의 측정, 표준단위로의 측정, 간접측정이라는 단계를 순서대로 경험하도록 지도한다.

- 직접비교

  길이가 현저하게 다른 물건 2개 가운데서 길이가 긴(짧은) 것을 가려내게 하고, 이 때 나타나는 반응을 바탕으로 '길다', '짧다'라는 말이 사용되는 경우나 그 의미를 되새겨 보게 하여, 길이가 비슷한 2개의 물건 중에서 길이가 긴 것을 가려내도록 한 다음, 귀납 또는 일반화하여 길이의 비교 결과를 '길다', '짧다'로 표현할 수 있도록 한다.

■ 간접비교

비교 대상이 고정되어 있거나 거리가 멀거나 무거워서, 직접 맞대어 볼 수 없는 두 대상을 제시하여 긴(짧은) 것을 가려내는 방법을 찾아내도록 한 후, 그 방법을 귀납 또는 일반화하여 길이의 비교 결과를 '길다', '짧다'로 표현할 수 있도록 한다.

■ 임의단위에 의한 측정

직접비교나 간접비교가 쉽지 않은 상황에서 두 대상의 길이를 비교할 때 나타난 반응을 비교 · 검토하는 활동을 통하여, 길이를 비교하려는 대상에 따라 적당한 단위를 임의로 정하여, 단위 길이의 수를 세어서, 즉 길이를 수치화하여, 어느 쪽이 얼마나 길다(짧다)는 것을 알 수 있도록 지도한다.

■ 갈등

여기까지의 과정에서 가장 중요한 맥락은, 직접비교, 간접비교, 임의단위로 측정할 때의 불편함을 아동들이 인식하도록 한 다음, 표준단위를 도입한다.

■ 표준단위에 의한 측정

생활에서 사용하고 있는 자를 사용하지 할 수 없는 상황에서, 아동들이 측정 대상을 정하여 그 길이를 나름대로의 방법(직접비교, 간접비교, 임의단위로 측정)으로 측정할 때 야기되는 문제점 또는 불편함을 인식하도록한 후, 측정 대상을 모든 아동들이 동일한 단위 길이로 잴 필요성을 도출하고, 우리의 선조들도 똑같은 고민을 하였으며 그러한 불편함을 해소하기 위해서, 모든 물건의 길이를 잴 때, 이만큼의 길이(1cm)를 기준(단위)으로 삼아 잴 것을 약속하였으며 그 길이를 '1cm'라고 표기하고 '일 센티미터'라고 읽는다는 것을 지도한다.

■ 어림하기 전략

자가 없는 상황에서 길이를 알 수 있는 방법의 필요성을 아동들이 경험하도록 한 후, '어림하기'라는 방법을 지도하고, '약 몇 cm'라고 말하고 적도록 지도한다. 이러한 어림을 효과적으로 하기 위한 여러 가지 전략은 다음과 같다.

• 기준과 비교하기

만일 자신의 한 뼘이 약 10cm라는 것을 알고 있다면, 이와 비슷한 물건의 길이를 어림할 수 있을 것이다. 또 만일 20cm 길이의 끈을 선택해야 한다면, 그 크기를 어느 정도 생각할 수 있을 것이다.

• 덩어리 짓기(chunking)

대상을 여러 개의 부분으로 나누고 각각을 어림한다.

- 결합하기(unitizing)

  먼저 전체의 일부분의 길이를 어림하고 전체가 몇 개의 부분으로 구성되어 있는지를 알아서 전체의 길이를 어림한다. 예를 들면, 얽혀있는 철사의 길이를 재려고 할 때, 약 10cm 의 철사를 잘라서 무게를 잰 후에 전체 무게를 재어 철사 전체의 길이를 어림하도록 한다.

(ii) 1mm의 도입

■ 갈등

아동들이 이미 보편단위와 표준단위의 필요성을 알고 있으므로, 발에 꼭 맞는 운동화의 크기, 연필의 길이 등을 재면서 cm보다 작은 길이 단위의 필요성을 토론하도록 한다. 또한 cm보다 작은 길이 단위를 어떤 방법으로 정하는 것이 좋을지를 토론하도록 한다. 즉, 1cm를 5등분? 20등분? 또는 더 많게? 더 적게? 등분하여 작은 눈금을 만들 것인지를 정해보도록 한다.

■ 1cm를 10 등분하여, 작은 눈금 한 칸의 길이를 1mm라고 쓰고 일 밀리미터라고 읽도록 지도한다.

※ 10진법으로 만든 인도-아라비아 숫자체계가 계산속도가 제일 빠르기 때문에, 미터법의 크고 작은 단위를 모두 10진법으로 만들게 된 배경을 설명한다.

(iii) 1m의 도입

■ 갈등

아동들의 주변에 있는 물건이나 소지품의 길이를 잴 때에는 cm와 mm만 필요했으나, 건물의 높이, 사람의 키, 운동장의 길이 등을 재기 위해서는 더 큰 단위가 필요하다는 사실을 토론하도록 한다.

■ 1cm의 100배 되는 길이를 1m라고 쓰고 일 미터라고 읽도록 지도한다.

■ 지구본을 보면서, 프랑스과학원에서 1미터(m)는 1973년에는 적도길이의 4000만분의 1로써 정하였으며, 아동들은 1cm를 먼저 배웠으나 실제로는 1미터를 먼저 정한 다음, 1미터를 100등분 하여 1cm를 정하였다는 사실을 설명한다.

※ 10진법으로 만든 인도-아라비아 숫자체계가 계산속도가 제일 빠르기 때문에, 미터법의 크고 작은 단위를 모두 10진법으로 만들게 된 배경을 설명한다.

(iv) 1km의 도입

■ 갈등

지구의 지름, 지구에서 태양까지, 지구에서 달까지 등의 거리를 잴 때와 같이, 1m 보다 훨씬 더 큰 물건이나 먼 거리를 재는 거리 단위의 필요성을 토론하도록 한다.

- 1m 의 1000배 되는 길이를 1km 라고 쓰고 일 킬로미터라고 읽도록 지도한다.
- 킬로(kilo)는 1000이라는 사실을 알게 한다.

※ 10진법으로 만든 인도-아라비아 숫자체계가 계산속도가 제일 빠르기 때문에, 미터법의 크고 작은 단위를 모두 10진법으로 만들게 된 배경을 설명한다.

1.4.3 길이의 측정 지도

- 직접 측정

  단위길이인 1cm, 1m, 1mm, 1km 크기의 막대로 전체의 길이를 덮은 횟수를 세는 일

- 직접 측정

  단위길이인 1cm, 1m, 1mm, 1km 를 사용하여 만든 자를 사용하여 길이를 재는 일

1.5 길이의 덧셈, 뺄셈

위의 5장 1.1 절에서 양의 모구조를 설명하였다. 즉, 양은 덧셈 구조와 순서 구조를 갖으며 유한 가법성이 성립한다고 하였다.

- 양의 덧셈, 뺄셈

  길이의 덧셈, 뺄셈을 지도할 때에는 두 길이를 겹치거나 비스듬하게 놓으면 안 되며, 같은 단위로 고쳐서 연산을 수행하도록 지도한다. 즉, 덧셈, 뺄셈은 같은 단위끼리만 시행하도록 한다.

- 양의 유한 가법성

  양의 가법성에 의하면 서로 겹치지 않는 두 양의 측도는 각각의 양의 측도의 합이다. 따라서 두 개의 물방울을 합치면 한 개의 물방울이 되므로 1+1=1 이라는 논리는 성립하지 않는다.

1.6 기하 대수

메소포타미아(Mesopotamia)란 유프라테스(Euphrates)강과 티그리스(Tigris) 강 사이의 지역(현대의 이라크)이라는 뜻이다. 그의 남부지역인 바빌로니아(Babylonia, B.C. 2700년경)에서는 메소포타미아 평원을 흐르는 유프라테스 강과 티그리스 강 유역에서 일어나는 홍수 같은 생활상의 수리적 문제해결을 위한 수학이 발달하였다. 또한 바빌로니아지역은 지정학적으로 많은 상인들이 다니는 길목에 위치하고 있었기 때문에 이집트 수학보다 더욱 발달하게

되었다. 초기 바빌로니아인들은 젖은 점토판에 바늘로 기록하여 판을 화덕 속에서 구웠다. 이것이 19세기에 B.C 1600년경의 함무라비 왕조의 점토판을 발굴하여 쐐기문자 원문을 해독하면서 상업과 농업에 있어서 상당히 높은 수준의 계산술과 60진법의 수 체계를 사용했음을 알 수 있었다. 바빌로니아의 기하학은 대부분 실제 측량과 관련된 것으로 특징은 대수적 성질에 있다. 이들은 2차방정식과 연립 2원 2차방정식의 해법도 알고 있었고 단순한 3, 4차 방정식도 다룰 정도로 대수학이 싹트고 있었다. 또한 점토판에 쐐기문자로 기록된 삼중수(3,4,5; 5,12,13; 등)와 원주를 360등분하는 것(그들은 1년이 360일일 것이라고 생각하여 원주 위에 360개의 점을 찍어 1년 달력을 만들어 사용), 시:분:초라는 꼴로 표현하는 것도 고대 바빌로니아인들의 업적이며, 수를 막대의 길이, 두 수의 곱을 직사각형의 넓이로 인식하여 대수문제를 도형(기하)를 이용하여 해결하고 있었다. 이들의 실용수학의 영향을 받은 유클리드 원론에서는 모든 수를 막대의 길이로 표현하여 정리를 증명하고 있다. 그 후, 메소포타미아의 후손인 아랍의 수학자이고 대수학의 아버지라 불리는 알콰리즈미(al-Khowarizmi, 780~850)는 이차방정식을 유클리드 원론에 있는 도형으로 표현하여, 그 도형에 포함된 정사각형의 한 변의 길이를 구하여 주어진 이차방정식의 해를 구하는 방법을 그의 저서 '대수학'에 6가지 유형으로 나누어 설명하였으며, 이 방법이 바로 이차방정식의 근의 공식과 동치인 것이다. 이와 같이 대수학의 문제를 도형(기하학)을 이용하여 해결하는 방법을 '기하 대수'라고 한다.

1.6.1 분배 법칙의 발견

기하 대수에서 분배 법칙의 아이디어는 두 수의 곱=직사각형의 넓이, 같은 수의 곱=정사각형의 넓이이다.

■ 분배법칙 $3\times(4+5)=3\times4+3\times5$의 증명

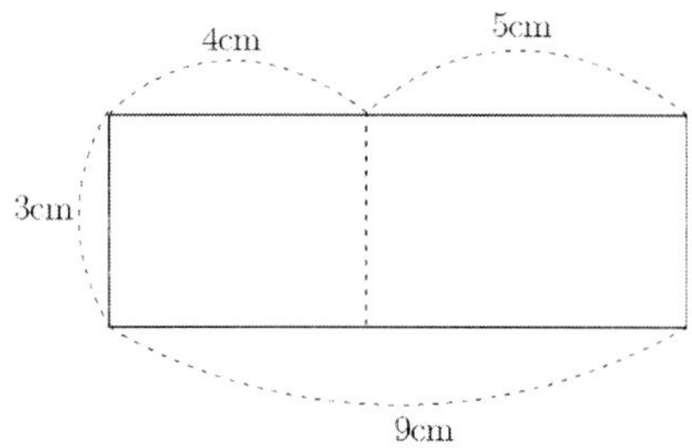

〈그림 62〉

이 사실을 일반화하면 다음과 같다.

■ $A\times(B+C)=A\times B+A\times C$

■ 직사각형의 넓이를 이용한 $7 \times 7 = (3+4) \times (3+4) = 3 \times 3 + 2 \times 3 \times 4 + 4 \times 4$의 증명

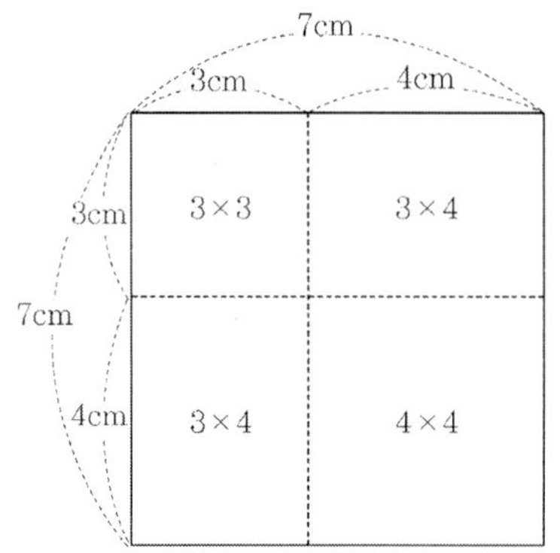

〈그림 63〉

■ 일반화

$$(A+B) \times (A+B) = A \times A + 2 \times A \times B + B \times B$$

■ 직사각형의 넓이를 이용한 $(7+5) \times (7-5) = 7 \times 7 - 5 \times 5$의 증명

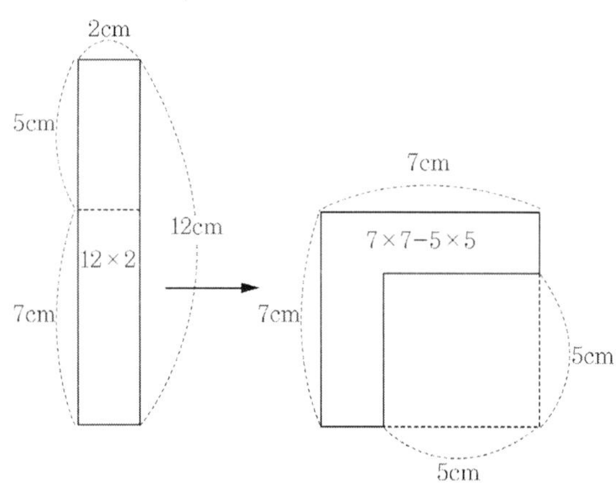

〈그림 64〉

■ 일반화

$$(A+B) \times (A-B) = A \times A - B \times B$$

■ 응용

$(1000+1) \times (1000-1)$를 계산하시오.

답 : $1001 \times 999 = 1000 \times 1000 - 1 \times 1 = 999999$

1.6.2 바빌론의 기하 대수

바빌론의 벽돌공이 굴뚝을 만들기 위해 단면의 속이 빈 정사각형 모양인 기둥을 세우기 위해서, 다음과 같이 가로와 세로의 길이가 각각 a와 b인 직사각형 네 개로 한 변의 길이가 $a+b$인 정사각형을 만들었다고 한다. 즉, 그들은 두 수의 곱을 직사각형의 넓이로 생각하였던 것이다.

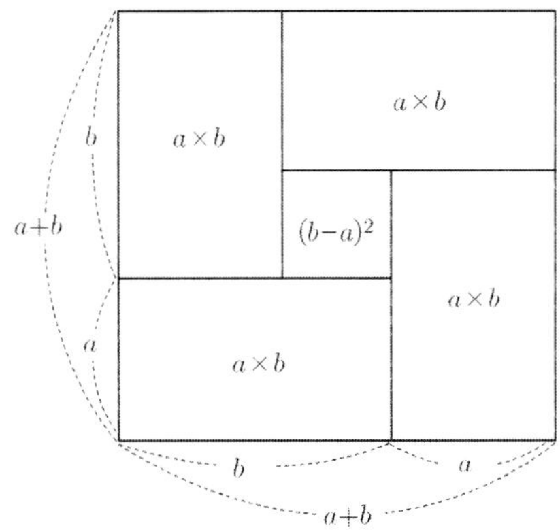

〈그림 65〉

- 그들이 만든 도형을 식으로 나타내면 다음과 같다.

$$(a+b)^2 = (b-a)^2 + 4ab$$

- 한 변의 길이가 b인 정사각형을 넓이가 각각 $a\times(b-a)$, a^2, $(b-a)^2$인 사각형으로 나누면 다음과 같다.

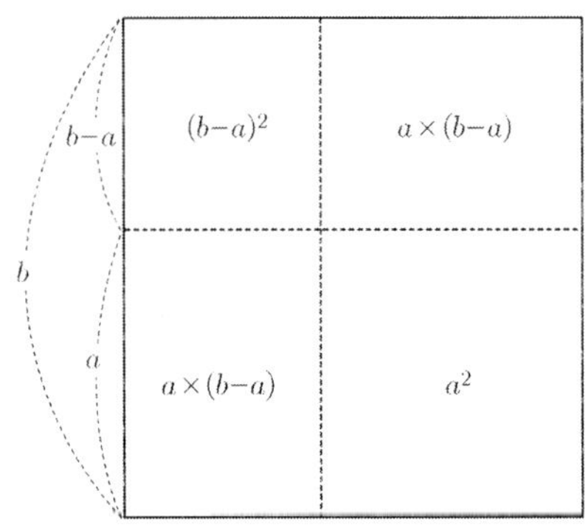

〈그림 66〉

1.6.3 두 수의 곱은 직사각형의 면적

언제부터인가 인류는 3×2을 가로가 3이고 세로가 2인 직사각형의 넓이와 같은 것으로 생각하였다. 그런 이유로 8×7을 다음과 같이 계산하였다.

■ 8×7의 계산

$10-8=2$, $10-7=3$이므로 8×7의 일의 자리 수는 $3\times2=6$이고 십의 자리 수는 $10-3-2=5$이므로 $8\times7=56$으로 계산하였다.

■ 아이디어

아래에 있는 한 변이 10인 정사각형에서 두 변이 8, 7인 직사각형의 면적을 구하였다. 즉, 구하는 직사각형은 면적은 정사각형의 면적 10×10에서 아래의 직사각형의 면적 2×10과 오른쪽의 직사각형의 면적 3×10을 뺀 다음, 두 번 뺀 맨 왼쪽 아래의 직사각형의 면적 3×2을 더해준 결과이다.

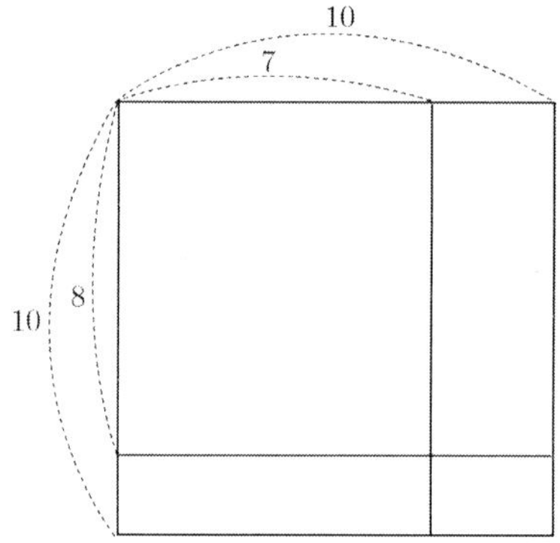

〈그림 67〉

이것은 분배법칙 $8\times7=(10-2)\times(10-3)=10\times(10-2-3)+3\times2$을 도형으로 나타낸 것이다.

■ 시사점

4천 년 전의 인간의 지능과 현재의 인간의 지능이 거의 대동소이하다. 따라서 수학 개념이 발생할 당시의 아이디어를 현재에도 재발견하도록 해야 한다.

■ 4000년 전의 아이디어

수=막대의 길이

두 수의 곱=직사각형의 넓이

같은 수의 곱(제곱)=정사각형의 넓이

※ 이 아이디어는 양수만을 배우는 전조작기와 구체적 조작기의 아동에게 적합하다.

■ 적용

위의 사실을 두 수의 곱인 13×12에 적용하면 다음과 같다. 즉, 계산간접 측정을 하기 위해서 곱셈을 배운 직후 두 수의 곱이 직사각형의 넓이가 되는 것은 수모형을 이용하여 지도한다. 또한 수모형 대신 모눈종이를 사용해도 좋다.

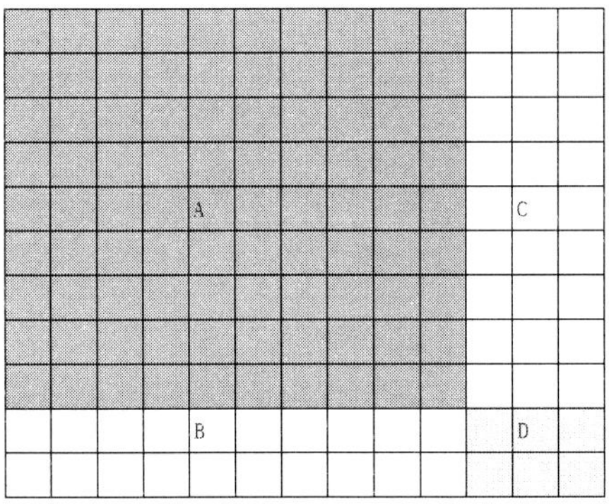

$$\begin{array}{r} 13 \\ \times 12 \\ \hline 6(2 \times 3) - D \\ 20(2 \times 10) - C \\ 30(10 \times 3) - B \\ 100(10 \times 10) - A \\ \hline 156 \end{array}$$

〈그림 68〉

이것은 분배법칙, $13 \times 12 = (10+3) \times (10+2) = (2 \times 3) + (2 \times 10) + (10 \times 3) + (10 \times 10)$을 그림으로 설명한 것이다. 심리적으로 구체적 조작기인 초등학생들은 분배법칙을 이해할 수 없다고 한다. 따라서 분배법칙을 이와 같이 관계적으로 이해한 후 곱셈 연산 알고리즘을 자동화하도록 지도한다.

1.6.4 최대공약수 구하기(유클리드 호제법, Euclid's Algorithm)

유클리드 원론에 나타나는 호제법을 현대적으로 해석하면 다음과 같다(5장 1.2절 참조). 두 정수 a_0, a_1의 최대공약수는 다음 알고리즘의 마지막 나머지인 a_n이다.

$$\begin{aligned} a_0 &= q_1 a_1 + a_2,\ 0 \le a_2 < a_1, \\ a_1 &= q_2 a_2 + a_3,\ 0 \le a_3 < a_2 \\ &\vdots \\ a_{n-1} &= q_n a_n. \end{aligned}$$

유클리드 원론에서는 모든 a_i들을 막대로 나타내면서 이 알고리즘을 설명하였다. 이제 우리도 당시의 그리스 수학들의 관념인 '나눗셈=동수 누감, 수=막대의 길이' 라는 점을 이용하여 두 수의 최대공약수를 (퀴즈네어)막대의 길이를 비교해가면서 구하기로 한다.

■ 예비 개념

• 약수 찾기

약수는 '자연수 중에서 피제수를 나누어 떨어지게 하는 수'이다.

'나누다'의 의미는 같은 수를 몇 번 빼었는지의 개념인 동수누감이다.

즉, 약수란 어떤 수에서 그 수를 계속 빼내면 0이 되는 그 수이다. 이 사실을 막대의 길이로 표현하면 다음과 같다.

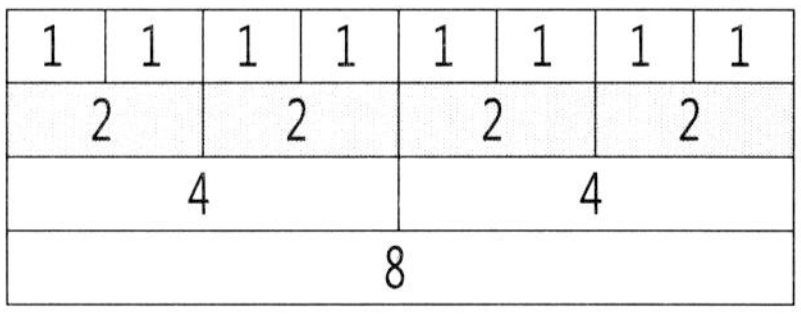

8을 1, 2, 4로 계속 빼내면 0이 되므로 1, 2, 4는 8의 약수이다.

• 공약수 찾기

주어진 두 수의 공약수란 그 두 수에서 그 수를 계속 빼내면 0이 되는 수이다.

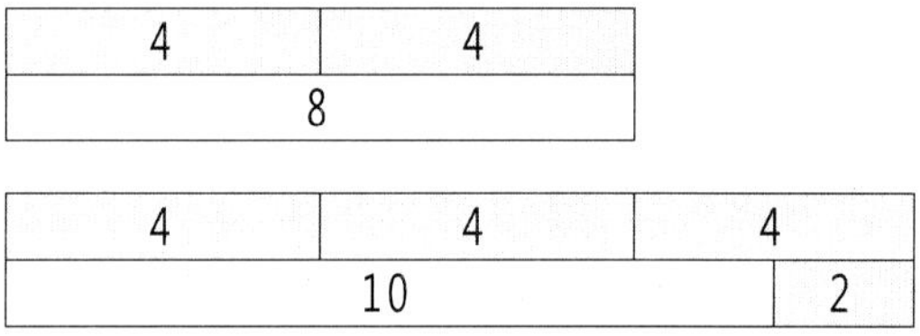

8과 12에서 4를 계속 빼내면 0이 되므로 4는 8과 12의 공약수이다.

• 유클리드 호제법의 핵심 아이디어

'A와 B의 (최대)공약수'는 '$(A-n\times B)$와 B의 (최대)공약수'와 같다.

이 사실을 여러 가지 경우로 나누어서 알아보기로 한다.

1) 두 수 A와 $B(B<A)$가 있을 때, B가 A의 약수인 경우

이 경우에는 그림과 같이 B로 A를 여러 번 채울 수 있다는 뜻이며, 이 때 A와 B의 최대공약수는 B이다.

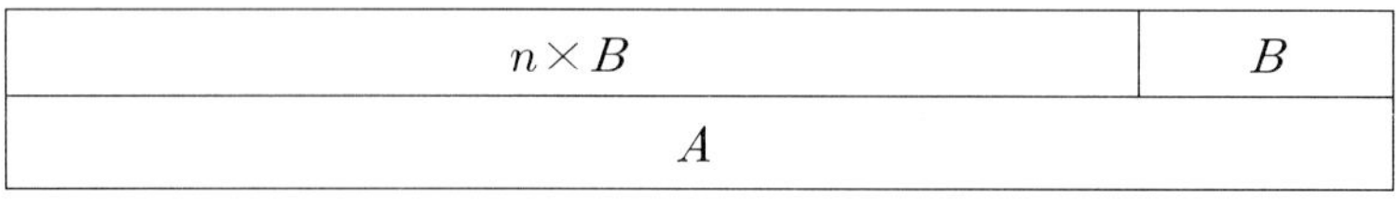

2) 두 수 A와 $B(B<A)$가 있을 때, B가 A의 약수가 아닌 경우

이 때에는 두 가지 경우의 수를 생각해 볼 수 있다.

$n\times B$	$A-n\times B$
A	

① $A-n\times B$가 B의 약수인 경우

$A-n\times B$가 B의 약수이면 위 그림에서 보는 것과 같이 $A-n\times B$는 A의 약수도 되므로, $A-n\times B$는 A와 B의 공약수이다.

② $A-n\times B$가 B의 약수가 되지 않는 경우

이 경우에는 ①의 상황이 될 때까지 알고리즘을 계속 진행한다.

- 36과 24의 최대공약수는?

36 − 24 = 12이므로 1)번의 경우이다. 따라서 최대공약수는 12이다.

- 38과 16의 최대공약수는?

식 38 − 16 = 22을 자세히 관찰하면 gcd(38,16) = gcd(16,22) = 2인 사실을 알 수 있다. 또 38 − 16 − 16 = 6에서 gcd(38,16) = gcd(16,6)임을 알 수 있다. 또 16 − 6 − 6 = 4에서 gcd(16,6) = gcd(6,4) = 2임을 알 수 있고, 또 6 − 4 = 2에서 gcd(6,4) = gcd(4,2) = 2임을 알 수 있다. 마지막으로 gcd(4,2) = 2이므로, 추이율에 의해서gcd(38,16) = gcd(4,2) = 2이다. 이와 같이 유클리드 호제법에서는 소인수분해 과정은 없고 다만 뺄셈만으로 최대공약수를 구하고 있다. 이것은 $a\div b=q\cdots r$을 $a=bq+r$과 같이 바꾸면, gcd(a, b) = gcd(b, r)인 사실을 유크리드가 증명하는 과정에서 나눗셈을 동수누감으로, a, b, r을 막대의 길이로 인식하였던 것이다.

■ 유클리드 호세법

이 방법이 중요한 점은, 아주 큰 소인수를 갖는 자연수를 인수분해는 하는 것은 성능이 아주 우수한 슈퍼컴퓨터를 이용하여도 수백 년이 걸리기 때문에, 소인수분해를 이용하여 최대공약수를 구하는 전통적인 방법을 사용하지 않고 단순하게 나눗셈(뺄셈)만을 사용한다는 것이다.

- 우선, 6과 4의 최대공약수를 구해보자.

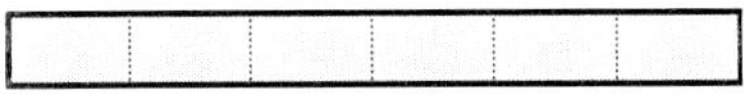 길이 6인 막대

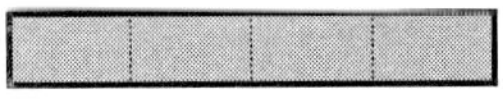 길이 4인 막대

길이 6인 막대와 길이 4인 막대에는 두 막대 모두를 빈틈없이 채울 수 있는 가장 큰 길이

(최대공약수)의 막대가 있다.

긴 막대(6) 위에 짧은 막대(4)를 덮는다.

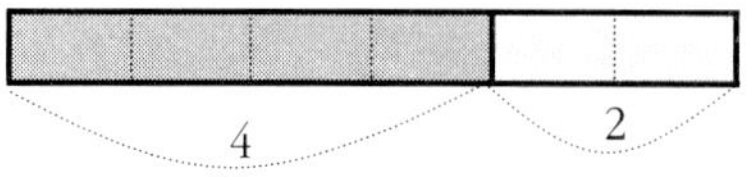

이 때 긴 막대(6)는 짧은 막대(4)와 짧은 막대로 덮지 못한 나머지 2로 나누어진다. 그리고 6과 4의 최대공약수 막대는 6과 4를 동시에 완전히 덮기 때문에 나머지인 2도 완전히 덮어야 된다. 즉, 6과 4의 최대공약수 막대는 4와 2를 동시에 완전히 덮기 때문에 4와 2의 최대공약수 막대도 된다. 그러므로 6과 4의 최대공약수는 4와 2의 최대공약수와 같다. 위의 과정을 유클리드 호제법의 알고리즘에 맞추면 다음과 같다.

$$6 = 4 \times 1 + 2$$
$$4 = 2 \times 2$$

따라서 6과 4의 최대공약수는 2이다.

• 24와 10의 최대공약수

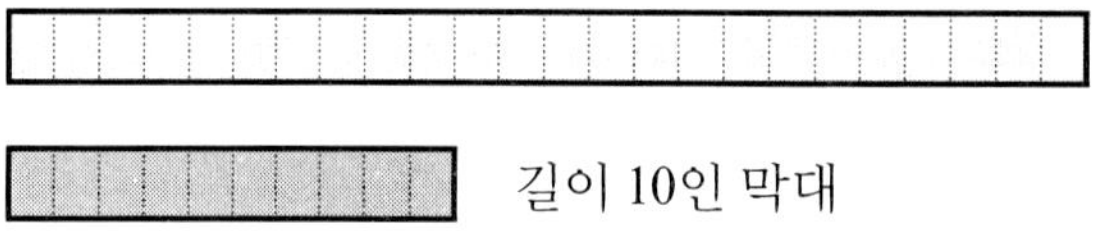

길이 24인 막대와 길이 10인 막대에 두 막대 모두를 빈틈없이 채울 수 있는 최대공약수 막대를 찾는다.

긴 막대(24) 위에 짧은 막대(10)를 올릴 수 있는 만큼 올려서 덮는다.

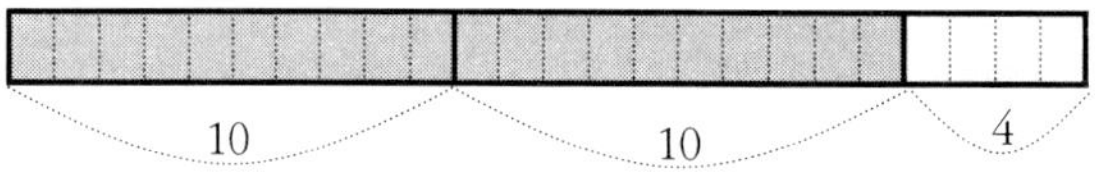

이 때 긴 막대(24)는 짧은 막대(10)2개와 짧은 막대로 덮지 못한 나머지 4로 나누어진다. 그리고 24와 10의 최대공약수 막대는 24와 10을 완전히 덮기 때문에 4를 완전히 덮어야 된다. 그러므로 24와 10의 최대공약수는 10과 4의 최대공약수와 같다.

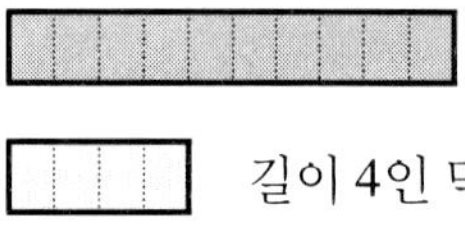

길이 10인 막대와 길이 4인 막대에 두 막대 모두를 빈틈없이 채울 수 있는 최대공약수 막대가 있다.

긴 막대(10) 위에 짧은 막대(4)를 올릴 수 있는 만큼 올려서 덮는다.

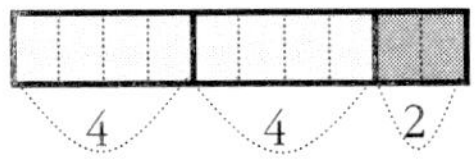

길이 10인 막대

이 때 긴 막대(10)는 짧은 막대 4(2개)과 짧은 막대로 덮지 못한 나머지 2로 나누어진다. 그리고 10과 4의 최대공약수 막대는 10과 4를 완전히 덮기 때문에 2를 완전히 덮어야 된다. 그러므로 10과 4의 최대공약수는 4와 2의 최대공약수와 같다.

24와 10의 최대공약수는 4와 2의 최대공약수인 2이다. 위의 과정을 유클리드 호제법의 알고리즘에 맞추면 다음과 같다.

$$24 = 10 \times 2 + 4$$

$$10 = 4 \times 2 + 2$$

$$4 = 2 \times 2$$

따라서 24와 10의 최대공약수는 2이다.

- 32와 20의 최대 공약수

$32 - 20 = 12$

$\Rightarrow 20 - 12 = 8$

$\Rightarrow 12 - 8 = 4$

$\Rightarrow 8 - 4 = 0$

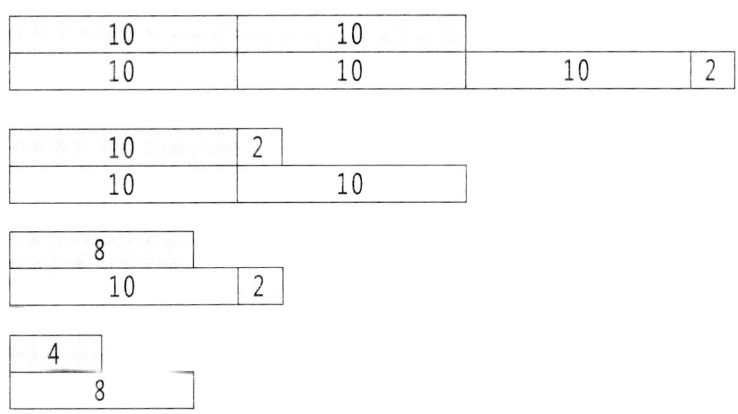

1.6.5 이차방정식

이 절에서는 아랍의 수학자 알콰리즈미가 이차방정식을 도형으로 해를 구한 아이디어와 방법을 설명하기로 한다.

■ 알콰리즈미(al-Khowarizmi, 780~850)

대수학의 아버지라 불리는 이란 수학자 알콰리즈미는 아랄 바다의 남쪽 지방인 화르즈미에서 태어나, 인도와 그리스의 지식을 종합하고 융화시켜 독보적인 학문의 영역을 구축하였다. 그는 아라비아의 수학자로서 자세한 그의 이름은 무하마드 이븐 무사 알 콰리즈미이다. 그는 이란계의 학자인데, 당시의 왕 알 마문의 치세 시대에 활약하였다. 그는 이슬람 교도이면서 수학자이고 동시에 천문학자, 지리학자이기도 하였다. 특히 수학에서는 당시 최대의 학자였다. 그의 저서 <인도 수학에 의한 계산법>이라는 책명에서도 알 수 있듯이, 그는 인도식의 기수법을 아라비아 인과 유럽 인에게 전하는 매개체 구실을 하였다. 그의 이름 알콰리즈미가 라틴어로 변화하여 알고리즘이 되고, 그것이 아라비아 수학에 의한 계산법을 의미하는 보통 명사 알고리즘이 되었다. 그의 또 하나의 대수학 저서인 <복원과 대비의 계산>도 중요한 것으로 알려져 있는데, 총 6장으로 구성되어있으며 일차방정식과 이차방정식의 해석적 해법이 포함되어 있다. 또한 사인함수와 탄젠트함수가 포함된 천문표와 삼각법의 표를 만들었고, 지구의 경도와 위도를 측정하는 등 당시로서는 상상하기 어려운 학문의 진전을 이룩하였다. 한편, 대수학 책은 완전한 형태로 오늘날까지 전해지고 있으며 대수의 어원인 al-jabr (알 자부르), al-muquabala(알 무콰발라)에서 al-jabr는 방정식의 음의 항을 다른 변으로 이항한다는 것이고, al-muquabala는 양변의 동류항을 정리하여 방정식을 간단히 하는 것을 뜻한다. 그는 또한 지금의 판별식에 해당되는 것을 활용하여 이차방정식의 해를 구했으며, 이차방정식의 해법을 기하학적 증명을 통해 계산을 해내는 등 중세 수학사에 커다란 영향을 주었다.

■ 이차식을 도형으로 표현하기

이차식에서, x^2을 한 변이 x인 정사각형으로, x를 가로가 1이고 세로가 x인 직사각형으로, 자연수 1은 가로, 세로가 각각 1인 정사각형으로 생각한다. 만일 수모형을 이용한다면, x^2은 백 모형, x는 십 모형, 1은 낱개를 사용해도 된다.

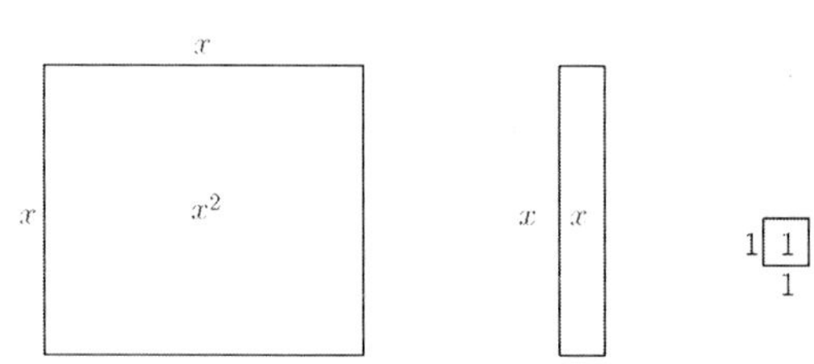

〈그림 69〉

• $2\times(x+3)$

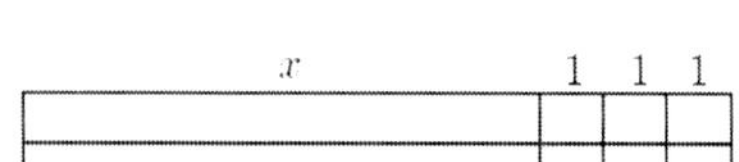

〈그림 70〉

• x^2+3x+2

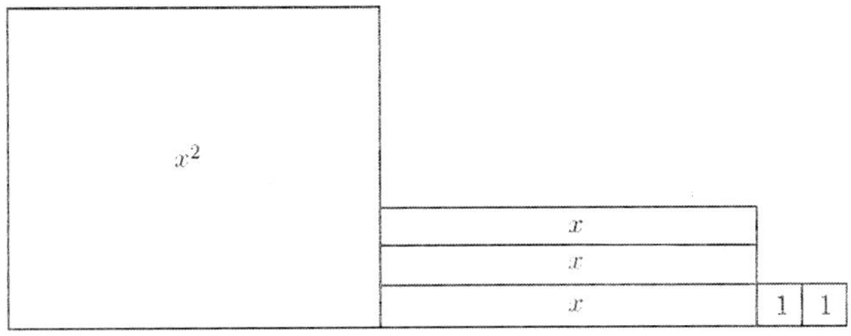

〈그림 71〉

• x^2+3x+2의 직사각형 표현

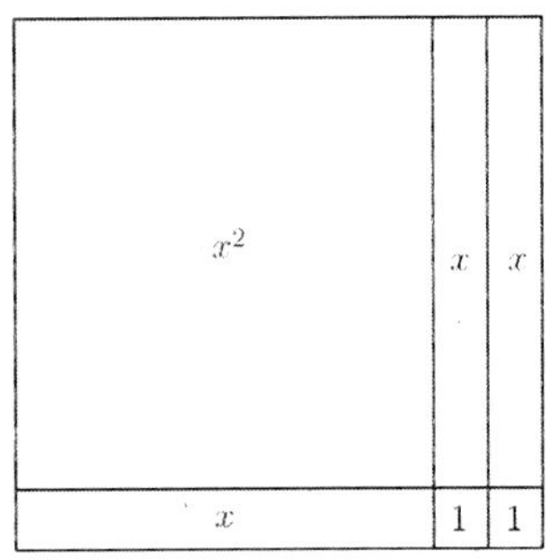

〈그림 72〉

■ 이차식의 인수분해

36을 소인수분해하면 $2^2\times3^2$으로 되는 것과 마찬가지로 이차식도 일차식의 곱으로 나타낼 수 있다. 이와 같이 이차식을 일차식의 곱으로 나타내는 것을 이차식의 인수분해라고 한다.

• $x^2-4\times x+3$를 직사각형으로 표현하면 아래와 같게 된다.

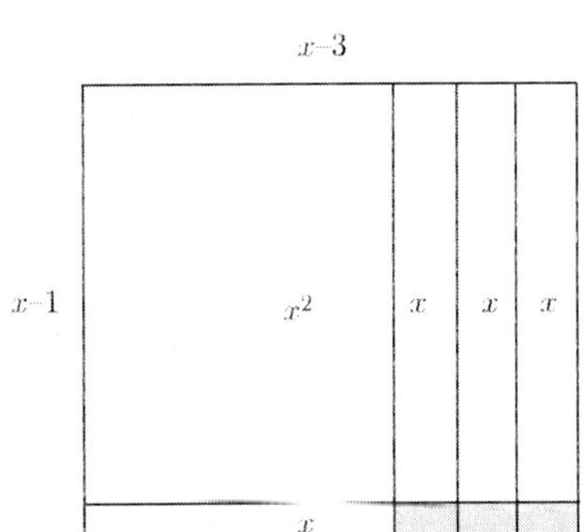

〈그림 73〉

따라서 $x^2-4\times x+3$은 가로가 $x-3$, 세로가 $x-1$인 직사각형의 넓이이다.

그러므로 $x^2-4\times x+3=(x-3)\times(x-1)$이다.

■ 이차방정식의 해

$3\times x^2+x-4=0$과 같이, 이차식을 0으로 놓은 식을 이차방정식이라고 하고, 0으로 만드는 x의 값을 이차방정식의 "해"라고 한다.

- 이차방정식의 해

  이차방정식 $3\times x^2+x-4=0$은 x가 1일 때 좌변이 0이 된다. 따라서 $x=1$이 이차방정식의 해이다. 이차방정식의 해를 구하는 일반적인 방법은 알콰리즈미의 방법을 일반화하면 된다. 그러나 이 절에서는 인수분해를 이용하여 이차방정식의 해를 구하기로 한다.
- $a\times b=0$이려면 $a=0$이거나, $b=0$이거나, 동시에 $a=0$이고 $b=0$이어야 한다. 이 때를 $a=0$ 또는 $b=0$이라고 표현한다. 거꾸로 말하면 $a=0$ 또는 $b=0$일 때만 $a\times b=0$이 된다. 이 사실을 확장하여 만일 $(x-1)\times(x-2)=0$이면 $x=1$ 또는 $x=2$이다.
- 그러면 이차방정식의 해는 두 개인가? 더 있을 수도 있지 않나?

  가우스는 1799년에 제출한 박사학위 논문에서 "이차, 3차, 4차, … 방정식은 각각 꼭 두 개, 세 개, 네 개, … 의 해만을 갖는다."라고 증명하였다.

■ 도형으로 해 구하기

$x^2+3\times x+2$를 도형으로 표현하면 아래 그림이 되었다.

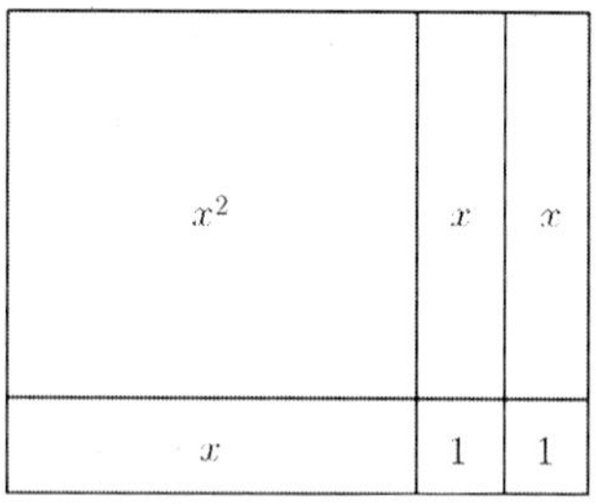

〈그림 74〉

이 그림은 가로가 $x+2$이고 세로가 $x+1$인 직사각형이다.

따라서 $x^2+3\times x+2=(x+2)\times(x+1)$이 된다.

그러면 이차방정식 $x^2+3\times x+2=0$은 결국 $(x+2)\times(x+1)=0$이 되므로 $x+2=0$ 또는 $x+1=0$이다.

따라서 $x=-2$ 또는 $x=-1$이 이차방정식의 해이다.

• 이차방정식 $X^2+10\times X=39$의 해

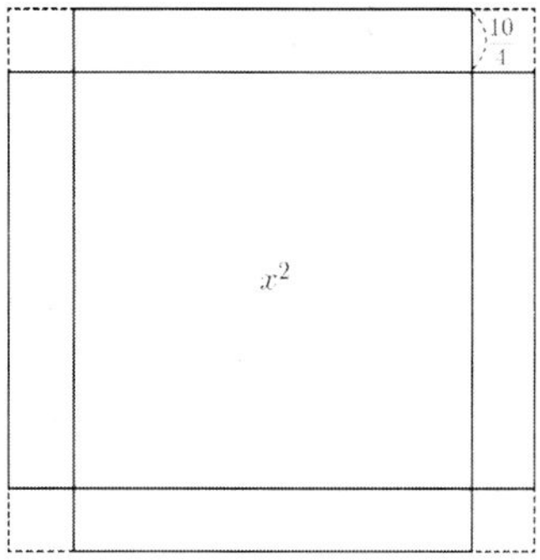

〈그림 75〉

풀이 ① 한 변이 X인 정사각형의 각 변에 두께가 $\frac{10}{4}$인 직사각형을 붙여보자.

② 그러면 전체 도형의 넓이는

$X^2+X\times\frac{10}{4}\times 4=X^2+10\times X$이다.

③ 이 넓이가 39가 된다. 즉 $X^2+10\times X=39$

④ 점선이 있는 네 모퉁이의 넓이는 각각

$\frac{10}{4}\times\frac{10}{4}$이다.

⑤ 네 모퉁이의 넓이의 합은

$$\frac{10}{4}\times\frac{10}{4}\times 4=\frac{100}{4}=25$$
$$(\text{한 모퉁이의 넓이})\times(4\text{개})=25$$

⑥ 전체 사각형은 정사각형이고 그 넓이는 $39+25=64$이다.

⑦ 그런데 큰 정사각형의 한 변이 $X+5$이므로 $(X+5)^2=64$이다.

⑧ 따라서 $X+5=8$이고 $X=3$이 된다.

• 이차식 $X^2+10\times X$의 변환

① $X^2+10\times X=X^2+4\times\frac{10}{4}\times X$

② $X^2+10\times X+4\times(\frac{10}{4})^2=X^2+4\times\frac{10}{4}\times X+4\times(\frac{10}{4})^2$

③ 그런데 ②의 식은 $\left(X+\frac{10}{2}\right)^2$과 같다.

따라서 $(X+\frac{10}{2})^2=X^2+10\times X+(\frac{10}{2})^2$이다. $(\because 4\times(\frac{10}{4})^2=(\frac{10}{2})^2)$

■ 이차방정식의 근의 공식

이차방정식 $X^2+P\times X=Q$을 변환하여 좌변을 정사각형으로 만드는 과정이 이차방정식의 근의 공식을 구하는 과정이다.

풀이 ① $(X+\frac{P}{2})^2=X^2+P\times X+4\times(\frac{P}{4})^2=Q+(\frac{P}{2})^2$

② P와 Q는 이미 알고 있는 자연수 이므로 $Q+(\frac{P}{2})^2$가 어떤 수의 제곱인지를 알면

된다.

③ 그 수를 R이라고 하면 $(X+\frac{P}{2})^2=R^2$이므로

$$X+\frac{P}{2}=R$$

따라서 $X=R-\frac{P}{2}$이다.

- 이차방정식 $X^2+10\times X=39$의 변환

풀이 ① $X^2+10\times X=X^2+2\times(\frac{10}{2}\times X)$이므로

$X^2+10\times X$를 나타내면 옆그림과 같다.

② 이 도형에서 점선 부분의 넓이는 $(\frac{10}{2})^2$이다.

③ 따라서 큰 정사각형을 식으로 나타내면

$(X+\frac{10}{2})^2$이고 이것은 $X^2+2\times(\frac{10}{2}\times X)$

에 $(\frac{10}{2})^2$을 더한 것과 같다.

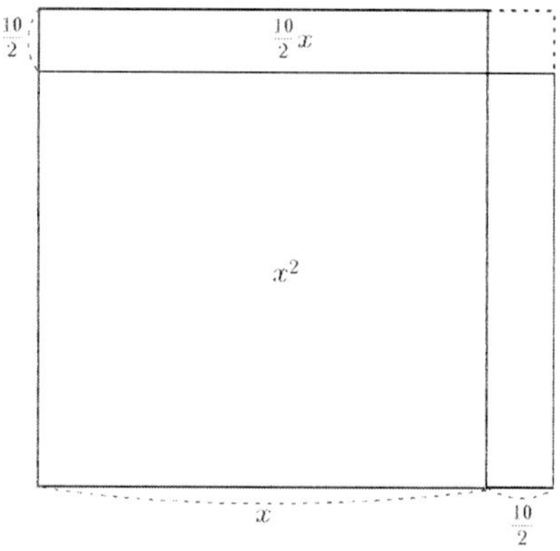

〈그림 76〉

④ 따라서 $(X+\frac{10}{2})^2=X^2+2\times(\frac{10}{2}\times X)+(\frac{10}{2})^2$이다.

- 일반화 : 이차방정식 $X^2+P\times X=Q$의 변환

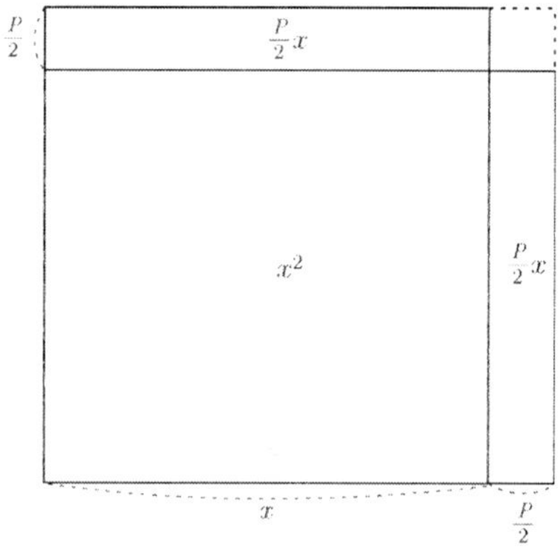

〈그림 77〉

풀이 ① $X^2+P\times X=X^2+2\times(\frac{P}{2}\times X)$이므로 다음 도형이 된다.

② 점선 부분의 넓이는 $(\frac{P}{2})^2$이다.

③ 따라서 큰 정사각형의 넓이는

$$(X+\frac{P}{2})^2=X^2+2\times(\frac{P}{2}\times X)+(\frac{P}{2})^2=Q+(\frac{P}{2})^2$$

④ $Q+(\frac{P}{2})^2$은 이미 알고 있으므로 제곱하면 $Q+(\frac{P}{2})^2$이 되는 수를 찾아서 그 수를 R이라고 하자. 즉 $R^2=Q+(\frac{P}{2})^2$

⑤ 그러면 $(X+\frac{P}{2})^2=R^2$이다.

⑥ 따라서 $X+\frac{P}{2}=R$

즉 $X=R-\frac{P}{2}$

■ 이차방정식 해법

도형을 이용한 알콰리즈미의 방법으로 다음 문제에 맞는 X를 구하시오.

• $X^2+8\times X=9$

풀이 ① 도형 $P=8$ 이므로 $\frac{P}{2}=4$

② 점선부분의 넓이는 $4\times4=16$

③ $X^2+8\times X=9$이므로 양변에 16을 더하면

$X^2+8\times X+16=9+16$

④ 그런데

$X^2+8\times X+16=(X+\frac{8}{2})^2=(X+4)^2$

⑤ 따라서 $(X+4)^2=9+16=25=5^2$

⑥ $X+4=5$

$\therefore X=1$

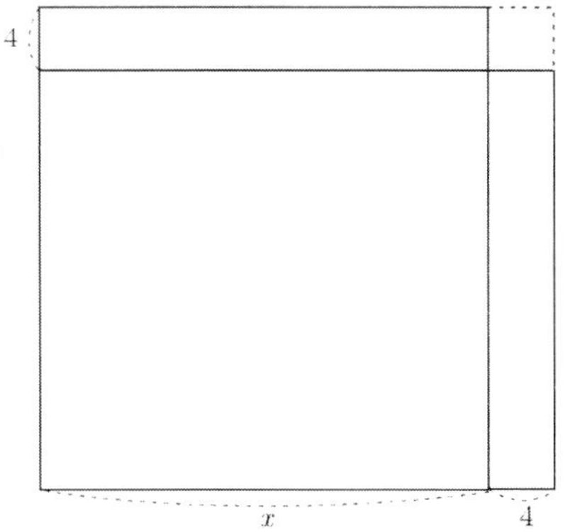

〈그림 78〉

• $X^2+10\times X=144$

풀이 ① $X^2+10\times X=X^2+2\times(5\times X)$이므로

② 따라서 $(X+5)^2 = X^2+10\times X+25$

$= 144+25$

$= 169$

③ $(X+5)^2 = 13^2$

$X+5=13$

즉, $X=8$

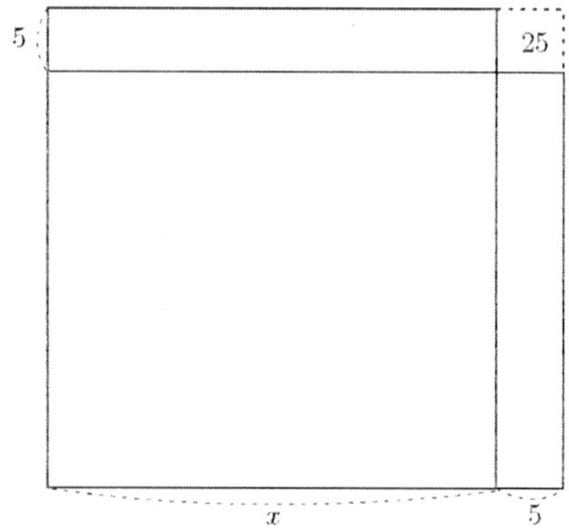

〈그림 79〉

- $X^2+12\times X=64$

풀이 ① $X^2+12\times X = X^2+2\times(6\times X)$이므로

② $(X+6)^2 = X^2+2\times(6\times X)+36$

$= 64+36$

$= 100$

③ $(X+6)^2 = 10^2 \quad (\because 10^2=100)$

$X+6=10$

즉, $X=4$

- $3X^2+10\times X=32$

(힌트 : 양변에 3을 곱하시오)

① $9\times X^2+30\times X=96$

즉 $(3\times X)^2+30\times X=96$

② $(3\times X)^2+30\times X=(3\times X)^2$

$+6\times(5\times X)$

이므로

③ $(3\times X+5)^2=(3\times X)^2+6\times(5\times X)+25$

$=96+25=121=11^2$

즉, $X=2$.

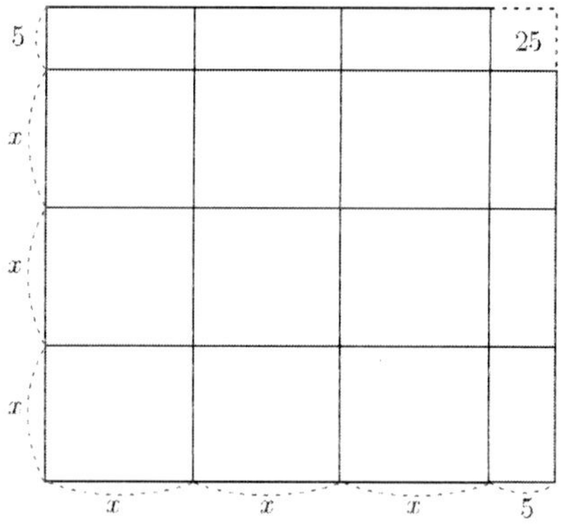

〈그림 80〉

2. 각의 지도법

고대로부터 천문학자들은 지구에서 관측되는 별과 별사이의 위치관계를 거리로 측정할

수 없다는 사실을 알면서부터, 별들의 위치관계를 측정할 수 있는 또 다른 측정방법을 찾게 되었다. 그 방법이 지구상에서 바라보는 회전량으로 측정하는 각도이었다.

■ 장애 1

거리로 측정할 수 없는 별들의 위치관계를 측정할 수 있는 방법은?

2.1 각

각은 눈에 보이는 물질이 차지하는 공간을 측정하는 길이, 면적, 체적과는 또 다른 측정 방법이다. 이 절에서는 5장 6절에서 알아 본 각의 역사발생에 이어서 각의 관념이 형성되어 온 과정을 알아보기로 한다.

2.1.1 각의 발생

각의 관념이 언제, 어디에서 시작되었는지는 분명하지 않으나, 각은 천문학과 기하학에서 자연스럽게 발생했다고 한다. 고대 그리스인들은 입체, 평면, 곡면들이 이루는 각과 두 직선의 교각, 곡면 위에서 곡선 사이의 각 또는 직선과 곡선 사이의 각 등 모든 유형의 각을 다루었다.

■ 고대의 각의 관념

- Aristotle의 각의 관념은 선의 굴절이나 꺾임
- Euclid는 원론 제 1권에서 '평면 위에서 교차하는 두 선이 한 직선에 놓여 있지 않을 때, 그들이 서로 기운 정도를 각이라 부른다.' 또는 '각을 만드는 선이 둘 다 직선일 때, 그 각을 직선 각이라 부른다.'고 정의하였다. 즉, 평면각을 한 평면 위에서 서로 만나고 일직선이 되지 않는 두 직선사이의 기울기라고 정의한 것이다. 그는 평각을 포함시키기 위해서, 두 직선이 같은 직선일 때 평각이라고 정의하였다.
- Plutarch는 각을 두 직선의 교점에서 두 직선의 발산의 비
- Carpus는 회전으로서의 각 개념을 정의

■ 고대의 각의 범주

그리스 철학자들은 각이 과연 어떤 범주에 속하는지를 놓고 많은 논쟁을 하였다. 즉 각은 어떤 양인가? 질인가? 아니면 관계인가? 그리스 시대에는 각의 본질을 양, 질, 혹은 관계로 보았음을 알 수 있다.

- 각은 양이다.

  각을 양의 범주에 넣은 사람들은 평면각은 선으로 나눌 수 있고, 입체각은 면으로 나눌 수 있다는 사실에서 논쟁이 시작되며, 이들은 선에 의해서 나눠지는 것은 면이고, 면에

의해서 나눠지는 것은 입체이니, 각이란 면 또는 입체이며, 따라서 양이라고 결론을 내린다. 각을 양으로 보았을 때, 각의 개념에는 크기가 포함되고, 그래서 상등을 비교할 수 있다.

- 각은 질이다.

소요학파 철학자인 유데무스(Eudemus)는 각이 질의 범주에 속한다고 주장한다. 각을 질적인 것으로 보았을 때, 질은 대상들의 형태를 기술하는데, 그것은 좀 더 많이 혹은 좀 더 적음에 이해 비교될 수 있다. 좀 더 곧은가 혹은 좀 더 굽었는가는 질로 구별한 것이다. 초기의 정의인 굴절은 질의 관점에 포함된다.

- 각은 관계이다.

시리아누스는 각이란 기운 정도라고 할 수 있으므로 각을 관계의 범주에 넣어야 한다고 주장했다. Euclid에 의한 정의는 각을 양으로 생각한 것으로 볼 수 있지만, 각을 하나의 직선의 형태나 거리가 아닌, 두 직선 사이의 관계에 의해서 정의하였다는 점에서 그의 정의는 이 카테고리에 속한다고 할 수 있다.

- 각은 질, 양, 관계이다.

Proclus는 각을 위의 세 가지 측면을 모두 가지고 있는 것으로 보았다. 그에 의하면, 각은 같다, 다르다, 이등분하다 등의 개념이 있으니, 양의 범주에 포함되어야 한다. 그리고 어떤 형태가 있으니, 질의 범주에 포함되어야 한다. 그리고 그 각을 만드는 선과 그 각이 놓여있는 평면 사이의 어떤 관계가 있으므로 관계의 측면이 모두 포함된다고 하였다 (Close, 1982).

■ 현대의 각의 관념

- Hilbert(1902)

반직선을 직선의 어떤 점의 한 쪽에 있는 직선의 모든 점으로 정의하고 평면 위의 각을 다음과 같이 정의하였다.

α를 평면, h와 k를 α 위의 한 점 O로부터 시작되는 서로 다른 두 반직선이라 할 때, 한 쌍의 반직선 h와 k을 각이라 하고, 이것을 $\angle(h, k)$또는 $\angle(k, h)$로 표기한다.

그의 정의에서 영각, 평각, 둔각은 제외되었다.

- Choquet(1969)

평면 (π) 위에서 회전으로서 각을 정의하였으며, 등장사상을 중심 개념으로 하고 있다. 평면에서 방향을 보존하는 선형 등장사상의 집합을 회전이라고 다음과 같이 정의하였다.

모든 점 $O\in\pi$에 대해서, O를 중심으로 하는 회전을 에서 꼭짓점을 O로 하는 각이라고 한다. 만약 (l_1, l_2)가 시점이 O인 반직선의 쌍이라면, 회전의 중심이 O인 l_1에서 l_2로의 회전을 (l_1, l_2) 의한 각이라고 부른다.

이러한 회전 전체의 모임은 가환군이 된다. 이 정의에서는 영각, 직선각, 둔각이 포함되어 있고 모든 각은 2π를 법으로 정하며, 꼭짓점이 다른 각은 평행이동으로 꼭지점을 같게 한 후 크기를 비교한다.

- Schotten(1893)

  각은 '두 직선 사이의 방향의 차' 또는 '두 직선을 포함하는 평면을 벗어나지 않고 그 자신의 위치에서 다른 편으로 그 변을 옮기기 위해서 필요한 회전한 양' 또는 '한 점에서 만나는 평면 위의 두 직선 사이에 포함된 영역'으로 분류할 수 있다고 하였다. 그의 기준에 의해서 위에 언급된 각의 정의를 분류한다면, 첫 번째에 속하는 정의로는 Euclid의 정의, Choquet의 정의는 두 번째에, Hilbert의 정의는 세 번째에 속한다고 할 수 있다.

- Freudenthal(1973)

  각은 초등기하학적 관점, 삼각법 관점(혹은 각도측정법), 해석 기하학적 관점, 공간 기하학적 관점에서 분류하면 다음과 같다.

  - 초등기하학적 관점

    각은 비 유향 평면에서 반직선의 비 순서쌍으로 정의된다. 그리고 각도는 0°에서 180° 사이에서 결정된다. 앞에서 살펴본 각을 직선들 사이의 기울기로 정의한 유클리드의 각의 정의가 여기에 속한다.

  - 삼각법 관점

    각은 유향 평면에서 반직선의 순서쌍으로 정의되며, 시계반대 방향을 양의 각, 시계방향을 음의 각으로 정하며 각도와 각도의 덧셈과 뺄셈은 2π를 법으로 수행한다.

  - 해석 기하학적 관점

    각은 유향 평면에서 직선의 순서쌍으로 정의된다. 해석 기하학에서는 sine함수와 cosine 함수는 주기가 2π인 실변수 함수이며, 만약 독립 변수를 각으로 본다면, 각의 범위는 $-\infty$에서 ∞까지이고, 이것을 해석적 각 또는 회전각이라고 한다.

  - 공간 기하학적 관점

    각은 공간에서 직선의 비순서 쌍이며, 각도는 0°에서 180° 범위에 있다.

Freudenthal은 유클리드 기하학, 삼각법, 해석 기하학적 관점에서의 각들을 각각 절대각, 각, 회전각이라고 구분하였으며, 각각 반원 각도기, 원 각도기, 주행거리계를 사용하여 측정한다.

기하의 종류	각 개념	각도의 범위
초등기하	비 유향 평면에 있는 반직선의 비 순서쌍	0° 와 180° 사이
삼각법	유향 평면에 있는 반직선의 순서쌍	mod 2π
해석기하	유향 평면에 있는 직선의 순서쌍	mod 2π
공간 기하	비 유향 공간이 있는 직선의 비 순서쌍	0° 와 180° 사이

이상의 관념들을 종합하여 정리한다면 각은 다음과 같이 정의되어야 한다.

■ 각의 정의

• 정적인 정의

'두 반직선에 의해 만들어진 점의 집합의 합집합' 또는 '두 반평면의 교집합'으로 정의한다.

• 동적인 정의

'한 반직선의 회전한 결과'로 정의한다.

변환기하학에서는 각을 강체운동이나 합동변환과 관련지어 해석하기도 한다.

2.1.2 각의 분류

유클리드 기하학에서는 직각을 정의하기에 앞서 수직의 의미를 제시하고 있다. 즉, 수직이란 똑바로 아래로 드리움을 뜻하며 수직이 되는 선을 수직선이라고 한다. 즉, 실에 추를 매달아 팽팽하게 늘어뜨려 지표면에 닿도록 함을 뜻한다. 유클리드는 직각, 둔각, 예각을 다음과 같이 정의했다. 한 직선에 다른 직선을 세웠을 때, 이웃한 각들이 크기가 서로 같으면 그 각을 직각이라 부른다. 이 때 세운 직선은 원래 직선과 수직이라 부르며, 둔각은 직각보다 큰 각이고 예각은 직각보다 작은 각이다.

프로클루스에 따르면 옛날 사람들은 수직선을 노몬(gnomon)의 선이라고 불렀다. 노몬은 직각으로 꺾여 있는 자이며, 이것을 땅바닥에 놓으면 직각을 이루게 된다. 또한 도형의 높이를 잴 때 수직선을 이용하며, 직각을 기준으로 각들의 크기를 구별한다. 그렇지 않다면 각들은 서로 구별할 수 없다고 하였다.

아리스토텔레스는 그의 저서 'Methphysica'에서 직각과 예각의 발생순서는 다음과 같다고 주장하였다. 즉, 예각은 직각의 부분이며, 직각은 예각들로 쪼갤 수 있으므로, 물리적인 대상으로서는 예각이 먼저이며, 형태로 보면 직각이 먼저라고 했다.

2.1.3 각의 측정의 역사

각의 측정은 주로 천체 연구를 위해서 연구되었다. 고대에서도 추와 직각 개념은 중요했으며, 직각은 다른 각을 비교하거나 예각과 둔각을 정의할 수 있는 기준이 된다. 각을 회전으로 생각한 초기 천문학의 기록에서는 각의 단위로 직각을 사용하였으나, 천체 연구에서는 별이 한 바퀴 도는데 오랜 시간이 걸리므로 작은 각을 재는 단위가 필요하게 되었다.

■ 각도의 발생

고대 바빌로니아에서는 종교 행사와 곡물의 수확 패턴 등을 알기 위해 천문학에 관심을 가졌다. 그들은 관찰 자료를 모으고, 계산을 하고 예측을 하는데 천문학을 사용했다. 그들은 60진법을 개발하여 사용했고, 그것으로 자연수와 분수가 표현되었다. 또한 그들은 1년을 360일 계산하여 원주를 360등분하여 일년력으로 사용했던 것이 원주를 360°로 사용하게 되었다고 알려지고 있다.

이집트와 바빌로니아 문명에서 삼각형의 길이와 관련된 계산과 표를 만들기는 했지만, 그들은 현대적 의미의 각의 측정을 소개하지는 않았다. 이 결과는 각의 측면에서보다는 기하학적 도형에서 길이의 비의 개념에서 온 것이었다.

그리스에서는 천체 데이터를 체계적으로 연구하기 시작하였고, 각 사이의 관계, 각에 대응하는 호와 그에 대응하는 현의 길이와의 관계를 연구하기 시작하였다. 초기에는 그 결과를 직각이나 직각의 분수배로 표현하였다.

Hipparchus는 원을 360으로 나누어서 그것을 기초로 일련의 각을 사용하여 한 각의 현과 호의 길이에 대한 표를 처음 만들었다. 그는 황도대의 원을 360으로 나눈 첫 번째 천문학자인 Hypsicles의 영향을 받았다. 황도를 십이궁과 서른여섯 개의 십분각으로 나누는 360도라는 값은 천문학에서 이루어졌다고 생각할 수 있으며, 약 360일인 한해의 주기는 각 궁을 서른 개의 부분으로 십분각을 다시 열 개의 부분으로 잘게 나눔으로써 황도 십이궁계와 십분각의 체계에 쉽게 대응시킬 수 있다. 따라서 각도 체계는 이 대응 관계에서 유래한 것으로 볼 수 있다 (Boyer, 1991/2000).

• 라디안

호의 길이를 이용한 각의 단위로서 Muir와 Thomsom이 1873년에, 한 원에서 반지름과 길이가 같은 호의 중심각을 실수인 1 라디안(radian)으로 정의하였으며, 라디안의 도입으로 삼각함수의 미적분 이론이 급속도로 발전하게 되었다.

2.1.4 각의 경험

형식적 수준에서의 각 개념은 아동의 일상생활 주변에서 다양한 맥락에서 발견할 수 있다.

■ Freudenthal(1973)

다양한 각 개념들은 초등 경험적인 수준에서 개발될 수 있으며, 아동들이 일상생활에서 접할 수 있기 때문에 그러한 경험이 각을 이해하는 데에 도움이 된다. 아동이 최초로 경험하는 각의 개념은 정적이고 또한 동적이어야 한다. 따라서 그들은 가능한 한 많은 문맥에서 반직선 쌍과 모서리를 작도하는 과정에서 정적인 각을 경험해야 하며, 시계바늘과 같이 회전하는 도구의 조작을 통하여 회전으로서의 각도 경험해야 한다. 이를 위하여 수업시간에는 아동들이 다양한 교구를 조작하는 기회를 갖도록 해야 한다.

■ Michelmore와 White(1998)

아동들은 일상생활에서 바퀴, 문, 가위, 부채, 이정표, 경사면, 교차로, 타일과 벽 등 의 각의 개념에 관한 정적인 예와 동적인 예를 균형있게 경험해야 한다.

결론적으로, 유클리드 기하와 공간 기하는 정적인 접근으로, 삼각법과 해석기하는 동적인 접근으로 해석할 수 있으며, 정적인 각의 시각적 측면과 동적인 접근에 포함되는 운동의 측면 모두가 각 개념 발달에 중요하다.

2.1.5 각과 직각에 대한 오개념

수업 중에 교사들이 발견한 아동들의 각과 직각에 관한 오개념의 예를 들어보기로 한다.

■ 각에 대한 오개념

- 정확한 각의 정의에 따라 각을 찾기 보다는 모난 부분, 뾰족한 부분에 중점을 두어 모나거나 뾰족하게 생긴 것은 모두 각이라고 하는 오개념
- 각은 도형이 아니라, 도형의 일부분으로 생각한다. 그 이유는 도형을 닫혀 있는 모양, 즉, 삼각형, 사각형, 원 정도를 도형이라고 알고 있기 때문에 한 쪽이 열려 있는 모양의 각은 도형이 아니라고 생각하기 때문이다.
- 교과서의 각의 도입부분에서 제시된 크기의 각만을 각이라고 생각한다. 교과서에는 대체로, 각의 기선이 교과서와 평행한 예각을 범례로 삼기 때문에 임의의 방향으로 그려진 각이나 평각 등을 각으로 인정하지 않을 수 있다.

■ 직각에 대한 오개념

- 교과서에 정례로 제시된 모양의 각만 직각으로 생각하고 방향이나 길이가 달라지면 직각을 찾지 못한다. 이에 대한 심리학적 근거로는 Fischbein이 언급한 '전형적 모델'의 부작용일 수도 있다. 즉, 예시적 정의를 사용하면 특수한 예로부터 보편적인 성질을 이끌어낼 수 있지만, 가르치고자 하는 보편적인 내용을 학습자가 배우지 못하고 단지 예를 배우게 될 수도 있는 것이다. 예시적 정의는 대표적인 예를 제시함으로써 학생들의 심리를 고려하여 쉽게 받아들여지지만 도형이미지가 그것으로 굳어져 위치나 방향, 길이 등을 변형시켰을 때는 쉽게 받아들이지 못하고, 도형개념 이미지가 고착되어 다시 바꾸기가 쉽지 않는 단점을 가지기 때문에 조심스럽게 접근해야할 필요가 있다.

따라서 직각에 대한 다양하고 풍부한 정례와 반례가 필요하며, 직각을 정의할 때 정례와 비례를 다양하게 제시하며, 직각의 크기에 대한 감각을 길러줄 수 있는 다양한 교구를 활용해야 한다.

2.1.5 교구 제작

위에서 논의한 바에 의하면 각과 직각의 지도에는 적절한 교구를 활용하는 것이 바람직하다고 하였다. 이 절에서는 각과 직각의 지도에 필요한 교구 중에서 회전각을 지도하는 교구를 제작하는 방법을 설명하기로 한다.

■ 회전판

1. 색이 다른 도화지 2개에 일정한 지름의 원 2개를 그린다.	2. 그린 원의 선을 따라 가위로 자른다.	3. 색이 다른 원판 2개를 준비하고 원의 중심과 반지름을 표시한다.	4. 원판의 중심과 반지름을 표시한 선을 따라 가위로 자른다.
	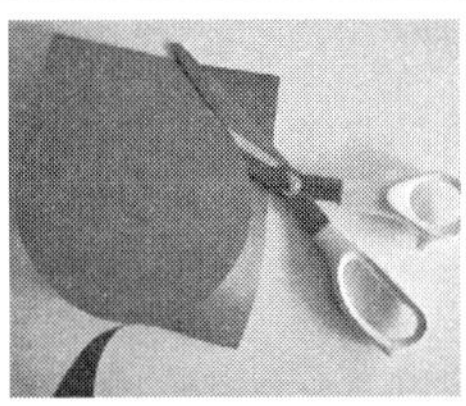	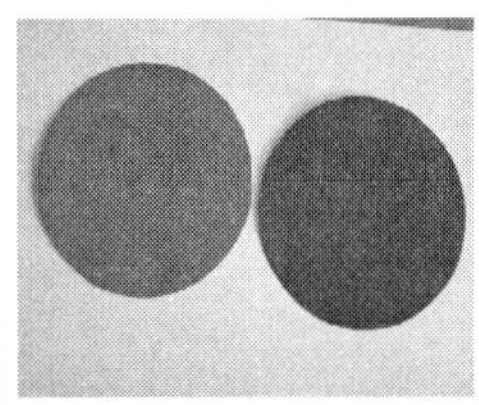	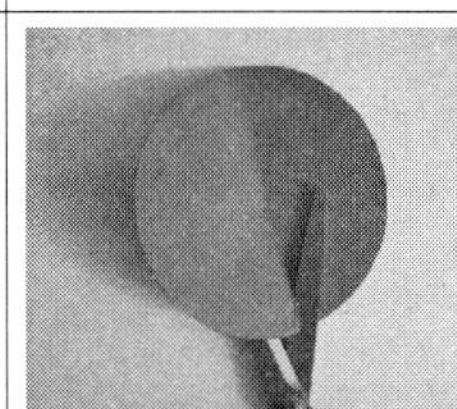
5. 반지름이 잘라진 두 개의 원판을 서로 엇갈리게 포갠다.	6. 원의 중심보다 살짝 옆부분에 진주핀을 꽂는다.	7. 진주핀을 꽂은 뒷부분은 다칠 수 있기 때문에 구부린다.	8. 완성
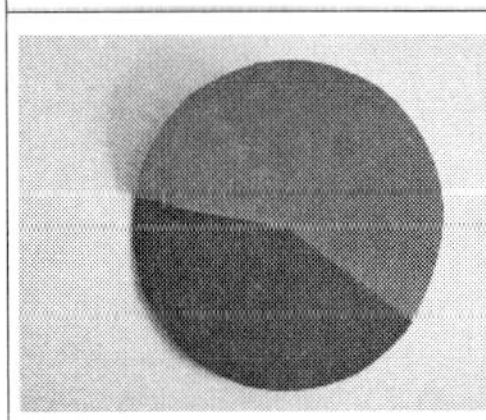	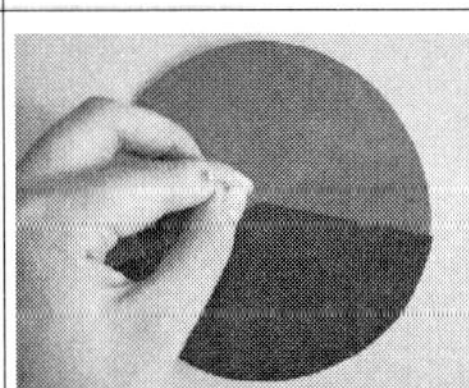	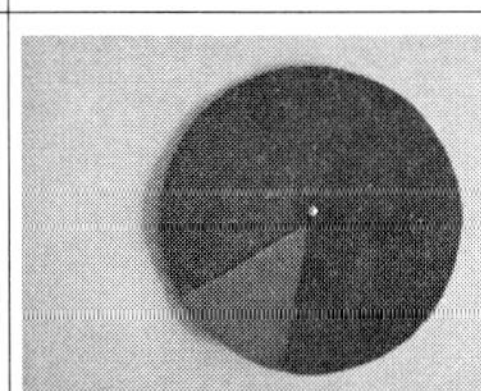	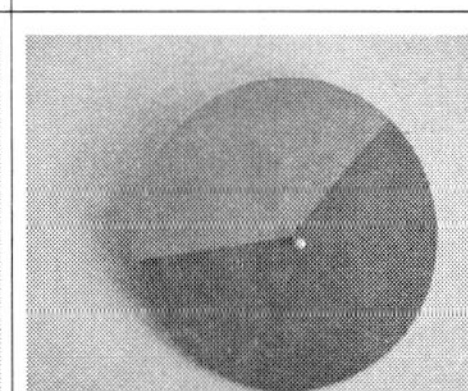

■ 시계 바늘

1. 시계바늘 모양으로 잘라 코팅한 후 오리고, 할핀을 준비한다.	2. 두 개의 시계 바늘을 겹쳐 놓고 송곳으로 구멍을 뚫는다.	3. 뚫어진 구멍 사이로 할핀을 넣어 고정한다.	4. 완성
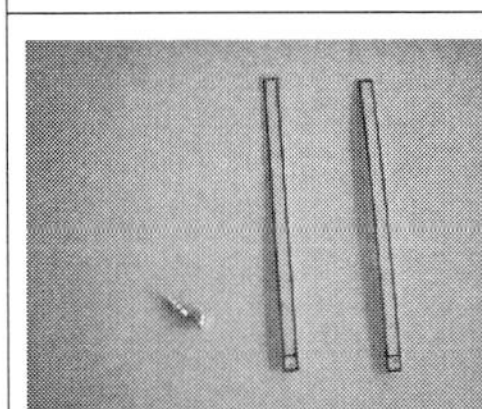	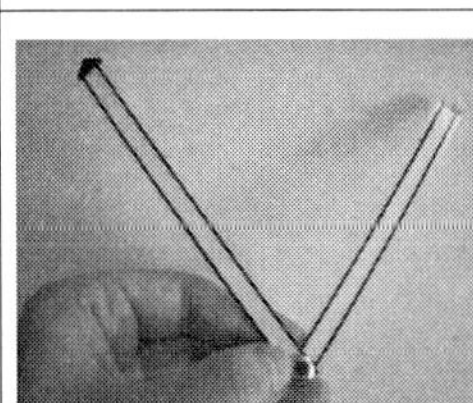	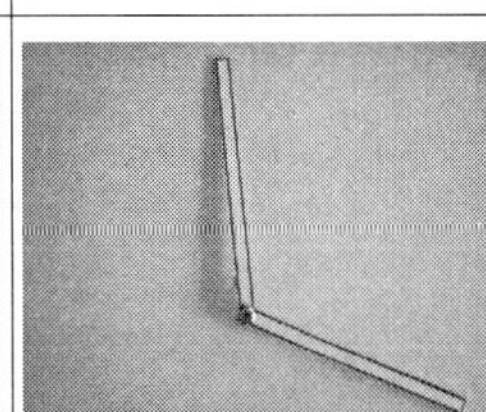	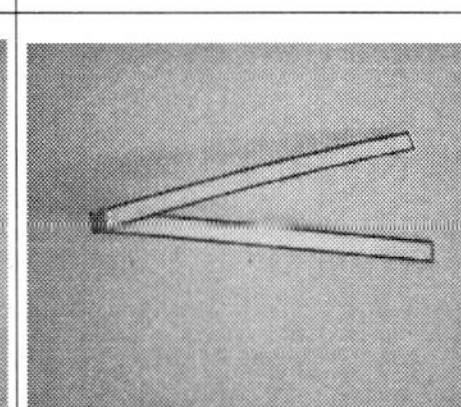

■ 직각 시계 바늘

1. 시계바늘 교구와 할핀을 준비한다. OHP에 4직각모양의 원판을 복사한 후 오린다.	2. 4직각모양 원판의 중심에 구멍을 뚫어 할핀을 꽂는다.	3. 직각모양 원판과 시계 바늘 교구를 할핀으로 연결한다.	4. 완성
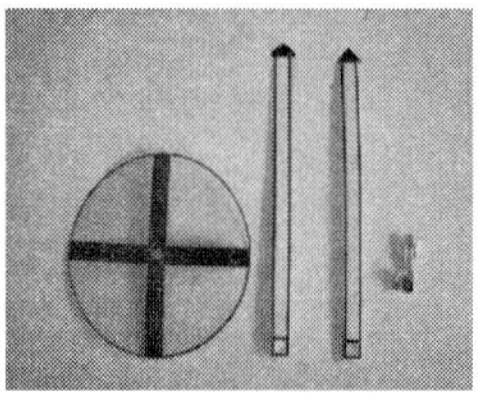	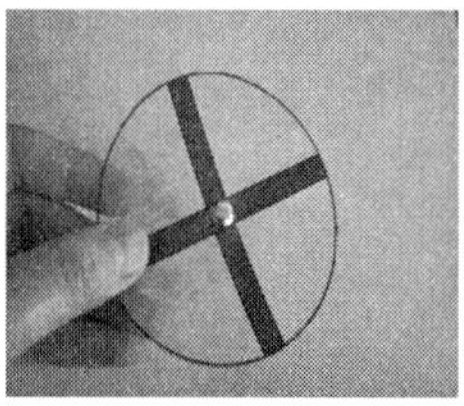	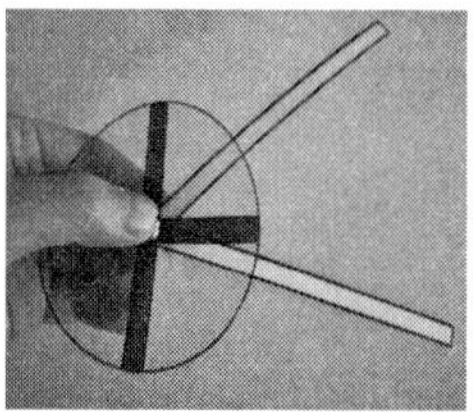	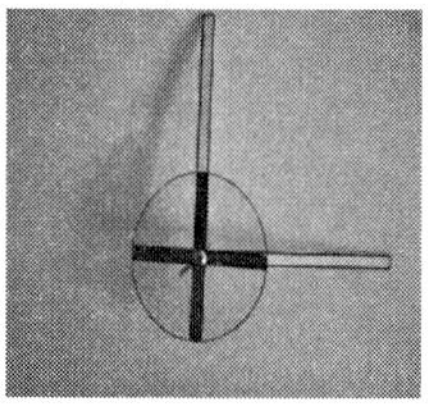

3. 면적(넓이)의 지도법

도형의 면적을 재는 일은 단위면적으로 완전히 덮는 단위면적의 개수를 세는 일이라고 하였다. 따라서 먼저 단위면적의 도입 지도 방법을 설명한 다음, 직사각형 면적, 정사각형의 면적, 다각형의 면적, 원의 넓이의 측정 순서로 지도방법을 알아보기로 한다.

3.1 면적의 역사발생

고대 이집트에서 국민들에게서 징수할 세금을 정하기 위해서 개인이 소유하고 있는 땅의 면적을 잴 필요가 발생하였으며, 피라밋 축조에 필요한 돌의 개수를 예측하기 위하여 피라밋의 겉넓이 등을 계산하였다, 고대의 문헌에 나타난 땅의 넓이의 측정 방법은 도형의 부분들의 길이를 큐빗으로 측정하여 면적을 구하였다. 그 후, 국가별로 고안한 면적의 단위를 사용하여 땅의 면적을 측정하였는데, 그의 대부분이 발의 길이, 손가락의 길이 등과 같이 신체의 일부분과 관계 있는 단위 면적을 사용하였다.

3.1.1 현재 사용되는 넓이의 단위

- 미터법 : m^2,cm^2, mm^2, km^2
- 기타 : a(아르), ft^2, yd^2, acre(에이커) 등
- 면적 단위 간의 관계

단위	m^2	a(아르)	ft^2	yd^2	acre
1 ㎡	1	0.01	10.764	1.1958	0.00024
1 a	100	1	1076.4	119.58	0.02471
1 ft^2	0.092903	0.000929	1	0.1111	0.000022
1 yd^2	0.83613	0.00836	9	1	0.000207
1 acre	4046.8	40.468	43560	4840	1

• $1m^2$ 와 $1km^2$의 간격이 너무 커서 사용하기 불편하기 때문에 a와 ha를 사용하였다.

3.2.3 넓이 단위의 지도법

넓이의 단위는 길이의 단위와 마찬가지로 임의단위 ⇒ 보편단위 ⇒ 표준단위의 순서로 도입한다.

■ 장애

아동들이 각자의 손바닥 6개만큼의 액자를 만들었더니 각각의 액자의 크기가 같지 않게 되었다.

이와 같이 넓이를 임의 단위로 측정할 때의 불편함을 해소하기 위해서 표준단위를 도입하게 된다.

• 단위넓이가 모두 달라서 불편함
→ 단위넓이도 단위길이처럼 단위를 정하자 → 우리가 알고 있는 cm 단위 길이를 이용하자 → 회의를 통해 단위넓이 정하기.

■ $1cm^2$의 도입

가로, 세로가 각각 1cm 인 정사각형의 넓이를 1 cm^2라고 쓰고 일 제곱센티미터라고 읽는다.

※ 10진법으로 만든 인도-아라비아 숫자체계가 계산속도가 제일 빠르기 때문에, 미터법의 크고 작은 단위를 모두 10진법으로 만들게 된 배경을 설명한다.

■ 장애

운동장과 같이 큰 땅의 넓이를 $1cm^2$ 단위로 표현하기가 힘들다.

■ $1m^2$의 도입

가로, 세로가 각각 1m 인 정사각형의 넓이를 $1m^2$라고 쓰고 일 제곱미터라고 읽는다.

※ 10진법으로 만든 인도-아라비아 숫자체계가 계산속도가 제일 빠르기 때문에, 미터법의 크고 작은 단위를 모두 10진법으로 만들게 된 배경을 설명한다.

• 왕궁에 있는 $1\mathrm{m}^2$ 되는 창문에 $1\mathrm{cm}^2$ 인 타일로 모자이크를 하려면 $1\mathrm{cm}^2$ 인 타일이 몇 장 필요할까요? → $1\mathrm{m}^2$ 단위 넓이 속에는 $1\mathrm{cm}^2$ 가 몇 번 들어갑니까?

■ $1\ \mathrm{cm}^2$ 와 $1\ \mathrm{m}^2$ 의 관계

$10000\mathrm{cm}^2=1\ \mathrm{m}^2$ 이다.

3.2 직사각형의 면적

기하학에서는 직사각형의 면적 공리가 있다는 사실을 위에서 언급하였다. 이 절에서는 학교수학에서 아동이 실제로 습득해야 하는 내용을 다루기로 한다.

3.2.1 가로와 세로의 비가 유리수인 경우

만일 공통척도만으로(공통척도의 조각이 필요 없이) 직사각형이 완전히 덮어진다면 가로가 가로에 포함된 횟수와 세로에 포함된 횟수를 곱하면 된다.

• 가로가 5cm, 세로가 4cm 인 직사각형의 면적 : 공통단위를 $1\mathrm{cm}^2$ 라고 하면 5×4개의 공통단위로 완전히 덮어진다. 따라서 면적은 $20\ \mathrm{cm}^2$ 이다. 결국 이 관념은 $5\times4=5+5+5+5$로 인식해서 얻은 결과이다. 다시 말해서 $\times4$를 '4번 더 한다'라고 인식하는 경우이다. 또한 가로가 $\frac{3}{5}$cm, 세로가 $\frac{2}{7}$cm인 직사각형의 면적은, 공통단위를 $\frac{1}{35}\mathrm{cm}^2$ 라고 하면 3×2개의 공통단위로 완전히 덮어진다. 따라서 면적은 $\frac{6}{35}\ \mathrm{cm}^2$ 이다. 즉 $\frac{3}{5}\times\frac{2}{7}(\mathrm{cm}^2)$ 이다.

3.2.2 가로와 세로의 비가 유리수가 아닌 경우(무리수)인 경우

피타고라스학파가 정사각형의 한 변의 길이와 대각선의 길이의 비는 유리수가 되지 않는다는 통약불가능)는 사실을 알았으나, 이 사실을 숨기고 발설하지 못하도록 하였다고 한다. 즉, 직사각형의 면적이 $5\sqrt{3}$ 과 같은 경우를 말한다. 이 때 "$\times\sqrt{3}$"을 위와 같이 '몇 번 더 한다' 라고 해석할 수 없게 되었기 때문이다. 그 수는 '무한' 개념과 맞물려서 고대 그리스 수학자들 간에 커다란 논쟁거리가 되었다. 아르키메데스는 무한 계산법으로 통약불가능한 경우의 직사각형의 면적을 구하려고 노력하였으나, 기하학적 과정을 극한으로 가는 길이라고 잘못 생각하여 실패하게 된다. 그 후 카발리에리(Bonaventura Cavalieri, 1598~1647)는 직사각형의 면적을 그 면적을 완전히 덮는 공통척도의 개수를 센다는 과정을 극복하기 위해서 더 이상 쪼갤 수 없는 '불가분양(indivisibles)'의 방법을 도입하게 된다. 즉, 선은 불가분양인 점들로 이루어지고, 면은 불가분양인 선으로 이루어진다는 관념이다. 이 방법이 직관적으로 타

당해 보이지만 다음과 같은 모순이 생긴다.

높이가 같고 밑변이 다른 두 삼각형을 생각하자. 불가분양을 높이에 평행하도록 선택하여 보자(그림 81참조). $\triangle ADH$의 임의의 선분을 Bk라 하자. 그러면 $\triangle GDH$에 BK와 길이가 같은 선분 $B^{+}K^{+}$이 단 하나 있게 된다. 또한 $\triangle ADH$의 또다른 임의 의 선분 Cr이 존재할 것이고, 이와 같은 길이의 즉, 대응이 되는 $\triangle GDH$안의 선분이 존재할 것이다. $\triangle ADH$의 임의의 선분들이 대응하는 $\triangle GDH$의 선분들이 존재하기 때문에 면적을 불가분량의 연속체라고 한다면 $\triangle ADH$와 $\triangle GDH$는 면적이 같게 된다.

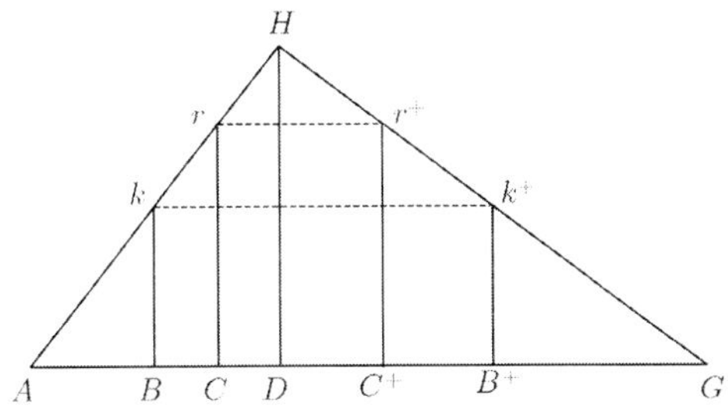

〈그림 81〉

여기에서 기하학의 문제를 산술화 시킬 필요성을 느끼게 한다. 즉, 면적은 선분의 불가분양의 집합이 아니라 수의 합이라는 관념을 가져야 한다. 이 때 필요한 개념이 극한이다. 즉, 가로가 5이고 높이가 $\sqrt{3}$인 직사각형의 면적 $5\times\sqrt{3}$은 극한과정을 통하여 얻게 되는 $\int_0^5 \sqrt{3}\,dx - 5\times\sqrt{3}$의 결과이다.

3.2.3 단위가 있는 두 양의 곱셈과 나눗셈

위의 5장 2.1 절에서 e, f를 각각 두 양의 집합 M, N의 측정단위라고 하면 두 실수 α, β가 존재하여 $a=\alpha e,\ b=\beta f$이라면, $a\otimes b=(\alpha e)\otimes(\beta f)=(\alpha\beta)(e\otimes f)$이다. 따라서 $e\otimes f$를 측정단위로 한 $a\otimes b$의 측도는 $\alpha\beta$이라고 하였다. 이에 따른 두 양의 곱셈과 나눗셈의 예를 들어 보기로 한다.

- 가로, 세로가 $\alpha\,\mathrm{cm}$, $\beta\mathrm{cm}$인 직사각형의 면적은 $\alpha\beta(\mathrm{cm}\times\mathrm{cm})$ 즉, $\alpha\beta\ \mathrm{cm}^2$.
- 자동차로 400 km를 4시간에 달렸을 때, 자동차가 달린 시속은 다음과 같다.

$$400\ \mathrm{km} \div 4\text{시간}(h) = 400\div 4(\mathrm{km}\div h) = 100(\mathrm{km}\div h) = 100(\mathrm{km}/h).$$

3.3 직사각형 면적에 대한 인식론적 장애와 극복

수학학습심리학을 정립한 Skemp는 그의 저서(Skemp, 1987)에서 다음과 같은 에피소드를 묘사하고 있다. 교사가 "공식 $A = B \times L$은 직사각형의 넓이를 구하려면, 가로와 세로를 곱한다는 것을 말하는 것이다"라고 설명한 다음, 학생들은 공식에 따라 연습을 하며 옳은 답을 구한다. 그러면서 스켐프는 다음과 같은 질문을 하고 있다. 교사는 학생들은 공식을 이해하였다고 확신한다. 이 때, 학생들이 이해하는 것은 무엇이며, 그들은 제대로 이해하였는지, 그들에게 공식을 어떻게 설명하였는지, 직사각형의 면적에 대한 공식을 이해한다는 것이 어떤 의미인지를 알고 있는가? 스켐프는 이 에피소드를 통하여 학생들이 개념을 진정으로 이해했다는 것이 무엇인가를 설명하려고 한다. 이러한 심리학적, 인식론적 논의는 입체의 부피 지도에도 그대로 적용된다. 스켐프에 의하면 진정한 이해란 그 개념에 관한 '무엇을, 어떻게, 왜'를 모두 아는 관계적 이해라고 했다. 그런데 만일 학생들이 직사각형의 넓이 공식 '면적 = 가로 × 세로'를 관계적으로 이해하지 못한 채, 그 다음 수업에서 아동들은 주어진 B와 L로 넓이를 계산하였다. 그래서 A는 아마 그들에게 하나의 수에 불과할 것이다. 따라서 아동들이 최소한 면적 공식을 이해하는 조건 하나를 경험하였다고 가정한다. 즉,

■ 이해 1

수로서 직사각형의 넓이를 이해하는 것이다.

그러나 학생들이 직사각형을 도형으로 생각하였을 때에는 직사각형의 넓이는 수로 인식하지 못하고 다음과 같은 인식론적 장애를 가질 수 있다.

■ 장애 1

도형에 의해 덮여진 표면으로서 직사각형의 넓이를 이해하는 것이다.

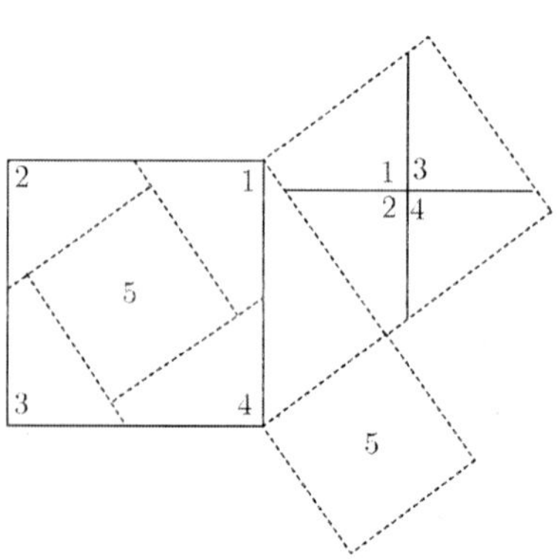

〈그림 82〉

직사각형을 그림 82와 같이 생각할 때에는, 도형을 두 조각으로 분해하게 되면 원래의 도형과 분해된 도형의 넓이가 같게 된다. 예를 들면, 직각삼각형의 빗변을 한 변으로 하는 정사각형(square)의 넓이는 직각을 낀 두 변을 각각 한 변으로 하는 정사각형의 넓이의 합과 같게 된다. 이 때, 'square'는 기하적인 도형을 지시하는 것이 아니라 점들의 집합을 의미한다. 이러한 장애는, 길이와 넓이를 선 또는 평면 도형으로부터 분리된 추상적인 수로 표현하지 않은 유클리드 원론에서 찾을 수 있다. 그러나 선분은 수를 나타내는 구체적인 형태이며, 수는 선분으로부터 분리될 수 없다. 또한 유클리드는 '원의 넓이'를 계산하지 않고, 단지 두 원의 넓이의 비 또는 상등만을 정의 하였다. 즉, 유클리드는 직접 정의할 수 없는 새로운 대상(예를 들어 비와 같은)을 그들의 상등(equality)을 통하여 비교량으로 도입했을 뿐, 추상적인 방법으로 대상 그 자체를 정의하지 않았다.

장애 1에서는 A는 선분 B와 L로 만들어진 직사각형으로 해석될 수 있다. 즉, 두 수의 곱은 직사각형이며, 곱한다는 것은 직사각형을 구성한다는 것을 의미한다. 고대에서부터 'x^2'은 'x square'라고 읽었다. 플라톤은 그의 저서 'Theitetos'에서 다음과 같이, 수를 'square' 또는 'equilateral' 과 'rectangular'라는 두 종류로 나누고 있다.

- THEITETOS : 우리는 모든 수를 두 종류로 나눕니다. 이들 중 하나는 같은 종류의 양들의 곱셈으로 구성할 수 있는 수인데, 우리는 그 수를 정사각형이라는 도형으로 표현해 왔고 그들을 "square" 또는 "equilateral"이라고 합니다.
- SOCRATES : 잘 했다.
- THEITETOS : 다른 한 종류는 제곱수 사이에 있는 3과 5와 같이, 작은 수와 큰 수를 곱하거나 또는 큰 수와 작은 수를 곱하는 것은 동일하지 않은 변으로 이루어진 도형에 의해 표현되는 경우인데, 우리는 직사각형이라는 도형으로 그들을 표현하고 'rectangular'이라고 합니다.

공식 $A = B \times L$에 대한 또 다른 장애는 다음과 같다.

■ 장애 2

주어진 표면을 덮을 수 있는 단위 정사각형의 개수로서 넓이를 이해하는 것이며, 그 수는 정수이다.

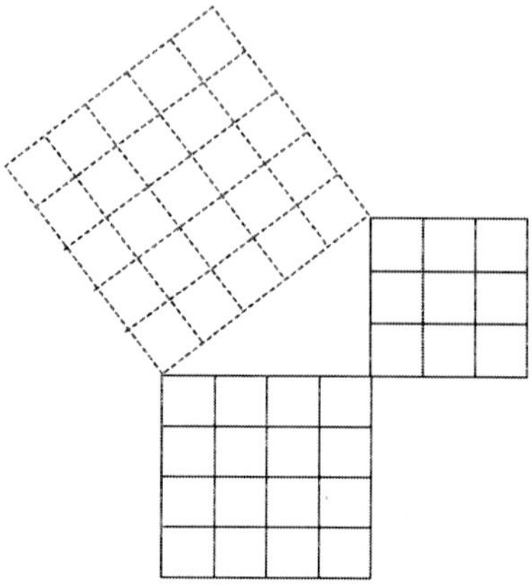

$3^2+4^2=5^2$

〈그림 83〉

이러한 장애의 이면에는 직사각형의 변에 대한 공통 측도(common measure)를 항상 찾을 수 있다는 신념이 있으며, 장애 1과 장애 2가 합해지면, 직사각형을 단위 정사각형으로 덮고 그 단위 정사각형들의 개수를 셀 수 있다는 결론은 얻게 된다.

이러한 장애를 극복하기 위해서는 다음과 같은 사고과정이 필요하다.

■ 이해 2

통약불가능한 선분의 존재를 인식하고, 직사각형의 두 변이 통약불가능하다면 직사각형의 넓이는 무엇인가라는 질문을 한다. 이러한 경우, 아무리 작은 단위 정사각형을 선택하더라도 직사각형을 완전히 덮는 것은 가능하지 않다.

이러한 질문에 대한 답을 찾는 과정에서 또 다른 장애와 마주치게 된다.

■ 장애 3

점으로 구성된 선, 선으로 구성된 평면도형, 평면 위의 조각(slices)들로 구성된 공간 도형과 같이, $n-1$ 차원의 요소로 구성된 것으로서 n차원의 기하학적인 도형을 이해하는 것이다.

까발리에리(Cavalieri)는 이러한 불가분량(indivisibles)의 관념을 사용하였으며, 한 도형의 모든 불가분량들과 다른 도형의 불가분량들이 1:1 대응이 된다면, 두 도형의 넓이가 같다는 인식론적 장애를 가지고 있었다.

이러한 장애에 의하면, 공식 $A=B\times L$은 선분 B에 수직으로 세워질 수 있는 모든 선분 L로(또는 반대로) 구성된 직사각형을 그리는 것으로서 해석되므로 넓이는 계산될 수 없고 단지 비교될 수 있다.

이러한 장애를 극복하기 위해서는 다음과 같은 사고과정이 필요하다.

■ 이해 3

불가분량을 적용하는 방법에 본래부터 내재되어 있는 위험, 오류 그리고 부정확성을 정확하게 인식해야 하며, 불가분량에 관한 모든 가능한 '규칙'에 대하여 같은 결과가 도출되어야 한다.

높이는 같지만 밑변이 다른 두 삼각형의 면적은, 그들의 불가분량 요소를 정하는 '규칙'에 따라서 달라질 수 있다. 예를 들어 설명하기로 하자. 먼저, 그림 81에서 HD에 평행한 선분을 불가분량으로 선택하는 '규칙'을 HD 라 하자. 이 규칙에 따르면 삼각형 ADH의 임의의 선분 BK에 대하여, 삼각형 DHG에 BK와 동일한 선분 $B'K'$가 유일하게 존재한다. 또한 각 $B'K'$에 대하여, 유일하게 결정되는 BK가 존재한다. 그러므로 삼각형 ADH와 DHG는 넓이가 같아야 한다. 그러나 눈으로 보아도 그렇지 않다.

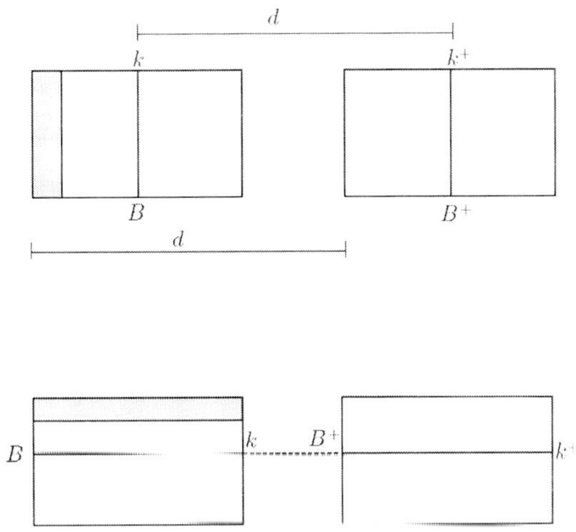

〈그림 84〉

이번에는 '규칙'을 바꾸어, 그림 4에서 AG에 평행한 선분을 불가분량으로 선택하는 '규칙'을 AG 라고 정한다면, 삼각형 DHG의 각각의 불가분량은 삼각형 ADH의 대응하는 불가분량 보다 길게 될 것이다. 따라서 삼각형 DHG의 면적은 삼각형 ADH의 면적보다 클 것이다. 즉, 불가분량을 선택하는 '규칙'에 따라서 결과가 달라질 수 있는 단점이 있으며, Cavalieri의 방법은 넓이를 비교하기에는 좋을지 모르나, 넓이를 계산하기는 좋지 않다. Cavalieri의 방법에 삼재해 있는 모순을 극복하기 위해서는 또 다른 방법을 찾아야 한다.

■ 이해 4

기하의 산술화(arithmetization)이다.

즉, 넓이를 비로 이해하는 것이다. 예를 들면, 직사각형 $ABCD$의 넓이가 5 또는 4.8 또는 $\sqrt{2}$라는 의미를, 단위 정사각형의 표면과 직사각형 $ABCD$의 표면에 대한 비가 각각 1:5 또는 5:24 또는 1: $\sqrt{2}$ 라는 것으로 이해하는 것이다. 그런데 직사각형의 면적을 산술화하여, 직사각형의 면적을 두 수의 곱을 계산하려고 할 때 발생할 수 있는 장애가 있다.

■ 장애 4

동수누가로서 두 수(정수)의 곱을 이해하는 것이다.

유클리드 원론 제 7장의 정의 15와 같이 '한 수에 다른 수를 곱하는 것은 승수(곱하는 수)만큼 피승수(곱해지는 수)를 더하는 것' 이라고 이해하는 경우이다. 즉, $5 \times 3 = 5+5+5$이며, 일반적으로

$$A \times B = \underbrace{A + A + \cdots + A}_{B\text{번}}$$

와 같이 이해하는 경우에, 승수 B가 유리수 또는 무리수일 때 발생하는 장애를 극복하는 다음과 같은 사고과정이 필요하게 된다.

■ 이해 5

예를 들어, $L = 5.333\cdots$이거나 B와 L이 무리수인 경우에, B에 L을 곱한다는 것은 무엇을 의미하는 것인가?

이러한 질문은 공식 $A = B \times L$를 이해하는 데에 매우 중요하며, 이 질문에 대한 답을 찾는다면 다음을 극복하는 것이다.

■ 장애 5

승수가 자연수가 아닌 경우에는 곱셈의 의미가 없다.

이러한 인식론적 장애는 극한 개념과 관련이 있으며, 이 장애를 극복하기 위해서는 다음과 같은 사고과정이 필요하다.

■ 이해 6

승수가 유리수인 경우에는 승수를 자연수로 바꿔서 도형의 넓이를 구한다.

예를 들면, 가로, 세로가 5.2, 4.8인 직사각형의 면적은 5.2×4.8이고, 5.2×4.8의 의미는 $5.2 \times 4.8 = 5.2 \times 48 \div 10$으로 생각하여, $5.2 \times 4.8 = 5.2 \times 48 \div 10 = \underbrace{5.2 + 5.2 \cdots + 5.2}_{48\text{번}} \div 10$으로 이해한다. 그러나 승수가 무리수인 경우에는 또 다시 장애가 발생하게 된다.

■ 장애 6

가로, 세로가 실수 B, L인 직사각형의 넓이 공식 $A = B \times L$를 증명하는 방법은 무엇인가?

이러한 장애를 극복하기 위해 많은 노력이 있었으나 2500년의 세월이 지나서, 다음과 같은 정적분의 개념이 정립되었다.

■ 이해 7

직사각형의 넓이 공식인 $A = B \times L$은 정적분으로 증명된다.

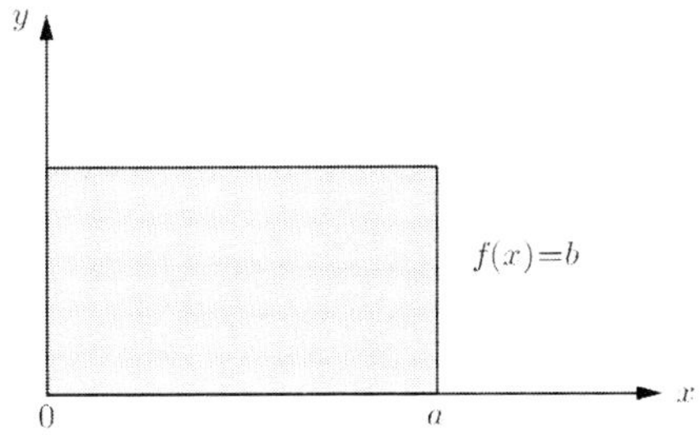

〈그림 85〉

곡선 $y = f(x)$, $a \leq x \leq b$, 아래의 넓이는 정적분 $\int_a^b f(x)dx$이므로, 두 변의 길이가 a, b인 직사각형의 넓이는 $\int_0^a b\,dx = a \cdot b$ 이다.

3.4 다각형의 넓이

다각형의 넓이는 그 다각형을 삼각형으로 나누어, 나누어진 삼각형의 넓이의 합으로 구할 수 있다. 이 절에서는 아동들의 넓이에 대한 이해과정을 피아제의 연구를 중심으로 알아보기로 한다.

3.4.1 다각형의 변환

수업시간에 다각형의 넓이를 구할 때, 아동들은 그 다각형을 잘라내기, 옮기기, 반사시키기, 분해하기, 재배열하기, 확대하기, 축소하기 등의 다양한 방법으로 변환하여 넓이를 구하기 쉬운 도형으로 만들어 보도록 한다. 아동들에게 이러한 변환에 의해 다각형의 넓이가 어떻게 될 것인지를 묘사하고, 예측하고, 설명하도록 한다.

■ 단위 정사각형의 존재성

우리나라 초등학교에서 사용하고 있는 다각형의 넓이를 측정하기 위한 단위넓이는 cm^2, m^2, km^2 등이 있다.

■ 단위 넓이 과제

아동들을 두 집단으로 나누어 첫 번째 집단의 아동들에게 단위 정사각형으로 덮을 수 있는 세 개의 다각형을 제공하고 각각의 경우에 대해 몇 개의 정사각형이 필요한지 알아내도록 한다. 두 번째 아동의 집단에게는 정사각형 타일의 절반인 삼각형 타일을 충분히 주고 다각형들을 덮는데 얼마나 많은 삼각형이 필요한지 알아내도록 한다.

■ 강체 운동(rigid motion) 하에서의 면적의 불변성

아동들에게 두 개의 합동인 파란색, 녹색인 이등변 직각삼각형과 크기가 그들의 반절인 하얀색 직각삼각형을 제시한다. 아동들에게 파란색 삼각형을 완전히 덮기 위해서는 몇 개의 하얀색 삼각형이 필요한지를 묻는다. 아동들이 답을 발견한 다음에, 녹색 삼각형을 덮기 위해 몇 개의 하얀 삼각형이 필요할지 덮지 말고 추측해 보라고 한다.

■ 넓이의 가법성

- 아동들에게 넓이는 같으나 모양이 다른 두 개의 다각형을 제시한 후, 두 다각형보다 작은 다각형 조각을 이용하여 두 다각형을 덮도록 한다. 아동들에게 각각의 다각형을 덮은 작은 다각형들을 따로 모아서, 넓이를 비교하도록 한다.
- 다각형들을 분해한 후, 그 조각들을 재배열하여 다른 모양을 만든다. 아동들에게 두 도형의 넓이를 비교하도록 한다.

3.4.2 다각형 넓이의 스키마 학습

- 직사각형의 넓이 = 가로 × 세로,
- 삼각형의 넓이 = 직사각형 넓이의 반,
- 평행사변형의 넓이 = 직사각형의넓이
- 사다리꼴의 넓이 = 직사각형 넓이의 반
- 마름모의 넓이 = 직사각형 넓이의 반

3.5 원

우리나라 수학과 교육과정에서 원의 넓이는 초등학교와 중학교를 오가면서 도입하고 있다. 원의 넓이는 극한과정임과 동시에 논리적 추론과정을 거쳐 지도해야하기 때문이다. 이 절에서는 원의 넓이 지도에 수반하는 원과 원주율의 지도를 포함하여 원의 넓이 지도법을 설명한다.

3.5.1 원

고대의 수학자이자 철학자에게 원은 1이라는 수를 상징했다. 그들은 원이 그 다음에 나오

는 모든 모양의 원천, 즉 모든 기하학적 패턴의 발달해 나오는 모태라고 믿었다. 원으로 표현되는 원리를 그리스어로 '모나드(Monad)라고 하는데, 그 어원은 안전하다는 뜻인 menein과 단일성이란 뜻의 monas이다. 원 내부의 (중)점은 이집트와 중국과 마야문명에서는 빛을 상징했다. 원은 자연과 인간의 창조물이 만들어 낼 수 있는 가장 실용적이고 효율적인 기하학적 공간이며, 최소의 길이로 최대의 공간을 가둘 수 있는 가장 효율적인 도형이다. 또한 중세의 수학자들은 컴퍼스를 하느님의 눈을 나타내는 추상적인 상징으로 생각했으며, 컴퍼스는 중심의 씨점으로부터 원이라 부르는 초월적인 구멍을 만든다고 생각했던 점으로 미루어 보면, 원과 컴퍼스는 뗄 수 없는 관계가 있다.

3.5.2 원, 중심, 반지름

초등학교에서 원, 중심, 반지름 또는 지름을 배울 때, 이들의 정의에 대한 아동들의 인식론적 장애를 교사와 아동들의 반응을 중심으로 찾아서 아동들이 제대로 이해할 수 있는 방안을 알아보기로 한다. 가장 먼저 알아볼 아동들이 겪는 장애는 원의 정의이다.

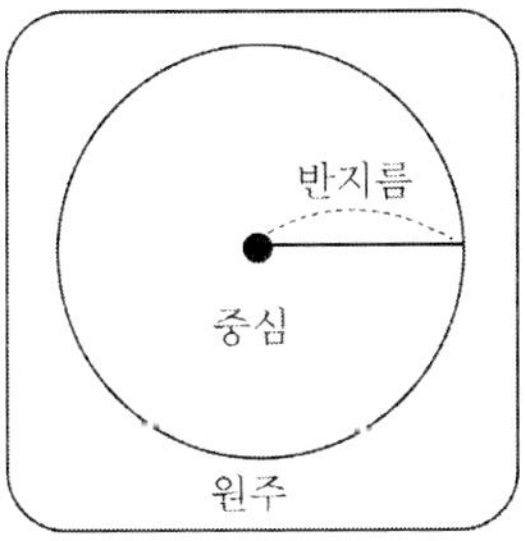

〈그림 86〉

■ 장애 1

저학년에서 원을 '동그란 모양의 도형'으로, 즉 시각적인 측면에 의존하여 원을 정의한 후, 다음 학년에서는 활동만을 통하여 원을 정의한다.

따라서 아동들은 타원이나 원판도 원이라고 생각할 수 있다. 그러므로 원을 정의할 때에는 대부분의 아동들이 원을 그릴 때 사용하고, 원과 가장 밀접한 관계가 있는 것이 컴퍼스이므로 컴퍼스를 활용하여 원의 정의를 구성적 정의 방법으로 정의하면 쉽게 이해를 할 것이다.

■ 이해 1

원은 컴퍼스의 움직이는 다리가 고정된 다리의 둘레로 도는 동안 그려지는 자국이다.

또한 원 위의 한 점이란 표현은 점들의 집합이 원이 된다는 전제가 깔린 것이기 때문에 학생들이 이해하기에 너무 추상적이다. 대부분의 아동들은 원 위의 한 점을 원의 내부에 있는 점으로 인식하고 있다.

■ 장애 2

원 위의 한 점이란?

역시 컴퍼스를 통해 정의해 보는 것이 바람직하다.

■ 이해 2

원을 그릴 때 컴퍼스가 지나가는 점을 원 위의 점이라고 한다.

그 다음 장애는 원의 중심, 반지름, 지름에 대한 정의이다. 반지름이 정해주어도 반지름에 상관없이 원을 그리거나, 교과서에서 예시한 경우만을 반지름이나 지름으로 생각할 수 있으며, 지름에서는 원 위의 두 점을 연결한다는 의미가 명확하지 않다면 원 안이나 원 밖으로 지나는 선분을 지름이라고 생각할 수 있다.

■ 장애 3

반지름은 거리이고 지름은 선분인가?

원의 중심을 지나는 선분으로만 제시된 교과서의 정의만으로는 원의 지름에 대한 다양한 오개념을 만들 수 있기 때문에 다른 정의가 필요하다. 원 위의 점이라는 것을 다양한 활동을 통해 점을 움직여보고, 원을 직접 반으로 접어보는 반복적인 활동을 통하여, 원의 중심과 원 위의 2개의 점을 지나는 선분이 지름이며, 원 위에는 점이 무수히 많기 때문에 원 위의 두 점을 지나는 선분인 지름도 무수히 많음을 자연스럽게 알 수 있도록 해야 한다.

■ 이해 3

컴퍼스의 고정된 다리의 위치를 원의 중심, 중심에서 원주를 잇는 선분을 원의 반지름, 원의 중심과 원 위의 2개의 점을 지나는 선분이 지름이다.

여기에서 교사가 꼭 알아야 할 점은 전 세계적으로 초등학교 교육과정에서는 도형인 가로, 세로, 높이, 각, 원주 등과 그들의 크기를 혼용해서 사용하고 있다는 것이다. 따라서 이들을 지도할 때에는 이 점을 염두에 두고 유연하게 대처해야 한다.

3.5.3 원주율 π

원주율은 고대 바빌론의 점토판에서 원이나 구 등의 넓이 부피 계산과정에서 3 으로 계산하였다. 그 후 B.C. 3세기에 아르키메데스는 π는 대략 $3\frac{1}{7}$ 임을 보였다. 아르키메데스는 원에 직사각형을 내접시킨 다음, 원의 지름에 대한 직사각형의 둘레의 길이의 비를 계산하였다. 내접한 육각형을 이용하여 π가 약 3이라는 것을 보였고, 내접 정 12각형, 정 24각형, …, 정 96각형까지 계산하여 아르키메데스는 $3\frac{10}{71} < \pi < 3\frac{1}{7}$ 임을 밝혔다.

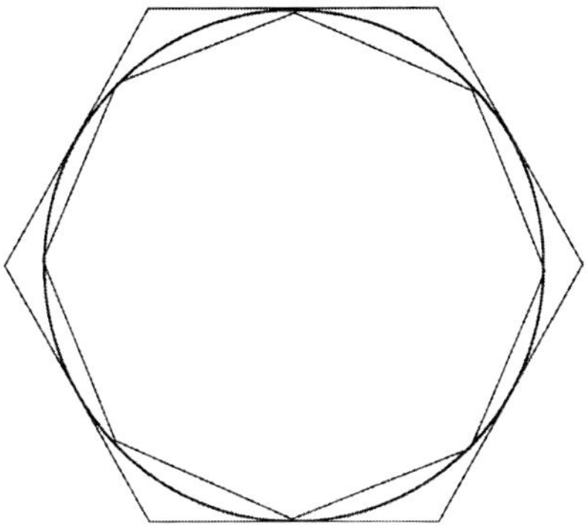

〈그림 87〉 아르키메데스의 방법

네덜란드의 수학자 Van Ceulen(1610)는 아르키메데스와 같은 방법으로 π를 소수 20번째 자리 수까지 계산하기 위해 정 32, 212, 254, 720각형을 사용하였고, 1세기 후에 영국의 수학자 John Machin은 계산기를 이용하여 π를 100자리 수까지 계산하였다. 1949년에는 최초의 컴퓨터인 ENIAC을 이용하여 70시간에 걸쳐 π를 소수 2037번째 자리까지 계산하였고, 슈퍼컴퓨터를 사용하여 2002년에 도쿄 대학의 컴퓨터 센터의 Yasumasa Kanada는 1초에 2조 번의 계산 능력을 가진 슈퍼컴퓨터로 약 400시간에 걸쳐서 π를 소수 1.2411 조자리까지 계산하였다. 오일러가 증명한 등식 $\frac{\pi}{4}=1-\frac{1}{3}+\frac{1}{5}-\frac{1}{7}+\cdots$ 을 이용하면 원하는 만큼 정확하게 π 값을 구할 수 있다. 원의 지름에 대한 원의 둘레 C의 비율을 π라고 한다. 따라서 $\frac{C}{d}=\pi$, 즉 $C=\pi d$이다.

원의 반지름이 r이라 하면 $C=2\pi r$이 된다. 1761년에 John Lambert는 π가 무리수이며 따라서 π를 분수나 또는 유한소수 또는 순환 소수로 정확하게 나타내는 것은 불가능하다고 말했다.

(원주율) = (원주) ÷ (지름)

〈그림 88〉 파이 날을 기념하기 위한 파이 조각

3.5.4 원주율의 지도

교실에서 원주율의 지도방법 역시 역사발생에 나타난 원주율의 필요성을 먼저 인식하도록 문제 상황을 연출해야 한다.

■ 장애 1

둥근 원주의 길이를 어떻게 잴까?

■ 이해 1

아동의 주변에서 원기둥 모양의 물체를 찾아, 굴려보거나 끈으로 묶어서 원주의 길이를 재는 활동을 하도록 한다.

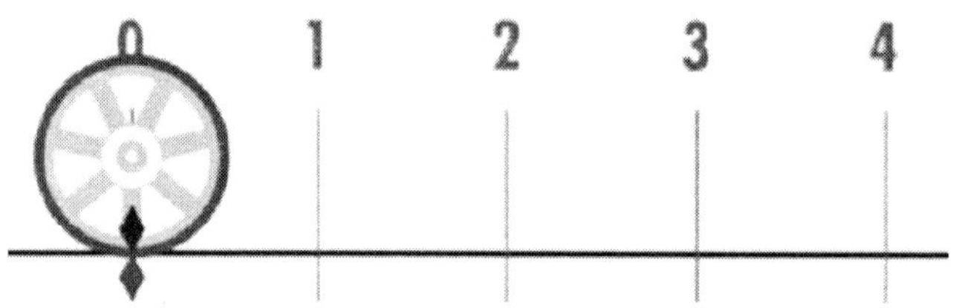

〈그림 89〉 원을 한 바퀴 돌려서 생긴 원주의 길이

아주 작거나 큰 원 모두의 원주의 길이는 굴리기도 힘들고 끈으로 잴 수도 없다.

■ 장애 2

원주를 쉽게 재는 방법은 무엇일까?

아동의 주변에서 있는 여러 가지 원모양을 본떠 원의 중심과 지름, 반지름을 찾아보도록 한 후, 원주와 지름의 비를 알아보도록 한다.

■ 이해 2

원의 크기와 상관없이 원주와 지름의 비가 거의 같다. 그렇다면 원주의 길이는 그 비의 값을 이용하여 구할 수 있다.

그런데 길이를 재서 비의 값을 구하다 보니, 비의 값이 완전하게 같지는 않다.

■ 장애 3

그 비의 값은 정말 똑 같은가? 그렇다면 그 값은 정확하게 얼마인가?

옛날 사람들이 그 비의 값(원주율)을 구한 방법을 알아보기로 하자.

■ 이해 3

아르키메데스가 구한 원주율은 $3\frac{10}{71} < \pi < 3\frac{1}{7}$, 즉 원주율은 약 3.14이다.

• 원주율을 정확하게 계산하면 3.1415926535…와 같이 끝없이 소수로 나타내짐으로, 우리는 필요한 정확도에 따라서 소수점 몇 자리까지 사용할 것인지를 결정하면 된다.

• 원주율을 이용하여 지름과 반지름 구하기

위와는 반대로 원주는 구할 수 있지만 지름을 정확하게 구할 수 없는 경우가 있다.

이 경우에는 지름= 원주÷3.14를 계산하면 된다.

이러한 경우를 고려하는 상황은 원래는 주어진 원의 지름 또는 중심을 구하는 방법을 알아보는데 있다.

• 원의 중심 찾기

주어진 원의 중심을 찾을 수 있다면 지름을 그을 수 있다. 따라서 원의 중심을 찾게 된다면 지름을 찾을 수 있고, 거꾸로 지름을 찾으면 원주의 길이를 구할 수 있다. 원의 지름 또는 중심을 찾는 방법은 아동들의 선행지식에 따라 다르게 지도해야 한다.

• 방법 1 (초등학교)

- 원을 반으로 접어서, 접힌 부분이 지름이고, 그것을 다시 반으로 접어서 생기는 꼭지점이 원의 중심이다.
- 원주의 양쪽에 막대를 수평으로 세워서 원과 만나는 두 점을 이으면 지름이고, 그 지름을 반으로 접으면 중점이 만들어 진다.

• 방법 1 (중학교)

왼쪽의 그림과 같이 원에 임의의 현 AB를 긋고, 현 AB에 수선 AC를 그으면, 현 BC가 지름이고, 현 BC의 중점이 원의 중심이다.

이유 반원의 원주각은 90°이므로, 거꾸로 원주각이 90°인 호는 반원이기 때문이다.

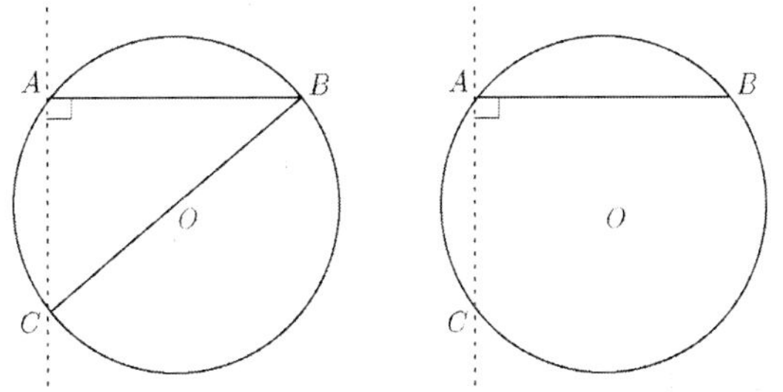

〈그림 90〉

현 BC의 중점은 선분의 중점 작도법으로 찾으면 된다.

3.6 원의 넓이

3.6.1 원의 넓이 측정의 역사(3장 2.4.2절 아르키메데스의 구적법 참조)

원의 넓이는 고대 이집트로부터 현재까지 수학의 오랜 역사만큼 다양하게 연구가 이루어져 왔다. 현존하는 문헌 중에서 원주율을 최초로 기록한 것은 고대 이집트의 수학자인 아메스가 기록한 아메스 파피루스(B.C. 1650 경)에서 찾을 수 있다. 아메스는 지름이 9인 원의 넓이는 한 변이 8인 정사각형의 넓이와 같다고 하였다. 즉, 문제 48번에서 아메스는 한 변이 9인 정사각형의 각 변을 3등분하고, 네 귀퉁이에서 한 변이 3이고 넓이가 $4\frac{1}{2}$인 직각 이등변 삼각형을 잘라내어 만든 8각형의 넓이를 원의 넓이로 계산하였다. 즉 8각형의 넓이는, 정사각형의 넓이 9^2에서 네 개의 직각이등변 삼각형의 넓이 $4\frac{1}{2}\times 4 = 18$을 뺀 나머지인 63이므로 한 변이 8인 정사각형의 넓이인 8^2으로 계산하였다. 따라서 원의 넓이 공식 πr^2과 비교해 보면 $\pi\times(\frac{9}{2})^2 = 8^2$으로 생각하여 원주율 π를 $4\times(\frac{8}{9})^2$으로 사용하였다.

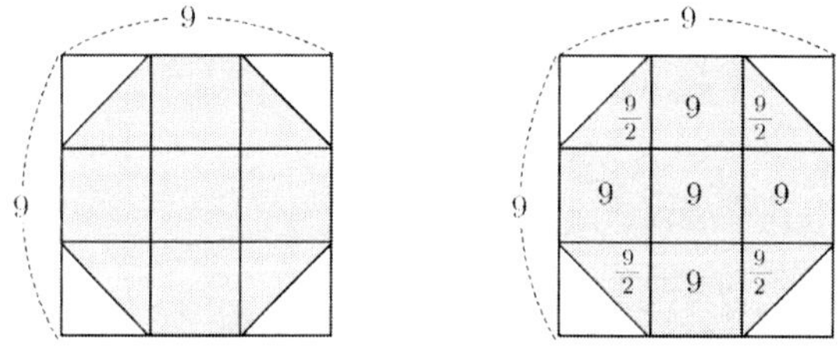

〈그림 91〉 아메스의 원의 넓이 계산

이것은 현대의 원의 넓이 공식 πr^2과 비교하면 아메스는 원주율을 $3\frac{1}{6}$쯤으로 계산하였던 것이다. 그러나 그들은 도형 사이의 관계를 간과하여 원과 넓이가 같은 정사각형을 쉽게 만들 수 있다고 생각하였기 때문에 정확한 원주율을 계산할 수 없는 요인이 되었으며, 모든 도형문제에서 논리적 추론이나 엄밀한 계산을 하지 않았다(Boyer, 1959).

실제로 원의 넓이를 가장 정확하게 계산한 그리스 수학자는 아르키메데스(B.C.287~212)이다(3장 2.4.2절 아르키메데스의 구적법 참조). 아르키메데스의 원래의 의도는 반지름이 1인 원의 넓이가 원주율 π와 같다는 점에 착안하여, 3.5.3 절에서와 같이 π값을 계산하는 것이었으나, 원의 넓이를 구하는 과정을 후세의 우리에게 알려준 것이다. 아르키메데스는 "원의 넓이는 밑변이 원주이고 높이가 반지름인 직각삼각형의 넓이와 같다"를 다음과 <그림 92>와 같이 증명하였다.

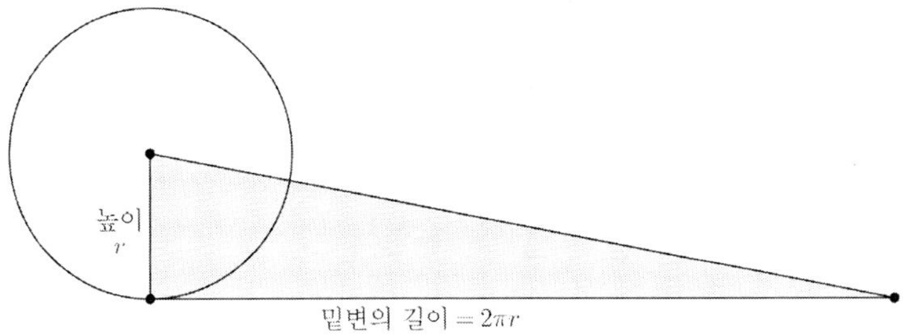

〈그림 92〉 아르키메데스의 방법

3.6.2 원의 넓이의 지도

원의 넓이는 다각형의 넓이와 매우 다른 방법을 이용하여 구하기 때문에, 학생 스스로 구하는 방법을 생각하기는 어렵다. 중세에는 원을 무한하게 많은 변을 가진 다각형으로 생각하여 원, 원기둥, 원뿔 등의 넓이와 부피를 측정하려는 시도가 있었지만 이 방법은 극한관념을 이해하는데 장애가 되었다.

■ 장애 1

원은 변의 개수가 무수히 많은 다각형인가?

학생들에게 직관적으로 이해시키기 위해서는 원을 다각형으로 간주하게 되면 직선과 곡선의 특징을 혼돈할 수 있다. 따라서 극한개념을 이해하기 전까지는 원의 넓이는 근사값의 맥락으로 도입되어야 한다.

■ 이해 1

원의 넓이를 다른 다각형과 비교하여 넓이를 알아보기로 한다.

지름이 10cm 인 원의 넓이는 한 변이 10cm 인 정사각형보다 작고, 대각선이 10cm 인 마름모꼴보다 크기 때문에 $10 \times 10 \div 2 <$ 원의 넓이 $< 10 \times 10$이다(그림 93).

■ 장애 2

원의 넓이를 좀 더 정확하게 하게 재는 방법은?

면적 측정판이나 모눈종이를 이용하여 원에 포함된 모눈의 수를 세어 원의 넓이를 근사적으로 계산하고, 그 넓이가 반지름을 한 변으로 하는 정사각형의 넓이의 몇 배인지를 조사하는 방법을 택하면 된다. 그림 94와 같이 몬테카를로 법(Monte Carlo method)이 대표적인 방법이다.

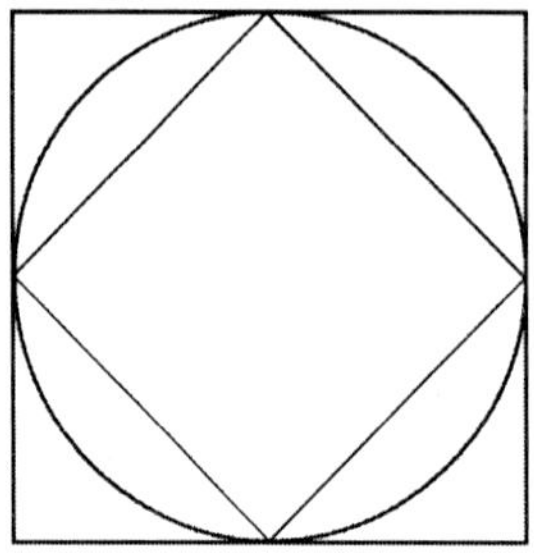

〈그림 93〉

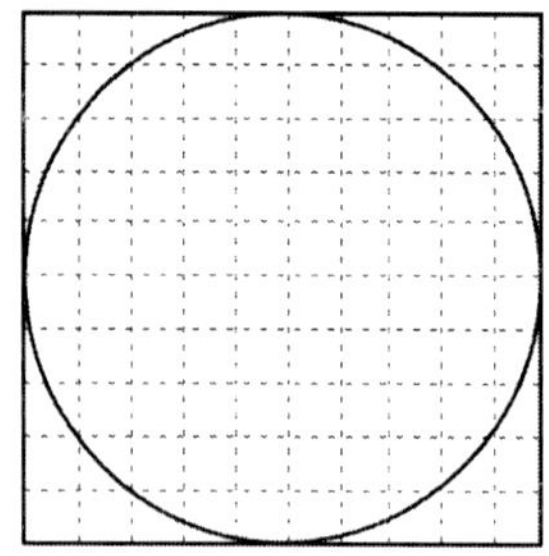

〈그림 94〉

■ 이해 2

모눈종이 위에서 원의 내부에 포함되는 다각형들의 넓이의 합이 원의 넓이다.

이 방법을 활용하는 과정에서 일부분만이 포함되는 모눈의 넓이 계산이 매우 어렵다.

예를 들면, 그림 95의 색칠된 정사각형의 개수로 원의 넓이를 어림하면, 원의 안쪽에 포함된 정사각형의 개수는 276개이므로 원의 넓이는 $276m^2$ 보다는 작고, 원의 내부와 원주에 걸쳐서 원을 포함하는 정사각형의 개수는 344개이므로 원의 넓이는 $344m^2$ 보다는 크다는 사실은 알 수 있지만, 역시 정확한 값은 알 수 없다.

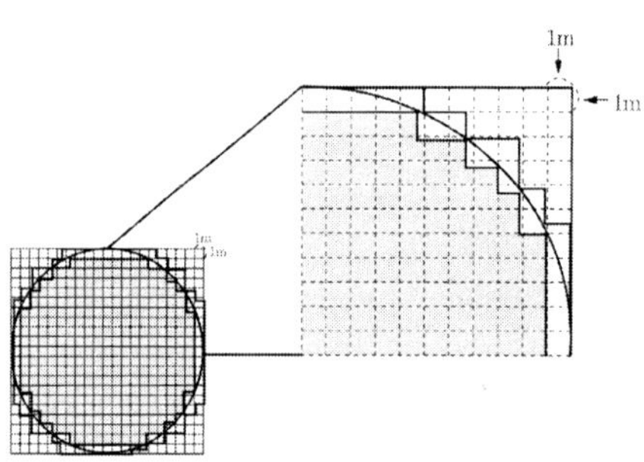

〈그림 95〉

■ 장애 3

원의 넓이 공식은 없는가?

삼각형을 직사각형으로 등적 변형하여 넓이를 구했듯이, 원의 경우도 직사각형으로 등적 변형한 후, 직사각형의 가로는 원의 어느 부분과 같았는지 또, 직사각형의 세로는 처음 원의 어느 부분과 같았는지 알아보게 한다. 그림 96과 같이 원을 그리고 지름을 따라 등분한 부채꼴 모양의 조각을 엇갈리게 붙이면 가로 방향의 길이는 원주의 1/2이 되고, 세로 방향의 길이는 반지름의 길이가 된다는 것에 주목하게 해야 한다.

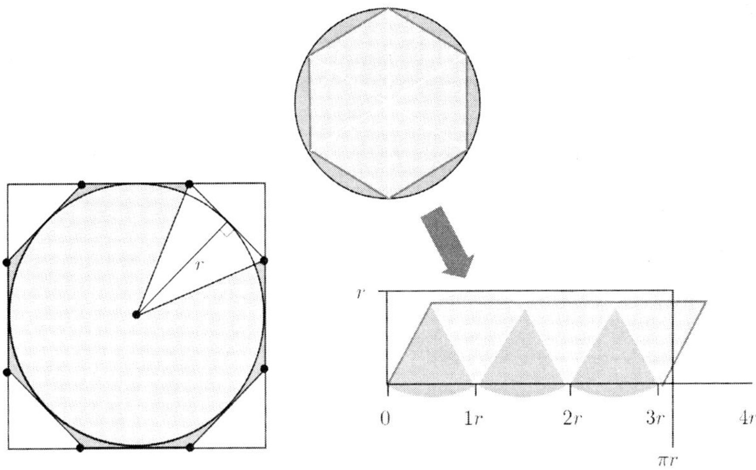

〈그림 96〉 등적변형을 이용한 원의 넓이 측정

■ 이해 3

원을 잘게 잘라 붙인 직사각형의 넓이 $\pi r \times r = \pi r^2$과 같아지게 된다.

하지만 이 과정에서 곡선인 원주의 일부분이 갑자기 곧게 되어 선분이 된다는 내용을 이해할 수 없다.

■ 장애 4

곡선을 아무리 잘게 나눈다고 해도 직선이 될 수 있는가?

초등학교나 중학교 과정에서는 극한 개념으로 설명할 수는 없으므로, 원을 더 많은 조각으로 등분할수록 등분한 조각을 엇갈리게 붙인 것이 직사각형 모양에 더 가까워진다는 내용을 교사와 아동들이 토론하여 확인하도록 한다. 만일 이 과정에서 의문점을 제기하는 아동에게는, 원의 넓이공식은 일상생활에서 매우 많이 사용되므로 지금은 우선 직관적으로 이 공식을 이해하고, 고등학교에서 이와 관련된 내용을 다시 배우게 된다는 사실을 알도록 한다.

■ 이해 4

이 문제를 해결하는데 매우 오랜 시간이 필요했다.

그림 97은 매우 잘 알려진 내용이지만 역사적 사실을 이용하여, 아르키메데스가 내접다각형과 외접다각형의 변의 수를 늘려가면서 원의 넓이에 가까운 값을 구한 과정을 아동의 수준에 맞게 변형하여 탐구하도록 유도하는 것도 필요하다.

3장 2.4.2절 아르키메데스의 방법에 의하여 그림 98의 원의 면적을 구하는 방법을 다시 자세하게 설명하기로 한다.

① 반지름이 r인 원을 그리고 내접하는 정 6각형을 그린다.

원의 반지름 r을 원주위에서 연속적으로 6번 찍은 점을 연결하면 내접 정6각형이 작도된다.

② 내접 정6각형의 $\triangle ABC$ 면적인 밑변 BC와 변심거리(높이) AH의 반을 곱한 것(아르키메데스와 같은 방법으로 피타고라스 정리를 이용하여 정확한 면적을 구할 수도 있다)을 6배한 것과 같다.

그러면 내접 정6각형의 면적보다 원의 면적이 더 크다.

③ 원의 중심 A에서 내접 정6각형의 각 변의 중점을 잇는 연장선과 원의 호의 교점 6개와 기존의 내접 정6각형의 6개의 꼭지점을 이으면 정12각형이 만들어 진다. 이렇게 만든 내접 정12각형은 원의 중심 A를 꼭지점으로 하는 12개의 이등변삼각형으로 이루어진다. 따라서 내접 정12각형의 면적은 12개의 이등변삼각형의 면적의 합과 같다. 한 개의 이등변삼각형의 면적(물론 아르키메데스와 같은 방법으로 피타고라스 정리를 이용하여 정확한 면적을 구할 수도 있다)은 밑변×높이÷2이고, 내접 정12각형의 면적은 (밑변×높이÷2)×12 이다. 그러면 내접 정12각형의 면적보다 원의 면적이 더 크지만, 내접 정6각형보다는 훨씬 면적의 차이가 줄어들었다.

④ 같은 방법으로 내접 정12각형의 면적은 (밑변×높이÷2)×24이고, 연필로 그리면 거의 원과 같아지게 보인다.

이 과정을 계속진행하면,

⑤ 원에 내접하는 정다각형은 변의 수가 많아질수록 점점 원에 가까워짐을 알 수 있다. 그런데 내접 정다각형의 면적은 변 BC와 변심거리 AH의 반을 곱한 것을 다각형의 변의 개수와 곱한 것과 같다. 이 때 다각형의 변의 개수를 무한까지 확장하면 그 넓이, 둘레, 변심거리는 각각 원의 면적, 원주, 반지름과 같아지므로 원의 면적은 원주×반지름의 반, 즉 $2\pi r \times \frac{r}{2}$ 이므로 원의 면적은 πr^2 이다.

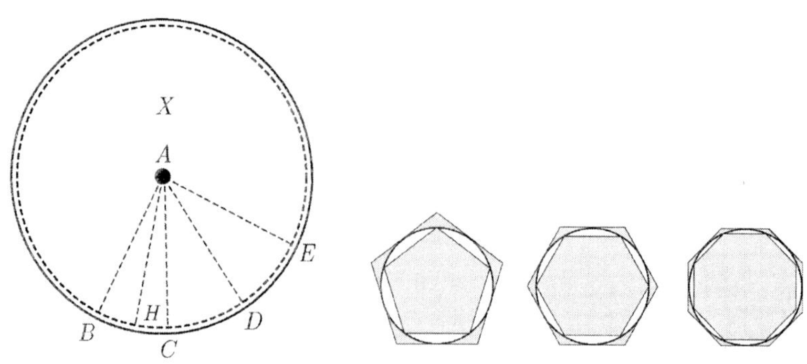

〈그림 97〉 원에 내접하는 도형의 극한 값으로서의 원의 넓이

이해 4의 내용을 좀 더 자세하게 설명하면 다음과 같다.

■ 이해 4-1

원의 면적은 반지름을 높이로 하고 원주의 길이를 밑변으로 하는 삼각형의 면적(그림 98)과 같다.

이해 4-1의 내용을 쉽게 말하면, 원을 부채꼴 모양으로 한없이 잘게 잘라 붙이면, 원의 넓이는 직각삼각형의 넓이와 같아진다는 내용으로 이해할 수 있다.

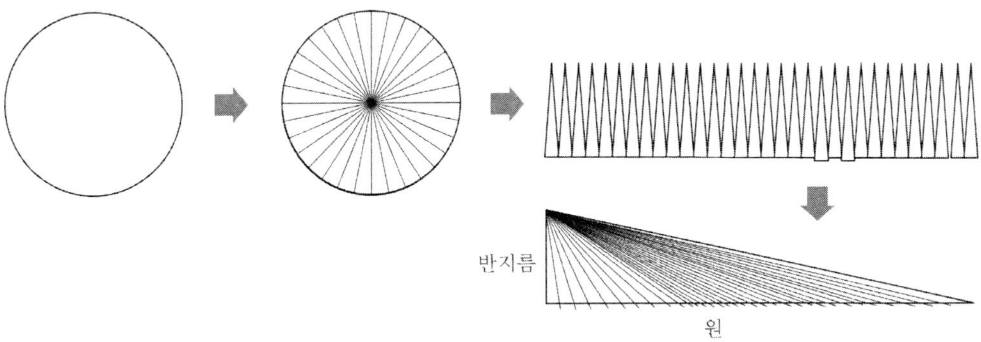

〈그림 98〉

이 내용을 컴퓨터 프로그램(예를 들면 GSP)을 활용하여 구현하면 아동들에게 역동적으로 내접 또는 외접 정다각형의 넓이가 원의 넓이와 같아지는 장면을 보여줄 수 있다. 그러나 정 256 다각형부터는 거의 완벽하게 정다각형이 원으로 보이기 때문에, 무한 개념을 충분히 파악하지 못한 초, 중, 고학생들에게는 유한번만 등분해도 직각사각형의 넓이와 같게 만들 수 있다는 오개념을 형싱할 수 있다. 아직 극한 개념을 이해하지 못하는 단계에서 이러한 오개념을 가지게 되면 이후의 학습에서 문제가 생길 수 있으므로, 컴퓨터 화면에서 곡선이 직선으로 보인다는 점에 현혹되지 않도록 유의해야 한다. 다만 내접 또는 외접 정다각형이 원에 달라붙는 과정과 각각의 삼각형의 높이가 원의 반지름으로, 정다각형의 둘레는 원주와 같아진다는 내용을 직관적인 지도해야 한다.

3.7 닮은 도형의 면적

닮음비가 주어진 두 닮은 도형의 면적의 비를 끌레로가 제안한 직관적인 방법으로 알아보기로 한다.

$\angle A$, $\angle B$, $\angle C$, $\angle D$, $\angle E$는 차례로 $\angle a$, $\angle b$, $\angle c$, $\angle d$, $\angle e$와 같고, 변 AB, BC, CD, DE, EA가 선분 P를 포함하는 만큼 변 ab, bc, cd, de, ea가 선분 p를 포함하면, 두 오각형

$ABCDE$와 $abcde$가 닮은 도형이라고 한다.

3.7.1 닮은 삼각형의 높이는 그 변에 비례한다.

이유 두 닮은 삼각형 $\triangle ABC$, $\triangle abc$(그림 99와 100)는, 그 변이 비례할 뿐만 아니라. 꼭지점 C, c로부터 밑변 AB, ab에 내린 수선 CF, cf 역시 변의 비에 따른다.

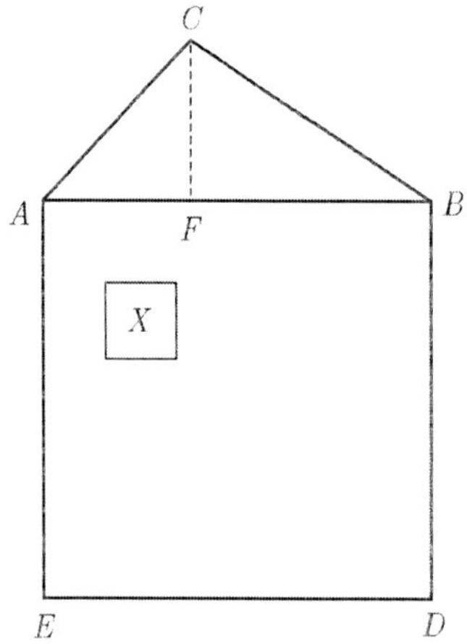

〈그림 99〉

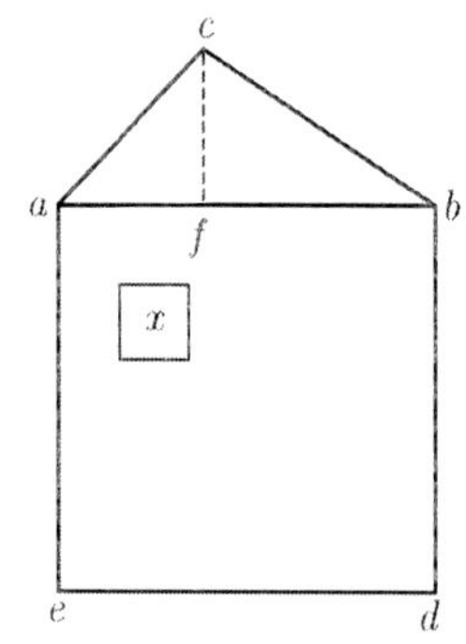

〈그림 100〉

3.7.2 닮은 삼각형의 면적의 비는 대응변의 제곱의 비와 같다.

이유 보조정리 1에 의해서, $\triangle ABC$의 두 변 CF와 AB는 $\triangle abc$의 두 변 cf와 ab가 선분 p의 배수가 되는 만큼 차례로 선분 P의 배수가 된다. 따라서 $CF \times AB$는 정사각형 X로 세어지고, $cf \times ab$는 x로 세어진다. 즉, $\triangle ABC$의 면적인 $\frac{1}{2}CF \times AB$는 정사각형 X의 α배이면 $\triangle abc$의 면적인 $\frac{1}{2}cf \times ab$ 이 정사각형 x의 α 배이다. 다시 말하면 $\triangle ABC$의 면적이 αP^2이면 $\triangle abc$의 면적은 αp^2이 된다. 따라서 두 삼각형의 면적의 비는 P^2: p^2이다. 따라서 닮은 도형의 면적의 비는 대응변의 제곱의 비와 같다.
이러한 사실을 활용하여 접근불가능한 장소의 거리와 면적을 측정할 수 있게 된다.

3.8 원의 정사각형화

원의 면적을 구하려는 고대 그리스 수학자들의 노력의 일환으로 원의 면적과 같은 정사각형의 작도문제(squaring the circle)는 히포크라테스의 초승달 문제로부터 발원하여 Diostratus

(B.C. 350년 경)가 시작하여 파푸스가 이를 증명하여 세상에 알려지게 되었고, 원의 넓이와 같은 정사각형의 작도법은 유클리드 원론 제 2권의 정리 14에 나타나있다(Burton, 2007). 이 절에서는 그 사실을 중학교 과정의 주어진 원에서 교차하는 두 현의 성질을 이용하여 작도과정을 알아보기로 한다.

3.8.1 삼각형의 넓이와 같은 직사각형의 작도

위의 그림 98에서 원의 넓이와 같은 직각삼각형을 만들었다. 이제 가로가 원주의 반이고, 세로가 직각삼각형의 높이가 되는 직사각형을 작도하면, 원의 넓이와 같은 직사각형이 작도된다.

따라서 원의 면적과 같은 정사각형을 작도하려면, 그 직사각형과 면적이 같은 정사각형을 작도하면 된다.

3.8.2 직사각형의 넓이와 같은 정사각형의 작도

직사각형의 면적과 같은 정사각형의 작도는 원의 내부에서 교차하는 두 현의 성질을 이용한다.

그림 101은 원의 내부에서 두 현 CD와 BE가 점 A에서 교차하는 장면이다. 그러면

$$AD \times AC = AE \times AB$$

이다.

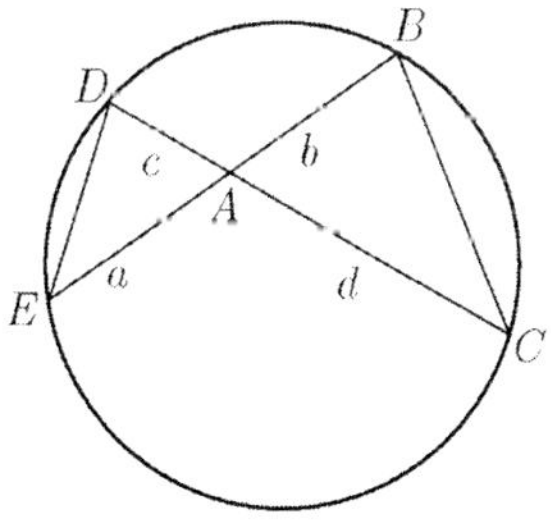

〈그림 101〉

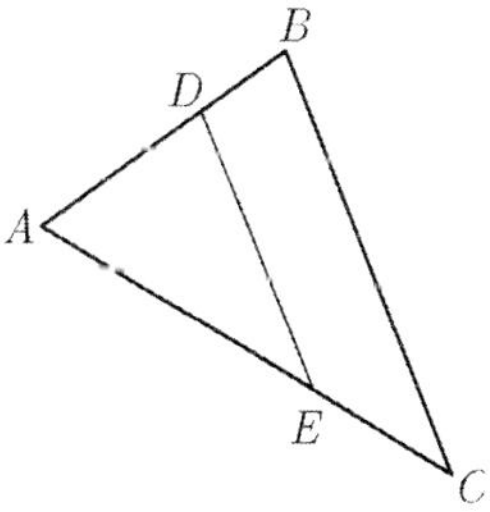

〈그림 102〉

이유 그림 101의 두 삼각형 $\triangle ADE$와 $\triangle ABC$은 닮은꼴이므로 그림 102를 얻게 된다. $AD = a$, $AE = b$, $AB = c$, $AC = d$이라면 $a : c = b : d$이므로 $a \times d = b \times c$이다.

위에서 만일 두 현 CD와 BE가 직교하는 경우에는 $a = d$이므로 $a^2 = b \times c$이다. 다시 말해서 한 변이 a인 정사각형의 면적과 두변이 b, c인 직사각형의 면적이 같다. 이 사실을 이용하여 주어진 직사각형의 면적을 갖는 정사각형을 다음과 같이 작도한다.

① 직사각형 $ABCD$의 면적을 갖는 정사각형을 구하기 위해서는 선분 AD의 연장선 위에 선분 AB의 길이와 선분 AE의 길이가 같도록 점 E를 잡는다.

② 선분 DE를 지름으로 하는 원을 그리고, 점 A를 지나 지름 DE에 수직인 현을 FG라고 하자. 그러면 삼각형의 합동성질을 이용하여 선분 AF와 선분 AG의 길이가 같음을 알 수 있다.

③ 직교하는 두 현의 성질에 의해서, 선분 AF의 제곱은 선분 AD와 선분 AE의 곱과 같다.

다시 말하면 직사각형 $ABCD$와 선분 AF를 한 변으로 하는 정사각형의 면적은 같게 된다. 따라서 원의 면적을 갖는 정사각형을 작도할 수 있다.

3.8.3 원의 넓이와 같은 정사각형의 작도

위의 사실을 종합하여 원의 면적을 갖는 정사각형을 다음과 같은 순서로 작도해보기로 한다.

① 그림 9와 같이 원과 넓이가 같은 직각삼각형을 작도한다.

② 3.8.1절의 방법으로 직각삼각형과 같은 넓이를 갖는 직사각형 $ABCD$를 작도한다.

③ 그림 103과 같이 직사각형 $ABCD$의 면적을 갖는 정사각형을 작도하면 그 정사각형의 면적은 주어진 원의 면적과 같게 된다.

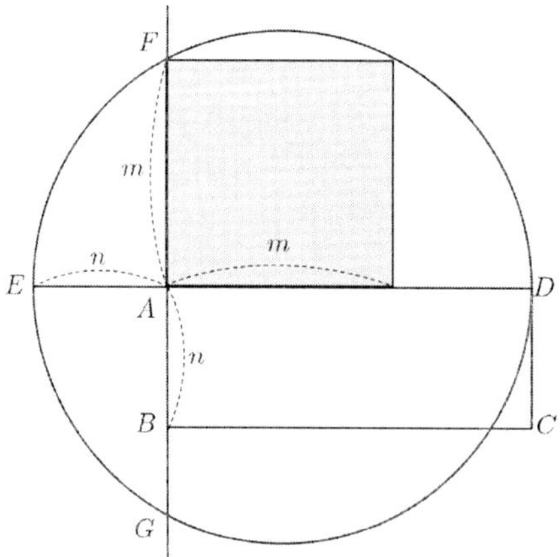

〈그림 103〉

3.9 피타고라스 정리

이 절에서는 수학, 자연과학 등에서 널리 쓰이는 피타고라스(Pythagoras)의 정리와 관련된 역사와 그의 지도방법을 알아보기로 한다.

3.9.1 플림턴 322

흔히 피타고라스의 정리를 처음 발견한 사람이 피타고라스라고 알려져 있으나, 그의 역사는 멀리 고대 바빌로니아시대로 거슬러 올라간다. 조지 플림턴(George Plimpton)이 1922년에 10달러를 주고 구입한, 쐐기문자로 쓰여진 플림턴 322라는 점토판은 고대 바빌로니아에서 발굴된 수백 개의 다른 점토판처럼, 물품의 재고 현황표나 영수증 같은 평범한 '상업 문건'으로 분류되어 있었다. 그 점토판을 해석한 사람은 노이게바우어로, 그는 플림턴 322가 $a^2+b^2=c^2$이라는 피타고라스의 정리를 만족하는 정수해, 즉 '삼중수'를 모은 표라는 사실을 발견하였다. 이는 고대 바빌로니아의 서기관들이 '피타고라스의 정리'라고 알려져 있는 사실을 피타고라스가 태어나기 1000년 전에 니미 이해하고 있다는 것을 설명하고 있다. 피타고라스가 세계여행 중에 바빌로니아에서 이러한 삼중수를 입수한 후, 그리스에 돌아와서 피타고라스학파가 삼중수의 성질을 일반화하여 모든 직각삼각형의 세 변의 관계인 $a^2+b^2=c^2$을 증명하여 피타고라스정리라는 이름이 붙여지게 되었다. 플림턴 322는 미국 뉴욕의 컬럼비아대학 도서관에서 1943년에 구입하여 지금까지 보관하고 있다. 피타고라스의 정리 $a^2+b^2=c^2$의 본질은 두 정사각형의 넓이의 합과 같은 정사각형을 만들 수 있다는 것이다. 따라서 결국 피타고라스의 정리는 면적을 구하는 문제로도 볼 수 있으며, 이 정리를 이용하여 모든 다각형의 넓이와 같은 정사각형을 작도할 수 있게 된다.

■ 바빌로니아의 삼중수

바빌로니아 시대에는 삼중수를 이용하여 아래와 같은 힌두교식 제난을 축조하였다.

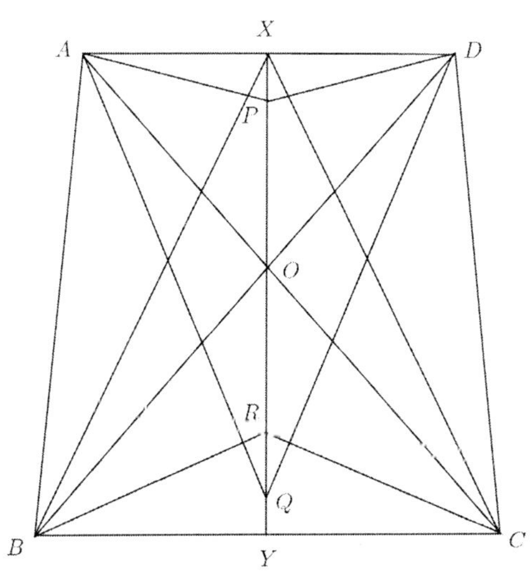

$\triangle AXP = 5, 12, 13$

$\triangle AXO = 12, 16, 20$

$\triangle AXQ = 12, 35, 37$

$\triangle BYX = 15, 36, 39$

$\triangle BYO = 15, 20, 25$

$\triangle BYR = 8, 15, 17$

〈그림 104〉

3.9.2 피타고라스학파

피타고라스는 에게해의 사모스(Samos)섬에서 태어났다. 약 2500년 전, 마기(고대 페르시아의 조로아스터교 사제 계급)의 신비주의적 가르침을 공부하기 위해 바빌론으로 떠난 피타고라스는 그리스로 돌아와 '만물은 수'라는 좌우명을 내건 신비주의적 성향의 피타고라스학파를 세웠다. 바빌로니아 여행 중에 삼중수를 접하고 이를 일반화하여 현재 피타고라스 정리로 알려진 내용의 증명을 완성한 다음, 100마리의 소를 잡아 잔치를 열었다고 한다.(피타고라스는 채식주의자였다는 설이 있어서 앞의 내용은 거짓일 수 있음) 그 정리는 유클리드의 기하학원본의 제 1권에 증명과 함께 실려 있다. 피타고라스학파의 철학은 자연수가 만물의 근원이라는 가정 위에서 세워졌다. 또한 그들은 분수를 활용하여, 동일한 장력아래서 현의 길이가 2대1일 때 8도 음정, 3대 2일 때 5도 음정, 4대 3일 때 4도 음정 등 8음계와 장조, 단조를 만들었으며 천문학의 기초를 세웠다.

3.9.3 피타고라스 정리의 증명

바빌론 여행 중에 삼중수를 배워온 피타고라스는 삼중수를 일반화하는 방법을 고안하였다. 피타고라스는 그 당시의 그리스 수학자들의 아이디어인 같은 수의 곱(제곱)을 정사각형의 넓이로 간주하여 삼중수를 두 정사각형의 넓이의 합과 같은 정사각형을 작도하는 방법을 연구하기 시작하였다. 그 당시의 수학 수준으로 미루어 피타고라스학파의 증명방법은 직각삼각형의 닮음을 이용하였을 것(그림 105)으로 추측된다. 그 후 피타고라스 정리의 증명은 다양한 방법으로 계속되어 370여 가지나 되며, 그 중에는 미국의 20대 대통령인 제임스 가필드의 증명 방법도 있다.

■ 직각삼각형의 닮음을 이용한 증명(피타고라스학파)

직각삼각형 BDC의 직각인 꼭지점 B에서 밑변 DC에 내린 수선의 발을 A라고 하면 그림 105와 같이 △세 개의 닮은 직각삼각형이 만들어진다. 즉, $\triangle BDC \backsim \triangle ADB \backsim \triangle ABC$이다. 지금, 변$AD$, AC, AB, BD, BC의 길이를 각각 p, q, h, b, c 이고 $p+q=r$이라고 하

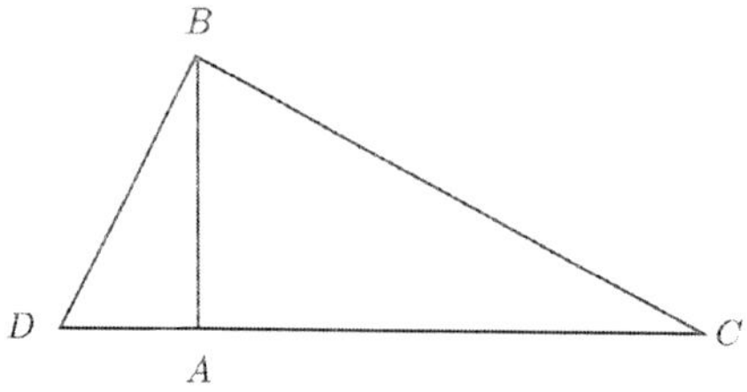

〈그림 105〉

면, 먼저 $\triangle BDC \backsim \triangle ADB$이므로 $b : r = p : b$이다. 또 $\triangle BDC \backsim \triangle ABC$이므로 $c : r = q : c$이다. 따라서 $b^2 = rp,\ c^2 = rq$이므로 $b^2 + c^2 = rp + rq = r(p+q) = r^2$이다.

■ 디오판토스의 방법

(1) 한 변의 길이가 13cm인 정사각형 모양의 색종이와, 가로 8cm이고 세로 18cm인 직사각형 모양의 색종이를 준비한다.

(2) 가로 8cm이고 세로 18cm인 직사각형 모양의 색종이에서 가로가 8cm이고 세로가 5cm인 직사각형을 오려낸다.

(3) 오려낸 직사각형을 오른쪽으로 90° 돌린 다음 도로 붙여 뒤집힌 L자 모양을 만든 다음, 한 변의 길이가 13cm인 정사각형 모양의 색종이 위에 올려놓는다.

그러면 L자 모양의 넓이는 (104+40)cm^2이고, 이를 제외한 정사각형의 나머지 부분의 넓이는 25cm^2이므로 한 변의 길이가 5cm인 정사각형이 된다.

※ 이 내용을 일반화하면 다음과 같은 도형이 만들어 지며, 아래의 모든 문제는 이 그림과 관련된 피타고라스의 정리에 관한 내용이다.($c = 13,\ a = 5$).

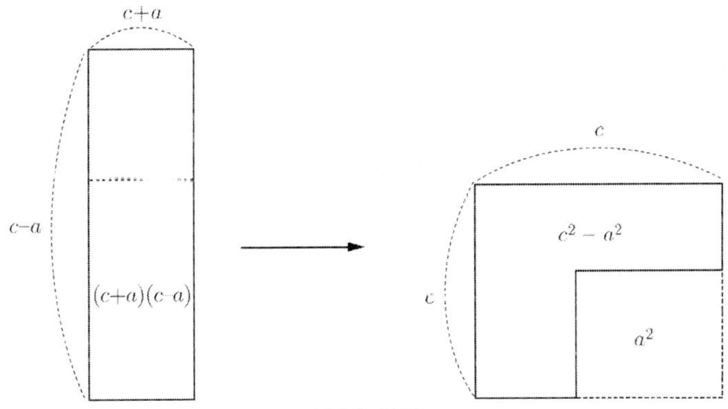

〈그림 106〉

(4) $c^2 - a^2 = (c+a)(c-a) = b^2$ 이라고 하자.

(5) 양변을 b^2으로 나누면, $(\frac{c}{b}+\frac{a}{b})(\frac{c}{b}-\frac{a}{b}) = 1$이다.

(6) 따라서 $(\frac{c}{b}+\frac{a}{b})$와$(\frac{c}{b}-\frac{a}{b})$는 서로 역수이다.

(7) p와 q가 정수라 할 때 $(\frac{c}{b}+\frac{a}{b}) = \frac{p}{q}$, $(\frac{c}{b}-\frac{a}{b}) = \frac{q}{p}$로 표현할 수 있다.

(8) $[(\frac{c}{b}+\frac{a}{b})+(\frac{c}{b}-\frac{a}{b})] \div 2$를 p와 q의 식으로 표현하면 $(\frac{p}{q}+\frac{q}{p}) \div 2$ 이므로

$\frac{c}{b} = \frac{p^2+q^2}{2pq}$이다.

(9) $[(\frac{c}{b}+\frac{a}{b})-(\frac{c}{b}-\frac{a}{b})]\div 2$를 p와 q의 식으로 표현하면 $(\frac{p}{q}-\frac{q}{p})\div 2$ 이므로

$\frac{a}{b}=\frac{p^2-q^2}{2pq}$ 이다.

(10) 위의 결과인 $a=p^2-q^2$, $b=2pq$, $c=p^2+q^2$를 피타고라스 정리 $a^2+b^2=c^2$에 대입하면 $(p^2-q^2)^2+(2\times p\times q)^2=(p^2+q^2)^2$ 이다.

■ 삼중수 구하는 방법

디오판토스의 방법을 이용하여 삼중수를 이루는 세 수 가운데 두 수가 13, 85일 때, 세 번째 수를 구해 보기로 하자.

방법 13은 85보다 작으므로 a나 b 중의 하나이다. 그러나 b는 짝수여야 하므로 b일 수는 없다. 즉 $a=13=(p^2-q^2)$이고 $c=85=(p^2+q^2)$이다.

그런데 $p^2=(13+85)\div 2=49=7^2$, $q^2=(85-13)\div 2=36=6^2$이므로, 세 번째 수는 $b=2pq=2\times 7\times 6=84$이다.

■ 주어진 직사각형과 면적이 같은 직사각형 작도법

그림 107과 같은 직사각형 $ABCD$와 면적이 같고 높이가 BH인 다른 직사각형을 작도해 보자. 직사각형의 면적은 가로와 세로의 곱이기 때문에 구하는 직사각형 $BFEG$의 세로가 BC보다 크므로 밑변은 AB보다 작아야한다. 예를 들면 BF가 BC의 2배이면 BG는 AB의 반이어야 하고, BF가 BC의 3배이면 BG는 AB의 $\frac{1}{3}$이어야 한다. 또한 BF가 BC의 $2\frac{1}{3}$배이면 BG는 AB의 $2\frac{1}{3}$이어야 한다. 이제 선분 AB, BC, BF, GB의 길이를 각각 a, b, h, x 라고하자. 그러면 $a:h=x:b$가 된다. 따라서 일반적인 방법은 선분 FA를 긋고, C에서 FA에 평행선을 그어 선분AB와의 교점을 G로 정하면 된다.

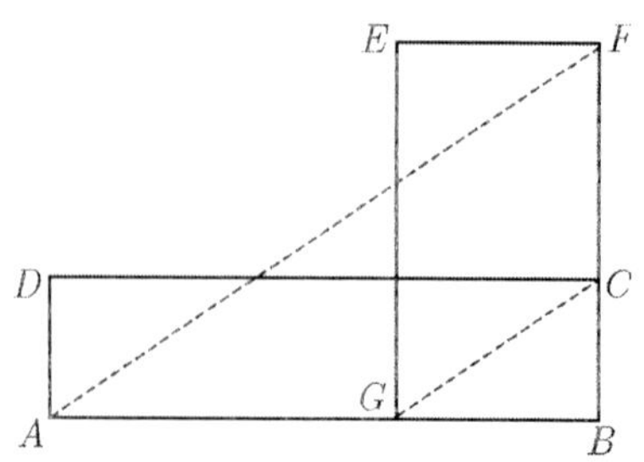

〈그림 107〉

■ 주어진 정사각형의 면적의 두 배되는 정사각형 작도법

정사각형 $ABCD$면적의 두배가 되는 정사각형을 작도하기 위해서 정사각형 $ABCD$와 면적이 같은 정사각형 $BFEC$를 그림 108과 같이 붙여서 그린다. 두 대각선 AC와 CF를 긋고, 두 삼각형 DCA와 CEF를 선분 AF의 아래로 이어서 붙이면 사각형 $AGFC$는 정사각형이 되고 면적은 정사각형 $ABCD$의 두 배가 됨을 알 수 있다.

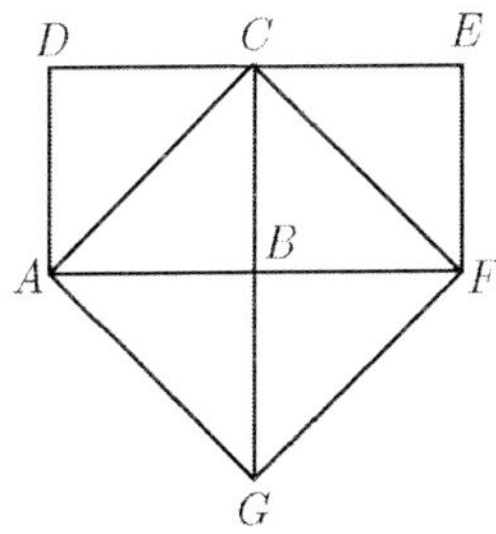

〈그림 108〉

■ 두 정사각형의 면적을 합한 면적을 갖는 정사각형 작도(바스카라의 증명)

이 방법은 고대 인도의 바스카라 2세의 분해법에 의한 증명으로서, 두 정사각형의 면적의 합과 같은 정사각형을 구축해가는 증명이다.

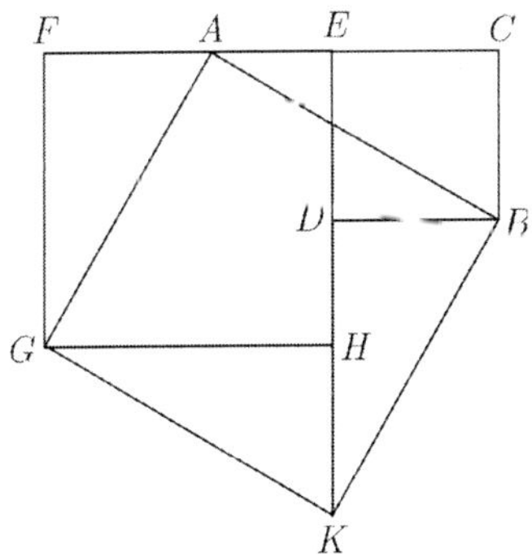

〈그림 109〉

작도법 세변의 길이가 $a=$선분BC, $b=$선분AC, $c=$선분AB인 직각삼각형ABC를 그린다. 선분BC를 한 변으로 하는 정사각형$CEBD$를 그리고, 변AC의 연장선에 한변이 b인 정사각형$EFGH$를 그린다. 변EH의 연장선 위에 선분$HK=a$ 되는 점 K를 잡아서 정사각형$AGKB$를 그린다.

그러면, 정사각형 $CEBD$ + 정사각형 $EFGH$ = 정사각형 $AGKB$이다.

증명 삼각형 ABC의 직각이 아닌 두 내각을 α, β라고 하자.
그러면 선분 AF = 선분 CE + 선분 EF − 선분 CA $= a + b - b = a$이고 선분 DK = 선분 EH + 선분 HK − 선분ED= $b + a - a = b$이다. 따라서 네 삼각형 $\triangle ABC$, $\triangle GAF$, $\triangle GKH$, $\triangle KBD$는 모두 두 변의 길이가 각각 a, b이고 끼인 각의 크기는 90°이므로 $\triangle ABC \equiv \triangle GAF \equiv \triangle GKH \equiv \triangle KBD$(SAS 합동)이다. 결과적으로 사각형 $AGKB$는 네 변의 길이가 c이고 네 각이 모두 90°(왜냐하면 $180° - (\alpha + \beta) = 90°$)이므로 정사각형이고 면적은 c^2이다. 한편, 면적이 a^2 인 정사각형과 면적이 b^2인 정사각형을 합한 다각형 $BCGFHD$의 면적 $a^2 + b^2$은 빗금 친 부분의 면적과 $\triangle ABC$와 $\triangle GAF$를 합한 면적과 같다. 그런데 두 삼각형은 사각형 $AGKB$의 일부분인 $\triangle GKH$, $\triangle KBD$과 합동이므로, 다각형 $BCGFHD$의 면적과 사각형 $AGKB$의 면적이 같다. 따라서 $a^2 + b^2 = c^2$이다. 위 그림을 다시 그려보기로 하자. 즉, 사각형 $EFGH$를 변 CA를 한 변으로 하는 정사각형이고, 사각형 $CEDB$는 변 CB를 한 변으로 하는 정사각형이다. 따라서 직각을 낀 두 변을 각각 한 변으로 하는 두 정사각형의 면적의 합은 빗변을 한 변으로 하는 정사각형의 면적과 같게 된다. 이 사실과 도형의 닮음을 이용하여 다음을 사실을 알게 된다.

■ 피타고라스정리의 일반화

직각 삼각형의 세 변이 세 개의 닮은 도형의 밑변이 된다면, 빗변 위에 만들어진 도형의 면적은 다른 두 도형의 면적의 합과 같다.

증명 닮은 두 다각형 M, M' 의 면적의 합의 면적을 갖는 이들과 닮은 도형 M''을 구해보자. M과 M' 의 대응변을 직교하도록 이어서 직각삼각형을 만들면 빗변위의 닮은 도형이 M''이 된다.

이유 우선, 세 닮은 도형의 밑변위에 만들어진 세 정사각형의 면적을 각각 α, β, γ라고하자. 그러면 $\alpha + \beta = \gamma$ 이다. 닮은 도형의 면적의 비는 정사각형의 면적의 비와 같으므로 M, M', M''의 면적의 비는 $\alpha : \beta : \gamma$와 같다. 즉, M'의 면적을 $k\alpha$라고하면 M', M''의 면적은 $k\beta$, $k\gamma$가 되므로 M과 M'의 면적의 합은 $k\alpha + k\beta$ 이고 $k\gamma$과 같아지므로 M''의 면적과 같게 된다.

■ 중국인의 증명(Chou Pei Suan Ching, B.C. 300경, 구장산술)

당시의 중국인들은 피타고라스의 정리나 증명방법을 전해 듣지 못했을 것으로 추정하고 있다. 이 증명은 A.D. 3세기에 활약했던 중국의 수학자 유희가 지은 구장산술 제9장의 구고(句股)계산법에 실려 있는 것으로 토지, 건물, 논밭 등의 높이, 길이, 넓이와 거리 등을 측정하려는 고대 중국의 실용수학이었다.

- 직각삼각형의 짧은 변과 긴 변 각각을 제곱하고, 그것을 더해 제곱근을 더하면 빗변의 길이가 된다.
- 긴(짧은) 변의 제곱을 빗변의 제곱에서 뺀 나머지의 제곱근을 구하면 짧은(긴) 변의 길이를 구할 수 있다.

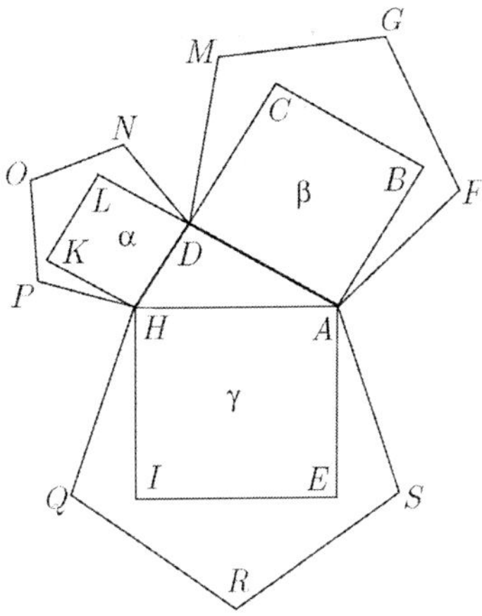

〈그림 110〉

고대중국의 수학이 유럽에서는 도외시되고 있는 것으로 알려져 있지만 이 증명방법은 정수론의 중국인의 나머지 정리와 더불어 고대 중국수학자들의 수작이라고 하겠다.

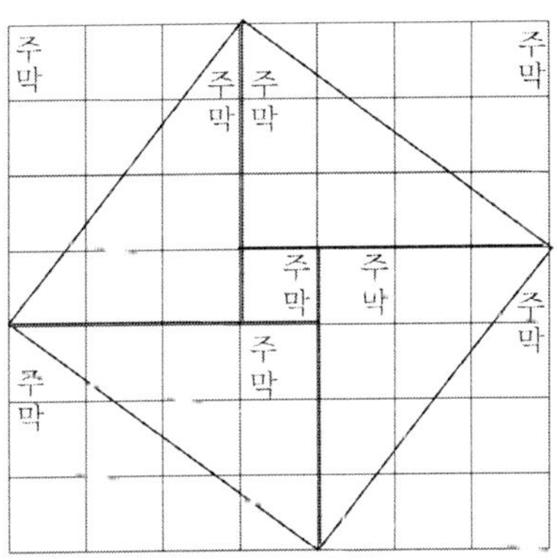

〈그림 111〉

■ 미국 고등학생인 Maurice Laisnez의 증명(1939)

let □$ABCD$: 정사각형

let $\triangle AFE \equiv \triangle BGF \equiv \triangle CHG \equiv \triangle DEH$

$\overline{EF} = \overline{FG} = \overline{GH} = \overline{HE}$

$\bullet + \circ = 90°$

$\angle HEF = \angle EFG = \angle FGH = \angle GHE = 90°$

□$EFGH$: 정사각형

$(a+b)^2 = c^2 + 5 \times \frac{1}{2}ab$

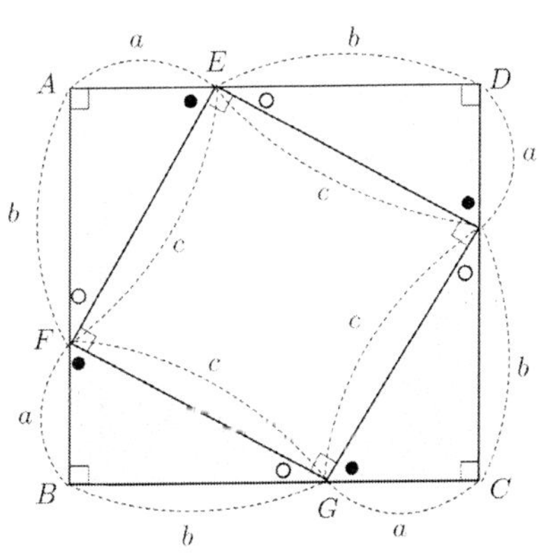

〈그림 112〉

$$a^2 + 2ab + b^2 = c^2 + 2ab$$

$$\therefore\ a^2 + b^2 = c^2$$

※ 위의 증명은 아래와 같이 도형을 변형하여 증명하기도 한다.

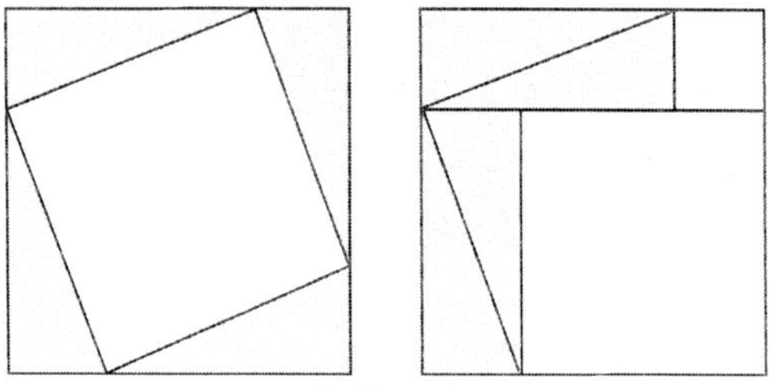

〈그림 113〉

■ 삼각함수 공식을 이용한 증명

일반 삼각형의 변과 각의 관계로 주어진 cosine법칙 $c^2 = a^2 + b^2 - 2ab\cos\ C$ 에서 두 변이 이루는 각 C가 직각인 경우에는 $c^2 = a^2 + b^2$이 된다.

3.9.4 증명의 지도법

아래 그림은 19세기의 한 풍자만화이다. 학생들에게 피타고라스 정리의 관점에서 이 그림을 논의하도록 한다. 즉, 이 그림에는 피타고라스 정리의 어떤 특수한 경우가 표현되어 있으며, 어떻게 그것을 두 그림을 통하여 증명할 수 있는가를 토론하도록 한다.

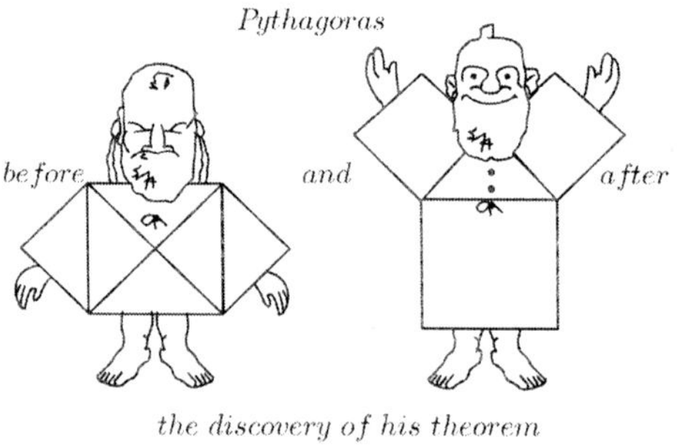

〈그림 114〉

1989년 일본의 오카모리(Okamori)가 지은 '수학교육과 컴퓨터'에는 다음과 같은 피타고라스 정리에 대한 지도사례가 제시되어 있다. 교실에서 오카모리의 방법에 따라 소프트웨어를 학생들에게 제공할 수 있다고 가정하자.

학급을 흥미, 학업 능력, 사회적 관계에 따라 4~5명의 소집단으로 나눈다. 이러한 방법은 학생 개인의 선호도에 따라 선택한 주제에 대한 다양한 접근방식을 찾아내도록 도울 수 있다. 각 집단에 아래와 같은 세 가지 문맥의 피타고라스 정리의 증명을 돕는 대화형 소프트웨어가 내장된 마이크로컴퓨터가 주어진다.

① 기하-대수적 증명(Geometric-algebraic)

아래의 그림을 제시한다.

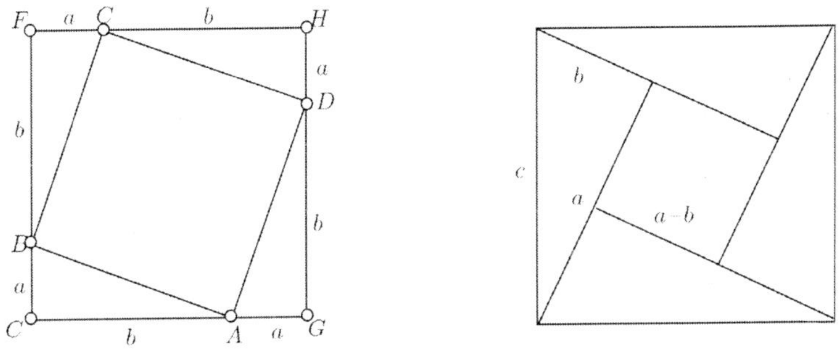

〈그림 115〉

② 동적인 유클리드의 증명(Euclid dynamized)

유클리드 원론의 동적인 증명을 동영상으로 보여준다.

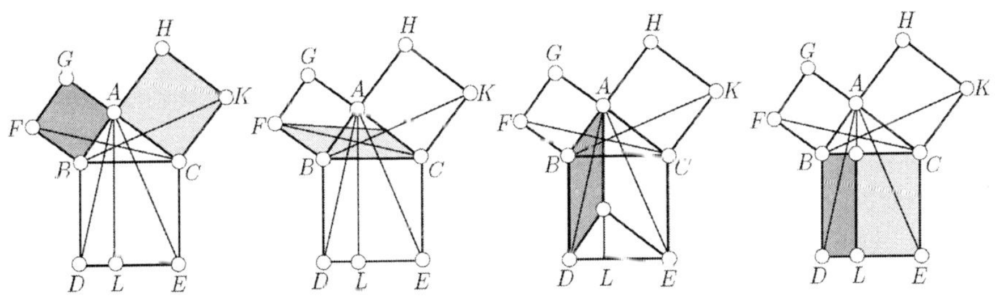

〈그림 116〉

③ 실험적 증명(Experimental)

직각삼각형의 각 변위에 그려진 세 정사각형들의 분해도가 동영상으로 제시된다.

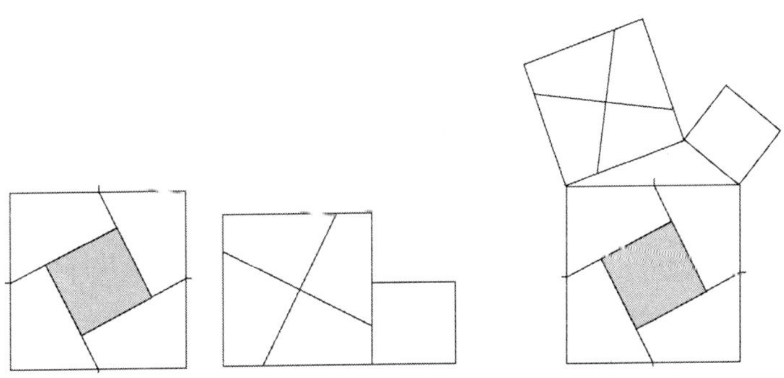

〈그림 117〉

■ 지도의 실제

① 유의 사항

학급이 소그룹들로 나누어진다. 학생들은 컴퓨터를 매개로 도형을 탐구하도록 한다. 학생들은 시스템 사용법과 집단 내에서 상호작용 방법에 대해 배운다. 주제에 접근하는 세 가지 문맥이 일반적 용어로 설명되고 그룹들에게 어떤 문맥을 선택하고 싶은지 결정하도록 한다.

② 과제의 도입

학생들이 프로그램을 시작하면 스크린에 세 가지 삼각형이 나타난다. 예각 삼각형, 직각 삼각형, 둔각 삼각형. 각 삼각형의 변들 위에는 정사각형이 그려져 있다. 가장 긴 변위의 정사각형은 붉은 색으로, 작은 변들 위의 정사각형은 녹색으로 그려져 있다. 예각, 직각, 둔각 삼각형의 세 가지 모든 경우에 대하여 학생들로 하여금 붉은 정사각형의 넓이와 녹색 삼각형들의 넓이의 합 사이의 관계를 논의하도록 한다. 교사는 모눈종이 위에 그림을 그려보고 넓이를 추정해보라고 지시한다. 집단 내에서의 논의 및 학급 토의를 통해 직각 삼각형에 대한 피타고라스 정리를 추측할 수 있어야 한다.

③ 과제의 정의

집단들에 다음과 같은 과제가 주어진다.

'컴퓨터 프로그램에 의해 제공된 도형 및 변환들로부터 왜 추측한 관계가 성립해야만 하는지를 발견하려고 노력하라. 추론의 근거를 적어서 제시하여라. 준비된 학습지를 사용하라.'

- 해답에 이르는 결정적 단서가 되는 도형 및 힌트들이 제시되어 있는 학습지를 각 집단에 나누어준다.
- 한 과제를 끝마친 집단은 다른 문제로 이동한다.

[문제 1] 각 집단은 문자로 관련 선분의 길이와 관련하여 도형의 넓이를 표현해야만 한다. 그리고 대수 공식에 의해 피타고라스 정리를 유도해내야 한다. 이 문제의 학습지는 그림 118에 제시되어 있다.

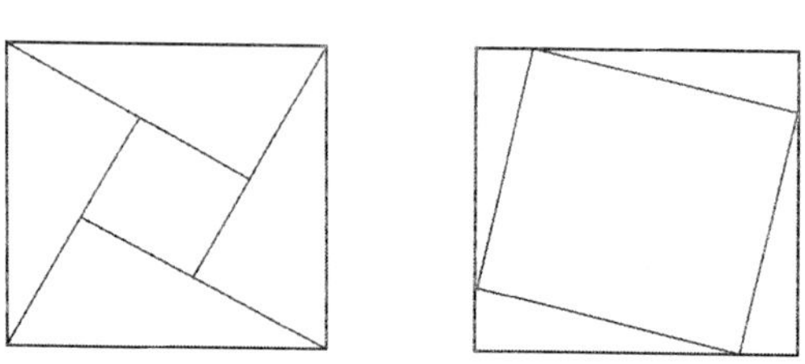

$(x+y)^2 = x^2 + 2xy + y^2$, $\quad (x-y)^2 = x^2 - 2xy + y^2$

〈그림 118〉

[문제 2] 각 집단은 유클리드의 동적인 증명을 기술하고 설명해야만 한다. 이 문제의 학습지는 그림 119에 제시되어 있다.

- 컴퓨터 화면을 보고 자신의 생각을 요약해서 말해보자.
- 오른쪽 그림을 보고 도형들의 넓이가 보존되는 이유를 설명해보아라.

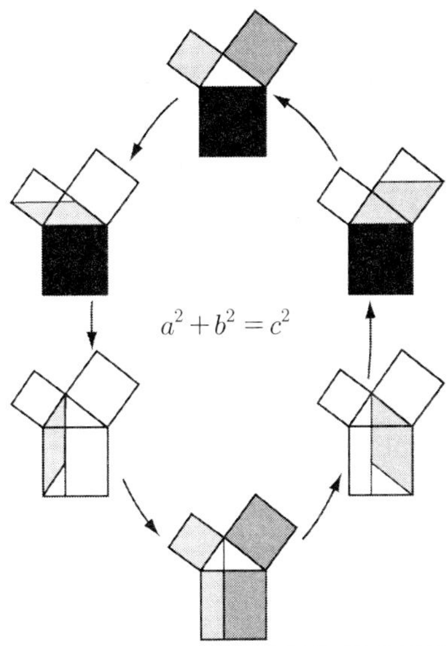

〈그림 119〉

※ 아래의 그림은 직각삼각형의 작은 변들 위에 그려진 정사각형들을 빗변 위에 그려진 정사각형으로 옮기는 도형의 변환과정을 나타내고 있으며, 학생들은 그림을 보고난 후, 이런 변환이 가능한 이유, 넓이가 변하시 않는 이유를 설명함으로써 비형식적 증명을 정교하게 만들도록 한다.

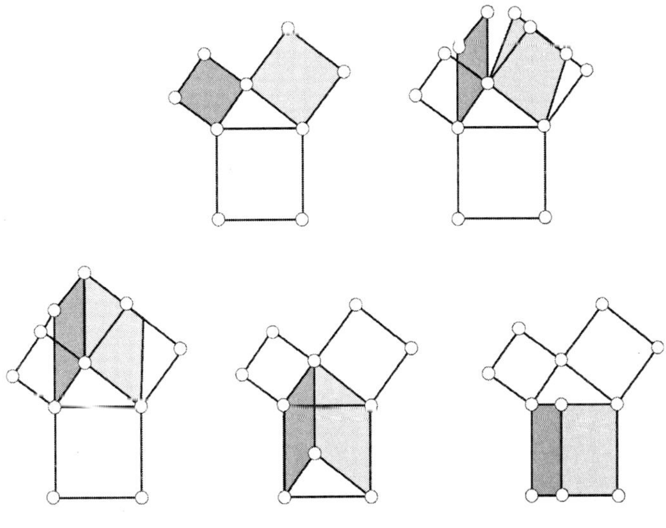

〈그림 120〉

[문제 3] 중간크기의 정사각형을 네 부분으로 나눈 조각들과 작은 정사각형을 조합하여 큰 정사각형으로 맞추어 보고 이 다섯 조각들이 큰 정사각형과 정확하게 일치한다는 것을 증명해야 한다. 이 문제의 학습지는 그림 121에 제시되어 있다.

• 컴퓨터 화면을 본 것과 더불어 손으로 한 작업에 대한 자신의 생각을 정리하여 말해보자.

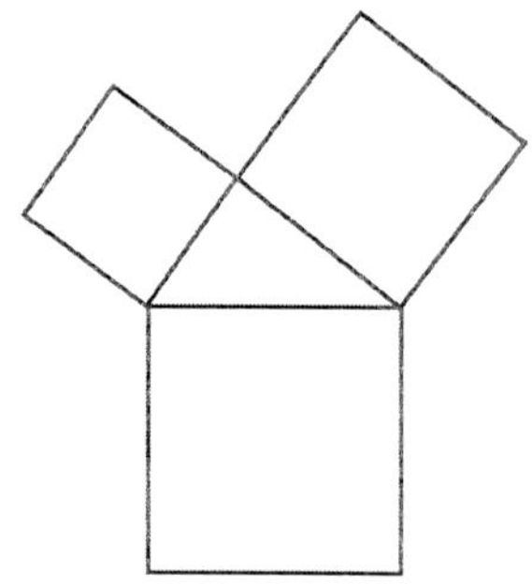

〈그림 121〉

4. 부피(체적)의 지도법

부피에 관한 인식론적 장애와 이해의 과정은 3절의 면적의 교수법과 마찬가지로, 부피를 단위 부피로 완전히 덮는 방법으로 시작하여 정적분으로 계산하는 과정을 그대로 반복하게 된다. 따라서 이 절에서는 부피의 교수법과 그의 지도과정에서 발생하는 인식론적 장애와 극복방법을 알아보기로 한다.

4.1 기둥의 부피

입체의 부피를 재는 방법은 단위부피로 완전히 덮는 것이다. 단위 부피는 보통 정육면체의 부피이고 정육면체는 정사각기둥이다. 따라서 입체의 부피를 재는 일은 기둥의 부피를 재는 일로부터 시작하게 된다.

4.1.1 고대인들의 기둥의 부피측정

기둥이라는 용어는 유클리드 원론 의 7장에 나타나지만 현재의 용어는 1600년대부터 사용하기 시작하였다. 직육면체는 고대 이집트와 고대 바빌론 수학에서 다루어졌지만 직육면체와 관련된 계산문제는 KAHUN 파피루스에서 처음 발견되었다. 런던 박물관에 소장되어 있는 KAHUN 파피루스 문제 55. 4에는 2원 일차 연립 방정식의 해법에 관한 것이다. 즉, 그런데 이 문제에는 직육면체의 곡물창고의 부피에 관한 내용이 수록되어 있다. 즉, 직육면체 모양의 곡물 창고에 90 hinu 들이 바구니 40개 만큼의 곡물을 부었더니 깊이가 d만큼 되었다. 창고의 가로, 세로의 길이를 구하는 문제이다. 또한 고대 이집트인들은 피라밋의 부피를 직육면체의 $\frac{1}{3}$로 구하고 있었으며, 피라밋의 겉넓이를 구하는 방법을 알았으므로 피라밋을 쌓을 때 필요한 돌의 개수를 추정할 수 있었다. 피라밋을 짓는 중간 과정의 모양인 각뿔대의 부피를 귀납적으로 비를 사용하여 구하였던 방법이 모스크마 파피루스(MMP 14)에 수록되어 있다. 또한 모스크바 파피루스(MMP) 문제 10번에는 반원기둥(semicylinder)의 겉넓이를 '$\frac{1}{2}\times\pi\times$지름$\times$높이' 로 구하고 있으며, 이 계산은 그들 고유의 이진법 곱셈 방식으로 수행되었지만 놀랍게도 현대의 공식과 정확하게 일치하고 있다(Gillings, 1972). 그 후, 유클리드는 원론의 7장에서는 구체적인 수치계산이 아닌 원기둥의 부피의 비를 계산하였으며, 아르키메데스는 '구와 원기둥 제2편'의 Proposition 1에서 길이의 비를 이용하여 원기둥의 부피를 구하였다.

4.1.2 각기둥의 부피

6개의 정사각형으로 둘러싸인 입체를 정육면체라고 하며, 정육면체는 입체의 공통척도이다. 밑면이 합동이고 높이가 두(세, 두 배 반) 배가 되면 두(세, 두 배 반) 번 쌓아올린 결과이므로 체적은 두(세, 두 배 반) 배가 된다. 마찬가지로, 높이가 같고 밑면적이 두(세, 두 배 반) 배가 되면 두(세, 두 배 반) 번 옆으로 붙인 결과이므로 체적은 두(세, 누 배 반) 배가 된다. 귀납적으로 유리수 배를 거쳐서 실수 배까지 확장하여 정리 10을 얻는다. 그 다음 주어진 각 기둥의 밑면의 넓이를 m^2 또는 cm^2 등으로 측정한 다음, 구한 수를 각 기둥의 높이를 m 또는 cm 등으로 각각 측정한 수로 곱한다. 그들의 곱은 텐서곱의 정의에 의해서 주어진 각기둥에 포함되는 부피가 $1\mathrm{m}^3$ 또는 $1\mathrm{cm}^3$인 단위 정육면체의 수(배)이므로, 결국 그 각 기둥의 부피가 된다. 따라서 각기둥이 단위 정육면체의 밑면적(m^2 또는 cm^2)의 m배, 높이(m 또는 cm)의 n배가 되면 각기둥의 체적은 정육면체의 mn배(즉, $mn(\mathrm{m}^2\otimes\mathrm{m})$ 또는 $mn(\mathrm{cm}^2\otimes\mathrm{cm})$)가 된다. 즉, 입체의 체적은 정육면체를 공통단위로 하여 다음 정리를 얻는다.

- 밑면이 합동인 두 각기둥의 체적은 그 높이에 비례하고, 높이가 같은 두 각기둥의 체적은 그 밑면적에 비례한다. 따라서
- 각기둥의 체적은 밑면적과 높이의 곱이다.

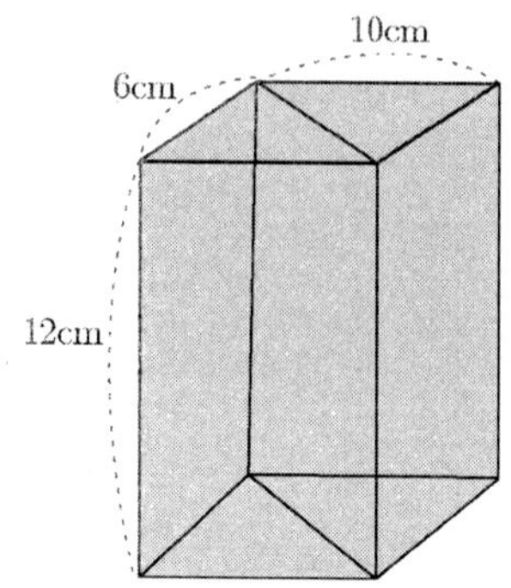

(각기둥의 부피)=(밑넓이)×(부피)

〈그림 122〉

4.1.2 원기둥의 부피

평행으로 마주하는 합동인 원을 두 밑면으로 하고 그 원주의 둘레를 평면으로 둘러싸인 입체를 원기둥이라고 한다.

원기둥은 직원기둥과 빗원기둥이 있다. 각기둥과 같은 방법으로 다음 사실을 알게 된다.

- 밑면과 높이가 같은 두 원기둥의 체적은 같다. 따라서
- 원기둥의 체적은 밑면적과 높이의 곱이다.

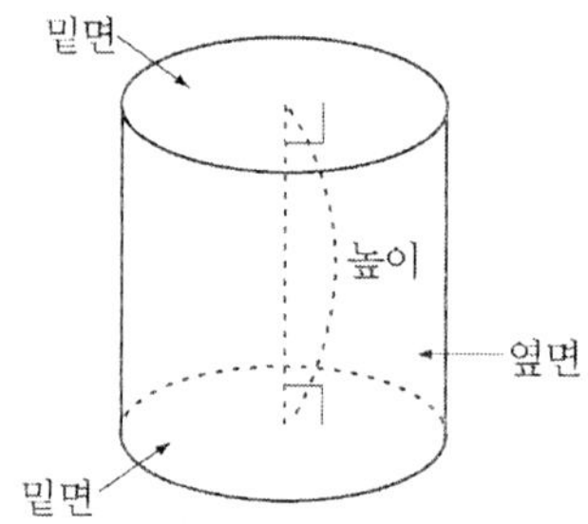

(원기둥의 부피)=(밑넓이)×(부피)

〈그림 123〉

• 원의 넓이 공식을 이용한 원기둥의 부피 구하기

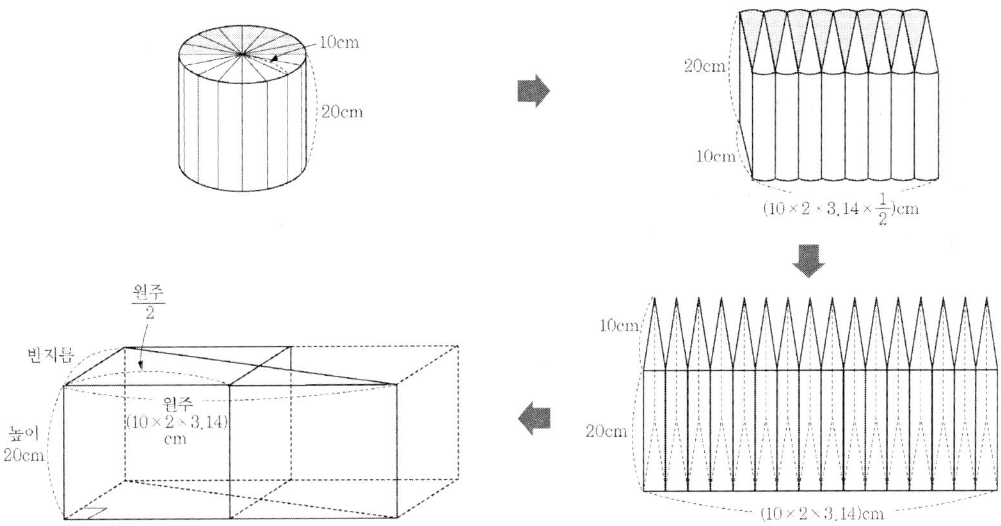

〈그림 124〉

4.2 각뿔과 원뿔의 부피

다각형 밖의 한 점(꼭지점)에서 출발하여 그 다각형의 밑면에서 끝나는 몇 개의 삼각형으로 둘러싸인 입체를 (직)각뿔이라 하며, 원 밖의 한 점(꼭지점)에서 원을 잇는 선분으로 둘러싸인 입체를 (직)원뿔이라 한다. 만일 꼭지점이 밑면에 수직이 아닌 경우에 만들어지는 뿔은 빗각(원)뿔이라고 한다.

4.2.1 각뿔의 부피

■ 카발리에리 원리

• 두 각뿔의 밑면적과 높이가 같으면 체적이 같고, 밑면의 모양은 다르지만 면적이 같고 높이가 같으면 두 각뿔의 체적은 같다.

설명 유클리드는 원론 7권에서 원뿔의 체적은 원기둥의 $\frac{1}{3}$임을 증명하였으며, 끌레로는 다음과 같이 직관적인 방법으로 각뿔의 부피를 설명하였다.

■ 끌레로의 방법

주어진 각뿔과 높이가 같은 정사각뿔을 생각하자. 두 각뿔의 높이가 같으면 체적의 비는 밑면적의 비가 되므로 다음이 성립한다.

• 높이가 같은 두 각뿔의 체적은 밑면적에 비례한다.

정사각형의 면적 : 다각형의 면적 = 정사각뿔의 체적 : 각뿔의 체적 이다. 예를 들어 이 비를 $a : b$로 놓으면 각뿔의 체적은 정사각뿔의 체적의 $\frac{b}{a}$배이다. 따라서 다음 식이 성립한다.

• 각뿔의 체적 = 정사각뿔 $\times\frac{b}{a}=\frac{1}{3}\times$높이$\times$정사각형$\times\frac{b}{a}=\frac{1}{3}\times$높이$\times$다각형

■ 고대 이집트인들의 방법

피라밋(정사각뿔)의 부피를 구하는, 다음과 같은 두 가지의 방법이 있다.

• 방법 1

'밑넓이가 B이고 높이가 h인 각기둥이 있다면, 각각의 각뿔의 부피는 $\frac{1}{3}$Bh이다.'

설명 평면에서 대각선은 정사각형을 두 개의 합동인 삼각형으로 잘라낸다. 삼차원 공간에서 정육면체의 한 쪽 코너에서의 대각선은 정육면체를 채우고 있는 세 개의 합동인 사각뿔을 만든다. 그러므로 각각의 사각뿔은 정사각형의 부피의 3분의 1이 된다. 정육면체 대신에 직육면체를 생각하자. 한 쪽 코너에서의 대각선을 이용하여 세 개의 사각뿔로 입체도형을 분할한다. 그 일반적으로 세 개의 사각기둥은 각각 합동이 아니다. 그러나 세 개의 사각기둥의 부피는 모두 같다.

• 방법 2

'정사각뿔의 체적은 정육면체의 체적의 $\frac{1}{6}$이다.'

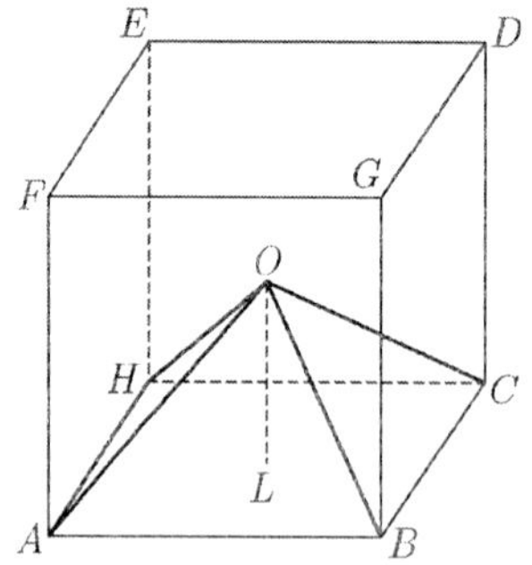

〈그림 125〉

설명 위의 정육면체의 4개의 대각선 AD, BE, CF, HG은 정육면체를 6등분한다. 따라서 대각선들의 교점인 O를 꼭지점으로 하는 피라밋(정사각뿔)의 부피는 각각 정육면체의 $\frac{1}{6}$이다.

■ 각뿔의 부피

각뿔의 체적은 밑면과 높이가 같은 각기둥의 체적의 $\frac{1}{3}$이다.

4.2.2 원뿔의 부피

고대인들은 원뿔의 부피를 그림 126 과 같이 원기둥에 꼭 맞는 원뿔을 넣고, 원기둥의 남은 공간을 물로 채운 다음, 원뿔을 꺼내면 물이 원기둥의 $\frac{2}{3}$을 채운다는 사실을 알게 되어, 원뿔의 부피가 원기둥 부피의 $\frac{1}{3}$ 임을 알게 되었다고 한다.

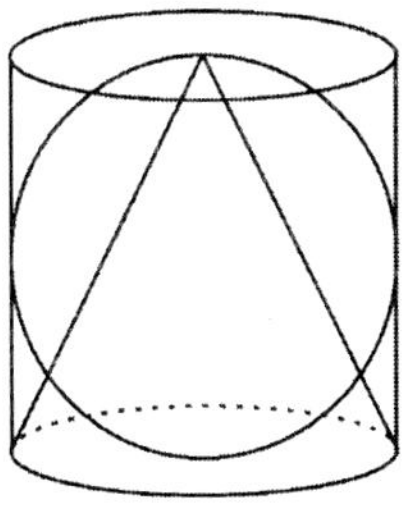

〈그림 126〉

4.3 구의 부피

위와 같은 방법으로, 반지름이 r인 구가 높이가 $2r$이며 구를 담고 있는 원기둥 안에 있다고 생각해보자(그림 126). 원기둥의 남은 공산을 물로 채운 다음, 구를 꺼낸다면 물이 원기둥의 $\frac{1}{3}$을 채운다는 것을 알게 된다. 이는 구가 원기둥 부피의 $\frac{2}{3}$를 차지하고 있음을 뜻한다. 원기둥의 부피가 $Bh = 2\pi r^3$이므로 실험을 통한 구의 부피는 $\frac{4}{3}\pi r^3$이 된다. 이 공식의 최초의 엄밀한 증명은 아르키메데스에 의해서이다.

■ 구의 부피(3장 2.4.2 절, 구의 부피 참조)

반지름이 r인 구의 부피 V는 다음과 같다.

$$V = \frac{4}{3}\pi r^3$$

4.5 입체의 겉넓이(표면적)

입체는 부피와 겉넓이를 측정할 필요가 있다. 따라서 이 절에서는 각기둥, 원기둥, 구의 겉넓이를 구하는 방법을 알아보기로 한다.

4.5.1 기둥의 겉넓이

기둥의 표면적은 보통 각기둥의 전개도의 면적으로 구한다. 각기둥의 전개도는 두 개의 합동인 밑면과 각기둥의 측면을 펼친 직사각형으로 이루어진다. 따라서 각기둥이 높이가 h이고 밑면의 둘레가 p일 때, 옆넓이는 직사각형의 면적인 hp가 된다. 이와 같은 방법을 원기둥에 적용할 수 있으며, 그때 측면을 펼쳤을 때 직사각형이 된다는 것을 상상할 수 있다. 삼차원의 입체도형의 겉넓이의 총합은 밑넓이×2와 옆넓이의 합이다.

■ 각기둥과 원기둥의 겉넓이

직육면체의 겉넓이는 전개도를 이용하여 구하면 편리하다. 예를 들면, 밑면의 가로, 세로가 각각 3cm, 2cm 이고 높이가 5cm 인 직육면체의 부피를 구할 때에는 아래와 같이 전개도를 그려보면, 밑넓이 2개와 옆넓이 1개 로 구성되어있음을 알 수 있다. 따라서 겉넓이는, 밑넓이 $6\text{cm}^2 \times 2$와 옆넓이 $(2+3+2+3)\times 5\text{cm}^2$의 합이다.

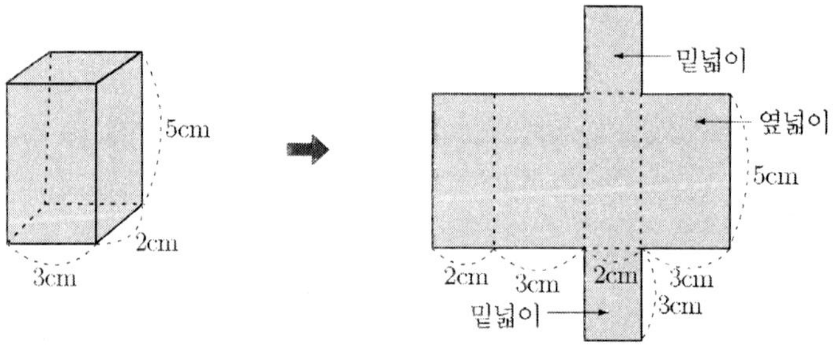

〈그림 127〉

이 사실을 일반화하면, 각기둥과 원기둥의 높이를 h, 밑넓이를 B, 밑면의 둘레를 p라 할 때, 겉넓이 SA는 다음과 같다.

$$SA = 2B + ph$$

(각기둥과 원기둥의 겉넓이) = (한 밑면의 넓이) × 2 + (옆면의 넓이)

• 다음 원기둥의 겉넓이를 구하시오.(그림 128)

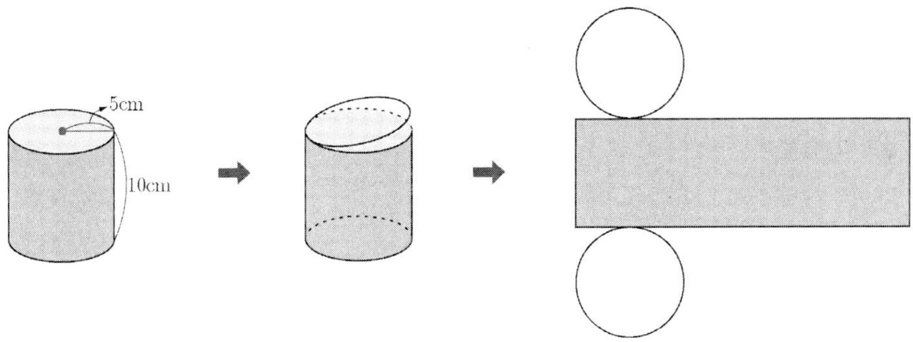

〈그림 128〉

4.6 구의 겉넓이

구의 부피와 겉넓이는 구를 나눈 작은 조각을 밑넓이로 하는 원뿔모양의 입체 부피와 연관된다. 우선, 구의 표면적을 n개의 매우 많은 조각으로 나눈다. 이들의 합은 구의 겉넓이 S가 된다. 또한, 각 원뿔의 꼭짓점은 구의 중심이 되어 높이가 r이 되므로 그들의 부피는 $\frac{1}{3}B_1r$, $\frac{1}{3}B_2r$, $\frac{1}{3}B_3r$ 등이 된다. 그러므로 $\frac{1}{3}r$ 이 공통 인수이므로 $\mathrm{V}=\frac{1}{3}r(B_1 1+B_2+\cdots+B_n)$ $=\frac{1}{3}rS$이다. $\mathrm{V}=\frac{4}{3}\pi r^3$이므로 $\frac{4}{3}\pi r^3=\frac{1}{3}rS$, 따라서 $S=4\pi r^2$.

■ 구의 겉넓이

반지름이 r인 구의 겉넓이 S는 다음과 같다.

$$S=4\pi r^2$$

4.7 뿔의 겉넓이

각뿔의 겉넓이는 각뿔의 옆면을 이루는 삼각형들의 넓이의 합에 밑면의 넓이를 더하면 된다. 특별히 각뿔의 개념을 발생시킨 볼록 피라밋(정사각뿔)은 밑면은 정다각형이며 옆면은 합동인 이등변삼각형들로 구성되어 있다. 이등변삼각형의 높이가 s이고 밑변의 길이의 합은 밑면 다각형의 둘레가 p이라면, 모든 삼각형들의 넓이의 합은 $\frac{1}{2}ps$이다. 밑면의 넓이가 B라면 겉넓이는 $SA=B+\frac{1}{2}ps$이다.

■ 정사각뿔(피라밋)의 겉넓이

이등변삼각형의 높이가 s이고, 밑넓이가 B, 둘레가 p인 정사각뿔이 있다면, 겉넓이 SA

의 공식은 다음과 같다.

$$SA = B + \frac{1}{2}ps$$

■ 원뿔의 겉넓이

밑면의 반지름이 r, 모선의 길이가 l인 원뿔의 표면적은 원뿔의 전개도를 그릴 때 만들어지는 밑면인 원과 옆면인 부채꼴의 면적의 합이 된다.

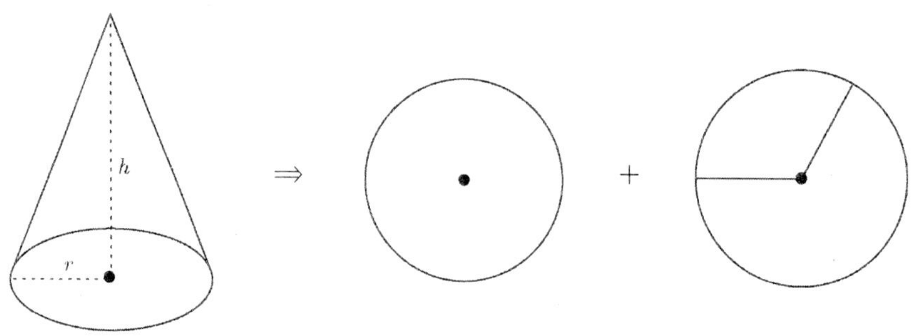

〈그림 129〉

즉, 부채꼴의 반지름은 모선의 길이인 s이고 부채꼴의 호의 길이는 밑면 원의 원주와 같으므로, 부채꼴의 면적은 $\pi l^2 \times \frac{2\pi r}{2\pi l} = 2\pi rl$이다. 따라서 원뿔의 겉넓이 SA는 다음과 같다.

$$SA = \pi r^2 + 2\pi rl$$

[유의점] Antiphon은 충분히 많은 변을 가진 정다각형은 원과 같다고 생각하여 원기둥, 원뿔, 원뿔대의 부피를 각기둥, 각뿔, 각뿔대의 부피와 같이 구하였다. 그러나 이 방법은 직관적인 지도 방법이 될 수는 있으나 극한을 제대로 이해하지 못하는 학생들에게는 가급적 언급하지 말아야하겠다.

4.8 각뿔대의 부피

피라밋을 축조하는 과정에서 만들어지는 입체가 각뿔대이다. 각뿔대란 밑면에 평행인 평면으로 잘려진, 밑면을 포함하는 입체이다. 고대 이집트인들은 피라밋의 부피가 $\frac{1}{3}\times$높이$\times$밑면적$= \frac{1}{3}\times h\times A^2$임을 알고 있었던 것으로 추측된다. 물론 그들은 정사각기둥의 부피가 가로$\times$세로$\times$높이임을 알고 있었다. 각뿔대의 부피는 아래 그림과 같이 전체 피라밋에서 위쪽의 피라밋을 없애면 된다. 이 절에서는 고대 이집트인들이 피라밋의 부피를 구한 연역적인 방법을 알아보기로 한다.

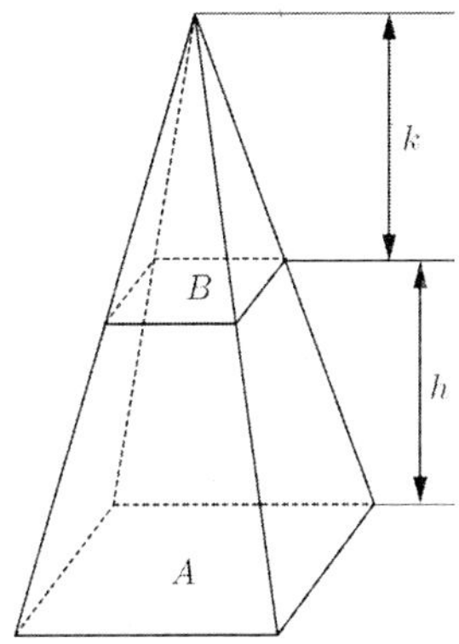

〈그림 130〉

그림 130에서 각뿔대의 부피는 다음과 같음을 알 수 있다.

$$\frac{1}{3}\times A^2\times(k+h)-\frac{1}{3}\times B^2\times k$$

4.8.1 각뿔대 공식의 변형

모스크바 파피루스에 의하면, 고대 이집트인들은 각뿔대의 부피를 그림 130의 h, k에 귀납법을 적용하여 위의 식을 변형해 갔다.

■ 식의 변형

먼저, 각뿔대의 부피 공식을 다음과 같이 변형한다.

- $\frac{1}{3}\times A^2\times(k+h)-\frac{1}{3}\times B^2\times k=\frac{1}{3}\times[A^2\times(k+h)-B^2\times k]$

$$=\frac{1}{3}\times[A^2\times k+A^2\times h-B^2\times k]$$

$$=\frac{1}{3}\times h\times[A^2+(A^2-B^2)]$$

■ 귀납적인 식의 변형

위에서 변형된 식을 h, k에 귀납법을 적용하면서 그들은 귀납적으로 각뿔대의 부피를 계산하였다.

- 먼저 $A=2\times B$인 경우를 생각하기로 한다.

모스크바 파피루스의 문제에서는 $A=2\times B$이므로 아래그림을 보면 $A^2-B^2=A\times B$

$+B^2$이다. 따라서 정사각뿔의 부피는

$$\frac{1}{3}\times h\times(A^2+A\times B+B^2).$$

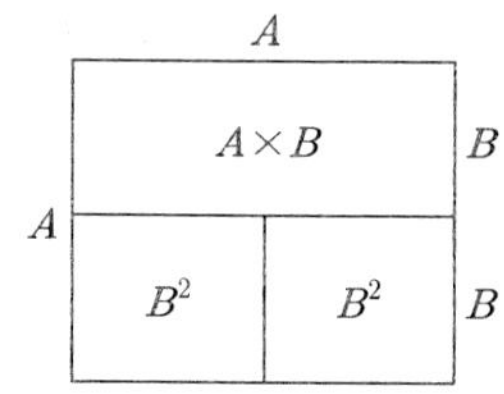

〈그림 131〉

• 각뿔대 그림(그림 130)에서 $h=2\times k$이고 $A=3\times B$이면 정사각뿔대의 부피는 다음과 같다.

$$\begin{aligned}\frac{1}{3}\times A^2\times(h+k)-\frac{1}{3}\times B^2\times k &= \frac{1}{3}\times(A^2\times(h+k)-B^2\times k)\\ &= \frac{1}{3}(A^2h+A^2k-B^2k)\\ &= \frac{1}{3}\times h\times\left(A^2+\frac{1}{2}\times A^2-\frac{1}{2}\times B^2\right)\\ &= \frac{1}{3}\times h\times\left(A^2+\frac{1}{2}\times(A^2-B^2)\right)\end{aligned}$$

• $\frac{1}{2}\times(A^2-B^2)$의 계산 그림에서 $A^2-B^2=2\times(A\times B+B^2)$이다. 그러므로

$$\frac{1}{2}\times(A^2-B^2)=\frac{1}{2}\times 2\times(A\times B+B^2)$$

이고 정사각뿔대의 부피는 역시 $\frac{1}{3}\times h\times(A^2+A\times B+B^2)$ 이다.

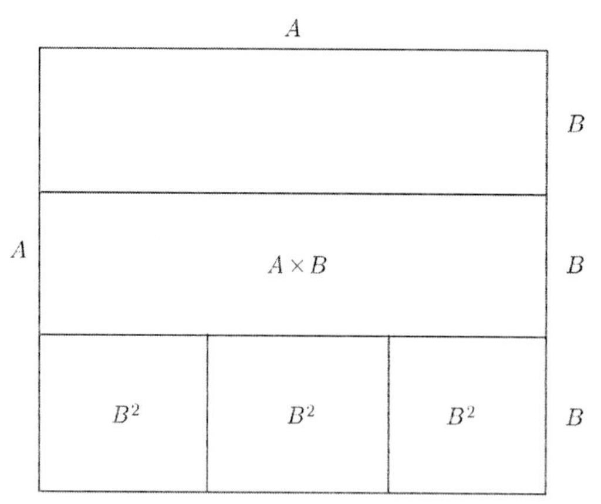

〈그림 132〉

• 이와 같이 h, k에 귀납법을 적용하여, 그들은 모든 자연수 또는 유리수 h, k에 대하여 현대의 정사각뿔대의 부피 공식을 구하게 된다.

4.9 회전체의 부피

직선을 축으로 하여 어떤 직선 또는 곡선을 360°회전시킨 도형을 회전체(solid of revolution)라고 부르며 회전축을 회전체의 모선(generatrix)이라고 부른다. 회전체로는 원기둥, 원뿔, 구 등이 대표적이지만, 모선이 일반 곡선인 경우의 부피를 구하는 방법을 몇 가지 예를 들어 알아보기로 하고, 일반적인 방법은 다음 장으로 미루기로 한다.

■ 예 1.

아래 그림에서 $AP = PC = 10\text{cm}$, $AD = 16\text{cm}$이다. 이 도형을 360°회전시킨 입체도형의 부피를 구하시오.

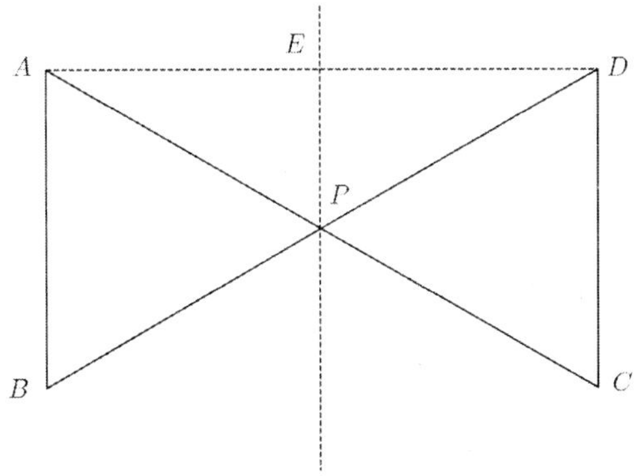

〈그림 133 〉

풀이 ① 입체도형의 부피 = 원기둥의 부피 − (2 × 원뿔의 부피)

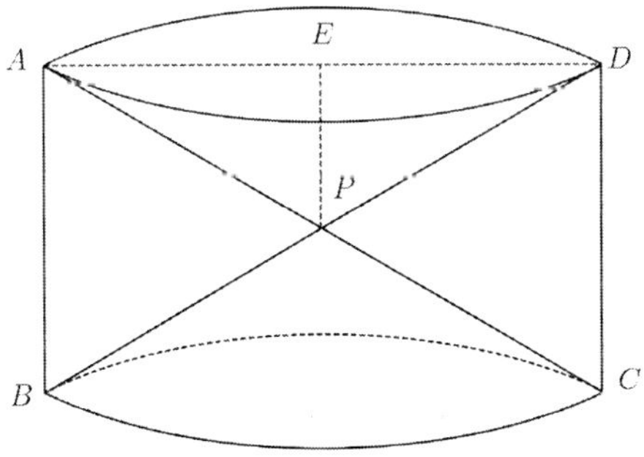

〈그림 134〉

② $AD = 16$이므로 $AE = 8\text{cm}$이다.

③ $AP = 10\text{cm}$, AE가 8cm이므로 삼중수(피타고라스정리)에 의하여 $EP = 6\text{cm}$

④ 따라서 입체도형의 부피는

$$3.14 \times 8^2 \times 12 - 2 \times \frac{1}{3} \times 3.14 \times 8^2 \times 6 = 2411.52 - 803.84 = 1607.68\text{cm}^3$$

■ 예 2.

아래 도형은 사다리꼴을 직선 가를 회전축으로 360°회전시켜 만든 것이다. 도형의 부피를 구하시오.

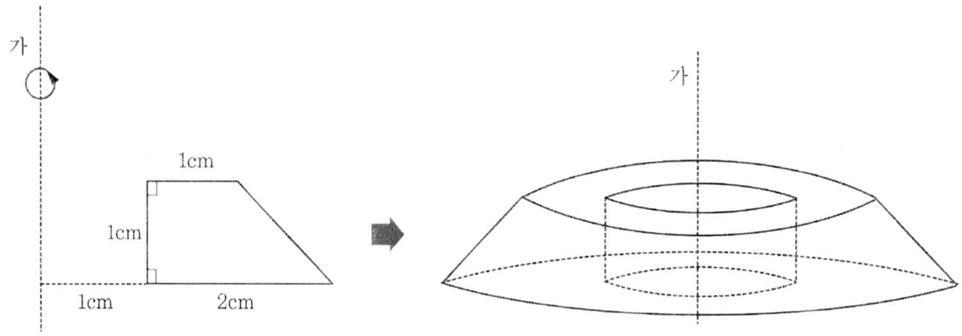

〈그림 135〉

풀이 ① 입체도형의 부피 = 원뿔대 − 원기둥

② 원기둥의 부피 $= 3.14 \times 1^2 \times 1 = 3.14\text{cm}^3$

③ 원뿔대의 부피 $= \dfrac{1}{3} \times 3.14 \times (3^2 + 2^2 + 2 \times 3)$

$$= \frac{19}{3} \times 3.14(cm^3)$$

④ 따라서 입체도형의 부피는

$$\frac{19}{3} \times 3.14 - 3.14 = \frac{16}{3} \times 3.14\text{cm}^3$$

4.10 들이의 지도법

지금까지 4절에서는 입체의 부피를 측정하는 역사적과정과 기존의 공식을 알아보았다. 이 절과 다음절인 4.10절에서는 초등학교에서부터 시작되는 부피와 들이의 측정 지도법에 관하여 알아보기로 한다. 부피와 들이의 개념은 매우 유사하면서, 서로 다른 개념이므로 지도할 때 세심한 주의를 요한다. 먼저 들이의 지도부터 알아보기로 한다.

4.10.1 들이의 개념

측정에서의 들이는 '들이다'에서 온 개념으로 '(용기의 안으로) 들여진 정도'를 의미하며, 기름 등과 같이 유동성이 있기 때문에 용기에 담아서 잴 수밖에 없는 물체의 부피를 용기의 내부 공간에 담을 수 있는 양을 의미한다. 들이(capacity)는 라틴어 capax에서 온 것으로 '양을 많이 차지할 수 있다'는 의미이다. 이처럼 들이는 용기를 전제로 한 개념이므로 들이는 보통 용기에 들어가는 용량의 부피로서 측정된다. 액체를 크기가 같은 컵이나 비커 등을 이용하여 등분하거나, 또는 역으로 컵이나 비커의 액체를 한 용기에 부어서 그들의 양이 불변임을 인식시키는 지도는 양의 조작의 가역성을 알게 하는 것으로서 중요한 의미를 갖는다. 그러나 부피는 물체의 분할, 변형에 대하여 양의 보존성이 유지되지만, 들이는 용기자체의 내부공간의 모양에 크게 의존하기 때문에 부피와는 구별하여 지도한다.

4.10.2 들이의 비교지도

들이의 개념을 지도에서는 용기를 사용한다. 예를 들면 컵, 물통, 그릇, 병 등의 내부 공간에 담을 수 있는 양의 크기를 비교하게 한다.

■ 직접비교

① 한 그릇에 물을 가득 채운 후 다른 그릇에 부어본다.

② 두 그릇에 물을 가득 채운 후, 수조에 차례로 부어 높이를 알아본다.

■ 간접비교

들이는 그의 내부공간에 담을 수 있는 양이므로 외형만으로는 크기를 정확하게 비교할 수 없으므로, 용기의 모양이나 크기가 다른 경우에는 직접 비교할 수 없게 되어 간접 비교를 하게 한다. 즉 들이를 비교할 두 용기가 비어있는 경우에는 물을 부어 가득 찰 때까지의 각각의 시산을 재거나 또는 같은 양의 물을 두 용기에 부어서 남은 양으로 비교할 수 있다. 또는 컵이나 비커 등을 이용하여 물의 양을 등분할 하면서 들이를 비교한다. 이와 같이 물의 양을 등분할하거나 여러 용기의 물의 양을 큰 용기에 합치는 실험을 통하여, 아동들은 들이의 보존성을 이해하게 된다. 컵이나 비커에 의한 물의 양 등분할 활동은 임의 단위에 의한 측정이므로 한 컵, 두 컵, 세 컵, … 등으로 셀 수 있다.

■ 들이의 특성

① 들이는 모양과는 관계가 없다.(들이의 불변성)

② 들이는 가법성을 갖는다.(들이의 가법성)

③ 두 들이의 중간에 해당되는 부피를 갖는 들이가 항상 존재한다.(들이의 연속성분)

임의 단위에 의한 들이 측정은 꼭 맞아떨어지는 경우가 거의 없고 대부분 약간의 양이 남게 된다. 이 때에는 어림값으로 '약간 너 된다' 또는 '약간 더 될 된다' 또는 '약 얼마이다'로 표현하면서, 자연스럽게 보편단위의 필요성을 이해한다.

■ 갈등

각 나라마다 사용하는 들이의 단위가 달라서 교역할 때마다 복잡한 환산을 해야 하는 번거로움을 해결하고 싶다.

■ 이해

유럽에서 무역할 때의 불편함을 해소하기위해서 1793년에 정한 길이의 단위인 1cm를 이용하여 다음과 같이 들이의 보편단위(미터법)를 정하여 지금은 우리나라를 포함한 세계의 거의 모든 나라에서 사용하고 있다.

4.10.3 들이의 보편 단위의 도입

■ 1L의 개념

1795년 프랑스과학원에서는 한 변의 길이가 10cm인 정육면체의 부피를 1 liter로 정하고 1 l로 표기하였으나, 1979년부터는 1L로 표기하였으며 1L의 $\frac{1}{1000}$을 1mL(milli liter)로 표기하였다.

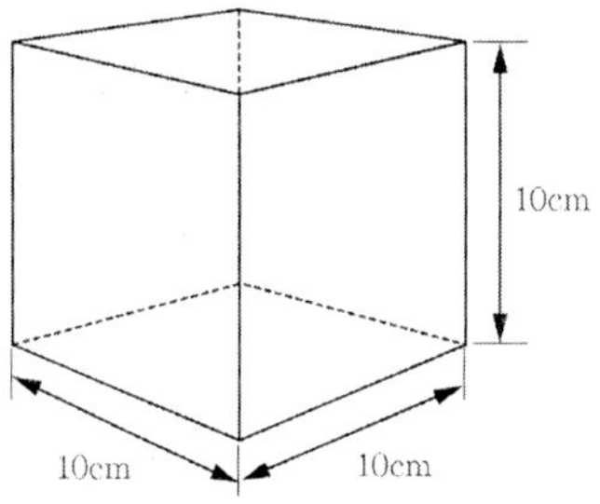

〈그림 136〉

■ 1L의 개념 지도

수학교구인 천 모형만큼의 부피를 1L, 일 모형(낱개)만큼의 부피를 1mL로 지도한다. 천모형은 일모형(낱개)이 1000개가 모여서 이루진다는 사실은 알지만, 머릿속에서 형상화시키기 어려워하는 아동에게 ‘ 일 모형(낱개) 10개를 붙여서 십 모형을 만들고, 십 모형을 10개 붙여서 백 모형을, 백 모형을 10개 붙여서 천 모형을 만드는 과정’을 설명하고, 실제 수모형으로 보여준다. 이러한 활동은 아동들의 양감을 기르는데 도움이 된다.

용기의 들이를 측정하는 방법으로는 1L 용기, 1dL, 1mL 용기를 이용하여 측정한다. 그러나 1dL 보다 적은 양에 대해서는 이들로서는 측정하기 어렵다. 이 때에는 적은 양이므로 계기의 표면에 외부에서 쉽게 관찰할 수 있도록 용량을 눈금으로 나타내어 사용한다. 들이의 단위를 이해한 다음에는 들이의 양을 더하거나 빼는 계산을 한다.

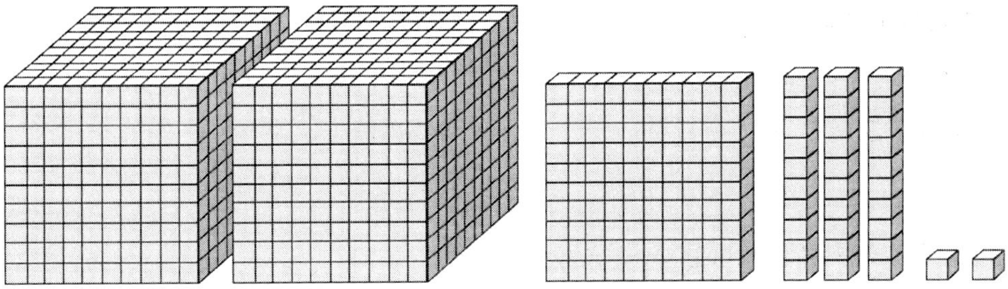

〈그림 137〉

이를 위하여 1L=10dL=1000mL 의 관계를 이용하여 단명수와 복명수의 관계를 이해한다. 예를 들면 28dL=2L 8dL임을 실험을 통하여 확인한다. 계산 방법의 지도는 실제적인 조작과 더불어 시행하여야 효과적이다.

4.10.4 어림하여 측정하기의 지도

어림하기는 측정 도구를 사용하지 않고 측정에 이르는 지적 과정이다. 측정 발달에서 어림을 강조하는 몇 가지 이유는, 우선 단위의 크기와 단위 간의 관계를 강화하는 데 도움을 줄 수 있으며, 일상생활에서 특정한 용기에 얼마나 담을 수 있는지를 대략적으로 알아야 하는 들이에 대한 양감을 줄 수 있기 때문이다. 어림하기에는 크게 두 가지 유형이 있다.

첫째는 가장 전형적인 유형으로 '이 병의 들이는 얼마인가?'와 같이 대상과 속성은 주어지고 측정값은 알려지지 않는 경우이다.

둘째는 '들이가 1L쯤 되는 물건을 찾아보시오.'와 같이 측정값을 알고 대상을 선택해야 하는 경우이다.

아동들은 대체로 첫째 유형에는 익숙해져있지만, 상대적으로 두 번째 유형에 익숙해져 있지 않은 경향이 있다. 따라서 교사는 위의 두 종류의 어림의 중요성을 감안하여 어림 활동을 확장시킬 수 있는 다음과 같은 전략을 사용할 수 있다.

- 기준 척도와 비교
  자신이 가지고 있는 병의 들이가 500mL임을 안다면 이보다 조금 더 큰 병의 들이는 600mL라고 어림할 수 있다.

- 덩어리 짓기(chunking)
  대상을 여러 가지 부분으로 나누고 각 부분을 어림하여 전체 측정값을 구하는 것이다. 예를 들어, 어떤 병의 들이를 어림할 때, 병을 적절히 부분으로 나눠서 각각을 어림해 봤더니, 200mL, 100mL, 50mL라면 전체 들이는 약 350mL로 어림할 수 있다.

• 단위화하기(unitizing)

대상의 한 부분(unit)을 어림하고 전체에 이 부분이 몇 번 들어가는지를 생각해 보는 것이다. 예를 들어, 어떤 용기의 들이를 어림할 때, 100mL를 어림하고 이것이 전체 용기에 몇 번 들어가는지를 생각해서 전체 들이를 어림하는 경우이다.

4.10.5 들이에 관련된 학생들의 오개념

학생들이 가지고 있는 오개념을 교사가 미리 안다면, 가르칠 때 이러한 오개념이 형성되지 않도록 주의할 수 있고, 수업 중에 오개념이 드러난 경우 이에 능숙하게 대처할 수 있을 것이다.

L가 mL보다 큰 단위이므로 L앞에 더 큰 수가 와야 하는 것이 아닐까?

아동들은 종종 L가 mL보다 큰 단위이므로, L앞에 mL보다 더 큰 수가 와야 한다고 생각하여 1000L=1mL라고 쓰기도 한다. 단위의 수와 단위의 크기 사이에는 역관계가 있다는 사실을 알지 못하고 이런 오개념을 범하는 학생들에게 1 L= 1000mL라고 약속한다는 사실을 강요하는 것은 효과가 없다.

이 때는 아동의 사전 지식과 등호의 개념을 이용하여 L가 mL보다 큰 단위인데(학생의 생각 인정), 등호는 양쪽이 같다는 것을 뜻하므로 양변이 같아지기 위해서는 큰 L단위 앞에는 작은 수가 와야 하고, 작은 mL단위 앞에는 큰 수가 와야 한다는 점을 이해시키는 것이 효과적이었다.

또는 각설탕 등과 같은(수모형 낱개) 약 1mL를 나타낼 수 있는 물건을 제시하면서, 1L의 용기는 각설탕을 1000개 넣어야 채울 수 있다는 점을 아동이 감각적으로 알도록 하면서 1000mL가 1L와 같다는 것을 지도할 수 도 있다.

4.11 부피의 지도법

부피란 입체가 공간 속에서 차지하는 크기이다. 바로 위에서 논의한 들이는 용기 안에 담긴 내용물의 양이므로 들이와 부피는 구별되는 점을 제외하면 양으로서의 들이와 부피의 성질은 동일하다. 따라서 부피의 역사발생에서의 갈등과 해결과정은 들이와 유사한 방법으로 지도하면 된다. 특히, 부피는 입체도형과 관련된 양이므로, 부피를 측정하는 방법의 기본이 되고 설명하기 쉬운 직육면체의 부피를 구하는 방법으로부터 시작한다.

■ 부피의 특성

① 부피는 모양과는 관계가 없다.(부피의 불변성, 찰흙의 조작)

② 부피는 가법성을 갖는다.(부피의 가법성, 찰흙의 조작)

③ 두 물체의 부피의 중간에 해당되는 부피를 갖는 물체가 항상 존재한다.(부피의 연속성, 찰흙의 일부분)

■ 갈등

들이의 경우와 마찬가지로, 각 나라마다 사용하는 부피의 단위가 달라서 교역할 때마다 복잡한 환산을 해야 하는 번거로움을 해결해야 한다.

■ 이해

유럽에서 무역할 때의 불편함을 해소하기위해서 1793년에 정한 길이의 단위인 1cm를 이용하여 다음과 같이 들이의 보편단위(미터법)를 정하여 지금은 우리나라를 포함한 세계의 거의 모든 나라에서 사용하고 있다.

4.11.1 부피의 보편단위의 도입

■ $1cm^3$, $1m^3$의 개념

부피의 보편단위를 도입하기 위해서는, 크기가 같은 쌓기 나무(블럭)로 어떤 상자 속을 꽉 채울 수 있는 개수나, 직육면체를 만들 때 필요한 쌓기 나무의 개수 등을 생각하게 하여 길이와 넓이의 단위관계로부터 보편단위 $1cm^3$ 를 도입한다. 또한 컨테이너와 같이 커다란 물건의 부피를 측정할 경우에는 측정 단위로 $1cm^3$(cubic centimeter)를 사용할 때의 불편함을 알도록 한 후 더 큰 단위인, 한 모서리의 길이가 1m 인 정육면체의 부피를 $1m^3$를 도입하고

$$1000000\ cm^3 = 1m^3$$

가 되는 상황을 생활에서 찾아 이해하도록 지도한다.

또한 들이와 부피 단위 사이의 관계는 다음과 같음을 알도록 한다.

내부의 한 변이 10cm인 정육면체의 그릇에 들어갈 수 있는 단위부피인 $1cm^3$의 개수와 같은 그릇에 1L의 액체를 수입한 경우의 들이를 비교시켜 같은 단위로 통합될 수 있음을 깨닫게 하고, 그들 단위 사이의 관계는 $1L=1000cm^3=1000mL$ 임을 이해시킨다.

4.11.2 직육면체의 부피 지도

직육면체(각 기둥)는 역사발생적으로 크기가 같은 벽돌을 쌓아 올린 모양과 땅 속에 곡식을 저장하는 창고의 모양에서 인식되었으며, 그 기둥을 축조하는데 필요한 벽돌의 개수와 창고의 크기를 알아내기 위하여 직육면체의 부피를 계산 할 필요가 발생하였다. 이 절에서는 6장의 4.1.1절과 4.1.2절에서 고대인들과 끌레로의 방법을 활용하여 직육면체의 부피를 지도하는 방법을 설명하도록 한다.

■ 갈등

• 건축가는 크기가 같은 벽돌을 이용하여 직육면체 모양의 신전의 기둥을 쌓으라는 임금님의 명령을 받았다. 기둥을 완성하려면 벽돌이 몇 장이 필요할까?

• 추수한 곡식을 저장하려면 얼마나 큰 창고를 만들어야 할까?

※ 입체도형이 차지하는 공간을 그 입체도형의 부피라고 한다.
아동에게는 직관적으로 '사물의 크기'를 그 사물의 부피라고 지도한다.

■ 직육면체 부피의 직접측정

단위 정육면체를 정하여 직육면체를 구성하고 있는 단위 정육면체의 개수를 세면된다. 그러나 직육면체의 부피가 클수록 이 방법은 점점 더 힘들어 진다.

■ 직육면체 부피의 간접측정

• 직육면체의 가로의 길이가 달라지면 부피는 어떻게 변하는지 알아보시오.
• 직육면체의 세로의 길이가 달라지면 부피는 어떻게 변하는지 알아보시오.
• 직육면체의 높이가 달라지면 부피는 어떻게 변하는지 알아보시오.

■ 이해

벽돌 두개를 옆으로 붙여 놓으면 부피가 2배가 되고, 또한 벽돌을 3층으로 쌓으면 부피가 3배가 되는 사실을 알았다. 즉, 직육면체의 부피는 밑넓이와 높이에 따라서 결정된다.

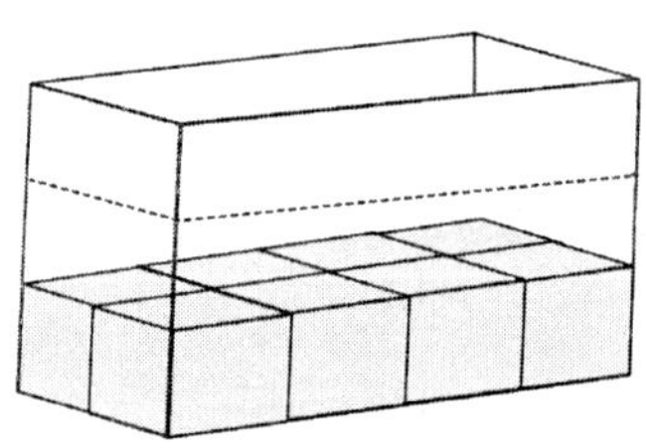

〈그림 138〉

따라서 직육면체의 부피는 다음과 같다.

• 아래와 그림과 같이 가로, 세로, 높이가 각각 a, c, b인 직육면체의 부피는 밑넓이 $= a \times c$ 이므로 밑넓이×높이$= a \times c \times b$
• 따라서 아래 그림과 같이 $a = b = c$ 즉, 세 모서리가 모두 a인 정육면체의 부피는 $a \times a \times a$이다.

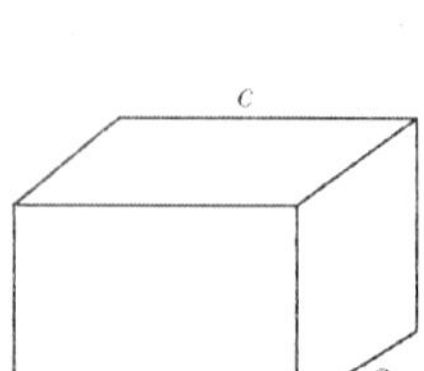

〈그림 139〉

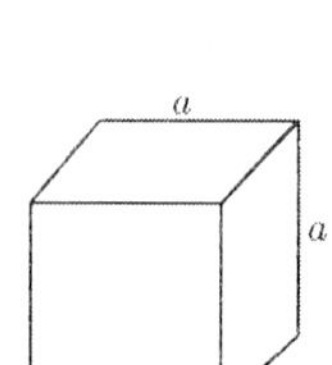

〈그림 140〉

■ 들이와 부피의 단위

단위	cm^3	m^3	L	in^3	ft^3	yd^3	gal(美)
1 cm^3	1	0.000001	0.001	0.06102	0.00003	0.00001	0.00026
1 m^3	1000000	1	1000	61027	35.3165	1.30820	264.186
1 l	1000	0.001	1	61.027	0.03531	0.00130	0.26418
1 in^3	16.387	0.000016	0.01638	1	0.00057	0.00002	0.00432
1 ft^3	28316.8	0.02831	28.3169	1728	1	0.03703	7.48051
1 yd^3	764511	0.76451	764.511	46656	27	1	201.974
1 gal(美)	3785.43	0.00378	3.78543	231	0.16368	0.00495	1

■ 기타 부피의 단위

단위	약어	'피트'로 표현
티스푼	tsp	1/3 tbl
테이블스푼	T or tbl	2 fl. oz
액량 온스	fl. oz	1/8 C
컵	C	8 fl. oz, 1/4 qt
쿼트	qt	4 C, 1/4 gal
겔론	gal	4 qt, 231 인치 입방체
부셀	bu	2150.42 인치 입방체

4.12 직육면체의 겉넓이 지도

겉넓이는 넓이의 지도에 속할 수도 있으나, 우리나라의 수학과 교육과정에서는 부피의 지도와 연계하기로 되어 있기 때문에 입체의 부피 지도 다음에 겉넓이 지도법을, 6장의 4.5절의 내용을 활용하여 설명하기로 한다.

■ 갈등

평면이 아닌, 직육면체의 겉넓이를 어떤 방법으로 구하면 될까?

① 각 면의 넓이의 합

② 밑넓이와 옆넓이의 힙

③ 마주 보는 3쌍의 면이 합동

④ 전개도를 이용

■ 이해 1

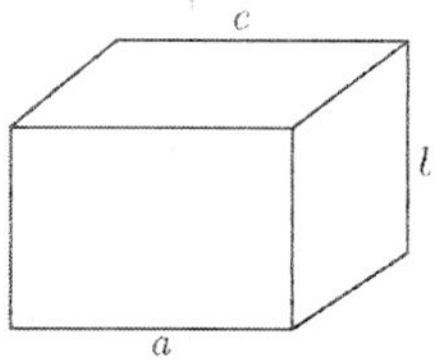

③번으로 구하면

직육면체의 겉넓이는 가로, 세로, 높이가 각각 a, c, b이라면

$= 2\times a\times b+2\times b\times c+2\times a\times c$

$= 2\times(a\times b+b\times c+a\times c)$

④번의 전개도를 이용하여 구하면, 겉넓이는

$2\times a\times c+2\times(a+c)\times b$

■ 이해 1-1

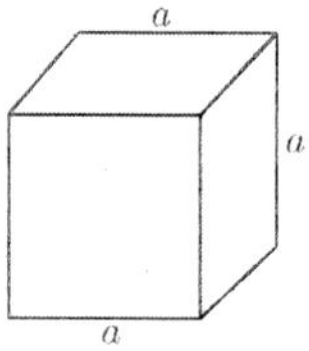

정육면체는 합동인 정사각형 6개로 둘러 쌓여있기 때문에, 정육면체의 겉넓이는 한 변의 길이가 a인 정사각형 넓이인 $a\times a$의 6배가 된다. 즉 $6\times a\times a$이다.

※ 정육면체는 직육면체이다.

5. 무게의 지도법

무게는 길이나 부피와 같은 연속량이지만 눈으로 볼 수 없는 양으로 무거운 정도를 나타내는 양이다. 수학에서의 무게의 개념은 중력 가속도를 고려하지 않는 질량(mass)을, 물리학에서는 중력 가속도를 감안한 질량(weight)을 의미한다. 같은 물체의 경우 형태가 변하거나 작게 나누어도 원래의 무게는 변하지 않지만 부피가 같더라도 그 재질(밀도)에 따라 다를 수 있다. 따라서 무게의 직접 비교는 대상을 들어보고 근육의 이완정도에 의해서 판단 할 수밖에 없다.

5.1 무게의 비교

부피와 마찬가지로 무게 역시 직접비교와 간접비교를 할 수 있다.

5.1.1 직접비교

무게를 비교하는 가장 간단한 방법의 하나는 두 물체를 양손으로 들어 보는 것으로, 필통과 책, 지우개와 연필 등, 두 물체의 무게의 차이를 인식할 수 있을 경우에는 무게를 비교할 수 있다. 아동들은 이 과정에서 모든 물체는 무게를 지니고 있으며, 무게는 모양이나 부피만으로 판단할 수 없으며, 가법적인 양임을 알도록 지도하고 '더 무겁다 또는 '더 가볍다'로 표현하도록 한다.

5.1.2 간접비교

손으로 들 수 없는 무거운 물체이거나 두 물체의 무게가 비슷할 때, 또는 너무 가벼운 물체의 경우에는 무게의 비교가 어렵다. 이러한 불편을 극복하기 위하여 무게를 시각적인 양으로 표현되어야 한다. 특히 물체의 크기가 작거나, 수학책과 수학 익힘책과 같이 두 물체의 무게가 비슷할 때에는 양팔 저울(천칭)을 이용하여 비교할 수 있다. 양팔 저울을 이용하면 무거운 물건이 있는 쪽이 '아래로 내려가는' 사실을 통하여, 아동들은 두 물체의 무게가 다를 때에는, 그 사이에 존재하는 무게(연속량)가 있으며, 무게에도 순서가 있음(무게의 순서성)을 알게 된다.

■ 무게의 임의 단위

천칭에 의한 무게 비교는 '어느 편이 더 무거운가?'는 알 수 있으나 '얼마나 더 무거운가?'는 알 수 없으므로, 매개물을 이용한 임의 단위로서 바둑돌, 구슬, 성냥개비, 건전지 등의 구체물을 이용하여 '그들 무게의 몇 개분인가?'를 측정한다. 무게는 외연량 중에서 가장 가법성이 강한 양이다. 따라서 무게에 관한 실험은 아이들로 하여금 다양한 활동을 가능하게 한다. 예를 들면 물체를 분할, 합성하거나 또는 가루로 만들어 분리하거나 혼합하여 측정하더라도 그 무게는 불변이다.

■ 무게의 특성

① 무게는 그 부피와는 관계가 없다.(무게의 불변성, 솜과 쇠붙이)
② 무게는 그 모양과 관계가 없다.(무게의 불변성, 찰흙의 소삭)
③ 무게는 가법성을 갖는다.(무게의 가법성, 찰흙의 조작)
④ 두 물체의 무게의 중간에 해당되는 무게를 갖는 물체가 항상 존재한다.(무게의 연속성, 찰흙의 일부분)

5.2 무게의 보편단위

무게는 길이, 넓이, 부피와 같은 시각적인 양이 아니기 때문에 이를 단위로부터 유도할 수 없다. 그러나 동일한 재질의 물체의 무게는 그의 부피에 비례하기 때문에 무게는 부피와 밀접한 관련이 있다. 그런데 천칭에 의한 무게의 비교에는 한계가 있다. 즉, 상대적인 무게는 알 수 있으나, 절대적인 무게를 알 수 없기 때문에 임의단위를 사용할 때 불편한 점을 아동들에게 인식하도록 지도한다.

■ 갈등

각 나라마다 무게를 재는 방법이 다르면 그 많은 물건들을 어떻게 사고팔까?

보편단위를 도입하기 위하여 저울을 사용한다. 저울에는 접시저울, 용수철저울, 대저울, 천칭 등이 있다. 이러한 저울을 통하여 무게는 선분으로 시각화되고, 실수에 대응시킬 수 있다.

■ 이해

무게의 보편단위를 정하면 된다.

5.2.1 1kg과 1g의 개념 지도

■ 1g, 1kg의 도입

1795년 생물학자들에 의해 물의 비중이 3.98C°일 때 가장 밀도가 큰 사실을 발견한 후, 1799년 12월 10일에 프랑스 과학원에서 3.98C°(약 4C°)일 때 순수한 물 1cc(cubic centimeter, cm^3)의 무게를 1g으로 유럽의 공통척관법으로 정하였다. 또한 1g의 1000배를 1kg으로, $\frac{1}{1000}$을 1mg 등으로 표기하였는데, 그 이유는 10진법으로 구성된 인도-아라비아 숫자(Hindu-Arabic numeral)인 0, 1, 2, 3, 4, 5, 6, 7, 8, 9로 표현된 수의 계산 속도가 세계에서 가장 빠르기 때문이다.

■ 1kg의 지도

무게의 지도는 1kg부터 지도한 후에 1g을 지도한다. 교실수업시간에 아동들에게 들이를 지도할 때, 수학교구인 천 모형만큼의 들이를 1L, 일 모형(낱개)만큼의 들이를 1mL로 정하였다. 따라서 천 모형만큼의 물의 무게를 1kg으로 약속하여 아동들에게 양감을 갖도록 한다.

- 과학실에서 1L 들이의 그릇을 저울 위에 올려놓고 그릇에 물을 완전히 채우면 저울의 눈금이 1kg 움직이는 과정을 아동들이 관찰하도록 한다.

[유의점]

- 물건이 놓이지 않은 상태에서 저울의 바늘이 눈금 0에 놓여 있는지를 확인한다.
- 저울의 눈금을 읽기 전에 저울의 모양과 눈금의 구성 원리를 지도한다. 저울의 눈금 읽기는 모든 계기의 눈금 읽기의 기초가 되기 때문이다.

■ 1g의 지도

저울 위에 올려놓은 물건의 무게가 눈금 사이에 있게 되거나, 연필 등과 같이 작은 물건의 무게를 잴 때에는 1kg보다 더 작은 눈금이 필요하게 되는 상황을 경험하도록 한 후에, 새로운 단위인 1g을 일 모형(낱개)만큼의 물의 무게로 약속하여 아동이 양감을 갖도록 한다.

- 물 $1cm^3$인 무게를 1g으로 약속한다.

- 이 관계를 이용하여 물체의 무게를 복명수로 나타내게 한다.
  5kg 250g의 무게는 5250g으로 환산하고 무게의 합과 차를 병행하여 구체적 실험을 통하여 확인한다. 이를 통하여 양의 보존성을 이해한다.
- 1000g=1kg임을 지도한다.
- 무게의 단위로는 kg, g 외에 큰 무게를 재기 위하여 톤(t)을 도입하고 1t=1000kg 임을 이해하도록 지도한다.

■ 무게의 어림 지도

눈금이 예민한 저울 위에서는 동일한 물건의 무게를 잴 때 또는 눈금을 바라보는 각도에 따라서 측정값이 조금씩 달라질 수 있다.

- 물건의 길이를 잴 때와 마찬가지로, 어림하여 근사값으로 측정하는 방법을 지도한다.

■ 무게의 단위 비교

단위	g	kg	ton	그레인	온스	lb
1 g	1	0.001	0.000001	15.432	0.03527	0.0022
1 kg	1000	1	0.001	15432	33.273	2.20459
1 ton	1000000	1000	1	-	35273	2204.59
1 그레인	0.06479	0.00006	-	1	0.00228	0.00014
1 온스	28.3495	0.02835	0.000028	437.4	1	0.06525
1 lb	453.592	0.45359	0.00045	7000	16	1

■ 들이, 부피, 무게의 관계

입방체	부 피	무게(물)
1m^3	1kL	1 ton
1dm^3	1L	1Kg
1cm^3	1mL	1g

※ 다음은 무게를 정할 때 사용되는 온도에 관한 내용이다.

■ 온도

- 섭씨

섭씨온도(Celsius , 攝氏溫度, °C)는 스웨덴 천문학자인 Anderson Celsius (1701~1744)의

이름을 한자로 표현한 것으로 원래는 백 단계(centigrade)이었다. 즉, 1744년에서부터 1954년까지는 0 °C를 물이 어는점, 100 °C를 물이 끓는점으로 정하여 사용하였다.

- 절대 온도

Vienna Standard Mean Ocean Water(VSMOW) 의 물(소금이나 다른 물질을 포함하지 않는 순수한 물)을 기준으로 삼았으며, 모든 물질의 활동이 정지(zero entropy)되는 온도를 기준으로 만든 Kelvin 온도(K)를 사용하게 되었다. 즉, 0 K = −273.15 °C, 0 °C = 273.15 K 이고 섭씨와 K의 온도 간격은 같다.

- 화씨

화씨온도는 독일의 다니엘 가브리엘 파렌하이트(Daniel Gabriel Fahrenheit, 1686~1736)의 이름을 딴 온도 단위이며, 기호로는 °F를 쓴다. 화씨(華氏)란 이름은 독일인명인 파렌하이트(Fahrenheit)의 중국 음역어 '화륜해(華倫海)'에서 유래한다.

화씨온도에서는 물이 어는점은 32 °F, 끓는점은, 212 °F이고, 그 사이의 온도를 180등분하여 눈금은 화씨 1° = 섭씨 $(\frac{5}{9})°$ 이다.

따라서 절대 0점은 −459.67 °F가 된다.

- 섭씨, 절대온도, 화씨온도의 관계

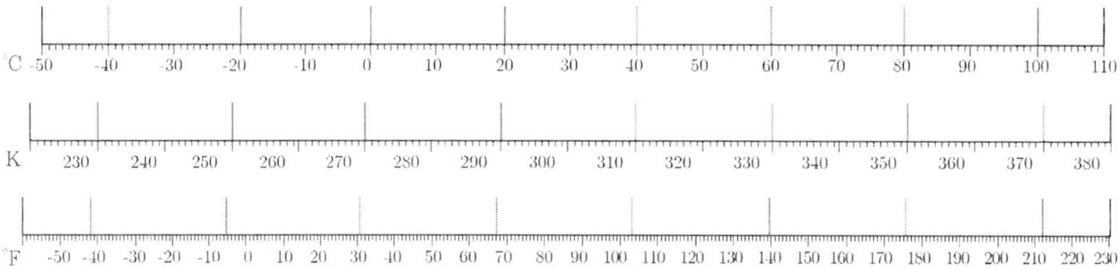

6. 함수의 지도법

6장 2절에서 측정의 도구로서의 함수의 교수학을 알아보았다. 이 절에서는 변수와 함수의 지도방법을 알아보고, 특히 삼각함수, 로그함수, 행렬식 등을 측정 또는 미적분학에서 활용하는 지도법을 알아보기로 한다.

6.1 변수의 지도법

초등학교 아동들의 인지수준은 실제경험과 관련된 추론을 할 수 있는 구체적 조작단계로서 변수개념에 대해서는 대입 등의 기본 조작을 할 수 있는 수준이다. 변수 개념에 대한 이미지를 생성하는 원천을 경험하면서 변수에 대한 심상을 형성하는 단계이다. 변수 개념의 형식적인 정의는 도입하지 않으나, 중학교에서 변수의 표현, 변수 개념의 형식적인 정의와 변수의 사용방식을 이해할 수 있는 중요한 원천이 되는 단계이다.

6.1.1 초등학교 과정

초등학교에서는 1 수준인 시각적 수준에서 인식한, 변하는 실체에 대한 비형식적인 분석을 통하여 그 속에 포함된 내적질서와 성질을 파악하는 단계이다. 즉, 측정활동을 통하여 변하는 대상을 수치화, 계량화하면서 변화표 등의 도구를 활용하여 변하는 대상들 사이의 함수적 연관성을 파악하는 단계이다. 또한 언어-대수적 표현으로 함수적 연관성을 나타내는 공식을 받아들이는 시기이다. 변수의 인지 위계는 다음과 같다.

■ 어떤 수를 □로 표현하기

모르는 수 또는 구하려는 하나의 수를 □로 표시하도록 지도하면서 문자를 도입할 필요성을 암시한다.

■ 언어-대수적으로 표현하기

주어진 문제에 내재되어 있는 규칙에 대한 충분한 구체적인 예를 경험하여 규칙을 발견한 후, 발견한 규칙을 언어-대수적으로 표현하도록 지도한다.

예) (직사각형의 넓이)=(가로)×(세로)

■ 다가이름으로 표현하기

도형영역에서 점, 각, 선분, 가로, 세로, 높이, 변, 모서리, 원의 중심, 반지름, 지름 등의 기하학적 대상에 사용되는 다가이름(polyvalent name)을 교과서나 영상을 통하여 심리적으로 고정시켜 다룰 수 있도록 지도한다.

■ 변화성의 경험

측정영역에서, 수도꼭지에서 1분에 2L의 물이 흘러나온다면 2분에는 얼마나 물이 흘러나올까? 와 같이, 정적인 양의 측정보다는 동적인 양의 측정 과정을 통하여 변수의 변화성을 인식하도록 지도힌디.

■ 규칙이나 법칙을 기호로 표현하기

분수의 곱셈 규칙이나 덧셈, 곱셈의 교환법칙 등을 기호를 사용하여 표현하도록 유도하여 규칙이나 법칙을 일반화하는 방법을 지도한다.

예) □+△=△+□

■ 미지수를 문자로 표현하기

모르는 수를 표현한 □과 방정식의 미지수를 문자 x로 바꾸는 방법을 지도한다.

6.1.1 중 · 고등학교 과정

이시기에는 변수개념 학습의 3수준으로서 변수개념의 형식적인 정의가 도입되고 변수의 조작이 행해진다. 문자기호는 프랑스의 수학자 비에트(F. Vieta, 1540~1604)가 기지량과 미지량을 구별하기 위해 기지량에는 $b, c, d, \cdots$ 등의 자음문자를 사용하였고, 미지량에 대해서는 a, e, i, o, u 등의 모음문자를 썼다. 지금처럼 기지량을 $a, b, c, d, \cdots$ 등의 알파벳 앞쪽의 문자로 나타내고, 미지량에 대해서는 x, y, z라는 알파벳의 뒤쪽의 문자를 쓰게 된 것은 데카르트에서 시작되었다.

■ 산술규칙을 문자로 표현하기

초등학교에서 □+△=△+□로 표현한 덧셈의 교환법칙 등을 문자를 사용하여 $a+b=b+a$ 등으로 표현하도록 지도한다.

■ 부정소(아직 정해지지 않은 상수)를 문자로 표현하기

다항식 $a_n x^n + a_{n-1} x^{n-1} + \cdots a_1 x + a_0$에서 x는 미지수이지만 계수인 a_i들은 부정소이다. 부정소 a_i들을 상수로 표현하지 않도록 지도한다.

■ 명제를 다가이름으로 표현하기

명제란 가정과 결론으로 구성된 참, 거짓을 구별할 수 있는 문장을 말한다. 즉, 참, 거짓을 구별할 수 있는 '만일 ~ 이면, ~이다.' 형태의 문장이다.

• 명제의 다가이름 표현

$$`p \to q'$$

• 다가이름의 의미와 역할

명제 '$p \to q$' 에서 다가이름 p, q는 모든 명제를 일반화하는 역할을 하며, p, q에는 임의의 문장이나 조건이 대입될 수 있다는 사실을 지도한다.

■ 기하학적 대상을 다가이름으로 표현하기

초등학교에서 심상이 형성된 도형영역의 모든 개념을 다가이름으로 표현하는 방법을 지도한다.

예) $\angle ABC$, $\triangle ABC$, $\overline{AB}$, 원 O는 임의의 대상을 지칭하는 다가이름이다.

■ 수 이외의 대상을 다가이름으로 표현하기

임의의 장소, 임의의 수학적 대상을 일반화하여 지칭할 때 다가이름을 사용하도록 지도한다.

예) A지점에서 B지점까지의 거리, 연립방정식 $A = B = C$의 해, 행렬 A, 함수 f, 집합 S, 합집합 $A \cup B$ 등과 같이 표현할 수 있다.

■ 변하는 대상을 문자로 표현하기

함수와 같이 동적 변화성을 가지는 수학적 대상을 문자를 사용하여 표현하는 방법을 지도한다.

예) 양초의 연소시간과 남은 길이, 금속에 가한 열과 팽창한 길이, 원의 반지름과 넓이

■ 언어적 표현을 기호로 표현하기

초등학교에서 언어적 표현인 (직사각형의 넓이)=(가로)×(세로)를 $A = LW$로 표현하는 방법을 지도한다.

6.2 함수의 지도법

위에서 설명한 바와 같이, 원인에 따른 결과 즉, 종속성이 함수의 본질이며, 변수 x를 도입한 후 x를 조작한 식을 만들 듯이, 합성함수, 역함수와 같이 함수 자체를 조작하여 다시 함수를 만들 수 있다는 함수의 궁극적인 본질을 학생들이 경험하도록 한다. 프로이덴탈에 의하면 수학의 교수-학습 과정은 바닥수준(bottom level)과 탐구수준(research level)으로 나눌 수 있다. 바닥수순은 수학의 학습이 시삭되는 수순이다. 이 때의 아농의 활농은 손상난(manual playing)에 더 가까운 것이지만 비수학적인 것은 아니므로, 전수학적(premathematical)인 것이라고 한다. 탐구수준이란 학문으로서의 수학을 학습하는 것으로 좀 더 세분화 될 수 있다. 따라서 함수의 지도는 학생들로 하여금 바닥수준의 경험을 통하여 함수의 심상을 형성하고, 점차 상위 단계를 인식하여 궁극적으로는 탐구수준이 이르는 전 과정을 경험하도록 해야 한다.

6.2.1 바닥수준의 경험

이 단계에서 아동이 경험하는 함수적 현상은 수학적 함수 그 자체는 아니지만, 함수의 본질의 원천이어야 한다. 그러한 원천은 다음과 같다.

■ 명수법

프로이덴탈(Freudenthal, 1983)에 의하면 영어의 'one, two, three, …'와 'ten, twenty, thirty, …' 사이에서 '…ty'에 의한 함수적 경험을 할 수 있으므로, 아동은 기수법에 익숙해지기 전 또는 기수법에 익숙해진 후에, 그것을 '… 의 10배'라는 언어 구조 속에서 함수를 경험할 수

있다. 마찬가지로 '일, 이, 삼 … '과 '(일)십, 이십, 삼심, … ' 사이에서도 '… 십'이라는 함수를 경험할 수 있다.

■ 기하학적 사상(geometrical mapping)

기하학적으로 사상한다는 것은 풍경을 사진에 담는 것과 같이 어떤 형상을 다른 상황에서 또는 내면적으로 포개는 것을 의미한다. 아동은 대상과 이미지 사이에서 또는 하나의 대상의 두 가지 이미지에서 기하학적으로 사상하는 방법을 알게 되는데 이것을 대상별 사상이라고 한다. 이러한 대상별 사상은 점차 확대되어 서로 다른 대상 사이에서 또는 하나의 대상의 여러 가지 이미지 사이에서 또는 하나의 대상 내에서의 닮음 또는 여러 이미지 사이에서의 닮음과 같은 점별(pointwise) 사상으로 정교화 되고, 이러한 점별 사상은 아동이 특정한 것을 지정하는 행위가 된다.

■ 질적 종속과 'the …, the …' 형태

일상생활에서 아동들은 '기온이 올라가면 더워진다'는 것과 같은 종속성을 질적종속(qualitative dependence)이라고 하면, 질적 종속은 '기온이 더 올라가면 더 더워진다'와 같은 순서관계에 의하여 더욱 정교해진다. 프로이덴탈은 순서관계에 의해서 더욱 정교해지는 종속성을 'the …, the …' 형태라고 부르는데, 이것은 단조성(monotonicity)이라는 함수의 중요한 성질을 경험하는 것이다. 즉, 집합 X, Y가 순서집합일 때, 함수 $f : X \to Y$가 성질'$x < y \Rightarrow f(x) < f(y)$'를 만족하면 f는 단조증가하고, 성질'$x < y \Rightarrow f(x) > f(y)$'를 만족하면 f는 단조감소 한다는 단조함수를 경험하는 것이다. 그런데 아동들의 내면에는 집합이나 순서집합이라는 개념이 존재하지 않기 때문에, 아동들로 하여금 'x년이 지나면 x살을 더 먹는다', 등의 양을 통하여 단조성을 경험하도록 해야 하며, '수도꼭지에서 일분에 흘러나오는 물의 양은 xL이면 k분 후에 흘러나온 물의 양은 $(k \times x)$L 가 된다' 등의 물리량을 통하여 비율을 경험하도록 해야 한다.

■ 내삽(interpolation)과 외삽(extrapolation)

'수도꼭지에서 일분에 흘러나오는 물의 양은 xL이면 k분 후에 흘러나온 물의 양은 $(k \times x)$L' 과 같은 변화는 이산적인 자료이다. 그러나 측정되지 않은 3분 30초 후의 물의 양은 3분일 때의 물의 양과 4분일 때의 물의 양을 고려하여 내삽적으로 구할 수 있으며 측정 시간 범위 밖에서는 측정된 자료의 연장선상에서 외삽에 의해서 구할 수 있다. 즉, 이산적 자료는 내삽과 외삽에 의해서 연속 함수를 경험할 수 있다.

6.2.2 탐구수준의 경험

바닥수준의 경험은 함수의 수학적 관점이라기보다는 놀이의 관점이다. 그러나 그러한 놀이를 통하여 함수의 '심상(mental object)이 아동의 마음속에 맺히게 된다. 따라서 바닥수준에서 탐구수준으로 상승시키기 위해서는 심상을 수학적 관점에서 명료화할 필요가 있다. 이러한 수준의 상승 과정은 전수학적 수준에서 수학적 수준으로의 도약이기 때문에 교수학적으로 세심한 배려가 필요하다. 따라서 아동에게 적절한 상황을 제시하여 그 상황을 파악하고 묘사할 수 있는 적절한 기호(symbol)가 교사의 도움으로 형성되어야 한다. 문자와 식을 사용하는 기호를 고안하는 과정을 대수화(algebraisation), 좌표를 사용하는 기호를 그래프라고 한다. 이러한 기호를 고안하는 방법은 다음과 같다.

■ 전수학적 수준의 탈피

전수학적 수준을 벗어나기 위해서는 바닥수준에서 경험한 구체적인 상황을 묘사하는 적절한 기호를 고안할 수 있어야 한다. 이러한 기호의 예로는 화살표 언어, 함수기계, 함수표, 변화표, 대응도 등이 있다.

■ 대수화

전수학적 수준의 탈피과정을 수치화, 계량화과정이라고 한다면 함수적 관계를 문자와 식을 사용하는 기호로 기술하는 과정을 대수화과정이라고 한다. 이러한 대수화는 변수로서의 문자와 그 문자를 사용하여 함수관계를 식으로 나타낼 수 있는 동기가 충분히 유발될 수 있을 때에만 가능하다. 그러므로 대수화과정은 전수학적 수준에서 수학적 수준으로의 도약과정에서 곧바로 가능하지 않다. 프로이덴탈(Freudenthal, 1983)이 제시하는 대수화의 예는 화살표언어이다. 다음의 예를 보기로 하자.

하나의 수를 생각한다. 그 수에 2를 곱하고, 10을 더하고, 2로 나눈다. 결과는 무엇이겠는가?

이 상황을 화살표언어를 사용하면 다음과 같이 번역된다.

$$
\begin{array}{ccccccc}
 & \times 2 & & +10 & & \div 2 & \\
1 & \curvearrowright & 2 & \curvearrowright & 12 & \curvearrowright & 6 \\
 & \times 2 & & +10 & & \div 2 & \\
2 & \curvearrowright & 4 & \curvearrowright & 14 & \curvearrowright & 7 \\
 & \times 2 & & +10 & & \div 2 & \\
3 & \curvearrowright & 6 & \curvearrowright & 16 & \curvearrowright & 8 \\
 & & & \cdots & & &
\end{array}
$$

다음 단계에는 생각하고 있던 수 대신에 변수를 도입한다. 그러면

$$
\begin{array}{ccccccc}
 & \times 2 & & +10 & & \div 2 & \\
x & \curvearrowright & 2x & \curvearrowright & 2x+10 & \curvearrowright & (2x+10)\div 2
\end{array}
$$

와 같이 표현되고, 이과정의 최종결과는

$$x \mapsto x+5 \text{ 또는 } f(x)=x+5$$

라는 함수가 된다. 이 때, 대응으로서의 함수 지도 단계인 '$\mapsto$'의 표기는 '$\frown$'를 능숙하게 사용하게 된 후에 충분한 동기를 유발하면서 도입되어야 한다.

■ 함수의 조작 지도

합성함수와 역함수 등의 함수의 조작을 지도할 때 역시, '$\frown$'를 능숙하게 사용하게 된 후에 '$\mapsto$'의 표기법을 지도해야 한다.

- 합성함수의 지도 순서

$$x \overset{\times 3}{\frown} 3x \overset{+5}{\frown} 3x+5$$

의 과정을 마친 후에 최종적으로 '$\mapsto$'를 사용하여 함수 $x \mapsto 3x+5$ 또는 $f(x)=3x+5$로 지도한다.

- 역함수의 지도 순서

함수 $f:\ x \mapsto 5x+7$는 화살표 언어로

$$x \overset{\times 5}{\frown} 5x \overset{+7}{\frown} 5x+7$$

과 같이 인식하여 역함수를 다음과 같이 구하도록 지도한다. 즉,

$$x \overset{-7}{\frown} x-7 \overset{\div 5}{\frown} (x-7)\div 5$$

이므로 역함수는

$$x \mapsto (x-7)\div 5 \text{ 또는 } f^{-1}(x)=(x-7)\div 5$$

이다.

6.3 삼각비의 지도법

삼각비는 피타고라스 정리와 함께 도형의 높이, 면적, 부피 등을 구하는 데에 필수적인 도구이다. 이 절에서는 삼각함수의 발생 과정, 현행교과서에 전개되어 있는 지도순서에 따른 지도법과 측정에서 삼각함수를 활용하는 방법을 알아보기로 한다.

6.3.1 삼각비의 역사발생

삼각비(Trigonometry)라는 용어는 삼각형(triangle)을 잰다는 뜻에서 유래되었다. 고대 바

빌로니아인들이 삼중수를 이용하여 힌두교식 제단을 쌓는 과정(6장의 3.9.1 절 참조)은 직각 삼각형을 만들어가는 것이었고, 그들이 고안한 두 수를 알 때 나머지 수를 구하는 방법은 직각삼각형의 세 변의 길이를 구하는 내용이다. 그들은 의식하지 못하였겠지만, 그 과정이 처음으로 삼각비의 관념이 나타난 내용이라고 볼 수 있다. 현대와 같은 의미의 삼각비는, B.C. 300년경에 우주의 별들의 움직임을 관찰하는 학문인 천문학을 연구하는데서부터 시작되었다. 고대 이집트와 고대 바빌론 수학자들은 천체의 움직임을 거리로는 표현할 수가 없어서 그 대신 별들이 회전한 정도를 표현하고자 닮은 삼각형의 비를 연구하는 중에 비들 간의 어떤 규칙을 발견하였으며, 그리스 수학자들이 이 규칙은 삼각비로 만들었다. 즉, 5장 7.1절의 각의 역사발생에서 설명한바와 같이 그리스 수학자들이 각도를 정의하기 위해서, 아래 그림 141의 점 P에서 반지름 OA에 수선 PM을 긋고, 그리스 수학자들은 선분PM을 호 AP에 대한 사인(sine), 선분 OM을 호 AP에 대한 코사인(cosine)이라고 명명한 것에서부터 시작되었다. 16세기 후반에는 점진적으로 정밀해져 가는 sine표에 기반한 소위 prothaphaeretic 방법을 통해 곱셈, 나눗셈, 제곱근과 같은 연산을 간단하게 할 수 있는 방법들이 알려져 있었다. 그러나 천문학과 항해학에서의 수요로 인하여 sine표나 소수 계산들을 보다 정교화하고, 곱셈이나 나눗셈 그리고 제곱근 계산 등을 더욱 더 간단하게 해야 할 필요성 때문에, 곱셈 등의 연산을 보다 간단히 하기 위해 다음과 같은 등식을 사용하였다.

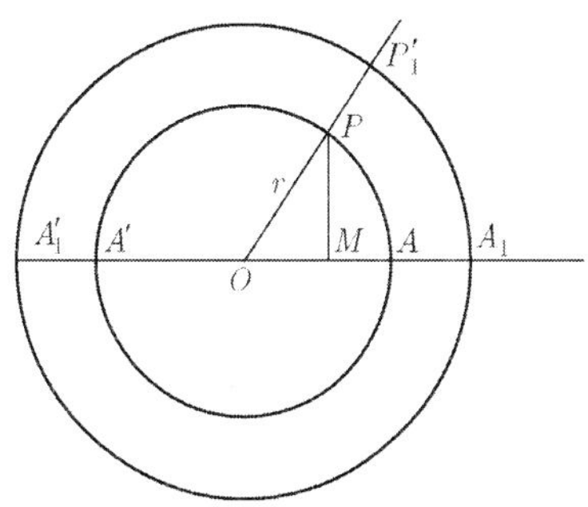

〈그림 141〉

$$\cos(x+y) = \cos x \cos y - \sin x \sin y$$
$$\cos(x-y) = \cos x \cos y + \sin x \sin y$$
$$\therefore \cos(x+y) + \cos(x-y) = 2\cos x \cos y \text{ 또는}$$
$$\cos x \cos y = \frac{1}{2}cos(x+y) + \frac{1}{2}cos(x-y)$$

만일 두 수 A, B를 곱하려면, 먼저 sin표와 cos표에서 $\cos x = A$, $\cos y = B$를 만족하는 각 x, y를 찾은 후, $\cos(x+y)$와 $\cos(x-y)$값을 찾은 다음에 이 둘의 합을 계산하여 결국 AB의 값을 얻는다. 이 방법은 sin값이나 cos값을 자주 곱하는 천문학이나 항해학에서는 유용한 방법이었으나, 계산 속도가 느렸기 때문에 보다 간단한 어떤 것이 필요하게 되었다.

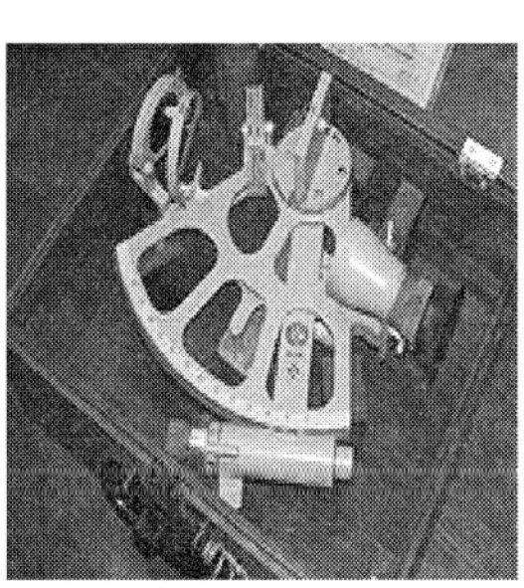
〈그림 142〉 각을 재는 도구

6.3.2 삼각비의 표(table)

3장 2.4.2절에서 설명한 아르키메데스의 원 측정과정에서, 2π에 대한 상계를 알아내기 위하여 원을 둘러싼 n각형의 한 변의 길이 t_n에서 $2n$각형의 한 변의 길이 t_{2n}을 얻을 수 있는 공식 $\frac{2}{t_{2n}}=\frac{2}{t_n}+\sqrt{1+\left(\frac{2}{t_n}\right)^2}$을 현대적 기호로 나타낸다면 $s_n=2\sin\frac{\pi}{n}$, $t_n=2\tan\frac{\pi}{n}$이 되므로, 이것은 $\cot\frac{\alpha}{2}$의 값을 $\cot\alpha$를 이용해서 구하는 것이었으며, 공식 $s_{2n}^2=\frac{s_n^2}{2+\sqrt{4-s_n^2}}$은 $\sin\frac{\alpha}{2}$의 값을 $\sin\alpha$를 이용해서 구하는 sine 함수의 반각공식이 된다. 또한 공식 $s_{2n}^2=\frac{s_n^2}{2+\sqrt{4-s_n^2}}$을 분모를 유리화하여 $s_{2n}^2=2-\sqrt{4-s_n^2}$ 또는 $\sin\alpha$를 $\sin\frac{\alpha}{2}$로 나타내어 $\sin\alpha=2\sin\frac{\alpha}{2}\sqrt{1-\sin^2\frac{\alpha}{2}}$, 즉 $s_n=s_{2n}\sqrt{4-s_{2n}^2}$이 되므로 아르키메데스는 s_{2n}^2의 값을 직접 계산하였다. 아르키메데스가 발전시킨 이러한 계산과정이 바로 삼각법의 시작이었으며, 최근에 발견된 아르키메데스 업적의 아랍어 번역물에 의하면 아르키메데스는 사인의 덧셈 정리, 즉 $\sin(\alpha+\beta)$, $\sin(\alpha-\beta)$에 관한 일반적인 정리까지 알고 있었다. 현재의 오늘날 학교 수학에서 원 안에 내접하는 사변형(그림 143)에 관한 '톨레미(C. Ptolemy, A.D. 90~168) 정리[22]'는 그 후 1500년 동안 천문학이 sine 표를 계산하기 위한 용도로서 사용되었다. 아르키메데스의 원 측정과정에서 얻은 삼각비에 관한 내용들은 이러한 계산의 시발점을 제공하였다는 점에서 대단히 중요하다. 톨레미는 sine 표를 다음과 같이 계산하였다. $\sin 36°$의 값은 정오각형의 작도과정에서, 아르키메데스의 공식 $s_{2n}^2=2-\sqrt{4-s_n^2}$을 이용하여 $\sin 18°$를 계산하였으며, $\sin 30°$의 값인 $\frac{1}{2}$과 반각공식을 이용하여 $\sin 15°$의 값을 계산하였다. 또한 sine 함수의 덧셈 정리를 통해서 $\sin 3°$, $\sin 1\frac{1}{2}°$, $\sin\frac{3}{4}°$의 값을 계산하였다.

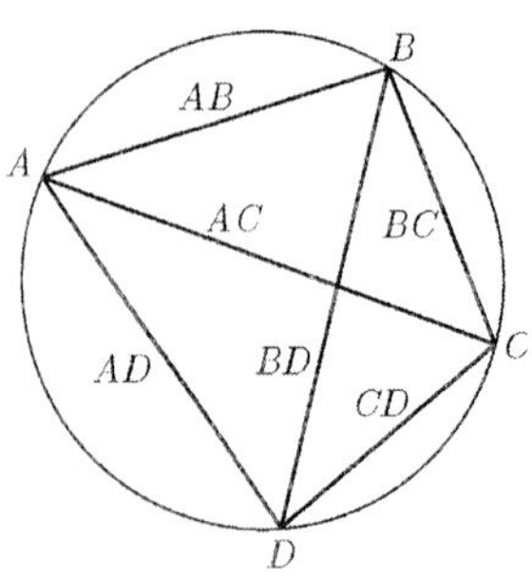

〈그림 143〉

22) $AC\times BD=AB\times CD+BC\times AD$

한편, 태양중심설를 최초로 주장한 아리스타쿠스(Aristarchus of Samos, B.C.310~230 경)가 사용했던 공식(아리스타쿠스의 공식)인,

$$\frac{\sin x}{\sin y} < \frac{x}{y},\ 0° < y < x < 90°$$

을 이용하여

$$\frac{\sin 1°}{\sin\frac{3}{4}°} < \frac{1}{\frac{3}{4}} = \frac{4}{3},\ \frac{\sin 1\frac{1}{2}°}{\sin 1°} < \frac{1\frac{1}{2}}{1} = \frac{3}{2},$$

$$\frac{2}{3}\sin 1\frac{1}{2}° < \sin 1° < \frac{4}{3}\sin\frac{3}{4}°$$

을 증명하였다. 톨레미는 그 당시에 이미 60진법으로(sexagesimal)을 사용하여 $\sin 1\frac{1}{2}°$, $\sin\frac{3}{4}°$의 값을 계산하였으며, 아르키메데스는 이것을 이용하여 $1'2''50''' < \sin 1° < 1'2''50\frac{2}{3}'''$을 계산하여 톨레미의 독특한 방식을 따라 $1'2''50''' < \sin 1° < 1'2''50'''$으로 나타내기도 하였다. 이 사실로부터 아르키메데스는 $\sin\frac{1}{2}°$의 값을 계산하였으며, 덧셈 정리를 이용하여 $\frac{1}{2}°$의 배수에 대한 사인 값을 계산하였다. 이것이 최초의 삼각함수표이고, 같은 방법으로 계산한 결과가 아르키메데스의 저서인 '원의 측정(Measurement of Circle)'에 일부 포함되어 있으며, 히파르쿠스(Hiparcus, B.C. 150 년 경)의 'chord table'에 대한 12권의 책에 포함되어 있다. 5세기 쯤 부터는 인도 수학자이고 천문학자인 아르야바타(Aryabahta)가 내용을 더욱 발전시켰으며, 이러한 내용을 이란 수학자 알바타니(Al Battani) 등이 유럽으로 전파하여 이를 고페르니쿠스는 항해술에 사용하였고, 1595년에 피디스쿠스(Pitiscus)가 처음으로 삼각비라는 용어를 사용하였으며, 이 개념이 중국으로 유입되어 현재 우리나라에서 사용하는 용어를 만들게 되었다.

6.3.3 삼각비

고대 이집트인들은 분수를 만들어 사용하고 있었다. 분수는 비의 값으로서 어떤 수를 다른 수로 나누는 것이다. 따라서 그들은 자연스럽게 기울기를 인식하게 되었으며, 그 기울기의 개념을 이용하여 동서남북이 일정하게 기울어진 피라밋을 건축하기에 이르렀다. 이러한 생각이 발진하여, 두 개의 닮은 직각 삼각형끼리는 빗변과 높이의 비, 빗변과 밑변의 비, 밑과 높이의 비가 각각 일정하다는 사실을 알게 되었다. 즉, 아래의 직각삼각형에서 $\frac{a}{c}$, $\frac{b}{c}$, $\frac{a}{b}$를

순서대로 각 A에 대한 사인(sine), 코사인(cosine), 탄젠트(tangent)라고 부르고 기호로는 $\sin A = \frac{a}{c}$, $\cos A = \frac{b}{c}$, $\tan A = \frac{a}{b}$이고, 이것을 삼각비라고 한다. 이 세 가지 함수를 중국인들은 정현, 여현, 정접으로 번역하여 우리나라에서도 그대로 사용하고 있다.

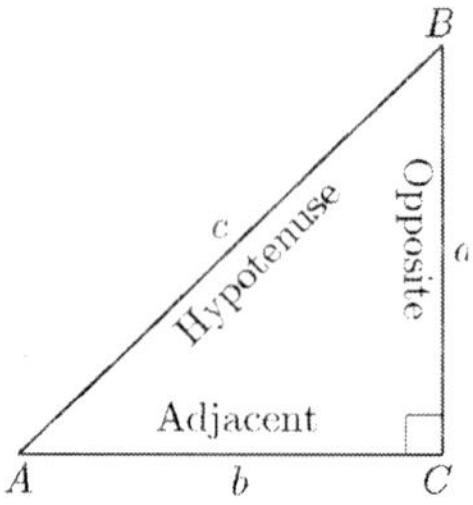

〈그림 144〉

- $\sin A = \frac{a}{c}$, $\cos A = \frac{b}{c}$, $\tan A = \frac{a}{b}$의 값은 모두 0 이상이고 1 이하이다.
- 닮은 삼각형은 길이의 비가 같으므로, 닮은 삼각형끼리의 삼각비는 언제나 같다.

6.3.4 삼각비의 관계와 역수

삼각비 sin, cos, tan의 관계와 그들의 역수가 되는 삼각비를 알아보기로 한다. 삼각비의 정의에서 다음 사실을 알 수 있다.

정의에 의하여 $\sin A = \frac{a}{c}$, $\cos A = \frac{b}{c}$, $\tan A = \frac{a}{b}$이고, $\sin A \div \cos A = \frac{a}{c} \div \frac{b}{c} = \frac{a}{b}$ 이므로 $\tan A$와 같다.

- $\sin A \div \cos A = \tan A$, 즉 $\frac{\sin A}{\cos A} = \tan A$이다.

$$(\sin A)^2 + (\cos A)^2 = 1$$

증명 $\sin A = \frac{a}{c}$의 양변을 제곱하면, $(\sin A)^2 = (\frac{a}{c})^2 = \frac{a^2}{c^2}$이고, $\cos A = \frac{b}{c}$의 양변을 제곱하면, $(\cos A)^2 = (\frac{b}{c})^2 = \frac{b^2}{c^2}$ 이다. 따라서 $(\sin A)^2 + (\cos A)^2 = \frac{a^2}{c^2} + \frac{b^2}{c^2} = \frac{a^2+b^2}{c^2}$이다. 그런데 피타고라스의 정리에 의하면 $a^2 + b^2 = c^2$이므로 $\frac{a^2+b^2}{c^2} = 1$이다.

- 모든 각 A에 대하여, $(\sin A)^2 + (\cos A)^2 = 1$이다.

  또한 $\sin A$, $\cos A$, $\tan A$의 역수를 각각 다음과 같이 약속한다.

  $\sin A$의 역수, 즉 $\frac{1}{\sin A}$를 코세칸트(cosecant) A라고 하고, 기호로는

• $\csc A = \dfrac{1}{\sin A} = \dfrac{c}{a}$ 로 표기한다.

cos A 의 역수, 즉 $\dfrac{1}{\cos A}$ 를 세칸트(secant) A 라고 하고, 기호로는

• $\sec A = \dfrac{1}{\cos A} = \dfrac{c}{b}$ 로 표기한다.

또, tan A 의 역수, 즉 $\dfrac{1}{\tan A}$ 를 코탄젠트(cotangent) A 라고 하고, 기호로는

• $\cot A = \dfrac{1}{\cot A} = \dfrac{b}{a}$ 로 표기한다.

그러면 $\csc A \div \sec A = \dfrac{c}{a} \div \dfrac{c}{b} = \dfrac{b}{a} = \dfrac{a}{b}$ 이기 때문에 $\cot A$ 와 같다. 따라서

• $\dfrac{\csc A}{\sec A} = \cot A$

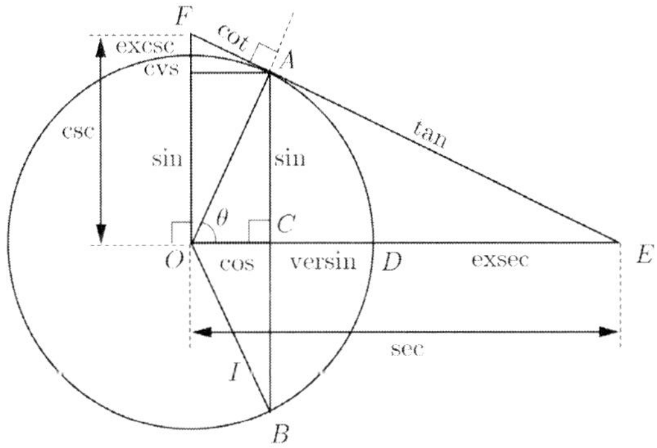

〈그림 145〉

위의 정의에 의하여 다음 사실이 성립함을 알 수 있다.

$$1 + (\tan A)^2 = (\sec A)^2$$
$$1 + (\cot A)^2 = (\csc A)^2$$

6.3.5 특수한 각의 삼각비

일반적으로 삼각비의 값은 표를 이용한다. 그런데 0°, 30°, 45°, 60°, 90°와 같은 특수한 각에 대한 삼각비는 피타고라스 정리를 이용하여 쉽게 구할 수 있다.

■ 45°에 대한 삼각비

다음과 같이 직각이등변삼각형 위에서 피타고라스 정리를 이용하면 45°에 대한 삼각비를 다음과 같이 구할 수 있다. $\angle A = 45°$이므로, 피타고라스 정리에 의해서 빗변의 길이는

$\sqrt{a^2+a^2} = \sqrt{2\times a^2} = \sqrt{2}\times a$이다.

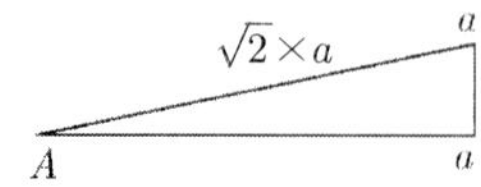

• $\sin 45° = \frac{1}{\sqrt{2}}$, $\cos 45° = \frac{1}{\sqrt{2}}$, $\tan 45° = 1$.

■ 30°, 60°에 대한 삼각비

아래의 그림은한 변이 $2\times a$인 정삼각형을 반으로 나눈 직각삼각형이다.

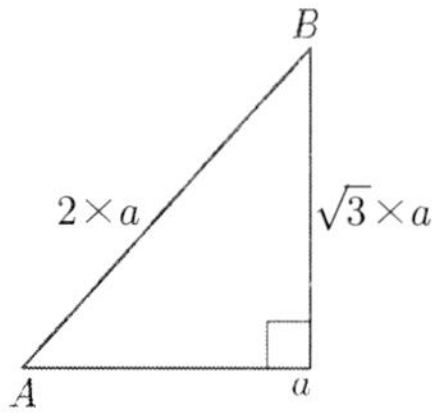

그러면 $\angle A = 60°$, $\angle B = 30°$이고, 삼각형의 높이는 피타고라스 정리에 의해서, $(2\times a)^2 - a^2 = (\text{높이})^2$이므로, 높이는 $\sqrt{3\times a^2} = \sqrt{3}\times a$이다.

• $\sin 60° = \frac{\sqrt{3}}{2}$, $\cos 60° = \frac{1}{2}$, $\tan 60° = \sqrt{3}$

위의 삼각형을 눕혀서 B쪽에서 바라보면, $\angle B = 30°$, 밑변은 $\sqrt{3}\times a$, 높이는 a가 되므로,

• $\sin 30° = \frac{1}{2}$, $\cos 30° = \frac{\sqrt{3}}{2}$, $\tan 30° = \frac{1}{\sqrt{3}}$ 이다.

■ 0°, 90°에 대한 삼각비

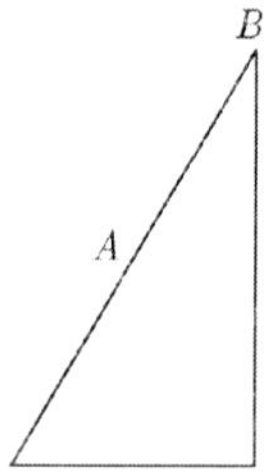

직각삼각형의 빗변을 밑변 쪽으로 점점 눕혀 가면 $\angle A$는 0°가 되어가고, 빗변의 길이는 밑변의 길이와 같아지고, 높이는 0이 된다. 따라서

• $\sin 0° = 0$, $\cos 0° = 1$, $\tan 0° = 0$이다.

[참고] tan 0°의 값은 $\frac{0.00000\cdots 1}{a}$가 되므로 0이 된다.

또한 $\angle A$가 0°가 되어 지면, $\angle B$는 90°가 되어 간다. 그런데 꼭지점 B쪽에서 보면 $\angle B$는 90°가 되어가고, 빗변의 길이는 밑변의 길이와 같아지고, 높이는 0이 된다.

• $\sin 90° = 1$, $\cos 90° = 0$, $\tan 90° =$ 무한히 큰 수(무한대)가 된다.

[참고] tan 90°의 값은 $\frac{a}{0.00000\cdots 1}$가 되므로 무한하게 커지게 된다.

■ 특수각의 삼각비

	0°	30°	45°	60°	90°
sin	0	$\frac{1}{2}$	$\frac{1}{\sqrt{2}}$	$\frac{\sqrt{3}}{2}$	1
cos	1	$\frac{\sqrt{3}}{2}$	$\frac{1}{\sqrt{2}}$	$\frac{1}{2}$	0
tan	0	$\frac{1}{\sqrt{3}}$	1	$\sqrt{3}$	무한대

6.3.6 일반각의 삼각비, 길이 구하기

삼각비는 길이와 거리를 측정하거나 특수각이 아닌 각도를 구하는데 사용된다.

■ 아래의 직각삼각형에서 $AD=5$, $\angle B=15°$, $\angle ACD=30°$, $\angle D=90°$이다. 이 그림을 이용하여 15°에 대한 삼각비의 값과 나머지 변의 길이를 구할 수 있다.

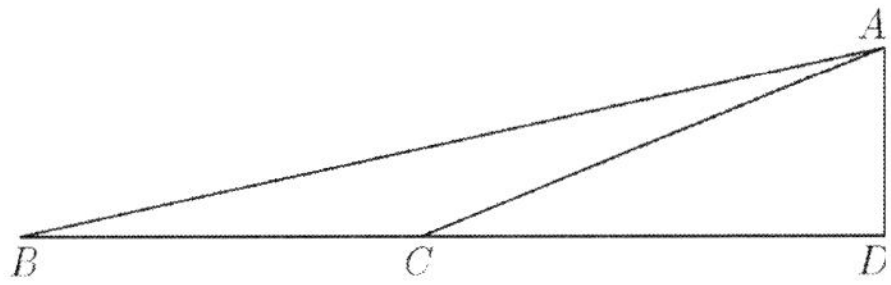

해답 $CD=5\times\sqrt{3}$, $BC=AC=2\times 5$(삼각형 ABC는 이등변삼각형이므로)이다. 그러므로

$AB=\sqrt{AD^2+BD^2}=\sqrt{25+(10+5\times\sqrt{3}}=(\sqrt{6}+\sqrt{2})\times 5$ 따라서

$\sin 15°=\dfrac{AD}{AB}=\dfrac{\sqrt{6}-\sqrt{2}}{4}$, $\cos 15°=\dfrac{BD}{AB}=\dfrac{\sqrt{6}+\sqrt{2}}{4}$,

$\tan 15°=\dfrac{AD}{BD}=\dfrac{5}{(\sqrt{6}+\sqrt{2})\times 5}=2-\sqrt{3}$ 이다.

■ 같은 방법으로, 위의 삼각형에서 $AD=3$, $\angle B=22°30'$, $\angle ACD=45°$, $\angle D=90°$일 때, $\tan 22°30'=\sqrt{2}-1$이다.

6.3.7 삼각형의 넓이 구하기

삼각비는 도형의 넓이나 부피를 측정하는 도구로 사용된다. 아래의 삼각형 ABC의 높이를 구해보자. 높이를 h라고 하면. $\sin A=\dfrac{h}{b}$이다. 따라서 높이 $h=b\times\sin A$이다. 그러므로 삼각형 ABC의 넓이는 $\dfrac{b\times\sin A\times c}{2}$이다.

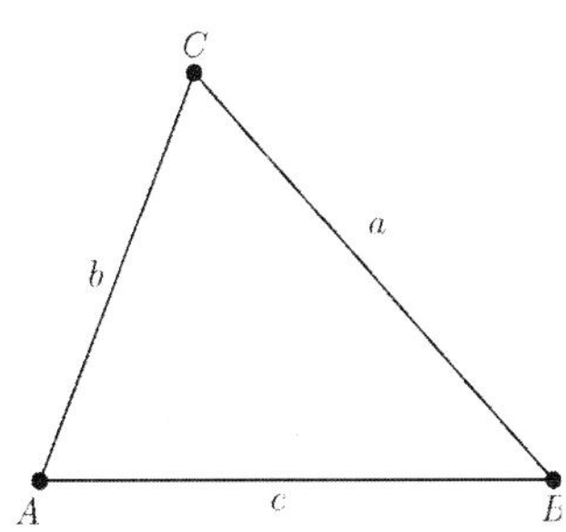

〈그림 146〉

6.3.8 삼각함수의 지도법

삼각비는 직각삼각형의 세변의 길이의 비를 나타내기 때문에 측정각도의 범위는 $0° \sim 90°$

이므로, [0° ~ 90°]에서 [0, ∞)에로의 함수이다. 이러한 삼각비를 다루기 쉽고 미적분학에서 사용하기 위해서는 실변수함수로 만들 필요가 있으며, 이를 위해서는 삼각비의 정의구역 [0° ~ 90°]을 모든 각도로 확장하고 동시에 각도를 실수로 변환할 필요가 있으며 결과적으로 공변역 역시 (− ∞, ∞) 로 확장해야 한다.

■ 호도법

호도법의 관념은 아랍 수학자인 al-Kashi가 1400년경에 60진법으로 표현하기 시작하여 나타났으며, 1714년에는 Roger Cotes가 호도법의 개념을 완성시켜서, 1873년부터 radian으로 부르기 시작하였으며, 현재는 SI 파생단위(derived unit)로 사용되고 있다. 아래 그림과 같이 반지름의 길이와 같은 호의 길이에 대응하는 중심각의 크기를 1 라디안(radian)이라고 부르며 '1 rad'으로 표기한다. 따라서 180° = π rad이고 삼각함수에서는 각도 180° 대신 실수 π를 사용한다.

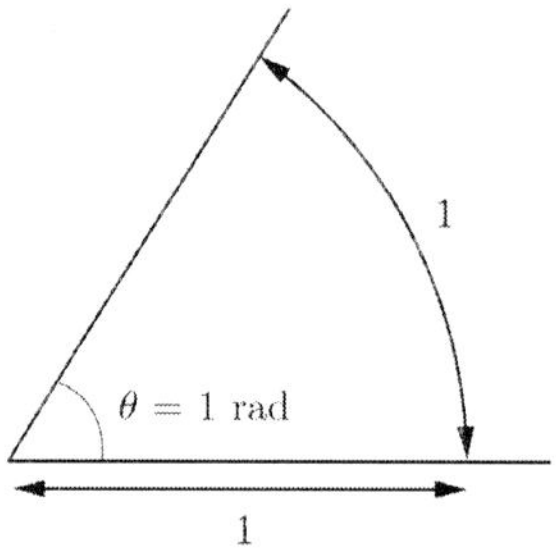

〈그림 147〉 1라디안

• $1 \text{ rad} = \dfrac{180°}{\pi} \approx 57.2958°$

• 각도와 라디안

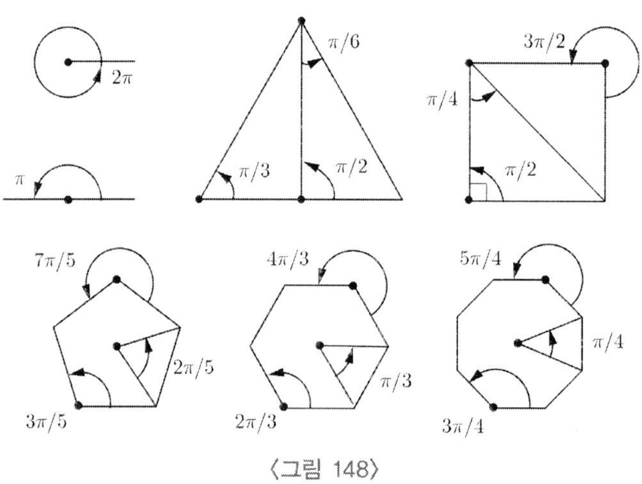

〈그림 148〉

■ 삼각함수의 지도법

삼각함수는 삼각비를 일반화하여 독립변수가 각도가 아닌 실수(라디안)이고 함수의 값은 길이의 비가 아니라 좌표의 비이다. 즉, 그림 149와 같이 중심이 원점인 원에서, 삼각비에서의 밑변의 길이는 원주위의 점의 x좌표, 높이는 원주위의 점의 y좌표, 빗변의 길이는 원점에서 원주위의 점까지의 거리를 사용하는, $\mathbb{R} \to \mathbb{R}$ 인 함수로서 공학에서 파동방정식에 관한 문제를 해결하는데 유용하게 사용되고 있으며, 특히 그들의 역함수는 미적분학에서 매우 유용하게 사용되고 있다.

• 좌표평면의 사분면과 삼각함수의 함수값

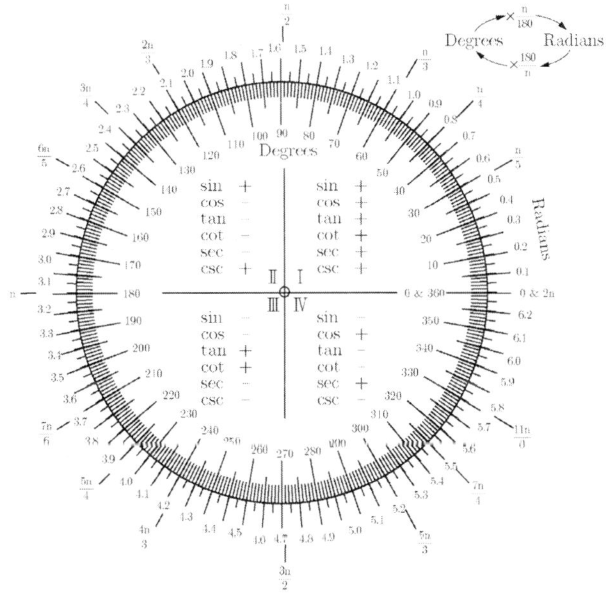

〈그림 149〉

6.4 로그함수의 지도법

로그(logarithm)함수는 큰 수를 작은 수로 변환하여 다루기 쉽도록 고안된 함수이며, 미적분학사에서는 다항식이 아닌 유리함수인 $\frac{1}{x}$의 부정적분이기 때문에 대단히 중요한 함수이다.

6.4.1 로그함수의 역사발생

B.C.2000~1600 년경에 바빌로니아인들은 아래의 표와 유사한 자연수의 제곱의 $\frac{1}{4}$(quarter square) 표를 이용하여 quarter square들의 덧셈과 뺄셈만을 이용하여 두 수의 곱을 다음과 같은 방법으로 계산하였다.

$$\left[\frac{(x+y)^2}{4}\right]-\left[\frac{(x-y)^2}{4}\right]=\frac{1}{4}((x^2+2xy+y^2)-(x^2-2xy+t^2))=\frac{1}{4}(4xy)-xy$$

n	0	1	2	3	4	5	6	7	8	9	10	11	12	13	14	15	16	17	18
⌊n2/4⌋	0	0	1	2	4	6	9	12	16	20	25	30	36	42	49	56	64	72	81

이 사실이 중요한 이유는, 두 수의 곱이 두 수의 합으로 계산되는 로그의 성질이 처음으로 출현한 점이다. 이 계산 방법이 현대에는 컴퓨터상에서의 곱셈방법에도 유용하게 쓰이고 있다. 1544년에 Michael Stifel이 발간한 'Arithmetica integra in 2^n Nuremberg'에 정수와 꼴의 자연수에 대한 quarter squares 표가 나타나있으나 현재와 같은 로그함수표와 로그함수의 발명은 그 후에 이루어졌다. 스위스의 시계 제작자, 천문학도구 제작자, 수학자인 뷔르기(J. Bürgi, 1552~1632)가 만들었던 것은 사실 로그표가 아니라 '반 로그표(anti-logarithms table)'이었다. 그 이유는 뷔르기의 표는 로그값에 해당하는 수만을 나타낸 것으로, 주어진 진수에 대한 로그값을 찾는 과정은 그의 역 과정이므로, 사실은 현재의 로그표와 완전히 동일한 것이다. 그러나 뷔르기는 자신이 만든 로그표에 숨겨진 비밀을 인식하지 못하였고, 로그표의 수들 간의 일정한 규칙을 이용하여, 진수가 기하급수적으로 변할 때 함수값이 산술급수적으로 변하는 로그함수를 발명한 사람은 스코틀랜드의 신학자, 수학자인 네이피어(J. Napier, 1550~1617)이다.

6.4.2 로그함수의 완성과정

로그함수를 도입할 때 아래의 단계에 따라서, 학생들로 하여금 먼저 뷔르기의 표를 만드는 방법을 설명한 다음, 그 표에 관한 네이피어의 통찰과정에 따라서 로그함수를 재발명하도록 지도한다.

■ 1단계 : 뷔르기의 수표 작성

뷔르기는 초항이 10^4 이고 공비가 $\left(1+\frac{1}{10^4}\right)$ 인 기하급수를 아래와 같이 구성하였다. 그 방법은 $10^4\left(1+\frac{1}{10^4}\right)^n$ 을 직접 계산하는 것이 아니라, 어떤 항에 $\left(1+\frac{1}{10^4}\right)$ 을 곱하는 것은 단순히 그 항에 그 항의 $\frac{1}{10^4}$ 을 더하는 것과 같다는 사실을 이용하여 귀납적으로 계산하였다.

	10000.0000
	1.00000000
1.	10001.00000000
	1.00010000
2.	10002.00010000
	1.00020001
3.	10003.00030001
	1.00030003
4.	10004.00060004
	…

그런데 위의 세 번째 과정에서는 1.00030003이 아니라 1.00030030001을 더해야 한다. 그러나 뷔르기는 0.00000000001을 없앤 채로 더했기 때문에 참값은 위에서 계산된 값보다 항상 크게 된다. 즉, 각 단계에서 소수점아래 네 번째 이후 자리의 수들은 계속 생략된 채로 더해지게 되었으며, 이 때 발생하는 오차는 매우 작은 관계로 10,000번의 단계가 지난 후에 비로소 마지막 자리(소수점 아래 넷째자리)에 1로서 나타나게 된다. 뷔르기는 이 과정을 23,027번째 항까지 계속한 결과 100,000이 되었다. 따라서 그 다음 단계들은 100000이전에서의 단계들을 반복하면 된다. 그러나 그는 23,027번째 항까지만 계산하고 멈추었다. 우선 뷔르기가 만든 표의 유용성을 알아보기로 한다. 위의 표를 이용하면 다음과 같이 $\sqrt[3]{3.6}$ 을 계산할 수 있다. 표에서 36,000이 나타날 수 있는 항은 다음과 같다.

12,809 단계	35,996.4763
12,810 단계	36,000.0759

이 때 위의 두 항에 내삽법(interpolation)을 적용하면, 12,809.98번째 단계에서 정확히 36,000.0000을 얻게 됨을 알 수 있다. 다시, 12,809.98을 3으로 나누면, 4,299.99가 되므로 4,299.99번째 단계에서 $\sqrt[3]{3.6}$ 의 값을 얻게 된다. 왜냐하면, 12,809.98번째 단계에 나타나는 수는 $10^4\left(1+\frac{1}{10^4}\right)^{12809.98}=$ 36,000.0000이다. 따라서 $\left(1+\frac{1}{10^4}\right)^{12809.98}=3.6$이므로 $\sqrt[3]{3.6}=\left(1+\frac{1}{10^4}\right)^{4299.99}$ 이기 때문이다.

이 표는 현대의 4자리수 로그표와 동일한 것이지만, 그 당시의 과학적인 목적을 위해서는 4자리수로 구성된 표는 충분하지 못하였고, 7자리수로 만들어진 표가 필요했었다. 그러나 뷔르기의 표를 7자리 수로 구성된 표로 전환하기 위해서는, 아래와 같이 초항이 10^7 이고 공비가 $(1+\frac{1}{10^7})$ 인 수열 $10^7\ (1+\frac{1}{10^7})^n$ 을 계산해야 한다.

	10 000 000.000 000
	1.000 000
1.	10 000 001.000 000
	1.000 000
2.	10 000 002.000 000
	…

그런데 이 표는 약 23,000,000번의 단계를 거쳐야 완성할 수 있으므로, 당시에는 계산하는 것이 거의 불가능하여, 그는 위의 뷔르기 표에 만족해야 했다.

■ 2단계 : 네이피어의 아이디어 I

네이피어는 수열 $10^7\ (1+\frac{1}{10^7})^n$ 을 100단계까지 계산한 다음, 기계적인 계산을 대신할 수 있는 이론적인 방법의 아이디어를 찾아냈었다. 학생들이 알아야할 것은 로그 그 자체가 아니라 네이피어의 위대한 업적인 그 아이디어이다. 네이피어는 1614년 에 그의 표와 사용방법을 출판할 때, 이 아이디어를 함께 출판하지 않았으며, 그가 죽은 후 2년 뒤인 1619년에 그의 아들이 그 내용을 발표했다. 여기에서는 네이피어는 수열 $10^7(1+\frac{1}{10^7})^n$ 대신에, 다루기 쉬운 수열 $10(1+\frac{1}{10})^n$ 을 24번째 항까지 만든 표를 이용하여 네이피어의 아이디어를 재발명해 보기로 한다.

	10.00
	1.0000
1.	11.0000
	1.1000
2.	12.1000
	1.2100
3.	12.3100
	1.3310
4.	14.6410
	…
	…
24.	98.4948
	9.8494
25.	108.3442

네이피어는 초항과 공비를 무엇으로 정하든지, 그에 따라 만들어 지는 모든 표들 사이의 관계인, 표에 있는 수들 $10^k\ (1+\dfrac{1}{10^k})^n$ 은 단계를 표시하는 수열 $\{n\}$과 짝을 지어서 기하급수를 이룬다는 것을 명확히 알고 있었다. 즉, a가 α 단계에 해당하는 수이고, b가 β 단계에 해당하는 수일 때, ab 는 $\alpha+\beta$ 단계에 해당하는 수가 된다는 것이다. 위의 네이피어 표에서 100은 24.153단계에 해당하는 수이고, 뷔르기의 표에서 100,000은 23,027단계에 해당하는 수이다. 한편, 뷔르기의 표에서 36,000이 12,810단계에 해당하는 수이고 네이피어 표에서 36은 13.428단계에 해당하는 수이다. 여기서 다음과 같은 관계식을 발견할 수 있다.

$$\frac{23,027}{12,810}=1.798\ ,\qquad \frac{24.153}{13.428}=1.799$$

즉, 무시할 수 있는 오차의 범위 내에서, 위의 두 비는 서로 같다고 볼 수 있다. 따라서 어떤 표에서 어떤 단계와 그에 해당하는 수는, 다른 표의 어떤 단계와 그에 해당하는 수에 $\dfrac{23,027}{24.153}$ 를 곱함으로써 얻어낼 수 있다. 이 사실을 일반화하면 다음과 같다.

$$1+\frac{1}{10}=A\ ,\ 1+\frac{1}{10^4}=B$$

$$A^{\alpha}=10\ ,\ B^{\beta}=10\ ,\ A^{\gamma}=a\ ,\ B^{\delta}=a$$

라고 하자. 그러면,

$$A^{\alpha}=B^{\beta}\ ,\ A^{\gamma}=B^{\delta}\ ,\ \text{or}\quad (A^{\alpha})^{\frac{\gamma}{\alpha}}=(B^{\beta})^{\frac{\delta}{\beta}}$$

이고, 따라서,

$$\frac{\gamma}{\alpha}=\frac{\delta}{\beta}\ ,\quad \alpha:\beta=\gamma:\delta$$

가 성립한다.

■ 3단계 : 네이피어의 아이디어 II

위의 비례식을 이용하여 뷔르기 표를 다음과 같은 단계로 다시 만들 수 있다.

- 수열 $\{10^2(1+\dfrac{1}{10^2})^n\}$의 약 230항을 계산하여 수표를 만든다.
- 이 표의 수들 중에서 뷔르기의 표에 해당하는 수들을 우선 $10^4(1+\dfrac{1}{10^4})^n$ 로 구성된 표로 옮긴다. 이런 수들은 뷔르기의 표에서 각각 100번째, 200번째, 300번째 ... 항에 해당한다.

- 뷔르기가 계산했던 바와 같이 맨 처음 100단계까지를 계산하고, 그것들을 이용하여 100번째와 200번째 사이의 수, 200번째와 300번째 사이의 수, 300번째와 400번째 사이의 수, …를 채워나간다.

■ 4단계 : 네이피어의 아이디어 III

네이피어는 자신의 표를 만드는데 이런 원리를 사용하여 거대한 양의 계산을 수행해 냈지만, 직접적으로 α 와 β를 구하는 방법을 알아내지는 못하였다. 수열 $\{10^2(1+\frac{1}{10^2})^n\}$의 경우에는 α 와 β는 계산과정에서 즉각 찾아낼 수 있다. 그러나 뷔르기의 표에서 23,027이라는 수를 그의 표 전체를 계산하지 않고는 알아낼 수가 없었다. 따라서 네이피어는 이러한 표를 보면서 α 와 β 를 찾는 방법을 연구하는 것은 현명하지 못하다고 생각했다. 그 이유는, 만일 표에 나타난 수보다 더 큰 정확성이 요구된다면, 그 표는 더 이상 의미가 없기 때문이다. 따라서 그는 가능한 모든 표들에 숨어 있는 다음과 같은 공통점을 찾으려 했다.

- 로그의 기본적인 성질은 x가 기하급수적으로 변함에 따라 $f(x)$는 산술급수적으로 변하는 함수라는 것이다. 즉, $f(x)$, $f(\rho x)$, $f(\rho^2 x)$, $f(\rho^3 x)$, ... 은 산술급수를 나타내는 수열이어야 하고, 함수 $f(x)$는 $f(xy)=f(x)+f(y)$인 함수이어야 한다. 두 수의 곱은 그들 각각의 로그값을 더한 후, 역-로그값을 취함으로써 얻어질 수 있다. 따라서

  ① $f(1)=f(1)+f(1)= 2f(1)$

  $\therefore\ f(1)=0$이다. 또한,

  ② $$\frac{f(x_1)-f(x)}{x_1-x}=\frac{f[(\frac{x_1}{x})x]-f(x)}{(\frac{x_1}{x})x-x}=\frac{f(\frac{x_1}{x})+f(x)-f(x)}{x[(\frac{x_1}{x})-1]}$$

  $$=\frac{1}{x}\frac{f(\frac{x_1}{x})}{(\frac{x_1}{x})-1}.$$

- 네이피어는 이 공식들과는 무관하게, 그의 이론의 핵심을 이루는 두 가지의 다른 결과를 추론해 냈다.

  ① x_1이 x에 접근하면, 위 식의 좌변은 $f(x)$의 도함수에 근접해 간다. 즉, 그는 x와 $f(x)$를 두 개의 점으로 생각하고, 이들 중 하나는 등속도로 직선을 따라 이동하고, 다른 하나는 또 다른 직선을 따라 비등속도(non-uniform velocity)로 움직인다고 생각하여 미분계수 또는 도함수를 속도를 이용해 표현했던 것이다.

② 좌변이 $f'(x)$로 접근해 가는 한편, 우변에 있는 항 $\frac{1}{x}$ 는 변하지 않은 상태로 남아있게 되고, $\frac{f(\frac{x_1}{x})}{(\frac{x_1}{x})-1}$ 는 x의 값에 상관없이 어떤 극한에 접근해 간다. 예를 들어, 만약 $y=\rho x$ 이고, 그 근방에서 $y_1=\rho x_1$ 이라고 하면,

$$\frac{f(\frac{y_1}{y})}{(\frac{y_1}{y})-1}=\frac{f(\frac{\rho x_1}{\rho x})}{(\frac{\rho x_1}{\rho x})-1}=\frac{f(\frac{x_1}{x})}{(\frac{x_1}{x})-1}$$

이다. 만일,

$$\lim_{x_1\to x}\frac{f(\frac{x_1}{x})}{(\frac{x_1}{x})-1}=c$$

라고 하면,

$$f'(x)=\lim_{x_1\to x}\frac{f(x_1)-f(x)}{x_1-x}=c\,\frac{1}{x}$$

이다.

따라서 모든 로그표들은 결국 다른 어떤 로그표와 단지 상수 배만큼만 다를 뿐이다. 지금 네이피어가 원하는 것은 로그표들 중에서 특히 $c=1$ 이 되는 로그표를 찾는 것이다. 그것을 $\log x$ 라고 하면, 결국 $(\log x)'=\frac{1}{x}$ 인 로그표를 찾는 것이다.

③ 세 함수 $\frac{x-1}{x}$, $\log x$, $x-1$ 들은 모두 $x=1$ 에서 0이 되고, $x\geq 0$ 인 범위에서 증가한다. 그들의 도함수는 각각 $\frac{1}{x^2}$, $\frac{1}{x}$, 1 이다. 그런데 $x>1$ 에 대하여 다음 부등식 $\frac{1}{x^2}<\frac{1}{x}<1$ 이 성립하므로, 첫 번째 함수 $\frac{x-1}{x}$ 는 $\log x$ 보다 느리게 증가하고, 세 번째 함수 $x-1$ 은 $\log x$ 보다 빨리 증가하므로 다음 부등식이 성립한다.

$$\frac{x-1}{x}<\log x<x-1 \text{ 또는 } \frac{1}{x}<\frac{\log x}{x-1}<1 \text{ 또는}$$

$x=\frac{a}{b}$ $(a>b)$ 라고 하면,

$$\frac{b}{a} < \frac{\log(\frac{a}{b})}{(\frac{a}{b})-1} < 1 \text{ 또는 } \frac{1}{a} < \frac{\log a - \log b}{a-b} < \frac{1}{b}\ , \quad (a>b).$$

- 네이피어는 이 기본적인 공식을 이중적인 목적으로 사용했다.
  ① 이 공식을 어떤 로그표를 자신의 로그표로 전환하는 항(factor)을 계산하는데 사용했다. $10^2[1+(\frac{1}{10^2})]^n$ 들로 구성된 로그표를 예로 들어 보면, 이 표의 첫 번째 두 항 $a=10^2[1+(\frac{1}{10^2})]$, $b=100$ 에 대하여, $\frac{1}{101} < \frac{\log 1.01}{1} < \frac{1}{100}$ 이 성립한다.
  ② 이 공식에 내삽법을 적용하여 지루한 나눗셈의 단순노동을 감소시켰다.
  그러나 네이피어의 발표물에서 이러한 모든 것들은 그의 중심 아이디어와 상반되는 수많은 요인들 때문에 그의 중심 아이디어가 희석되고 말았다. 네이피어는 $\log x$ 표를 만든 것이 아니라 $\log \sin x$ 표를 만들었으며, 덧셈이 아닌 뺄셈의 성질을 나타냈고, 소수점 아래 7번째 자리 이하에서 계산상의 오류도 있었지만, 이러한 결점이 그의 이론의 본질을 해치지는 않는다. 네이피어가 이런 아이디어들을 착안한 방법을 알 수 없으며, 유클리드 기하적 방법의 틀 안에서는 너무나도 생소했다. 불행히도 그의 많은 원고들이 화재로 인해 유실되었으며, 그의 손자인 Mark Napier에 의하여 세상에 알려지게 되었는데, 그가 어떻게 아리스토텔레스로부터 갈릴레오까지 거슬러 올라가는 운동이나 함수 등에 관한 이론들을 접했는지는 알 수는 없다. 네이피어의 업적에는 또 다른 주목할 만한 점이 존재한다. 그는 소수점 7자리이하에 있는 작은 소수들을 무시한 것이 아니라, 그것을 무시함으로서 참값이 증가하는지 감소하는지의 여부를 이론적으로 설명하고 있었다. 다시 말해서, 그는 그의 진술에서 최대한 엄밀하고자 노력했다. 그러나 그의 계산 값 중에서 엄밀성을 포기한 부분이 존재한다. 왜냐하면 그의 공식을 통해서는 내삽법(interpolation)으로 충분할 만큼 정확한 값을 얻을 수는 없었기 때문에 그의 작업에서의 이러한 부정확한 부분들을 불만족스러워 했기 때문에 더욱 완벽한 결과를 얻으려고 노력하였던 것이다.

■ 5단계 : 브릭스의 기여 I

그 당시 런던에 있는 Gresham college의 수학교수였던 브릭스(H. Briggs, 1561~1630)는 1614년에 발표된 네이피어의 로그표를 접하고는 그의 정규 강의를 중단하고 대신 로그를 강의했으며, 그 학기가 끝나자마자 스코틀랜드로 달려가 네이피어와 함께 오랜 시간을 보내면서, 로그의 밑(base)을 10으로 하도록 네이피어를 설득하였다고 한다.

■ 6단계 : 로그의 밑

지금부터는 로그의 밑에 대해서 논의하기로 한다. 어떤 수 q 에 대하여 $y = q^x$ 가 $x = \log y$ 의 역함수가 될 것인가? 하는 것이다. 만약 네이피어의 공식에서 $a = 1 + \frac{1}{n}$, $b = 1$ 이라고 하면, 다음과 같은 식들을 얻을 수 있다.

$$\frac{1}{1+\frac{1}{n}} < \frac{\log(1+\frac{1}{n}) - \log 1}{(1+\frac{1}{n}) - 1} < \frac{1}{1} \text{ 또는,}$$

$$\frac{n}{n+1} < \frac{\log(1+\frac{1}{n})}{\frac{1}{n}} < 1 \text{ 또는,}$$

$$\frac{1}{1+n} < \log(1+\frac{1}{n}) < \frac{1}{n} \text{ 또는}$$

$$\frac{n}{n+1} < n\log(1+\frac{1}{n}) < 1 \text{ 또는,}$$

$$\frac{n}{n+1} < \log(1+\frac{1}{n})^n < 1.$$

이 때 만일 $n \to \infty$ 이면, $\lim_{n\to\infty}\left(1+\frac{1}{n}\right)^n = e$ 이므로,

$$1 \le \log e \le 1 \text{ 이고, 따라서}$$

$$\log e = 1 \text{ 이므로 } \log(e^x) = x\log e = x$$

가 된다. 즉, $y = \log x$ 의 역함수의 밑 q 는 e 가 된다. 그런데, 밑이 10인 로그 $\log_{10} x$ 가 왜 더 실용적인가? 그 이유는 간단한 수치 계산을 예로 들어보면 명백히 알 수 있다. 네이피어의 표를 이용해서 169^2 을 한 번 계산해 보자. 네이피어의 표를 이용하면 $x = 100, 101, 102, \cdots, 1{,}000$ 일 때, $\log x$ 의 값을 알 수 있다. 다음의 예를 보자.

$\log 169 = 5.12990$ 이므로 $\log 169^2 = 2\log 169 = 10.25980$ 이다. 그러나 네이피어의 표에서는 $\log 1000 = 6.90776$ 이므로 이 사실을 알 수 없다. 따라서 다음과 같은 과정이 필요하게 된다.

$$\log 169^2 = 10.25980$$

$$\underline{(-)\log 100 = \ \ 4.60517} \text{ 이므로}$$

$$\log\frac{169^2}{100} = 5.65463 \text{ 이다.}$$

그런데 네이피어의 표에서 로그값이 5.65463에 가장 가까운 정수는 286이므로,

$$\frac{169^2}{100} \sim 286 \text{ 즉, } 169^2 \sim 28,600 \text{이다.}$$

그런데 10을 밑으로 하면 다음과 같은 결과를 얻을 수 있다.

$$\log_{10}169 = 2.22789$$

$$\log_{10}169^2 = 4.45578.$$

그런데 10을 밑으로 하는 로그표에는 이 값 대신 0.45578이 나와 있으므로, 뺄셈 대신, 소수점을 올릴 때마다 로그값에서는 정수만큼의 차를 계산하면 된다. 따라서 수치계산을 위해서는 밑을 10으로 하는 것이 훨씬 실용적이다.

■ 7단계 : 브릭스의 기여 II

브릭스는 네이피어와 함께 네이피어의 $\log_{10} x$ 표를 전체적으로 다시 계산한 결과, 네이피어의 공식에서 새롭고 흥미로운 사실을 찾아낼 수 있다. 위에서 얻은 다음의 공식을 다시 생각해 보기로 한다.

$$\frac{1}{n+1} < \log\left(1 + \frac{1}{n}\right) < \frac{1}{n} .$$

이 공식에서, $n = 2,400$ 인 경우에는,

$$\frac{1}{2,401} < \log\left(1 + \frac{1}{2,400}\right) < \frac{1}{2,400} \text{이므로,}$$

$\log\frac{2,401}{2,400}$ 에 대한 오차는 $\frac{1}{2,400} - \frac{1}{2,401} \sim \frac{1}{5,760,000}$ 보다 작으며, 이 값은 소수점 아래 7번째 자리까지 정확하게 일치하기 때문에 다음과 같은 사실을 얻을 수 있게 된다.

$$2,401 = 7^4,\ 2,400 = 2^5 \times 3 \times 5^2 \text{ 이므로,}$$

$$\log\frac{2,401}{2,400} = \log 2,401 - \log 2,400 = 4\log 7 - 5\log 2 - \log 3 - 2\log 5 \text{이다.}$$

따라서 $\log 2$, $\log 3$, $\log 5$ 의 값들만 알 수 있다면, $\log 7$ 의 값은 소수점 아래 7번째 자리까지는 쉽게 얻어질 수 있다. 이 방법을 통해, 모든 솟수(prime number)에 대한 로그 값인 $\log 2$, $\log 3$, $\log 5$, $\log 7$, $\log 11$, $\cdots$ 등을 계속해서 계산할 수 있다. 또한 $\log 6 = \log 2 + \log 3$ 이 되므로, 즉, 정수론의 기본정리에 의해서, 모든 자연수는 유일하게 소인수 분해되므로 모든 자연수의 로그값을 계산할 수 있으며, $\log\frac{p}{q} = \log p - \log q$ 이므로, 모든 유리수의 로그값

을 계산할 수 있고, 결국 $\log_{10}x$ 표를 만들 수 있게 된다.

■ 8단계 : 케플러의 기여

1614년에 출판된 네이피어의 로그표는 행성운동의 제 3 법칙의 발견에 필요한 엄청난 계산을 하던 케플러(J. Kepler, 1571~1630)에게는 너무나 반가운 것이었다. 이 새로운 도구에 너무나도 열광한 나머지 그의 스승인 Tübingen대학의 마에스트린(M. Maestlin, 1550~1631)에게 그 표에 관한 편지를 보냈으나, 그 표를 신뢰할 수 없다는 답장을 받았다. 그러나 중요한 것은 케플러의 반응이다. 그 당시 그에게는 그 표가 정말 절실히 필요했고 네이피어가 그 표를 만든 과정을 알 수 없었기 때문에, 그 자신이 직접 그 표를 계산하는 과정에서, 네이피어의 공식은 물론 그보다 훨씬 더 훌륭한 사실을 발견했다. 그 중의 하나를 예로 들면 다음과 같다.

$$\frac{\log a - \log b}{a-b} < \frac{1}{\sqrt{ab}} \text{ 이므로,}$$

$$\log\left(1+\frac{1}{n}\right) < \frac{1}{n}\frac{1}{\sqrt{1+\frac{1}{n}}} = \frac{1}{\sqrt{n(n+1)}} < \frac{1}{n} \text{ 이다.}$$

[후기] 뷔르기는 1620년 무렵에 네이피어의 로그표를 부등식을 이용하여 10진법으로 엄밀하게 계산하였는데, 그 역시 고차의 분수를 제거하여 계산을 짧게 하는 반면에 표의 정확도를 포기하는 방식이었으며, 이러한 trade-off를 잘 알고 있던 뷔르기는 톨레미 시대부터 sine 표에 존재해왔던 '소수의 병폐'를 인정하면서 이 정도로 만족해야 했다.

6.4.3 로그함수의 지도법

학교수학에서 로그는 지수의 역으로부터 유도하여 가르치기 시작하는 것이 보통이다. 즉, $n=b^x$ 이면 x는 b를 밑으로 하는 n의 로그라고 정의한다음, 이 정의에 따라서 로그의 법칙들은 지수의 법칙들로부터 직접 얻도록 지도하는 것이다. 그러나 수학의 역사에서는 지수를 사용하기 전에 로그가 먼저 발전되었다는 사실은 학교에서 로그를 지도하는 방법을 재고해야 되는 이유가 될 수 있다.

■ 우리나라 교과서의 로그의 도입 방법

지수함수 $y=2^x$ 에서 y의 값이 주어졌을 때 x의 값을 구할 수 있다. 예를 들면 $2^3=8$ 이므로, y가 8일 때 y에 대응하는 x의 값은 3이다.

함수 $y=2^x$ 의 그래프로부터 알 수 있듯이 임의의 양수 b 에 대하여 $2^x=b$ 를 만족하는 x 의 값은 단 하나 있다. 일반적으로 $a>0$, $a\neq 1$ 일 때, 임의의 양수 b 에 대하여 $a^r=b$ 를 만족하는 r 의 값은 단 하나 정해진다.

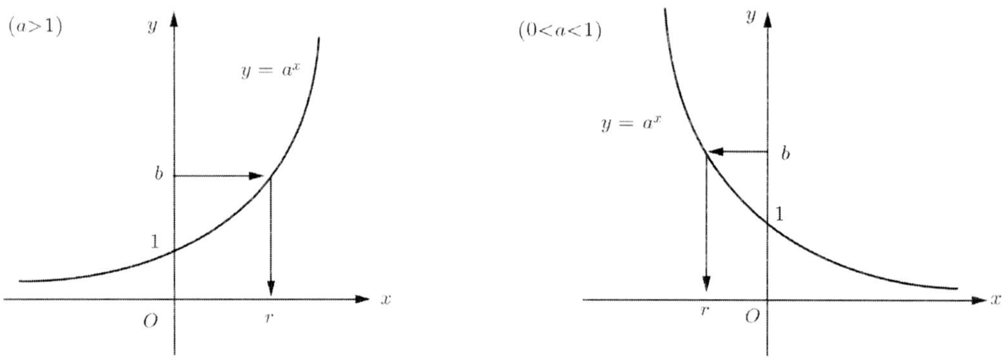

〈그림 150〉

따라서 $a>0$, $a\neq 1$ 일 때, $a^r=b \Leftrightarrow r=\log_a b$ 이다. 이 때, r 를 a 를 밑으로 하는 b 의 로그라고 하고, 이것을

$$r=\log_a b$$

로 표현하고, b 를 $\log_a b$ 의 진수라고 한다.

이와 같이 로그를 지수를 이용하여 그의 역으로 로그를 도입하는 대신, 로그의 발생에 따라서 로그의 의미를 제대로 이해할 수 있는 효율적인 지도방법을 알아보기로 한다.

■ 네이피어 방법에 따른 지도 방법

[1단계] 다음 수열 제시하여 덧셈과 곱셈 사이의 규칙성 찾게 하기

x	-5	-4	-3	-2	-1	0	1	2	3	4	5
2^x	$\frac{1}{32}$	$\frac{1}{16}$	$\frac{1}{8}$	$\frac{1}{4}$	$\frac{1}{2}$	1	2	4	8	16	32

[2단계] 다음 수열 제시하여 덧셈과 곱셈 사이의 규칙성 찾게 하기

x	-5	-4	-3	-2	-1	0	1	2	3	4	5
3^x	$\frac{1}{273}$	$\frac{1}{81}$	$\frac{1}{27}$	$\frac{1}{9}$	$\frac{1}{3}$	1	3	9	27	81	273

[3단계] 1단계와 2단계 수열 사이의 공통점 찾기

$x=0$ 일 때는, 2^x 와 3^x 가 동시에 1이다. $x \neq 0$ 인 정수에 대해서는, x 의 n 배인 수일 때의 2^x 와 3^x 의 값은 n 제곱인 수이다.

[4단계] 일반화하기

3단계에서 찾은 규칙성을 정리하면 아래와 같다.

$\cdots$	$-4a$	$-3a$	$-2a$	$-a$	0	a	$2a$	$3a$	$4a$	$\cdots$
$\cdots$	$\frac{1}{b^4}$	$\frac{1}{b^3}$	$\frac{1}{b^2}$	$\frac{1}{b}$	1	b	b^2	b^3	b^4	$\cdots$

[5단계] 형식화하기

3단계의 결과를 log를 이용하여 표현하면 다음과 같다.

$$0=\log 1=\log 1$$
$$1=\log 2=\log 3$$
$$2=\log 4=\log 9$$
$$\vdots$$

그런데 표현하는 과정에서 학생들로 하여금 밑(base)의 구별이 필요하다는 것을 알도록 지도하면서, 이 사실을 토대로 로그값을 만드는 함수를 다음과 같이 형식화하도록 한다.

$$a>0,\ a\neq 1 \text{ 일 때, } \quad a^r=b \Leftrightarrow r=\log_a b\ .$$

이 때 r 를 a 를 밑으로 하는 b 의 로그라고 하고, 이것을

$$r-\log_a b$$

로 표기하도록 지도한다.

[6단계] 로그 성질 확인하기

1단계와 2단계의 표를 분석하여 학생들로 하여금 아래와 같은 log 함수의 성질을 찾도록 지도한다.

1 $\log_a AB=\log_a A+\log_a B$

2 $\log_a \dfrac{A}{B}=\log_a A-\log_a B$

3 $\log_a A^r=r\log_a A$

($a>0,\ a\neq 1,\ A>0,\ B>0$, r 은 실수)

■ 이자 문제를 이용한 로그의 지도 방법

돈을 빌릴 때 수수료를 부과하는 관행은 역사 시대의 시초까지 거슬러 올라간다. 현재 루브르 박물관에 소장되어 있는 B.C. 1700년경의 메소포타미아 지역의 점토판에서는 다음과 같은 문제가 제시되어 있다.

• 문제

연이율 20%로 1년마다의 복리로 계산할 때, 원리합계가 원금의 2배가 되려면 얼마나 걸리겠는가?

이 문제는 현대적으로 $1.2^x = 2$를 만족하는 x년이 해답이다. 바빌로니아인들은 현재의 로그를 전혀 모르고 있었기 때문에 근사적인 값을 계산해야만 했다. 60진법을 사용한 그들이 계산한 값은

$$3+\frac{47}{60}+\frac{13}{60^2}+\frac{20}{60^3} \fallingdotseq 3.7870$$

이다. 이것은 정학한 값 3.8018과 거의 비슷한 것이다

• 복리로 원리합계를 구하는 방법

예를 들어 원금이 100만원이고, 연이율이 5%인 경우를 고려해 보자. 어떤 은행이 1년에 1번 이자를 준다고 하면 1번만 계산하면 된다. 즉,

$$S=100(1+\frac{5}{100})^1$$

이 식을 일반화하면 다음과 같은 식을 얻는다.

$$S=P(1+r)^t$$

그런데 1년에 한번이 아니라 2번이라면 2.5%씩 두 번 계산하면 되므로, 이 경우의 원리합계는

$$100(1+\frac{2.5}{100})^2=100(1+\frac{5}{100/2})^2$$

가 된다.

만일 1년에 4번의 이자를 준다면(3개월마다) 1.25%씩 4번 계산하면 된다. 이 경우에 원리합계는

$$100(1+\frac{1.25}{100})^4=100(1+\frac{5}{100/4})^4$$

이고, 이 식을 일반화하면 다음과 같은 식을 얻는다.

$$S = P(1+\frac{r}{n})^{nt}$$

단, n은 1년의 환산 횟수, r은 연이율이고, r/n은 한번 환산하는 경우 실제 환산되는 이자율이다.

환산 주기	n	r/n	원리합계(S)
1년	1	0.05	105.00
반년	2	0.025	105.06
3개월	4	0.0125	105.09
2개월	6	0.008125	105.11
매달	12	0.0041666	105.12
반달	24	0.0020833	105.12
1주	52	0.0009615	105.12
하루	365	0.0001370	105.13
실시간	∞		

이와 같은 방법으로 환산주기에 따라 원리합계를 계산할 수 있다. 따라서 환산주기가 짧아지면 짧아질수록 원리합계는 점점 많아지며, 매일 환산한다면 그 값은

$$100(1+\frac{0.0137}{100})^{365} = 100(1+\frac{5}{100/365})^{365} = 105.13$$

으로 이 값은 한 달에 한 번 이자를 받는 것과 별반 다르지 않다. 즉, 환산주기가 계속 짧아지면 이 값은 어떤 고정된 값으로 수렴하게 되며, 아래 표와 같이 이 값을 구하는 과정에서 자연로그의 밑인 e가 나타난다. 즉,

$$\lim_{n\to\infty} S = \lim_{n\to\infty} P\ (1+\frac{r}{n})^{nt} = e^{rnt}$$

가 된다.

- **e의 출현**

연이율 100%이고, 실시간으로 이자를 준다고 생각해보자. 처음에 $1을 예금하고 오랜 시간 동안 은행에 넣어 두는 경우 원리합계는 어떻게 되는지 생각해보자. 이자율도 최

대이고, 이자가 가장 많이 붙는 실시간으로 이자를 환산하고, 기간은 무제한으로 한다면 원리합계가 얼마나 커지는지를 알아보자.

$P=1, r=1, t=1$이므로 위의 식은 다음과 같이 된다.

$$S=(1+\frac{1}{n})^n.$$

이 식에서 $n\rightarrow\infty$ 일 때, S의 값은 다음과 같고

$$\lim_{n\rightarrow\infty} S=\lim_{n\rightarrow\infty}(1+\frac{1}{n})^n$$

표에서 보는바와 같이 극한값은 2.71828 …가 되는 사실을 알 수 있다.

n	$S=(1+\frac{1}{n})^n$
1	2
2	2.25
3	2.37037
4	2.44141
5	2.48832
10	2.59374
50	2.69159
100	2.70481
1,000	2.71692
10,000	2.71815
100,000	2.71827
1,000,000	2.71828
10,000,000	2.71828

무리수 e가 출현한 시기가 언제인지 정확히 알 수는 없지만, 대략 Napier가 로그를 발견한 시기 즈음이라 예상된다. 이 시기에는 국제 무역이 엄청나게 발전하였으며, 모든 종류의 금융 거래가 확산되었기 때문에 복리 계산법에 대단히 큰 관심을 가지게 되었고, 이런 상황에서 수 e가 인식되었을 것으로 보고 있다.

■ 계산기를 이용한 로그의 지도 방법

1980년대 이후로 고등학교 교육을 받은 사람들에게는 로그는 수학에서 함수개념의 일부로 배우는 하나의 이론적인 주제로 인식하고 있으나, 1970년대 후반까지도 로그는 여전히 계

산도구로 널리 사용되었으나, 1624년에 등장한 브리그스의 상용로그와 거의 다를 바 없었으며 휴대용 계산기의 출현으로 그 유용성이 감소하였으나, 로그의 본질을 지도하는 데에는 아직도 유효한 방법이다.

• 로그의 성질을 이용한 간편 계산법

$$x = \sqrt[3]{\frac{493.8 \times 23.67^2}{5.104}}$$

의 값을 직접 계산하는 과정은 대단히 복잡하다. 그러나 로그함수의 성질을 이용하여 계산을 간소화하는 과정을 학생들이 경험함으로서 로그의 유용성을 지도할 수 있다. 다음의 로그의 성질과 상용로그표를 이용하여 x의 값을 구해보기로 한다. $a > 0$, $a \neq 1$, $A > 0$, $B > 0$, 그리고 r 이 실수일 때, 다음 등식이 성립하는 것을 상기하자.

$$\boxed{1}\ \log_a AB = \log_a A + \log_a B$$

$$\boxed{2}\ \log_a \frac{A}{B} = \log_a A - \log_a B$$

$$\boxed{3}\ \log_a A^r = r \log_a A$$

x의 지수를 변형하여 다음과 같이 표현할 수 있다. 즉,

$$x = \left(\frac{493.8 \times 23.67^2}{5.104}\right)^{1/3}$$

식의 양변에 로그를 취하고 로그의 성질을 적용하면

$$\log x = \frac{1}{3}(\log 493.8 + 2\log 23.67 - \log 5.104)$$

상용로그표에서 다음의 결과를 얻을 수 있다.

$$\log 2.367 = 0.3742$$
$$\log 4.938 = 0.6935$$
$$\log 5.104 = 0.7079$$

이 식에 지표와 가수와의 관계를 적용하면,

$$\log 23.67 = 1.3742$$
$$\log 493.8 = 2.6935$$

이므로,

$$\log x = \frac{1}{3}(\log 493.8 + 2\log 23.67 - \log 5.104)$$

$$= \frac{1}{3}(2.6935 + 2 \times 1.3742 - 0.7079)$$

$$= \frac{4.7340}{3} = 1.5780$$

이고, 로그표에서 거꾸로 찾으면 어림값으로,

$$x = 37.84$$

임을 알 수 있다.

■ 실생활에서 지수함수와 e의 지도방법

밑이 e인 지수 함수의 도함수는 자기 자신과 같다는 성질

$$\frac{d}{dx}(e^x) = e^x$$

을 이용하여 어떤 양의 변화 비율이 그 양 자체와 비례적인 수많은 실생활에서 일어나는 현상을 설명할 수 있다. 그런 현상들 중에서 미분 방정식 $\frac{dx}{dy} = ay$을 만족하는 경우만을 알아보기로 한다. 여기서 상수 a는 각각의 경우에 따라 변화의 비율로 결정되며, 이 미분방정식의 해는, 임의의 초기 상수가 C일 때, $y = Ce^{ax}$이다. 즉, 초기 상수 C는 $x = 0$일 때 y의 값이다.

예제 1

방사선 물질의 감소비율과 방사능의 방출량은 매순간 t마다, 그 양 m에 비례한다. 즉,

$$\frac{dm}{dt} = -am$$

이 미분 방정식의 해는

$$m = m_o \cdot e^{-at}$$

이고 m_0는 그 물질의 처음($t = 0$일 때)의 양이다. 이 해에서 m은 0으로 수렴하지만, 0이 되지는 않는다. 핵 물질이 쓰레기로 버려지면 그 이후에 커다란 재앙이 될 수 있다는 사실을 설명해준다. a의 값은 그 양의 감소비율이고, 이 값은 방사능 물질이 처음 양의 방이 되는 시간인 반감기로 측정될 것이다. 방사능 물질들의 반감기는 일반적으로 같지 않다. 예를 들면, Ra^{220}은 반감기가 단지 23×10^{-6}초, U^{238}은 50억 년, Ra^{226}은 1600 년이다. 이것은 왜 연대표에서 불안정한 원소들이 자연 광속 속에서 발견되지 않는 지를 설명해준다.

예제 2

온도 T_0의 뜨거운 물질을 온도 T_1인 환경에 놓았을 때, t초 후의 그 물질의 온도 T는 처음의 온도와 주위의 온도와의 차이 $T-T_1$과 비례적인 관계

$$\frac{dT}{dt} = -a(T-T_1)$$

가 있다. 이것은 뉴턴의 냉각 법칙으로 알려졌다. 이 미분방정식의 해는

$$T = T_1 + (T_0 - T_1) \cdot e^{-at}$$

이므로, 그 물질의 온도 T는 T_1에 점차적으로 가까워지지만 T_1이 되지는 않는다.

예제 3

음파가 공기(또는 다른 매개체) 중에서 진행할 때, 그 음파의 강도는 진행한 거리 x사이에는 다음과 같은 미분 방정식

$$\frac{dI}{dx} = -aI$$

이 성립한다. 따라서 미분방정식의 해는

$$I = I_0 \cdot e^{-ax}$$

이므로, 거리에 따라 그 강도는 지수적(exponential)으로 감소한다는 것을 알 수 있다. 비슷한 것으로 람베르트의 법칙이 있는데 초전도체 속의 관선의 흡수율을 나타낸 것이다.

예제 4

돈을 연이율 r %로 예금하면 이자는 원금 P에 비례해서 늘어나므로 도함수는 자기 자신과 같은 함수가 된다. t 년 후의 원리합계는

$$A = P \cdot e^{rt}$$

이 된다. 따라서 예금액은 시간이 지남에 따라 지수적으로 증가한다.

[참고] 학교수학에서는 로그의 발생적인 의미와 유용성을 감춘 채로 지수함수의 역과정으로 도입되고, 알고리즘적인 측면이 강조된 학습영역으로 지도하고 있다. 로그 함수를 지수함수의 역으로 보는 추상적인 정의는 지수함수의 성질에서 곧바로 로그 함수의 성질을 이끌어낼 수 있다는 이점을 가지고 있으나, 이것은 역사발생적으로는 반대과정이고, 심리적으로는 그 의미를 전혀 알 수 없게 되어 있으므로 많은 문제점을 가지고 있다. 따라서 로그를 지수함수의 역과정으로 도입하지 않고, 로그 자체로 도입하는 경우 로그의 계산적인 측면뿐만 아니라 개념적인 측면을 강조하여 가르칠 수 있을 것이다. 즉, 로그는 무의미한 알고리즘적인 과정만 중시하는 내용이 아니라, 곱셈을 덧셈으로 계산할 수 있는 전체적인 구조와 200년이 넘도록 계산함수로서의 중요성, 그리고 실세계를 아름답게 정리해주는 언어로써 가르칠 수 있는 다각적인 접근이 필요하다.

7. 좌표계 위에서의 지도법

■ **천막안의 파리의 위치**

철수는 '멋져'아파트 1207호에 살고 있다. 철수네 집을 어떻게 찾아갈까? 또는 영이는 바둑학원에 다니고 있다. 학원 선생님께서 바둑돌을 한 개 집어서 바둑판위에 올려놓으셨다. 그 바둑알이 놓인 위치를 어떻게 설명할까? 외국인 친구에게 광주의 위치를 어떤 방법으로 알려줄까? 등과 같은 문제를 해결하여보자.

7.1 직교좌표의 발생

르네상스시대의 미술가들은 철사를 잘라 만든 모눈으로 그들의 미술작품을 구성하였다고 한다. 평소에 이러한 광경을 많이 목격한 프랑스 수학자 데카르트(Rene Descartes, 1596~1650)는 군인들과 함께 전장에 만들어진 군대막사 안에서 돌아다니는 파리의 운동자취를 수학적으로 표현하는 방법을 생각하다가 가로축, 세로축을 만들어 파리의 위치를 정하기로 하였다. 그 아이디어를 바탕으로 1637년에 데카르트가 평면위의 점의 위치를 서로 교차하는 두 개의 직선을 측정 도구로 하는 좌표계를 고안하여 발표하게 되었다. 그 후, 대부분의 수학에 데카르트가 고안한 좌표계를 사용하게 되었는데, 특히 뉴턴과 라이프니츠가 이 좌표계를 이용하여 미적분학을 발전시켰다.

7.2 좌표계의 경험

역사상 최초의 좌표계는 천구(celestial globe)로서 수평면과 관측자의 시선과의 사이각과 자오선과 관측자의 시선과의 사이 각, 즉 (고도 각, 방위 각) 의 쌍으로 구성된 좌표이다. 고대 그리스의 아폴로니우스(Apollonius)는 원추곡선을 원추도형에 관련된 기하학적 크기를 나타내는 변수 사이의 방정식인 '징후(symptom)' 라고 일컬었는데 데카르트가 이를 일반적인 곡선에 적용하여 좌표계를 수의 순서쌍으로 도입하였고, 위치를 좌표화 함으로서 기하의 대수화가 이루어졌다. 극좌표로는 천체의 둥근 천장과 지구표면을 설명하고, 직교좌표로는 기하도형과 역학운동과 사상을 설명하는데 특히 효과적이다. 피아제에 의하면, 평면은 정신적으로 관계의 곱이 필수요소인 논리적 체계화의 결과인 직교좌표로 구성된다. 그의 실험에서 피험자에게 직사각형 모양의 종이를 제시하여 평면구조를 직교좌표로만 표현하도록 유도한 결과로 피험자는 원, 타원, 삼각형, 불규칙도형 모양의 종이를 경험하지 않았다. 피아제는 직사각형모양의 종이 위에 점 P를 찍은 다음에 합동인 다른 종이 위에 점 P를 그대로 옮기는 문제를 제시하였다. 문제지 직사각형 $ABCD$라고 하면, 아동 Col(5:8세)은 점 C에서 점 P를 이은다음 그 거리를 재어서 답안지A'B'C'D'의 점C'에서 컴퍼스로 선분CP의 길이만큼 떨어진 지점에 P'을 찍었다. Col은 극좌표(r, θ)중에서 r은 표시한 셈이다. 그런데 Col의 답안지를 피아제는 오답 처리하였다. 그러나 직교좌표는 여러 가지 좌표계중 하나일 뿐이고, 발생순서로는 직선운동보다 원운동의 관찰이 우선하였기 때문에 직교좌표보다 극좌표를 먼저 경험시켜야한다.

7.3 좌표평면

아래의 그림과 같이 직선의 한 점에 한 개의 수를 대응시킨 그림을 수지선(real line)이라고 한다.

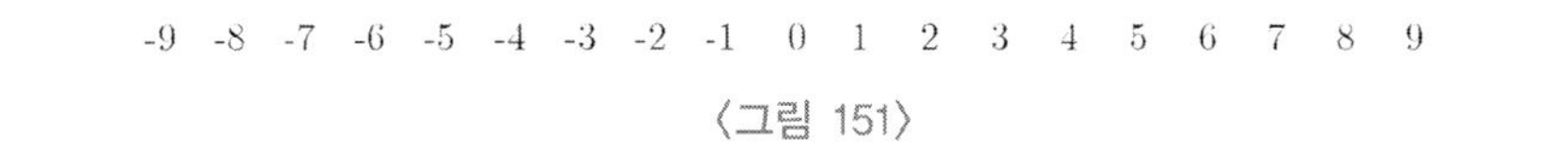

〈그림 151〉

벡터공간의 의미에서는 수직선을 일차원공간이므로, 만일 우리가 일차원공간에서 산다면 우리는 모두 선분이 되고 만다.

7.3.1 직교좌표

서로 수직으로 교차하는 수직선들을 측정 도구로 하는 좌표계를 직교좌표라고 한다.

■ 평면과 공간에서의 직교좌표

서로 수직으로 교차하는 두 개의 수직선을 측정 도구로 하는 좌표계를 평면 직교좌표라고 하고, 서로 수직으로 교차하는 세 개의 수직선을 측정 도구로 하는 좌표계를 공간 직교좌표라고 한다.

- 평면 직교좌표를 이차원공간이라고 한다. 따라서 만일 우리가 이차원공간에서 산다면 우리는 모두 평면도형(벽화)이 되고, 공간직교좌표를 3차원공간이라고 한다. 우리가 3차원공간에서 살기 때문에 부피가 있고 몸무게가 있는 것이다.

■ 점과 수의 만남

평면위에 있는 점 P의 위치를 수를 이용하여 표현해보자. 우선 점 P에서 수선을 내려 x축과 만나는 지점의 수가 2이고, 점 P에서 평행선을 그어 y축과 만나는 지점의 수가 3인 경우에 점 P의 위치를 순서쌍(2, 3)으로 표현한다.

- 순서쌍

  (2, 3)의 순서를 바꾸어 (3, 2)라고 적으면 x 축 위의 점이3, y축 위의점이 2가 되므로 점 P의 위치가 아니다. 즉 (2, 3)의 수를 바꾸면 다른 점이 되고 만다. 따라서 점 P의 위치를 나타낼 때에는 반드시 x축의 점 다음에 y축의 점의 순서로 표시해야만 한다. 이런 이유로 (2, 3)을 순서쌍 2, 3이라고 한다.

- 점과 순서쌍

  평면의 점은 순서쌍 한 개로 표현되며, 순서쌍 한 개는 평면의 오직 한 점의 위치를 표현한다. 따라서 평면위의 점과 순서쌍은 일대일대응이 된다. 그러므로 앞으로는 순서쌍 (2, 3)을 점 (2, 3)으로 말해도 된다. 직교좌표로 주어진 평면 또는 공간위의 점을 순서쌍으로 나타내는 방법은 아래와 같다.

- 평면좌표와 공간좌표

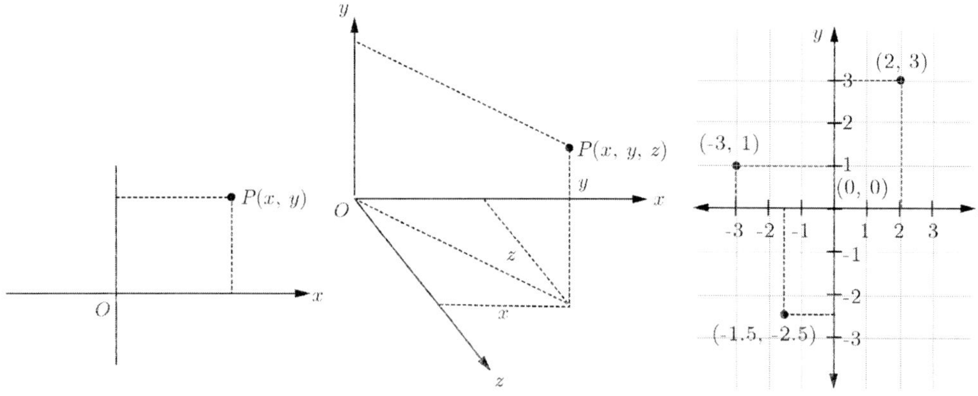

〈그림 152〉

7.3.2 주면좌표(cylindrical coordinate)

주면좌표는 2차원 평면에서의 극좌표에 높이 축을 첨가한 3차원 좌표이다. 즉, 3차원공간의 점을 그림과 같이 원통의 반지름 r, x축과 이루는 각 θ, 높이 z일 때, (r, θ, z)로 표기하는 좌표이다.

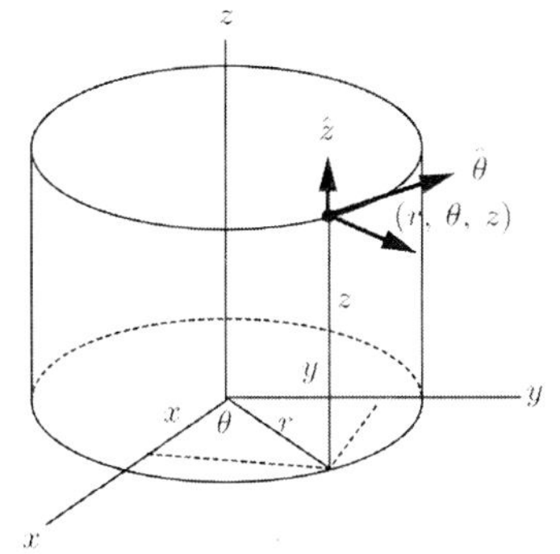

〈그림 153〉

7.3.3 구면좌표(spherical polar coordinate)

구면좌표는 또는 구면 극좌표는 구면위의 점을 표현하기 위한 좌표로서, 구의 반지름 r, 그 점이 x축과 이루는 각 θ, z 축과 이루는 각 ϕ일 때 (r, θ, ϕ)로 표기하는 좌표이다.

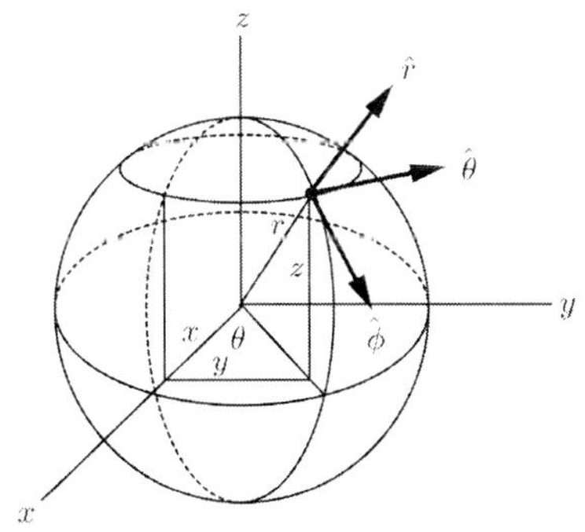

〈그림 154〉

7.3.4 평면과 공간 나누기

해석기하학에서는 점의 위치를 쉽게 알아 보기위해서 편의상 시계반대방향으로 평면과 공간을 축을 기준으로 분할한다.

■ 평면 나누기

평면에 직교좌표를 그리면 아래 그림과 같이 4개의 영역으로 나누어진다.

- 4개의 영역의 이름은 시계 반대 방향으로 제 I사분면, 제 II사분면, 제 III사분면, 제 IV사분면이라고 부른다.

  [참고] 사분면은 면을 $\frac{1}{4}$씩 네 조각으로 나눈 작은 면을 뜻한다.

- x축과 y축의 교점의 좌표는 (0, 0)이고, 이 점을 원점이라고 부른다.

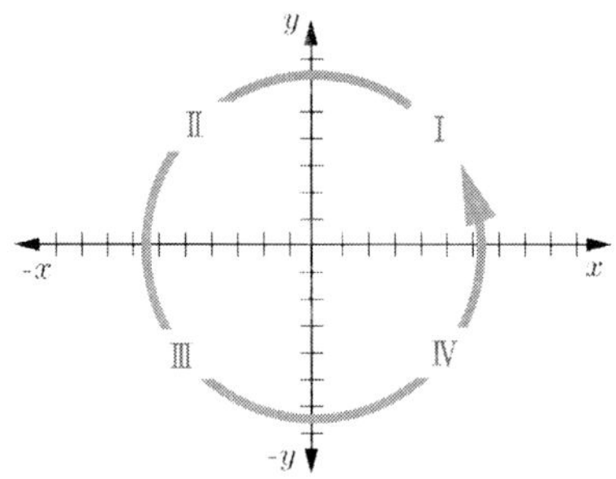

〈그림 155 〉

■ 공간 나누기

공간에 세 개의 직교하는 축을 그리면 아래 그림과 같이 8개의 영역(방)으로 나누어진다.

- 8개의 영역의 이름은, xy-평면의 앞의 방인 제I 8분공간에서 출발하여, 시계반대방향으로 제 II 8분 공간, 제 III 8분 공간, 제 IV 8분 공간, 그리고 제I 8분공간의 밑에 있는 방을 제V 8분 공간, 시계반대방향으로 제 VI 8분 공간, 제 VII 8분 공간, 제 VIII 8분 공간 이라고 부른다.

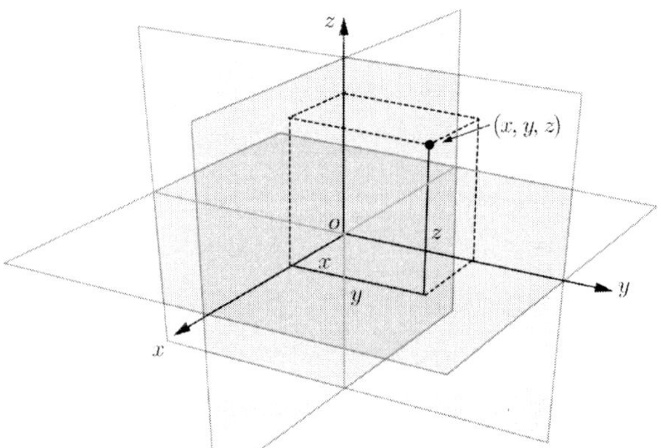

〈그림 156〉

• 좌수계와 우수계

공간좌표의 표현방법은 왼쪽 그림과 같이 왼손 손가락을 따라서 명명하는 좌수계와 오른손 손가락을 따라서 명명하는 좌수계가 있다. 현재 학교수학에서는 우수계를 사용하고 있다.

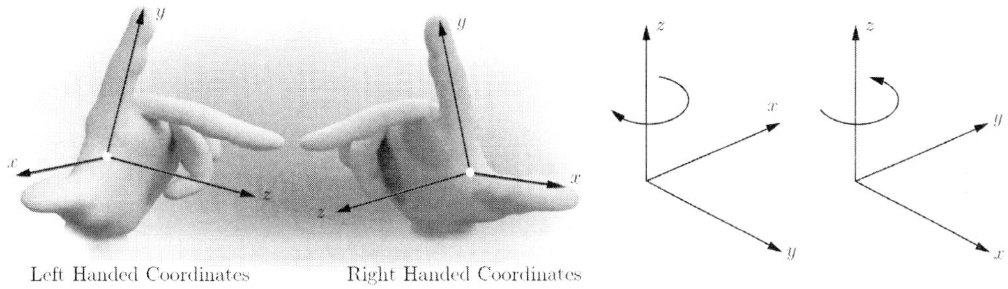

〈그림 157〉

[참고] 팔분공간이란 공간을 $\frac{1}{8}$ 씩 여덟 조각으로 나눈 작은 공간을 뜻한다.

• x축, y축, z축의 교점의 좌표는 (0, 0, 0)이고, 이 점을 원점이라고 부른다.

7.4 함수의 그래프

그래프(graph)란 직교좌표위에 점들을 찍거나 점들을 이어서 만든 도형을 말한다. 위에서 본바와 같이 직교좌표위의 점은 순서쌍으로 표현되므로, 거꾸로 말하면 순서쌍들에 대응하는 점들을 찍어서 만들어지는 도형이 그래프이다.

7.4.1 대응 표

함수에 의해서 정의구역에 있는 원소와 대응하는 공변역에 있는 원소들을 표로 만든 것을 대응표라고 한다. 예를 들면, 함수가 국가를 수도에 대응시킨다면 이 함수의 대응표는 다음과 같다.

국가	한국	프랑스	미국	일본	중국	이태리
수도	서울	파리	워싱턴	동경	북경	로마

■ 대응표와 순서쌍

순서쌍의 앞의 원소는 정의구역이 되는 국가를, 뒤의 원소는 공변역이 되는 수도를 적는다.

• 예 : (한국, 서울), (프랑스, 파리), ... 등

• 순서쌍을 직교좌표로 옮기면 함수의 그래프가 된다.

7.4.2 일차함수의 그래프

x	1	2	3	4	5	6
$x+1$	$1+1=2$	$1+2=3$	$1+3=4$	$1+4=5$	$1+5=6$	$1+6=7$

정의구역과 공변역이 자연수의 집합 $\mathbb{N}$인 함수 $f:\ \mathbb{N} \to \mathbb{N}$의 관계식이 $f(x)=x+1$일 때, 정의구역의 각 원소 x가 1을 더한 $x+1$과 대응하므로 대응표는 다음과 같다.

• 대응표를 순서쌍으로 바꾸면 다음과 같다.

$$\cdots, (1, 2), (2, 3), (3, 4), (4, 5), (5, 6), (6, 7), \cdots$$

• 함수 f의 그래프

순서쌍에 대응하는 점을 찍으면 함수의 그래프가 완성된다.

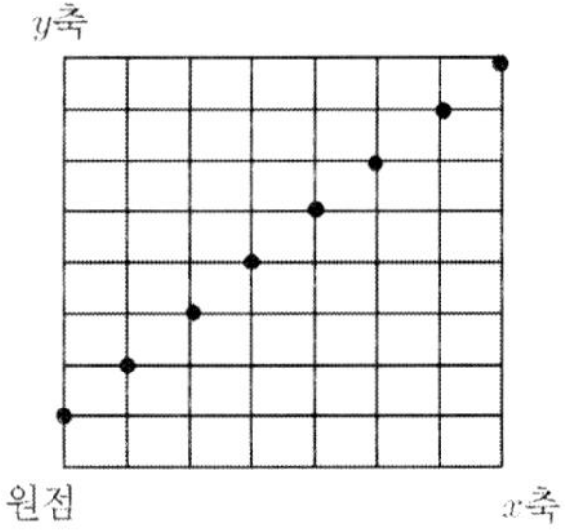

〈그림 158〉

7.4.3 함수 $f:\ \mathbb{R}\to\mathbb{R}$의 그래프, $\mathbb{R}$은 모든 실수의 집합

위에서는 정의구역과 공변역이 자연수인 경우의 그래프를 그리면 몇 개의 점으로 구성되었다. 그러나 정의구역과 공변역이 실수의 집합인 $\mathbb{R}$인 경우의 그래프는, 자연수와 자연수 사이의 모든 실수를 대응시켜서 얻어지는 순서쌍을 직교좌표에 점으로 찍는 것이므로 그래프는 아래의 그림과 같이 직선이 된다.

■ $y = x + 3$과 $y = x - 3$의 그래프

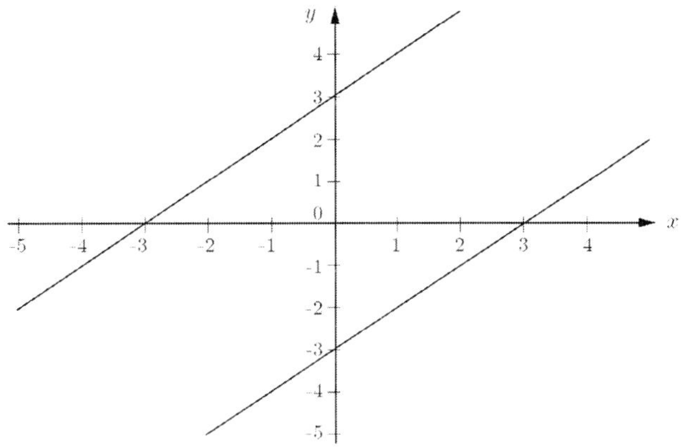

〈그림 159〉

7.4.4 직선의기울기

차를 타고가다 보면 다음과 같은 표지판을 볼 수 있다. 이것은 길이 가파른 정도를 운전자에게 알려주는 표지판이다. 이러한 것을 수학에서는 어떻게 표현하는지를 알아보기로 한다.

〈그림 160〉

① 직선의 기울기

위의 표지판에 나타난 길의 가파른 정도를 기울기라고 한다.

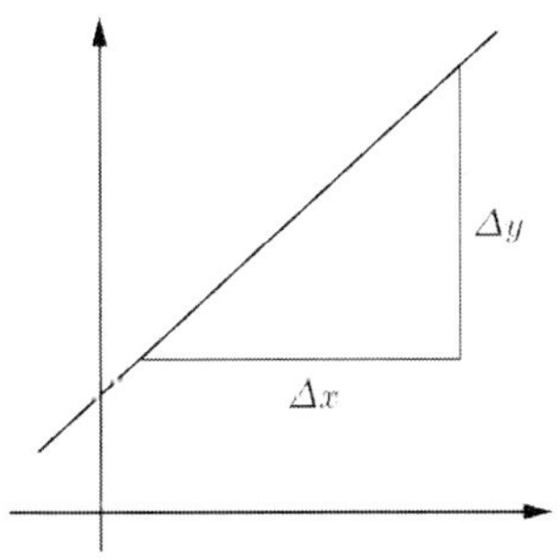

〈그림 161〉

직교좌표에, 어떤 점에서 한 직선까지의 x축에 평행한 거리를 Δx라고 하고, x축에 평행한 거리를 Δy라고 할 때, $\frac{\Delta y}{\Delta x}$의 값은 언제나 똑같다. 이 때 $\frac{\Delta y}{\Delta x}$를 직선의 기울기라고 한다.

② 직교좌표에서 직선의 기울기

아래의 직선 $y=\frac{3}{2}x-1$의 기울기를 구해보면, $\Delta x=2$일 때 항상 $\Delta y=3$이다. 따라서 직선의 기울기는 $\frac{3}{2}$이고, $\frac{3}{2}$은 직선 $y=\frac{3}{2}x-1$에서는 x의 계수와 같다.

일차함수 $y=ax+b$의 그래프인 직선의 기울기는 일차항의 계수와 같다.

③ 직선의 기울기 구하는 방법

위의 직선위의 두 점 $(-2, -4)$과 $(2, 2)$에서 x좌표는 -2에서 2까지 4만큼 커질 때, y좌표는 -4에서 2까지 6만큼 커졌다. 따라서 $\Delta x=2-(-2)$이고 $\Delta y=2-(-4)$이다. 직선이 두 점 (x_1, y_1)과 (x_2, y_2)를 지날 때, 그 직선의 기울기를 m이라고 하면,

$$m=\frac{y_2-y_1}{x_2-x_1}$$

[문제] 두 점 $P=(1, 2)$와 $Q=(13, 8)$를 잇는 직선의 기울기를 구하시오.

$$m=\frac{\Delta y}{\Delta x}=\frac{y_2-y_1}{x_2-x_1}=\frac{8-2}{13-1}=\frac{6}{12}=\frac{1}{2}$$

따라서 기울기는 $\frac{1}{2}=0.5$

[문제] 두 점 (4, 15)과 (3, 21)를 잇는 직선의 기울기를 구하시오.

$$m=\frac{21-15}{3-4}=\frac{6}{-1}=-6$$

7.4.5 직선의 기울기와 y절편

- 직선이 y 축과 만나는 점을 y절편, x축과 만나는 점을 x절편이라고 한다.
- 따라서 일차함수 $y=mx+b$의 그래프의 기울기는 m이고 y절편은 b이다.

7.4.6 직선의 방정식 $y=mx+b$ 구하기

일차함수의 그래프는 항상 직선이고, 거꾸로 직교좌표위에 그려진 직선위의 점들의 좌표를 관계식으로 나타내면 일차함수가 되고, 직선의 방정식이라고도 부른다. 만일 직선인 그

래프가 점 (x_1, y_1)를 지나고, 기울기가 m이면, $y_1 = mx_1 + b$가 성립한다. 이 때 $y = mx + b$에서 $y_1 = mx_1 + b$을 같은 변끼리 빼면 $y - y_1 = m(x - x_1)$이 되므로 다음이 성립한다.

- 점 (x_1, y_1)를 지나고, 기울기가 m인 직선의 방정식은 $y = m(x - x_1) + y_1$이다.

[문제] 두 점 (2, 8) 과 (3, 20)을 지나는 직선의 식을 구하시오.

풀이 기울기는 $\frac{20-8}{3-1} = 12$이다. 따라서 직선의 식은 기울기 12이고 한 점 (2, 8)을 지나는 직선이므로 $y - 8 = 12(x - 2)$ 즉, $y = 12x - 16$

7.5 직교좌표와 피타고라스 정리

직교좌표위의 두 점사이의 거리는 피타고라스정리를 이용하여 구할 수 있다.

7.5.1 평면에서 거리와 길이 구하기

거리, 건물의 높이 등은 피타고라스 정리를 이용하면 쉽게 구할 수 있다.

■ 높이 구하기

아래 그림과 같이 땅에서 건물 꼭대기까지 밧줄을 당겼더니 밧줄의 길이가 30 m이었다. 건물의 높이는 얼마인가?

$30^2 = h^2 + 20^2$이므로 $h^2 = 500$ 따라서 $h = \sqrt{500}$ m이다.

이와 같은 문제는 직교좌표를 활용하면 더욱 쉽게 해결할 수 있다.

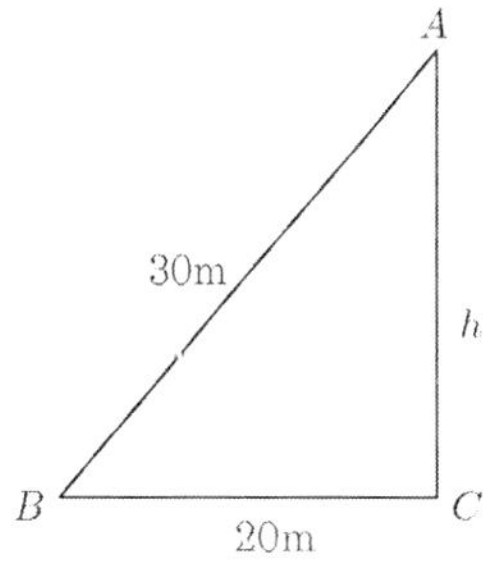

〈그림 162〉

■ 거리 구하기

평면위의 두 점 사이의 거리는 직교좌표에서 두 점 사이의 거리로 계산한다.

- 직교좌표에서 선분의 길이

  점 P의 좌표는 $(0, -1)$이고 점 Q의 좌표는 $(4, 1)$일 때, 선분 PQ의 길이의 길이는 다음과 같이 구할 수 있다. 즉, 밑변의 길이는 점 Q의 x좌표에서 점 P의 x좌표를 뺀 $4 - 0 = 4$이다. 높이의 길이는 점 Q의 y좌표에서 점 P의 y좌표를 뺀 $1 - (-1) = 2$이므로 피타고라스 정리에 의하여 두 점을 잇는 PQ의 길이는 $\sqrt{4^2 + 2^2} = \sqrt{20}$이다.

- 원점과 한 점 사이의 거리

  좌표평면 위에서 원점 O와 한 점 $P(x, y)$ 사이의 거리는 아래 그림과 같이 $\overline{OP} = \sqrt{x^2 + y^2}$이다.

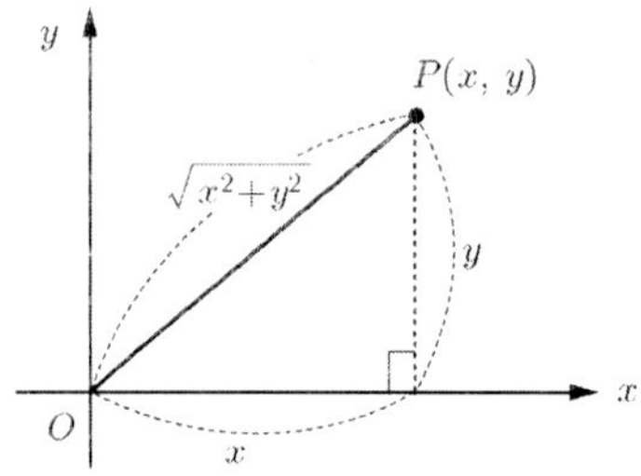

〈그림 163〉

- 두 점 사이의 거리

좌표평면 위에서 두 점(x_1, y_1)과 (x_2, y_2) 사이의 거리 d는 아래 그림에 피타고라스 정리를 적용하여 $\sqrt{(x_2-x_1)^2+(y_2-y_1)^2}$ 이다.

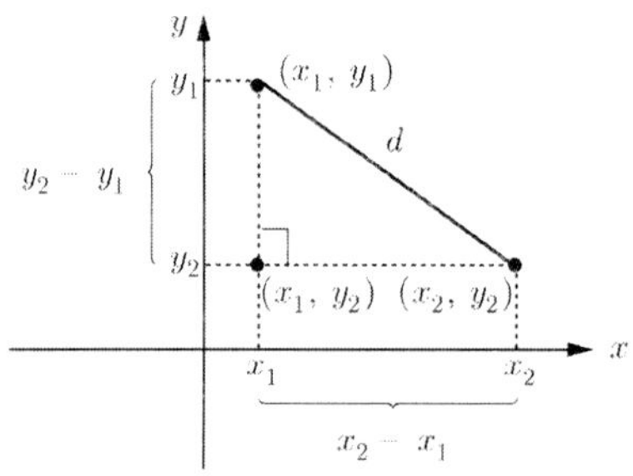

〈그림 164〉

- 선분의 중점정리

좌표평면위의 두 점 $(-5, -3)$과 $(9, 3)$을 잇는 선분의 중점(midpoint)의 x좌표는 $\frac{9+(-5)}{2}=2$, y좌표는 $\frac{3+(-3)}{2}=0$이므로 중점의 좌표는 $(2, 0)$이다.

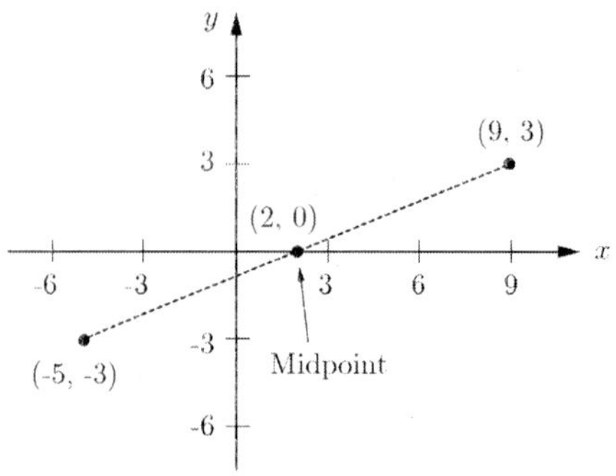

〈그림 165〉

일반적으로 좌표평면위의 두 점(x_1, y_1)과 (x_2, y_2)을 잇는 선분의 중점의 좌표는 $(\frac{x_2+x_1}{2}, \frac{y_2+y_1}{2})$이다.

• 선분의 중점정리의 활용

[문제] 중점정리를 이용하여 아래 그림과 같은 평행사변형의 꼭짓점 C의 좌표를 구하시오.

풀이 평행사변형의 꼭짓점의 좌표를 $A(-8, -4)$, $B(6, -4)$, $C(x, y)$, $D(-3, 3)$라고 하면, 평행사변형의 두 대각선은 서로 이등분선이므로 두 대각선의 이등분점은 선분 BD의 중점$(\frac{6-3}{2}, \frac{3-4}{2})=(\frac{3}{2}, \frac{-1}{2})$이므로, 이 점은 또한 선분 AC의 중점이다. 따라서 $(\frac{3}{2}, \frac{-1}{2})=(\frac{x-8}{2}, \frac{y-4}{2})$ 즉, $x=11$, $y=3$이므로 점 C의 좌표는 $(11, 3)$이다.

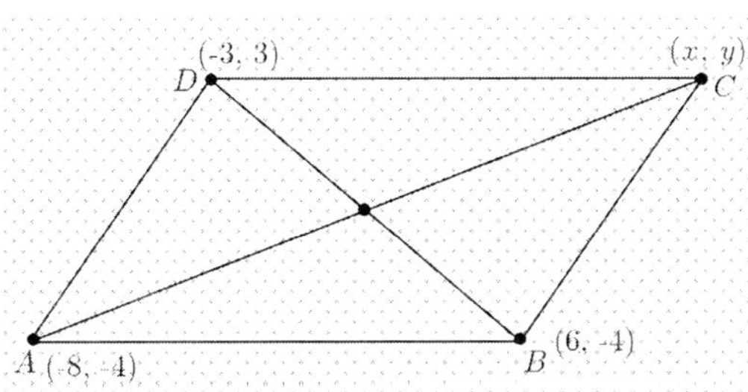

〈그림 166〉

• 원주위의 점의 좌표 구하기

그림과 같이 중심각이 $60°(\frac{\pi}{3})$인 원주위의 점의 좌표는 피타고라스 정리를 이용하면 $(\sqrt{3}, 1)$임을 알 수 있다.

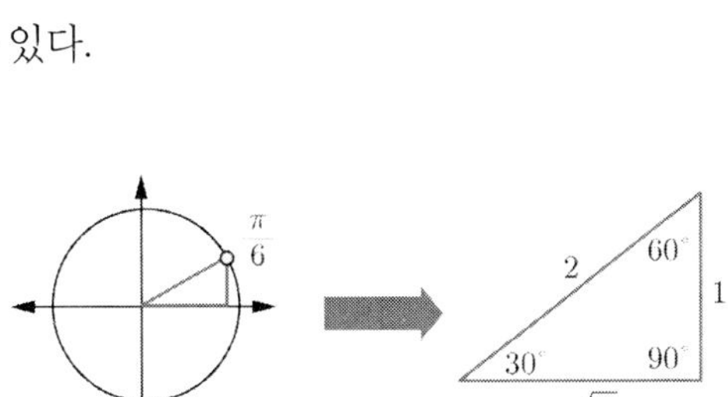

〈그림 167〉

• 반지름이 1인 원(단위 원)의 원주위의 점 중에서 중심각이 특수각인 점의 좌표

각도	좌　표
$0^o(0)$	$(1, 0)$
$30^o(\frac{\pi}{6})$	$(\frac{\sqrt{3}}{2}, \frac{1}{2})$
$45^o(\frac{\pi}{4})$	$(\frac{\sqrt{2}}{2}, \frac{\sqrt{2}}{2})$
$60^o(\frac{\pi}{3})$	$(\frac{1}{2}, \frac{\sqrt{3}}{2})$
$90^o(\frac{\pi}{3})$	$(0. 1)$

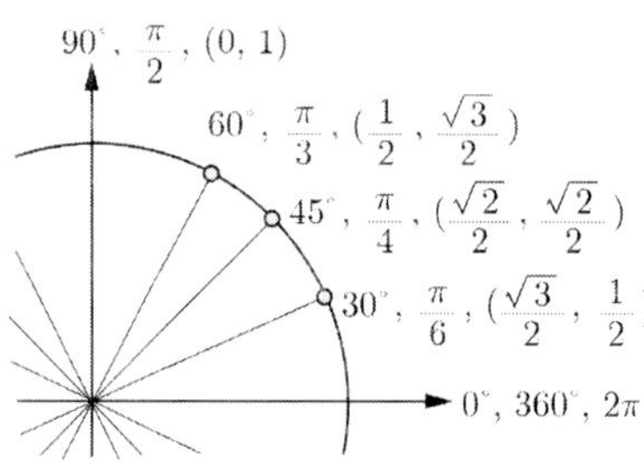

〈그림 168〉

• 제 I 사분면에서 제 IV 사분면의 원주위에 있는 점의 좌표의 부호

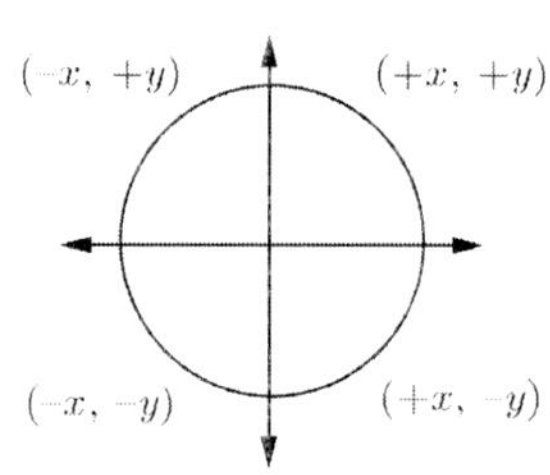

〈그림 169〉

• 좌표평면에서의 원의 방정식

아래 그림과 같이 원점의 좌표가 $(-1, 2)$이고 원주위의 한 점의 좌표가 $(3, 4)$인 원의 반지름이 $\sqrt{[3-(-1)]^2+(4-2)^2}=\sqrt{20}$ 이므로, 원의 방정식은

$$[x-(-1)]^2+(y-2)^2=(\sqrt{20})^2 \text{ 즉, } (x+1)^2+(y-2)^2=20$$

이다.

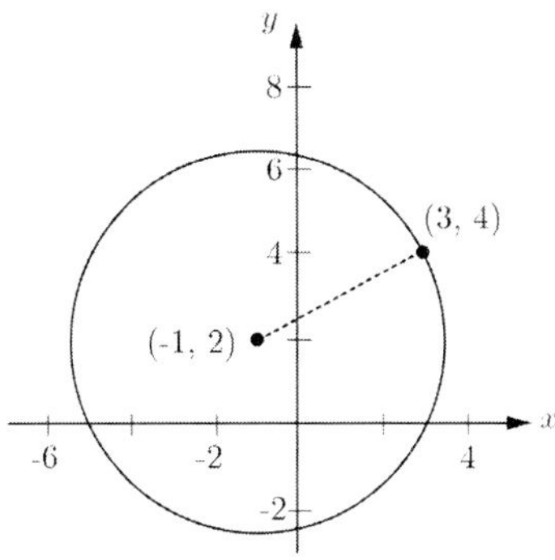

〈그림 170〉

■ 넓이 구하기

좌표평면에 그려진 다각형의 넓이를 여러 가지 방법으로 구할 수 있다.

[문제] 좌표평면에서 세 꼭지점 $(3, 5), (6, -5), (-4, 10)$으로 만들어진 삼각형의 넓이를 구하시오.

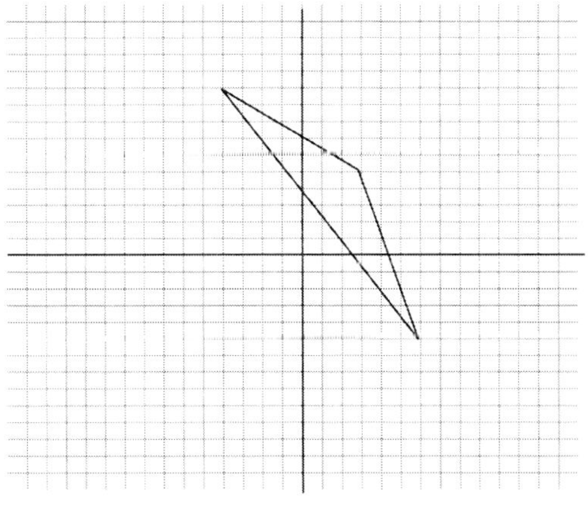

〈그림 171〉

풀이 삼각형의 넓이는 삼각형을 둘러싸고 있는 직사각형의 넓이 10×15에서 왼쪽 상단의 직사각형의 넓이 3×5와 세 개의 직각삼각형의 넓이 $\frac{1}{2}\times7\times5$, $\frac{1}{2}\times3\times10$, $\frac{1}{2}\times10\times15$를 뺀 것이다.

그러나 직교좌표에서 삼각형의 넓이를 구하는 보다 효율적인 방법은 다음과 같다.

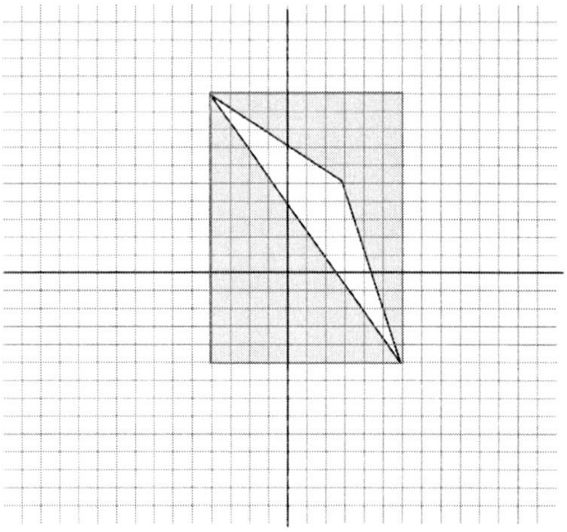

〈그림 172〉

• 헤론공식

헤론(Hero(또는 Heron) of Alexandria, A.D. 10~70 경)은 그림과 같이 세변의 길이와 세 내각의 크기가 알려진 삼각형의 넓이를 구하는 공식을 발견하였다. 즉,

삼각형의 둘레의 길이의 반을 $s = \dfrac{a+b+c}{2}$ 라고 할 때, 삼각형의 넓이는

$$T = \sqrt{s(s-a)(s-b)(s-c)}$$

이다. A.D. 60년경에 출간된 헤론의 저서인 'Metrica'에 기록된 것으로, 순환하는 직사각형의 성질을 이용하여 증명하였지만 피타고라스의 정리를 이용한 다음의 방법을 소개하기로 한다.

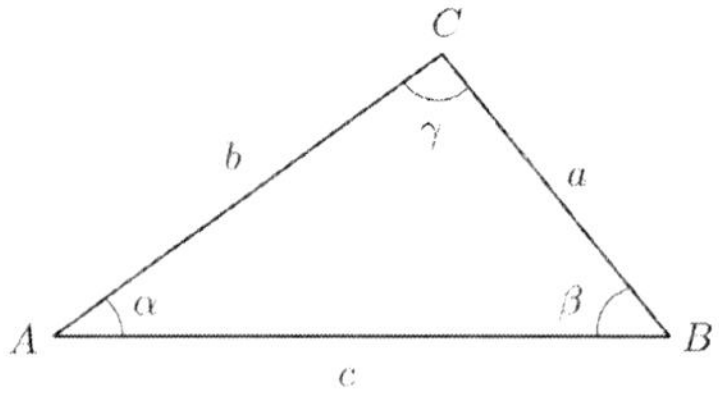

〈그림 173〉

증명 1) 그림 174와 같이 꼭지점 C에서 밑변에 내린 수선의 길이를 h라 하고 수선에 의해서 나누어진 밑변의 길이를 각각 d, $c-d$라고 할 때, $4T^2 = 4s(s-a)(s-b)(s-c)$ 임을 증명하기로 한다. 실제로, 좌변은 $4T^2 = (ch)^2 = c^2(b^2-d^2) = (cb)^2-(cd)^2$ 으로 변형할 수 있으며, 모든 자연수 p, q에 대해서 $(p+q)^2-(p-q)^2 = 4pq$가 성

립하므로 우변은 $4s(s-a)(s-b)(s-c)=\{s(s-a)+(s-b)(s-c)\}^2-\{s(s-a)-(s-b)(s-c)\}^2$로 변형할 수 있으므로, $cb=s(s-a)+(s-b)(s-c)$이고 $cd=s(s-a)-(s-b)(s-c)$임을 증명하면 된다. 정의에 의하여 $2s=a+b+c$이므로 이 등식을 대입하여 다음 등식을 얻을 수 있다.

$$\begin{aligned} s(s-a)+(s-b)(s-c) &= \frac{1}{4}(a+b+c)(-a+b+c)+\frac{1}{4}(a-b+c)(a+b-c) \\ &= \frac{1}{4}\{(b+c)^2-a^2\}+\frac{1}{4}\{a^2-(b-c)^2\} \\ &= \frac{1}{4}\{(b+c)^2-(b-c)^2\} \\ &= cb \end{aligned}$$

같은 방법으로 다음의 등식을 얻게 된다.

$$\begin{aligned} s(s-a)+(s-b)(s-c) &= \frac{1}{4}\{(b+c)^2-a^2\}-\frac{1}{4}\{a^2-(b-c)^2\} \\ &= \frac{1}{2}(b^2+c^2-a^2) \end{aligned}$$

이 때 그림 ②와 같이 수선에 의해서 분리된 두 직각삼각형에 피타고라스 정리 $b^2=d^2+h^2$와 $a^2=(c-d)^2+h^2$을 적용하면

$$\begin{aligned} \frac{1}{2}(b^2+c^2-a^2) &= \frac{1}{2}\{d^2+c^2-(c-d)^2\} \\ &= cd \end{aligned}$$

따라서 헤론공식이 성립한나.

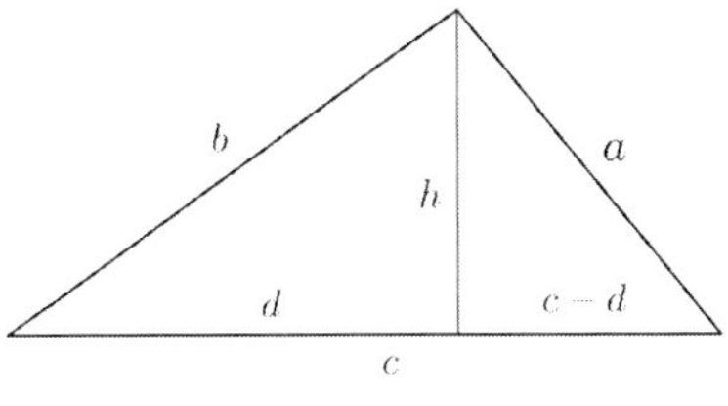

〈그림 174〉

헤론공식을 삼각함수의 성질을 이용한 현대적인 방법으로 증명하면 다음과 같다.

증명 2) 그림 ①의 삼각형에 코사인 제2정리를 적용하면 $\cos\gamma=\dfrac{a^2+b^2-c^2}{2ab}$이다.

따라서 $\sin\gamma = \sqrt{1-\cos^2\gamma} = \frac{\sqrt{4a^2b^2-(a^2+b^2-c^2)^2}}{2ab}$ 그런데 삼각형의 넓이는

$T = \frac{1}{2}ab\sin\gamma$ 이므로 위의 식을 대입하면 다음과 같다.

$$\begin{aligned} T &= \frac{1}{2}ab\sin\gamma \\ &= \frac{1}{4}\sqrt{4a^2b^2-(a^2+b^2-c^2)^2} \\ &= \frac{1}{4}\sqrt{(2ab-(a^2+b^2-c^2))(2ab+(a^2+b^2-c^2))} \\ &= \frac{1}{4}\sqrt{(c^2-(a-b)^2)((a+b)^2-c^2)} \\ &= \sqrt{\frac{(c-(a-b))(c+(a-b))((a+b)-c)((a+b)+c)}{16}} \\ &= \sqrt{\frac{b+c-a}{2}\frac{a+c-b}{2}\frac{a+b-c}{2}\frac{a+b+c}{2}} \\ &= \sqrt{s(s-a)(s-b)(s-c)} \end{aligned}$$

• 위의 문제에 헤론의 공식을 적용한 해법

피타고라스정리에 의하여, 삼각형의 세변의 길이는 각각 $\sqrt{109}$, $\sqrt{74}$, $\sqrt{325}$ 이므로

$s = \frac{\sqrt{109}+\sqrt{74}+\sqrt{325}}{2}$ 이므로 삼각형의 넓이는

$$\begin{aligned} &\sqrt{s(s-\sqrt{109})s(s-\sqrt{74})s(s-\sqrt{325})} \\ &= \sqrt{\frac{\sqrt{109}+\sqrt{74}+\sqrt{325}}{2}\left(\frac{\sqrt{109}+\sqrt{74}+\sqrt{325}}{2}-\sqrt{109}\right)} \times \\ &\sqrt{\frac{\sqrt{109}+\sqrt{74}+\sqrt{325}}{2}-\sqrt{74})(\frac{\sqrt{109}+\sqrt{74}+\sqrt{325}}{2}-\sqrt{325})} \end{aligned}$$

7.5.2 공간좌표에서 거리와 길이 구하기

■ 3차원 공간에서의 두 점 사이의 거리

공간의 점의 좌표는 아래 그림 과 같이 두 점으로 만들어진 직육면체의 대각선의 길이이다. 따라서 피타고라스의 정리를 이용하면 두 점 $P_1(x_1, y_1, z_1)$과 $P_2(x_2, y_2, z_2)$ 사이의 거리는 $\sqrt{(x_2-x_1)^2+(y_2-y_1)^2+(z_2-z_1)^2}$ 이다.

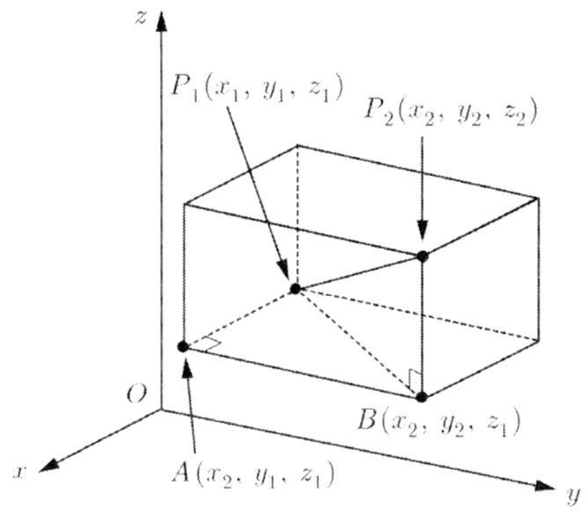

〈그림 175〉

■ 3차원 직교공간에서의 입체의 측정

3차원 직교공간의 입체의 겉넓이, 부피 등의 측정 문제는 7.5.1 절에서 증명한 모든 공식을 3차원좌표로 확장하여 적용하면 된다.

8. 행렬과 행렬식을 이용한 지도법

7절에서의 측정은 주로 좌표공간에서의 피타고라스 정리를 이용한 방법이었다. 이 절에서는 행렬과 행렬식을 이용하여 면적과 체적을 구하는 방법과 7장에서 사용될 야코비 행렬의 기본적인 성질을 알아보기로 한다.

8.1 벡터의 내적

유클리드 공간에서 벡터의 내적(dot product, scalar product, inner product)의 관념은 1773에 라그랑쥬(Lagrange)에 의해서 처음 소개되었으며, 1901년에 윌슨(Edwin Bidwell Wilson)이 깁스(Josiah Willard Gibbs)의 강의록을 바탕으로 저술한 '벡터해석학(Vector Analysis)'에서 현재와 같은 대수적 연산으로 정의하였다. 벡터의 내적은 동치 개념인 대수학적 방법과 기하학적 방법으로 정의할 수 있다.

■ 대수석 정의

두 벡터 $a = (a_1, a_2, \cdots, a_n)$와 $b = (b_1, b_2, \cdots, b_n)$의 내적은 대수적으로는 보통 다음과 같이 점을 찍어서 정의한다.

$$a \cdot b = \sum_{i=1}^{n} a_i b_i = a_1 b_1 + a_2 b_2 + \cdots + a_n b_n$$

■ 기하학적 정의

유클리드 공간 $\mathbb{R}^n$에서의 유클리드 벡터는 크기와 방향을 갖는 기하학적 대상이며, 화살표로 표현한다. 벡터 A의 크기는 벡터의 길이이며 $\|A\|$로 표기하고, 방향은 화살표의 방향이 된다. 두 개의 유클리드 벡터 A와 B의 벡터가 이루는 각을 θ라고 하면 A와 B의 기하학적 내적을 다음과 같이 정의한다.

$$A \cdot B = \|A\| \|B\| \cos\theta$$

그러면 벡터 A의 길이와 내적의 기하학적 의미는 다음과 같다.

$$\|A\| = \sqrt{A \cdot A},$$

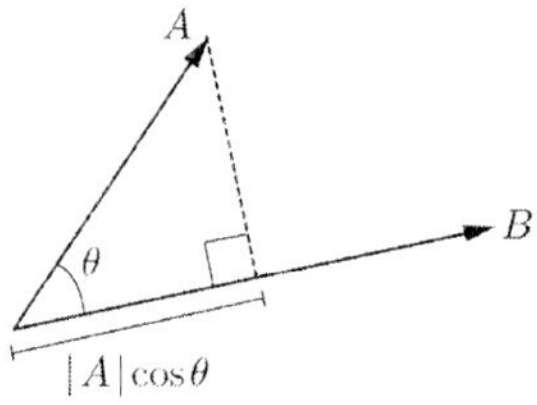

〈그림 176〉

그림 176에서, $A_B = \|A\| \cos\theta$를 벡터 A의 벡터 B방향으로의 스칼라 사영(스칼라 성분)이라고 한다. 그러면 $\widehat{B} = B/\|B\|$는 단위벡터이므로, $A_B = A \cdot \widehat{B}$이고,

$$A \cdot B = A_B \|B\| = B_A \|A\|$$

따라서 벡터의 내적은 $\cdot : \mathbb{R}^n \times \mathbb{R}^n \to \mathbb{R}$인 함수이다.

■ 내적의 성질

A벡터의 내적은 다음과 같은 성질이 있다.

- 쌍 선형적

$$(\alpha A) \cdot B = \alpha (A \cdot B) = A \cdot (\alpha B)$$

- 교환법칙

$$A \cdot B = B \cdot A$$

증명 $A \cdot B = \|A\| \|B\| \cos\theta = \|B\| \|A\| \cos\theta = B \cdot A$

- 분배법칙

$$A \cdot (B+C) = A \cdot B + A \cdot C$$

증명 아래 그림에서 $A \cdot (B+C) = (B+C)_A \times \|A\|$, $A \cdot B = B_A \times \|A\|$, $A \cdot C = C_A \times \|A\|$이다. 그런데

$$\begin{aligned} A \cdot (B+C) &= (B_A + C_A) \times \|A\| \\ &= B_A \times \|A\| + C_A \times \|A\| \\ &= A \cdot B + A \cdot C \end{aligned}$$

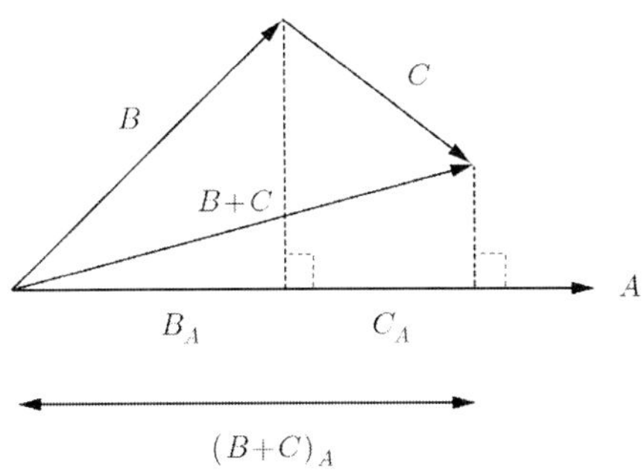

〈그림 177〉

■ 대수적 내적과 기하학적 내적의 동치

$e_1, \cdots, e_n$을 n차원 유클리드 공간 $\mathbb{R}^n$에서의 표준단위 벡터라고하자. 그러면 $\mathbb{R}^n$의 두 벡터 $A = (A_1, A_2, \cdots, A_n)$와 $B = (B_1, B_2, \cdots, B_n)$는 표준기저 $e_1, \cdots, e_n$에 의해서 다음과 같이 표현된다.

$$A = \sum_{i=1}^{n} A_i e_i, \ B = \sum_{i=1}^{n} B_i e_i$$

그런데 표준기저는 서로 직교하므로, $i = j$일 때는 $e_i \cdot e_i = 1$이고, $i \neq j$일 때는 $e_i \cdot e_i = 0$이므로, $A \cdot B = \sum_{i=1}^{n} B_i (A \cdot e_i) = \sum_{i=1}^{n} B_i A_i$이다. 즉, 직교좌표에서는 대수적 내적과 기하학적 내적은 동치이다.

8.2 벡터의 외적과 삼중적

유클리드 공간에서 벡터의 외적(vector product, Gibbs' vector product, cross product, exterior product)의 관념은 내적과 마찬가지로 라그랑쥬(Lagrange)에 의해서 처음 소개되었으며, 1901년에 윌슨(Edwin Bidwell Wilson)이 깁스(Josiah Willard Gibbs)의 강의록을 바탕으로 저술한 '벡터해석학(Vector Analysis)'에서 현재와 같은 대수적 연산으로 정의하였다.

■ 벡터의 외적

$e_1, \cdots, e_n$을 n차원 유클리드 공간 $\mathbb{R}^n$에서의 표준단위 벡터라고하자. 그러면 $\mathbb{R}^n$의 두 벡터 $a=(a_1, a_2, \cdots, a_n)$와 $b=(b_1, b_2, \cdots, b_n)$는 표준기저 $e_1, \cdots, e_n$에 의해서 다음과 같이 표현된다.

$$a=\sum_{i=1}^{n} a_i e_i, \quad b=\sum_{i=1}^{n} b_i e_i.$$

- 벡터의 외적은 $\times : \mathbb{R}^n \times \mathbb{R}^n \to \mathbb{R}^n$인 함수이고, 두 벡터 $a=(a_1, a_2, \cdots, a_n)$와 $b=(b_1, b_2, \cdots, b_n)$의 외적은 $a\times b$로 표기하며, 크기는 두 벡터 a와 b로 생성되는 평행사변형의 넓이이고 방향은 그 평행사변형과 수직인 우수계 방향이다(그림 178).

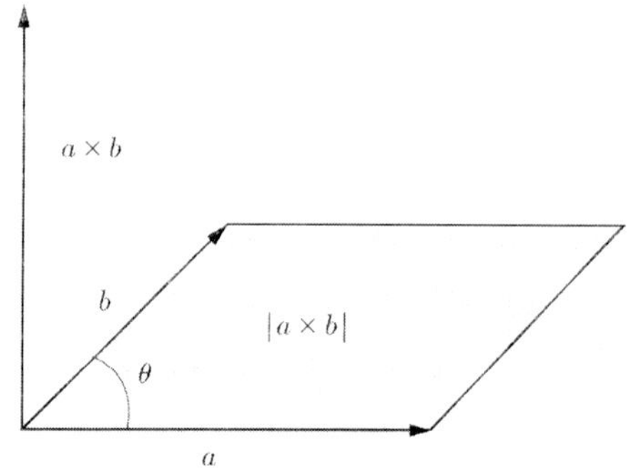

〈그림 178〉

즉, n을 $a\times b$와 같은 방향인 단위벡터라고 할 때,

$$a\times b=\|a\|\,\|b\|\sin\theta n, \; 0° \le \theta \le 180°$$

- 두 벡터 a와 b의 방향이 같으면 $a\times b=0$이다.
- 외적의 대수적 성질

  아래 그림 과 같이 3차원 공간 $\mathbb{R}^3$의 표준단위벡터를 각각 i, j, k라고 할 때, 벡터의 외적의 정의에 의해서 다음과 같은 등식이 성립함을 알 수 있다.

$$i=j\times k$$
$$j=k\times i$$

$$k = i \times j$$
$$k \times j = -i$$
$$i \times k = -j$$
$$j \times i = -k$$
$$i \times i = j \times j = k \times k = 0$$

또한 임의의 벡터 a, b, c에 대하여 다음과 같은 등식이 성립함을 알 수 있다.

- 반 교환법칙(anticommutative) : $a \times b = -b \times a$
- 분배법칙 : $a \times (b+c) = (a \times b) + (a \times c)$
- 스칼라 곱 : $(ra) \times b = a \times (rb) = r(a \times b)$
- 야코비 항등식(Jacobi identity: $a \times (b \times c) + b \times (c \times a) + c \times (a \times b) = 0$

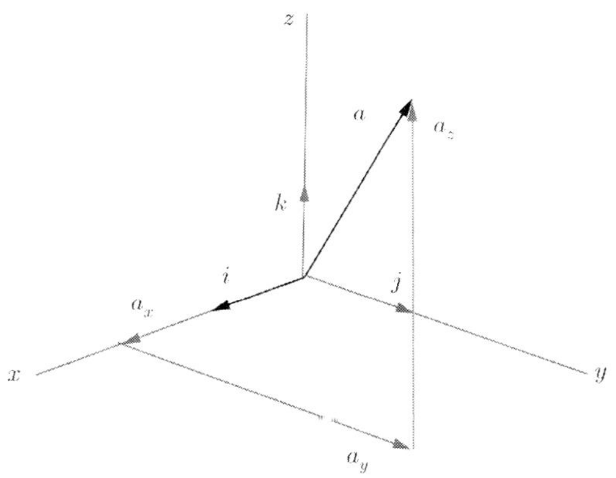

〈그림 179〉

• 외적의 계산 방법

이제, 외적의 구체적인 계산방법을 알아보기 위해서 3차원 공간 $\mathbb{R}^3$의 두 벡터 $(u = u_1,\ u_2,\ u_3)$와 $v = (v_1,\ v_2,\ v_3)$의 외적 $u \times v$을 계산해 보기로 한다. u, v를 표준기저로 표현하면, $u = u_1 i + u_2 j + u_3 k,\ \ v = v_1 i + v_2 j + v_3 k$이므로,

$$\begin{aligned} u \times v &= (u_1 i + u_2 j + u_3 k) \times (v_1 i + v_2 j + v_3 k) \\ &= u_1 v_1 (i \times i) + u_1 v_2 (i \times j) + u_1 v_3 (i \times k) \\ &\quad + u_2 v_1 (j \times i) + u_2 v_2 (j \times j) + u_2 v_3 (j \times k) \\ &\quad + u_3 v_1 (k \times i) + u_3 v_2 (k \times j) + u_3 v_3 (k \times k) \end{aligned}$$

이고, 위 식에서 i, j, k의 외적을 계산하면

$$\begin{aligned} u\times v &= u_1v_10+u_1v_2k-u_1v_3j \\ &\quad -u_2v_1k-u_2v_20+u_2v_2i \\ &\quad +u_3v_1j-u_3v_2i-u_3v_30 \\ &=(u_2v_3-u_3v_2)i+(u_3v_1-u_1v_3)j+(u_1v_2-u_2v_1)k \end{aligned}$$

따라서 위의 식을 행렬식으로 표현하면 다음과 같아진다.

$$u\times v=\begin{vmatrix} i & j & k \\ u_1 & u_2 & u_3 \\ v_1 & v_2 & v_3 \end{vmatrix}$$

이므로 사루스 규칙(Sarrus' rule)을 이용하면

$$u\times v=(u_2v_3i+u_3v_1j+u_1v_2k)-(u_3v_2i+u_1v_3j+u_2v_1k)$$

위의 식을 여인수 전개하면

$$u\times v=\begin{vmatrix} u_2 & u_3 \\ v_2 & v_3 \end{vmatrix}i-\begin{vmatrix} u_1 & u_3 \\ v_1 & v_3 \end{vmatrix}j+\begin{vmatrix} u_1 & u_2 \\ v_1 & v_2 \end{vmatrix}k$$

이므로

$$u\times v=\left(\begin{vmatrix} u_2 & u_3 \\ v_2 & v_3 \end{vmatrix}, \begin{vmatrix} u_1 & u_3 \\ v_1 & v_3 \end{vmatrix}, \begin{vmatrix} u_1 & u_2 \\ v_1 & v_2 \end{vmatrix}\right)$$

■ 벡터의 삼중적(scdalartripleproduct)

3차원 공간 $\mathbb{R}^3$의 세 벡터 a, b, c의 삼중적을 다음과 같이 정의한다.

$$a\cdot(b\times c)=b\cdot(c\times a)=c\cdot(a\times b)$$

a, b, c의 삼중적은 아래 그림과 같이 a, b, c에 의해서 구축되는 빗 직육면체의 부피 V이다.

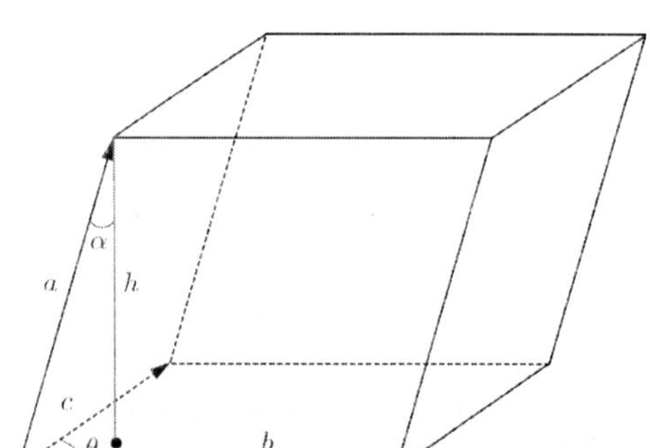

〈그림 180〉

즉,

$$V = |a \cdot (b \times c)|$$

8.3 야코비 행렬(Jacobian)

독일의 수학자인 야코비(Carl Gustav Jacobi, 1804~1851)는 타원곡선, 편미분방정식, 역학, 천체역학, 변분학, 벡터해석학에서 중요한 공적을 세웠다. 벡터해석학에서 야코비 행렬이란 벡터 값을 갖는 함수의 모든 일계편도함수로 이루어진 행렬을 의미한다. 즉, 만일 $F: \mathbb{R}^n \to \mathbb{R}^m$를 $n-$차원 실 공간에서 $m-$차원 실 공간으로의 함수라고 한다면, F는 m개의 실 변수인 성분 함수 $F_1(x_1, \cdots, x_n)$, $\cdots$, $F_m(x-1, \cdots, x_n)$로 구성된다. 이 때 만일 n개의 독립변수 $x_1, \cdots, x_n$에 대한 모든 편도함수가 존재한다면, 다음과 같이 편도함수로 이루어진 행렬J를 F의 야코비 행렬이라고 부른다.

$$J = \begin{bmatrix} \dfrac{\partial F_1}{\partial x_1} & \cdots & \dfrac{\partial F_1}{\partial x_n} \\ \vdots & \ddots & \vdots \\ \dfrac{\partial F_m}{\partial x_1} & \cdots & \dfrac{\partial F_m}{\partial x_n} \end{bmatrix}$$

또한, 야코비 행렬은 $x_1, \cdots, x_n$의 함수이므로 $J_F(x_1, \cdots, x_n)$ 또는 $\dfrac{\partial(F_1, \cdots, F_m)}{\partial(x_1, \cdots, x_n)}$으로 표기 한다.

예를 들면, 함수 $F: \mathbb{R}^2 \to \mathbb{R}^2$가 $F(x, y) = \begin{pmatrix} x^2 y \\ 5x + \sin y \end{pmatrix}$인 경우에는, $F_1(x, y) = x^2 y$, $F_2(x, y) = 5x + \sin y$이고, 야코비 행렬은 $\begin{pmatrix} 2xy & x^2 \\ 5 & \cos y \end{pmatrix}$, 야코비 행렬식은 $2xy \cos y - 5x^2$이다.

제 7 장

미적분학을 이용한 측정 지도법

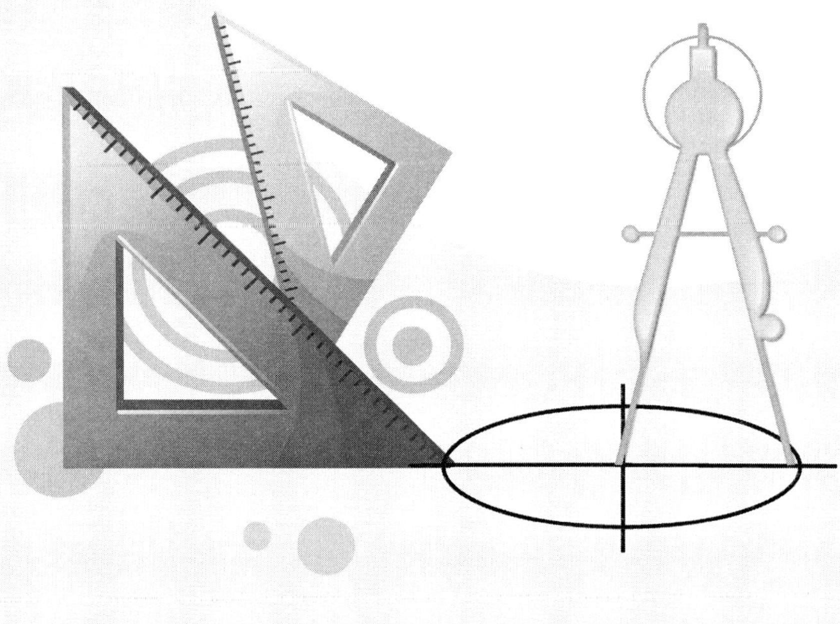

제7장 미적분학을 이용한 측정 지도법

무한, 무한소, 연속에 대한 제논의 역설로부터 시작하여, 정사각형의 대각선 또는 직각이등변삼각형의 빗변의 길이와 밑변이 통약불가능하다는 사실에서 피타고라스학파가 발견한 통약불가능한 수(무리수)의 출현이래로 2000년 동안 인류는 그들의 정체를 완전하게 밝히지 못하였다. 그 과정에서 겪은 인류의 수학에 관한 인식론적 장애를 서서히 극복하여, 극한의 개념이 정립되고 실수의 정체를 밝힌 후에야 비로소 미적분학이 완성되었으며 완벽한 측정이 가능해지게 되었다. 이 절에서는 인류가 겪은 미적분학에 대한 인식론적 장애와 극복과정을 따라 현재의 학생들이 겪는 인식론적 장애를 제거해가는 측정의 지도법을 알아보기로 한다.

1. 집합론의 등장

19세기 말 칸토르(Georg Cantor, 1845~1918)에 의해서 태어난 집합론은 수학의 중요한 분야가 되었다. 칸토르의 집합론은 오늘날 우리가 생각하는 것과는 달리 이른바 '무한의 수학'으로 발전하였다. 그러나 현재 수학 교육에서 다루고 있는 교집합이나 합집합의 문제나 논리와 혼합된 문제는 칸토르의 집합론의 기원과는 다르게 진행하였다. 이런 문제들은 19세기 중엽에 불(George Boole, 1815~1864)이나 드모르간(De Morgan, 1806~1871)과 같은 영국학파에서 유래되었다. 이들은 칸토르보다 앞선 시대의 사람들로서 영국 아카데미즘의 정통파는 아니었다. 영국에서는 대중적인 수학의 기초화 운동과 논리의 기초화 문제가 겹쳐 불 대수가 탄생하였다. 위의 학파는 미국의 19세기 말의 대수학파의 주류를 이루었지만 그것이 집합론의 문제와 합류한 것은 화이트헤드(A. N. Whitehead, 1861~1947)나 러셀(B. A. Russell, 1872~1970)의 시대부터였다. 논리가 불 대수로 전환하는 데에는 19세기의 무한 수학의 영향 때문이었다. 즉, 칸토르에 의해서 싹이 튼 '무한의 수학'과 불이나 드 모르간에 의해 이루어진 불 대수

등이 결합되어 오늘날의 집합론으로 발전한 것이다. 집합론은 수나 측도와 같은 양을 객관화하는 가치와 대상(집합)에서의 법칙(공리)에 따라 구조를 추상화하는 방법 등의 가치에 의해서 수학의 기초로 자리를 차지하게 된 것이다. 집합론은 수학의 언어 또는 수학적 도구 등으로 불릴 정도로 수학에서의 집합론의 역할은 매우 크다. 많은 수학자들이 지적하듯이 '집합론은 모든 면에서 완벽한 것은 아니나, 지금까지 우리가 알고 있는 것 중에서 가장 효과적인 수학의 연구 방법을 제공한다.'는 점은 분명하다.

1.1 무한 개념과 칸토르의 집합론

고대 그리스의 수학자, 철학자들뿐만 아니라 현대의 우리 역시 무한관념에 대한 저항감을 가지고 있다. 아마도 유한한 공간에서 태어나 유한한 인생을 살고 가는 인간에게는 무한이라는 관념이 불가사의의 대상이기 때문일 것이다. 집합론은 무한개념을 설명하기 위해서 고안되었으며 무한집합의 현대적인 정의는 칸토르와 데데킨트에 의해서 정립되었다.

1.2 무한 개념의 발생

고대 그리스의 변증술의 발견자인 제논(Zenon ho Elea, B.C. 490~430)의 무한과정에 대한 역설(paradox)을 아리스토텔레스는 "나는 여기서부터 걸어서 벽에 도달할 수 없다. 그러려면 나는 먼저 벽까지 거리의 반을 가야하고 또 그 남은 거리의 반을 가야하고 또 남은 거리의 반을 가야한다. 그런데 이 과정은 계속 이루어지고 끝나지 않는다."라고 해석하였다. 그러나 제논은 연속체를 따라갈 때 만나게 되는 무한과정의 이율배반에 이의를 제기한 것이다. 현대의 의미로는 $1+\frac{1}{2}+\frac{1}{4}+\frac{1}{8}+\cdots$와 같고, 최초의 무한과정의 아이디어이다. 또한 아낙사고라스(Anaxagoras)는 "작은 것 중에서 가장 작은 것은 없고, 큰 것 중에서 가장 큰 것은 없다"라고 하였는데, 이는 그 후의 유클리드(Euclid) 원론의 비례이론으로 이어진다. 제논의 역설이 표현하는 모순은 무리수를 발견한 피타고라스학파에게 이미 알려져 있었으며, 무한과정의 아이디어의 탄생을 촉진시키고 타당한 기초를 놓게 되었다. 무리수는 정사각형의 변과 대각선은 서로 공통된 척도가 없다(통약불가능)는 사실의 발견에서 출발하였다. 이러한 통약불가능성을 증명하는 과정에 무한개념이 존재하는데, 플라톤은 이 발견의 근본을 강조하면서 인간의 수준이 아닌 돼지의 수준에 어울리는 "자기 자신과 모든 그리스인들의 무지에 부끄러움을 느꼈다"고 하였다. 그 후, 기원전 450년경에 히포크라테스(Hippocrates)는 원의 초승달 모양의 활꼴의 면적이 반지름의 제곱과 같음을 증명하여서 원의 면적과 같은 정사각형을 찾는 문제를 제기하였다. 히포크라테스 자신은 이 문제를 해결하지 못하였지만 같은 시대의 많은 수학자, 철학자와 특히 궤변론자(sophist)들은 원에 내접하는 정다각형의 면적을 이용하여 원의 구적을 시도하면서 무한의 역사는 시작되었다. 무한의 기호 ∞는 이 곡선을 따라서 끊임없이 여행하는 것을 의미한다.

1.3 칸토르(Cantor, 1845~1918)의 집합론

칸토르는 1872년(여러 가지 이유로 수학사에서 아주 중요한 해이다.)에 발표한 무한집합의 기본성질에 관한 논문(Crelle's Journal)에서 "유한집합인 경우에는 두 집합 사이에 일대일 대응이 주어지면 원소의 개수(기수: cardinal)가 같지만, 무한집합에서는 자기 자신의 진부분 집합과도 일대일 대응을 항상 만들 수 있다."라고 하였고 멱집합으로 무한집합의 위계를 정의하였다. 무한집합에서 유리수의 집합은 자연수의 집합과 일대일 대응을 정의할 수 있지만 실수의 집합은 자연수의 집합과 일대일 대응을 만들 수 없음을 귀류법으로 증명하였다. 칸토르의 아이디어를 다음과 같이 해석할 수 있다. 자연수의 집합은 무한집합이다. 왜냐하면 자연수의 집합을 $\mathbb{N}=\{1, 2, 3, \cdots\}$, 짝수의 집합을 $\mathbb{P}=\{2, 4, 6, \cdots\}$, 1을 빼낸 집합을 $\mathscr{M}=\{2, 3, 4, \cdots\}$이라고 하자. 그러면 두 집합 $\mathbb{P}$와 $\mathscr{M}$은 $\mathbb{N}$의 진부분 집합이다. 그런데 $\mathbb{P}=\{1\times2, 2\times2, 3\times2, \cdots\}$, $\mathscr{M}=\{1+1, 2+1, 3+1, \cdots\}$이므로 $\mathbb{N}$과 일대일 대응이 된다. 따라서 $\mathbb{N}$은 무한집합이다. 이 성질을 이용하여 무한소수 0.999 ...=1임을 증명한다. x=0.999 ...라고 하자. 그러면 $10x$=9.999 ...이다. 그런데 x와 $10x$의 소수점 아래의 9들은 일대일 대응되기 때문에 $9x=9$, 즉 $x=1$이 된다. 이 때 0.999⋯는 수열 0.9, 0.99, 0.999, ⋯의 극한으로서 역동무한이라 하고, 1을 실무한이라고 한다.

2. 실수 개념의 정립

실수는 대수적 구조인 체(field)를 이루며($\mathbb{R}, +, \times$), 순서구조(ordered structure)와 완비성(completeness)을 갖춘 연속체(continuum)이다. 그러나 이 절에서는 수직선(real line)상의 모든 점들과 일대일 대응이 되는 집합으로서의 실수에 관하여 알아보기로 한다.

2.1 무리수의 존재성

유리수와 무리수를 통틀어 실수라 하고 실수는 유리수와 구별되는 성질로 연속성(Continuity)이 있다. 즉, 수직선상에서 유리수와 유리수 사이에는 반드시 무리수가 있게 된다. 예를 들면, 수직선상의 1에서 수선을 그려 크기가 1이 되는 점 P를 잡아 OP를 연결해 만들어진 삼각형에서 OP의 길이는 $\sqrt{2}$가 되고, 수직선상에는 $\sqrt{2}$와 대응하는 점이 존재한다.

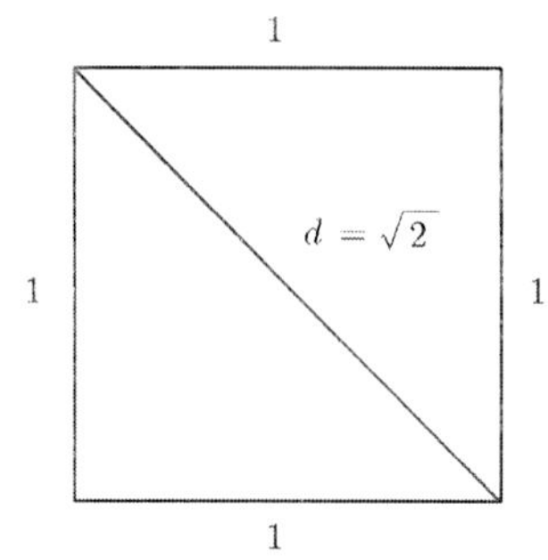

〈그림 181〉

2.1.1 $\sqrt{2}$의 역사발생

넓이가 2인 정사각형의 한 변의 길이 또는 제곱하면 2가 되는 수에 관한 관념의 시작은 예일대학 박물관에 보관하고 있는 B.C.1800~1600 사이에 만들어진 YBC 7289 점토판의 표에서 찾을 수 있다. 또한 B.C. 1650년경에 만들어진 고대 이집트의 린드 파피루스에도 제곱근을 계산한 흔적이 있다. 동양에서는 B.C.800~600년경에 인도에서도 2와 3의 제곱근을 계산한 흔적이 있고, 고대 중국의 한나라 인들도 "넘치고-부족한" 방법으로 제곱근을 계산하였다. 1546년에는 동양의 방법이 유럽으로 전파되었고, 현대의 제곱근 기호인 $\sqrt{\ }$ (root)는 1526년에 루돌프에 의해서 처음으로 사용되었다. 1526년은 "+", "−" 기호가 처음으로 쓰인 해이기도 하다.

2.1.2 $\sqrt{2}$의 소수 전개

시행착오로 계산하거나 또는 계산기를 활용하여, $\sqrt{2}$를 다음과 같은 단계를 거쳐서 소수로 고칠 수 있다. 이 방법은 Platon의 Menon편에서 소크라테스가 흑인 노예 소년에게 주어진 정사각형의 넓이가 두 배되는 사각형을 작도하는 과정을 현대화한 것이다.

$$1^2 = 1 < 2 < 4 = 2^2$$
$$1.4^2 = 1.96 < 2 < 2.25 = 1.5^2$$
$$1.41^2 = 1.9881 < 2 < 2.0164 = 1.42^2$$
$$1.414^2 = 1.999396 < 2 < 2.002225 = 1.415^2$$

그러므로 $\sqrt{2}$를 소수로 전개하면 $\sqrt{2} = 1.414\cdots$이고, 연속된 자리값은 연속된 일의 자리 사이에서, 연속된 할(1/10)사이에서, 연속된 푼(1/100)사이 등등에서 $\sqrt{2}$ 의 값을 찾아낼 수 있다.

2.2 데데킨트의 절단(Dedekind' cut)

유리수를 소수로 고치면 소수 부분이 없든가 유한소수든가, 아니면 순환소수가 되어 비순환소수인 무리수와 구별된다. 유리수를 실수로 확장시키기 위해서는 실수를 유리수의 절단으로 정의한다.

2.2.1 유리수의 절단

유리수 전체의 집합 $\mathbb{Q}$를 두 개의 부분집합 A와 B에 대하여 다음과 같이 나눈 것을 '유리수의 절단'이라 한다.

① $A \neq \varnothing$, $B \neq \varnothing$

② $A \cup B = \mathbb{Q}$, $A \cap B = \varnothing$

③ $a \in A$, $b \in B \rightarrow a < b$

유리수의 절단은 다음 네 가지 경우가 있다.

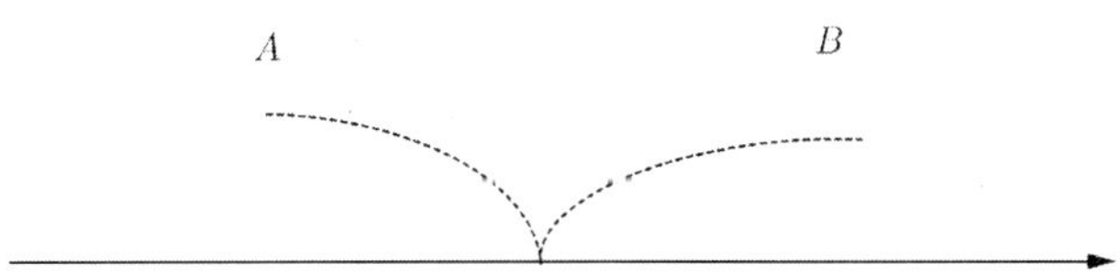

〈그림 182〉

- A에는 최대의 원소 a가 있고, B에는 최소의 원소가 없다.
  예) $A \leq 1$, $B > 1$인 모든 유리수로 되어 있을 때
- A에는 최대의 원소가 없고, B에는 최소의 원소 b가 있다.
  예) $A < 1$, $B \leq 1$인 모든 유리수 일 때
  * 유리수를 경계로 절단 한 경우
- A에는 최대의 원소가 없고, B에도 최소의 원소가 없다.
  * 무리수를 경계로 절단한 경우
- A에는 최대의 원소 a가 있고, B에도 최소의 원소 b가 있다.
  * 이 경우는 전혀 일어날 수 없다.

유리수의 집합은 조밀하기 때문에 $a<x<b$인 유리수 x가 존재한다. 이는 x가 A와 B에 속하지 않는 것이 되어 절단의 정의에 모순이 되기 때문이다. ③의 경우에 나타나는 수가 무리수이다. 따라서 유리수의 절단 ①, ②, ③은 실수의 연속성을 정의하는 것이 되기도 한다.

이와 같이 실수를 '대소의 순서로 나열된 유리수의 수열에서 만들어진 절단'으로 정의한다. 그러면 유리수는 자연히 실수의 부분이 되어 유리수 집합은 실수집합의 부분집합으로 존재하게 된다. 다시 말하면 실수는 유리수의 확장으로써 얻어진 것이다. 실수에 대해서도 지금까지의 수와 마찬가지로 대소 상등의 연산을 정의할 수 있다. 유리수가 조밀성을 가지고 있기는 하나 유리수와 유리수 사이에는 틈이 있다. 이 틈을 메우는 수가 무리수이며, 유리수와 무리수를 합한 실수는 수직선상에 빈틈없이 나열되므로 연속성을 갖게 된다.

3. 극한 개념과 인식론적 장애

20세기 초에 Perry와 Klein 등이 전개한 수학교육의 개혁운동의 영향으로 응용성과 교육적 가치가 풍부한 기초 미적분학을 고등학교에서 지도하게 되었으며, 미적분학에 필수적인 개념인 극한개념이 고등학교 교육과정에 들여지게 되었다. 미적분학은 극한개념의 산술화로서 완성되었으나 아직도 많은 학생들이 극한개념을 제대로 이해하지 못하고 있는 실정이다. 따라서 이 절에서는 수열의 극한과 함수의 극한의 지도를 목적으로 극한개념의 인식론적 장애와 발전과정을 알아보기로 한다.

3.1 극한 개념의 역사

기나긴 미적분학의 역사에서 극한개념이 발전되어 온 과정을 요약하면 다음과 같은 순서로 정리할 수 있다.

① 암묵적 극한 개념의 단계

고대 그리스에서 Newton 이전까지의 시기로 곡선 도형의 넓이, 부피, 길이를 구하는 문제를 해결하는 수단으로 극한개념이 암묵적으로 사용됨

② 명시적인 극한 개념의 단계

Newton이 오늘날의 도함수에 해당하는 궁극적인 비 개념을 설명하기 위해서 극한 개념을 사용함

③ 직관적 정의의 단계

18세기 달랑베르(D'Alembert)가 극한 개념이 미적분학의 기초가 되어야한다고 주장하면서 매우 제한적인 극한에 대한 정의를 제시함

④ 준-형식적 정의의 단계

코쉬(Cauchy)는 극한값을 발견하는 데에 초점을 둔 정의가 아닌 비발견적 정의를 제시하여 수열과 그 극한 사이의 관계를 규정함으로써 모든 수열, 일반적인 함수 개념에도 적용가능하게 됨

⑤ 형식적 정의의 단계

바이어슈트라스(Weierstrass)는 $\epsilon - N$, $\epsilon - \delta$방식으로 산술화하여 현대적인 극한 개념을 완성

3.2 극한 개념의 정의

수열의 극한의 정의는 형식적인 방법과 직관적인 방법으로 나눌 수 있다. 형식적인 정의는 기성수학에서 사용하는 방법이고, 직관적인 방법은 학교수학에서 사용하는 방법이다.

3.2.1 수열의 극한

수열이란 자연수 집합 $\mathbb{N}$에서 실수 집합 $\mathbb{R}$로의 함수이다. 즉, 수열이란 함수 $a : \mathbb{N} \to \mathbb{R}$으로서, 함수 a의 치역 $\{a(n)\}$ 이며, $a(n) = a_n$으로 표기한다.

■ $\epsilon - N$ 방법

수열 $\{a_n\}$에서, $\forall \epsilon > 0 \ \exists M \in \mathbb{N}, \forall N \geq M \ |a_N - \alpha| < \epsilon$ 이면, 수열 $\{a_n\}$은 극한값 α에 수렴한다고 하고,

$$\lim_{n \to \infty} a_n = \alpha$$

로 표현한다.

즉, 수열 $\{a_n\}$에서, 임의의 수 $\epsilon > 0$에 대해 $M \in \mathbb{N}$이 존재하여 a_M의 다음에 오는 모든 $a_N (N \geq M)$과 어떤 수 α의 차가 ϵ보다 작게 되는 항 a_M를 수열에서 찾을 수 있다면 그 수열은 극한값 α에 수렴한다고 한다.

■ 직관적인 정의

수열 $\{a_n\}$에서 n이 무한히 커질 때, 일반항 a_n의 값이 일정한 값 α에 한없이 가까워지면 수열 $\{a_n\}$은 α에 수렴한다고 하며, α를 수열 $\{a_n\}$의 극한값이라고 한다.

또한 이 사실을 기호로는

$$\lim_{n\to\infty} a_n = \alpha \text{ 또는 } n \to \infty \text{ 일 때, } a_n \to \alpha$$

와 같이 나타낸다.

3.2.2 함수의 극한

■ $\epsilon - \delta$ 방법

함수 $f:\ \mathbb{R}\to\mathbb{R},\ y=f(x)$에서, $\forall\,\epsilon>0\ \ \exists\,\delta>0,\ \forall\,x,\ |x-a|<\delta,\ |f(x)-L|<\epsilon$이면 함수 $f(x)$는 $x\to a$일 때 극한값 L로 수렴한다고 하고 기호로는

$$\lim_{x\to a} f(x) = L$$

과 같이 나타낸다.

즉, 함수 $f:\ \mathbb{R}\to\mathbb{R},\ y=f(x)$에서, 임의의 수 $\epsilon>0$에 대해 $\delta>0$이 존재하여 개구간 $(a-\delta,\ a+\delta)$에 속하는 모든 x에 대한 함수값 $f(x)$와 어떤 실수 L와의 거리가 ϵ보다 작게 만들 수 있다면, 함수 $f(x)$는 $x\to a$일 때 극한값 L로 수렴한다고 정의한다.

■ 직관적인 정의

함수 $f:\ \mathbb{R}\to\mathbb{R},\ y=f(x)$에서, x가 a에 한없이 가까워지면 함수 $f(x)$의 값이 한없이 L에 가까워질 때 함수 $f(x)$는 L에 수렴한다고 하며, L을 x가 a에 가까워질 때의 함수 $f(x)$의 극한값이라고 한다고 하고 기호로는

$$\lim_{x\to a} f(x) = L \text{ 또는 } x\to a \text{ 일 때, } f(x)\to L$$

과 같이 나타낸다.

3.3 극한 개념에 대한 인지적 장애요인

극한개념은 형식적 정의의 단계에 이르기까지 수많은 장애요인에 의해서 인식론적 장애가 매우 오랫동안 인류를 괴롭혀 왔던 대상이다. 이 절에서는 그러한 장애요인을 인식론적, 심리학적, 교수학적 측면에서 분류하여 알아보고자 한다.

3.3.1 인식론적 요인

인식론적 장애는 학습하고자 하는 지식의 일부분을 구성하고 있으므로 피할 수도 없고 피해서도 안 되는 장애이며, 학생들은 새로운 개념을 개발하기 위해서 반드시 극복해야만 하는 어떤 인식론적 장애를 가지고 있고 그것 때문에 어려워한다는 것이다. 인식론적 장애를 유발하는 요인은 다음과 같다.

■ 일상어의 영향

학생은 공식적인 극한지도 전에 일상경험에서 오는 자생적 관념을 갖고 있어서 수업 후에 사라지는 것이 아니라 새롭게 획득한 지식과 뒤섞여서 수정되고 적응되어 학생들의 개인적인 관념을 형성하며 학술적 의미를 발달시키는데 장애로서 작용할 수 있다.

{(예) '…로 향한다.', '극한', 'n이 무한대로 간다.' }

■ 무한 직관의 영향

극한은 무한의 과정이며 학교수학에서는 직관적으로 무한과정을 다루고 있다. 그런데 직관의 근원은 실제에 바탕을 둔 경험이므로, 유한한 공간에서 태어나 유한한 일생을 살아가는 모든 인간에게 직관에 의존한 사유 활동으로서 무한 개념을 이해하는데 많은 장애가 있다. 실무한 개념의 실재성은 고대 그리스시대부터 철학자들의 고민의 대상이었으며, Sierpinska에 의하면 수학에서는 무한이란 구체적인 대상들과는 다른 형태의 존재성을 말하는 것으로, 그것에 형식적으로 무모순인 구조를 주어 적절한 해석을 할 수 있을 뿐이라고 한다. 그러나 기하학에서의 점, 선, 면 등과 마찬가지로 인간이 만들 수는 없지만 존재하는 비존재(non-being)이다.

■ 과도한 일반화의 영향

유한에서 성립하는 수학적 성질과 무한에서 성립하는 수학적 성질들은 '형식불역의 원리'와 같은 일반화의 원리나 유추가 성립하지 않으며, 오직 논리적으로만 파악될 수 있을 뿐이다. 그런데 학교수하에서는 종종 어떤 개념의 유한에서의 성립하는 성질을 유추하여 무한에서도 성립하는 것처럼 지도하고 있다.

■ 은유의 영향

은유는 의미를 창조하는 수단이며 하나의 세계로부터 다른 세계로 의미를 진이하는 일차적 사고 수단이다. 그러나 부적절한 은유를 사용하면 수학적 지식을 잘못 이해하게 하거나 또는 오개념을 형성할 수 있는 소지가 발생할 수 있다.

3.3.2 무한 개념과 관련된 요인

■ 극한을 비 수학적 조작으로 오해

- 극한으로의 이행 조작이 무한 개념이 필요 없는 엄밀한 논증 방법이라는 생각
- 불완전 귀납법을 사용하는 추론
- 극한으로의 이행조작을 근사값들로 부터 극한값을 찾아내는 것으로 생각
- 극한으로의 이행조작을 통해 구한 결과를 정당화하기 위해 엄밀한 논증을 할 필요가 없다는 생각

■ 대수적 장애

• 수열의 항들의 성질을 그것의 극한으로 전이시키는 것
• 유한인 양을 조작하는데 적합한 대수적인 방법을 무한 양으로 자동적으로 전이 시키는 것

■ 물리적 장애

• 고대 그리스의 '수학의 원자론'이나 뉴턴과 같이 수학적 사실을 물리적인 운동과 결부시켜서 이해하는 것

■ 함수적 관련된 장애

• 함수값에만 초점을 두어 함수값이 없는 점(불연속점)에서는 극한값이 없다고 생각
• 단조함수의 맥락에서만 생각하게 되어 발산하는 상황을 알지 못하는 것
• 극한 개념과 상한, 하한 등의 한계 개념을 구분하지 못하는 것

■ 기하학적 장애

기하학적인 측면에서의 '극한'은 불가분량 또는 무한소 관념을 뜻하며, 무한소 양의 크기가 0인지 또는 0보다 큰지를 결정하지 못하는 논리적인 모순에도 불구하고 곡선 도형의 넓이, 부피, 접선을 구하는데 무한소 방법이 사용되었고, 이를 토대로 미적분이 탄생하였던 것으로 믿고, 극한의 산술화를 알지 못하는 것이다.

■ 논리적인 장애

학교수학에서 일상어를 사용하여 극한을 정의할 때, 한정사에 대한 개념을 이해하지 못하여 비롯되는 극한으로의 이행 조작 기호에 대한 장애이다.

■ 기호에 대한 장애

Cauchy는 가능한 한 대수학처럼 보이게 하기 위해서 극한의 수치 조작적 성질을 강조하였고, 그 조작에 기호를 부여하였으나 이런 기호화는 대수학과 해석학의 차이점을 은폐함으로써 오히려 혼란을 불러일으키는 요인이 되었다.

3.3.3 심리학적 요인

■ 개념의 심리학적 측면

Tall 과 Vinner는 수학적인 개념(개념정의)과 실제로 학생들이 그 개념(개념 이미지)에 대해 마음속에 갖고 있는 생각은 다를 수 있는 요인을 다음과 같이 서술하고 있다. 학생들이 실제로 사용하는 것은 공식적인 개념 정의보다는 개념 이미지로서, 이는 그 개념과 관련된 모든 종류의 경험을 통해서 여러 해에 걸쳐서 형성되며 개인이 새로운 자극을 받게 되거나 성숙해짐에 따라 변화하는 것이라 주장한다. 개념 이미지 중 다른 개념 이미지나 개념 정의와

갈등을 일으키는 것을 '잠재적 갈등 요인', 어떤 상황에서 그러한 요인들이 실제로 불러 일으켜졌을 때 관련된 그 요인을 '인지적 갈등 요인'이라 부르는데, 이와 같은 갈등 요인은 개념 학습-지도에서 심각하게 고려할 필요가 있다. 학생들의 개념지도가 단순히 수학적 개념을 전달하는데 그쳐서는 안되고 올바른 개념 이미지의 형성에 초점이 두어져야 한다. 특히 일방적으로 지식을 전달하는 것은 학생들에게 갈등을 불러일으키고 수학적 지식을 왜곡해서 받아들이게 할 위험이 있거나, 아니면 그러한 차이를 의식하지 못한 채 잠재적인 갈등요인으로 고착되어 학생들의 이해를 방해하는 요인, 즉 인지적 장애가 될 수 있다.

■ 극한개념에 대한 오개념

- 수열은 '그것의 극한에 도달하지 않는다.'고 보는 것.
- 수열 $\{a_n\}$에 대한 암묵적인 단조성 '극한으로 향한다.'라는 구절을 일상 언어적 의미로 생각하는 것
- 극한과 한계를 혼동하는 것. 극한이 수열의 모든 항 a_n에 대해 상계나 하계라고 생각하는 것
- 수열이 '마지막' 항, 즉 a_∞ 을 가지는 것으로 가정하는 것
- 수열의 무한히 많은 항들을 통과해 갈 수 있다고 생각하는 것
- 함수값과 극한값 즉, $f(x_0)$과 $\lim_{x \to x_0} f(x)$를 혼동하는 것
- 수열은 분명하고 일관성 있는 패턴을 가져야 한다고 생각하는 것
- 극한의 정의에서 ϵ과 N의 시간적 순서의 중요한 역할을 무시하는 것
- n이 무한대에 도달하지 못한다는 사실과 a_n이 수 L에 도달할 수도 있음을 혼동하는 것

3.3.4 교수학적 요인

학생들이 수업시간에 겪는 다음과 같은 인식론적 장애를 피하지 말고 그것을 의식하고 제어하는 능력을 키워주는 것이 필요하다.

- 비수학적인 개념의 영향
- 수학내부의 다른 개념의 영향
- 교육과정의 영향
- 학습자가 자신의 경험을 잘못 해석하는 경우

3.4 극한 개념의 이해와 관련된 인지적 장애

다음에 나열하는 요인들은 교실에서 학생들이 겪는 극한개념을 이해하는데 방해가 되는

인식론적 장애를 모은 것이다.

3.4.1 무한 개념과 관련된 장애

- 극한값에 도달할 수 있다.
- 수열의 극한은 수열이 한없이 가까워지지만 같아질 수 없는 수이다.
- 무한급수의 합이 존재한다는 것은 어떤 수에 한없이 가까워진다는 것이지 정확히 그 수가 되는 것은 아니다.
- 0.999…는 1에 무한히 다가가지만 1은 될 수 없다.
- 아무리 비슷해져도 1과 0.999…는 오차가 존재한다.
- 내접 n다각형은 원에 한없이 가까워지는 것일 뿐, 원의 넓이보다 같거나 크지 않고 항상 작다.
- 내접 n다각형에서 n이 무한대로 간다면 원과 같아진다. 원도 길이가 아주 작은 직선으로 이루어진 것이라 생각한다.
- n이 무한대로 가면, 나중에 한 변의 길이가 점까지 이르게 되므로 점들로 이루어진 도형이 되어 원이 된다.
- 무한대에 가까워질 수 있다.
- 수열의 성질이 극한에서도 성립한다.
- 유한에서 성립하는 성질은 무한에서도 성립한다.
- 무한은 임의의 수이다.
- 극한값은 근사값이다.
- 수열의 항을 나열해 보면 극한값을 구할 수 있다.
- 무한급수의 합은 항을 나열해서 더할 수 있다.
- 무한히 많은 수를 더하면 무한히 커진다.

3.4.2 함수(수열) 개념과 관련된 장애

- 어딘가에 가까워지는 수열은 수렴하는 수열이다. 즉 가까워져야 한다는 것에만 주목하여, 가까워져야하는 대상이 '수'이어야 한다는 것에는 주목하지 못한다.
- 수열은 수를 생성하는 규칙이다. 수열의 규칙성에만 주목하고 수열의 항의 크기에 주목하지 못한다.
- 교대수열은 극한값이 없다. 즉, 교대수열이 진동한다는 사실에만 주목하고, 수열의 항의 크기 및 변화에는 주목하지 못한다.
- 교대급수는 합이 존재하지 않는다. 즉, 진동한다는 사실에만 주목하고 항의 값의 크기 및

그 변화에는 주목하지 않는다.

- 덧셈, 뺄셈이 교대로 끝없이 계속되면 그 결과는 0이 된다. 덧셈, 뺄셈에만 주목하고 항의 크기에는 주목하지 않는다.
- 극한값은 한계값이다.
- $x \to a$ 일 때의 함수의 극한은 주어진 식을 정리한 다음 $f(x)$의 x에 a를 대입하면 구할 수 있다.
- 극한값은 함수값과 같다.
- 불연속 함수는 극한값이 없다.

3.4.3 기타 장애

■ 수 개념의 측면

- 분수는 두 수의 몫이다. 분수의 두 수의 몫이라는 측면에만 주목하고 하나의 수로 인식하지 못한다.

■ 논리적 측면

- 대부분의 경우에 참이라면 그 명제는 참이다.
- 참이 되는 경우가 존재하는 명제는 참인 명제이다.

■ 기호적 측면

- 등호기호의 과정적 의미(등호의 동치성 의미에 주목하지 못한다).
- lim 기호와 Σ기호는 교환가능하다.
- $f(x) < g(x) < h(x)$와 같은 연립부등식의 양쪽 끝 변의 식이 같은 값을 가지면 사이에 놓여있는 식도 같은 값을 가진다. 부등호의 순서성에만 주목하고 부등식 전체의 의미에 주목하지 못한다.

■ 수학적 대상에 대한 존재성에 대한 장애

- 어떤 대상이 존재하기 위해서는 그 대상을 직접적으로 구성할 수 있는 방법이 주어져야 한다. 그러나 무한은 인간이 직관적으로는 구성할 수 없고, 해석학에서의 확장된 실수 관념이나 기하학에서의 무한원점 관념과 같이 수학적 논리의 대상으로서 존재할 수 있기 때문에 학생들에게는 존재하지 않는 수학적 대상으로 인식되기 때문이다.

3.5 극한값의 계산과 관련된 인지적 장애(3장 1.4절 참조)

- 등비수열의 극한은 $\dfrac{a}{1-r}$이다.

- 모든 등비급수의 합은 $\frac{a}{1-r}$ 이다.
- $n \to \infty$ 일 때 $\frac{\infty}{\infty}$ 꼴이 되는 지수 분수식의 수열의 극한값은 분모·분자의 밑수의 비와 같다.
- 답을 구하는 것에만 주목한다. 등식의 동치 변형 성질이나 기호 또는 식의 의미에는 주목하지 못한다.
- 문제의 일부분에만 주목한다.
- 지수식을 포함하는 모든 식은 로그를 이용하여 정리할 수 있다.
- 수에 대한 오개념 ($\frac{c}{0} = 0 (c \neq 0)$)
- 무리식에 대한 오개념 ($\sqrt{a+b} = \sqrt{a} + \sqrt{b}$)
- 유리화에 대한 오개념($\sqrt{a} - \sqrt{b} = a - b,\ \sqrt{a} - \sqrt{b} = \frac{a-b}{\sqrt{a} - \sqrt{b}}$)

4. 극한 개념의 도입 지도

수학적 극한의 이론은 연속체에 대한 공리인 실수의 완비성 공리로부터 연역되므로, 교사는 극한개념을 도입할 때에는 완비성 공리와 관련하여 학생들이 이미 알고 있는 지식과 아직도 안고 있는 문제점을 알고 있어야 하며, 그것을 극복하기위한 방안을 마련해야 한다.

4.1 극한개념의 선행 지식

극한의 관념은 초등학교에서 부터 고등학교 교육과정에 이르기까지 암묵적이든 명시적이든 지속적으로 나타나고 있기 때문에, 학생들은 암묵적으로나마 경험하게 되는 극한관념을 정리하기로 한다.

4.1.1 초등학교 교육과정

직선의 정의, 자연수의 수세기 경험과 자릿수 개념, 평행 개념, 끝없이 계속되는 나눗셈(무한소수), 원의 넓이와 원기둥의 부피에서 '한없이 잘라', '점점 같아진다.'라는 표현의 사용 등의 학습경험은 극한 개념을 도입하기 위한 토대로서의 선행지식 역할을 한다.

4.2.2 중학교 교육과정

무한집합, 원기둥과 구의 부피, 순환소수, 무리수 등을 통해서 실무한 개념에 접하고 있음을 알 수 있다.

4.2.3 고등학교 교육과정

모든 함수가 실수 집합 또는 복소수 집합 위에서 다루어지므로 무한 개념을 기초로 성립한다고 볼 수 있으며 분수함수나 지수, 로그 함수에서의 점근선의 경험은 학생들에게 '한없이 가까워지는' 대상의 존재에 대한 의식을 갖게 할 수 있다.

4.2 극한 개념의 도입 단계

학교수학에서 극한개념을 최초로 도입할 때, 교사가 범하는 오류 유형과 주의할 점은 다음과 같다.

4.2.1 오류 유형

- 동적인 직관적 정의로 극한 개념을 도입한 다음, 수열의 극한에서 함수의 극한으로 일반화하는 점
- 직관적 정의에서 사용된 '한없이 가까워진다.'와 같은 표현에 너무 의존하고 그것의 수학적 의미에 대해서는 별도로 강조하지 않는 점
- 무한급수의 합의 정의를 정확히 파악시킬 것을 강조하고 있지만, 그것에 대한 구체적인 교육적 배려가 없는 점
- 극한 개념이 일상적 의미에 의존하는 직관적인 개념으로 다루어지고 있다는 점은 처음 배우는 학생들에게 인지적으로 적절하지만, 직관적인 관념인 일상적 의미는 수학적 의미와 갈등을 일으켜서 그러한 갈등은 학생들의 오개념, 인지적 장애로 이어질 수 있는 점
- 극한 개념은 도입시에 만 정의를 통해 다루고 그 이후에는 극한값 계산에만 치중하여 개념적 사고와 연결되지 않은 절차적 지식의 습득으로 인해 도구적 이해로 흐르기 쉬운 점
- 철저한 연역적 구성 방식만을 따르고 있어서 학생들의 개념 이미지가 빈약해질 수밖에 없고, 따라서 풍부한 관계망을 형성하지 못하여 지식의 적절한 적용과 이해가 어려우며 학생들이 수동적으로 지식을 흡수하도록 강제적으로 맹목적인 절차적 지식만 주입시키는 점

4.2.2 유의점

- 극한개념의 지도는 직관적 극한개념으로부터 시작하여 점진적으로 형식적 극한 개념으로 진행
- 단순히 일상어를 형식적 기호 언어로 변역하는 데 그치지 않도록 근본적인 인식 변화필요

- 동적인 변수 개념에서 정적인 변수 개념으로 변화해야 함
- 함수에 대한 관점이 종속적 관점에서 대응적 관점으로 나아가야 함
- 잠재적 무한 개념이 아닌 실무한 개념을 인식할 수 있어야 함
- 극한과정에 초점을 두는 조작적 개념을 통한 극한값을 중심으로 수열의 항과의 관계를 생각하는 구조적 개념의 이해
- 논리적으로 역순서 관계에 기초
- 직관적인 극한 개념은 극한값의 발견과정에서, 형식적 극한 개념은 정당화 과정에서 역할을 한다는 점에서 두 개념은 상보적 관계임

4.3 극한 개념에 대한 장애의 극복

지금까지 극한 개념의 지도를 위한 교수-학습과정에서 학생들이 안고 있는 장애요인과 교사들이 범하는 오류에 관해서 알아보았다. 그러한 현실을 바탕으로 극한개념을 올바르게 지도하고 제대로 이해하기 위한 방법을 알아보기로 한다.

4.3.1 반성적 사고의 함양

- 학생들에게 수학적 개념을 다양한 언어인 그림, 표, 그래프, 기호, 말 등으로 표현해 보도록 한다.
- 학생의 기존의 지식으로는 해결될 수 없는 문제를 제시하거나 판단 기준을 바꿀때만 해결될 수 있는 문제를 이용하여 정신적 갈등을 겪으면서 극복해 가도록 한다.
- 교사와 학생들이 극한에 관하여 토론하는 시간을 갖도록 한다.

4.3.2 극한 개념에 대한 심상 형성

극한 개념을 구성하고 있는 요소들에 대한 기존의 제한적인 관념을 극복하기 위하여 다양한 맥락을 경험함으로서 더 적절한 개념을 갖도록 하며, 기존 개념과 수학적인 극한 개념 사이의 간격을 메우고, 극한 개념의 필요성과 유용성을 주지시켜 학생들의 극한 개념 발달을 안내할 적절한 선행 조직자를 제공하도록 한다.

■ 컴퓨터 그래픽을 이용한 프랙탈 그림

프랙탈 그림을 통하여 실행이 반복될수록 어떤 대상에 점점 더 가까워진다는 극한 과정에 대한 강한 심상을 얻도록 한다.

■ 곡선 도형의 넓이 구하기

원의 넓이를 부채꼴로 점점 잘게 나누어 직사각형으로 재배열하거나, 방안지 눈금을 세어서 곡선 도형의 넓이를 구하는 활동을 통하여 극한 개념을 경험하도록 한다.

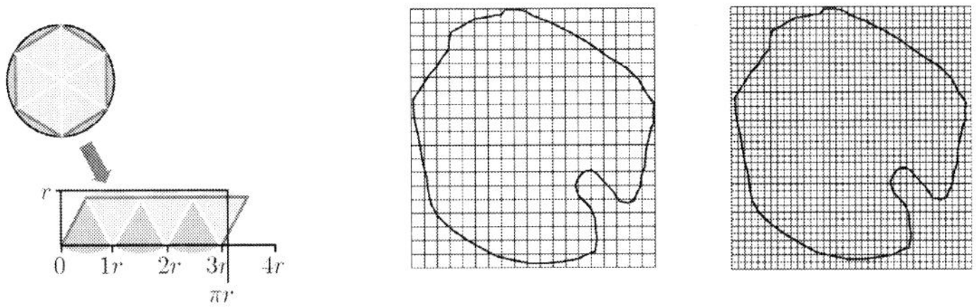

〈그림 183〉

4.3.3 비수학적 개념 극복을 위한 지도

직관적인 극한 개념을 바탕으로 지도할 때에는 일상어의 영향이나 동적인 극한 개념에서 비롯되는 장애가 불가피하게 나타나므로, 그러한 장애를 극복하고 더 정확한 극한 개념을 이해시키기 위해서는 학생들에게 직관적 개념을 충분히 경험시켜야 한다. 그럼에도 불구하고 학생들이 극한 개념을 이해하는데 한계 또는 문제점에 부딪쳤을 때에는 극한개념에 대한 Cauchy의 정의인 '어떤 수와 수열의 항과의 차가 얼마든지 원하는 만큼 작아지게 할 수 있는 충분히 큰 n이 언제나 존재한다면 그 어떤 수가 그 수열의 극한'이라는 관념을 주지하도록 지도한다.

4.3.4 무한에 대한 이차적 직관 형성

무한에 관한 다양한 성질들을 내면화하고 자신의 사고를 반성하여 무한의 성질을 새롭게 이해하며 무한을 논리적으로 이해할 수 있도록 지도한다.

4.3.5 개념적 지식에 근거한 절차적 지식

절차적 지식은 기계적으로 쉽게 습득되는 장점이 있지만, 개념적 지식과 유기적인 연결 관계를 맺지 못한다면 극한에 관한 지식이 왜곡되거나 망각되고 새로운 문제 상황에 관련된 지식을 적용하기 어려워지므로 학생들에게 개념적 지식에 입각하여 판단하는 훈련을 갖도록 지도한다.

4.3.6 $\epsilon-\delta$식 정의의 도입

우리나라 학교수학에서 제시되는 극한개념은 직관적 정의의 단계와 유사하기 때문에, 엄밀한 Cauchy의 준형식적 정의를 이해하도록 지도해야 한다. 즉, 수열의 항이 극한값에 원하는 만큼 가까워지기 위해서 독립변수가 어떤 범위의 값을 가져야 하는지를 생각해 보도록 해야 하며, 극한값은 수열이나 함수로부터 생성되거나 구성되는 것이 아니라, 모순 없는 형식적 관계를 만족시킬 때 그것이 존재하는 것이라는 사실을 지도해야 한다. 또한 학생들이 실수의 성질을 보다 잘 이해하도록 하기 위해서는 조심스럽게 엄밀한 $\varepsilon-\delta$식 정의를 도입할 필요도 있다.

5. 수열과 급수의 극한 개념 지도 방안

아르키메데스가 포물선 아래의 면적을 구하는 과정(3장 1.5절, 2.4.2절 참조)에서 무한수열 또는 무한급수의 극한관념을 알았더라면 미적분학의 완성이 2000년은 앞당겨졌을 것이라고 한다. 그러나 당시에는 아리스토텔레스의 관념인 '수학적 원자론'때문에 무한항의 합은 언제나 무한대이었으며, 수를 기하학의 대상으로 간주하였고 아주 많은 변으로 이루어진 다각형과 원을 구별하지 못했기 때문에 무한과 극한관념이 인정받지 못하였다. 따라서 극한 개념을 처음으로 접하는 많은 학생들 역시 이러한 오류를 범할 수 있다는 가능성을 염두에 두고 지도에 임하면 좋을 것이다.

5.1 수열과 급수의 극한 지도의 주안점

학교에서 무한 수열과 무한급수의 극한을 지도할 때, 학생들이 꼭 지녀야 할 관념과 이를 위하여 교사가 미리 알아두어야 할 학생들의 심리상태는 다음과 같다.

5.1.1 무한수열의 극한

'수열 $\{a_n\}$의 극한 값 α를 중심으로 하는 임의의 구간을 잡더라도, 유한개를 제외한 나머지 모든 a_n의 항이 그 안에 놓여 있다.' 라는 엄밀한 정의에 도달하기 위해서는 $a_n \to \alpha$에 초점을 두어야하므로 독립변수 n을 바라본 후 나중에 종속변수 a_n 을 바라보는 것이 아니라, 먼저 α 주위에서 임의로 작은 구간을 선택한 후 독립변수 n을 충분히 크게 택하면 이 조건을 만족시킬 수 있는지를 결정하는 것이 중요하다.

5.1.2 무한급수의 극한

무한급수의 합은 정확히 하나의 수이며, 그 수에 점점 더 가까워진다는 것이 아니다. 유한에서 성립하는 성질은 일반적으로 무한에서는 그대로 성립하지 않는 경우가 많다.

5.1.3 수열과 급수의 극한의 모델

학생들이 수열의 극한 $a_n \to \alpha$을 배울 때, 대부분의 학생들은 수열 $\{a_n\}$이 실수 α에 점점 더 가까워진다는 극한 과정에 대한 심상인 역동 무한 관념은 형성하게 되지만 실무한으로서의 극한값 α를 받아들이는데 곤란을 겪게 된다. 따라서 수열과 급수의 극한을 지도하기 위해서는 학생들이 직관적으로 수용할 수 있는 모델 또는 아이디어를 이용하면 좋다.

■ 좌표평면 또는 수직선 모델

어떤 수를 중심으로 하는 임의의 구간을 설정하여도 수열의 유한개의 항을 제외한 나머지 모든 항(무한개의 항)들이 그 구간 내에 들어올 때, 그 수가 극한값이라는 개념을 설명할 때에는 수직선 또는 좌표평면을 활용하면 좋다.

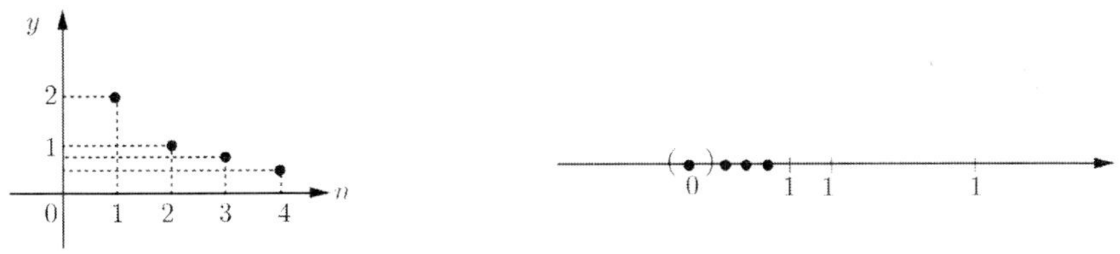

〈그림 184〉

좌표평면에 표현한 수열 $\{a_n\}$에서, n이 커질수록 a_n이 α에 점점 더 가까워지는 짐을 관찰하게 하고, 수직선 위에서는 절대값 $|a_n - \alpha|$ 이 점점 0이 되어간다는 것임을 관찰하게 한 후 수열의 극한에 대한 정의를 도입한다. 특히 극한값은 수열이 도달하는 값이 아니라 수열이 한없이 가깝게 다가가는 '목표'라는 사실을 강조하여, 극한 과정과 극한 대상의 이미지를 자유롭게 서로 교환되면서 떠올릴 수 있도록 지도해야 한다.

5.2 무한 개념의 이해

수열의 극한은 무한과정이다. 무한 개념을 처음으로 잠재적 무한과 실 무한으로 분류한 사람은 아리스토텔레스(Aristotle)이다. 잠재적 무한이란 어떤 대상(수 또는 물질)을 끝없이 증대시키는 것이며, 실 무한이란 잠재적 무한의 결과가 실체로 존재하는 대상을 일컫는다. 아리스토텔레스(Aristotle) 이래로 근대에 이르기까지 실무한의 존재에 대하여 많은 수학자들이 부정적이었으며, 칸토르(Cantor)의 집합론 이후부터 실무한 수학적 개념으로 정당화되었다. 유한한 우주에서 유한한 인생을 살다 가는 모든 인간에게 무한 개념이란 부담스러운 존재이기 때문에 받아들이기가 힘든 것이 사실이다. 그것은 사고의 일차적 토대인 직관의 뿌리인 실생활에서의 무한을 경험할 수 없기 때문이다. 실무한이 존재하는지의 여부는 수학의 문제가 아니라 철학의 문제이다. 수학에서는 무한에 대한 형식적으로 무모순적인 정의를 통하여 일관적인 형식논리적인 해석으로 실무한의 존재성과 조작성을 정당화한다. 이러한 무한의 특성으로 인하여 학교수학에서 무한의 지도는 다음과 같은 직관과 논리를 절충한 방법을 도입해야 할 것이다.

5.2.1 무한 개념에 대한 심상 형성

학생들은 무한 개념을 배우기 훨씬 이전부터 자연수의 무한하다는 사실을 자의 반 타의 반으로 경험하게 된다. 즉, 그들에게 자연수는 무한하다는 신념이 있다. 그러한 신념을 바탕으로 무한이란 관념이 존재한다는 사실을 견지하도록 지도한다.

5.2.2 반례 제시

$\frac{1}{2}+\frac{1}{2^2}+\frac{1}{2^3}+\cdots$ 와 같이 무한급수의 합이 반드시 무한히 커지는 것은 아니다.

5.2.3 실무한의 직관적 표현

원의 넓이는 그림의 오른쪽과 같이 두 도형의 열 사이에 있는 값(극한값)으로 가까워지기만 하는 것(역동무한)이 아니라 실제로 존재(실무한)하며, 그림의 왼쪽과 같이 무한급수 $\frac{1}{2}+\frac{1}{2^2}+\frac{1}{2^3}+\cdots$ 의 1에 수렴한다는 사실을 그림으로 표현하여 실무한의 존재성을 인지하도록 지도한다.

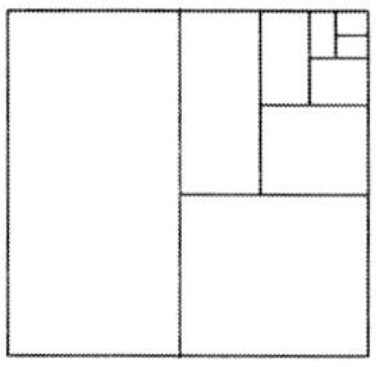

$\frac{1}{2}+\frac{1}{2^2}+\frac{1}{2^3}+\cdots+\frac{1}{2^n}+\cdots$ 의 기하학적 표현

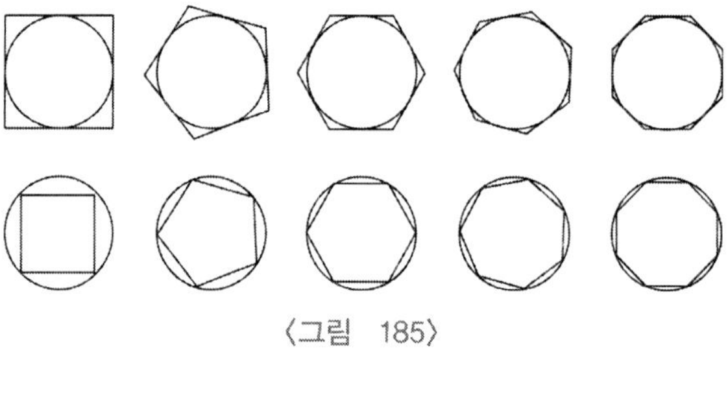

〈그림 185〉

5.2.4 무한급수의 합의 존재에 대한 확신 감 키우기

순환소수와 무한급수의 합은 무한과정 그 자체를 나타내는 것이 아니라, 그러한 무한 과정의 최종 결과를 나타내고 있음을 명확히 인식시켜서 무한급수의 합이 실무한이 된다는 확신감을 갖도록 지도한다.

■ $0.999\cdots=\lim_{n\to\infty}(\frac{9}{10}+\frac{9}{100}+\frac{9}{1000}+\ldots+\frac{9}{10^n})=11$

증명 실수의 완비성의 기초가 된 아르키메데스의 정리(3장 2.2.1 절 참조)를 이용하여 증명한다. 만일 $0.999\cdots < 1$이라면, $1 - 0.999\cdots = \theta > 0$이 존재하고, $\theta > 0$이므로 아르키메데스의 정리에 의하여 $\theta > \frac{1}{10^n} > 0$을 만족하는 매우 큰 n이 존재하므로, $1 - 0.999\cdots = \theta > \frac{1}{10^n}$이므로 $1 - \frac{1}{10^n} > 0.999\cdots$이다. 그러나 실제로는 $1 - \frac{1}{10^n} = 0.999\cdots 9$(9가 n개)이므로 모순이다.

■ $\frac{1}{2} + \frac{1}{2^2} + \frac{1}{2^3} + \cdots = \lim_{n\to\infty}\left(\frac{1}{2} + \frac{1}{2^2} + \frac{1}{2^3} + \cdots + \frac{1}{2^n}\right) = 1$

증명 무한의 성질을 이용하여 증명한다.

$x = \frac{1}{2} + \frac{1}{2^2} + \frac{1}{2^3} + \cdots$ 라고 하자. 그러면 $2x = 1 + \frac{1}{2} + \frac{1}{2^2} + \frac{1}{2^3} + \cdots$ 이므로 $x = 1$이다.

5.2.5 유한과 무한의 차이점 설명

무한과 유한의 다음과 같은 차이점을 예를 들거나 논리적인 증명을 통하여 이해시킨다.

- 유한에서 성립하는 성질은 일반적으로 무한에서는 성립하지 않는다.

  무한급수의 합에서는 교환, 결합법칙이 성립하지 않으며 실수의 집합은 무한 연산에 대해 닫혀있지 않다.

  (예) $\frac{1}{2} + \frac{1}{3} + \frac{1}{4} + \frac{1}{5}$ 은 유한이지만, $\frac{1}{2} + \frac{1}{3} + \frac{1}{4} + \frac{1}{5} + \cdots$ 는 무한이다.

  (예) $1 - 1 + 1 - 1 + \cdots$ 는 결합하는 방법에 따라서 값이 달라진다. 즉, $(1-1)+(1-1)+\cdots$ 와 같이 결합하면 0이 되고, $1 + (-1+1) + (-1+1) + \cdots$ 과 같이 결합하면 1이 된다.

  (예) 수열 $\left\{\left(\frac{2x}{1+x^2}\right)^n\right\}_{n=0,1,2,3,\cdots}$은 모든 x에 대하여 연속함수이고, 모든 유한항의 합 $\sum_{i=0}^{n}\left(\frac{2x}{1+x^2}\right)^i$ 역시 모든 x에 대하여 연속함수이다.

  그러나 무한급수 $\sum_{i=0}^{\infty}\left(\frac{2x}{1+x^2}\right)^i$는 $x = 1$에서 불연속함수이다.

- 유한 ± 유한 = 유한
- 무한 ± 유한 = 무한

증명 만일 무한 ± 유한 = 유한이라면, 유한 ± 유한 = 무한이 되므로 모순이다.

- 무한 ± 무한 = 유한 또는 무한

  (예) 자연수에서 모든 짝수를 빼내면 홀수만 남게 된다.

  그런데 자연수의 개수, 짝수의 개수, 홀수의 개수 모두 무한이다. 따라서 이러한 경우에는 무한±무한=무한이다. 또한 자연수에서 모든 자연수를 빼내면 아무것도 남지 않는다. 즉, 무한−무한=0이다.

5.3 수열과 급수의 수렴과 극한 지도

고등학교에서는 대학에서와는 달리 비형식적이고 직관적으로 수열의 극한개념을 이해하도록 지도한 후에 수열의 사칙연산과 관련된 극한값의 계산법, 극한의 응용으로서의 무한급수의 합을 지도하게 된다.

5.3.1 수열의 수렴과 극한

앞에서 '수열 $\{a_n\}$에서 n이 무한히 커질 때, 일반항 a_n의 값이 일정한 값 α에 한없이 가까워지면 수열 $\{a_n\}$은 α에 수렴한다고 하며, α를 수열 $\{a_n\}$의 극한값이라고 한다.'라고 정의하였다. 이 때 '무한히 커진다.'는 것이 얼마나 큰 것인지 또는 '한없이 가까워진다.'는 것이 얼마나 가까운 것인지 분명치 않다.

■ 직관적 정의의 해석

수열의 극한의 핵심은 수열의 항이 '충분히 멀리 나가기'만 하면, 그 항이 극한값으로부터 '원하는 만큼 그 차이를 작게 할 수 있다.'는 것이다. 그런데 '충분히 멀리 나가기'와 '원하는 만큼 그 차이를 작게'라는 것도 명확하지 않다. 이 사실을 설명하기 위해서는 다음과 같은 예를 들어 구체적으로 설명하기로 한다.

(예) 수열 $\{\frac{1}{n}\}$은 $1, \frac{1}{2}, \frac{1}{3}, \frac{1}{4}, \cdots, \frac{1}{n}, \cdots$ 이다. 즉, 초항이 1이며 그 다음 항부터는 그림과 같이 1에서 멀어져 0으로 다가가는 수열이며, 잘 관찰해 보면 0에 가까워질수록 무수히 많은 항들이 점점 더 촘촘하게 밀집되어있다는 것을 알 수 있다. 이 사실을 다음과 같이 설명할 수 있다.

'0을 중심으로 대칭인 작은 개구간, 예를 들면, 0을 중심으로 $\frac{1}{1000}$만큼 떨어진 대칭인 개구간 안에는 수열 $\{\frac{1}{n}\}$의 1001번째 항인 $\frac{1}{1001}$부터 $\frac{1}{1002}, \frac{1}{1003}, \cdots$ 등의 모든 항이 들어있게 된다. 즉, 0을 중심으로 $\frac{1}{1000}$만큼 떨어진 대칭인 개구간 안에는 수열 $\{\frac{1}{n}\}$의 1000번째 항(유한개의 항)을 제외한 모든 항(무한히 많은 항)이 들어있게 된다. 즉, '충분히 멀리 나가기'와 '원하는 만큼 그 차이를 작게'라는 것은 '극한값과의 차이를 마음대로 원하는 만큼' 정하면, 주어진 수열의 '유한개의 항을 제외한 모든(무한개의) 항'이 그 차이보다 작은 개구간 안에 들어가도록 할 수 있다는 의미이다.

〈그림 186〉

■ 수열의 수렴과 발산

모든 수열이 극한값을 갖는 것은 아니며, 수렴하는 수열과 발산하는 수열이 있다.

• 수렴하는 수열

수열 $\{\frac{1}{n}\}$과 같이, 수열의 극한값이 꼭 한 개이고 유한값인 경우에 수렴하는 수열이라고 한다.

• 발산하는 수열

수열이 두 개 이상의 값으로 수렴하거나, 극한값이 무한인 경우에 발산하는 수열이라고 한다.

• 진동하는 수열 : $1, -1, 1, -1, \cdots, (-1)^{n+1}, \cdots$

이유 수열 $\{(-1)^{n+1}\}$은 수직선상에서 무한개의 항이 1에 찍히게 되고 또한 무한개의 항이 -1에 찍히게 되므로 1과 -1을 중심으로 하는 아주 작은 개구간 밖에는 항상 무한개의 항이 남아있기 때문이다.

• 극한값이 무한인 수열 : 1, 2, 3, 4, $\cdots$, n, $\cdots$

이유 모든 자연수를 중심으로 하는 아주 작은 개구간 안에는 항상 그 자연수 한 개만이 있게 된다.

■ 특수한 수열의 수렴과 발산

수열은 주어진 조건과 형태에 따라 수렴의 여부를 검증할 수 있다. 그러한 검증방법에 사용되는 몇 가지 정리를 알아보기로 한다. 정리의 자세한 증명은 이 절의 뒤로 미루기로 한다.

정리 1

두 수열 $\{s_n\}$과 $\{t_n\}$이 다음 4 개의 조건을 만족한다고 하자.

(1) $s_\alpha \le s_{\alpha+1}$

(2) $t_\beta \ge t_{\beta+1}$

(3) $s_\alpha \le t_\beta$

(4) 임의의 $\epsilon > 0$에 대해, 모든 $n \le p$에 대하여 $t_n - s_n \le \epsilon$ 이 되는 p가 존재한다.

그러면 두 수열은 모두 수렴하고, 같은 극한값에 동시에 수렴한다. 즉,

$$\lim_{n\to\infty} s_n = \lim_{n\to\infty} t_n$$

정리 1에 대한 증명은 자명하다.

• 수열 $\{s_n\}$ 에서 조건 $s_n \le s_{n+1}$이 성립하면 그 수열은 단조증가 한다고 하며, 수열 $\{s_n\}$ 의 모든 항이 $s_n \le M$인 수 M이 존재하면 그 수열은 위로 유계라고 한다.

(예) 수열 $\sqrt{1}$, $\sqrt{2}$, $\sqrt{3}$, $\sqrt{4}$, $\cdots$는 단조이지만 유계가 아니며,

수열 $2\frac{1}{2}$, $\frac{1}{2}$, $2\frac{1}{3}$, $\frac{2}{3}$, $2\frac{1}{4}$, $\frac{3}{4}$, $\cdots$ 은 위로 유계이지만 단조는 아니다.

정리 2

수열 $\{s_n\}$이 단조이고 동시에 유계이면, 수열 $\{s_n\}$은 수열의 극한값에 수렴한다. 즉,

$$s_n \le \lim_{n\to\infty} s_n = s$$

• a의 절대값 $|a|$ 에 대해서, 다음과 같은 성질이 성립함을 쉽게 알 수 있다.

1. $|a+b| \le |a| + |b|$
2. $|ab| = |a|\,|b|$
3. $|a-b| \ge \big|\,|a| - |b|\,\big| \ge |a| - |b|$
4. $|a_1+\cdots+a_n| \le |a_1| +\cdots+ |a_n|$
5. $|a_1a_2\cdots a_n| = |a_1|\,|a_2|\,\cdots\,|a_n|$
6. $|a^n| = |a|^n$
7. $|a-b| = |b-a|$

정리 3

두 수열 $\{s_n\}$과 $\{t_n\}$이 모두 수렴하면 수열 $\{s_n+t_n\}$도 수렴하고,

$$\lim_{n\to\infty}(s_n+t_n) = \lim_{n\to\infty} s_n + \lim_{n\to\infty} t_n$$

이다.

정리 4

수렴하는 모든 수열은 유계이다.

정리 5

두 수열 $\{s_n\}$과 $\{t_n\}$이 모두 수렴하면 수열 $\{s_n t_n\}$ 수렴하고

$$\lim_{n\to\infty} s_n t_n = \lim_{n\to\infty} s_n \cdot \lim_{n\to\infty} t_n$$

이다.

정리 6

$s_1 \neq 0,\ s_2 \neq 0,\ \cdots$이고 $\lim_{n\to\infty} s_n = s$ 가 존재하며 $s \neq 0$이면, $\lim_{n\to\infty} \frac{1}{s_n}$도 존재하여 $\frac{1}{s}$과 같다.

정리 7

두 수열 $\{s_n\}$과 $\{t_n\}$에서, 모든 n에 대해 $s_n \leq t_n$ 이고 두 수열이 수렴하면,

$$s = \lim_{n\to\infty} s_n \leq \lim_{n\to\infty} t_n = t$$

이다.

■ 정리의 응용

• $\lim_{n\to\infty} \sqrt[n]{n} = 1$

증명 수열 $\{\sqrt[n]{n}\}$의 처음 몇 항은 다음과 같이 증가하다가 감소하는 불규칙한 수열이다.

$$\sqrt[1]{1};\quad \sqrt[2]{2} = 1.4142\cdots;\quad \sqrt[3]{3} = 1.4422\cdots;\quad \sqrt[4]{4} = \sqrt[2]{2} = 1.4142\cdots.$$

즉, $\sqrt[3]{3}$까지 증가하고 그 다음 항부터는 감소하는 수열임을 다음과 같은 이유로 알 수 있다.

어떤 n에 대해 $\sqrt[n]{n} > \sqrt[n+1]{n+1}$ 이 성립한다면, 다음 부등식이 성립하는 것을 알 수 있다.

$$n^{n+1} > (n+1)^n, \text{ 또는 } \quad n > \frac{(n+1)^n}{n^n} = (\frac{n+1}{n})^n.$$

그러나 $\lim_{n \to \infty} [1+(1/n)]^n = e = 2.718\cdots$ 이고, $[n+(1/n)]^n$ 은 수직선상에서 왼쪽에서 e에 접근한다. 또한 모든 $n > e$에 대해서,

$$(1+\frac{1}{n})^n < e < n, \quad (\frac{n+1}{n})^n < n, \quad (n+1)^n < n^{n+1}$$

이므로

$$\sqrt[n+1]{n+1} < \sqrt[n]{n}$$

이 된다. 따라서 $n = 3$ 에서부터 $\sqrt[n]{n}$ 은 감소한다. 또한 모든 자연수 n에 대하여 $\sqrt[n]{n} \geq 1$ 이다. 따라서 정리 2에 의하면 수열 $\{\sqrt[n]{n}\}$은 수렴한다. 그 극한값을 X라 하면 $X \geq 1$이다. 이제 수열 $\{s_n = \sqrt[n]{n}\}$의 부분수열 $\{t_n = \sqrt[2n]{2n}\}$을 생각해 보자. 그러면 $t_1 = s_2, \quad t_2 = s_4, \ t_3 = s_6 \cdots$이므로 부분수열인 $\{t_n\}$ 역시 X에 수렴한다. 그런데, $\sqrt[2n]{2n} = \sqrt[2n]{2}\sqrt[2n]{n} = \sqrt[n]{\sqrt{2}} \cdot \sqrt{\sqrt[n]{n}}$ 이므로, n이 증가하면 $\sqrt[n]{\sqrt{2}}$ 은 1에 수렴한다. 따라서 수열 $\{\sqrt[2n]{2n}\}$이 X로 수렴하면, 수열 $\{\sqrt[n]{\sqrt{2}} \cdot \sqrt{\sqrt[n]{n}}\}$은 $1\sqrt{X} = \sqrt{X}$ 로 수렴한다. 따라서 관계식 $X = \sqrt{X}$를 얻게 되므로, $X^2 = X, \ X(X-1) = 0$이고 $X \geq 1$이므로 $X = 1$ 이다. 즉,

$$\lim_{n \to \infty} \sqrt[n]{n} = 1$$

이다.

■ 정리의 증명

(정리 2) 수열 $\{s_n\}$이 유계이므로, 모든 항 $s_n \leq M$을 만족하는 M이 존재한다. 이 M이 꼭 정수일 필요는 없다. 만일 정수가 아니라면 M의 오른쪽에 가장 가까운 정수 N을 택한다. 그러면 $s_n \leq N$이다. 이제, m을 s_1의 왼쪽에서 가장 가까운 정수라고 하자. 우연히 s_1이 정수가 되면 $m = s_1$이다. 이제 수열 전체는 m과 N사이에 위치한다.(그림. 186)

$$m \leq s_1 \leq s_2 \leq \cdots \leq M \leq N$$

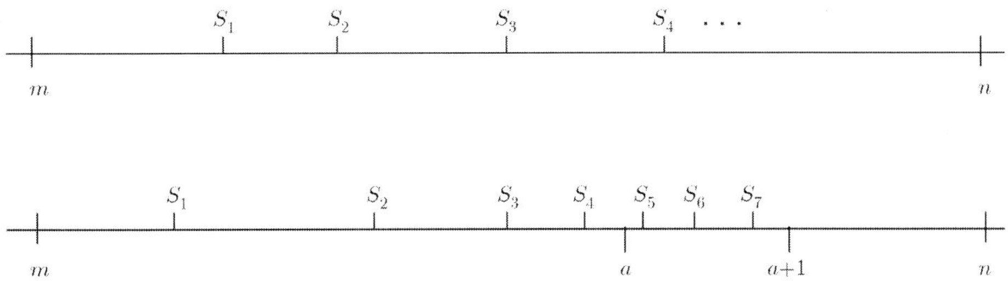

〈그림 186〉

두 정수 m과 N사이의 구간은 m에서 $m+1$, $m+1$에서 $m+2$, $\cdots$, $N-1$에서 N까지 등의 단위 길이를 가진 $N-m$개의 구간으로 이루어져 있다. 구간의 왼쪽 끝점은 포함하지만 오른쪽 끝점은 포함하지 않으므로 폐개구간$[m \cdot m+1)$이 된다. 물론 s_n이 $[N-1,\ N)$에 도달할 필요는 없으며, 수열이 모두 M의 왼쪽에 있지만 왼쪽으로 얼마만큼 떨어져 있는지는 모른다. 그러나 수열이 구간$[N-1,\ N)$에 다다르지 못 하면 $N-m$개의 구간 중에서 다다를 수 있는 가장 오른쪽 구간 안에 있게 될 것임에 틀림없다. 이 구간을 $[a,\ a+1)$이라고 하자(그림 186). 이것은 모든 $s_n < a+1$이지만 모든 $s_n < a$인 것은 아니며, 그렇지 않다면 $[a,\ a+1)$에는 s_n이 없다는 것을 의미한다. 처음의 몇 항은 a의 왼쪽에 있을 수도 있다. 그러나 어떤 s_n은 반드시 $[a,\ a+1)$에 위치한다. 이 수열이 단조이고 동시에 모든 s_n이 $a+1$ 아래에 있으므로, 그 다음에 오는 모든 항이 마찬가지로 $[a,\ a+1)$에 존재한다. s_n을 소수로 표시한다면 처음 몇 개의 수를 제외하고는 모두 a로 시작한다.

다음에는 $[a,\ a+1)$을 10개의 같은 부분으로 나누면, 처음 부분구간은 a에서 $a+\dfrac{1}{10}$까지 즉, a에서 $a.1$이며, 두 번째 구간은 $a.1$에서 $a.2$까지, 세 번째 구간은 $a.2$에서 $a.3$까지, $\cdots$가 된다. 임의의 항 s_n이 10 번째 부분구간 $[a.9,\ a+1)$에 포함될 필요는 없다. 그러나 10개의 부분구간 중에는 전부는 아니더라도 여전히 s_n을 포한하는 가장 오른쪽에 있는 부분구간이 있을 것이다. a의 왼쪽에 있는 항은 확실하게 그 구간에 포한되지 않지만 그 외의 항도 그럴 수 있다. 그러나 적당한 항 s_n에서 시작하면 그 다음에 오는 모든 항이 가장 오른쪽에 있는 다음 구간 $[a+\dfrac{b}{10},\ a+\dfrac{b+1}{10})$안에 포함될 것이다. 이 사실을 소수로 나타내면, 수열의 항은 모두 $a.b$ 로 시작할 것이며 모두 $a.b\cdots$와 같은 형태가 될 것이다.

이 과정을 계속한다면, 그 다음은 모든 항 s_n이 $a.bc\cdots$로 시작할 것이고, 또 그 다음은 $a.bcd\cdots$ 등으로 시작할 것이나. 이와 같은 방법으로 무한소수 $\rho = a.bcd\cdots$을 얻세 된다. 그러면 모든 s_n에 대해, $s_n < a+1$이며, $s_n < a.(b+1) \le \rho+\dfrac{1}{10}$이고 $s_n < a.b(c+1) \le \rho+\dfrac{1}{10^2}$

이다. 따라서 모든 항 s_n은 ρ보다 작거나 같다. 또한 어떤 자연수 M에 대하여 $n \geq M$인 모든 항 s_n은 $a.b$로 시작하게 되며, 그 다음은 $a.bc$로 시작하게 되고, $\cdots$. 즉, 수열 $\{s_n\}$은 ρ에 수렴한다.

(정리 3) 수열 $\{s_n\}$이 s에 수렴한다는 것은, 임의의 $\epsilon > 0$에 대해, $n \geq p$이면 $|s_n - s| \leq \epsilon$이 되는 자연수 p를 찾을 수 있다는 것을 의미한다. 마찬가지로 수열 $\{t_n\}$이 t에 수렴한다면, $n \geq q$에 대해 $|t_n - t| \leq \epsilon$ 인 자연수 q를 찾을 수 있으며, 수열 $\{s_n + t_n\}$ 이 $s + t$에 수렴한다면, 임의의 $\epsilon > 0$에 대해, $n \geq r$이면 $|(s_n + t_n) - (s + t)| \leq \epsilon$인 수 r을 찾을 수 있어야 한다. 따라서 그러한 r을 찾기 위해서, ϵ대신 값 $\epsilon/2$을 사용하면, $n \geq q$에 대해 $|s_n - s| \leq (\epsilon/2)$ 인 p와 $n \geq q$에 대해 $|t_n - t| \leq (\epsilon/2)$ 인 q를 결정한다. 그러면,

$$|(s_n + t_n) - (s + t)| = |(s_n - s) + (t_n - t)| \leq |s_n - s| + |t_n - t| \leq \epsilon/2 + \epsilon/2 = \epsilon$$

이다. 이 때, n은 두 조건 $n \geq p$와 $n \geq q$를 동시에 만족시켜야 한다. 따라서 r을 p, q보다 더 크거나 같은 수로 정하면 되므로 정리가 증명되었다.

(정리 4) s를 수열 $\{s - n\}$의 극한, $\epsilon = 1$이라고 하자. 그러면 모든 $n \geq p$에 대해 $|s_n - s| \leq \epsilon$인 p가 존재한다. 즉, $n \geq p$인 모든 항 s_n은 $s - 1$ 과 $s + 1$ 사이에 놓여있으며 많아야 $p - 1$개의 항만이 구간 $[s-1,\ s+1]$ 의 밖에 위치한다. 따라서 구간 $[s-1,\ s+1]$과 이 구간 밖에 있는 유한개의 항이 모두 구간 $[-M,\ +M]$의 안에 포함되도록 자연수 M을 정할 수 있으므로, 모든 n에 대해 $|s_n| \leq M$이고, 정리에 주어진 수열은 유계이다.

(정리 5) 절대값의 성질을 이용하여 $|st - s_n t_n|$을 다음과 같이 변형할 수 있다. 즉, 모든 n에 대해

$$\begin{aligned} |st - s_n t_n| &= |(st - s_n t) + (s_n t - s_n t_n)| \\ &= |t(s - s_n) + s_n(t - t_n)| \\ &\leq |t(s - s_n)| + |s_n(t - t_n)| \\ &\geq |t|\ |s - s_n| + |s_n|\ |t - t_n| \end{aligned}$$

이다. 이제 우리가 증명해야 하는 것은, 임의의 $\epsilon > 0$과 모든 $n \geq r$에 대해 $|st - s_n t_n| \leq \epsilon$이 성립하는 r을 찾을 수 있다는 것이다. 정리 4에 의해서 수렴하는 수열인 $\{s_n\}$과 $\{t_n\}$은 유계이다. 즉, 모든 n에 대해 $|s_n|, |t_n| \leq M$인 M이 존재한다. 또한 두 수열이 수렴하므로, 모든 $n \geq p$에 대해 $|s - s_n| \leq (\epsilon/2M)$ 인 p와 모든 $n \geq q$에 대해 $|t - t_n| \geq (\epsilon/2M)$ 인 q를 결정할 수 있다. r을 이 두 수중에서 큰 수라고 하자. 그러면 $n \geq r$ 에 대해

$$|st - s_n t_n| \le M(\epsilon/2M) + M(\epsilon/2M) = \epsilon/2 + \epsilon/2 = \epsilon$$

이므로 증명이 되었다.

(정리 6) 우선 수열 $\{\frac{1}{s_n}\}$은 유계임을 보이기로 하자. 만일 각각의 M에 대해 적당한 $|\frac{1}{s_n}| > M$이 존재한다고 하면, $|s_n| < \frac{1}{M}$이므로, 임의의 $\epsilon = \frac{1}{M}$에 대해 $|s_n| < \epsilon$인 항 s_n이 존재하게 된다. 그러나 이것은 가정

$$\lim_{n\to\infty} s_n = s \ne 0$$

에 모순된다. 따라서 모든 n에 대해 $|\frac{1}{s_n}| \le M$인 자연수 M이 존재한다. 또한 절대값의 성질에 의해서 다음의 식이 성립한다.

$$\left|\frac{1}{s} - \frac{1}{s_n}\right| = \left|\frac{s_n - s}{ss_n}\right| = \frac{1}{|s|}|s_n - s|\frac{1}{|s_n|} \le \frac{1}{|s|}|s_n - s|M$$

그러나 가정에서 $\lim_{n\to\infty} s_n = s$이므로, n이 증가하면 $|s_n - s|$는 0으로 접근하므로, $n \ge p$에 대해서

$$|s_n - s| \le \frac{\epsilon|s|}{M}$$

인 p가 존재한다. 따라서 $n \ge p$에 대해 $|(\frac{1}{s}) - (\frac{1}{s_n})| \le \epsilon$ 이다. 즉, $\frac{1}{s_n}$은 $\frac{1}{s}$에 수렴한다.

(정리 7) 만일 $s \ne t$이라고 하자. 그러면 일반성을 잃지 않고 $s > t$라고 가정해도 된다. 일반적으로

$$t - s = (t - t_n) + (t_n - s_n) + (s_n - s)$$

즉,

$$(t - s) - (t_n - s_n) = (t - t_n) + (s_n - s)$$

이다. 이 때 $\epsilon = |t - s|/2$ 라고 하면, 가정에 따라 $n \ge p$에 대해 $|s_n - s| \ge (\epsilon/2)$ 이고 $n \ge q$에 대해 $|t - t_n| \le (\epsilon/2)$ 가 되는 두 수 p, q를 찾을 수 있다. 따라서 r을 이 두 수 p, q보다 크게 정하면, $n \ge r$ 에 대해

$$|(t-s)-(t_n-s_n)| \le \epsilon = \frac{|t-s|}{2} \tag{1}$$

이다. 그런데 $s>t$이면 $t-s$는 음수이고, 가정에서 $s_n \le t_n$이므로 $-(t_n-s_n)$은 음수 또는 0이고, 따라서

$$|(t-s)-(t_n-s_n)| \ge |t-s| \tag{2}$$

이다. 그러면 두 식 (1)과 (2)에서 $|t-s| \le |(t-s)-(t_n-s_n)| \le \frac{|t-s|}{2}$이므로 $|t-s| \le 0$ 일 수 밖에 없다. 따라서 $|t-s|=0$ 즉, $t-s=0$이다. 그러므로 귀류법의 가정 $s>t$에 모순이 되므로, $s \le t$이다.

6. 함수의 극한 개념 지도 방안

함수의 극한 개념은 수열의 극한에서 정의구역이 자연수의 집합 $\mathbb{N}$에서 실수의 집합 $\mathbb{R}$로 확장된 개념으로 이해할 수 있다. 즉, $x \to \infty$ 인 경우는 물론이고 $x \to a$, $x \to -\infty$ 인 경우의 극한까지 확장하게 되며, 이 절에서는 일변수 함수 $y=f(x)$의 극한에 한하여 알아보기로 한다.

6.1 함수의 극한

수열의 극한은 n이 한없이 커지면서 $n \neq \infty$ 일 때의 값을 관찰하는 방법이었다. 수열의 극한 개념의 일반화로서의 일변수 함수 $f(x)$의 극한은 $x=a$가 아니면서 $x=a$근방에서의 함수 $f(x)$의 값의 변화를 생각하는 것으로서, 이는 함수의 극한과 함수의 연속성을 구분하는 중요한 성질이다.

6.1.1 수직선에서의 극한

수직선상에서 $x \to a$, 즉, 한 점 a로 다가가는 방법은, a보다 작은 수(a의 왼쪽)에서 a로 가는 방법과 a보다 큰 수(a의 오른쪽)에서 a로 가는 방법 두 가지가 있다.

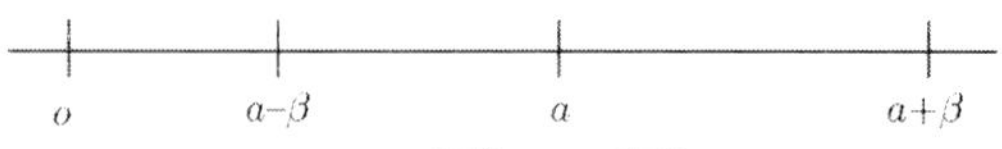

〈그림 187〉

■ 좌극한

a보다 작은 수(a의 왼쪽)에서 a로 한없이 다가가는 과정을 좌극한이라고 하며 기호로는 $x \to a^-$ 로 표기한다.

(예) $x \to 3^-$

$\cdots, 1, \cdots, 1.1, \cdots, 1.11, \cdots, 2, \cdots, 2.1, \cdots, 2.11, \cdots, 2.2, \cdots, 2.21, \cdots, 2.9, \cdots, 2.99, \cdots, 2.999, \ldots$

■ 우극한

a보다 큰 수(a의 왼쪽)에서 a로 한없이 다가가는 과정을 우극한이라고 하며 기호로는 $x \to a^+$로 표기한다.

(예) $x \to 3^+$

$\cdots, 5, \cdots, 4.9, \cdots, 4.8, \cdots, 4.1, \cdots, 3.9, \cdots, 3.8, \cdots, 3.4, \cdots, 3.1, \cdots, 3.01, \cdots, 3.001, \cdots$

6.1.2 함수의 극한값

3.2.2 절에서 정의한 함수의 극한 $\lim_{x \to c} f(x)$(그림 참조)이란 좌극한 $x \to c^-$ 일 때의 함수의 좌극한 값과 우극한 $x \to c^+$ 일 때의 함수의 우극한 값이 하나의 유한값 L로 다가간다는 의미이다. 예를 들면, 함수 $f(x) = x^2 + 2$에 대하여 $\lim_{x \to 2} f(x)$는

■ 함수의 좌극한, 우극한

$x \to c^-$ 일 때 함수 $f(x)$가 다가가는 값을 $f(x)$의 좌극한, $x \to c^+$ 일 때의 함수 $f(x)$가 다가가는 값을 $f(x)$의 우극한이라고 한다.

■ 함수의 극한값

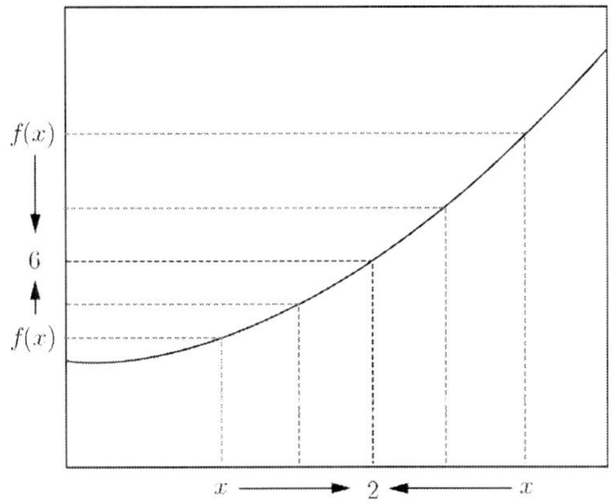

〈그림 188〉

$x \to c$ 일때, 함수의 좌극한 값과 우극한 값이 모두 하나의 유한값 L로 수렴하면, 함수 $f(x)$의 극한 값 또는 극한을 L이라고 하며, 기호로는 $\lim_{x \to c} f(x) = L$로 표기한다. 예를 들면, 함수 $f(x) = x^2 + 2$에서 $x \to 2$ 일 때, 좌극한 값과 우극한 값이 모두 하나의 유한값 6으로 수렴하므로 $\lim_{x \to 2} f(x) = 6$이다.

■ 예제

① 함수 $f(x)$의 그래프가 아래와 같다. $x \to 1$일 때의 함수의 우극한 값은 $\lim_{x \to 1^+} f(x) = 1$ 이고 좌극한 값은 $\lim_{x \to 1^-} f(x) = 3$이므로 $x \to 1$일 때 함수 $f(x)$의 극한값은 없다.

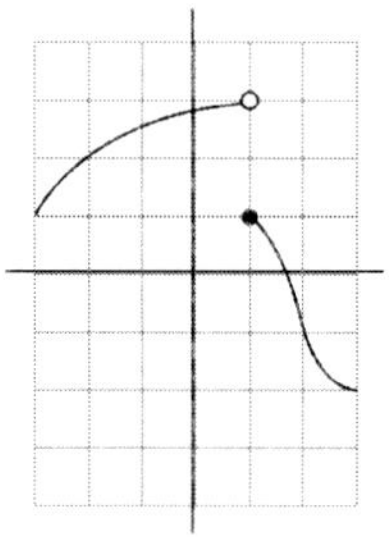

〈그림 189〉

② 함수 $f(x)$의 그래프가 아래와 같다. $x \to 0$일 때의 함수의 우극한 값은 $\lim_{x \to 1^+} f(x) = 1$ 이고 좌극한 값은 $\lim_{x \to 1^-} f(x) = 1$이므로 $x \to 1$일 때 함수 $f(x)$의 극한값은 1이다. 즉, $\lim_{x \to 1} f(x) = 1$

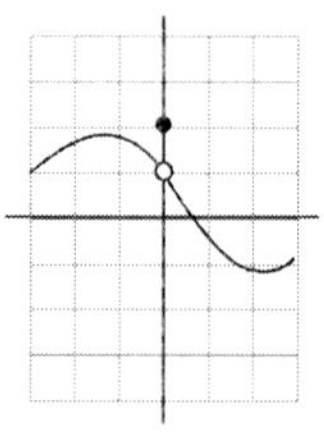

〈그림 190〉

③ $\lim_{x \to 0} \sin \frac{1}{x}$은 존재하지 않는다. 왜냐하면, 아래의 함수 $y = \sin \frac{1}{x}$ 의 그래프는 $x \to 0$ 일 때 y축 근처에서 왼쪽과 오른쪽에서 규칙성이 없이 한없이 진동하기 때문에, 좌극한 값과 우극한 값이 y축 상의 구간 $[-1, 1]$ 내의 임의의 한 점 L로 수렴하지 않기 때문이다.

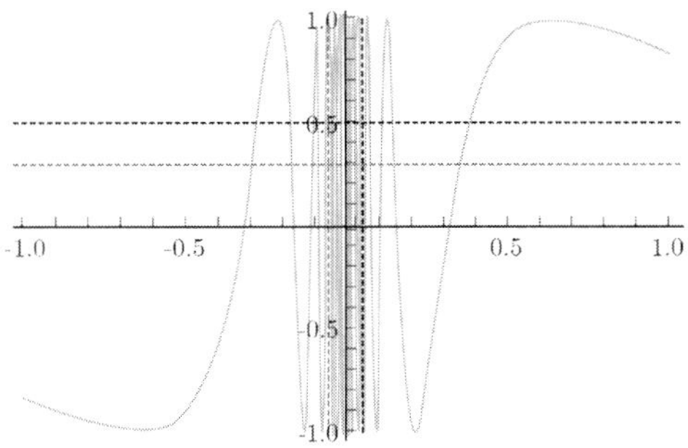

〈그림 191〉

④ 함수 $f(x)=\begin{cases} x^2, & x<2, \\ 4, & x>2 \end{cases}$ 의 그래프는 다음과 같다. $\lim_{x\to 2^-} x^2 = 4$, $\lim_{x\to 2^+} 4 = 4$ 이므로 $\lim_{x\to 2} f(x) = 4$ 이다.

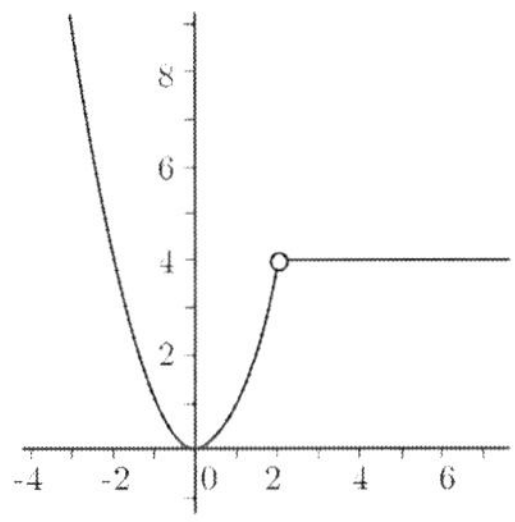

〈그림 192〉

6.2 중점 지도 방안

초등학교, 중학교 과정을 지나면서 학생들이 암묵적으로나마 극한개념을 경험하게 되지만 함수의 극한개념을 처음부터 수학적으로 정확한 표현으로 지도하는 것보다는 학생들의 극한개념이 점진적으로 심상을 형성하도록 지도하는 것이 필요하다.

■ 수열의 극한개념의 일반화

함수의 극한개념은 수열의 극한개념의 도입방식을 일반화하여 도입한다. 즉, 함수의 극한개념의 도입할 때에는 좌표평면위에 함수의 그래프를 그리고, $x \to a$일 때 그래프 상의 점 $(x,\ f(x))$의 변화 상태를 보여줌과 동시에, $x \to a$일 때 $f(x)$의 함수값이 y축 위에서 변화하는 형태를 보여줌으로서 학생들로 하여금 y축 위에 나타난 형태가 수열의 극한의 일반화임을 인식하도록 지도한다.

■ 극한과 연속성의 구별

3.2.2 절의 그림과 같이 x축 위의 한 점 a의 근방에서의 $f(x)$의 함수값을 y축 위에 표현하여 $x \neq a$일 때의 $f(x)$의 함수값과 $x \rightarrow a$일 때의 극한값의 관계를 학생들로 하여금 자세하게 관찰하도록 하여, 극한값의 존재성과 함수의 연속성 사이의 차이점을 분명하게 이해하도록 지도한다.

■ 인식론적 장애의 극복

3.3절~3.5절에서 알아 본바와 같은 인류의 역사에서 확인한 인식론적 장애에 대한 4.3절에서 제시한 장애의 극복 방법을 학생 각자에 적용하여 지도한다.

7. 도함수의 지도 방안

4장 3.3절에서 페르마가 2차 곡선에 관한한 실제적으로 도함수를 정의하였으나, 비에트가 변수를 문자로, 오일러가 함수를 기호 $f(x)$로 표기한 후에 비로소 4장 4절에서와 같이 뉴턴과 라이프니츠에 의해서 도함수의 일반적인 정의가 완성된 것으로 알려져 있다. 그러나 4장 5절에서 알아본바와 같이 뉴턴과 라이프니츠 자신들뿐 아니라 18세기의 모든 수학자들 역시 여러 가지 인식론적 장애 때문에 도함수의 관념을 명확하게 인식하지 못하였다. 그러한 인식론적 장애가 현재의 학교수학에 잘못된 유산으로 그대로 안겨져 있는 것이 현실이다. 이 절에서는 미적분학의 혼돈 기 까지 수학자들이 겪어야 했던 인식론적 장애를 극복해가는 과정으로서의 도함수의 지도 방법을 알아보기로 한다.

7.1 도함수의 정의

도함수란 독립변수가 변함에 따라서 함수가 어떻게 변하는지를 나타내는 척도이다. 예를 들면, 움직이는 물체의 위치를 나타내는 함수의 도함수는 시간에 따른 그 물체의 순간속도를 의미하며, 일변수함수의 도함수(derivative)는 그래프의 각 점에서 그은 접선의 기울기를 뜻한다. 또한 함수의 도함수는 다시 함수이므로 도함수란 정의역에서 미분 가능한 함수의 집합에서 함수의 집합으로의 연산자로도 이해할 수 있다.

7.1.1 뉴턴 몫

먼저, 일반적인 도함수를 정의했던 뉴턴과 라이프니츠가 사용했던 함수 $y=f(x)$의 뉴턴 몫(Newton's Quotient)을 정의하기로 한다.

■ 뉴턴 몫

$$\frac{f(x+h)-f(x)}{h}$$

즉, 함수 $y=f(x)$에서 독립변수 x가 h만큼 증가했을 때, 종속변수 y가 증가한 양(크기)의 비의 값 또는 몫을 의미한다.

■ 뉴턴 몫의 의미

• 기하학적 의미

함수 $y=f(x)$의 그래프위의 두 점 $P(x, f(x))$, $Q(x+h, f(x+h))$를 잇는 직선의 기울기를 뜻한다.

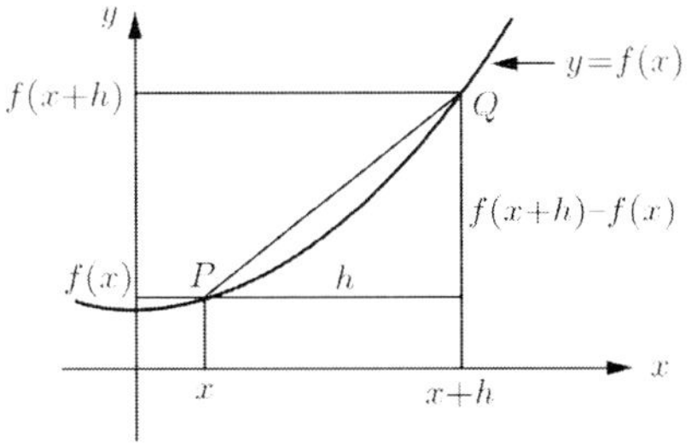

〈그림 193〉

• 역학적 의미

함수 $s=f(t)$를 정거장에서 목적지까지 움직이는 기차가 $t=0$에서 시간 t까지 움직인 거리로 해석한다면, 모든 함수 $y=f(x)$는 운동으로써 해석할 수 있으며, 거꾸로, 기차가 지나는 이정표의 위치는 함수 $s=f(t)$로 기술할 수 있다. 이 때의 뉴턴 몫은 두 이정표 사이에서의 기차의 평균속도이다.

7.1.2 미분계수

$s=f(t)$를 정거장에서 목적지까지 움직이는 기차$t=0$에서 시간 t까지 점이 움직인 거리로 해석하면, 모든 함수 $y=f(x)$는 운동으로써 해석할 수 있다. 역으로 임의의 기록된 운동, 말하자면 이정표를 지나는 기차의 위치는 함수 $s=f(t)$로 기술될 수 있다. 이 때 특정한 시간 t_1에서 기차의 순간속도는

$$\lim_{h\to 0}\frac{f(t_1+h)-f(t_1)}{h}$$

이다. 또한 그림 에서와 같이 함수 $y=f(x)$의 그래프에서 점 $(a,\ f(a))$에서 그은 접선의 기울기는

$$\lim_{h\to 0}\frac{f(a+h)-f(a)}{h}$$

이다.

■ 미분가능

위와 같이 특정한 시점에서의 순간속도 또는 함수의 그래프 상의 특정한 점에서의 뉴턴몫의 극한값이 존재할 때, 그 함수는 그 시간 또는 그 점에서 미분가능 하다라고 한다.

■ 미분계수

함수의 미분 가능한 시점 또는 점에서의 뉴턴몫의 극한값을 그 시점 또는 그 점에서의 미분계수라 하고 기호로는 $f'(t_1)$ 또는 $f'(a)$ 라고 표기한다. 즉,

$$f'(t_1)=\lim_{h\to 0}\frac{f(t_1+h)-f(t_1)}{h} \text{ 또는 } f'(a)=\lim_{h\to 0}\frac{f(a+h)-f(a)}{h}.$$

• 미분계수는 상수이다.

■ 도함수

함수 $y=f(x)$의 뉴턴몫의 극한

$$\lim_{h\to 0}\frac{f(x+h)-f(x)}{h}$$

이 존재할 때, 이 함수를 $y=f(x)$의 도함수라고 부르며 기호로는 $f'(x)$ 로 표기한다. 즉,

$$f'(x)=\lim_{h\to 0}\frac{f(x+h)-f(x)}{h}$$

• 도함수는 함수이다.

• 함수 $y=f(x)$의 도함수의 기호로는 $f'(x)$, y', $\frac{dy}{dx}$, $\frac{df(x)}{dx}$ 등이 있다.

7.2 도함수 개념의 지도

4장 1,2절에서는 도함수의 관념의 발생에 관한 내용이었으며, 3절은 미적분학이 형식화되기 위한 준비기간으로서 특히 페르마의 업적이 두드러진 내용이었다. 그 준비기간을 지난 후, 4절에서는 뉴턴과 라이프니츠가 뉴턴몫의 극한으로서 도함수를 정의하였지만 5절에서 본바와 같이 18세기 내내 도함수에 대한 인식론적 장애가 지속되었다. 따라서 이 절에서는

도함수의 개념을 정의한 뉴턴과 라이프니츠가 겪었던 장애를 극복한 과정을 좇아, 도함수 개념의 올바른 지도법에 관하여 알아보기로 한다.

■ **측정영역에서 도함수의 중요성**

측정영역에서 곡선의 길이, 평면도형의 넓이, 입체도형의 부피 등은 궁극적으로 정적분으로 구하게 된다. 그런데 정적분은 미적분학의 기본정리 덕분으로 부정적분을 이용하여 구하기 때문에, 주어진 함수의 부정적분을 구하는 문제가 관건이 된다. 그런데 잘 알려진 바와 같이 부정적분과 도함수는 서로 역 관계가 있으므로 함수의 부정적분을 구하기 위해서는 함수의 도함수를 아는 것이 중요하게 된다.

7.2.1 $h \to 0$의 이중 관념

뉴턴과 라이프니츠는 $f(x)=x^3$의 도함수를 다음과 같이 뉴턴몫의 극한값으로 계산하였다.

$$\begin{aligned}\lim_{h\to 0}\frac{(x+h)^3-x^3}{h} &= \lim_{h\to 0}\frac{x^3+3x^2h+3xh^2+h^3-x^3}{h}\\ &= \lim_{h\to 0}\frac{3x^2h+3xh^2+h^3}{h}\\ &= \lim_{h\to 0}\frac{h(3x^2+3xh+h^2)}{h}\end{aligned}$$

(그런데 $h\to 0$이므로 $h\neq 0$이다. 따라서 분모와 분자를 h로 나눌 수 있으므로)

$$=\lim_{h\to 0}(3x^2+3xh+h^2)$$

(또한 $h\to 0$이므로 h와 곱해진 항은 모두 0이기 때문에)

$$=3x^2$$

4장 5절에서 버클리(Berkeley)는 이 계산과정에서, 처음에는 x와 h를 포함하는 식에서 h는 0이 아닌 점을 강조하면서 분모와 분자를 h로 나눈 다음, 마지막에는 $h=0$으로 계산하는 $h\to 0$의 이중적인 모순을 지적하였다.

7.2.2. $h \to 0$의 이중 관념의 극복

달랑베르(D'Alembert)는 극한개념이 미적분학의 기초가 되어야 하며, 뉴턴이 주장한 '최초의 비와 궁극적인 비'는 갑자기 존재하게 되는 두 양의 최초의 비나 마지막 비가 아니라 '극한'으로 해석해야 이러한 모순을 해결할 수 있다고 하면서 극한을 다음과 같이 처음으로 명시적으로 정의하였다.

■ 달랑베르의 극한

어떤 양(A)이 이미 주어진 어떤 양(ϵ)보다 더 가깝게 다른 양(B)으로 접근할 수 있으며, 두 양의 차($A-B$)를 정할 수 없다면 후자(B)를 전자(A)의 극한($A \to B$)이라고 한다.

물론, 극한이라는 용어를 최초로 사용한 사람은 뉴턴이지만 그는 궁극적인 비를 설명하기 위해서 극한을 사용했을 뿐, 수학적 대상으로 승화시키지는 못하였다. 또한 달랑베르 역시 기하학적인 관념에서 벗어나지 못하여, 극한개념에 논리적으로 명백한 형식적인 정의를 내리지 못하였다.

7.2.3 '하나의 수'로서의 극한

1784년에 라그랑쥬(Lagrange)가 회장을 맡았던 베를린 아카데미에서 수학적 극한에 관한 논문을 공모하게 되어 최우수상을 수상한 Simon L'Huiler의 논문에서는 도함수의 현대적 개념인 미분비(ratio) 또는 미분상(quotient)을 기본 개념으로, 도함수를 독립변수의 증분에 따른 종속변수의 증분의 비의 극한으로 정의하였다. 또한 그는 사라지는 두 양 또는 두 유율 또는 두 양의 궁극적인 비가 아닌, 증분들의 비의 극한인 '하나의 수'를 도함수(미분계수)로 정의하였다. 비록 당시에는 L'Huiler의 논문이 받아들여지지 않았지만, 진동하면서 수렴하는 경우를 제외한다면 일반적으로 현재의 직관적인 도함수의 개념과 동일한 것이다.

■ 직관적인 도함수 개념의 지도

함수 $y=f(x)$의 도함수(미분계수)는

$$y' = \lim_{\Delta x \to 0} \frac{\Delta y}{\Delta x}$$

으로 해석되어야 한다. 즉, 도함수(미분계수)는 하나의 식(수)이며, 특정한 점의 근방에서의 함수의 변화값의 극한이다.

■ 형식적인 도함수 개념의 지도

도함수(미분계수)를 산술화한 Weierstrass는 변수 x를 수의 집합에 속하는 하나의 수를 나타내는 문자로 해석함으로서, 무한과정이 그것의 최종상태로 접근하는 과정을 시각화할 필요성을 완전하게 배제하여 운동직관과 기하직관에서 탈피한, 순수한 정적인 대상으로 정의하여 현대적인 극한개념이 완성되었다. 따라서 상급학교에서 도함수를 $\epsilon-\delta$ 방법을 이용하여 지도할 때에는 이러한 정적인 상황을 이해하도록 하면 된다.

7.3 도함수의 지도

7.2절에 알아 본 도함수(미분계수)의 개념을 지도하는 다양한 방법을 도함수의 역사발생

을 통하여 알아보기로 한다.

7.3.1 접선 개념 구성하기

유클리드 시대 이래로 많은 수학자들이 접선 개념을 다루었으며, 접선은 도함수 개념 형성을 위한 시발점이다.

■ Roberval의 접선

프랑스의 수학자 로버발(Gilles Personne Roberval, 1602~1675)의 방법은 운동과 기하에 기초하고 있다. Roberval에 의해 도입된 곡선의 아이디어는 수학적 상황에 대한 동적인 시각을 통하여 경험 세계에서 얻을 수 있고 "학생들이 자신들의 현실성을 확장하고 구체화를 조장하는데 도움을 줄 것이다. Roberval이 쓴 글에 포함된 기본적인 비형식적 아이디어는 곡선을 둘러싸는 접선이다. 그것은 다음과 같은 두 가지 방법에 근거한다.

- 곡선에 대한 접선은 곡선을 생성하는 움직이는 점의 운동 방향이다. (이 원리는 공리로 가정된다.)
- 물리학에서의 속력에 대한 평행사변형의 대각선 방향으로 물체가 운동한다.

이 방법에 따르면 포물선에 대한 접선을 구성하기 위하여 필요한 것은 포물선을 정의하는 두 선에 의해 형성되는 각을 이등분하는 것이다.

즉, 운동하는 물체는 운동의 순간적인 방향인 직선에 따라 일정하게 움직이는 것으로 간주하였고, 속력의 비(proportion)를 운동 요소에서 같은 시간 간격동안 묘사된 두 길이 사이의 비로 결정하였다.

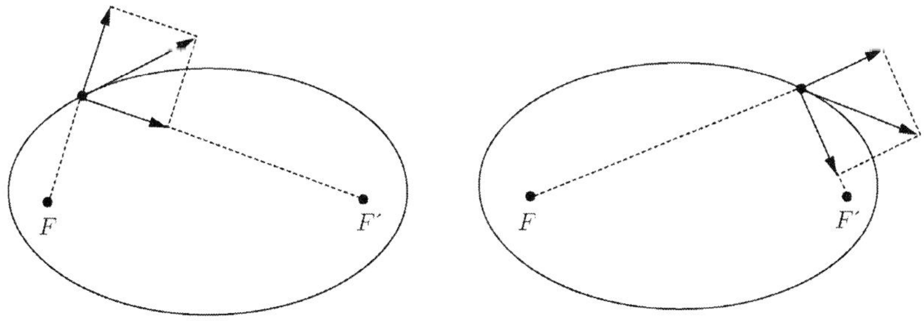

〈그림 194〉

Roberval의 방법은 운동과 기하학에 기초하고 있다. Roberval에 의해 도입된 곡선의 아이디어는 주어진 수학적 상황에 대한 동적이고 시각적인 실세계에서의 경험을 통하여 학생자신들의 현실성을 구체화하는 데에 도움을 줄 것이다.

7.3.2 접선 긋기를 활용한 도함수의 지도

고대 그리스인들은 이차곡선의 접선을 그리는 방법을 다음과 같이 알고 있었다. 즉, 원 위의 한 점 P에서 접선은 반지름 OP에서 그은 수선이며(그림 196), 타원 위의 한 점 P에서의 접선 또는 쌍곡선의 한 점 P에서의 접선은, 두 초점과 P를 연결한 두 선분과 이루는 각이 같아지도록 그은 직선이다(그림 197).

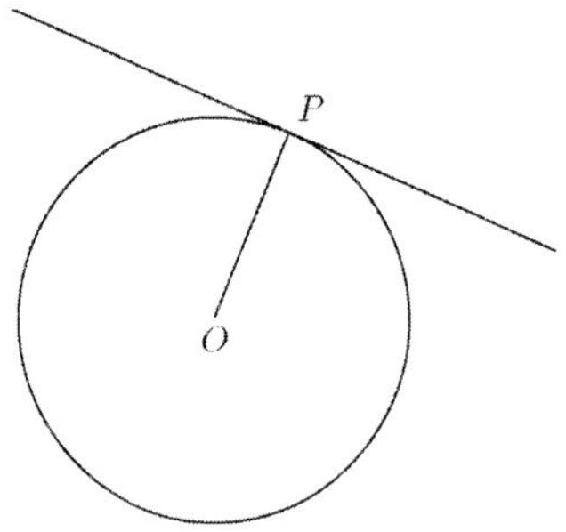

〈그림 195〉

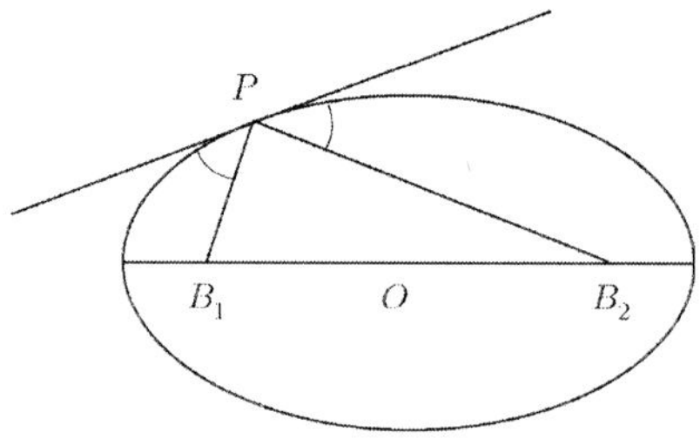

〈그림 196〉

또한 아르키메데스는 위와 유사한 방법으로 나선(spiral) 위에서 접선을 구하는 방법과 나선에서의 부채꼴의 면적을 구하는 방법을 알고 있었다(On Spiral, Heath, 1990참조).

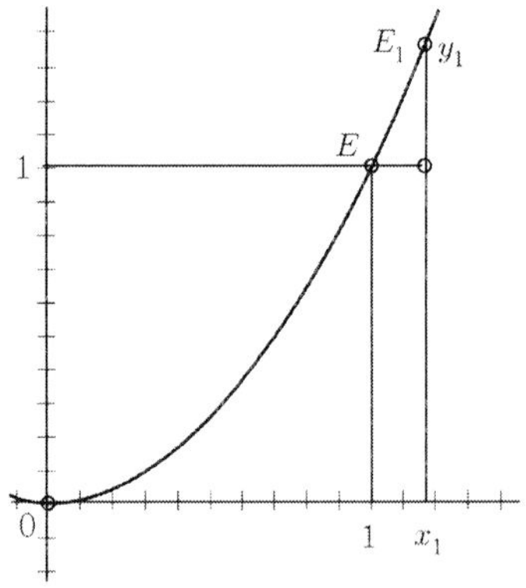

〈그림 197〉

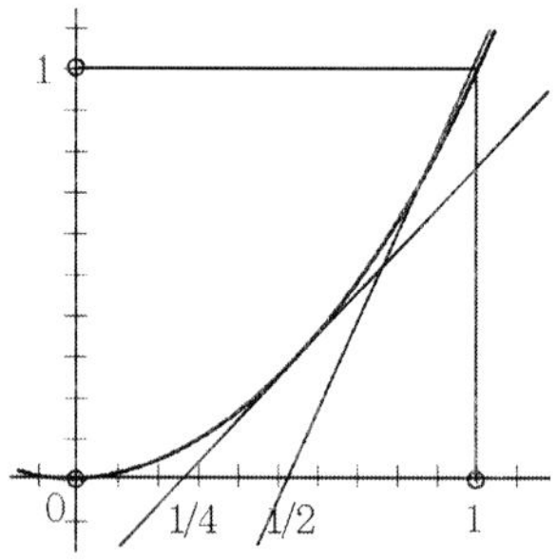

〈그림 198〉

그러나 현대에는, 곡선을 계산식의 기하학적 표현으로써 이해하기 때문에, 접선문제를 다루는 방법이 바뀌었다. 예를 들면, 포물선 $y=x^2$의 경우에 점$E(1, 1)$에서 접선을 그려보기로 한다(그림 198). 1에 가까운 x의 값을 x_1이라 하자. 그러면 x_1에서의 함수값은 $y_1=x_1^2$이다. ϕ_1을 할선 EE_1과 E를 지나는 수평선이 이루는 각이라고 하자. 그러면

$$\tan\phi_1 = \frac{x_1^2 - 1^2}{x_1 - 1} = \frac{f(x_1) - f(1)}{x_1 - 1}$$

이고, 접선은 x_1이 무한히 1로 접근할 때의 할선 EE_1의 극한의 위치로 간주한다.

그러면 $\lim_{x_1 \to 1} \frac{x_1^2 - 1}{x_1 - 1} = x_1 + 1$이므로, x_1이 무한히 1로 접근하면 $x_1 + 1$은 2로 접근하므로, ϕ는 접선과 x축이 이루는 각이 되며 $\tan\phi = 2$이다.

따라서 극한값에서의 높이는 밑변의 길이의 두 배이므로, 점 E에서 접선을 그리기 위해서 포물선을 그릴 필요 없이 단순히 점 E와 0과 1의 중점 $(\frac{1}{2}, 0)$을 연결하면 된다. 같은 방법으로, 임의의 점 x에서의 접선은 다음과 같이 구할 수 있다. 즉, $x_1 \to x$일 때,

$$\frac{f(x_1) - f(x)}{x_1 - x} = \frac{x_1^2 - x^2}{x_1 - x} = x_1 + x \to 2x$$

따라서 $x = \frac{1}{2}$일 때, $\tan\phi = 1$이고 이것은 두 점 $(\frac{1}{2}, \frac{1}{4})$과 $(\frac{1}{4}, 0)$을 이은 직선이므로, 거꾸로 이와 같은 접선을 연속적으로 그려 가면 포물선이 구축된다.(그림 199)

■ x^n 의 도함수(n: 자연수)의 지도

$\frac{1 - x^{n+1}}{1 - x} = 1 + x + \cdots + x^n$이므로 $x \to 1$일 때, $1 + x + \cdots + x^n$은 $n + 1$로 수렴한다는 사실을 일반화하여 곡선 $y = x^n$ 위의 접선의 방정식을 구할 수 있다. 즉, $x_1 \to x$일 때,

$$\frac{x_1^n - x^n}{x_1 - x} = x_1^{n-1} + x_1^{n-2}x + x_1^{n-3}x^2 + \cdots x^{n-1} \to nx^{n-1}$$

이므로, $y = x^n$ 위의 접선의 방정식은 nx^{n-1}이고, 따라서 x^n 의 도함수(n:자연수) $f' = nx^{n-1}$이고, 접선과 x축이 이루는 각을 ϕ라고 하면 $f'(x) = \tan\phi$ 이다(그림 200).

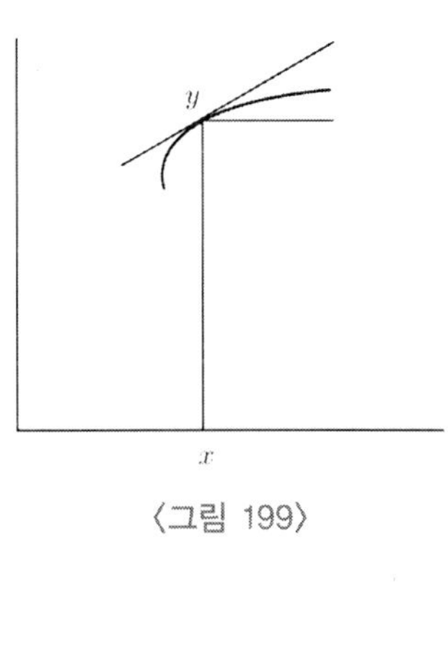

〈그림 199〉

7.3.3 접선의 존재성과 작도법 지도

직관적으로, 주어진 함수의 불연속인 점에서는 접선을 그을 수 없다는 것은 명백하다. 그런데 연속 함수의 미분 가능성은 또 다른 문제이며, 함수의 그래프의 어떤 특정한 점에서 접선을 긋는 문제에 많은 학생들이 당황하고 있다.

■ 모든 점에서 미분 불가능한 연속함수

리만(Riemann)이 1854년에 접선을 갖지 않는 연속함수를 처음으로 발견하였으며, 실제로 바이어슈트라스(Weierstrass)는 a가 홀수이고 $0 < b < 1$인 경우 함수

$$f(x) = \cos\ x + b\cos\ ax + b^2\cos\ a^2x + \cdots \text{는 } 2ab > 2\pi + 1$$

이면 모든 x에 대해 연속이지만 x의 어떤 값에 대해서도 접선을 갖지 않는다는 것을 증명하였다. 그런데 학생들은 연속함수의 부드러운 그림 모델 때문에 연속함수는 모든 점에서 접선을 가진다고 직관적으로 믿는 경향이 있다.

1 2 3

〈그림 200〉

또한 1956년에 Hans Hahn가 제시한 예(그림 201, Fishbein, 1987)를 보자. 1 → 2 → 3과 같은 방법으로 계속해 갈 때, 선분의 수가 증가하면 곡선은 어떤 점에서도 접선을 갖지 않게 된다는 것이 증명되었다. 선분의 증가 과정과 이 과정이 무한히 계속된다는 것은 받아들일 수 있지만, 이런 곡선은 실제로 존재하지 않기 때문에 이 과정의 극한을 받아들이기는 어렵다. 그 이유는 학생들에게 곡선이란 잉크로 부드럽게 그려진 도형으로 생각이 되기 때문에, 접선을 갖지 않는 곡선은 차원이 없는, 개념상의 점으로 이루어져 있다는 점을 명백하게 지도할 필요가 있다.

■ 접선의 작도

어떤 실험(Fishbein, 1987)에서, 278명의 미적분학을 듣는 대학 1학년생에게 다음 세 곡선에 접선을 그리도록 했다. 그림 A 에서는 18%의 학생이 옳은 답을 하였고, 6%의 학생은 옳은 접선과 원에서 긋는 방식으로 그은 접선 두 개를 그렸다. 그림 B 에서는 8%의 학생이 옳은 답을 하였고 18%의 학생이 왼쪽 곡선과 오른쪽 곡선에 다른 기울기를 갖는 접선을 각각 그렸

다. 그림 C에서는 12%의 학생이 옳은 답을 하였고 16%의 학생이 옳은 접선과 원에서 긋는 방식으로 그은 접선을 함께 그렸다.

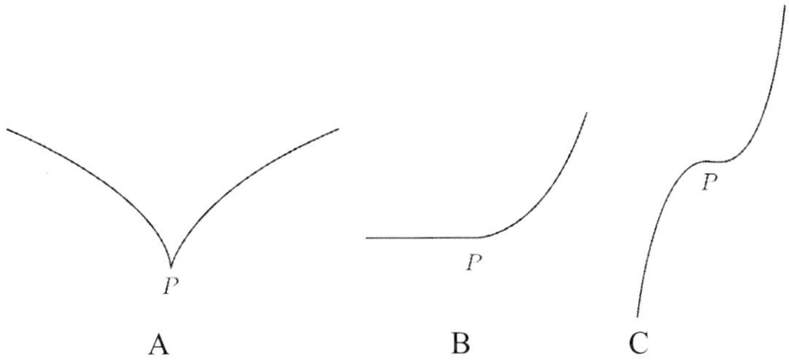

〈그림 201〉

그림 A과 그림 C에서 나타나는 x축에 수평한 접선을 학생들은 기피하였으며, 곡선 위의 오직 한 점에서만 접하는 선분을 접선이라고 생각하는 경향이 있음을 알 수 있다. 이것은 접선을 그릴 때, 정의에 의한 개념을 사용하는 게 아니라 범례로 사용한 원의 접선과 같은 특별한 경우에 의한 개념을 사용한다는 것을 말해준다.

따라서 그래프의 접선의 범례를 제시할 때에는 다양한 경우를 제시해야 한다.

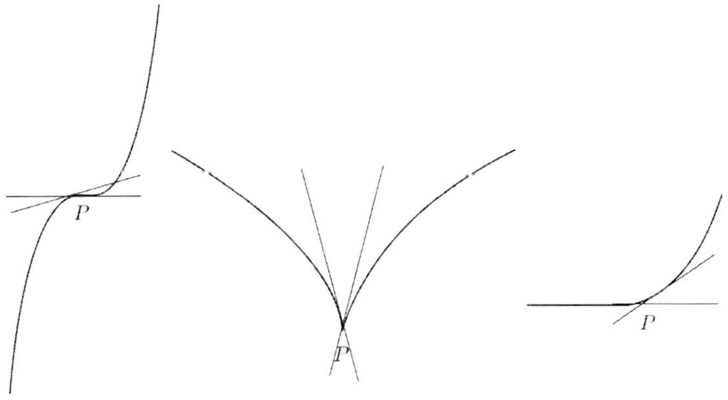

〈그림 202〉

7.3.4 함수의 최대, 최소값(maxima, minima)을 활용한 도함수의 지도

Euclid는 일정한 둘레의 길이를 가지는 임의의 직사각형 중에서 정사각형이 최대의 면적을 가지는 것이 있음을 다음과 같이 증명하였다(Gwinn, 1990). 그림 203에는 직사각형 한 개와 둘레가 같은 정사각형 한 개가 있다. 직사각형의 둘레는 $2x+2y+2u$ 이고 정사각형의 둘레는 $2x+2y+2v$ 이다. 따라서 $u=v$ 이고 A의 넓이는 B의 넓이보다 작다. 왜냐하면 $y=v+x>x$ 이기 때문이다.

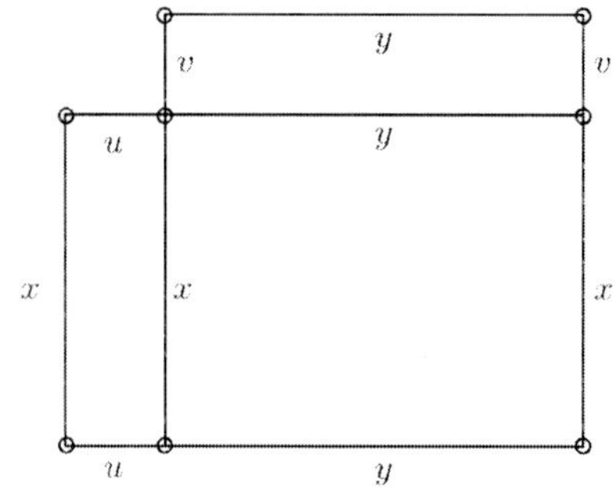

〈그림 203〉

페르마(Fermat)는 다른 방법을 사용하고 있다(Boyer, 1968). 그림 204에서 x를 한 변이라 하고 a를 둘레의 절반이라고 하자. 그러면 면적 $J=x(a-x)$이다. a는 고정된 값이므로 J는 x에 관한 함수이다. x는 0부터 a까지 증가하는데 x가 매우 작으면 $a-x$는 a에 가깝다. 한편 x가 a에 가깝다면 $a-x$는 매우 작다. x가 0부터 a까지 변할 때 직사각형은 그림 204와 같은 모든 가능한 모양으로 변한다. 문제는 어떤 x에서 $J(x)$가 가장 큰 값을 갖느냐이다. 함수 $J(x)$를 그래프로 표현하면 그림 205와 같다. $x=0$에서 $J(x)$은 0으로 시작하고 $x=a$에서 $J(a)=0$이다. 함수 $J(x)$가 최대값이 되는 경우를 Fermat은 다음과 같이 사유하고 있었다.

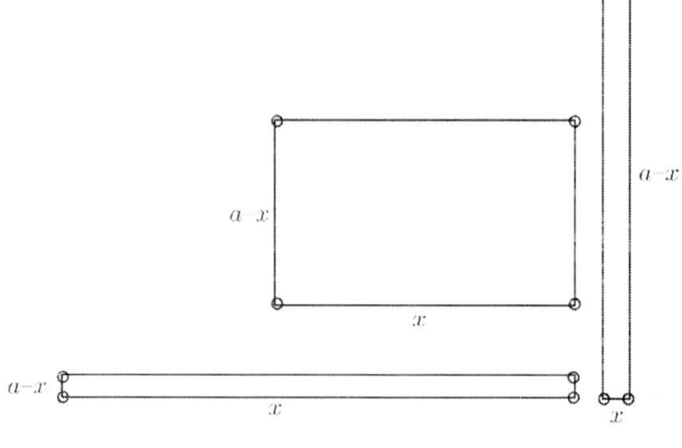

〈그림 204〉

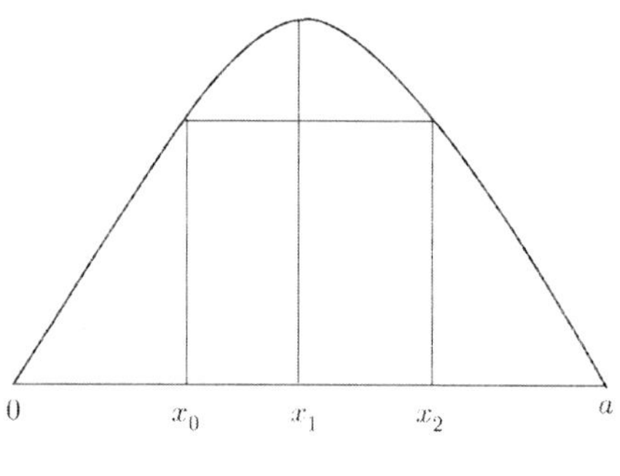

〈그림 205〉

x_0와 x_2을 $J(x_0)=J(x_2)$인 x의 두 값이라고 하자. 그러면,

$$x_0(a-x_0)=x_2(a-x_2)$$
$$a(x_0-x_2)=x_0^2-x_2^2$$
$$a=x_0+x_2$$

만일 x_0와x_2가 수렴한다면, $x_0=x_2=\frac{a}{2}$이 된다. 그런데 $x_1=\frac{a}{2}$일 때, $a-x_1=\frac{a}{2}=x_1$이므로 최대 면적이 되는 직사각형은 정사각형이다.

같은 방법으로, 가장 높은 점에서의 접선은 수평선이 되므로 $J'(x)=0$이고, $J'(x)=a-2x$이므로 $x=\frac{a}{2}$이다.

7.3.5 도함수의 발생

도함수의 관념이 절실하게 필요한 생활에서의 문제는 케플러(Kepler)가 제기한 배럴계산(Doliometry) 문제에서 시작되었다. 케플러가 Linz의 황실 천문학자로 재직 중에 올린 결혼식에 필요한 혼례용 포도주를 통(배럴)단위로 구입하기로 하였다. 포도주 값을 정하기 위해서 상인은 포도주 통의 중간에 낸 마개 구멍 S에서 포도주 통의 뚜껑 D에 닿을 때까지 측정자를 집어넣어서 포도주의 양을 재었다(그림 206). 그는 $SD=d$의 길이를 확인한 다음에, d의 길이에 의해서 포도주의 값을 정하였다. 이 방법에 Kepler는 동의하지 않았다. 왜냐하면, 이 방법으로 포도주의 값을 정한다면 그림 206의 왼쪽의 좁은 원통과 오른쪽의 넓은 원통에서 d의 길이가 같기만 하면 포도주의 값을 똑 같이 받게 된다. 그런데 직관적으로 넓은 원통의 부피가 더 크므로 좁은 원통에 담긴 포도주를 팔았다면 케플러가 손해일 것 같았기 때문이다. 따라서 d의 길이가 같을 때, 어떤 통에 담긴 포도주의 부피가 최대가 되는지 알아 볼 필요가 있다. 그림 206에 있는 원통의 반지름을 r, 높이를 h, 들이를 V라고 하자. 그러면, 마개 구멍의 높이는 통의 높이 h의 반이므로 피타고라스 정리에 의해서,

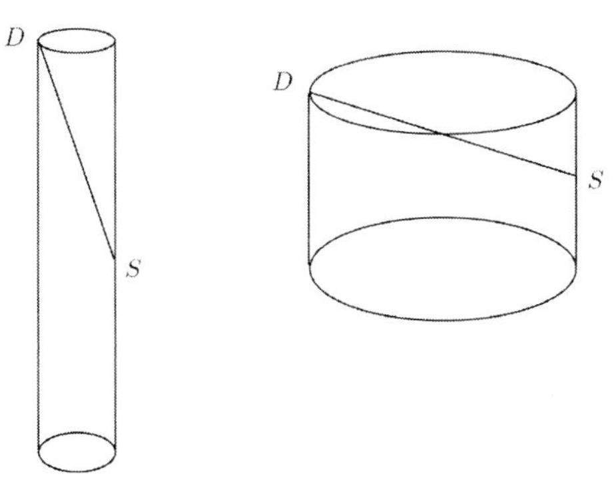

〈그림 206〉

$d^2 = (\frac{h}{2})^2 + (2r)^2$이므로, $4r^2 = d^2 - \frac{h^2}{4}$ 즉, $r^2 = \frac{d^2}{4} - \frac{h^2}{16}$이다. 그런데 포도주 통의 부피는 $V = \pi r^2 h$이므로, $V = h\pi(\frac{d^2}{4} - \frac{h^2}{16}) = \pi\frac{d^2 h}{4} - \frac{\pi}{16}h^3$ 이다. 이 때 d는 항상 고정되었다면 높이 h가 어떤 값일 때 통의 부피 V 의 값 즉, 포도주의 양이 최대가 되는가? 물론 당시에 케플러는 이 문제를 해결하기 위해서 함수나 도함수의 관념을 사용하지 않고, 그만의 독특한 불가분량의 계산법으로 $3h^2 = 4d^2$일 때 통의 부피가 최대가 되는 사실을 알아냈다. 여기에서는 도함수를 이용하여 최대값 계산을 하기로 한다.

$V'(h) = \pi\frac{d^2}{4} - 3\frac{\pi}{16}h^2$이고 V가 최대가 되기 위하여 V'이 0이 되어야 한다. 따라서

$$\frac{3\pi}{h^2} = \frac{\pi d^2}{4} \text{이므로 } 3h^2 = 4d^2 \text{ 즉, } h = \frac{2}{\sqrt{3}}d$$

즉, 통의 높이와 d의 길이가 $h = \frac{2}{\sqrt{3}}d$일 때 통의 부피가 최대가 되는 사실을 알게 되었다. 다양한 통의 부피의 정교한 근사값을 구하는 방법을 고안한 케플러는 그 자신의 불가분량의 방법이 아르키메데스의 복잡하고 어려운 증명보다 훨씬 단순하고 더 일반적이라는 것을 알았다. 그러나 그가 의심하지 않았던 것은 아르키메데스 또한 불가분량의 방법으로 그의 업적을 발견했다는 것이다.

7.3.6 곱의 도함수(The Product Rule)

이 절에서는, x에 관한 두 함수 $u(x)$와 $v(x)$의 곱 $u(x)v(x)$의 도함수를 지도하는 방안을 알아보기로 한다. 이를 위하여서 먼저 도함수의 개념을 되돌아볼 필요가 있다.

함수 $f(x)$의 뉴턴몫

$$\frac{f(x_1) - f(x)}{x_1 - x}$$

의 좌극한과 우극한 값이 같은 경우에만 극한값이 존재하여, 그 극한값 $\lim_{x_1 \to x}\frac{f(x_1) - f(x)}{x_1 - x}$을 x에서의 함수 $f(x)$의 도함수 $f'(x)$라고 하였다. 그러나 이 정의에는 무언가 부족한 점이 있다. 예를 들어 그림 207과 같이 x에서 '꺾어진' 곡선에 대해서 생각해 보기로 하자.(그림 207)

그러면 곡선위의 점 P에서는 동일하지 않은 왼쪽과 오른쪽으로의 접선을 그을 수 있다. 또 다른 예로서, 곡선의 한 끝 점에서 미분 불가능한 곡선을 알아보기로 한다. 단위선분위에 다음과 같은 곡선을 그려 보기로 하자.(그림 208) 1에서 $\frac{1}{2}$ 사이에서 원의 호 모양(활꼴)의 미분가능한 곡선으로서 1과 $\frac{1}{2}$에서의 기울기가 45°인 곡선이고, $\frac{1}{2}$과 $\frac{1}{4}$ 사이에 수평선 아래

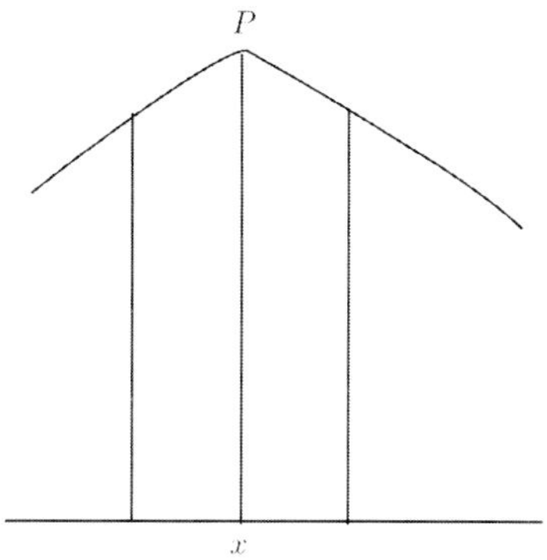

〈그림 207〉

로 같은 모양의 미분가능한 곡선이고, 계속해서 1/4과 1/8 사이에서 다시 수평선 위로 같은 모양의 미분가능한 곡선을 수평선의 위쪽과 아래쪽으로 계속해서 그려나간다. 그러면 $0 < x \leq 1$의 모든 점에서 정의된 이 곡선의 함수 $f(x)$는 구간 $0 < x \leq 1$의 모든 점에서 미분가능하기 때문에 접선을 그릴 수 있다.

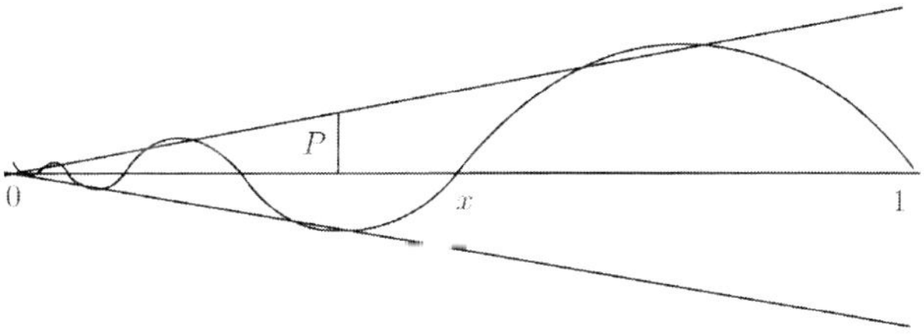

〈그림 208〉

그러나 함수 $f(x)$는 $x = 0$에서는 정의하지 않았기 때문에 $f(0)$도 정의되지 않는다. 그러나 $\lim_{x \to 0} f(x) = 0$ 임을 알 수 있다. 그러므로 만일 $f(0) = 0$으로 정의한다면, $f(x)$는 $x = 0$에서 연속이다. 그렇다면 함수 $f(x)$는 $x = 0$에서 미분가능한가? 그렇지 않다. 그림 81의 수평선 위쪽에 있는 모든 원호는 그래프의 위쪽에 있는 선에 접하고 아래쪽에 있는 모든 원호는 그래프의 위쪽에 있는 선에 접하고 있기 때문이다. 따라서 $x \to 0$이면, $\dfrac{f(x_1) - f(0)}{x_1 - 0}$는 그래프의 위쪽에 있는 선에서는 기울기가 $\tan\varphi$이고, 그래프의 아래쪽에 있는 선에서는 기울기가 $-\tan\varphi$가 되므로 곡선의 기울기는 x_1이 계속해서 변하는 동안 교대로 $\tan\varphi$와 $-\tan\varphi$이 될 것이다. 따라서 뉴톤몫은 하나의 극한으로 가지 않고, $\tan\varphi$와 $-\tan\varphi$사이를 진동한다. 또한 만일 $x = 0$을 대칭점으로 $-1 \leq x < 0$에서 그림 208의 그래프에 대칭이 되도록

$f(x)$를 정의한다면, $-1 \le x < 0$의 그래프 역시 $x=0$에서 미분 불가능하게 된다.

따라서 모든 연속 함수가 항상 미분가능 하지는 않다. 그러나 그의 역명제 즉, 함수가 미분가능한 점에서는 반드시 연속이다.

■ 미분가능 함수의 연속성

함수 $f(x)$가 점 x에서 미분가능하면 점 x에서 연속이다.

증명 만일 $\lim_{x_1 \to x} \frac{f(x_1)-f(x)}{x_1 - x} = f'(x)$가 존재한다면, 수렴하는 수열은 유계이므로, 임의의 $\delta > 0$에 대해서 정수 M이 존재하여, 구간 $(x-\delta,\ x+\delta)$에서 $\left|\frac{f(x_1 - f(x)}{x_1 - x}\right| \le M$이다.(그림 209) 따라서 $|f(x_1)-f(x)| \le M|x_1 - x|$. 이 때 극한 과정 $x_1 \to x$ 에서 부등식의 우변이 0에 가까워지므로 좌변도 0에 가까워진다. 즉,

$$\lim_{x_1 \to x} f(x_1) = f(x)$$

이므로 함수 $f(x)$가 점 x에서 연속이다.

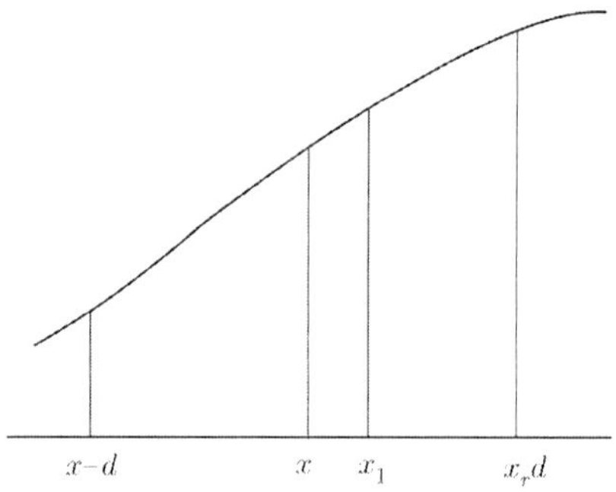

〈그림 209〉

■ 곱의 도함수

① 두 함수 $u(x)$와 $v(x)$가 x에서 미분가능하면 두 함수의 곱 $u(x)v(x)$도 x에서 미분가능하고, $(u(x)\ v(x\ ))' = u(x)'v(x) + u(x)v(x)'$이다.

증명 $w(x) = u(x)v(x)$라고 하자. 그러면 $w(x)$의 뉴턴몫은

$$\frac{w(x_1)-w(x)}{x_1 - x} = \frac{u(x_1)v(x_1) - u(x)v(x)}{x_1 - x}$$

$$= \frac{u(x_1)v(x_1) - u(x)v(x_1)}{x_1 - x} + \frac{u(x)v(x_1) - u(x)v(x)}{x_1 - x}$$

$$= \frac{u(x_1)-u(x)}{x_1-x}v(x_1)+\frac{v(x_1)-v(x)}{x_1-x}u(x).$$

이 때, 좌변과 우변에서 x_1이 x에 가까워진다면, 가정에 의해서 $u(x)$와 $v(x)$가 x에서 미분 가능하므로, $u(x_1)v(x_1)$도 x에서 연속이다. 그러므로

$$\lim_{x_1\to x} v(x_1)=v(x)$$

또한

$$\lim_{x_1\to x}\frac{w(x_1)-w(x)}{x_1-x}=\lim_{x_1\to x}\frac{u(x_1)-u(x)}{x_1-x}\cdot\lim_{x_1\to x}v(x_1)$$

$$+\lim_{x_1\to x}\frac{v(x_1)-v(x)}{x_1-x}\cdot u(x)$$

$$=u'(x)\cdot v(x)+v'(x)\cdot u(x)$$

따라서 $w(x)$의 뉴턴몫은 극한값이 존재하고

$$w(x)'=u(x)'v(x)+u(x)v(x)'$$

② 함수 $u(x)$가 x에서 미분가능하고 $u(x)\neq 0$이라면, $\frac{1}{u(x)}$ 도 x에서 미분가능하고,

$$(\frac{1}{u(x)})'=-\frac{u(x)'}{u(x)^2}$$

증명 함수 $\frac{1}{u(x)}$의 뉴턴몫

$$\frac{[1/u(x_1)]-[1/u(x)]}{x_1-x}=\frac{[u(x)-u(x_1)]/[u(x)u(x_1)]}{x_1-1}$$

$$=-\frac{u(x_1)-u(x)}{x_1-x}\cdot\frac{1}{u(x)}\cdot\frac{1}{u(x_1)}$$

에서 $u(x)$가 x에서 미분가능하므로 x에서 연속이고, 따라서 x_1이 x에 충분하게 가까워질 때 $u(x_1)\neq 0$이고 $u(x_1)$는 $u(x)$에 가까워지므로, x_1이 x에 가까워질수록 $\frac{1}{u(x)}$의 뉴턴몫은 $-\frac{u(x)'}{u(x)^2}$에 가까워진다.

③ 두 함수 $u(x)$와 $v(x)$가 x에서 미분가능하고 $v(x)\neq 0$이라면, 함수 $\frac{u(x)}{v(x)}$는 x에서 미분가능하고, $(u/v)'=(u'v-uv')/v^2$

증명 위의 ①과 ②에서

$$(\frac{u}{v})' = (u\frac{1}{v})' = u'\frac{1}{v} + u(\frac{1}{v})' = \frac{u'}{v} - u\frac{v'}{v^2} = \frac{u'v - uv'}{v^2}$$

■ 유리함수의 도함수

곱의 도함수를 유리함수의 임의의 $f(x) = \dfrac{a_o + a_1x + \cdots + a_nx^n}{b_0 + b_1x + \cdots + b_qx^q}$ 의 도함수를 구하는데 적용하면 그 도함수 역시 유리함수가 된다.

$$(\frac{1}{x^n})' = -\frac{nx^{n-1}}{x_{2n}} = -nx^{-n-1} \text{ 이고, } (x^{-n})' = (-n)x^{(-n)-1}$$

7.3.7 삼각함수의 도함수 지도

삼각함수는 파동방정식으로 양을 측정하는 데에 중요하게 사용되며 주기성을 가지는 도형의 측정에 사용된다. 삼각함수의 도함수를 구하는 데에는 잘 알려진 sine 공식과 cosine 공식의 증명은 생략한다.

■ $\sin x$ 의 도함수

함수 $f: \mathbb{R} \to [-1, 1]$, $f(x) = \sin x$의 도함수를 구하기 위하여 $\sin x$의 뉴턴몫의 극한값을 계산하기로 한다.

$$\begin{aligned}\frac{\sin x_1 - \sin x}{x_1 - x} &= \frac{\sin\{[(x_1+x)/2] + [(x_1-x)/2]\} - \sin\{[(x_1+x)/2] - [(x_1-x)/2]\}}{x_1 - x} \\ &= \frac{2\cos[(x_1+x)/2]\sin[(x_1-x)/2]}{x_1 - x} \\ &= \frac{\cos\left(\dfrac{x_1+x}{2}\right)\sin[(x_1-x)/2]}{(x_1-x)/2}.\end{aligned}$$

그런데 $\cos x$는 연속함수이므로 $x_1 \to x$ 일 때, $\cos(x_1+x)/2$ 는 $\cos x$에 수렴한다.

• $\lim_{h \to 0} \dfrac{\sinh}{h}$, $h = [(x_1 - x)/2]$의 계산

O를 중심으로 하고 반지름 $r = 1$인 원(그림 211)에서, 제 I 사분면의 $\angle BOA = \theta$ 라디안이라 하자. 그러면 호 BA의 길이는 $s = r\theta$, $r = 1$이므로 $s = \theta$이다. 이 때, $\angle B'OA = \theta$가 되도록 원주위의 점 B'을 잡으면 호 BA와 호 AB'의 길이는 같게 된다. 또, 선분 BB'가 선분 AO와 만나는 점을 P

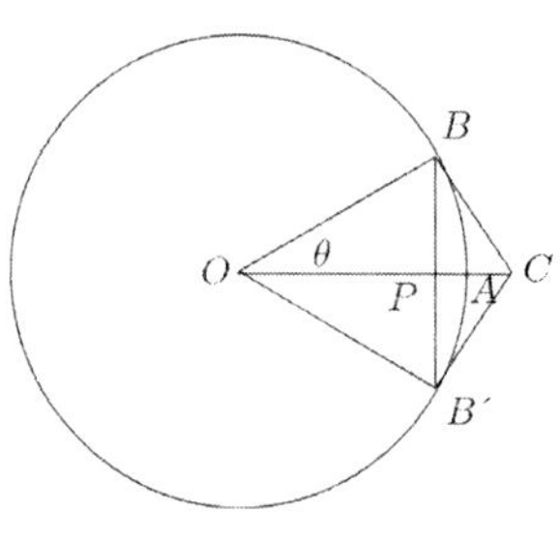

〈그림 210〉

라 하고, 원위의 두 점 B, B'에서 원에 그은 접선을 각각 BC, $B'C$라고 하자.
그러면 부등식

$$BB' < \text{호 } BAB' < BC + CB'$$

이 성립한다. 그런데 반지름이 1이므로 $BP = PB' = \sin\theta$이고, 따라서 $BB' = 2\sin\theta$이다. 또한 $\triangle OBC$가 직각삼각형이므로 $\tan\theta = \dfrac{BC}{OB} = BC = CB'$이 성립한다. 따라서 위의 부등식은

$$2\sin\theta < 2\theta < 2\tan\theta$$

가 되므로 세 변을 모두 $2\sin\theta$로 나누면 부등식은

$$1 < \frac{\theta}{\sin\theta} < \frac{1}{\cos\theta}$$

가 되고, θ는 제 I사분면의 각이므로 세 변 모두 양수이다. 다시 세 변의 역수를 취하면 부등식은

$$\cos\theta < \frac{\sin\theta}{\theta} < 1$$

이므로, 세변에서 $\theta \to 0$일 때의 극한 값은

$$\lim_{\theta\to 0}\cos\theta < \lim_{\theta\to 0}\frac{\sin\theta}{\theta} < \lim_{\theta\to 0}1$$

이므로

$$\lim_{\theta\to 0}\frac{\sin\theta}{\theta} = 1.$$

위의 사실을 종합하면 $x_1 \to x$ 일 때

$$\cos\frac{x_1 + x}{2} \to \cos x\ ,\quad \frac{\sin[(x_1 - x)/2]}{(x_1 - x)/2} \to 1$$

이므로 $\displaystyle\lim_{x_1\to x}\frac{\sin x_1 - \sin x}{x_1 - x} = \cos x$이다.

■ $\sin x$는 모든 x에 대하여 정의되고, 연속이고 미분가능하고,

$$(\sin x)' = \cos x$$

$\sin x$의 도함수와 삼각함수끼리의 관계 $\cos x = \sin(\frac{\pi}{2} - x)$, $\cot x = \tan(\frac{\pi}{2} - x)$와 합성함

수의 도함수, 곱의 도함수 공식을 이용하여 나머지 삼각함수의 도함수를 다음과 같이 구할 수 있다.

- $(\cos x)' = [\sin(\frac{\pi}{2} - x)]' = \cos(\frac{\pi}{2} - x)(\frac{\pi}{2} - x)' = -\cos(\frac{\pi}{2} - x) = -\sin x$
- $(\tan x)' = \left(\frac{\sin x}{\cos x}\right)' = \frac{\cos^2 x + \sin^2 x}{\cos^2 x} = \frac{1}{\cos^2 x}$
- $(\cot x)' = [\tan(\frac{\pi}{2} - x)]' = -\frac{1}{\sin^2 x}$

7.3.8 로그함수의 도함수

로그(logarithm)함수의 도함수에 관해서는 다음 절의 적분론에서 미적분학의 기본정리의 지도법을 다룰 때, 로그함수 $y = \log x$는 함수 $y = \frac{1}{x}$의 부정적분임을 설명하는 과정에서 로그함수의 도함수 지도법을 알아보기로 한다.

8. 적분의 지도 방안

앞 절에서 언급한바와 같이 수학에서의 모든 측정은 결국 정적분으로 귀결된다. 우리는 이미 4장에서 아르키메데스가 이차곡선 아래의 면적을 오늘날의 구분구적법과 동일한 방법으로 구하여 정적분은 부정적분으로 구할 수 있는 아이디어를 최초로 제시하였으나 당시의 '수학적 원자론' 때문에 유한항의 합만을 구하고 말았다는 사실과, 그 후에 평면도형의 넓이와 입체도형의 부피를 구하려는 많은 선배 수학자들의 노력을 알아보았다. 이 절에서는 그들이 겪은 인식론적 장애를 상기하면서 현재의 학생들에게 그러한 인식론적 장애를 극복하면서 도형의 양을 측정하는 올바른 방법을 알아보기로 한다.

8.1 부정적분의 지도 방안

적분법을 배우는 목적은 도형의 길이, 면적, 체적 등을 구하는 것이라고 하여도 좋을 것이다. 그런데 아르키메데스의 구분구적법에서 시작된 곡선 아래의 면적을 구하는 과정(즉 정적분)에서 현대적 의미의 부정적분(indefinite integral)의 관념이 개입되기 시작하여 결국에는 미적분학의 기본정리가 알려지면서 정적분은 부정적분을 이용하여 구하게 되었다.

8.1.1 속도와 거리

케플러와 동시대인인 갈릴레오는 유클리드와 같은 방법으로 등속운동과 속도에 대하여 설명하였으며, 그에 관한 함수와 그래프 표현에 관한 아이디어는 아리스토텔레스의 역학이론을 적용하였다.

■ 등속 운동

움직이는 물체의 속도 v가 상수 $v = g$이면, $t = 0$부터 t시간까지 움직인 거리 $s = gt$는 그림 211과 같이 좌표평면상에서 밑변이 t, 높이 g인 직사각형의 면적으로 표현된다. 그런데 갈릴레오는 그 물체가 어떤 순간에 통과하는 거리는 한 수선의 길이 즉, 속도 $v = g$이며, 그 수선들의 합은 직사각형의 면적은 물체가 움직인 전체 거리와 동일한 것이라고 주장하여, 유클리드식의 언어와 엄밀성과는 전혀 다른 입장을 취했다.

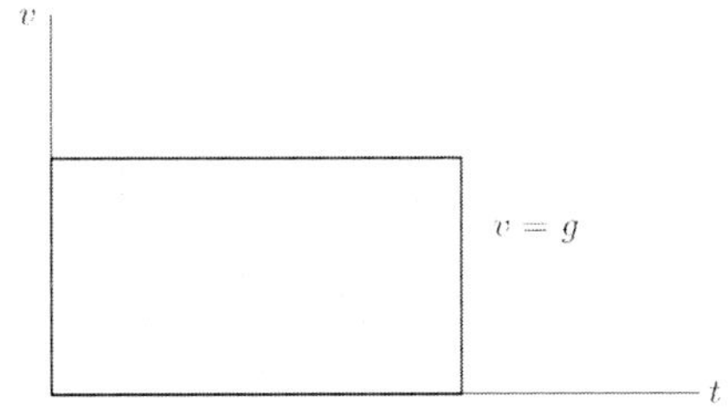

〈그림 211〉

■ 일반 운동

그러나 그는 등속 운동이 아닌 경우에는 속도 v는 상수가 아니라 시간 t에 비례하는 $v = gt$라고 가정하였다. 그러면 등속운동과 마찬가지로 물체가 움직인 전체 거리는 좌표평면상에서 직선 $v = gt$에 이르는 수직선들의 합 즉, 직선 아래의 빗금 친 부분으로 간주하였다(그림 212) 따라서 $t = 0$부터 t시간까지 움직인 거리는 $s = \frac{1}{2}tgt = \frac{1}{2}gt^2$이다.

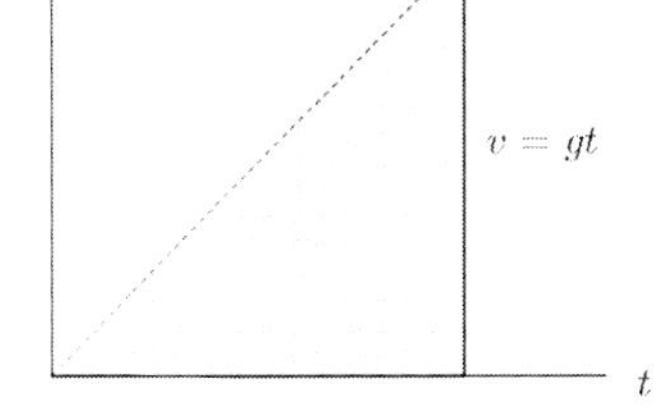

〈그림 212〉

8.1.2 갈릴레오의 아이디어에 따른 부정적분의 지도방안

갈릴레오(Galileo)는 실험을 통하여 결과를 얻은 다음, 낙하공식 $s = \frac{1}{2}gt^2$을 이론적으로 완성했다고 전해진다. 물체의 자유낙하에 관한 시간과 거리 사이의 관계를 실험적으로 알아내는 일은 그 당시의 기술로는 불가능한 일이었으며, 아리스토텔레스의 주장과는 다르게 자유낙하 실험을 통하여 철과 나무가 똑같은 속도로 떨어진다는 사실을 확인하였을 뿐이었다. 그래서 그의 저서 'Discorsi'에서 알 수 있는바와 같이 갈릴레오는 다음과 같은 아이디어로 실험을 재개하였다.

■ 갈릴레오의 실험

다양한 경사면으로 굴러가는 공이 일정한 거리에 놓아 둔 어떤 표식을 지나갈 때 내는 규칙적인 소리를 듣는 것이었다. 그는 각각의 경사면의 1, 4, 9, 16, … 인 지점에 표식을 설치하여, 면의 경사와 상관없이 구르는 공의 리듬이 같은 것을 확인하였다.

■ 갈릴레오의 아이디어

갈릴레오는 운동하는 물체가 등속운동을 하지 않는다면 속도를 상수가 아닌 $v=gt$ 라고 대담하게 가정하여, 물체가 움직인 거리 s는 오늘날의 $\int_0^t gx\,dx$ 과 동등한 개념이며 $s=\int_0^t gx\,dx=\frac{1}{2}gt^2$ 이 된다는 사실을 예견하였으며, 시간 t에 따른 거리 $s=\frac{1}{2}gt^2$ 로 운동하는 물체의 속도는 $v=gt$ 라고 언급하여, 속도 v는 거리 s의 도함수와 같다는 아이디어를 제시하였다. 갈릴레오가 확신하지는 못하였지만 이러한 그의 아이디어가 최초로 정적분과 도함수와의 관계를 암묵적으로나마 설명한 것이다.

■ 부정적분의 지도 방안

갈릴레오가 관찰한 속도는 거리의 도함수이며, 거리는 속도의 부정적분이 된다는 사실을 출발점으로, 위에서 알아본 주어진 함수의 도함수의 부정적분이 바로 그 함수라는 사실을 강조한다. 따라서 주어진 함수의 부정적분을 구하기 위해서는 함수의 도함수 공식을 가급적 많이 알고 있는 점이 중요하다.

8.2 정적분의 지도 방안

문헌에 나타나 있는 인류의 측정의 역사는 대체로 B.C. 2000년경의 고대 이집트와 고대 바빌론 수학에서 시작되었다고 볼 수 있다. 그러나 3장 1~2.3절에서 살펴보았듯이 그 당시의 측정은 상황에 따른 고유한 방법을 동원한 측정법이었으며 유클리드 원론에서는 구체적인 측정법보다는 비례이론만을 소개하고 있었기 때문에 측정법의 일반화된 내용이 만들어지지 못하였다. 따라서 현대적인 정적분의 관념은 3장 2.4절에서 설명한 바와 같이, 아르키메데스에 의해서 소개된 포물선 아래의 면적을 구하는 방법에서부터 시작되었다고 볼 수 있다. 그 후 아르키메데스의 구적법을 승계하여 카발리에리가 정적분의 개념을 발전시켰으며, 정적분은 4장 9.1. 리만-스틸쩨(Riemann-Stieltjes)적분으로 완성되었다.

8.2.1 카발리에리의 아이디어에 따른 정적분의 지도방안

카발리에리는 아르키메데스가 포물선 $y=x^2$ 아래의 면적을 구한 방법을 일반화하여 삼차곡선 $y=x^3$ 아래의 면적을 다음과 같은 방법으로 구하였다. 우선 상부 합 T_n과 하부 함 S_n을 다음과 같이 정의한다.

$$T_n = \frac{1}{n}\left(\frac{1}{n}\right)^3 + \frac{1}{n}\left(\frac{2}{n}\right)^3 + \cdots + \frac{1}{n}\left(\frac{n}{n}\right)^3,$$

$$S_n = \frac{1}{n}0^3 + \frac{1}{n}\left(\frac{1}{n}\right)^3 + \cdots + \frac{1}{n}\left(\frac{n-1}{n}\right)^3$$

그러면

$$T_n = \frac{1^3+2^3+3^3+\cdots+n^3}{n^4}.$$

그런데 아랍인들은 이미 수열의 합의 공식

$$\sum_{k=1}^{n} k^3 = 1^3+2^3+\cdots\ n^3 = [\frac{1}{2}n(n+1)]^2$$

을 알고 있었으며, 이 공식을 다음과 같이 독창적으로 증명하였다.

■ 아랍인들의 증명방법

점 O에서 차례로, 길이 1, 2, 3인 선분을 이어서 마지막으로 길이 n인 선분을 그려 B에 이르도록 한다.(그림 213) 그 다음 OB에 수직인 선분 OA를 선분 OB와 같은 방법으로 그린다.

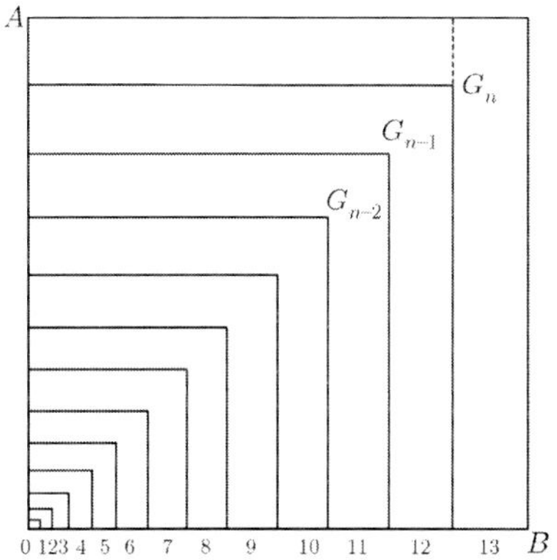

〈그림 213〉

그러면 $OA = OB = 1+2+\cdots+n = \frac{1}{2}n(n+1)$이므로, 가로가 OB, 세로가 OA인 정사각형의 면적은 $Q = [\frac{1}{2}n(n+1)]^2$이다. 그런데 이 정사각형은 n개의 L자형 모양의 도형의 합으로 생각할 수 있다. 즉, $Q = G_1 + G_2 + \cdots + G_n$이다.

그러면 G_n은 그림에서 보는바와 같이, 점선으로 나누어진 두 개의 직사각형의 합이다. 따라서

$$\begin{aligned} G_n &= n[\frac{1}{2}n(n+1)] + n[\frac{1}{2}(n-1)n] \\ &= \frac{1}{2}n^2[(n+1)+(n-1)] \\ &= n^3 \end{aligned}$$

이므로

$$Q = [\frac{1}{2}n(n+1)]^2 = 1^3 + 2^3 + \cdots + n^3$$

임을 알 수 있다.

카발리에리는 위의 아랍인들의 공식을 T_n에 적용하여

$$T_n = \frac{[\frac{1}{2}n(n+1)]^2}{n^4} = \left[\frac{\frac{1}{2}n(n+1)}{n^2}\right]^2 = \left[\frac{1}{2}\left(1+\frac{1}{n}\right)\right]^2$$

으로 변형하여 그의 극한값

$$R = \lim_{n\to\infty} T_n = \frac{1}{4}$$

을 알아냈다. 그런데 극한값 $\frac{1}{4}$은 또 다시 유리수이고, 아르키메데스가 얻은 결과와 같은 맥락이었다.

■ 카발리에리의 업적

카발리에리는 계속해서 $y = x^4$에 대해서 $R = \frac{1}{5}$, $y = x^5$에 대해서는 $R = \frac{1}{6}$임을 밝혀냈고, 이어서 $y = x^9$, $R = \frac{1}{10}$이라는 것까지 계속하여 밝혀냈다. 물론 그는 $y = x^{10}$에 대해서 $R = \frac{1}{11}$이라고 예상했을 것이다. 그러나 $k = 10$일 때의 $1^k + 2^k + \cdots + n^k$에 대한 공식을 발견하지는 못하였기 때문에 이 사실을 일반화하지는 못하였다.

8.2.2 페르마의 일반화

임의의 k 에 대한 합 $1^k+2^k+\cdots+n^k$을 구하는 방법은 1650년경에 페르마의 마지막 논문 중의 하나에서 발견되었다. 그의 방법은 본질적으로 아르키메데스의 포물선으로 둘러싸인 영역에 대한 두 번째 방법을 다음과 같이 일반화한 것이다.

■ 페르마의 방법

페르마는 곡선 아래의 구간을 다음과 같이 불규칙한 작은 구간들로 나누었으며, S_n은 처음부터 무한히 많은 직사각형들의 합이 되도록 하였다.

- $0<\rho<1$인 ρ가 $\frac{1}{2}$에서 시작하여 $\frac{2}{3}$, $\frac{3}{4}$ 일반적으로 $\rho=\frac{(n-1)}{n}$로 놓아서, 결국 n이 증가하면 ρ가 1에 다가가도록 한다. 만일 ρ를 $\frac{1}{2}, \frac{2}{3}, \frac{3}{4}, \cdots, \frac{(n-1)}{n}$ 중 하나로 고정한다면, 곡선 $y=x^k$ 밑의 직사각형들의 면적의 합 S_ρ는 다음과 같다.

$$\begin{aligned}
S_\rho &= (b-\rho b)(\rho b)^k+(\rho b-\rho^2 b)(\rho^2 b)^k+(\rho^2 b-\rho^3 b)(\rho^3 b)^k+\cdots \\
&= b^{k+1}\rho^k(1-\rho)(1+\rho^{k+1}+\rho^{2k+2}+\rho^{3k+3}+\cdots) \\
&= b^{k+1}\rho^k(1-\rho)\frac{1}{1-\rho^{k+1}} \\
&= b^{k+1}\rho^k\frac{1}{(1-\rho^{k+1})/(1-\rho)} \\
&= \frac{b^{k+1}\rho^k}{1+\rho+\rho^2+\cdots+\rho^k}
\end{aligned}$$

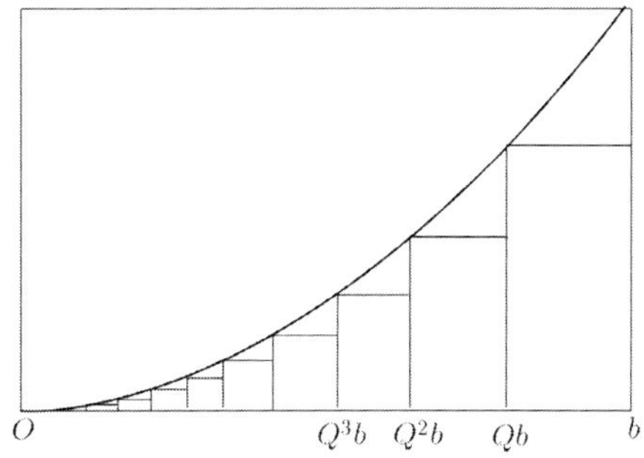

〈그림 214〉

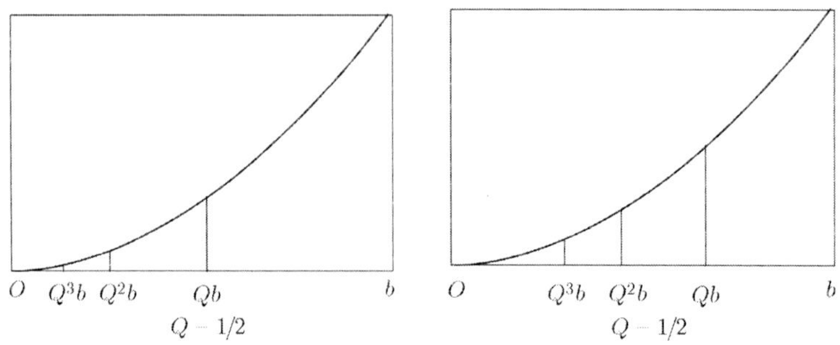

〈그림 215〉

이 때 ρ 를 1에 가까운 값이 되면, $y = x^k$ 밑의 직사각형들은 점점 더 세분되어 S_ρ는 곡선 아래의 면적 R에 접근한다. 즉, $\rho \to 1$일 때, S_ρ의 극한값은

$$\lim_{\rho \to 1} S_\rho = \frac{b^{k+1}}{k+1}$$

이 되고, 이것이 임의의 자연수 k에 대한 카발리에리의 정리의 일반화이다.

그런데 위에서 k가 정수가 아닌 $k = \frac{3}{2}$ 또는 $k = \frac{1}{2}$ 라고 가정하여도 증명의 모든 과정이 성립한다. 즉,

$$S_\rho = b^{k+1} \rho^k \frac{1}{(1-\rho^{k+1})/(1-\rho)}.$$

그러나 유한 기하급수에 대한 정리

$$\frac{1-\rho^{k+1}}{1-\rho} = 1 + \rho + \rho^2 + \cdots + \rho^k$$

는 k가 정수일 때 성립한다. 그런데 k가 정수가 아닌 경우에

$$\lim_{\rho \to 1} \frac{1-\rho^{k+1}}{1-\rho}$$

를 구하는 것은 현대적인 의미에서 $x = 1$에서 $y = x^n$의 미분계수를 찾는 문제 또는 $\lim_{x \to 1} \frac{1-x^n}{1-x} = n$이며, 다시 말하면, $k+1 \neq 0$, 즉 $k \neq -1$인 경우에

$$\lim_{\rho \to 1} \frac{1-\rho^{k+1}}{1-\rho} = k+1$$

페르마는 그 때 이미 미분의 상당부분을 통달하고 있었기 때문에 이 문제를 다루는 방법을

알고 있었다. 그러므로 그는 1이 아닌 모든 k에 대하여는

$$\lim_{\rho \to 1} S_\rho = \frac{b^{k+1}}{k+1}$$

를 증명할 수 있었다. 그런데 이상하게도 그는 $k=-1$인 경우 즉, 곡선 $y=x^{-1}=\frac{1}{x}$ 밑의 면적을 구하는 문제를 연구하지 않았다.

8.2.3 자연로그의 정적분의 지도방안

1647년에 카톨릭 신부인 빈센시오(Gregorius Vincentio, 1584~1667)는 $k=-1$인 경우 즉, 곡선 $y=x^{-1}=\frac{1}{x}$ 밑의 면적을 구하는 문제에 대한 중요한 발견을 하였다.

즉, 그는 그림 36에서 ox 와 oy 를 점근선으로 하고, 쌍곡선과 ox 에 둘러싸인 면적을 구하고자 하였다. 그는 구간(a, b)에서 쌍곡선과 ox 에 둘러싸인 면적을 $J_{a,b}$로 약속하여 다음과 같이 증명하였다. 그의 증명의 아이디어는 $J_{1,2}$와 $J_{2,4}$를 구성하는 과정에서 나타나게 된다.

■ 빈센시오의 아이디어

두 구간 [1, 2]와 [2, 4]를 각각 6등분한다. 구간 [2, 4]의 길이는 구간 [1, 2]의 길이의 두 배이다. 이제 두 구간에 속한 직사각형들의 면적의 합을 각각 $T_{1,2}$, $T_{2,4}$라고 하자. 그러면 $T_{1,2}$의 첫째 직사각형과 $T_{2,4}$의 첫째 직사각형의 면적은 같다. 그 이유는 $T_{1,2}$의 첫째 직사각형의 밑변은 $T_{2,4}$의 첫째 직사각형의 밑변의 반이고, $T_{1,2}$의 첫째 직사각형의 높이는 $T_{2,4}$의 첫째 직사각형의 높이의 두 배이기 때문이다. 같은 이유로 $T_{1,2}$의 둘째, 셋째, ⋯ 직사각형의 면적과 $T_{2,4}$의 둘째, 셋째, ⋯ 직사각형의 면적은 같게 된다. 따라서 $T_{1,2}=T_{2,4}$임을 알 수 있다. 이는 구간을 6이 아닌 n 으로 나누어도 성립한다. 한편 n 이 증가함에 따라, $T_{1,2}$이 $J_{1,2}$에 접근하고, $T_{2,4}$이 $J_{2,4}$에 접근하므로, $n \to \infty$ 이면 $J_{1,2}=J_{2,4}$이다.

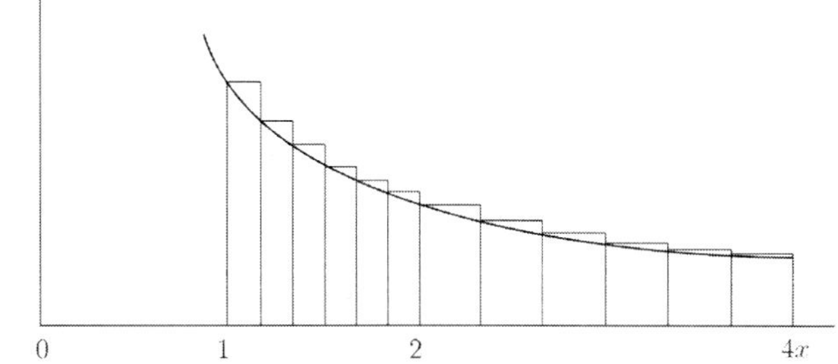

〈그림 216〉

같은 방법으로 $J_{1,\ 2}=J_{3,\ 6}$임을 보일 수 있으며, 더 일반적으로

$$J_{a,\ b}=J_{ta,\ tb}$$

가 성립하게 된다.

그런데 지금까지는 정수 t에 관하여 알아보았으나, 모든 실수 t 에 대해서도 이 공식이 성립하게 됨을 알아보기로 한다.

- t가 유리수인 경우

  $t=\dfrac{p}{q}$이면, $J_{ta,\ tb}=J_{(\frac{p}{q})a,\ (\frac{p}{q})b}$이다. 그런데 정수 t에 대하여 $J_{a,\ b}=J_{ta,\ tb}$이 성립하므로, $t=p$로 간주하면 $J_{\frac{a}{q},\ \frac{b}{q}}=J_{p(\frac{a}{q}),\ p(\frac{b}{q})}$이고, 이것은 단순히 원래의 구간 $[a,\ b]$를 $[\dfrac{a}{q},\ \dfrac{b}{q}]$로 놓은 것이다. 또한 $t=q$로 간주하면 $J_{\frac{a}{q},\ \frac{b}{q}}=J_{q(\frac{a}{q}),\ q(\frac{b}{q})}=J_{a,\ b}$이므로, $J_{(\frac{p}{q})a,\ (\frac{p}{q})b}=J_{a,\ b}$이다. 따라서 $J_{a,\ b}$의 성질은 모든 유리수 $a,\ b$에 대해서 성립한다.

- t가 실수인 경우

  실수를 데데킨트의 절단으로 이해하면 실수 t 는 유리수열의 극한이 되므로, 모든 실수 t에 대하여 $J_{a,\ b}=J_{ta,\ tb}$이 성립함을 알 수 있다.

■ 빈센시오의 아이디어에 따른 자연로그의 정적분

이러한 빈센시오의 아이디어를 $J_{a,\ b}=J_{1,\ \frac{b}{a}}$에 적용하면, 일반적으로 모든 구간 $[a,\ b]$에서 $J_{a,\ b}$는 1에서 시작하는 적절한 구간 $[1,\ x]$ 위의 면적 $J_{1,\ x}$ 와 같음을 의미한다.

$x,\ y$ 가 모두 1보다 크면, xy 가 x 보다 크다. 그런데, $J_{1,\ xy}$는 $J_{1,\ x}$와 $J_{x,\ xy}$의 합과 같고, 위의 정리에 의하여 $J_{x,\ xy}=J_{1,\ y}$이므로 결국 쌍곡선 밑의 면적이 로그의 기본 성질인 $J_{1,\ xy}=J_{1,\ x}+J_{1,\ y}$을 만족한다.

■ 자연로그

네이피어는 로그를 정의하기 위해서, 임의의 두 수 $x,\ y$ 에 대하여 $\log xy=\log x+\log y$를 만족하는 로그에 대응하는 표를 만들었으며, 그 표를 이용하여 모든 곱셈은 덧셈으로, 모든 나눗셈은 뺄셈으로, 모든 k 제곱근은 k 로 나누는 것임을 알아내었다. 네이피어는 이러한 표의 원리를 연구했고 그가 만든 표로부터 쉽게 가능한 모든 표를 얻을 수 있음을 발견했다. 그 표에서 쌍곡선 $y=x^{-1}=\dfrac{1}{x}$ 아래의 면적 $J_{1,\ x}$은 정확하게 네이피어의 로그이었다. 현대적인 의미에서 그 사실은 $\displaystyle\int_1^x \frac{1}{t}dt=\log x$과 정확하게 같은 것이다. 그러나 네이피어가 밝

혀내지 못한 것은 그 함수가 밑(base)이 e 인 '자연'로그였으며, 6장의 6.4.2 절에서 브리그스(Briggs)에 의하여 이 사실이 밝혀졌다고 언급하였다.

8.2.4 정적분에 의한 면적의 측정 지도

위의 모든 방법은 일반적인 면적 또는 부피의 측정에서 시작했지만, 곡선과 상하좌우가 상자 모양인 경계로 이루어진 특별한 형태(그림 217)의 면적 또는 부피에 대한 연구로 전환되었다. 이러한 사실은 다음과 같은 두 개의 카발리에리의 원리에 의하여 좀 더 조직적으로 설명될 수 있다.

1. 상자모양의 그림 218에서 곡선 $f(x)$ 아래의 면적을 F, 곡선 $g(x)$ 아래의 면적을 G라 하고 $h(x)$를 x축 위의 a에서 b까지 $xh'(x) = xf'(x) + xg'(x)$로 구축된 곡선이라고 하자. 그러면 곡선 $h(x)$ 아래의 면적은 $H = F + G$ 이다.
2. 그림 219에서 곡선 $f(x)$ 아래의 면적을 F, x축 위의 a에서 b까지 $xh'(x) = \rho xf'(x)$로 구축된 곡선 $h(x)$ 아래의 면적은 $H = \rho F$ 이다. (그림 219은 $\rho = \frac{1}{2}$ 인 경우이다.)

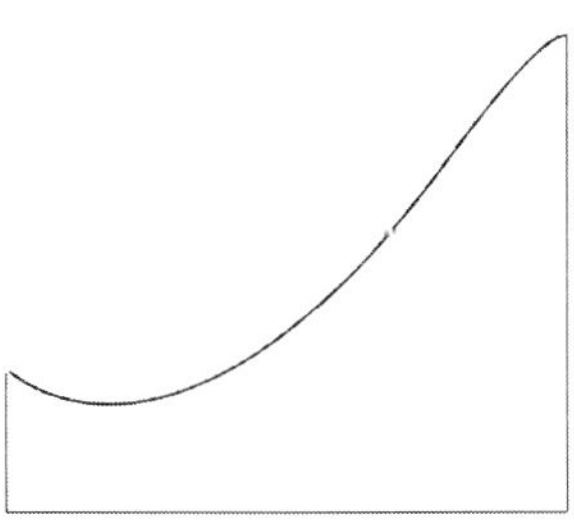

〈그림 217〉

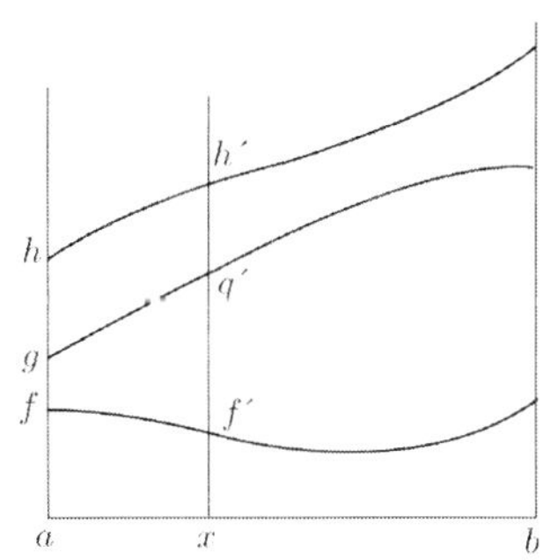

〈그림 218〉

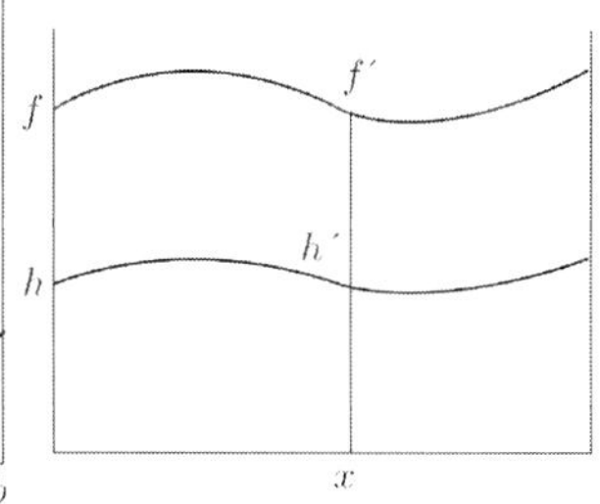

〈그림 219〉

이 두 가지 원리는 카발리에리가 제시한 증명에 대한 논쟁 때문에 더욱 유명해졌으며, 논쟁과정에서, 이 원리는 현대적인 수 개념(무한 소수)과 밀접하게 연관되어 있으며 함수개념에 대한 새로운 측면을 알게 되었다. 즉, 위의 상자형태의 그래프는 구간 $a \le x \le b$에서 함수 $f(x)$의 그래프를 표현한 것으로, 첫 번째 원리에서의 곡선 h는 $h(x) = f(x) + g(x)$일 때 $y = h(x)$의 그래프이며 두 번째 원리에서의 곡선 h는 $h(x) = \rho f(x)$ 일 때의 $y = h(x)$의 그래프이다. 그러나 몇 십 년 후에야, 이러한 함수 개념이 상자 모양의 면적에 대한 현재의 기호 $F = \int_a^b f(x)\,dx$로 라이프니츠가 소개하였다.

■ 카발리에리 공식

위의 라이프니츠의 기호를 사용하여, 카발리에리는 다음과 같은 정적분의 성질을 알아내었다.

1. $\int_a^b [f(x)+g(x)]\,dx = \int_a^b f(x)\,dx + \int_a^b g(x)\,dx$

2. $\int_a^b [\rho f(x)]\,dx = \rho \int_a^b f(x)\,dx \qquad (\rho > 0)$

■ 카발리에리 공식을 이용한 다항식의 정적분의 계산

카발리에리 공식을 이용하면 다음과 같은 사실을 알 수 있게 된다.

$$\int_a^b 1\,dx = b-a\,,\quad \int_a^b x\,dx = \frac{b^2-a^2}{2},\quad \int_a^b x^2\,dx = \frac{b^3-a^3}{3},\ \cdots,$$

또한 두 번째 공식을 적용하여 다음 사실을 얻을 수 있다.

$$\int_a^b c_0\,dx = c_0(b-a),\quad \int_a^b c_1x\,dx = c_1\frac{b^2-a^2}{2},\quad \int_a^b c_2x^2\,dx = c_2\frac{b^3-a^3}{3},\ \cdots,$$

위의 사실을 적용하면

$$\int_a^b (c_0+c_1\,x+c_2\,x^2+\cdots+c_n\,x^n)\,dx$$

$$= c_0(b-a)+c_1(b^2-a^2)+\cdots+\frac{c_n}{n+1}(b^{n+1}-a^{n+1})$$

$$= \left(c_0b+c_1\frac{b^2}{2}+c_2\frac{b^3}{3}+\cdots+c_n\frac{b_{n+1}}{n+1}\right)-\left(c_0a+c_1\frac{a^2}{2}+c_2\frac{a^3}{3}+\cdots+c_n\frac{a_{n+1}}{n+1}\right)$$

임을 알게 된다.

따라서 두 다항식 $f(x)$와 $\phi(x)$를 다음과 같이 정의하면,

$$f(x)= c_0+c_1x+c_2x^2+\cdots+c_nx^n\,,$$

$$\phi(x)= c_0x+c_1\frac{x^2}{2}+c_2\frac{x^3}{3}+\cdots+c_n\frac{x^{n+1}}{n+1},$$

$$\int_a^b f(x)= \phi(b)-\phi(a)$$

임을 알 수 있다.

[참고] $f(x)$ 가 양의 계수를 가지는 임의의 다항식인 경우에는, 아르키메데스의 포물선 구적법과 동일한 것이다. 따라서 카발리에리의 정적분의 계산은 아르키메데스의 구적법에 기원한다는 사실을 알 수 있다.

8.2.5 역 접선 문제(Inverse tangent problem)

어떤 함수 $f(x)$의 그래프의 모든 접선(도함수 $f'(x)$)을 아는 경우에는 거꾸로 그 곡선(함수 $f(x)$)을 알아낼 수 있다. 예를 들면 $g(x)=c_0+c_1x+....+c_nx^n$일 때,

$$f(x)=c_0x+c_1\frac{x^2}{2}+....+c_n\frac{x^{n+1}}{n+1}+c,\ c\text{는 상수},$$

를 쉽게 찾아낼 수 있다. 따라서 다항식에 대해서는 도함수의 역으로 부정적분을 구할 수 있다.

8.2.6 행렬식을 이용한 부정적분

이 절의 내용은 이 책의 범위를 벗어나지만, 6장의 8.3절에서 도입한 야코비안(Jacobian)의 중요성을 감안하여 언급하려고 한다. 따라서 이 잘의 내용이 필요하지 않은 독자는 이 절을 건너뛰어도 좋을 것이다. 초급 미적분학에서는 정적분 $\int_a^b f(x)dx$의 계산을 용이하게 하기 위하여 $x=x(u)$로 치환하여 새로운 적분변수 u를 도입하기도 한다. 이 경우에 만일 $a=x(\alpha)$, $b=x(\beta)$이라면

$$\int_a^b f(x)dx=\int_\alpha^\beta f(x(u))\frac{dx}{du}du$$

를 계산하게 된다.

그런데 이중적분

$$\iint_R f(x,\ y)dxdy$$

의 경우에는,

$$x=x(u,\ v),\ y=y(u,\ v)$$

로 치환하여 새로운 적분변수 $u,\ v$를 도입하게 된다. 여기에서 함수 $x=x(u,\ v)$, $y=y(u,\ v)$는 $uv-$평면위의 어떤 영역 R^*의 모든 점 $(u_0,\ v_0)$가 영역 R의 점 $(x(u_0,\ v_0),\ y(u_0,\ v_0))$에 대응하고 또한 그의 역도 성립하도록 영역 R^*에서 연속이어야 하며 또한 연속인 일계편도함수를 가져야 한다. 그리고 Jacobian

$$J=\frac{\partial(x,\ y)}{\partial(u,\ v)}=\begin{vmatrix}\frac{\partial x}{\partial u} & \frac{\partial x}{\partial v}\\ \frac{\partial y}{\partial u} & \frac{\partial y}{\partial v}\end{vmatrix}$$

는 R^*의 전 영역에서 항상 양수이거나 항상 음수이어야 한다. 따라서

$$\iint_R f(x,\ y)dxdy = \iint_{R^*} f(x(u,\ v),\ y(u,\ v)\left|\frac{\partial(x,\ y)}{\partial(u,\ v)}\right|dudv$$

가 된다. 즉, 적분변수는 $u,\ v$로 표시되며 $dxdy$는 $dudv$와 Jacobian J의 절대값과의 곱으로 바뀐다는 것을 알 수 있다. 이것에 대한 증명은 생략하기로 한다.

■ Jacobian을 이용한 적분의 예

극좌표에서 $\rho,\ \phi$는

$$x = \rho\cos\phi,\ y = \rho\sin\phi$$

로 표현되므로, Jacobian J는

$$J = \frac{\partial(x,\ y)}{\partial(\rho,\ \phi)} = \begin{vmatrix} \cos\phi & -\rho\sin\phi \\ \sin\phi & \rho\cos\phi \end{vmatrix} = \rho$$

이고

$$\iint_R f(x,\ y)dxdy = \iint_{R^*} f(\rho\cos\phi, \rho\sin\phi)\rho\ \ d\rho d\phi$$

이다. 이 때 R^*는 $xy-$평면의 영역 R에 대응하는 $\rho\phi-$평면의 영역이다.

• 구체적인 예를 들면, $xy-$평면에서의 함수가 $f(x,\ y) = x$이고, 적분영역이 그림 220의 $D = \{4 \le x^2 + y^2\ \le 9,\ y \ge 0\}$이면, $\rho\phi-$평면에서의 영역은

$$T = \{2 \le \rho \le 3,\ 0 \le \phi \le \pi\}$$

이 된다. 그러면 변수변환

$$x = \rho\cos\phi,\ \ y = \rho\sin\phi$$

에 의해서

$$f(x,\ y) = x \text{는 } f(\rho,\ \phi) = \rho\cos\phi$$

이고, Jacobian J는

$$J = \frac{\partial(x,\ y)}{\partial(\rho,\ \phi)} = \begin{vmatrix} \cos\phi & -\rho\sin\phi \\ \sin\phi & \rho\cos\phi \end{vmatrix} = \rho$$

이므로, 영역 D에서 함수 $f(x,\ y) = x$의 이중적분은

$$\iint_D x\ dx\ dy = \iint_T \rho\cos\phi\,\rho\, d\rho d\phi$$

가 되므로

$$\int_0^{\pi}\int_2^{3}\rho^2\cos\phi\, d\rho\, d\phi = [\frac{\rho^3}{3}]_2^3\int_0^{\pi}\cos\phi\; d\phi = (9-\frac{8}{3})[\sin\phi]_0^{\pi} = 0$$

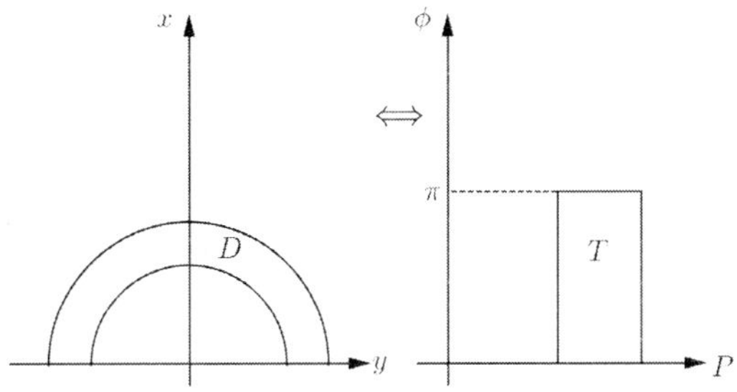

〈그림 220〉

9. 미적분학의 기본정리의 지도 방안

우리는 4장 3.5절에서 미적분학의 기본정리(the fundamental theorem)의 태동에서 증명과 정까지를 알아보았다. 지금까지 알아본 도형을 측정하는 방법이 사실은 그 미적분학의 기본정리와 동일하다는 것을 알 수 있다. 즉, 등가속도 운동에 대한 시간-속도 그래프 아래의 면적을 나타내는 그래프에서 직각삼각형의 넓이가 등가속도 운도의 이동거리를 나타낸다는 사실의 통찰을 통하여 미적분학의 기본정리가 시작되었다. 이러한 운동학적 맥락에서의 통찰이 추상화 되어, 주어진 함수의 곡선 아래 영역의 면적의 순간 변화율이 주어진 함수의 함수값과 같다는 관념으로 발전하였다. 즉, 미적분학의 기본정리는 직관적인 속도 관념에서 차분의 비의 극한으로 정의된 순간변화율 또는 미분계수로 전환하게 되면서, 오레스미, 갈릴레이, 토리첼리와 배로우의 기하학적 함수에서 뉴턴과 라이프니츠의 대수적 함수로, 대수적 함수에서 대응으로서의 함수 개념으로 진화하면서 코시의 형식화 단계로 일반화된 것이다. 측정은 결국 정적분이다. 정적분에 관한 정의는 이 절에서는 학교수학에서 미적분학의 기본정리와 관련된 다양한 지도방안을 소개하면서 그에 대한 학생들의 범할 수 있는 오류의 유형을 파악하여 이를 교정하는 효율적인 지도 방안을 찾아보기로 한다.

9.1 접선 작도법의 역으로서의 지도법

뉴턴과 라이프니츠가 면적을 주어진 함수의 원시함수를 이용하여 계산할 수 있다는 점을 발전시켜서 미분과 적분을 하나의 보편적인 계산법으로 통합하였다.

9.1.1 라이프니츠의 아이디어

라이프니츠의 미적분에 관한 핵심 아이디어는, 곡선을 무한히 많은 변을 가지는 다각형으로 간주하는 것이었다. 따라서 곡선은 무한소 선분들의 합이고, 곡선 아래의 면적은 무한히 많은 무한소 직사각형들의 합이며 곡선을 이루는 무한소 선분의 x축으로의 무한히 작은 증분과 y축으로의 무한히 작은 증분의 비는 접선의 기울기라는 것이었다.

- 구적법은 무한소 변량들의 무한 합과, 접선은 변량의 무한소 차이와 관련된다. 즉, 주어진 변량의 무한소 증가량을 d, 변량의 무한소 증분들의 합을 $\int$, dx와 dy를 각각 변량 x와 y의 무한소 증분이라 할 때, d와 $\int$는 상보적인 관계가 있으며, $\int dx = x$이므로 $dz = y\,dx$인 z의 적분은 $\int y dx = \int dz = d\int z = z$가 된다. 따라서 구적법 문제는 접선의 성질이 주어지면 그 접선이 접하는 곡선을 찾는 역-접선 문제로 전환되었다.
- 라이프니츠는 d와 dx의 정확한 의미를 설명하지 못하였지만 함수식이 주어질 경우에 dx와 dy의 관계식을 유도하는 결과를 제시하고, 그 결과를 이용하여 적분계산을 하였다.

9.1.2 뉴턴의 아이디어

뉴턴은 1665년에 무한소를 이용하여 부정적분을 이용한 정적분 계산법을 설명하였으며, 1669년에는 무한소의 합에 관한 아이디어를 변화율에 관한 아이디어로 바꾸어, 축의 위치에 따라서 길이가 변하는 선분이 움직이면서 곡선 영역이 생성된다고 설명하였다. 이 때 면적을 이루는 무한소를 모멘토 즉, '무한히 작은 시간동안에 더해진 무한히 작은 부분'으로 보았기 때문에 모멘토는 무한소에 해당하지만, 모멘토를 합하는 방법을 취하지 않고, 대신에 운동에 의해서 생성되는 양인 유량으로서의 정적분 개념을 도입하였다.

양이란 움직이는 물체가 어떤 경로를 따라 지나가는 공간이며, 연속적으로 생성되는 것이다. 즉, 면적이란 움직이는 물체의 연속적인 속도가 주어졌을 때 그 물체가 이동한 거리라는 것이었으며, 평균변화율의 극한으로 순간변화율을 구하는 방식과 동일하다. 뉴턴은 이 방법으로 다항함수의 정적분을 구하였다.

9.1.3 공통 아이디어

뉴턴과 라이프니츠는 다항함수가 아닌 모든 함수가 멱급수전개가 가능하기 때문에 그들의 결과를 모든 함수에 적용할 수 있다고 생각하였다. 따라서 항별 미분과 항별 적분의 아이디어를 적용한 다항함수의 미적분 결과를 이용하여 모든 함수 $f(x)$를 멱급수 전개한 식

$$f(x) = \sum_{n=0}^{\infty} a_n x^n$$

을 미분하고 적분하였다. 즉, 그들은 구적법 문제를 접선 작도법의 역을 이용하여 보편적인 계산법을 완성하였다.

9.2 무한소 해석학을 연결한 지도법

현대 해석학에서는 무한소 방법은 금지되어있다. 그러나 정적분의 정의인 리만 합의 극한 과정의 결과를 어떤 값이 아니라 밑변의 길이가 무한히 작은 직사각형들의 합으로 해석하는 직관적인 설명은 여전히 유용하게 사용되기 때문에, 무한소 해석학을 이용하여 다음과 같이 직관적인 미적분학의 기본정리를 지도할 수도 있다.

9.2.1 직관적인 지도 방안

미분과 적분의 본질적인 관계는 미적분학의 기본정리로 주어지며, 기본정리는 양의 전체의 변화는 연속적인 작은 순간적인 변화의 합과 같다는 아이디어에서 시작된다.

■ 직관적인 지도방안

만일 주어진 어떤 양이 시간 t에 대한 함수 $F(t)$라면, 시간 $t=a$에서 $t=b$ 까지 전체 변화량은 차 $F(b)-F(a)$와 정확하게 일치한다. 이제 함수 $F(t)$가 어떤 순간 t에서의 도함수가 $F'(t)=f(t)$라고 하면, 무한히 작은 시간간격 dt동안의 순간적인 변화는 시간간격과 순간적인 변화의 곱인 $F'(t)dt=f(t)dt$가 된다. 따라서 시간 $t=a$에서 $t=b$ 까지 전체 변화량은 그들의 연속적인 합인 $\int_a^b f(t)dt$와 같은 것이다. 따라서

$$\int_a^b f(t)dt = F(b)-F(a)$$

■ 지도의 예

피라밋은 그림 221과 같이 한 층 한 층씩 쌓아갔을 것이다. 지금 피라밋의 부피를 $V(h)$, 높이를 h라고 하면, 어떤 높이의 구간 $[h,\ h+\Delta h]$에서 쌓은 부피는 $V(h+\Delta h)-V(h)$일 것이고, 밑면의 면적은

$$\frac{V(h+\Delta h)-V(h)}{\Delta h}$$

일 것이다.

따라서 $\Delta h\to 0$ 일 때의 밑면의 면적은 높이가 h일 때의 피라밋의 단면적 $A(h)$가 된다는 사실을 알 수 있다. 거꾸로 말하면, 피라밋의 부피 $V(h)$는 단면적 $A(h)$의 합이 된다. 즉, 부피를 미분하면 단면적이 되고 단면적을 적분하면 부피가 된다.

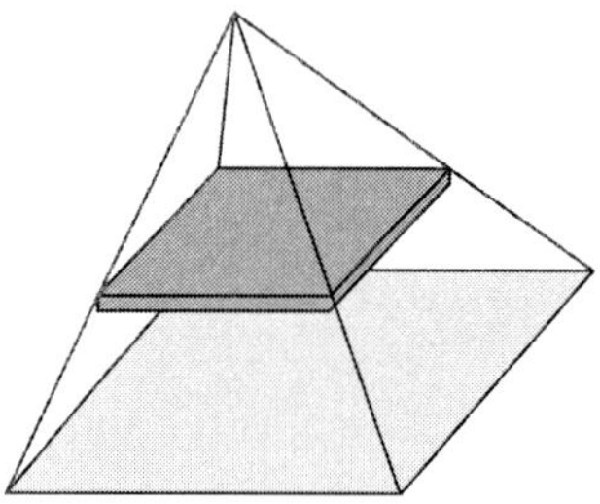

〈그림 221〉

■ 지도상 유의점

카발리에리의 원리를 이용하여 선분을 점의 집합체, 면을 선분의 집합체, 입체는 면을 쌓아 올린 집합체로 설명할 때, '연속적' 이란 관념을 잘못 이해나는 경우 한 점의 크기는 0이므로 선분의 길이가 0, 평면도형의 면적이 0, 입체도형의 부피가 0이 된다는 모순이 유발될 수 있다는 문제 등으로 현대의 해석학에서는 카발리에리의 원리와 무한소 해석학을 금지하고 있다. 이 부분에 관해서는 3장 1.5.2절에서 설명한 고대 그리스인들의 연속에 관한 오개념을 바로 잡아, 학생들로 하여금 이러한 장애에서 벗어나도록 유도한다.

9.3 계산기를 활용한 지도법

그래픽 계산기를 이용하여 미적분학의 기본정리를 추측하는 지도방법이다.

■ 1단계

다항함수 $y=x^3$, $y=x^4$, $y=x^5$, $\cdots$, $y=x^n$ 등의 구간 $0 \le x \le 1$ 아래의 면적을 학생들 스스로 그래픽 계산기를 이용하여 확인하여 지수 n에 대하여 $\dfrac{1}{n+1}$이 됨을 알도록 한다.

■ 2단계

원점에서 시작하는 임의의 구간에서도 1 단계의 결과가 나타남을 확인시킨다. 즉, 주어진 구간이 달라짐에 무관하게, 그래프 아래의 면적과 밑변이 α배, 높이가 α^n 배 증가한 직사각형의 면적의 비가 일정함을 확인시킨다.

■ 3단계

발견된 패턴을 일반화하여 다항식 $y=x+x^2+x^3+\cdots x^n$에서도 똑같은 규칙을 찾도록 지도한다.

9.4 면적 · 거리 관계에 따른 지도법

아마도 미적분학의 기본정리를 가장 잘 지도 할 수 있는 방법은 동체가 움직인 거리를 동체의 속도를 함수로 하는 그래프 아래의 면적으로 설명하는 것 같다. 이제 동체의 운동을 귀납적으로 적용하여 미적분학의 기본 정리를 지도하는 방법을 알아보기로 한다.

움직이는 물체가 움직인 거리 d에 대한 시간 t에 관한 함수의 평면 직교좌표위의 시간 · 속도(t · v) 그래프에서 x축 상의 적당한 구간에서 그래프 아래의 면적이 이동거리 나타낸다는 점을 이용하여 미적분학의 기본정리를 유도하는 방법으로서 지도순서는 다음과 같다.

■ 1단계: 등속 운동

등속운동의 경우에는, 시간 · 거리의 관계가 $d = at$이므로 시간 · 속도의 그래프인 이장의 8.1.1절의 그림 222를 제시하면서 학생들로 하여금, 특정한 두 시각 사이에 물체가 움직인 거리는 직사각형의 면적이 된다는 진술을 유도한다.

■ 2단계: 등가속 운동

등가속운동의 경우에는, 시간 · 속도의 관계가 $v = at$이다. $v = 2t$이고 $1 \leq t \leq 2$ 인 경우를 예로 들면, 시간 · 속도의 그래프는 그림 222와 같으므로 학생들로 하여금, $1 \leq t \leq 2$에서 물체가 움직인 거리는 이 그림의 사다리꼴 A의 면적이 된다는 진술을 유도한다.

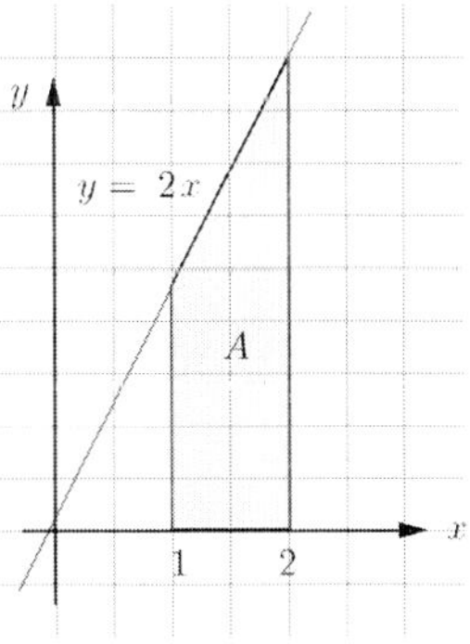

〈그림 222〉

■ 3단계: 일반 운동

일반적으로 움직이는 물체의 시간 · 속도의 관계가 $d = f(t)$인 경우에는 학생들로 하여금, 함수값 $f(a)$와 는 $f(b)$는 각각 $t = a$와 $t = b$에서의 속도이며, $a \leq t \leq b$에서 물체가 움직인 거리는 영역 A의 면적이 된다는 진술을 유도한다.

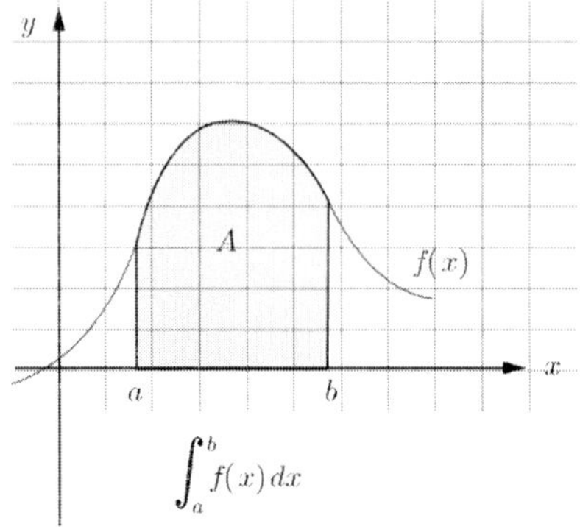

〈그림 223〉

■ 4단계: 운동과정의 형식화

이와 같이 물체가 움직인 거리는 주어진 구간에서의 곡선 아래의 면적과 같으며, 그 면적은 원점에서 b까지의 면적에서 a까지의 면적의 차(difference)임을 학생들이 진술하도록 한 다음, x축과 곡선 사이의 영역 A의 면적을 F라고 한다면, F는 x가 변함에 따라 변하게 되므로 F는 x의 함수이므로 면적은 $F(x)$로 표현할 수 있으며, 그렇다면 원점에서 b까지의 면적은 $F(b)$이고 원점에서 a까지의 면적은 $F(a)$이므로 $a \le x \le b$에서 영역 A의 면적은 $F(b)-F(a)$이며, 또한 정적분의 정의에 의해서 그림에서 구간 $a \le x \le b$에서 영역 A의 면적은 $\int_a^b f(x)\,dx$이므로

$$\int_a^b f(x)\,dx = F(b) - F(a)$$

가 된다는 사실을 학생들이 진술하도록 유도한다.

■ 5단계: 거리 $F(x)$와 속도 $f(x)$의 관계 지도

미적분학의 기본정리의 지도에서 가장 중요한 점은

$$F'(x) = f(x) \text{ 또는 } \int f(x)\,dx = F(x) + C$$

이므로, 이 사실을 다음과 같이 귀납적으로 유도한다. 위의 내용과 쉽게 연결이 되도록 이장의 8.1.1절의 그림 224과 그림 225를 그대로 활용한다.

① 등속운동의 경우

이 경우에 물체가 구간 $0 \le t \le x$에서 움직인 거리는 직사각형의 면적인 $g \times x = gx$이다.

그런데 $(gx)' = g$ 또는 $\int g\,dx = gx + C$ 이므로, 속도는 거리의 도함수이다. 즉, $F'(x) = f(x)$이다.

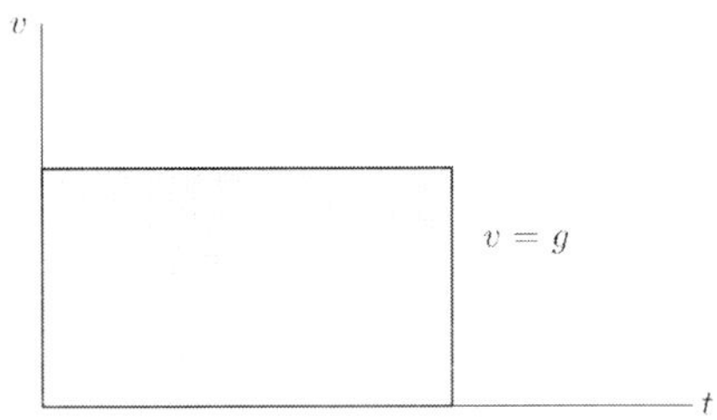

〈그림 224〉

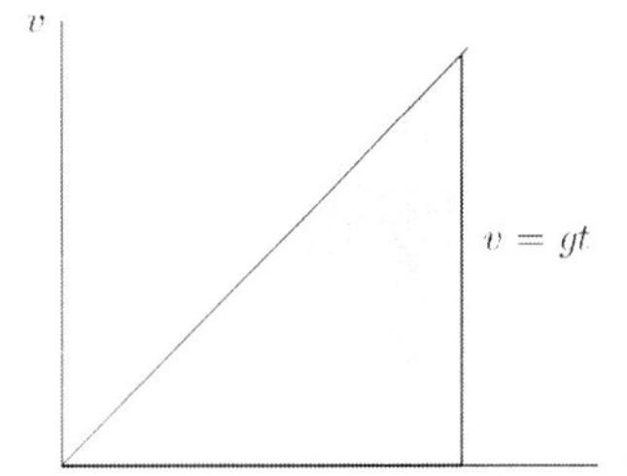

〈그림 225〉

② 등가속운동의 경우

이 경우에 물체가 구간 $0 \le t \le x$에서 움직인 거리는 직각 삼각형의 면적인 $\frac{x \times gx}{2} = \frac{1}{2}gx^2$이다. 그런데 $(\frac{1}{2}gx^2)' = gx$ 또는 $\int gx\,dx = \frac{1}{2}gx^2 + C$이므로, 속도는 거리의 도함수이다. 즉, $F'(x) = f(x)$이다.

③ 일반 운동

그림 226에서 운동거리를 나타내는 면적 $A(x)$의 뉴턴몫 $\frac{A(x+h) - A(x)}{h}$은 구간 $[x, x+h]$에서의 직사각형의 면적을 밑변으로 나눈 것이므로 뉴턴몫 $\frac{A(x+h) - A(x)}{h}$은 그 구간에 있는 직사각형의 높이 $f(x^*)$, $x \le x^* \le x+h$, 이다. 이 때 $h \to 0$인 상황에서는 $x^* \to x$이므로 $\lim_{h \to 0} \frac{A(x+h) - A(x)}{h} = \lim_{h \to 0} \frac{F(x+h) - F(x)}{h} = f(x)$가 된다.

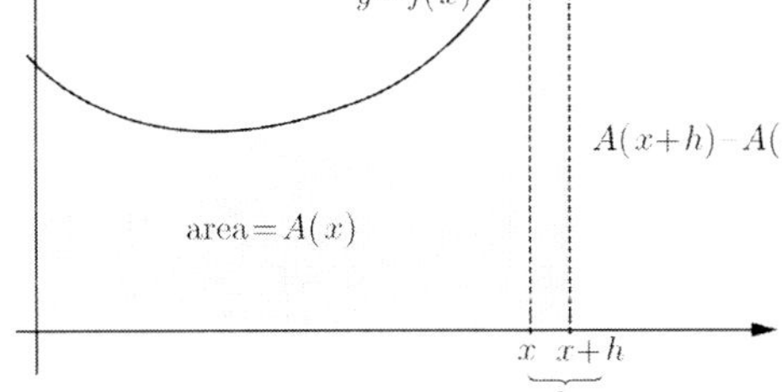

〈그림 226〉

즉, 임의의 구간 $[a, x]$에서의 곡선 $y=f(x)$과 x축 사이의 영역 A의 면적인 $\int_a^x f(t)\,dt=\lim_{h\to 0}\frac{A(x+h)-A(x)}{h}=F(x)-F(a)$의 도함수는 $f(x)$이다. 따라서 $(F(x)-F(a))'=F'(x)=f(x)$이다.

■ 6 단계 : $\int_a^b f(x)\,dx=F(b)-F(a)$의 예

그림 224에서 영역 A의 면적을 F를 이용하여 설명하기로 한다.

우선 함수 $y=2x$의 한 부정적분은 x^2이다.

$x=1$일 때 $x^2=1^2$이고, $x=2$일 때 $x^2=2^2$이므로, $2^2-1^2=3$이다.

그런데 실제로 사다리꼴 A의 면적은 그림 227에서와 같이 3이 된다.

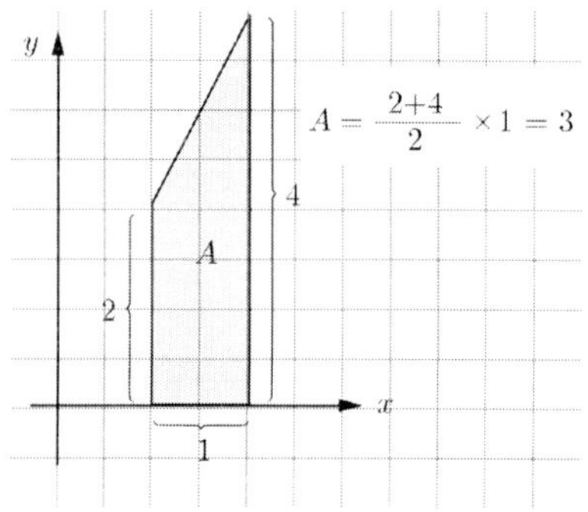

〈그림 227〉

맺는 말

모든 과학은 측정에서 비롯되었다는 점을 언급하였다. 즉, 측정을 통하여 수학과 자연과학이 발생하였으며 측정의 역사는 수학과 자연과학의 역사이다. 앞에서 알아본 바와 같이 인류는 생활의 필요에 의해서, 그 다음에는 사고활동의 필요에 의해서 측정방법을 구현해왔다. 물론 처음에는 수많은 혼동과 인식론적 장애를 겪어야 했으며 그것을 극복하는 힘겨운 역정을 지내왔으며, 그러한 역경을 극복하는 과정에서 수학과 자연과학이 지금과 같은 발전을 이루게 되었다. 이유와 관계없이 2500년 전에 제논이 제기한 여러 가지의 역설에서부터 인간은 수학적인 사실에 관하여 논쟁하였으며, 그 논쟁의 과정에서 정당성과 소피스트들의 덕분으로 엄밀성을 추구하여 측정관념이 영글게 되었다. 유클리드의 비례이론, 아르키메데스의 구적법을 시작으로 과학적인 측정이 시작되었으며, 갈릴레이, 카발리에리와 페르마의 국소적인 아이디어를 일반화하여, Barrow가 미분법을 통하여 우리가 부정적분이라 부르는 많은 'inverse tangent problems'을 해결하였고, 1667년에는 정적분을 용이하게 만든 '미적분학의 기본정리'에 대한 경이적인 증명을 해냈다는 사실을 알고 있다. 그는 서문에서 자신의 제자인 Isaac Newton의 도움에 감사를 표했다. Barrow는 원래 신학자였다. 달력과 성서의 연대학에 관한 문제를 접한 후 그는 천문학에 관심을 갖기 시작했으며, 그 문제를 수학 없이는 해결할 수 없었으므로, 그는 Euclid와 다른 그리스 수학자들에 대하여 공부하기 시작하여 결국 그는 수학을 가르치고 연구하게 되었다. 그러나 그는 위에서 언급한 발견들을 모두 포함하고 있는 'Lectiones geometricae'이 출판된 후, 모든 자신의 업적을 제자였던 젊은 Newton에게 모두 넘겼으며 자신은 성직자 생활로 되돌아 가 결국 Anglican교회를 통솔하게 되었다. Newton은 무한소 계산법을 여러 가지 방법으로 발전시키기 시작했으며, 그의 첫 번째 연구물이었던 무한급수 이론으로 만유인력의 법칙을 발견하였다. 그러나 무한급수 이론을 수록한 책에는 무한소 계산법을 수록하고 있지 않았다. 이것에 관한 원고는 London에 살고 있었던 친구 Collins에게 주었으며, 1672년부터 1676까지 London에 있었던 Huygens의 제자인 Leibniz는 Collins를 통해 이 원고를 읽고 문서화했다. 라이프니츠는 이미 Pascal의 연구로부터 암시받아 미분학에 대한 지식을 가지고 있었으나, 그것은 미분법에 대한 엄밀하지 않는 그 자신만의 개념이었다. 그 후, 그는 Newton과 마찬가지로 꽤 오랫동안 침묵하다가, 1684년부터 자신의 연구의 결과물을 출판하기 시작했다. 1700년이 훨씬 지나, 노년기의 두 사람은 정치적인 이유로 미적분학의 원조에 관한 논쟁에 휘말리게 되었다. 그러나 사실은 미적분학에 관한 기본적인 업적들은 1669년에 출판되었던 Isaac Barrow의 연구물에서 모두 찾을 수 있지만, 수학계에서는 Leibniz의 관념과 출판물에 따라 새로운 미적분학의 연구가 이루어졌다. 그러나 그 이전에 'tangent problem'과 그 보다 더 어려운 'inverse tangent problem'을 해결하기 위하여 숙달하기 어려운 기술들이 알려져 있었다. 논쟁의 근원은 수학의 발달, 특히 함수개념의 발달과 Babylonian과 Indian의 계산 수학이 어떻게 발전되었으며, Arab인들이 문화적 전통의 수호자였던 시대인 중세시대에 두 가지 형태의 수학인 기하학과 산술을 융합시킨 방법이었다. 1250년경부터 16세기까지 수학의 주도권이 서구세계로 넘어갔는데, 그곳에서는 기하와 계산이 각각 분리되거나, 부분적으로 융합되거나, 부분적으로 혼란을 일으키며 퍼져나갔다. 즉, Viète는 대수를, Descartes는 해석기하를 발전시킴으로서 그리스 기하의 많은 부분이 산술화 되었으나, Descartes는 자신의 방법을 그리스 수학의 전체로 확장시키려 하지 않았고 무한과정에는 손을 대지 않았기 때문에 수학의 한 분야인 해석학은 그 다음 세대에서 창조되기 시작했으며, 이 시기에 함수개념이 발생하였다. 함수 개념은 두 가지 다른 형태로 발달하였다. 함수 개념은 한편으로는 기하학적 함수 개념으로, 또 다른 면에서는 계산적 함수 개념으로 발달하였다. 기하학적 함수 개념은 Galileo와 Cavalieri 그리고 Barrow에게서 그의 근원을 알 수 있다. 즉, 구간 $a \le x \le b$인 모든 x에 대하여 함수 값 $y = f(x)$로 대응되는 것으로 인식되는 함수개념은 기하적인 동시에 역학적인 모델로부터 얻어진 추상개념이다. 반면 Viète의 방정식 이론과 Descartes의 해석기하로부터 발전된 함수의 개념은 보다 한정된 개념인 계산으로부터 얻어지는 함수의 관념이다. 그러나 다항식, 유리함수, 무리함수, 수렴하는 무한급수로 만들어지는 함수에 관한 고찰이 이루어지지 않았기 때문에 이들을 응용할 수가 없었다. Cavalieri의 불가분량은 기하학적 함수 개념 측면에서는 그 타당성이 의심스러운 반면, 협의의 계산적 함수개념 측면에서는 '미분'에 대한 중요한 의미를 갖게 되어, 미적분법의 발전이 가능하게 되었다. 도함수의 개념은 Fermat에 의해서 시작되어 실제적으로는 거의 완성이 되었으나, 그는 이차곡선에서의 접선문제를 다루는데 그치고 말았기 때문에 일반적인 함수의 도함수의 개념은 Viète와 Euler가 함수 개념과 함수기호를 만든 후로 미루어지고 말았다. Barrow는 그 당시 경향이었던 계산적 함수 개념에 사로잡혀있었으나 Newton은 기하적인 계산적 함수개념으로 전환하였다. 미적분학의 기본정리는 Barrow의 발견이다. 즉, 그는 $\int_a^b x^n dx$의 정적분을 이용하여 $\int x^n dx$과 같은 형태의 부정적분을 이끌어 내거나 또는 이미 알고 있는 부정적분을 사용하여 기본정리에 따라 정적분을 얻었다. Barrow는 후자보다 전자, 특히 부정적분의 존재성에 대한 증명을 정적분의 존재성으로부터 이끄는 데 더 많은 관심을 두었으며, 그것은 다항식의 부정적분을 알았던 그의 제자들인 Newton과 Leibniz에 의해서 그들만의 독창적인 안목으로 융통성이 있으며 완벽하게 완성되었다. 산술적 함수 개념은 18세기 전반에 발전하였으며, Euler, Bernoulli 형제, Lagrange 등에 의해서 완성되었다. 또한 Fourier는 1820년경에 물리학적인 관점에서 기하학적 함수 개념인 '임의의 함수'라는 개념을 발전과 계산적인 함수 개념을 발전시켰으며 가산(countable)개의 불연속점을 갖는 함수에 관한 미적분학을, 이를 일반화하여 비가산(uncountable)개의 불연속점을 갖는 함수에 관한 미적분학을 르베끄가 발전시켰다.

학교수학에서의 측정은 단위면적으로 덮는 방법으로 직사각형의 면적을 측정하는 지도방법으로 시작하여 결국 정적분으로 완성된다. 따라서 학교수학에서는 고대 그리스인들이 겪었던, 정적분의 기본 관념인 무한, 무한소, 연속 등에 관한 인식론적 장애를 극복해 나간 과정을 중심으로 효율적인 지도방안을 모색해야 할 것이다.

참고문헌

김남희, *변수개념의 교수학적 분석 및 학습-지도 방향 탐색*, 서울대학교 박사학위 논문, 1997.

김용태, 안병곤, *교양수학*, 교우사, 2007.

박교식, *함수 개념 지도의 교수현상학적 접근*, 서울대학교 박사학위 논문, 1992.

박선화, *수학적 극한 개념의 이해에 관한 연구*, 서울대학교 박사학위 논문, 1998.

박재문, *지식의 구조와 구조주의*, 교육과학사, 1998.

서울대학교 교육연구소, *교육학대사전*, 하우동설, 1998.

우정호, *학교수학의 교육적 기초*, 서울대학교출판부, 1998.

______, *수학 학습-지도 원리와 방법*, 서울대학교출판부, 2000.

이홍우, *지식의 구조와 교과*, 교육과학사, 2002.

______, *교육의 목적과 난점*, 교육과학사, 2003.

임정대, *수리철학의 기초*, 부록 : 수리철학에 대하여, 경문사, 2005.

장혜원 역, *끌레로기하학*, 경문사, 2006.

정연준, *미적분학의 기본정리에 대한 교수학적 분석*, 서울대학교 박사학위 논문, 2010.

Bachelard, G. *The Formation of the Scientific Mind.* Manchester: Clinamen Press, 2002.

Bottazzini B., Freguglia, P., Toti Rigatelli L., *Fonti per la storia della matematica*, Firenze: santoni, 1992.

Bourbaki N., *Foundations of Mathematics for the working Mathematicians*, J. Symb. Logic, 14, pp.1-8, 1949.

____________, *The Architecture of Mathematics*, Am. Math. Monthly, 57, pp.221-232, 1950.

____________, *Elements of Mathematics, Algebra I*, Addison-Wesley Publishing Co., 1974.

Boyer Carl B., *A History of Mathematics*, John Wiley & Sons, Inc., 1968.

____________, *The History of the Calculus and its Conceptual Development*, Dover Publications, Inc., N.Y., 1959.

Brouwer L. E. Jean, *Historical background, principle, and methods of intuitionism*. South Africa J. of Science, 49, 139-146(1952).

Bruner J.S., *The process of education*, Harvard University Press, 1960, 이홍우 역, 브루너 교육의 과정, 서울 배영사, 1973.

__________, *The process of education* Reconsidered, Harvard University Press, 1971, 이홍우 역, 브루너 교육의 과정, 서울 배영사.

Burton David M., The History of Mathematics, An Introduction, MacGraw-Hill Co., NY, 2007.

Cajori F., *A history of mathematical notations*, vol.1,vol.2, The Open Court Publishing Co., Chicago, 1952.

Cohn, Donald L.(1980), *Measure Theory*, Birkhäuser Boston.

Cucker F., Smale S., *On the Mathematical Foundations of Learning*, Bull. of AMS, vol.39, no.1, pp.1-49, 2001.

Dieudonne J., *Should We Teach 'Modern Mathematics?'*, American Scientist, vol.61, pp.16-19, 1973.

Ernest P., *Mathematics, Education and Philosophy : An International Perspective*, Edited by Paul Ernest, The Falmer Press, London. Washington, D. C., 1994.

__________, *The philosophy of mathematics education*, London, The Palmer Press, 1991.

__________, *The Dialogical Nature of Mathematics*, p.33, 1992.

Ewald William B., *From Kant to Hilbert*, A source book in the foundation of mathematics, Clarendon Press. Oxford, 1996 . Bourbaki, The architecture of mathematics, translated by Arnold Dresden, 1950.

Fischbein, E., *Intuition in science and mathematics*: An educational approach. D. Reidel Publishing Company, Dordrecht Netherlands, 1987.

Freudenthal H., *Mathematics as an educational task*, D. Reidel Publishing Co., Dordrecht, 1973.

______________, *Didactical phenomenology of mathematical structures*, D. Reidel Publishing Co., Dordrecht, 1983.

Goedel Kurt, *On Formally Undecidable Propositions of Principia Mathematica and Related System*, Basic Books, 1965.

Grabiner, J.V., *The Origin of Cauchy's Rigorous Calculus*, Cambridge, MA: MIT Press, 1981

Gulberg J., *Mathematics ; From the birth of numbers*, W.W. Norton&Company, New York, NY, 1997.

Gutting, G. *Thomas Kuhn and French philosophy*. IN: Nickles, t. (Ed.): Kuhn Thomas, West Nyack, NY, USA: Cambridge University Press. pp.45-64, 2002.

Gwinn R. P., *The Works of Archimedes including The Method, Measurement of a circle*, Encyclopaedia Britanica Inc., 1990.

__________, *The Works of Archimedes including The Method, On conoid and spheroids*, Encyclopaedia Britanica Inc., 1990.

__________, *The Works of Archimedes including The Method, Quadrature of the Parabola*, Encyclopaedia Britanica Inc., 1990.

Hamilton W.R., *Lectures on Quaternions*, Dublin, p.88, 1853, Cajori, 1952.

Hanna G., *Rigorous Proof in Mathematics Education*, The Ontario Institute for Studies in Education, 1983.

Heath, T., *A History of Greek Mathematics. Vol.II.* Dover Publication. 1981.

_________, *The Thirteen Books of Euclid's Elements and The Works of Archimedes, including the Method*, Cambridge University Press, 1990.

Hilbert D., *Über die Grundlagen der Logik und der Arithmetik*, Pro. Third International Congress of Mathematics, Heidelberg, 1904, pp.174-185, Translated by Beverly Woodward in van Heijenoort, 1967, pp.129-138

__________, *Über das Unenliche*, Mathematische Annalen , 95, pp.161-190, 1925.(Reprinted, in abridged form, in Hilbert 1930a, but with minor corrections and additions. Translated by Stefan Bauer-Mengelberg in van Heijenoort, 1967, pp.367-392)

__________, Bernays Paul, *Grundlagen der Mathematik II*, Springer Verlag, Berlin, 1939.

Johnson-Wilder Sue, Mason John, *Developing Thinking in Geometry*, SAGE Publications Inc., 2005.

Katz J., *A History of Mathematics*. Harper Collins College Publishers, 1993.

Kant I., *From the discipline of pure reason*, translated by N. K. Smith, 1933.

Kline M., *Mathematics and loss of certainty*, Oxford, Oxford University Press, 1980.

________, *Mathematical Thought from Ancient to Modern Times, vol. 3*, Oxford University Press, N.Y., Oxford, 1990.

Krishnan V. Snakrithi, *An introduction to category theory*, Elsevier North-Holland Press, Amsterdam Netherland, 1981, p.35

Lakatos I., *Proofs and Reputations*, Cambridge, Cambridge University Press, 1976.

Lorenzen P., *Scientismus versus Dialektik*, in Hermeneutik und Dialektik, Bad, I.R., Burner, R., Wiehl, R.(Eds) Tuebingen, 1970(Cited in Robers, 1992).

Manin Y. I., *A course in mathematical logic*, New York, Springer, 1977.

Peters R. S., *Ethics and Education*, 1966, 이홍우 역, 윤리학과 교육, 교육과학사, 1980.

Peterson Thurman S., *Calculus with analytic geometry*, Harper&Row Publishers Inc., p.71, 1968.

Pinter C.C., Set Theory, Springer-Verlag, 1970.

Piaget J., *Genetic Epistemology*, Translated by E. Duckworth, The Norton Library, W. W. Norton&Company. Inc., N.Y., 1971.

Poincare` Henri, *Foundations of Science*, Science Press, pp.448-485. 1946.

Polya G., How to solve it, 우정호 역, 천재교육, 1994.

Rucker R., *Infinity and the mind*, The science and philosophy of infinite, Chpater IV: Robots and Souls(Goedel's Incomplete Theorem), Bantam Books, N.Y., 1983.

Rudin W., *Principles of Mathematical Analysis*, MacGraw-Hill, 1976.

Ruiz-Tolosa Juan Ramon, Castillo Enrique, *From Vectors to tensors*, Springer-Verlag Berlin Heidelberg 2005; Algebra I Section 3.1, Nicolas Bourbaki, Addison-Wesley Publishing Co., Massachusetts, 1974.

Russell B., *Introduction to Mathematical Philosophy*, George Allen&Unwin, Ltd., 1950.

Schneider M., *A Beginner's Guide to Constructing the Universe; The Mathrmatical Archetypes of Nature, Art, Science*, Brockman, Inc., 1994, 이충호 역, 자연, 예술, 과학의 수학적 원형, 경문사, 2002.

Sierpinska, A, *The diachronic dimension in research on understanding in mathematics - usefulness and limitations of the concept of epistemological obstacle*, in H.N. Jahnke, N. Knoche, M. Otte (Eds), History of Mathematics and Education: Ideas and Experiences, Göttingen: Vandenhoek & Ruprecht, pp.289-318, 1996.

Skemp, R.R. *The psychology of Learning mathematics*, Lawrence Erlbaum Associates Publishers, 1987.

Steiner H.G., *Two kinds of Elements and the Dialectic between Synthetic-deductive and Analytic-genetic Approaches in Mathematics*, For the Learning of Mathematics, 8, 3, pp.7-15, 1988.

Struik, D. J. *A Concise History of Mathematics*. New York: Dover Publication, Inc., 1987.

Szabo A., *The beginnings of Greek Mathematics*, Dordrecht, Reidel, 1978.

Taber, K. S. *The atom in the chemistry curriculum: fundamental concept, teaching model or epistemological obstacle?*, Foundations of Chemistry, 5(1), pp.43-84, 2003.

Tall D, *The Foundations of Mathematics*, Oxford University Press, 1977.

Thom R., "*Modern Mathematics*": *An Educational and Philosophic Errors?*, American Scientist, 59, pp.695-699, 1971.

_________, *Modern mathematics : Does it exists?*, in Howson, A.G. (Ed) Developments in mathematical Education, Cambridge, Cambridge University Press, pp.194-209, 1973.

Toeplitz O., *The Calculus-A Genetic Approach*, The University of Chicago Press, 1963.

Vygotsky L.S., *Thoughts and Languages*, Edited and translated by E. Hanfmann and G. Vakar, The M.I.T. Press,1967, 신현정 역, *사고와 언어*, 성원사, 1985.

Whitehead A.N., *An Introduction to Mathematics*, Oxford University Press, N.Y, 1948.

찾아보기

ㄹ

ㅁ

ㅂ

ㅋ

ㅌ

ㅍ

ㅎ

기타

김 용 태

고려대학교 이학박사
서울대학교 교육학석사
서울대학교 교육학박사 수료
현재 광주교육대학교 수학교육과 교수

2500년 동안의 측정의 교수학

2014년 8월 20일 초판 인쇄
2014년 8월 25일 초판 발행

저 자 / 김용태
발행자 / 오판근
발행처 / 교우사

주 소 / 서울특별시 동대문구 약령시로 8 교우빌딩 2층
전 화 / 925-2861(代), 편집부 / 925-2825
팩 스 / 925-2860

E-mail / kyowoo@kyowoo.co.kr
http://www.kyowoo.co.kr

등록 / 1994. 3. 24 제6-0256호

ISBN 979-11-251-0051-5 (93410)

값 29,000원